TURING 图灵程序设计丛书 Web开发系列

The Essential Guide to Flex 3

Flex 3程序设计

[美] Charles E. Brown 著

张骥 涂颖芳 等译

人民邮电出版社

北 京

图书在版编目（CIP）数据

Flex 3 程序设计 /（美）布朗（Brown, C. E.）著；张骥等译．—北京：人民邮电出版社，2009.8
（图灵程序设计丛书）
书名原文：The Essential Guide to Flex 3
ISBN 978-7-115-21071-5

Ⅰ. F… Ⅱ. ①布…②张… Ⅲ. 软件工具－程序设计 Ⅳ. TP311.56

中国版本图书馆CIP数据核字（2009）第100528号

内 容 提 要

本书通过简明易懂的示例向读者展示了如何使用 Flex 和 ActionScript 3.0 创建强大的富因特网应用程序。书中首先介绍了相关软件的安装及 Flex 和 ActionScript 的基本知识，然后结合各种练习深入讲解了 Flex 的各种强大的功能：容器、事件与组件、打印和图表功能等。本书最后还提供了专业的案例研究，展示了如何构建完整的 Flex 应用程序。

本书是一本适合初、中级读者阅读的 Flex 教程。

图灵程序设计丛书

Flex 3程序设计

◆ 著　　　[美] Charles E. Brown
译　　　张 骥 涂颖芳 等
责任编辑　傅志红
执行编辑　王军花

◆ 人民邮电出版社出版发行　　北京市崇文区夕照寺街14号
邮编 100061　　电子函件 315@ptpress.com.cn
网址 http://www.ptpress.com.cn
北京鑫正大印刷有限公司印刷

◆ 开本：800×1000 1/16
印张：29.25
字数：691千字　　　2009年8月第1版
印数：1－3 000册　　2009年8月北京第1次印刷

著作权合同登记号　图字：01-2008-5176号

ISBN 978-7-115-21071-5/TP

定价：65.00元

读者服务热线：(010)51095186　印装质量热线：(010)67129223

反盗版热线：(010)67171154

版 权 声 明

译 者 序

1954年Fortran语言的发明，使软件业跨入了高级语言时代；1972年Smalltalk的发布，标志着"面向对象"语言时代的到来；2004年Adobe公司推出的Flex框架，预示着富因特网应用程序（RIA）浓墨重彩地登上了历史舞台，从此网络应用程序的表示层只能基于单调的HTML页面的时代一去不复返了。

Flex从诞生到现在，已经历了5年时间，版本从1.0发展到了现在的3.3，功能也从仅支持J2EE（Java 2 Platform, Enterprise Edition）应用，到现在支持几乎所有的动态网页技术。可以说，Flex已经成为了开发富因特网应用程序的首选工具。Flex框架无缝集成了Flash、ActionScript以及MXML，并提供了丰富的可扩展用户界面及数据访问组件，使开发人员能够快速构建出具有丰富数据表现、强大客户端逻辑和集成多媒体的富因特网应用程序，从而极大地提高了Web界面的用户体验和人机交互性。

作为一本面向初中级读者的Flex教程，本书通过一些简单却典型的示例向读者展示了Flex的方方面面。作者在其多年教学经验的基础上，总结出一套独到的授课方式。一些晦涩的专业术语在作者的笔下变得通俗易懂，书中的示例在讲明要点的同时也尽量简单。此外，作者还为读者留下了大量思考和练习的空间。作者的这些精心安排一定会使读者在较短的时间内获得最佳的学习效果。希望读者能够借助此书成为RIA的开发先锋。

本书的大部分章节由张骥翻译，涂颖芳完成了部分章节的初译和全部的文档整理工作，熊炜、胡沙、史维、蒋宇轩、陈兴道、顾崇元、王谦、张颖、芦彤彤和周正歌对部分译文亦有贡献。在整个翻译和统稿过程中，译者尽可能地保证术语翻译的准确和统一，但错误和疏漏恐难避免，欢迎并感谢读者斧正。

译 者

2009年5月

前　言

令人难以置信，我们现在有了第二代Flex。在刚刚完成本书第1版写作的几个星期内，我们就看到了Flex 3不断推出的各个beta版。在这期间，本书的很多章节都重写了三四遍。

首先我要感谢那些花时间在Amazon.com等地方写下热情评论的读者。我几乎阅读了每一条建议并把它们整合到了这一版。我削减了有关ActionScript的一些技术讲解，把重点放在了Flex本身的特性上。

我做过多年技术培训工作，（期间只有少数几次涉及大型宽泛的主题），我学会了用更简短、更明确的概念解释来代替比较宽泛的技术化的（且常常是不易理解的）讲解方式。换句话说，我常常喜欢不兜圈子、一语中的。

在阅读本书的时候，请记住几件事情。首先，大家会发现我所展示的技术体现了我的编程和设计风格。当然，条条大路通罗马。但任何一本书都不可能涵盖所有编程风格，尤其是在讲解这种大型主题的时候。如果大家找到不同方法，只要管用，就尽可使用。

第二，为了阐明要点，我特意用些简单的示例。我不希望读者仅仅囿于那些食谱式的操作说明，它们所起的作用不过是测试一下大家阅读理解和操作的能力。虽然本书有一个案例研究贯穿始终，但每一章都是独立的，不会依赖于之前章节所做的练习。因此，大家可以翻至任何一章学习其内容。

第三，我会假定大家对面向对象编程概念至少已经有粗略的了解。虽然我会在各章随时阐释这些概念，但那只是非常基础的简单介绍。OOP是一个非常大的主题，相关论著已经汗牛充栋。

好，提示和声明就到此为止。

我希望本书起到的作用是：让大家对Flex和ActionScript 3.0环境有足够的体验，以便日后有能力解决自己所遇到的独特问题。我花了大量时间来讨论如何通过使用ActionScript 3.0 Language Reference来寻求帮助。

对于采用哪种服务器技术来展示Flex的动态一面，我必须做出决定。因为我在自己的工作中使用的是ColdFusion，所以我决定使用该技术。我那位了不起的技术编辑David Powers是PHP方面的权威，写过多本PHP图书。他热情地编写了一个在Flex中使用PHP的示例来作为ColdFusion的他选，为此我深表谢意。

希望大家读过本书后对Flex 3像我一样满怀激情。真心鼓励大家用本书中的示例多做尝试。要把这本书看成是开始，而不是结束。

让我们开始学习吧。

版式约定

为了让本书尽可能地清晰易读，书中使用了下列版式。

重要的词语或概念通常会在首次出现的时候用楷体突出显示。

代码用等宽字体显示。

新添代码或更改之后的代码通常用加粗的等宽字体显示。

菜单命令以“菜单→子菜单→子菜单”的形式写出。

在想要引起大家注意的地方，会采用如下样式突出显示。

> 嘿，别说我没警告过你。

有时候，代码无法排在书中的单独一行里。这时，我会使用箭头记号：➥。

```
This is a very, very long section of code that should be written all ➥
on the same line without a break.
```

致谢

没有众人的帮助，我是无法写成本书的。

每当我自以为写成了无懈可击的一章时，我那位了不起的技术编辑David Powers都会把我拉回到现实。他的聪明才智和悉心指导让本书的写作方向与第1版略有不同。我还要感谢他写的关于PHP技术的章节。

我必须感谢我的项目经理Sofia Marchant，她为频频更改的生产进度费了不少心。beta测试环境下的工作并不容易做，她却善于让一切进展顺利。

我要感谢我的所有朋友和同事（包括我培训班上的一些学生），他们为本书提供了宝贵的建议和看法。

最后，我要感谢很多热情的读者，他们在Amazon.com和其他一些地方（包括给我发电子邮件）写下了许多鼓励我的话。他们的很多留言为本书提供了一些不错的想法。

目　录

第 1 章

Flex基础知识

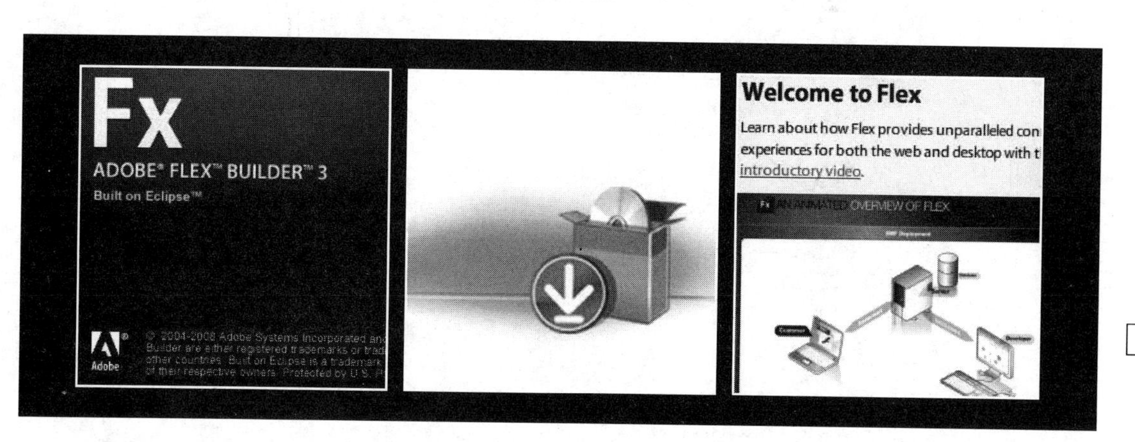

先做两个假设：

- 你所了解的因特网设计仅限于HTML页面。
- 你对Flex是什么尚一无所知。

基于这两点假设，我们就可以从头开始学起了。在这一章，我们要看看Flex在因特网发展过程中所处的位置。接着，将研究Flex到底是什么，它与传统的Web技术有何不同。

最后，在卷起袖子干活儿之前，需要先安装Flex及其相关技术，本章将带着大家完成这一过程。

1.1 因特网今昔

我们需要大致了解因特网到现在为止的历史，才能认识到Flex的优点。之所以要讲历史，是因为我们今天看到的各种各样的技术是在因特网发展的不同时间段上出现的。如前所述，为了弄明白Flex的价值所在，了解这个发展过程是非常重要的。

HTML 和动态网页

最早的网站只是传送文本数据，常常会包含到其他网页的超链接。因为因特网的连接速度非常慢（大家还记得28KB的连接速度吗），所以图片的数量会被控制到最小。目前仍然能够找到一些这样的例子，如本书出版商的联系页面：www.friendsofed.com/contact.html。

图1-1显示了这个联系页面。

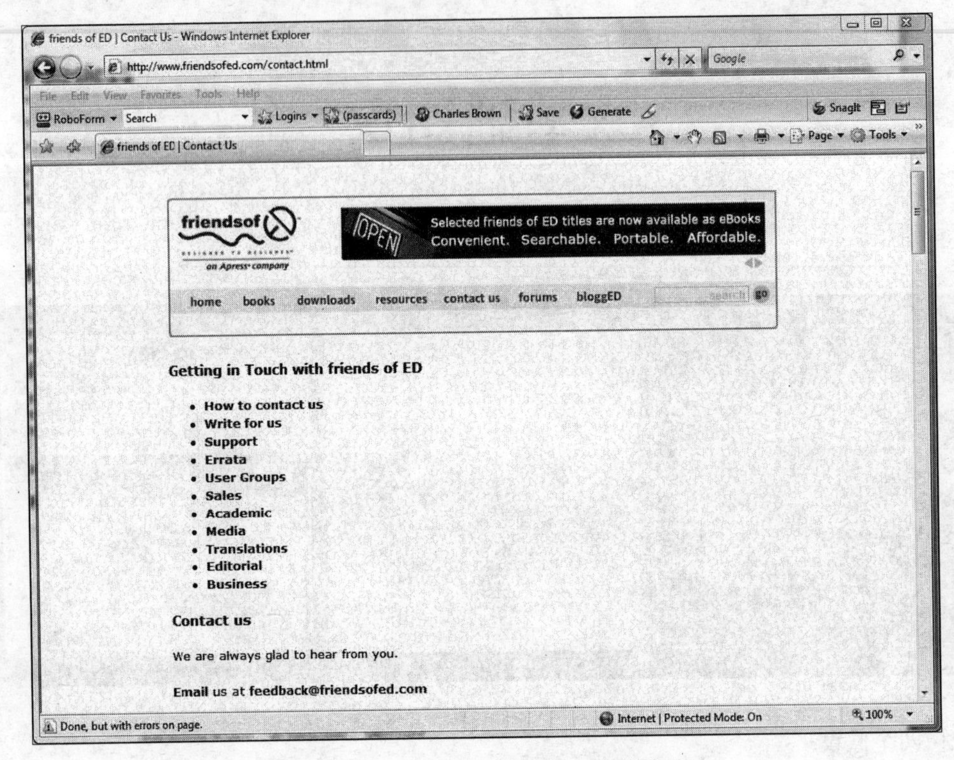

图1-1　friends of ED出版社网站的联系页面

这就是传统的HTML（Hypertext Markup Language，超文本标记语言）网站。注意除了文本和超链接外，网页上只有几幅简单的图片（早期网站上的图片甚至要更少）。还要注意文件扩展名.html，这种网页永远不会改变，除非有人真正进去改变它。

HTML页面（如图1-1所示的页面）就是指静态的或不会变化的页面。不会变化也许是个不恰当的说法。更确切地说，只有进入XHTML代码并手动作出修改的时候它才会改变。

2

下面讲讲静态页面是如何调用的。

在浏览器中键入www.friendsofed.com后，该请求会通过万维网上的一系列路由器传送出去，最终到达主Web服务器。Web服务器会搜索被请求的HTML页面所在的根目录，找到并将该页面打包，在包上面注明返回地址，然后把它发送回浏览器。接着，浏览器会读取HTML代码，显示出你所看到的页面。“在因特网上”查看Web页面——这是一个普遍的误解，我在培训班上仍能听到这种说法。Web页面是下载到你的计算机上，并通过计算机看到的。一旦Web服务器把HTML页面发送给你，它的工作就完成了。更确切地说，你是在客户端机器上查看页面的。作为Web页面的使用者或查看者，你就是客户。

当然，这其实是一种简单的解释。本书不准备详细讨论怎样构建和分发HTML页面。讨论这些细节的书有很多。我推荐由Craig Grannell编著的*The Essential Guide to CSS and HTML Web Design*（friends of ED，2007）。

让我们看看因特网的下一步演变。

请前往下列网站：www.adobe.com/cfusion/webforums/forum/index.cfm?forumid=60。

这个Web地址会把我们带到Adobe Flex Support Forums页面，如图1-2所示。

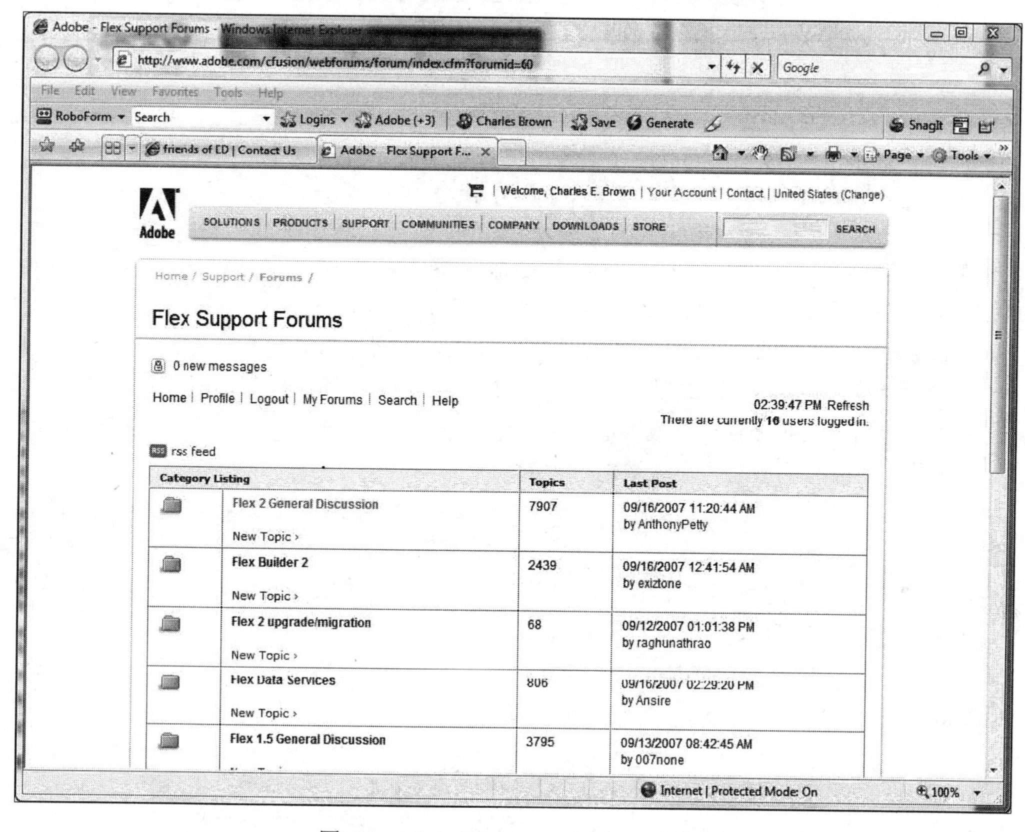

图1-2　Adobe Flex Support Forums页面

这是一个传统的动态网站的例子。我们来看看其运行机制。它们向前面的静态页面又添加了两个步骤。

在浏览器中键入URL（Web地址）之后，请求同样会马上通过万维网上的一系列路由器传送出去，最后找到Adobe的Web服务器。事情就是在这里有了一些变化。

注意地址中的字母cfm。这些字母会让Web服务器把请求发送到另一个名为应用程序服务器的软件。处理动态技术的应用程序服务器有5种（实际上，还有其他几种，但这5种是最流行的）：

- CFM：ColdFusion；
- ASP：Classic Microsoft Active Server Pages；
- ASPX：Microsoft .NET Active Server Pages；

- JSP：Java Server Pages；

4

- PHP：一种脚本语言，其字母并不代表什么。

> 我的技术编辑David Powers对“PHP并不代表什么”这句话提出了异议。虽然有些网站称PHP为“PHP: Hypertext Preprocessor”的递归缩写，但这仍然没有说清楚PHP到底代表什么。

这5种技术表面上做的全都是相同的事情，只是难易程度各不相同。它们会接收来自Web服务器的请求，然后使用请求中的SQL代码访问数据库服务器。

> SQL代表Structured Query Language（结构化查询语言），它是向访问数据库的标准方法。我们将在本书讨论Flex与数据的时候简单介绍这个话题。

当数据库返回被请求的信息时，应用程序服务器实际上就会根据模板编写一个全新的XHTML页面。该页面会包含最新版本的数据。然后，应用程序服务器会把新创建的XHTML页面返回给Web服务器，Web服务器又会像以前那样把页面发送回你的浏览器。

第1个例子和第2个例子之间的唯一不同是XHTML页面的编写时间。在第1个例子中，页面是由开发人员编写的，除非开发人员或其他什么人作出修改，否则页面是不会改变的。在第2个例子中，页面是即时编写的，它会反映数据库中的最新数据。

在这两种情况下，每次请求新数据时，整个过程都必须再次从头开始。因为所有这一切是在瞬间发生的，且大多数时候都会成功，所以我们感觉不到什么。不过，在后台，这需要大量的服务器时间，并需要在各个服务器和你自己的客户端计算机上占用大量的资源。所有图片都需要分别下载并保存在你的计算机内存中，下载的全部页面会存储在计算机的一个文件夹里。

让我们再前进一步。请前往Adobe网站：http://examples.adobe.com/flex2/inproduct/sdk/flexstore/flexstore.html。

> 需要用Flash Player 9或更新的版本作为Web浏览器的插件才能显示这个页面，如图1-3所示。如果没有这个插件，系统就会提示我们下载它。这只需花数秒钟的时间。

看看这个网站，它与前两个页面的差别非常明显。注意在单击选项卡时，我们会从一个页面平滑地移动到另一个页面，且没有在前面的例子中看到的重载过程。另外，在Products选项卡中，如果更改手机的价格范围，就会看到手机自动重新排列的动画。

5

这是Flex网站的原型，其内部机制当然就是本书的主题。不过，就其最简单的形式来说，我们真正加载的只有一个文件，即Flash SWF（读为“swif”）文件。这之后，当信息需要改变时，我们刷新的是所改变的内容而不是整个页面。这就意味着潜在错误更少、数据显示更快，用户体验更完美。另外，大家还会在书中看到它所占据的资源也会更少，因而成为今天新兴的便携式因特网设备的理想之选。

这种技术到底哪里与众不同的呢？

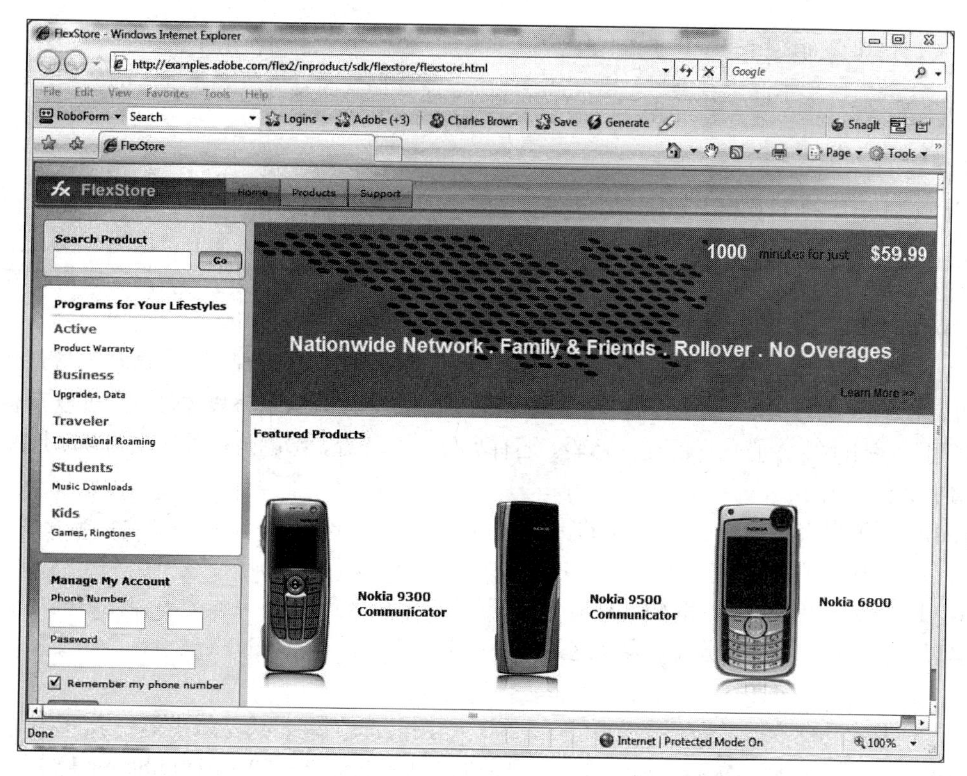

图1-3 Flex网站的原型

1.2 Flex与RIA

为了能够彻底理解最后一个示例是怎么回事，你可能需要略微改变一下自己的思路。

大家在前两个例子中看到过，传统的Web页面是通过向服务器发送请求并经历刚才所讲的过程才从一个页面转到另一个页面的。对于动态页面，Web服务器会把收到的请求发送给前面所讲的5个应用程序服务器之一，后者又会把请求发送给数据库服务器。然后，应用程序服务器会把数据汇集起来，并写好新的HTML页面发送给Web服务器，最后再发送给你的Web浏览器显示。如果你去了某个网站（比如Amazon.com）的5个不同的页面，整个过程就会经历5遍。我想大多数人都会同意，这并不是一个很高效的做事情的方式。

6

而且，我认为大多数人都可以轻松地区分出因特网应用程序（如前两个示例）和桌面应用程序（如Microsoft Word）之间的差别。整体的界面外观是不同的。

如果整个过程运行得更高效一些，岂不妙哉？如果桌面应用程序和Web应用程序的观感或多或少地相同一些，不是更好吗？

最后一个示例中的Flex原型像一个因特网应用程序吗？还是更像一个桌面应用程序？

为了解决这些问题，Macromedia（现为Adobe）借Flash MX的推出引入了一个新的术语：RIA（Rich Internet Application，富因特网应用程序）。这项基于Flash的技术冲破了传统HTML的很多局限，结果是它和桌面应用程序几乎难以区分。

我们在最后一个示例中看到过，RIA应用程序不需要彻底重建。只要将请求的数据返回并插入到需要的位置即可。上一节中讲过，这意味着对服务器的要求降低了，且文件会小得多（这非常适合新兴的移动因特网技术）。

另外，在传统的HTML环境中，用户交互只限于表单和几个按钮。桌面功能，如菜单和不同版面的平滑过渡，则常常很不好用，且它们会显著地增加文件的大小。而且，虽然开发人员会使用JavaScript实现这些功能，但浏览器安全程序常常会阻止JavaScript行使功能，结果常常是丢失了更多的功能。

Flash MX通过为Web开发人员提供了一整套解决这些问题的新编程工具，这套工具允许更好的交互，且不会有HTML/JavaScript被阻止的问题。忽然之间，在RIA环境中，用户可以享有和在桌面应用程序环境中一模一样的交互体验。还有另外一个好处，那就是这种增强的互动性并不会显著增加文件的大小。

Flash MX的发布还预示了首个Flash服务器的出现：Flash Remoting MX。这个新服务器使RIA环境具备了更出色的能力来实现与数据传输技术（如XML文件和Web服务）的快速、平稳交互。此外，它还可以与流行的Java和.NET环境交互。这意味着Flash现在可以作为多样化编程环境下的一个呈现工具。很多开发人员开始发现这是一个比不尽人意的Java和.NET呈现容器更受欢迎的选择。

不过，Flash MX有一些特有的新问题。

Flash MX发布之后，Macromedia推出了升级版的ActionScript 2.0。ActionScript 1.0是一门相当简单的过程式语言，用来辅助创建Flash动画。为了解决RIA的新需要，ActionScript 2.0变成了一门半面向对象编程（OOP）的语言。

7

> 如果你是Flex或编程环境的初学者，可能就会不熟悉OOP、ActionScript或过程式语言这些术语。不熟悉也不要紧，这里只是对因特网历史的讨论。我会在本书的后面仔细地说明这些术语。

虽然它遵循了OOP语法的一些原则，但它也必须支持以前的非OOP ActionScript 1.0。事情并非总是尽如人意，很多人抱怨没有调试工具。

很多开发者还抱怨，为了开发RIA，他们需要了解Flash环境的很多复杂元素（时间轴、场景等）。

为了解决这么多的问题，Macromedia于2004年推出了Flex。Flex没有Flash那么多的复杂设计元素，而是为开发人员提供了一个更为传统的编程环境。它甚至有自己的类似Dreamweaver的开发工具，名为Flex Builder。不过，由于ActionScript 2.0的局限性，没人指望它能够流行。

它显然需要一次大的革新。

1.3　Flex、Flex Builder和ActionScript 3.0

Flex 2是在2006年的夏天推出的。它不只是对原来的Flex的升级，而是一次彻头彻尾的革新。

首要的改变是ActionScript 3.0的推出。

本书后面将会介绍到，ActionScript 3.0是一门类似于C++和Java的成熟的开源编程语言。虽然你可能还会把ActionScript与Flash联系起来，但这两者现在只是偶尔发生关系。换句话说，如果愿意，只用ActionScript而不用Flash就可以构建一个完整的应用程序。

如果要求你用两个词汇来描述Flex是什么，你可以不费力地说它是一个呈现服务器（presentation server），第2章会详细分析这个概念。不过，你现在只需要知道就其最简单的形式来说，它胜过前面所讲的任意一种应用程序服务器，并在呈现数据方面取代了XHTML/JavaScript。因此，它不是把数据作为XHTML来呈现，而是可以使用Flash（SWF）文件的动态能力来呈现。

为了适应这套新的强大的开发工具，Adobe决定不升级类似Dreamweaver的Flex Builder 1。取而代之的是，Adobe选择了很多程序员熟悉的开发环境：Eclipse。

Eclipse 与 Flex Builder 3

Eclipse是一个有众多程序员，特别是Java程序员使用的免费编程开发环境，我们称之为IDE或Integrated Development Environment（集成开发环境）。它允许开发人员同时在多个编程环境中工作。大家可以在如下地址找到Eclipse：www.eclipse.org。

8

虽然Eclipse被Java开发人员广泛使用，但其真正的强大之处是能够容纳各种编程语言的插件。例如，C++和PHP都有插件，甚至连进行ColdFusion开发的免费插件也日益流行起来。我们将在本书后面集成Flex与ColdFusion时使用这个插件。

虽然Eclipse的很多插件是免费的，但Flex Builder 2并不免费。不过，Flex Builder 2允许开发人员在带有很多强大的编程和调试工具的传统IDE中工作。

Flex Builder 3具有更多的强大工具，大家将会在本书后面看到它们，这些工具允许开发人员驾驭Adobe公司其他的设计和开发工具的强大功能。部分改进之处包括：

- 改进之后的Design视图可以利用强大的Adobe CS3设计工具，这可以改进设计师与开发人员之间的工作流程；
- 新改进的数据组件让数据源与服务器的连接方式变得更加简单；
- 可以在Flex Builder IDE中构建和部署新的AIR（Adobe Integrated Runtime，Adobe集成运行时）工具。

> 在写作本书时，Adobe公司宣布其正在让Flex完全开源。这意味着其他开发人员可以为Flex开发具有竞争力的IDE。不过对于本书来说，我们将使用Flex Builder 3。

第2章将详细研究Flex Builder 3。不过现在，我们必须先安装这个工具才能使用它。做好了安装准备之后，就让我们继续吧。

1.4 安装 Flex Builder 3

Flex Builder由3个单独的组件组成。

- **Flex软件开发包（Flex Software Development Kit）**：这是构建、运行和部署Flex应用程序所需要的ActionScript类的集合（我们将在第3章讨论这些类文件）。
- **Eclipse插件集成开发环境**：这个插件用来帮助构建应用程序。

9

- **Flash Player 9**：Flex应用程序只能基于Flash Player 9或更新的版本运行。

可以用两种方法来安装Flex。

- 如果你已经是一个Eclipse用户，就可以以插件方式安装Flex Builder。在安装的时候，系统会提示你输入Eclipse所在的位置，这样安装程序就会知道接下来该怎么做。
- 如果你不是Eclipse用户，就可以安装独立版本，即打包在一起的Flex Builder和Eclipse。

两个版本都会让你在最后得到同样的结果。不过，二者有一个小小的差别。Eclipse会使用一个名为透视图（Perspective）的技术。我们将在第2章更详细地讲解这个技术。不过现在，大家只要知道透视图是特殊编程语言下的开发所需要的工具和窗口的排列就可以了。Java编程的透视图不同于C++的，而Flex也需要有不同的透视图。如果是从网站安装Eclipse，默认的透视图就是针对Java开发的。不过，如果安装独立版本的Flex Builder，默认的透视图就是针对Flex开发的。另外，我发现以插件方式安装的Flex Builder 3安装和使用其他插件，如ColdFusion的插件（www.cfeclipse.org），会更容易一些。基于这个原因，我强烈推荐大家使用以插件方式安装的Flex Builder 3。

本节向大家展示如何以插件方式安装Flex Builder 3。一旦到达了某个点，安装过程就完全一样了。因此，我会把安装过程分为两节。

> 在写作本书时，下面的安装操作指南是有效的。这里显示的一些步骤和界面可能会随着Adobe的调整而发生变化。

> 在写作本书时，Flash Player ActiveX控件的安装有一个bug：已有的播放器不能完全卸载。在大家阅读本节内容时，这个bug可能已经得到了修正。不过，为了安全起见，最好到http://kb.adobe.com/selfservice/viewContent.do?externalId=tn_19254下载Flash Player卸载工具来彻底删除已经安装的Flash Player的所有实例。Flex会重新正确地安装它们。

1.4.1　将 Flex Builder 作为 Eclipse 插件安装

10

在安装Flex Builder插件之前，必须先安装Eclipse。下面先介绍一下Eclipse的安装。

(1) 前往www.eclipse.org，并单击Download Eclipse按钮。你会看到类似于图1-4所示的界面。

(2) 可以看到，各种平台都有免费的Eclipse IDE。单击你想要版本的链接。

(3) 完全下载之后，把文件解压缩到选好的文件夹中。因为Eclipse是独立的平台，所以没有传统的安装过程。

(4) 如果是在Windows下安装的，就要进入资源管理器，找到Eclipse的安装文件夹，并右击与

11

Eclipse相关的EXE文件。选择Send to → Desktop命令，如图1-5所示。

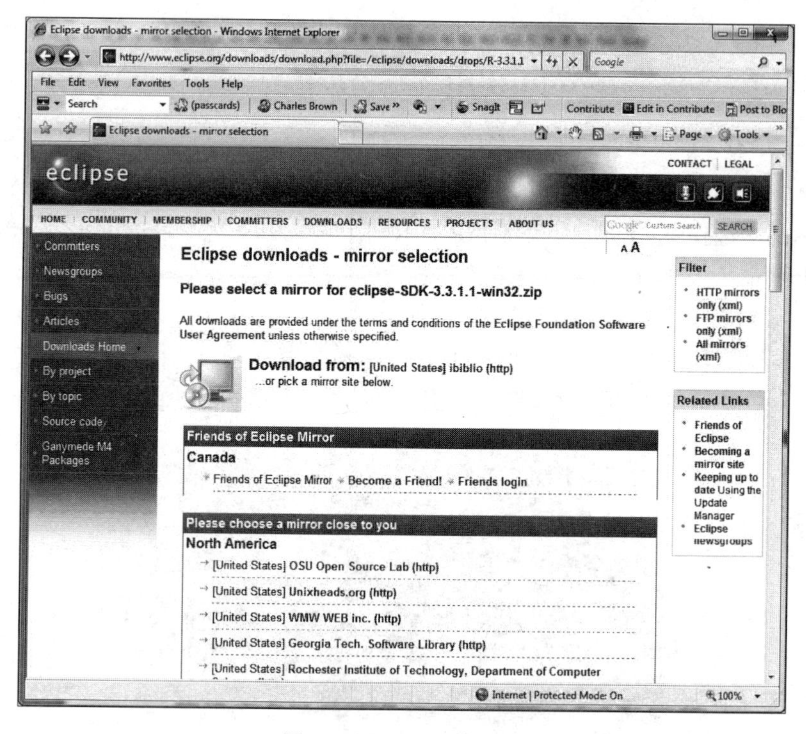

图1-4 Eclipse下载界面

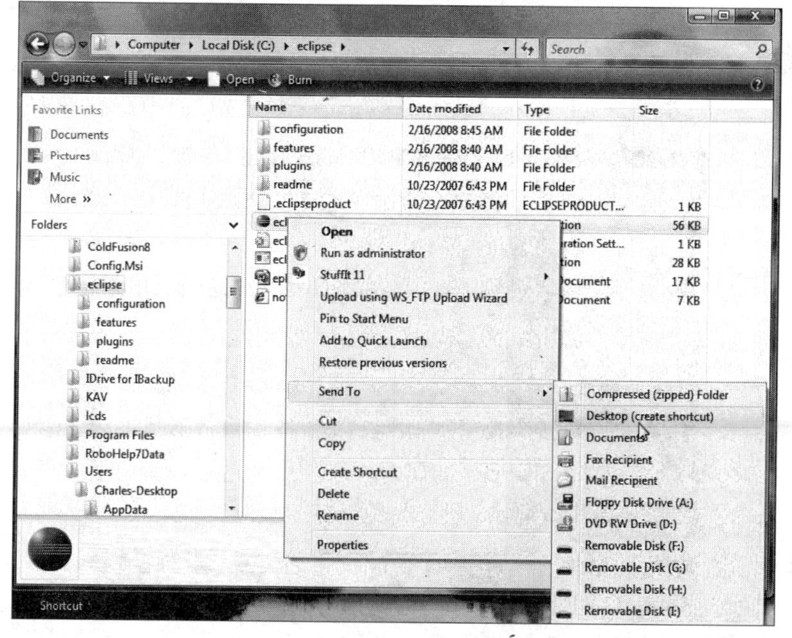

图1-5 创建桌面快捷方式

这就是安装Eclipse所涉及的全部操作。从现在起，不管安装的是哪个版本的程序，安装过程都非常相似。

1.4.2　安装 Flex Builder 3

在写作本书时，Adobe同时用光盘和下载方式销售Flex Builder 3。下载文件的大小约为345MB。在这两个选择中，（我已讲过多次）可以把它作为独立版本或Eclipse插件来安装。不同版本的安装差别是非常小的。

(1) 根据安装所针对的操作系统开始我们的安装过程。此时应该会启动一个名为InstallAnywhere的程序。它可能会花两分钟的时间才显示出第1个界面。

12

(2) 第一个界面会向你提示安装的语言。选择语言并单击OK按钮。

图1-6　开始的安装界面

(3) 最好关闭所有运行的程序和窗口，尤其是浏览器。这是因为Flex Builder将安装其自带的Flash Player 9。下一个界面会为此给出提示。完成之后单击Next按钮。

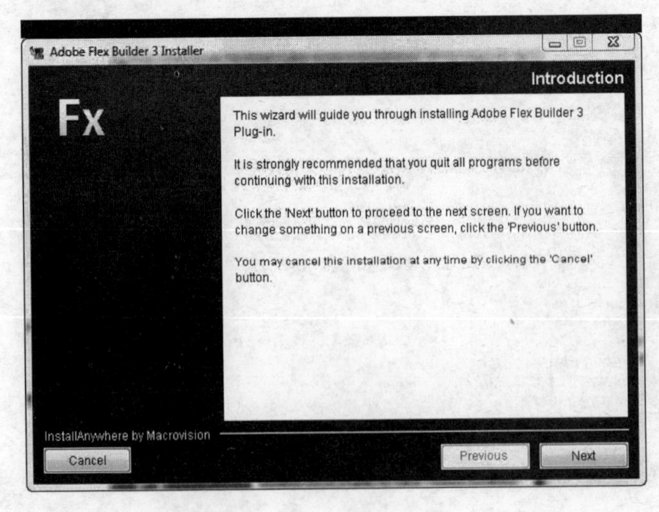

13

图1-7　Introduction界面

(4) 下一个界面（如图1-8所示）是许可界面。接受许可协议并单击Next按钮。

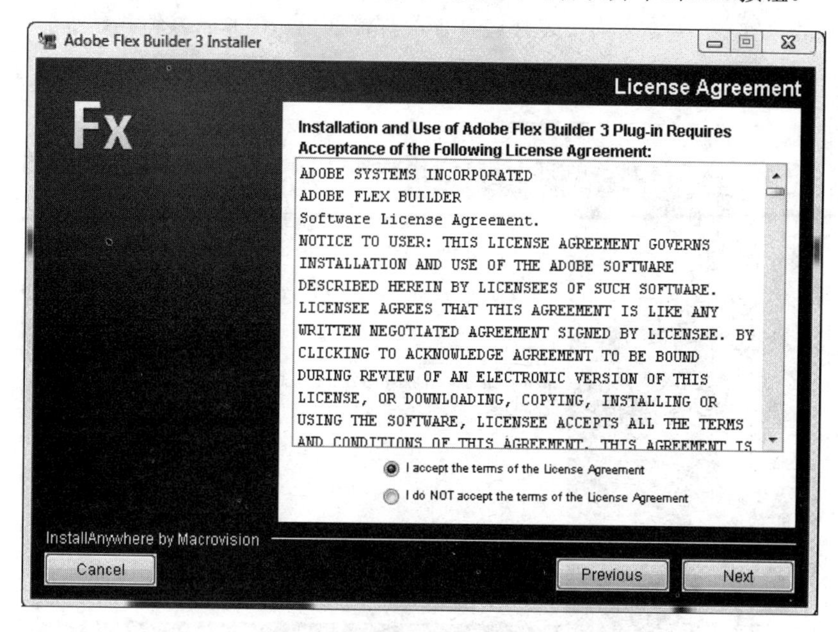

图1-8　License Agreement界面

(5) 下一个界面（如图1-9所示）会向你提示默认的位置。除非你想改变它，否则单击Next按钮接受该位置即可。

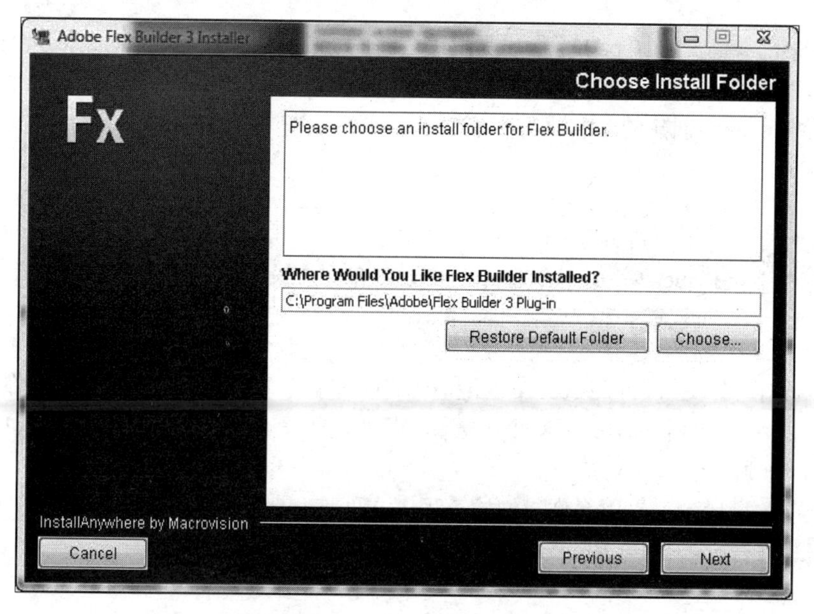

图1-9　Choose Install Folder界面上的默认安装位置

(6) 下一个界面（如图1-10所示）只在以插件方式安装Flex Builder 3时才会显示。它会向你询问Eclipse安装的位置（如果你之前安装过它的话）。你需要单击Choose按钮并导航至该文件夹（在这个示例中，我的安装目录是C:\Eclipse）。选好之后单击Next按钮。

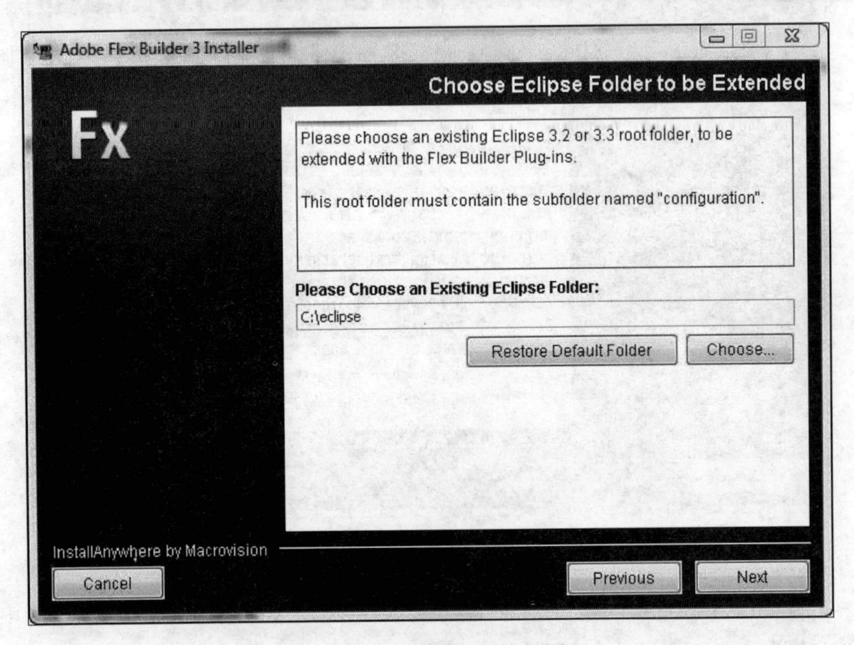

图1-10　选择Eclipse的位置

(7) 接下来的界面（如图1-11所示）非常重要。它会提示要把Flash Player安装到计算机上已安装的各个浏览器中。不过，这个版本的Flash Player不是大多数终端用户下载的那个。这个播放器能够调试你在Flex中创建的SWF文件，它会在本书后面起重要的作用。我们首先会在第2章看到它。

> 在本章的前面，我提到了Flash Player 9的安装有一个bug。我强烈建议仔细看看那段话，并卸载已有的Flash Player版本。这里所示的安装过程会正确地重新安装好一切。卸载完之后，马上为已安装的所有浏览器重新安装Flash Player。

如果日后你再做一些额外的ColdFusion和JavaScript编程工作，系统就还会提示你安装额外的Eclipse插件。如果你计划日后使用这两个技术，即使现在没有安装ColdFusion，我也强烈建议大家选择这两个选项。

15

(8) 安装前的最后一个界面允许我们检查程序文件夹和Debugging Flash Player（调试用Flash Player）的安装参数（如图1-12所示）。

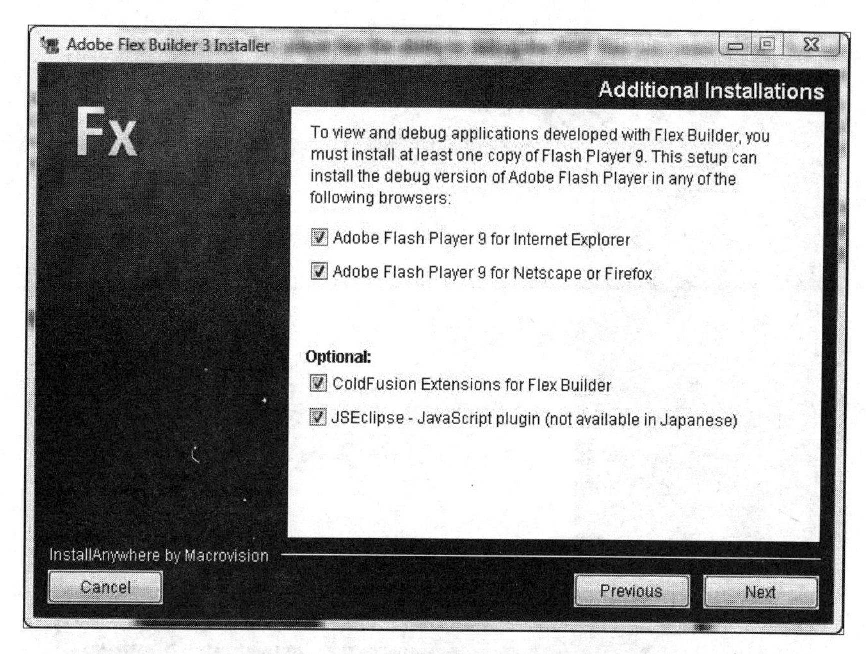

图1-11 Flash Player的安装

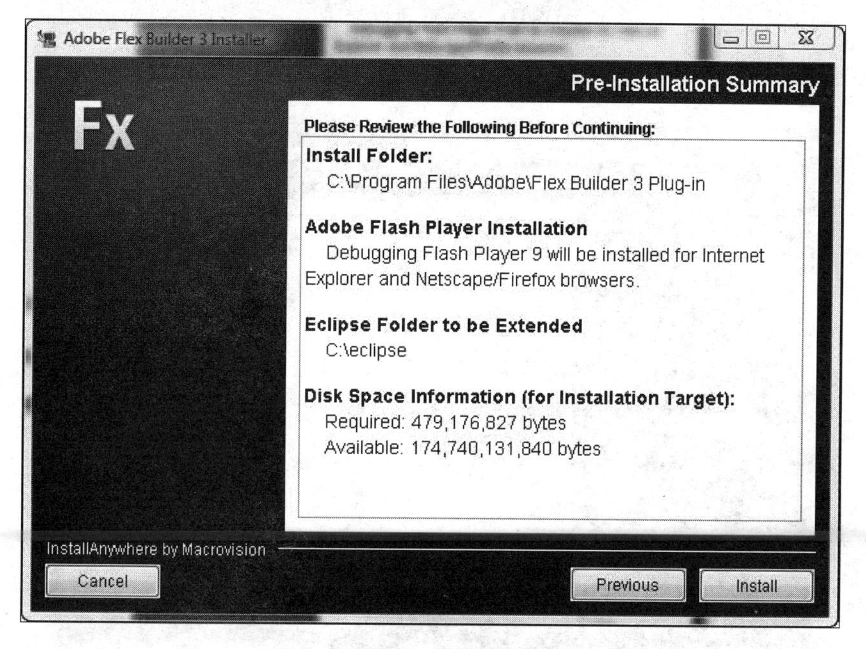

图1-12 最后的检查

(9) 假设一切都没有问题，就请单击Install按钮。

你会看到类似于图1-13所示的安装进度界面。

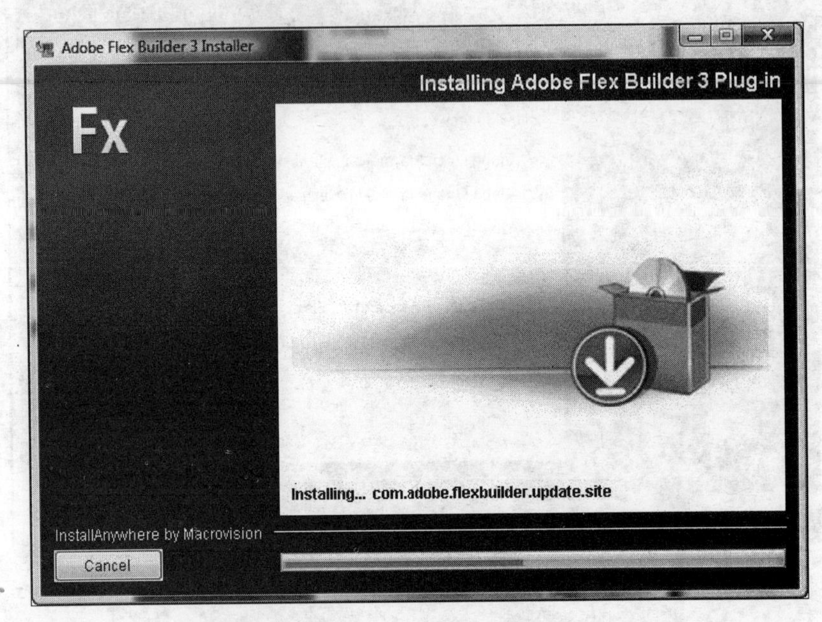

图1-13　安装进度界面

(10) 最后的界面应该如图1-14所示，据此可知一切均已正确安装。单击Done按钮。

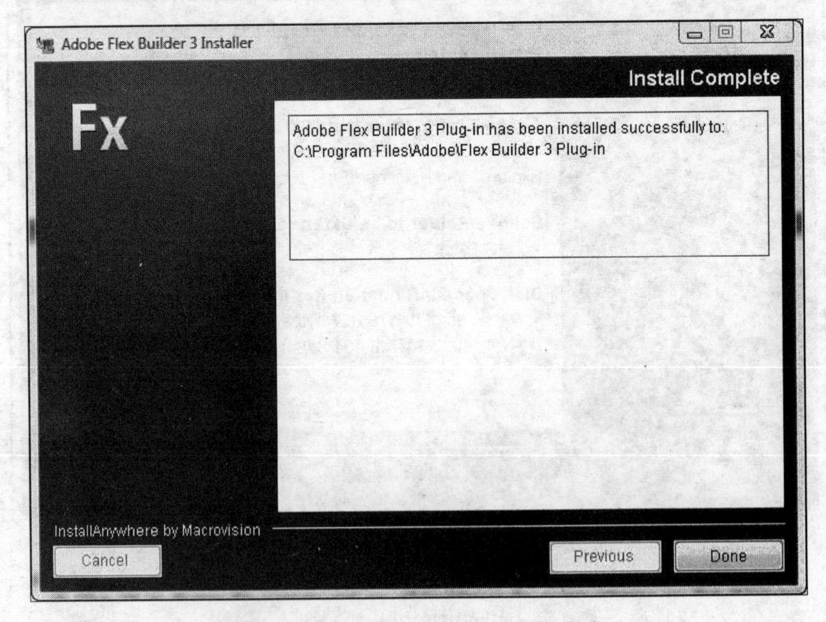

图1-14　最后的界面显示出安装成功

如果是在Windows Vista环境下安装的，你就会返回到资源管理器和Eclipse安装目录，因为第一次打开Flex Builder时，Vista要求你作为Administrator将其打开。

(11) 关闭这个窗口。我要向大家展示针对Windows Vista的不同技术。

因为Flex Builder可以在Windows XP、Windows Vista、Mac OS X和Linux下运行，所以讨论各个操作系统的细节是很困难的。过了这个最初的阶段，在不同操作系统上运行Flex Builder的差别可忽略不计。

(12) 如果是使用Windows Vista，请选择Start → All Programs命令。

(13) 选择Adobe文件夹。

(14) 用右键单击Adobe Flex Builder 3 Eclipse Launch链接，并选择Run as administrator（如图1-15所示）。

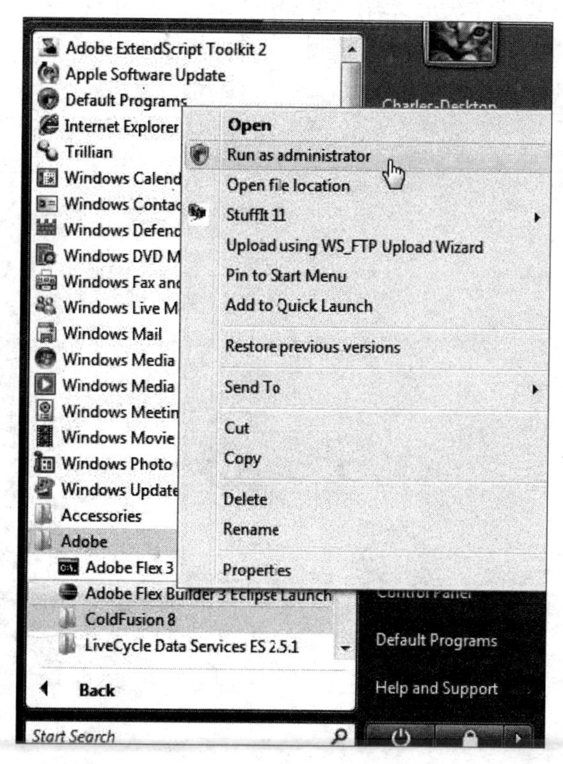

图1-15 Run as administrator菜单命令

你只需要在首次运行Flex Builder时做这件事情。

18

(15) 首先，系统会向你提示默认的工作空间，如图1-16所示。在Eclipse中，工作空间就是保存项目文件的地方。这个界面是在询问你是否想使用默认的工作空间。如果你刚刚开始学习Flex，那就不用更改这个位置，单击OK按钮。

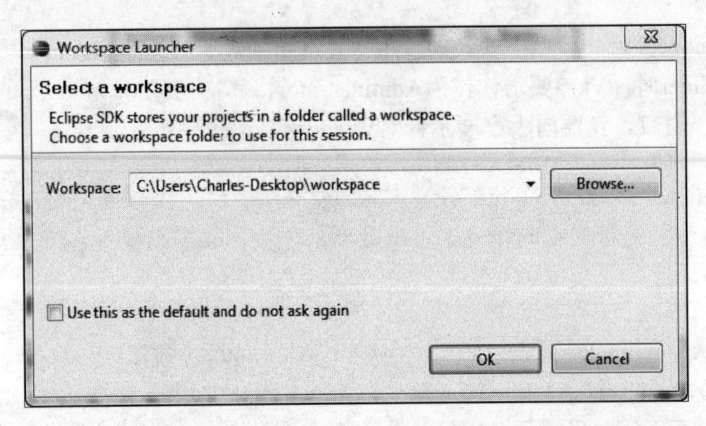

图1-16　默认的工作空间界面

根据操作系统的不同以及你决定安装的Flex Builder版本的不同，接下来的界面（如图1-17所示）看上去可能会与你的系统有些不同。别担心，我们很快就会修正这个问题。

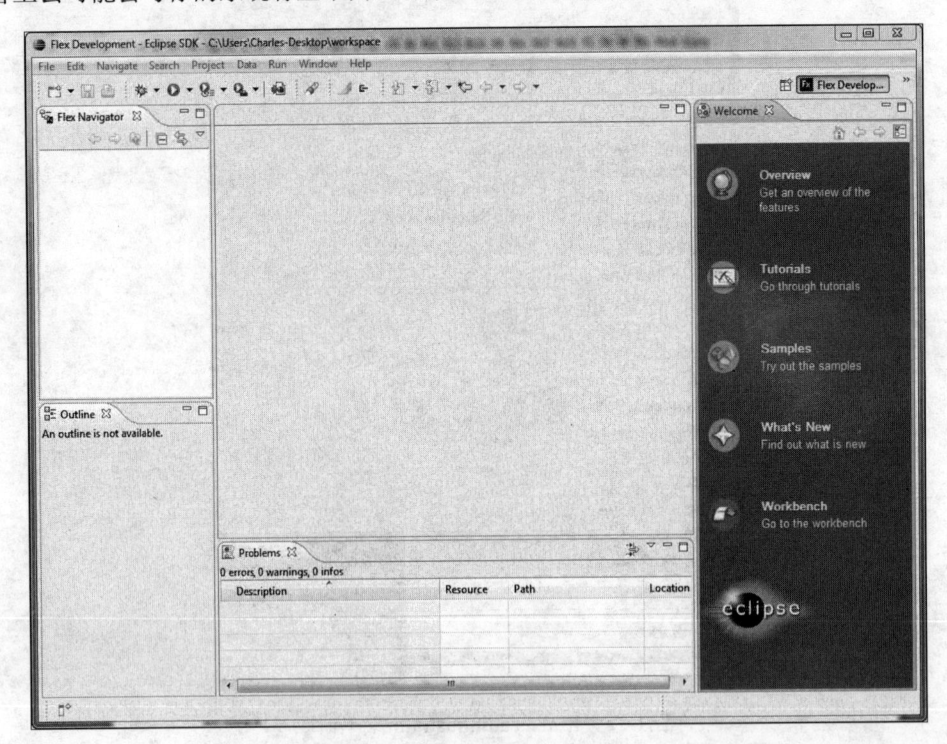

19

图1-17　Flex Builder的开始界面

右边显示的Welcome面板是针对Eclipse而不是Flex Builder 3。

(16) 单击选项卡右侧的×，关闭Welcome面板。

(17) 单击Help → Flex Start Page命令，界面应该类似于图1-18所示。

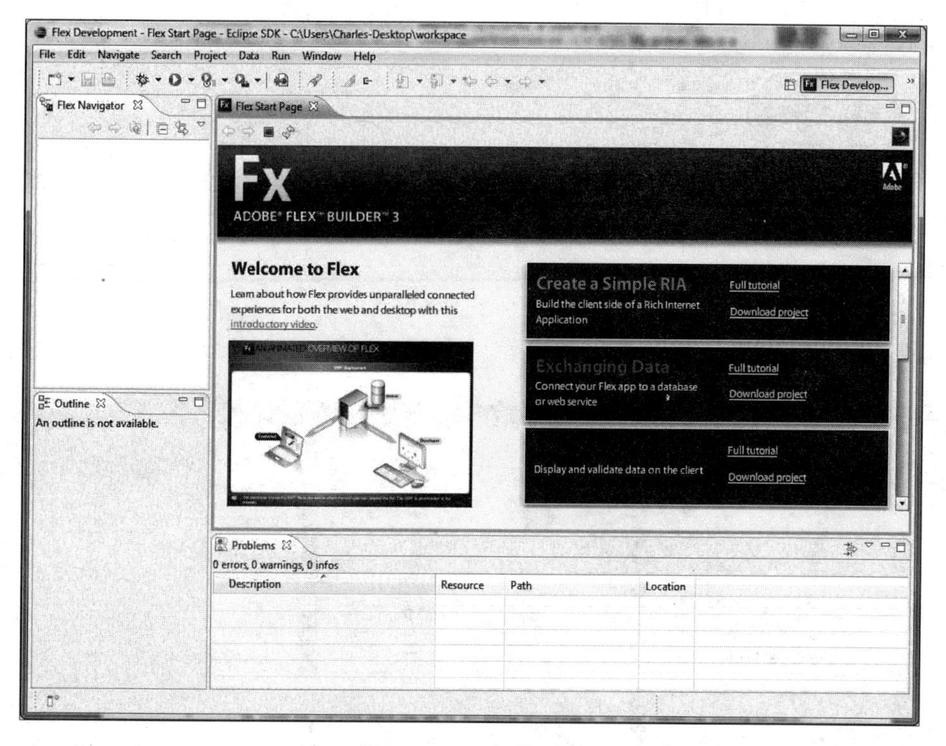

图1-18 Flex起始页面

这个界面是从Adobe动态下载的，可能会随着时间而改变。所以，如果你的界面看上去与图1-18略有不同，那也不用担心。

如果你安装好了一切，且看到了类似于图1-18所示的界面，接下来就该讨论具体的细节了。我们将在第2章做这件事情。

1.5 小结

本章我们回顾了一点儿因特网的历史和工作机制，并学习了Flex是如何切入到这个历史当中的，还学习了Flex给Web设计带来了哪些新东西。最后，我们学习了各种各样的安装选项。 20

安装好Flex Builder IDE之后，有了捆绑的ActionScript SDK（在下一章将看到，我们实际上安装了两个版本的ActionScript SDK），就可以开始构建应用程序了。下一章我们将通过进一步查看Flex环境和Flex Builder IDE来做这件事情。 21

第2章

Flex与Flex Builder 3

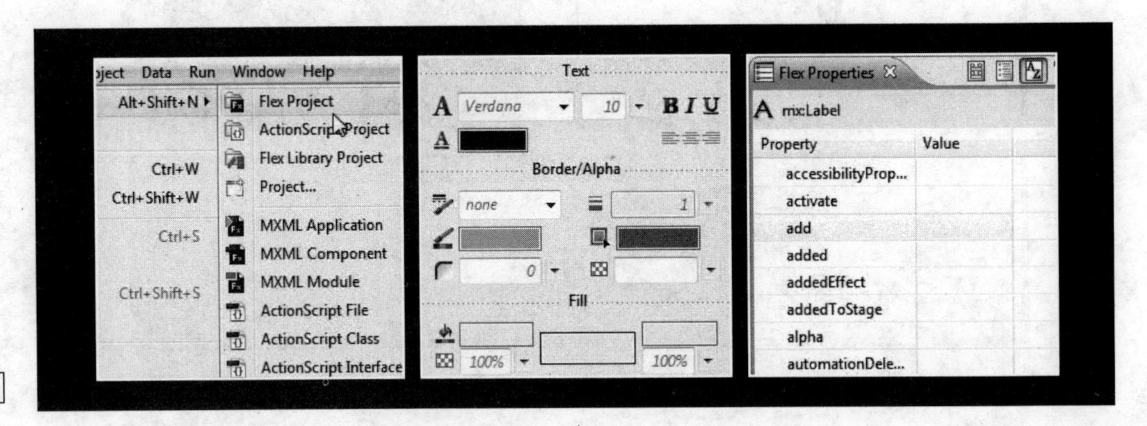

在我起初从事Java编程的时候，所采用的典型工作流程是先在非常低级的文本编辑器（如记事本）中键入代码，然后再切换到命令提示符（当时叫做DOS提示符）下输入“神秘的”编译器命令字符串。最后，如果一切顺利的话，就需要输入另一个命令来运行程序。不过，如果某个地方代码出错，编译器就会返回一个难以理解的错误消息。

好在，随着IDE的发展，我们不必再采用这些低效的做法了。代码错误通常在你键入它们时就会被标记出来，编译器命令可以通过单击按钮来访问。而且，如今大多数IDE都会提供大量的工具来帮助我们快速编写出无错代码。

本书在很大程度上是关于两个主题的：Flex与Flex Builder 3。

在第1章讲过，我们不需要有Flex Builder 3就能在Flex中编程。大家能马上就会想到我刚才所讲的情形，但那真的是一种高效的做事方法吗？

> 在写作本书时，Adobe公司正在开放Flex的源代码并使第三方IDE的出现成为可能。不过，本书自始至终使用的都是Flex Builder 3。

我们要在本章快速介绍Flex Builder 3的各个部分，并研究它所使用的一些术语。我们还将构建两个简单的Flex应用程序。最后，我们要研究一下Flex设计语言、MXML与ActionScript 3.0的关系。与此同时，还会讲解如何理解ActionScript文档。

首先，我们要让Flex Builder 3运行起来。

2.1　从 Flex Builder 3 出发

Flex Builder 3是创建Flex应用程序的“官方”IDE。我在第1章讲过，Flex Builder 3构建于Eclipse IDE之上。这是大多数程序员，尤其是Java开发人员所熟悉的多语言IDE。在本书的后面，我们将使用这个环境编写ColdFusion代码。

在第1章，我指出了一件大家应该注意的小事情：如果是在Microsoft Vista环境下运行Flex Builder 3，并且是第1次启动它，那就必须用右键单击其快捷方式并作为Administrator来打开它。如果不这样做，就会收到错误消息。以后再使用它时就不需要这样操作了。

24

假设你让Flex Builder 3运行起来了，并且遵循了第1章中的步骤，那就应该看到图2-1中所示的视图。

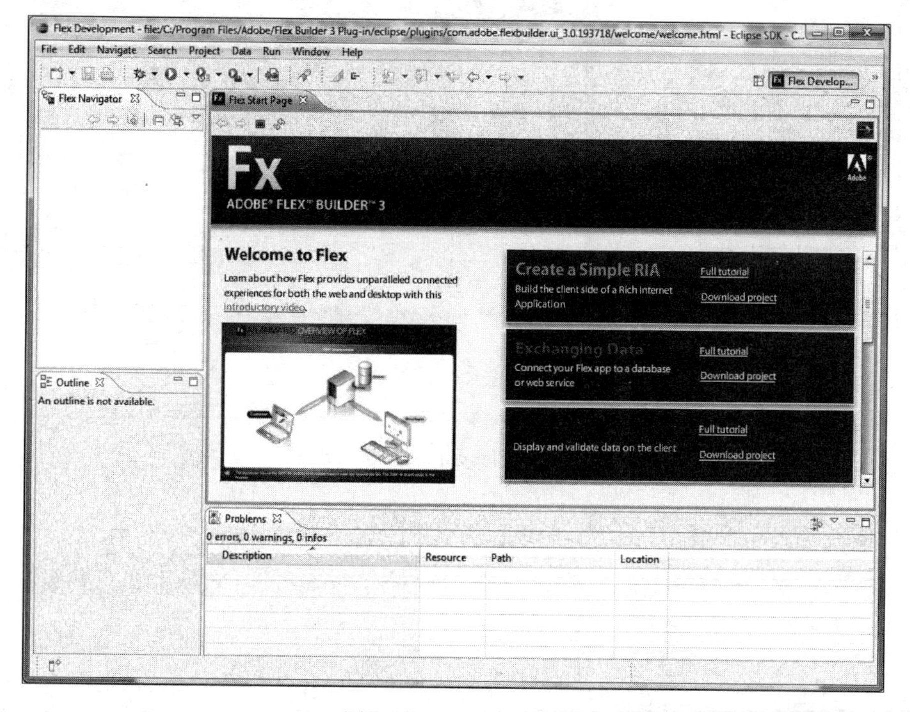

图2-1　Flex Start Page

所出现的页面默认叫做Flex Start Page，它由教程和样例应用程序组成。其内容值得一看。在我看来，这里有很多潜在的学习工具。

> 如果Flex Builder 3是作为Eclipse的插件安装的，那么一开始可能就看不到这个页面。别担心，通过选择Help → Flex Start Page命令，就可以随时访问Flex Start Page。

特别有趣的是位于Welcome to Flex界面左侧的介绍性视频。单击它就会在新窗口中看到类似于图2-2所示的内容。 25

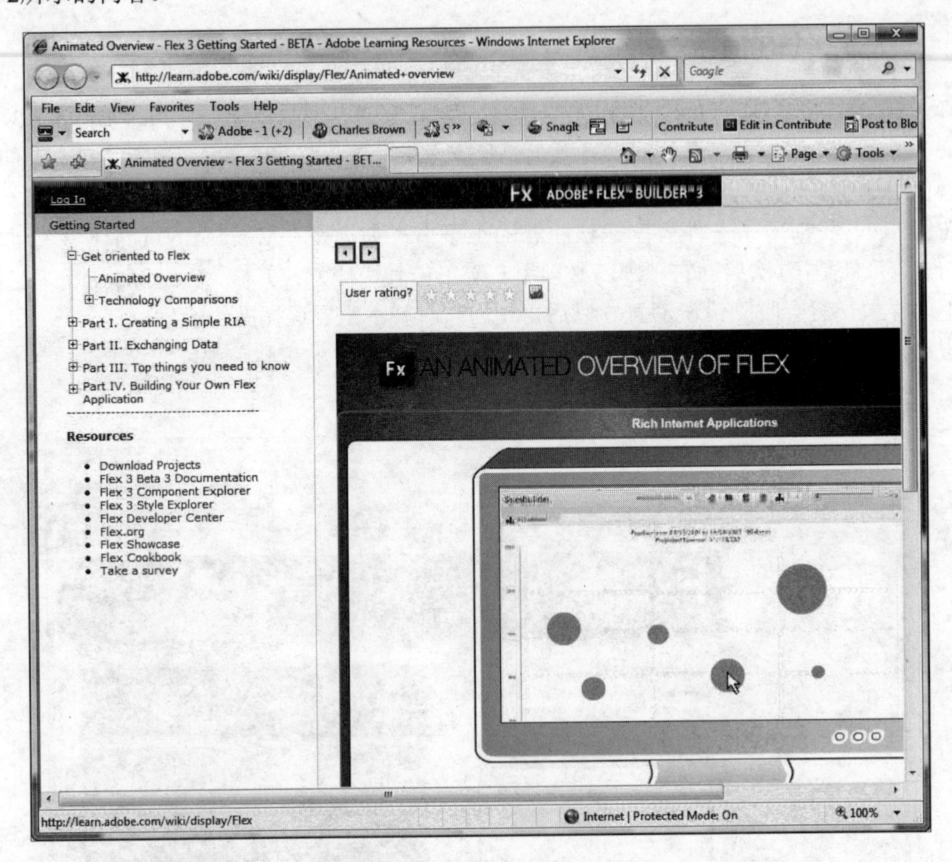

图2-2　Flex Support Center

大家应该花些时间看看这个视频以及其他一些教程。

> 这些界面和教程会随时更新。所以，如果你看到的界面与图2-2不太相同，那也不必担心。尽管放心使用最新版的教程。

既然知道了如何使用Flex Start Page，我们就来查看一下Flex Builder/Eclipse。如果没有打开Flex Builder，就请参看图2-1。

注意Flex Start Page周围还有另外一些打开的窗口，它们分别叫做Flex Navigator、Outline和Problems。我们马上会在创建第1个项目时讲解这些窗口的功能。

在Eclipse中，这些额外的窗口叫做视图。也就是说我们现在看到了Flex Navigator、Outline和Problems视图。 26

我在第1章讲过，Eclipse是一个多语言环境。每一种语言在可能需要的工具和视图方面都有其自身的要求。Eclipse会为所使用的语言自动设置工具和视图。这种自动的排列叫做透视图。

如果像第1章所讲的那样下载了独立的Eclipse并在后来添加了Flex Builder 3插件，那么默认的透视图就是针对Java的。但如果下载的是捆绑在一起的Eclipse/Flex Builder 3，那么默认的透视图就是针对Flex的。这就是大家所见到的界面可能与本书中显示的界面不太相同的原因。

我们马上就会使用视图和透视图，并且这将贯穿本书大部分内容。但在使用它们之前，我们需要先创建第一个Flex项目。

2.1.1 创建一个 Flex 项目

Eclipse和大多数IDE一样，需要先定义一个项目才能开发应用程序。和所有项目一样，Flex项目是一个可控制的环境，它包含构建、测试和部署应用程序所需要的全部文件。

我们来构建第一个应用程序吧。和大多数的入门编程书一样，首先是一个简单的“Hello World”应用程序。

(1) 选择File→New命令，显示出如图2-3所示的选项。

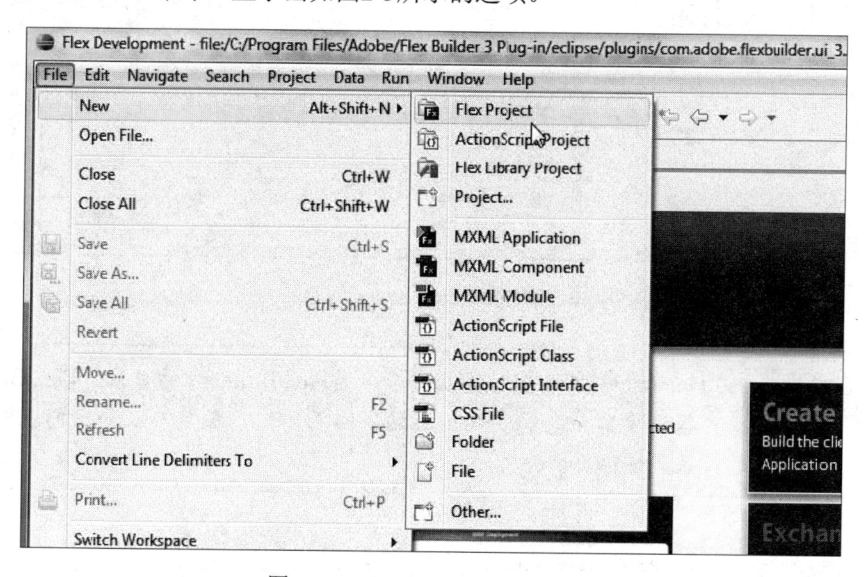

图2-3 Flex Builder 3的New选项

(2) 选择Flex Project，这会打开如图2-4所示的对话框。

27

如果使用的是Flex Builder 2，这个New Flex Project对话框看起来就会完全不同。我们需要做的第一件事情是给项目命名。可以使用你想要的任何名称，因为它只是用于标识目的的。

(3) 在Project name字段中输入Welcome作为项目名称。

在Project name字段的下面，应该会看到一个Project location组合框。这里有一个使用默认位置存放项目的复选框，我们在第1章中曾经提到过它。Flex Builder在安装时会建立一个叫做workspace的文件夹，这将在本书后面讲解，现在大家只要知道这个文件夹包含了Flex为了运行和编译所需要的重要工具以及与项目文件所在位置相关的信息即可。

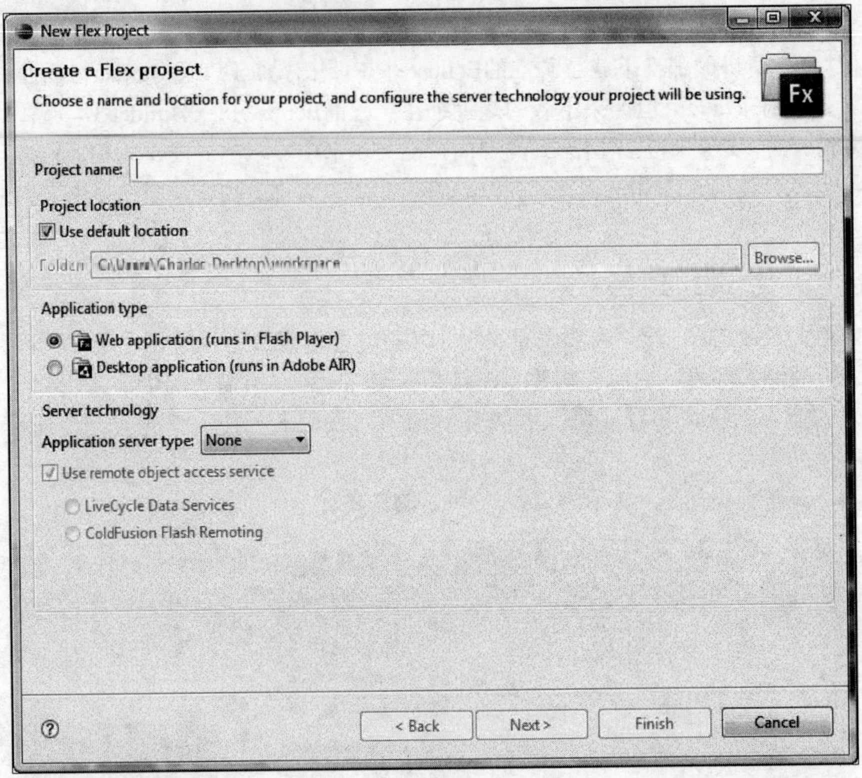

图2-4 New Flex Project对话框

Flex Builder 2会在Documents文件夹下建立一个名为Flex Builder 2的目录。Flex Builder 3则略有不同。工作目录会根据操作系统和安装类型的不同而不同。例如，正如我们在图2-5中所看到的，这个默认的目录是workspace。

图2-5 默认的位置

我们很少需要真正进入这些文件夹（如果有这种需要的话），尤其是作为一个新用户时。所以现在不用太操心它们。

在Use default location复选框下面，应该会看到其后带有项目名称的工作空间目录。因为使用的是默认的位置，所以它将显示为灰色，如图2-5所示。

Application type是Flex Builder 3的新选项。Web application (runs in Flash Player) 选项允许我们创建可以在因特网上播放的SWF文件，这种文件可以在Web浏览器中显示。这是运行SWF文件的传统方法，也是我们将在本书的开头集中关注的方法。

Desktop application（runs in Adobe AIR）指的是Adobe刚刚发布的一项新技术。缩写词AIR代表Adobe Integrated Runtime（Adobe集成运行时）。本书后面会详细讲解这个概念。不过现在，大家只要知道它允许Web应用程序作为桌面图标在浏览器的外部运行即可。这就回到了在第1章开头的讨论，我当时提到了Web应用程序和桌面应用程序将变得越来越难区分。

如果想看看这项新技术的演示，请前往http://desktop.ebay.com。大家能够使用它在eBay上浏览和购物。

(4) 现在，要确保选中Web application (runs in Flash Player)。

在第1章讲过，Flex可适配所有的主流服务器技术，如.NET、PHP、Java和ColdFusion。Flex会呈现由这些技术输出的数据。

Server technology组合框允许我们选择将在哪种服务器上运行。我们会在本书后面谈论这个问题。

(5) 暂时保留Server technology为None的设置。

(6) 单击Next按钮。

(7) 下一个对话框（如图2-6所示）会指定部署项目所需要的完成文件将存放在哪里。默认的文件夹是bin-debug。不必更改它，所以请单击Next按钮。

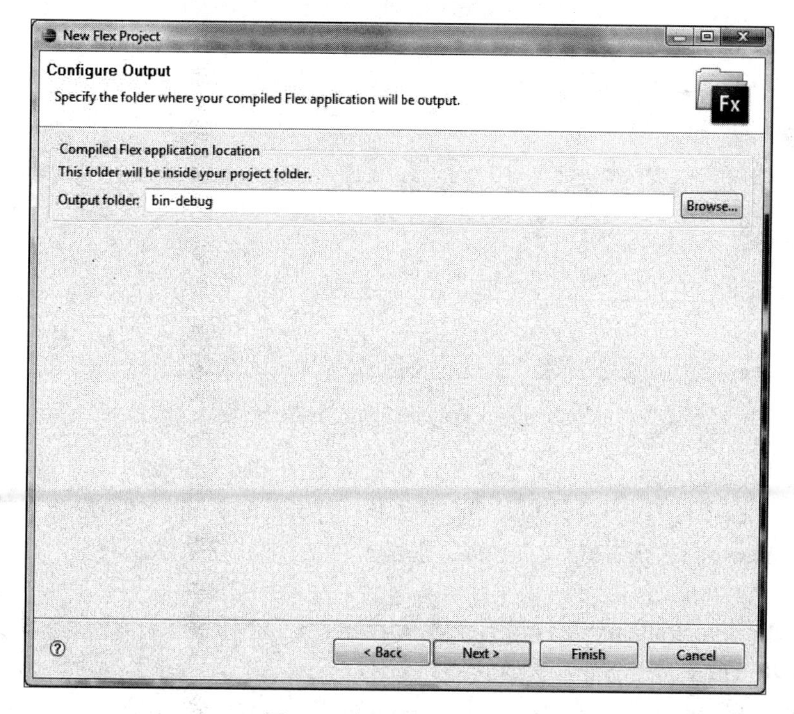

图2-6 默认的输出文件夹

下一个对话框（如图2-7所示）允许我们指定项目内用来存放项目源文件（source file）的文件夹的名称。源文件就是我们创建的文件以及在转换成SWF文件之前的所有其他文件。默认情况下，Flex Builder会建立一个名为src的文件夹。我们不必更改这个名称。

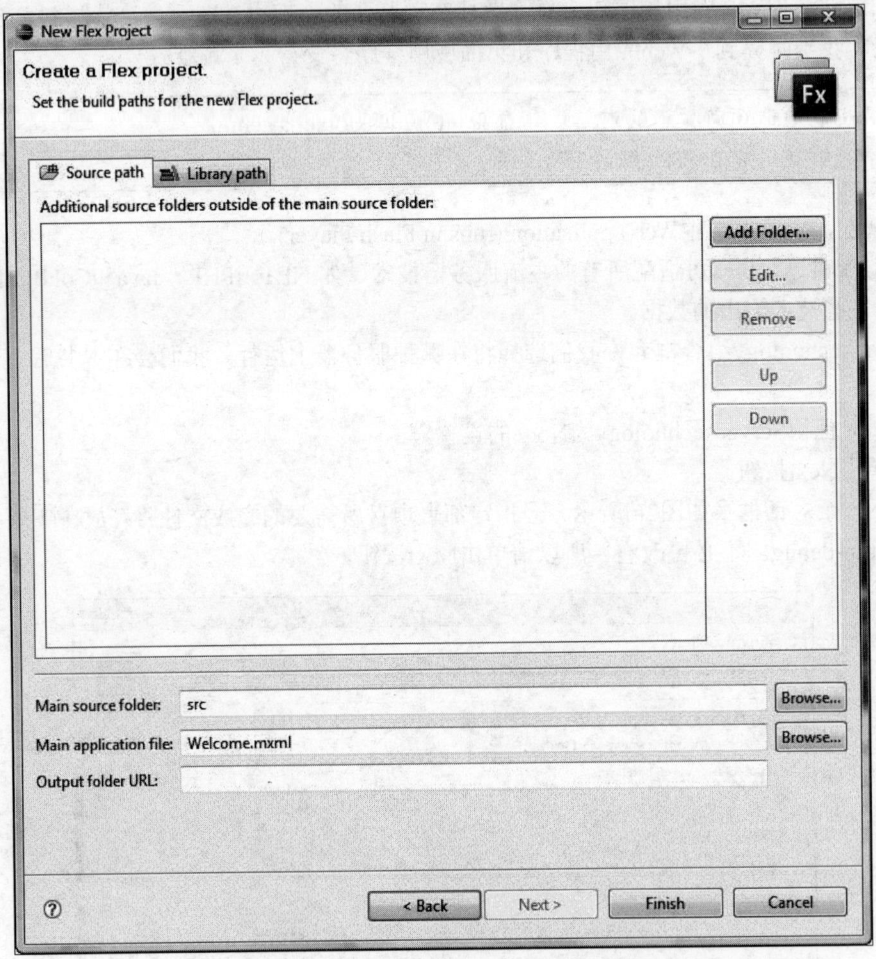

30

图2-7 在Create a Flex Project对话框中给应用程序文件命名

如果曾经使用过Flash，就知道工作文件的扩展名为.fla。在Flex中，工作文件的扩展名为.mxml。所有Flex项目都由一个叫做应用程序文件（application file）的MXML文件和另外几个叫做组件（component）的MXML文件组成。现在不必过于关心它。我们将在后面详细讲解这个问题。

默认情况下，Flex Builder会给应用程序MXML文件起一个和项目相同的名称。如果愿意，可以更改这个名称，但现在没必要这么做。

31

(8) 单击Finish按钮。

Flex Builder将做一些内部工作，然后打开如图2-8所示的界面。

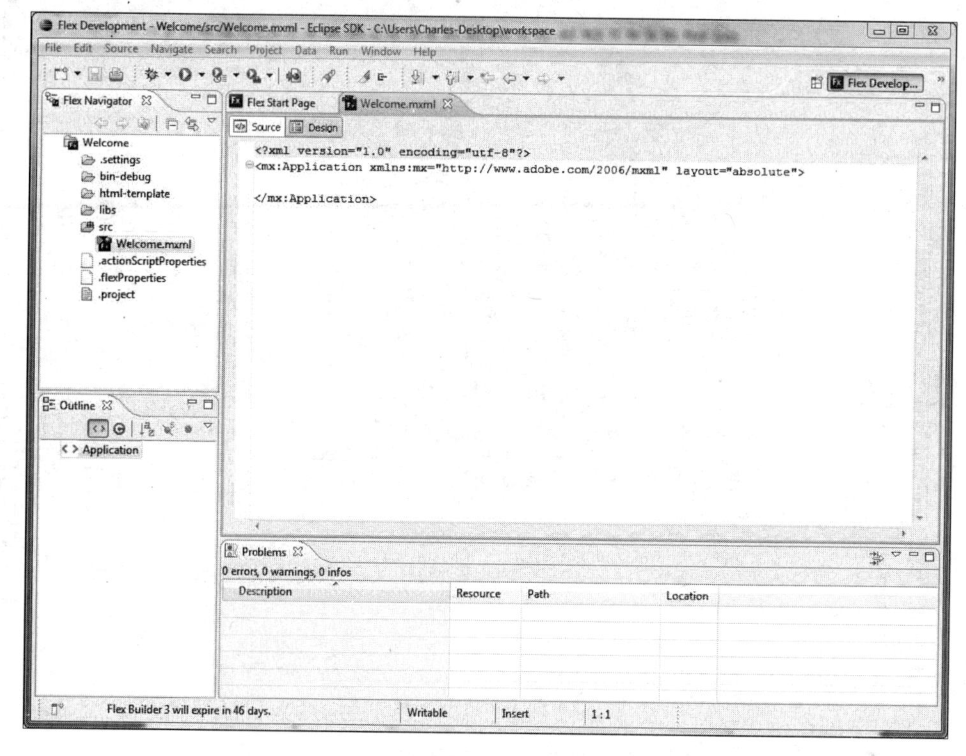

图2-8　Flex Builder透视图

构建好项目环境之后，Eclipse会马上打开Flex透视图。

注意Flex Navigator视图现在包含了该项目所需要的文件和文件夹。bin-debug文件夹将包含代码的输出。src文件夹包含主应用程序Welcome.mxml。在本书中，我们将把大量的时间花在src文件夹上。

Outline视图会向我们显示应用程序的结构。我们将在本章后面使用它。

代码所在的主区域是Editor视图。这是我们编写代码和开展设计工作的实际场所。

Flex透视图内有其他一些子透视图。例如，在Editor视图中查看代码时，我们是在Source透视图中。但如果注意左上角，就会看到两个按钮：Source和Design。Design按钮会带我们进入Design透视图。

（9）单击Design按钮打开Design透视图，如图2-9所示。

注意在Design透视图中，我们会看到一些在Source透视图中没有见过的视图。例如，我们会看到Components视图、States视图和Flex Properties视图。

在这个Perspective中，我们可以像在Microsoft公司流行的Visual Studio程序或Adobe公司的Dreamweaver中那样用直观的方式创建应用程序。

我们将在这个透视图中创建一个简单的应用程序。

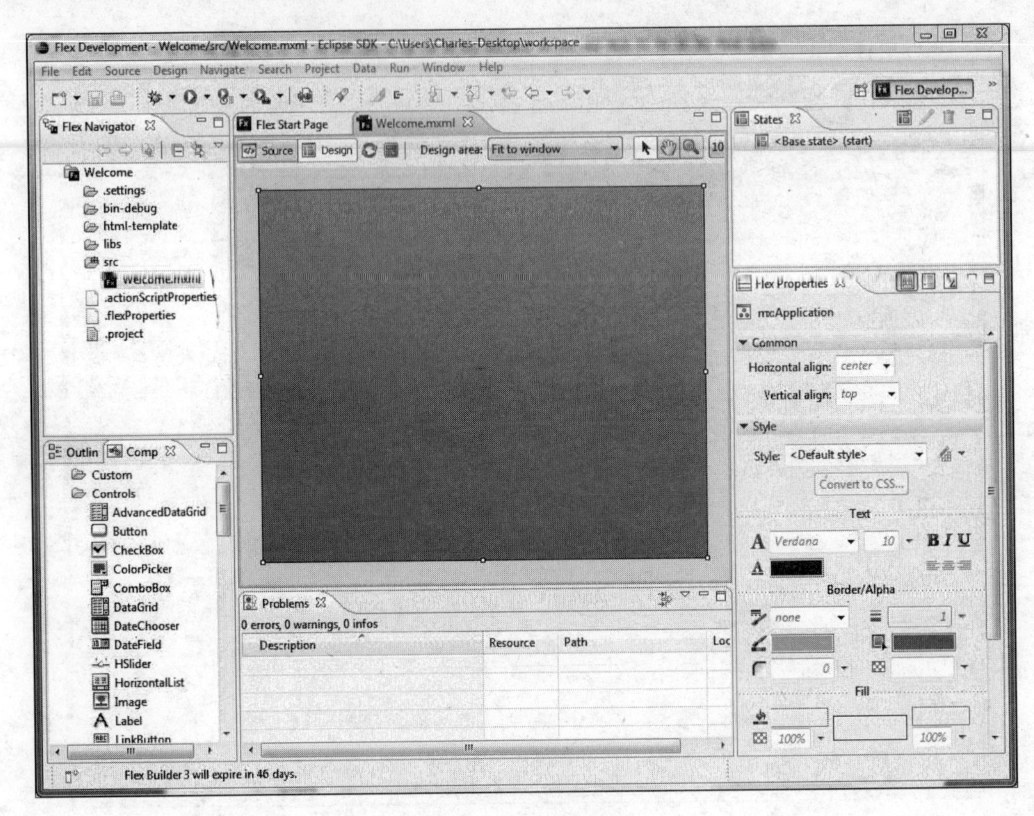

图2-9　Design透视图

2.1.2　创建一个Flex应用程序

我们将在这里创建一个简单的应用程序，帮助大家涉足使用Flex和Flex Builder。我会暂时讲一些表层的事情。随着学习的进展，我们将进行更深入的研究。

请注意Components视图。这个视图内有很多文件夹，包括Controls、Layout、Navigators和Charts。这些文件夹包含了构建Flex应用程序所需要的组件（component）。

这里要讲讲组件。组件是一种附加的ActionScript类文件，它只能在Flex中使用。换句话说，虽然Flash CS3会使用ActionScript 3.0，但这些非常健壮的组件只能在Flex环境下访问。本章及本书后面会详细讨论这些组件。而且，在讨论它们的时候，我会换着使用“组件”和“类”这两个词语。大家将会看到，这两个词语指的是同一件事情。

33

如果需要，可单击Controls文件夹左侧的小加号（+），显示出一个长长的控件（control）列表。控件就是接收或发送数据所需要的组件。大家将要学到，所有这些组件背后都与ActionScript文件有关联。

(1) 定位至Label控件，把它拖动到Editor视图中。注意在向设计区域中央移动时，会显示出一个垂直的线条来指示中央位置。此时的界面应该如图2-10所示。

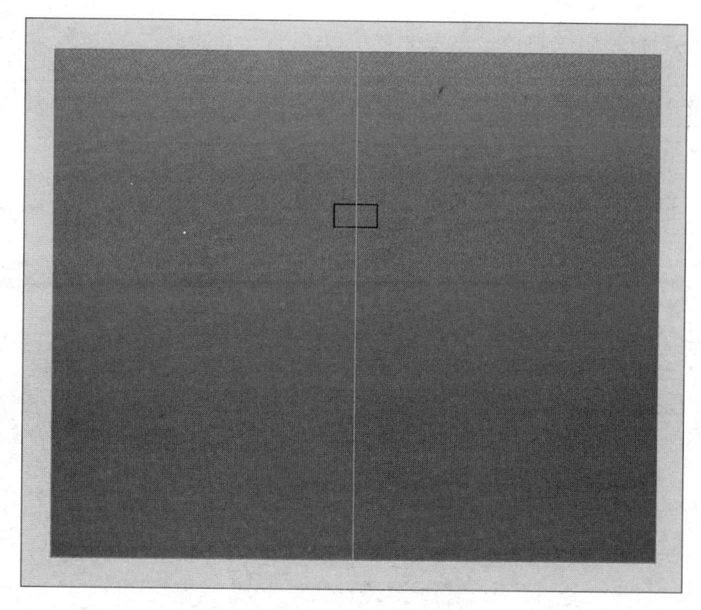

图2-10 Label控件

注意Label控件中有一些叫做Label的默认文本。

(2) 双击这个默认的文本，并输入Welcome to Flex Programming!。

(3) 按Enter键。

可以通过按Ctrl/Cmd+S键或单击工具栏中的Save图标来保存你的作品，如图2-11所示。现在，可以测试一下这个应用程序。

(4) 单击位于刚才使用的Save按钮右边的Run Application按钮（如图2-12所示）。

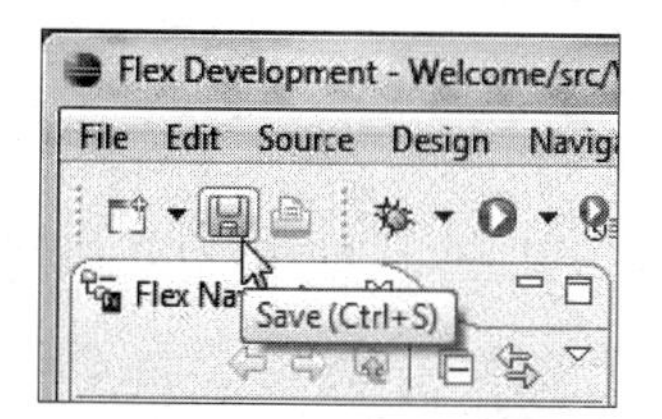

图2-11 保存应用程序

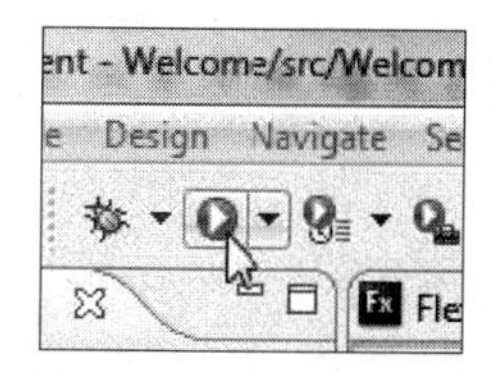

图2-12 Run Application按钮

此时应该会打开默认的浏览器以显示应用程序，如图2-13所示。

> 如果Flex Builder是作为插件安装的，可能就会有一个中间界面向你询问这是什么类型的应用程序。如果看到这个界面，只要选择Flex Application并单击OK按钮即可。

恭喜你！你刚才创建并运行了第一个Flex应用程序！

(5) 关闭浏览器，回到Flex Builder。

35

我们来看看另一种改变Label控件的文本的方法。

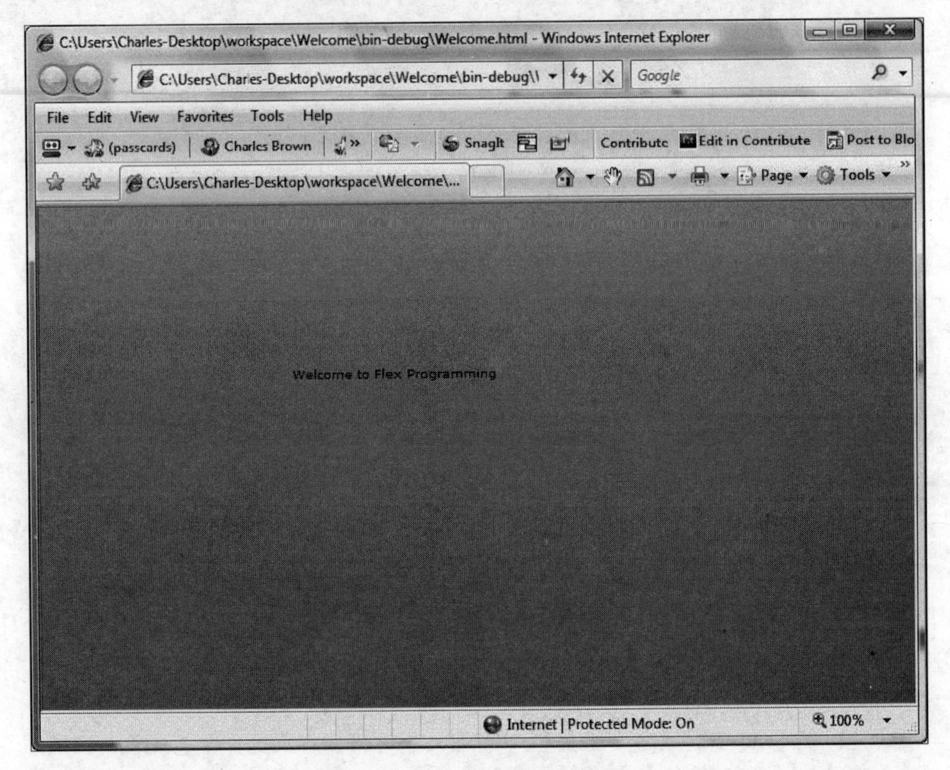

图2-13 默认浏览器中的输出

2.1.3 更改属性

在添加标示语文本，或者更准确地说，在更改默认文本时，我们改变了Label控件的属性。在这个案例中，我们改变了文本属性。

Flex Builder允许我们用程序化或直观的方式改变所使用的很多组件的属性。让我们在这儿看看直观的工作方式。

36

单击舞台上的Label，看看右侧的Flex Properties视图，如图2-14所示。

这个面板是与上下文关联的，它会根据正在操作的组件发生改变。举个例子，如果你正在操作Button组件，面板上的选项就会有所不同。

如你所见，该面板只会显示最常用的属性。不过，有一个选项可以显示所有的可用属性。

在面板的顶部，选项卡的右侧，应该能看到几个按钮。第一个按钮是Standard视图，即我们现在看到的视图。第二个按钮是Category视图，如图2-15所示。

有了这个视图，我们就可以看到所操作的组件的各种属性了。这个视图的方便之处在于它是按照类别显示的。在本书的后面，大家会遇到其中的很多属性。不过，还有另一种方法可以看到这些属性。

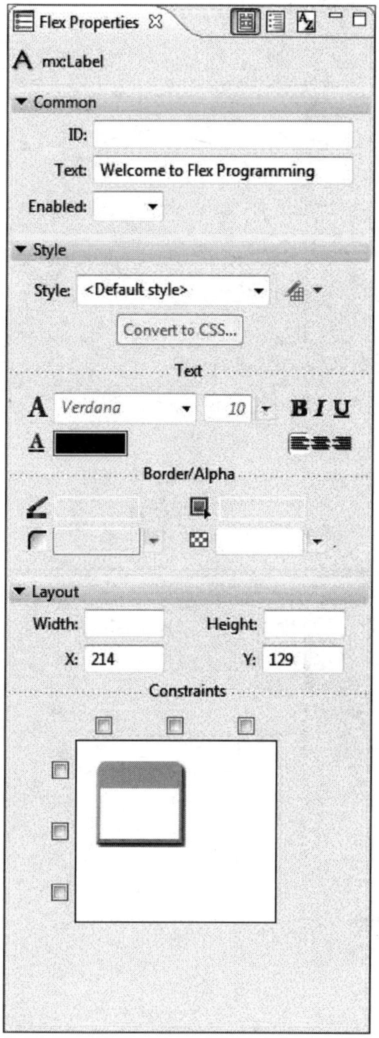

图2-14 Flex Properties视图

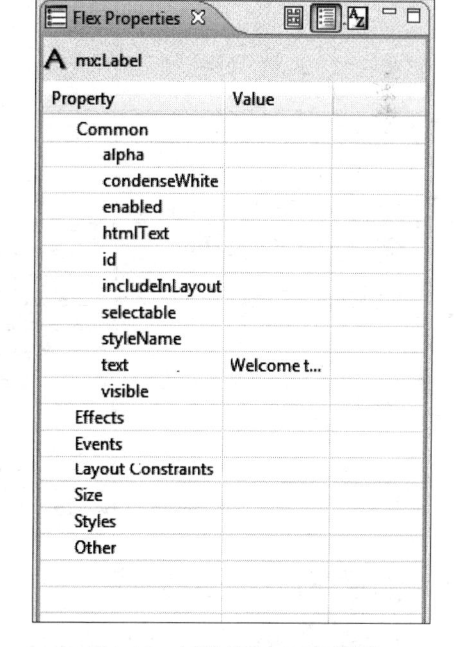

图2-15 属性的Category视图

如果单击第三个按钮，它就不是按照类别排列属性，而是按照字母顺序将属性排列在一个长长的列表中，如图2-16所示。

我们可以使用这三个按钮在Standard、Category和Alphabetical视图之间切换。

> “属性”在Flex Builder中的定义相当宽泛。大家马上就要看到，叫做事件处理程序的事物就是作为属性来进行分类的。

穿过这道障碍之后，让我们更深入地剖析一下刚才创建的应用程序的结构。

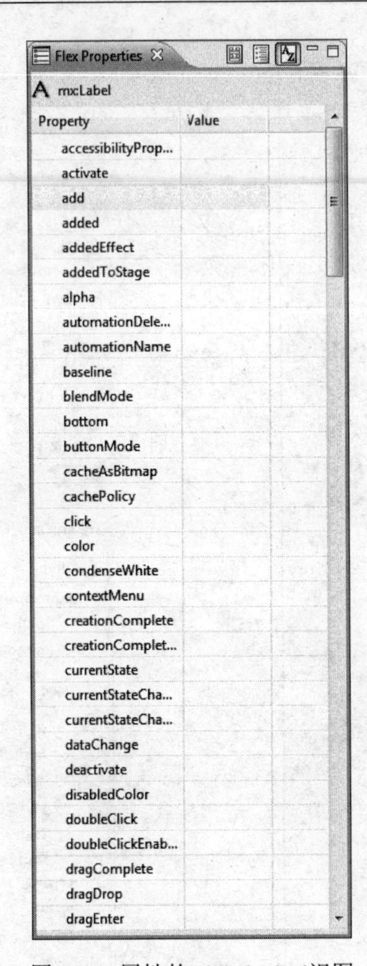

38

图2-16　属性的Alphabetical视图

2.2　剖析 Flex 应用程序

切换回Source透视图，看看生成的代码，它应该类似于图2-17所示。

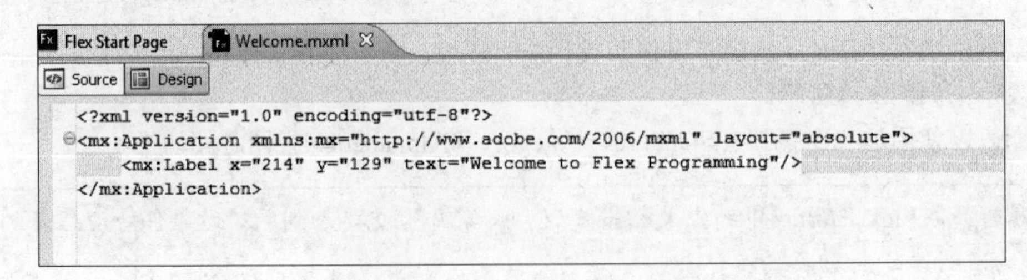

图2-17　Source透视图中的代码

让我们进一步看看这段代码的意思。

2.2.1 MXML

我们通过使用两种语言来创建Flex应用程序：MXML和ActionScript 3.0。是这样吗？

我们在图2-17中看到的是一个MXML的示例。MXML是一门基于XML库的语言，因为它有一个专用标记库并且严格遵循XML的规则。不过，有趣的是：MXML被视为一种简易语言（convenience language）。如果你从未听说过这个术语，那就让我们回到ColdFusion。

2

ColdFusion使用的是一种基于HTML的语言，名为CFML（ColdFusion Meta-Language，ColdFusion元语言）。它使用相对简单的、基于标记的语言在后台编写一种更加复杂的语言。对于CFML，后台编写的是Java。对于MXML，后台编写的是ActionScript。所以，无论你是在MXML中创建应用程序还是用ActionScript直接编写代码，最终的一切都会是ActionScript。我马上会证明这一点。让我们剖析一下在前面那个简单的应用程序中生成的代码。第一行代码是

```
<?xml version="1.0" encoding="utf-8"?>
```

所有MXML文档都以XML的一个DTD（Document Type Declaration，文档类型声明）开头。这意味着该文档将被检查，以确保其符合XML结构的规则。

下一行代码就是开始作用的地方：

```
<mx:Application xmlns:mx="http://www.adobe.com/2006/mxml"
layout="absolute">
```

主应用程序文件，且只有主应用程序文件，必须以Application标签开头。这里要好好讲一讲。

39

大家马上就要看到，每个MXML标签在后台都有对应的ActionScript类文件。如果你是编程新手，不知道什么是类文件，那也不用担心，我们将在第3章讨论这个话题。现在，大家只需要知道根据编程惯例，类文件是以一个大写字母开头的。所以，对应的标签名也是以一个大写字母开头的。但标签名前面的mx:是什么意思呢？

在安装Flex Builder 3时，你还安装了所有与ActionScript 3.0相关的文件。这组文件就是SDK（Software Development Kit，ActionScript软件开发包）。

Application标签有一个名为xmlns的属性，它代表XML命名空间。这是一个命名空间（namespace）属性。它的作用是让我们能够用一个简短的名称来代替整个路径的输入——在这个案例中，即ActionScript SDK所在的路径。在开始创建组件时，我们将更多地用到这个路径。不过，Application标签会使用默认的命名空间mx来代替SDK路径。迄今为止，所讲的内容都很好懂。但现在事情变得有点儿奇怪。

SDK的路径被定义为

http://www.adobe.com/2006/mxml

嗯？这表示SDK位于Adobe的网站上吗？不是！

虽然这看起来像是一个URL，但它实际上是一个内部命令，用来告诉编译器在哪里找到SDK。如果没有像此处所示在Application标签中定义这个命名空间，Flex应用程序就不会工作。所以，一定不要改变它！

我们来回顾一下，mx会告诉标签在哪里找到SDK，而标签名（即这个例子中的Application）

则是它到达那里之后所需要的类的名称。开始看到MXML到ActionScript的连接了吗？

还有一个属性叫做layout，它在这个例子中被设置为absolute。现在请大家暂时忽略这个问题。我们稍后会回到这个问题上来。

在Flex中设计的时候，用容器（container）的方式进行思考是非常重要的。举个例子，Application标签起到了包含其余应用程序的主容器的作用。跟在它后面的Label标签是Application容器的一个子容器。这对于理解MXML语法是非常重要的。

注意Application标签（或容器）封闭了两行代码。

```
<mx:Application xmlns:mx="http://www.adobe.com/2006/mxml" ➥
layout="absolute">
   ...
</mx:Application>
```

当一个容器有子容器时，最后一个子容器的后面必须有一个结尾标签。注意必须含有带mx:的完整标签名。但是现在，让我们看看Label标签。

40

```
<mx:Label x="350" y="42" text="Welcome To Flex Programming!"/>
```

> 如果x和y属性与此不同，那也暂时不必担心。

因为Label标签不会包含任何子容器，所以我们可以使用一种简略的关闭标签的方法：/>。

我将在本书的后面大量使用这种方法。

注意在这个示例中，根据Label ActionScript类文件，Label标签使用了3个属性：x用来定义x坐标位置，y用来定义y坐标位置，text用来定义Label的内容。

为了更好地理解这一切是如何工作的，我们要向应用程序添加第2个Label标签。这一次，我们将在代码中完成它。

(1) 在Label标签的结尾标签/>后面单击，并按Enter键创建一个新的空行。

(2) 输入小于号（<）作为标签的开头。

打开该标签之后，Flex Builder马上就会提供一个mx命名空间中可以使用的类文件的列表，如图2-18所示。

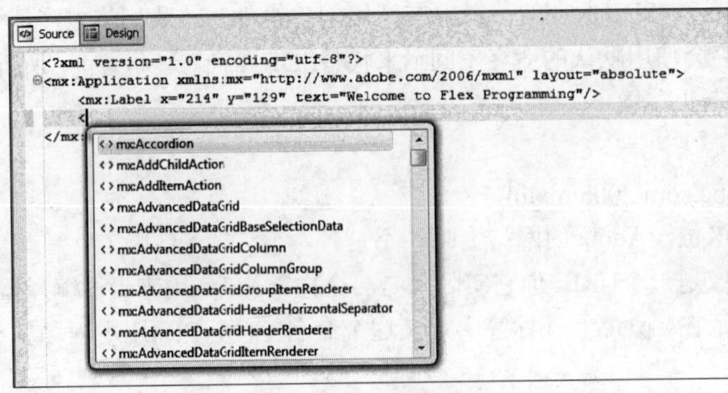

图2-18　类文件的列表

(3) 输入L，跳到以“L”开头的类文件。如果选中了Label，就按Enter键，建立起始标签。

(4) 现在按空格键。Flex Builder会显示一个与Label类相关的属性列表，如图2-19所示。可以看出它们是属性，因为它们是以小写字母开头的。

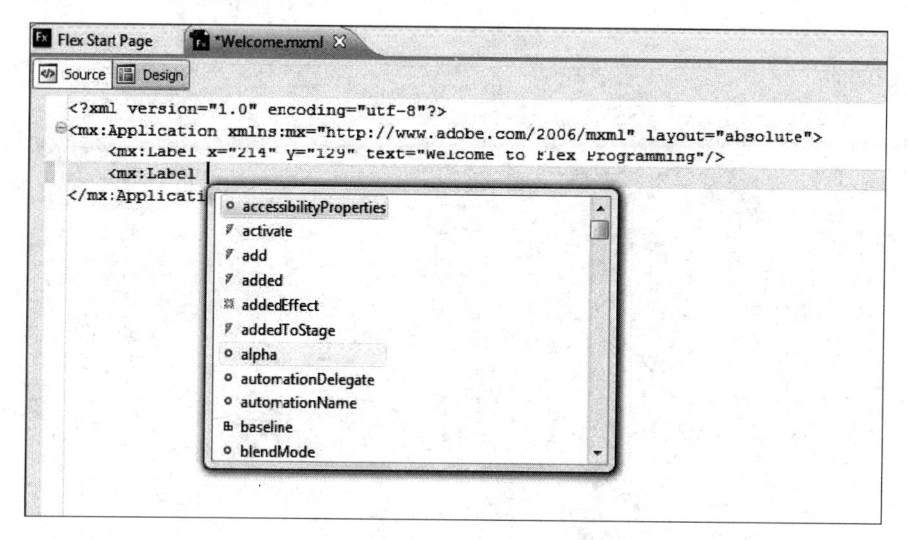

图2-19 Label类的可用属性

(5) 输入x并按Enter键。

(6) 注意Flex Builder会建立语法x = " "，所以我们需要做的就是填入数值。使用350这个数值。

(7) 在x属性的后面按空格键，然后再按一次空格键，你会看到相同的属性列表。这一次，选择y属性，并将其值设置为65。

(8) 再次打开属性列表并输入t。注意它并没有马上把你带到text属性，继续输入e就会把你带到那里。或者，一旦打开菜单之后，你可以使用光标键上下浏览属性，然后在到达所需要的属性时按Enter键。

(9) 按Enter键接受text属性，并将其值设置为It is fun to work with!。

(10) 用/>关闭Label标签。

(11) 将前面的Label标签的x和y属性调整为x="350"和y="42"。

代码应该如下所示：

```
<?xml version="1.0" encoding="utf-8"?>
<mx:Application xmlns:mx="http://www.adobe.com/2006/mxml" ➥
layout="absolute">
     <mx:Label x="350" y="42" text="Welcome To Flex Programming!"/>
     <mx:Label x="350" y="65" text="It is fun to work with!"/>
</mx:Application>
```

(12) 像以前所做的那样保存应用程序并单击Run Application按钮。现在的界面应该类似于图2-20所示。

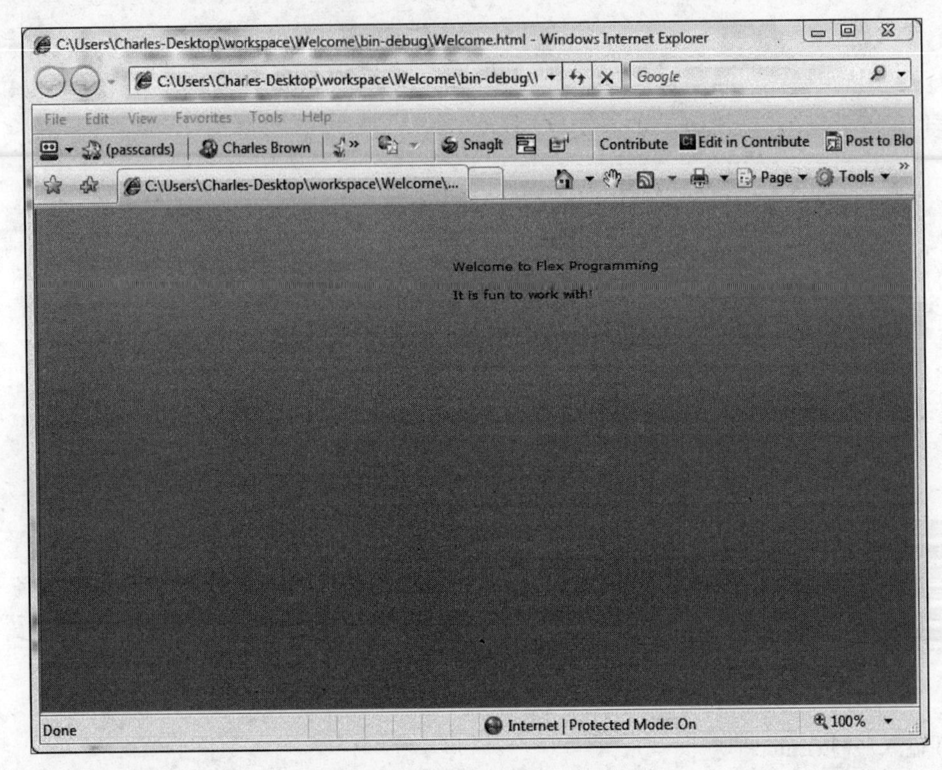

图2-20　修改之后的应用程序

(13) 关闭浏览器，回到Flex Builder。

为了让大家直观地了解容器与子容器的关系，请看位于左下侧的Outline视图，如图2-21所示。

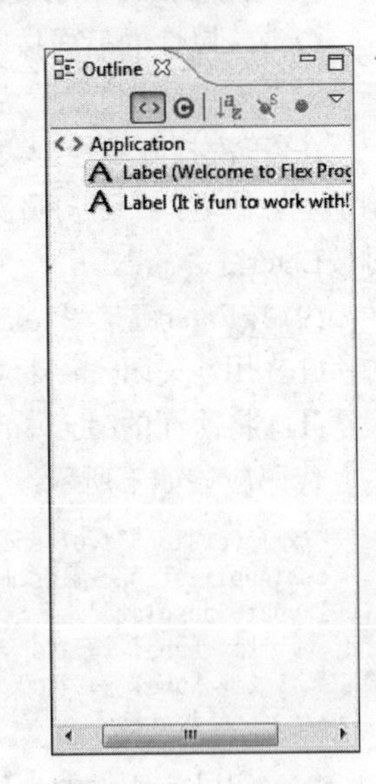

图2-21　Outline视图

在这里可以清晰地看到Application标签是最上面的容器，两个Label标签是Application标签的子容器。

大家现在肯定开始明白了。但怎样才能知道你必须操作的诸多类文件都有哪些可用属性呢？

2.2.2　寻求帮助

文档是所有编程语言的核心。事实上，Java编程环境包含的类文件几乎有150 000个。如果没有足够的文档，程序就会变得毫无用处。

43

下面我们来看看Flex文档。

(1) 单击任意一个Label标签内部的单词“Label”，并按计算机上的F1键。

注意此时打开了一个名为Help的新视图，如图2-22所示。

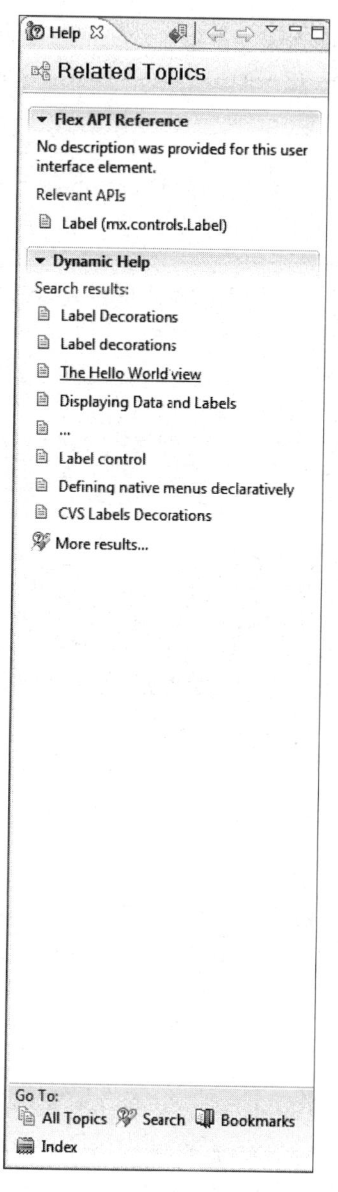

图2-22 Help视图

> 如果这是第一次使用Help视图，可能要花几分钟的时间才能完成Help文件的索引和显示。

Eclipse的一大好处就是我们可以双击某个视图的选项卡来最大化该视图窗口。你可能现在就想这么做。

注意顶部附近的Relevant APIs。大家将明白程序员们有他们自己的语言。API（Application

Programming Interface，应用程序编程接口）是一个非常奇特的用于文档的术语。每个类文件都有其自身的文档。在SDK内部，类文件所在的地方叫做包（package），它会告诉你Label类属于mx.controls包。

> 该位置其实是一个目录结构。这实际上表示Label类位于一个名为controls的目录中，该目录是mx的一个子目录。包名称中的每个句点表示另一级目录。

因为这只是一次快速浏览，所以我们不会在这里讲太多细节。但是我们要快速地看一看。

(2) 单击链接Label (mx.controls.Label)。

此时会打开一个新的视图显示Label类的文档（如图2-23所示）。

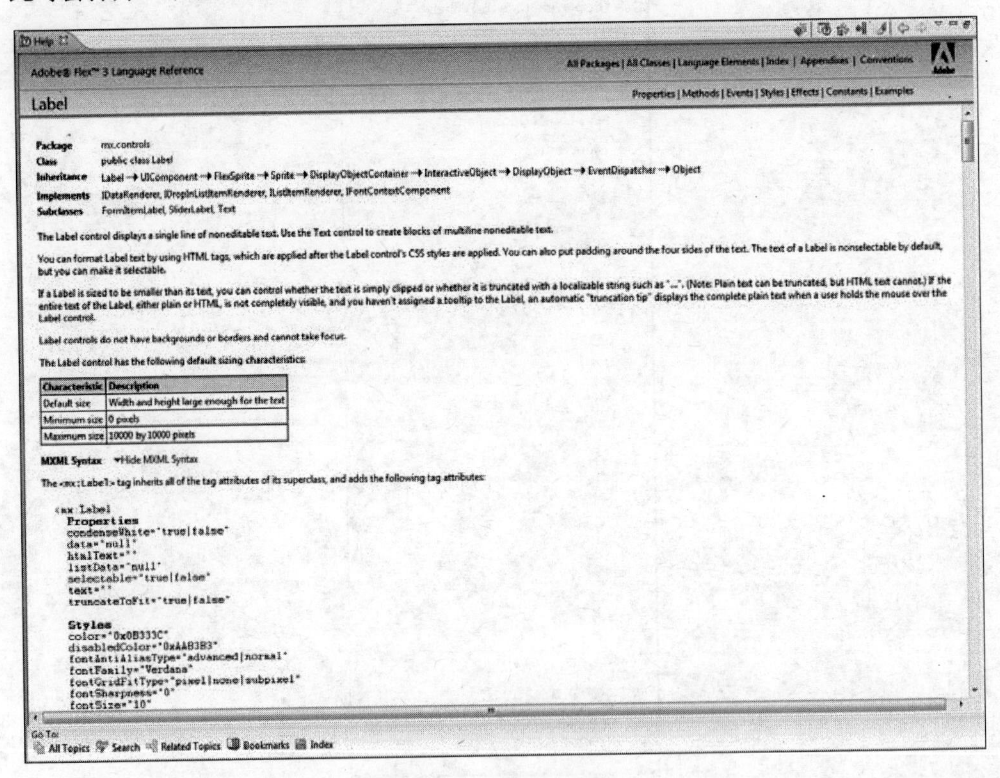

图2-23　Label类的文档

我们将在本书后面研究这些文档的细节。

大家可以看到，它是从该类的简短介绍开始的。在这个例子中，它告诉我们Label控件会显示一行不可编辑的文本，还告诉我们如果想显示多行文本，就需要使用Text控件。然后，它会继续描述该类的各个部分。

为了让大家体验一下，请向下滚动至标有Public Properties的部分。

如果在这个部分往下多滚动一些，应该就会看到我们刚才使用的text属性（如图2-24所示）。

selectable : Boolean
Specifies whether the text can be selected.

text : String
Specifies the plain text displayed by this control.

textHeight : Number
[read-only] The height of the text.

图2-24 text属性

同样，如果再往下多滚动一些，就会看到我们使用的x和y属性。

如果向下滚动至该类的结尾，就会看到一个使用Label控件的示例（如图2-25所示）。

Examples How to use examples

LabelExample.mxml

```
<?xml version="1.0" encoding="utf-8"?>
<mx:Application xmlns:mx="http://www.adobe.com/2006/mxml">
<!-- Simple example to demonstrate the Label control -->

    <mx:Script>
        <![CDATA[

            private var htmlData:String="<br>This label displays <b>bold</b> and <i>italic</i> HTML-formatted text.";

            // Event handler function to change the image size.
            private function displayHTML():void {
                simpleLabel.htmlText= htmlData;
            }

            // Event handler function to change the image size.
            private function displayText():void {
                simpleLabel.text="This Label displays plain text.";
            }
        ]]>
    </mx:Script>

  <mx:Panel title="Label Control Example" height="75%" width="75%"
      paddingTop="10" paddingLeft="10">

      <mx:Label id="simpleLabel" text="This Label displays plain text."/>
      <mx:Button id="Display" label="Click to display HTML Text" click="displayHTML();"/>
      <mx:Button id="Clear" label="Click to display plain text" click="displayText();"/>

  </mx:Panel>
</mx:Application>
```

图2-25 使用Label控件的代码示例

理解如何使用Flex的关键就是理解如何使用这个文档。相信我，在阅读本书的过程中，我们会在这里花大量的时间。

46

关闭Help视图。我们现在要看一看幕后。

2.3 走进幕后

了解了Flex的工作方式之后，我们就来看看后台发生的事情。

你可能会以为检查、编译和运行应用程序这些实际的工作全都是在单击Run Application按钮时发生的。

并非如此！

在Flex Builder顶部的菜单栏上选择Project菜单项，并确保选中Build Automatically，如图2-26所示。

通过选择这个选项，所有工作都会在保存应用程序时而不是在运行它时完成。这对我们的工作流程有很多好处。我们来看看其中的原理。

进入其中一个Label标签并删除结尾标签/>，就好像我们不小心忘记了它一样。然后保存应用程序。

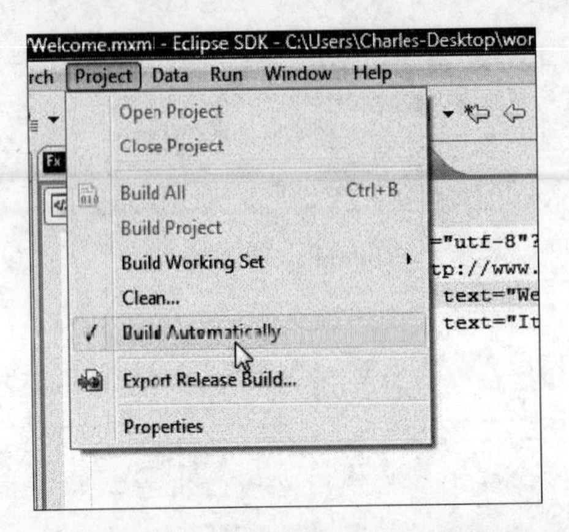

图2-26　Build Automatically选项

保存之后，马上看看Flex Builder底部的Problems视图（如图2-27所示）。

Problems

1 error, 0 warnings, 0 infos

Description	Resource	Path	Location
Errors (1 item)			
Element type "mxLabel" must be fo	Welcome....	Welcome/src	line 3

47

图2-27　Problems视图中的一个错误

保存之后，Flex Builder马上自动把代码编译到一个SWF文件中，并在做这件事的过程中检查了潜在的错误。如果它找到任何错误，就会在Problems视图中向你报告，并在问题行上显示一个小红叉（×）。

如果改正错误并重新保存，错误就会自动清除。这意味着我们可以较早地在这个过程中捕捉错误，从而使调试工作变得更轻松。

> 在第3章，我们将讨论可能在Problems视图中出现的各种类型的问题。

让我们看看在保存应用程序时到底发生了些什么。

2.3.1　部署文件

和其前辈Flash一样，Flex应用程序会在SWF文件中运行。根据谈话对象的不同，SWF代表小Web格式（small Web format）或者Shockwave格式（Shockwave format）。该文件是一个二进制文件（binary file），它是从ActionScript类文件创建的。如果能看看它的内部，就会发现它无非是0和1的集合。

唯一能读取这个二进制文件的是Flash Player，它作为一个插件位于接受者（客户机）的浏览器中。

我刚才讲过，在编译过程中，ActionScript类文件被编译到一个二进制SWF文件中。但事情在这里变得有点儿棘手。光把这个SWF文件发送给服务器是不够的。客户端需要调用一个XHTML文件。一旦XHTML文件进入到客户端的浏览器，它就会反过来调用Flash Player，并向其发送调用正确的SWF文件所需要的参数。接着，SWF文件会下载到客户端，Flash Player会读取它，然后显示该文件的内容。

这个时候，你可能会问自己该做些什么。你现在需要创建XHTML文件吗？

Flex Builder帮我们做了这些事情。

进入Flex Navigator视图，展开bin-debug文件夹，如图2-28所示。

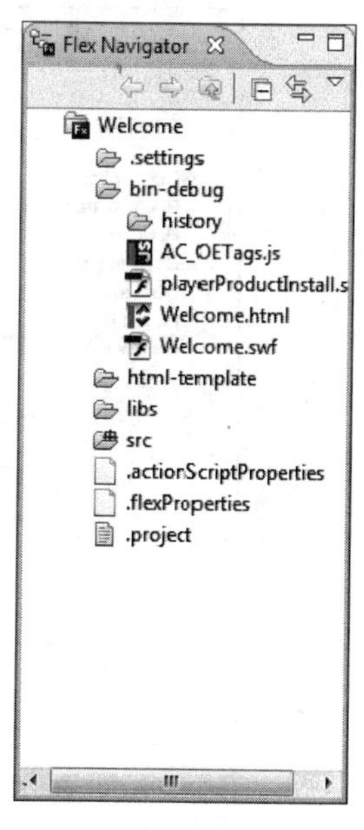

图2-28 bin-debug文件夹

在保存应用程序时，运行应用程序所需要的全部文件都放在了bin文件夹中。你可以老老实实地把该文件夹发送给服务器，然后就可以运行了。

这些文件包括应用程序的XHTML和SWF文件，检查Flash Player的版本是否正确的SWF文件，运行浏览器历史记录功能所需要的历史记录文件以及与浏览器正确交互所需要的全部JavaScript文件。Flex Builder会为你自动处理一切。如果没有收到任何错误，就说明它们全都通过了调试。

48

> 严格说来，我们不需要把标有“debug”的两个文件发送给服务器。但如果这样做了，也不会有任何妨碍。

我们将在本书后面更详细地研究这些文件。

在本章最后，我们将更深入地看一看幕后。

2.3.2 查看生成的ActionScript代码

我在本章讲过，所有的一切都会转换成ActionScript代码。我们可以看到生成的代码，如果你足够博学，还可以做出任何所需要的调整。

这里要做一个声明：虽然我会向大家展示如何生成代码，但强烈建议大家不要更改代码，除非你真的知道自己在做什么。一个看似细小的改动可能会在日后引发严重的问题。

49

(1) 从菜单中选择Project → Properties，打开如图2-29所示的窗口。

(2) 选择位于窗口左侧的Flex Compiler选项（如图2-30所示）。

注意Additional compiler arguments这一行。在编程用语中，这有时候叫做编译器指令（compiler directive）。它的目的是给编译器提供生成SWF文件可能需要的额外命令。在常规的事件进展中，我们很少需要（如果有需要的话）更改这个指令。

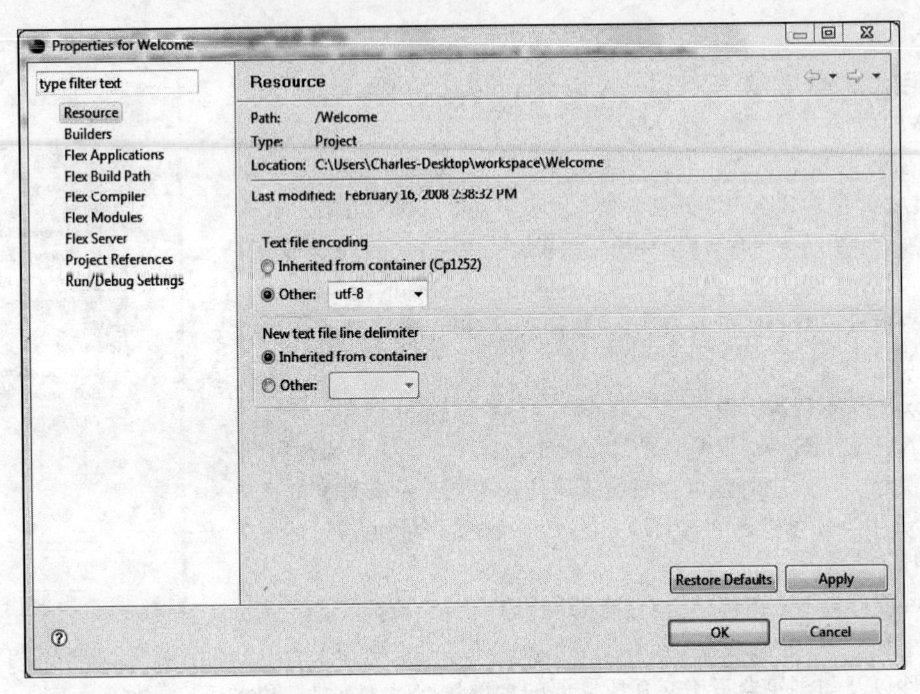

图2-29　Project Properties窗口

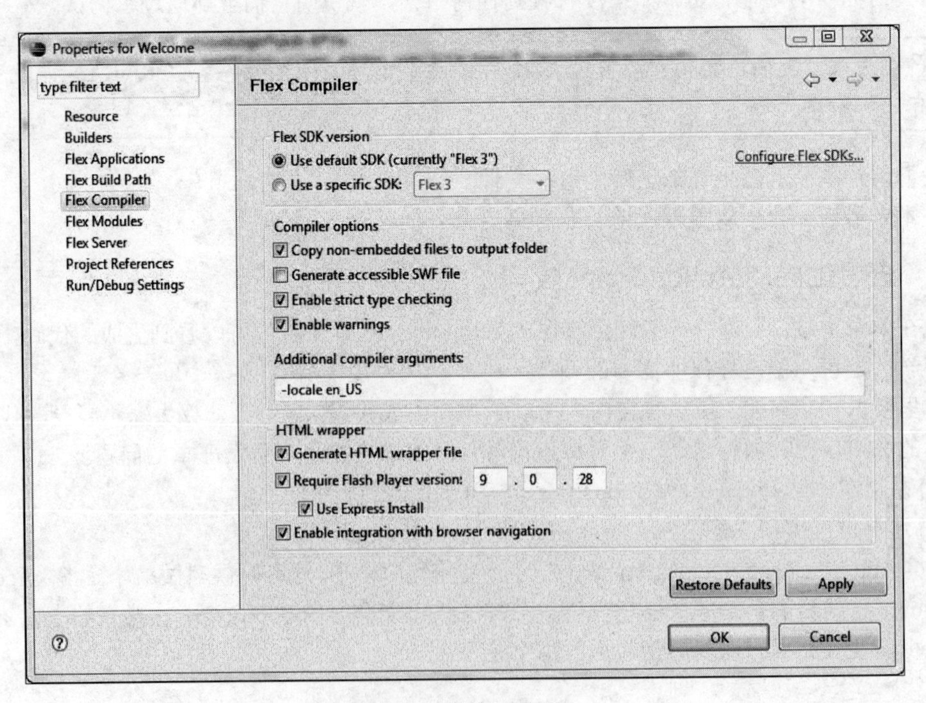

图2-30　编译器属性

指令

```
-locale en_US
```

是默认的指令。它告诉编译器代码为美式英语。当然，如果你是针对不同的语言安装的，这条指令可能会有所不同。

(3) 将指令准确地更改如下：

```
-keep-generated-actionscript
```

(4) 单击OK按钮。

在src文件夹下，有一个名为generated的新文件夹（如图2-31所示）。

50

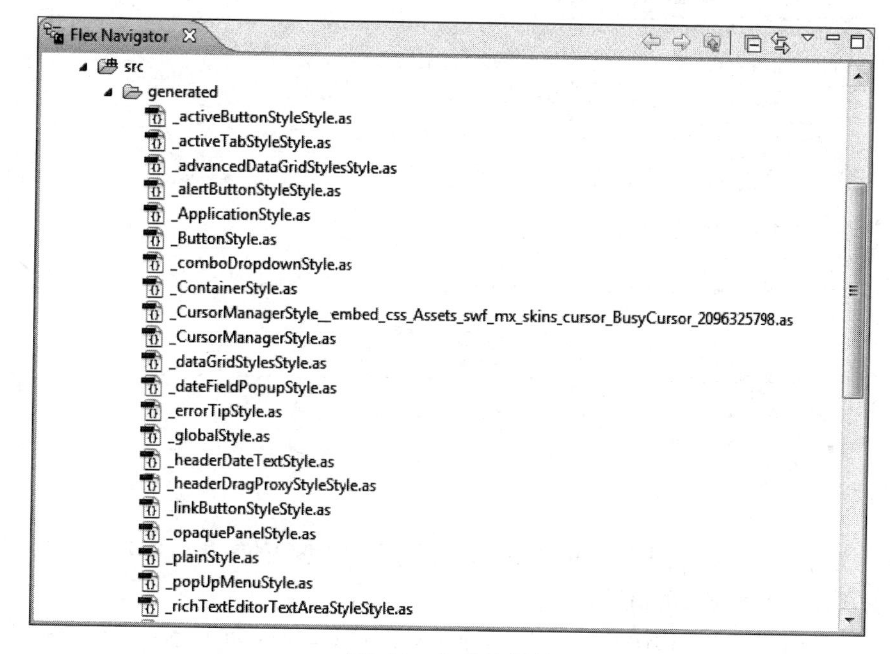

图2-31 生成的代码

大家会看到，这个简单的应用程序生成了近30个ActionScript文件来处理各种需要完成的任务。

如果双击其中任意一个文件，就会看到类似于图2-32所示的内容。

51

有人愿意手动编写这些代码吗？

(5) 回到编译器指令，使用Project → Properties命令，将编译器设置回`-locale en_US`。

(6) 关闭所有打开的AS文件。

(7) 在Flex Navigator视图中用右键单击generated文件夹。

(8) 选择Delete命令。我们不再需要这些文件。

应用程序应该和以前一样了。

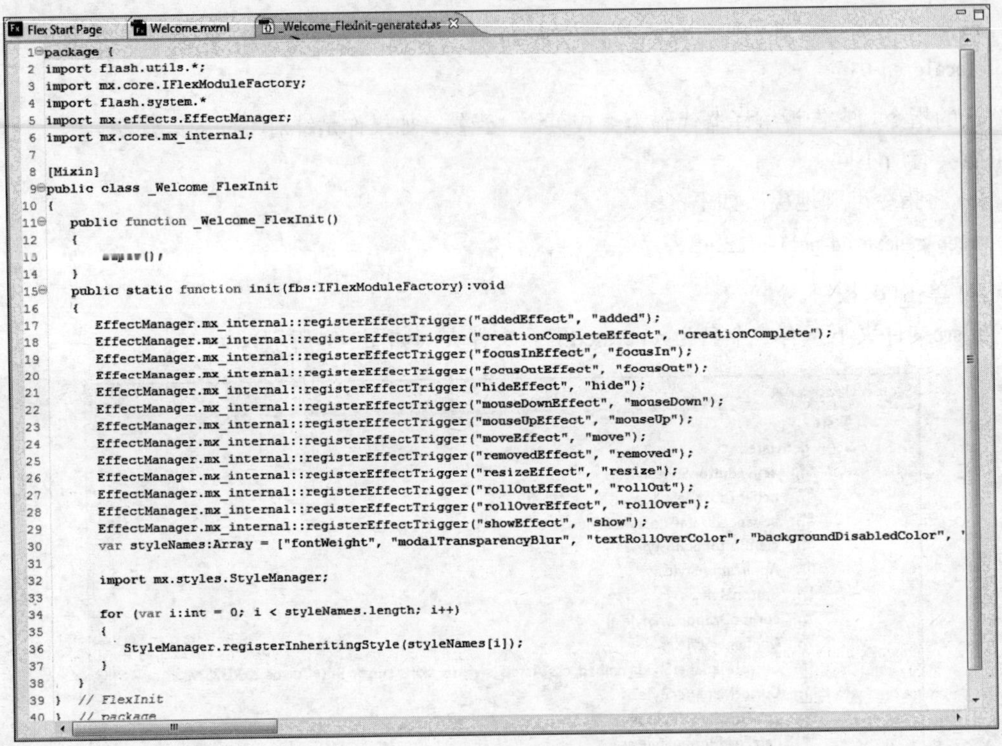

Flex Start Page　Welcome.mxml　_Welcome_FlexInit-generated.as

```
package {
import flash.utils.*;
import mx.core.IFlexModuleFactory;
import flash.system.*
import mx.effects.EffectManager;
import mx.core.mx_internal;

[Mixin]
public class _Welcome_FlexInit
{
    public function _Welcome_FlexInit()
    {
        super();
    }
    public static function init(fbs:IFlexModuleFactory):void
    {
        EffectManager.mx_internal::registerEffectTrigger("addedEffect", "added");
        EffectManager.mx_internal::registerEffectTrigger("creationCompleteEffect", "creationComplete");
        EffectManager.mx_internal::registerEffectTrigger("focusInEffect", "focusIn");
        EffectManager.mx_internal::registerEffectTrigger("focusOutEffect", "focusOut");
        EffectManager.mx_internal::registerEffectTrigger("hideEffect", "hide");
        EffectManager.mx_internal::registerEffectTrigger("mouseDownEffect", "mouseDown");
        EffectManager.mx_internal::registerEffectTrigger("mouseUpEffect", "mouseUp");
        EffectManager.mx_internal::registerEffectTrigger("moveEffect", "move");
        EffectManager.mx_internal::registerEffectTrigger("removedEffect", "removed");
        EffectManager.mx_internal::registerEffectTrigger("resizeEffect", "resize");
        EffectManager.mx_internal::registerEffectTrigger("rollOutEffect", "rollOut");
        EffectManager.mx_internal::registerEffectTrigger("rollOverEffect", "rollOver");
        EffectManager.mx_internal::registerEffectTrigger("showEffect", "show");
        var styleNames:Array = ["fontWeight", "modalTransparencyBlur", "textRollOverColor", "backgroundDisabledColor", "

        import mx.styles.StyleManager;

        for (var i:int = 0; i < styleNames.length; i++)
        {
            StyleManager.registerInheritingStyle(styleNames[i]);
        }
    }
}  // FlexInit
}  // package
```

图2-32　生成的ActionScript代码

2.4　小结

本章我们简单介绍了Flex和Flex Builder。我们使用一些可用的工具构建了一个简单的应用程序。我们甚至还看了看幕后的情况。

理解了该环境之后，我们需要把注意力转向Flex的核心：ActionScript。正如我反复讲到的，这是一切事物的归宿。

52

我们该了解一下它的工作原理了。

第3章

ActionScript

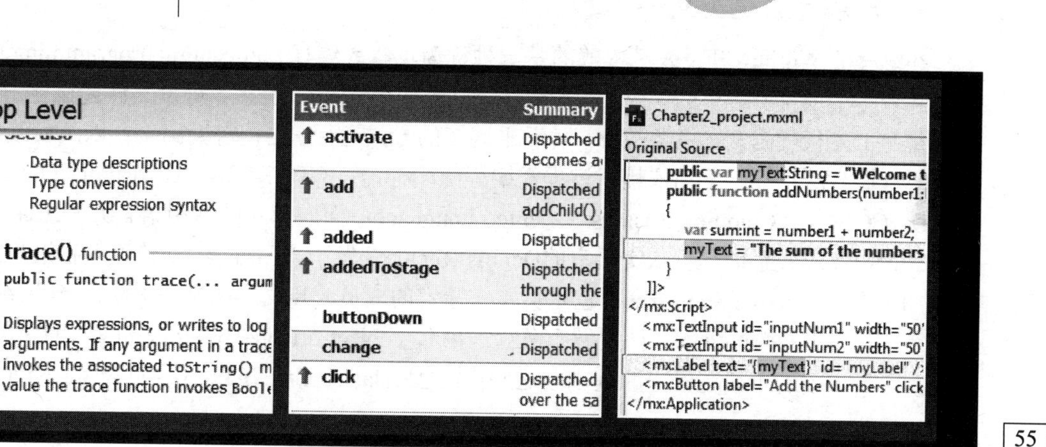

我们在第2章学过，Flex的主要聚焦点是使用MXML。这允许我们使用简单的易于理解的标签编写复杂的ActionScript代码。不过，MXML虽然强大，但有时候我们还是要编写ActionScript代码。在本书后面，大家会清楚地看到这一点。

对ActionScript的深入讨论可以写上一整本书。因此，本章的目的只是让大家牢固掌握一些基础知识。

> 对于ActionScript 3.0的深入讨论，建议大家阅读由Peter Elst、Sas Jacobs和Todd Yard著的*Object-Oriented ActionScript 3.0*（friends of ED，2007）一书。另外，强烈推荐由Keith Peters著的*Foundation ActionScript 3.0 Animation: Making Things Move*（friends of ED，2007）一书。

本章内容如下：

- 学习面向对象编程的基础知识；
- 学习ActionScript 3.0的语法；
- 探究ActionScript 3.0的结构；
- 学习如何将ActionScript 3.0与MXML结合起来；
- 使用Flex Debugging透视图；
- 了解代码重构和引用。

3.1 ActionScript编程概念

经过几年的时间，ActionScript已经从一门处理一些Flash动画例程的不太起眼的编程语言演化到了它目前的状态——一门复杂的OOP语言。不过，在开始分析和编写ActionScript 3.0之前，我们需要先学习一些有关OOP的基本概念以及何为OOP，这就是本节将要讲述的内容。

在本书后面，我们会看到这些概念的实际应用。基于这个原因，下面的讲解只是一些简短的概述。

3.1.1 理解什么是类文件

在编程的早年间，开发人员依赖的是一种称为过程式编程（procedural programming）的技术。这意味着一个项目所需要的代码几乎全装在相对较少的几个文件内，每个文件会包含数千，有时甚至是几十万行代码，这些代码以一种近乎连续的方式运行。这使得编码工作以及后续的调试工作有时候如梦魇一般。早期依赖于过程式编程的编程语言有FORTRAN (FORmula TRANslator)、Pascal、COBOL（Common Business Oriented Language，面向商业的通用语言）和Ada。

56

20世纪70年代早期，贝尔实验室的Dennis Ritchie开发了一门称为C的快速运行过程式语言。大约10年之后，Bjarne Stroustrup（也是贝尔实验室的成员）开发了称为C++的下一代C编程语言。有了这门语言，人们推出了一种叫做面向对象编程（object-oriented programming）的新编程方式。它成为了后来的若干编程语言的基础，这些语言包括Java、C# .NET、Visual Basic .NET和现在的ActionScript。

> ActionScript 2.0是半面向对象的，因为它使用了OOP的很多概念。不过，因为它支持ActionScript 1.0（一种真正的非OOP语言），所以它并没有遵循很多公认的OOP实践。

区分OOP程序和过程式程序的是代码的拆分方式。我刚才提到过，过程式程序使用的是长序列的代码。而OOP程序则会把代码分成多个更小、更专业的单元，这些单元被称为类文件（class file）。

类文件就是一个独立的程序，其中包含执行某个专门任务或某组相关任务所需要的全部变量[也叫属性（property）]和函数。

不妨把数据想象成一台在装配线上的构建中的汽车，装配线上的每一站都会执行机车装配中的一个专门的任务，而每一站都具有执行相应专门任务所需要的全部工具和信息。

类文件就类似于这些专业的工作站，它会对数据执行一个专门的任务。这项任务可以是格式化数据、执行运算、把数据发送到不同的位置，等等。

它们还充当着对象（object）的基础或模板，我会在整本书中对对象做大量的讲解。对象就是类文件存储在计算机内存中的一个临时副本。在所有项目中，类文件和它们创建的对象都可以根据需要互相协作。

因为类文件是独立且专用的，所以我们可以随时在任意项目中使用它们。从本质上讲，ActionScript 3.0和其他OOP编程环境一样，只是预建的类文件的一个大型集合。这里需要做一个简短的说明。

我在第2章简短提到过，所有OOP程序中的预建类文件的集合都叫做SDK。对于Java这样的编程环境，其SDK带有近150 000个预建的类文件。ActionScript 3.0没有那么吓人，大致有900个类文件。

在使用ActionScript 3.0时，由于我们需要对特定的工作执行专门的任务，类文件的库可能会因此增大。编写自己特有的类文件的能力叫做*可扩展性*（extensibility）。它意味着我们在扩展SDK的能力。此外，我们可能会从各种来源下载其他的类文件。大家会发现，随着时间的推移，我们的编码工作会越来越少，对可用类文件及其使用方法的研究则会越来越多。编码工作的减少意味着更快的项目完成速度和更低的出错率。在本书后面，我们会用到各种各样的类文件。要点就是：不要浪费时间做别人已做好的事情。如果已经有现成的，那就直接用好了。

3

57

所有类都附有两个潜在的编程构造：*属性*（property）和*函数*（function）。之所以说“潜在”，是因为类文件并不是必须具备这两个构造。“属性”和“函数”这两个词是OOP术语。属性就是附加到类文件的一个变量，函数是一系列组合在一起的命令，用来执行某个可以根据需要进行调用的动作。在本章后面，我们将完善这些定义。

名为AddNumbers的类就是一个简单的示例，它可以有两个属性：num1和num2。然后，它可以有一个名为addNumbers的函数，该函数会让这两个属性相加，并把结果发送给需要它的任何人。

> ActionScript 3.0的文档提到了类文件所附的第3个构造：事件监听程序（event listener）或简称事件（event）。在我看来，事件监听程序就是一个专用的函数。

我要做术语上的澄清。

在大多数OOP编程环境中，*方法*（method）这个词语要比“函数”这个词更准确。就像属性是与类文件相连的变量那样，方法就是与类文件相连的函数。在ActionScript编程语法中，我们用术语“函数”代替“方法”。让人疑惑的是，ActionScript文档经常会使用“方法”这个术语。不过，代码中的函数声明如下所示：

```
public function createName():String
```

因此，ActionScript往往会换着使用“函数”和“方法”这两个术语。

为了消除疑惑，我将在整本书中使用“函数”一词，即便是在大部分OOP环境下都称之为“方法”的时候。

3.1.2 和以前版本的兼容性

ActionScript 3.0在架构上与版本ActionScript 1.0和ActionScript 2.0有所不同，因此，就会有一些兼容性方面的问题。虽然Flash Player 9（即写作本书时Flash Player的最新版本）支持所有3个版本，但我还是要提出一些告诫。

在设计Flex或Flash应用程序时，我们常常会让一个SWF文件调用另一个SWF文件。我们还常常会让一个SWF文件向另一个SWF文件传递信息。用ActionScript 3.0生成的SWF文件可以与

ActionScript 1.0和ActionScript 2.0文件进行有限的交互。不过，ActionScript 3.0 SWF文件无法读取较早版本的SWF文件的函数或属性。

58

若想与用Flash 8创建的SWF文件进行通信，我们需要使用类文件`ExternalInterface`为通信提供方便。若想与用更早版本的Flash生成的SWF文件进行通信，我们就需要使用类文件`LocalConnection`。这听上去很麻烦，但是别担心：我们在本书中只使用ActionScript 3.0。

我们不能将ActionScript 1.0/2.0代码与ActionScript 3.0混合。

要点就是：只要可能的话，就应该尽量避免使用较早版本的ActionScript。

3.1.3　开始使用 ActionScript 3.0

我们该使用ActionScript 3.0做一些实际演练了。

(1) 如果还没打开Flex Builder，请打开它。

(2) 大家可能用Welcome这个名字在第2章创建了一个项目。因为本书不再使用这些文件，所以下一步我们有3种选择。

- 可以使用第2章所讲的技术用选好的任意名字创建一个新的MXML项目。
- 可以按下列方法关闭第2章的项目：用右键单击Flex Navigator视图中的项目名称，并选择Close Project命令。界面应该如图3-1所示。

图3-1　关闭的项目图标

这样，我们就可以随时通过用右键单击它并选择Open Project命令来重新打开该项目。

- 如果不再需要这些文件，第3种方法是用右键单击项目名称，并选择Delete命令。此时应该会看到如图3-2所示的对话框。

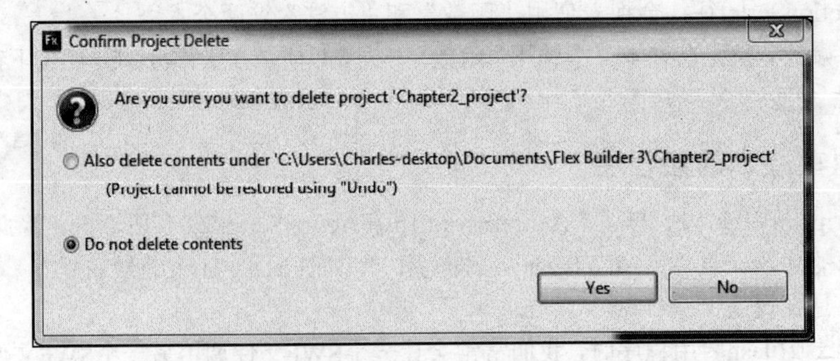

59

图3-2　Confirm Project Delete对话框

我们可以在这里断开该项目与Flex Builder的连接，并确定是否还要删除项目文件。同样，具体做法由个人自己决定。鉴于本书的目的，我选择了以Also delete contents开头的选项。

> Eclipse中可以同时有多个项目。Eclipse将这些项目的集合称为工作空间（workspace）。我们可以为不同的项目集合创建不同的工作空间。而且，我们可以在一个工作空间中混合项目，如混合Flex项目和Java项目。对于本书，我们大多数时候将使用默认的工作空间。

(3) 使用第2章所学的方法，创建一个新项目。对于该练习，将其命名为Chapter3_project。可以接受默认设置。

在创建项目时，大家可能注意到一些奇怪的事情。Flex Builder向我们提供了创建新的ActionScript Project选项，如图3-3所示。

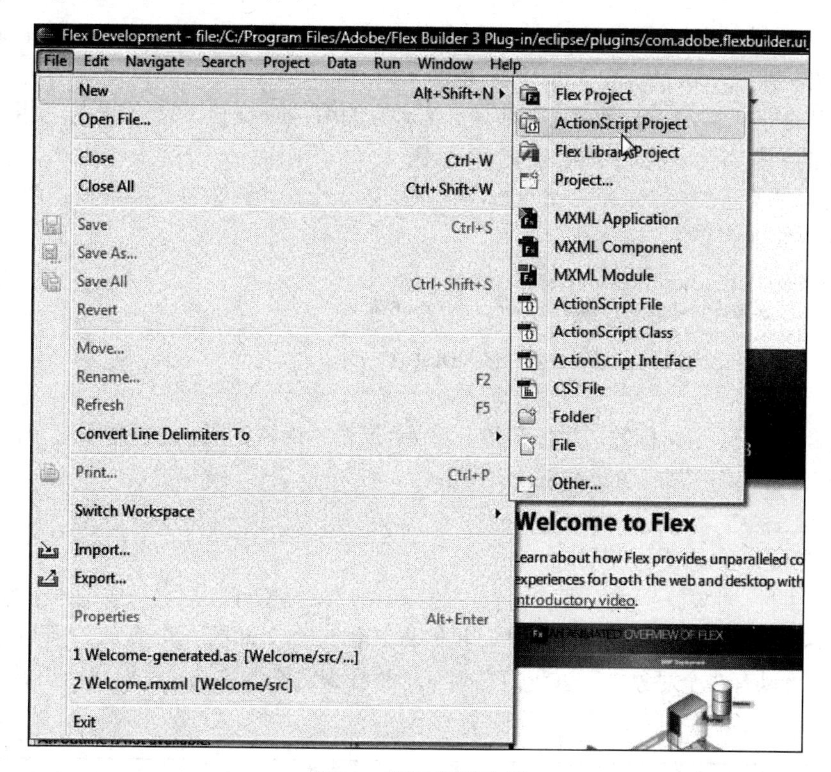

图3-3 项目类型选项

你可能在自言自语：“如果我要在本章使用ActionScript，那么建立一个新ActionScript项目岂不是没意义吗？”

答案是“否”。至少在这个学习阶段不是没有意义。

如果创建的是ActionScript项目，你就排除了对MXML代码的使用，且只能使用ActionScript。在第2章，我们看到了MXML生成的一些ActionScript代码。一些程序员想要对完成之后的代码做更多的控制，为了实现这一点，就应选择该选项。因为这是一本面向Flex入门级用户的书，所以我们不会进入纯粹的ActionScript环境，而会把焦点放在ActionScript与MXML代码的混用上。

因此，对于这本书，我们将选择Flex Project。

在为本章建立新项目时，我们再次看到了一个只有框架代码结构的MXML页面。

```
<?xml version="1.0" encoding="utf-8"?>
<mx:Application xmlns:mx="http://www.adobe.com/2006/mxml" ➥
layout="absolute">

</mx:Application>
```

我们来看看这与之前有关类文件的讨论是如何联系起来的。

3.1.4 MXML与ActionScript

我在第2章讲过，当把MXML文件转换成SWF文件时，即将其编译为二进制文件时，Flex会把MXML代码转换成ActionScript 3.0。但它是怎么做的呢？

我们使用的每一个MXML标签几乎都有一个对应的ActionScript 3.0类文件与之相关。通过重温第2章所做的一些事情，我们来快速看一个示例。

(1) 在上一节所示的两个Application标签之间插入一个text属性为 "Welcome to Flex!"、id属性为"myLabel"的Label标签。

```
<?xml version="1.0" encoding="utf-8"?>
<mx:Applicatinx xmlns=http://www.adobe.com/2006/mxml
CClyulaot"bouaboueut"">
    <mx:Label text="Welcome to Flex!" id="myLabel" />
</mx:Application>
```

我们在第2章见过Label标签，并且看到了对text属性的简短说明。通过使用这个简单的标签，Flex实际上在后台编写了如下ActionScript代码：

```
var myLabel:Label = new Label();
myLabel.text = "Welcome to Flex!";
```

我在前面讲过，对象就是类文件在内存中的一个副本。大家可以把它想成是一个非常复杂的、带有属性和函数的变量。在创建对象时，我们将其称为类文件的一个实例。因为它是在内存中，且内存中可以有多个对象，所以我们必须有一种标识它们的方法。我们把标识名称叫做对象引用。

61

> 如果使用过Flash，可能就（在Properties面板中）见过实例名称这个说法。“实例名称”和“对象引用”实际上指的是同一件事情。

在前面的示例中，myLabel就是对象引用。唯一的差别是：它在MXML中叫做id。除此之外，这些MXML和ActionScript代码示例完成的其实是同样的事情。

注意MXML命令比ActionScript命令短。虽然省一行代码对你来说可能不算什么，但请想想愈加复杂的情况下所节省的代码。大家会在本书的后面看到这一点。

我们来进一步看看ActionScript和MXML之间的关系。虽然大家在第2章见过这些内容，但它值得我们再温习一遍。

(2) 在Label标签内的任意处单击。

(3) 按F1键（如果是Mac，则使用Shift+Cmd+?）。

(4) 单击Help视图中的Label (mx.controls.Label)链接。

这会显示出ActionScript 3.0 Label类。如果在Public Properties区域中向下滚动，就会找到text属性，如图3-4所示。

3

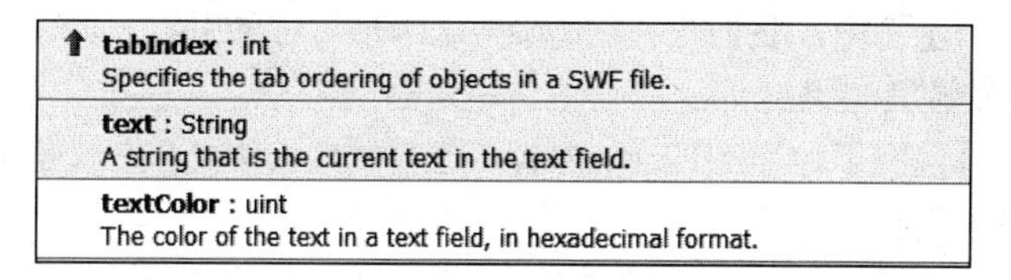

图3-4　text属性

整个清单列出了我们使用的Label MXML标签所能使用的全部属性以及该标签所能使用的函数、事件和样式。标签所做的就是成为ActionScript代码的一个代理。每个标签都有一个对应的ActionScript类文件，而且如我们在第2章所见的，Flex正在后台编写着复杂的ActionScript代码。

> 很多Flex初学者把MXML和ActionScript看成两个单独的主题。但是我希望大家开始明白它们是到达相同终点的两种方法。

在Flex环境中，我们可以用下面3种方法中的任意一种实现想要的结果。

- 只使用MXML。
- 只使用ActionScript代码。
- 将MXML和ActionScript代码结合起来使用。

从我的经验来看，第3种方法是最常使用的，并且也是本书的焦点所在。

62

让我们看看如何将二者结合起来。

(5) 按照粗体显示的内容对代码做下列更改：

```
<?xml version="1.0" encoding="utf-8"?>
<mx:Application xmlns:mx="http://www.adobe.com/2006/mxml" ➥
layout="vertical">
    <mx:TextInput id="myName" />
    <mx:Label text="{myName.text}" id="myLabel" />
</mx:Application>
```

我们在这里做的第一件事情是将Application标签中的layout属性改为vertical。我们将在下一章对此做更详细的讨论。但是现在，只要理解我们这么做是为了避免在项目中使用x和y坐标就可以了。

MXML标签

```
<mx:TextInput id="myName" />
```

将TextInput类（用来输入文本的一个表单控件）实例化为一个引用名为myName的对象。如果研究TextInput类的文档，就像我们之前对Label类所做的那样，就会发现它也有一个text属性，且该属性的用法与它在Label类中的用法一样（它包含对象的内容）。

但是要注意，我们在下一行代码中把Label对象myLabel的text属性设置为等于TextInput对象myName的text属性。

如果是OOP新手，你可能会对myName和text属性之间的点充满好奇。这是一个标准的OOP语法，叫做点符号。在点符号中，所引用的对象名在点的左边。点的右边是所调用的对象中的属性或函数名。所以在这个示例中，我们正在用myName这个id（对象引用）调用TextInput对象，并请求该对象的text属性发送其结果。

注意我们用大括号包围了myLabel的text属性。这叫做数据绑定，它就是MXML中一个对象可以从另一个对象中请求数据的方法。

(6) 保存文件，然后单击Flex Builder中的Run Application按钮（即绿色圆圈中有白色箭头的那个按钮）。

图3-5显示的是往TextInput对象中输入文本时的情形。

63

图3-5　数据绑定的结果

> 我们将在本书后面再关心格式化问题。

在TextInput对象中输入内容时，Label对象会读取text属性，并实时地使其自己的text属性与之相等。

但是混入ActionScript代码会怎么样呢?

3.2　混合 MXML 和 ActionScript 代码

虽然MXML很强大，但只有将MXML与你自己编写的ActionScript 3.0代码结合起来才能真正发挥Flex的作用。随着进一步的学习，这一点会变得十分清楚。在本节，我要向大家展示如何将二者结合起来。

要提醒一下的是，我们可以把自己的ActionScript代码放在MXML文件中，如果愿意的话，也可以把它放在文件扩展名为.as的外部文件中。现在将它放在MXML文件内即可。

> 不要把编写自己的ActionScript代码误解为创建类文件。这是两个完全不同的过程。我们会在本书的后面谈论类文件。

为了向已有的MXML文件添加自定义的ActionScript代码，我们需要使用一个叫做Script标签的MXML标签。这反过来又会设置一个CDATA标签告诉编译器用不同的方法对待其内容。

> CDATA对XML文件来说是很常见的。它会表明其内有编程代码，不要把它的内容看成是XML文件的一部分。

确切的机制是在后台发生的，在这里其实并不重要。现在，我们要在Application标签的下面添加一个Script标签。

3

(1) 在起始Application标签的下面创建标签<mx:Script>.<$I~<mx\:Script> tag>。

> Script标签不一定非要放在Application标签的正下方。这只是出现在Flex编程中的一种实践。

```
<?xml version="1.0" encoding="utf-8"?>
<mx:Application xmlns:mx="http://www.adobe.com/2006/mxml" ➥
layout="vertical">
    <mx:Script>
        <![CDATA[

        ]]>
    </mx:Script>
    <mx:TextInput id="myName" />
    <mx:Label text="{myName.text}" id="myLabel" />
</mx:Application>
```

64

我们将在CDATA标签内编写ActionScript代码。我们要做的第一件事情是设置一个变量（variable）。变量就是内存中存放数据的一个容器。

首先用关键词var给变量命名。关键词（keyword）就是专用程序的保留词。表3-1显示的是ActionScript使用的关键词。

表3-1　ActionScript关键词

break	final	namespace	super
case	finally	native	switch
catch	for	new	this
class	function	null	throw
const	get	override	to
continue	if	package	true
default	implements	private	try
delete	import	protected	typeof
do	in	public	use
dynamic	include	return	var
each	instanceof	set	void
else	interface	static	while
extends	internal	with	
false	is		

注意，因为这些词是ActionScript所保留的，所以我们不能将它们用作自定义变量或函数的名称。如果使用这些词，它们在Flex Builder 3中应该显示为蓝色。

(2) 在CDATA部分内输入var。

65

使用关键词var之后，我们必须给变量起一个名字。对于这个示例，我们将其命名为myText。

(3) 在关键词var的后面，按空格键并输入myText。

```
<mx:Script>
    <![CDATA[
        var myText
  ]><m:c</xSrp>ritt>
```

这个逻辑就表示：如果把变量比作容器，而容器是用来专门存放特定类型的项，那么变量就应该也只存放某个特定类型的项。但如何告诉变量只存放某些特定类型的项呢？

在编程术语中，这叫做强类型转化。它意味着我们要将变量指派给一个类文件。该类文件的属性和函数会告诉变量什么可以做、什么不可以做。

最常见的类赋值如下所示。

- Strings。这些是放入双引号（" "）中的字符和空格序列。例如"Welcome to Flex!"或"Today is 6/19/2007"。
- Numbers。这是一个宽泛的类别，可以表示整数（如12或5），也可以表示小数（如12.5或5.678）。
- Boolean。这个特殊的类型只有两个值：true或者false。

这有着重要的意义。假设我们将两个变量num1和num2的类型定义成Strings。然后，假设要使用下面的公式：

```
num1 * num2;
```

> 可能有人不熟悉算术操作符，+表示加法，-表示减法，*表示乘法，/表示除法。如果要使用指数，^表示幂。

ActionScript将不会知道我们要干什么，因为类文件String没有提供乘法所需要的东西。变量本身没办法解决这个问题。

一些老版本的程序（如Visual Basic）和最新版的ActionScript不要求强类型转化。所以，如果想将两个数字相乘，程序可能要使用下面这样的推理。

“好吧，让我们看看。num1看上去像是一个数字，所以我也许可以使用Number类。num2也同样如此。所以，如果对这两个变量都使用Number类，它可能就会告诉我如何处理那个星号。”

不用说，可以想象若是对每个变量操作都使用这样的推理，就会占用大量的处理能力，使程序的运行效率变低很多。而且，它还会导致许多编程错误。原本想得到一个Number的公式，最后得到的可能是一个String。

66

> ActionScript 3.0并非必须要求强类型转化。不过，由于前面所讲的原因，最好不要遗漏它。而且，在将来更新时，这方面的计划会有严格的要求。

那么，我们如何告诉它类型是什么呢？

(4) 在键入变量名称之后键入一个冒号（:），这会显示出一个可以用作数据类型的类文件列表（如图3-6所示）。

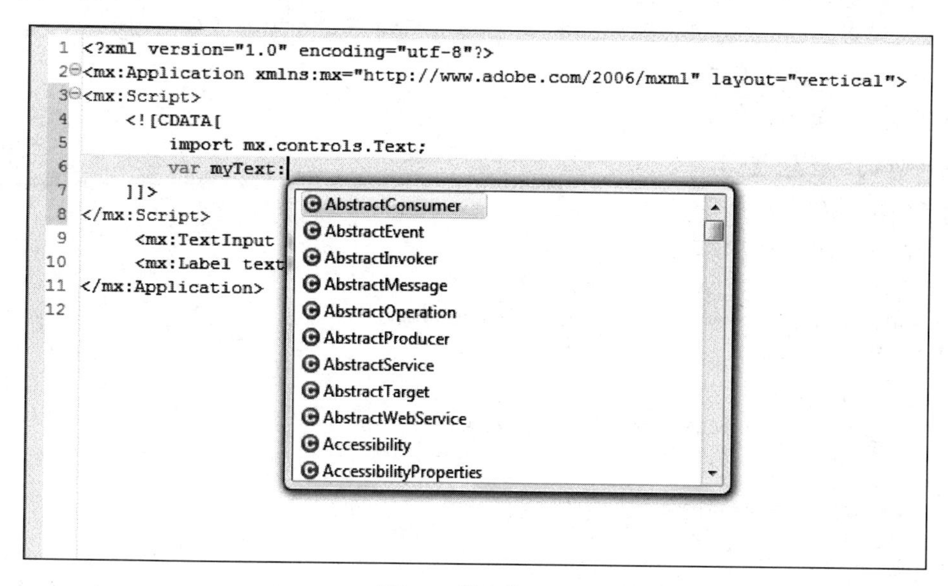

图3-6　类文件列表

> 在这里要讲讲命名惯例。根据惯例，类文件总是以一个大写字母开头。我们创建的名称（如变量名）除中间字母的大写外其余全是小写，没有空格，以字母（而不是数字）开头，且可以使用非字母数字字符$（美元符号）或_（下划线）。

(5) 向下滚动至str或直接键入str以选择String类。

(6) 一旦String突出显示，就可以按Enter键完成它。

现在的变量应该如下所示：

```
var myText:String
```

一旦声明了变量，最好为它赋一个初始值。这叫做*初始化*，它是一种很好的编程实践，虽然ActionScript会默认将数字变量赋值为0，将String变量赋值为空字符串（" "），将Boolean变量赋值为false。

(7) 键入= "*your name*"。

```
<![CDATA[
    var myText:String = "Charles Brown";
]]>
```

等号（=）常常被称为“赋值操作符”。这意味着等号右边的内容是指派给等号左边的。

编程中的语句就是让程序做某件事情的命令。在这里，我们是命令ActionScript创建一个名为myText的String变量，并用你的名字为其赋值。虽然并没有做严格要求，但ActionScript语句最好以分号（;）结尾。

(8) 键入一个分号，结束语句。

现在，可以测试一下这个小程序。不过，在测试之前，我们必须先做一项更改。Label对象不知道该去哪里寻找它的文本。

(9) 将数据绑定修改如下：

```
<mx:Label text="{myText}" id="myLabel" />
```

对象的text属性现在将使用String变量myText。

完整的代码应该如下所示：

```
<?xml version="1.0" encoding="utf-8"?>
<mx:Application xmlns:mx="http://www.adobe.com/2006/mxml" ➥
layout="vertical">
    <mx:Script>
        <![CDATA[
            var myText:String = "Charles Brown";
        ]]>
    </mx:Script>
    <mx:TextInput id="myName" />
    <mx:Label text="{myText}" id="myLabel" />
</mx:Application>
```

(10) 保存并运行项目。结果应该如图3-7所示。

68

图3-7　代码的结果

虽然TextInput标签仍然在那里，但是应用程序里并没有任何东西访问它。通常情况下，我们会删除它或把它注释掉。但是现在，为了马上要做的一些事情，我们暂时保留它。

保存文件时，在运行它之前，我们可能会注意到在Flex Builder底部的Problems视图中有两条警告消息（如图3-8所示）。

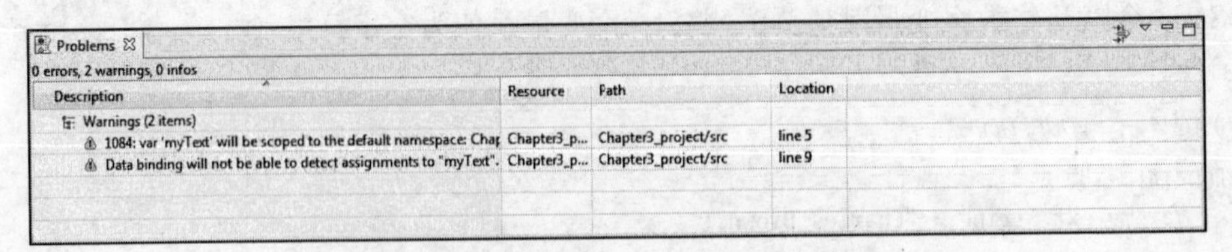

图3-8　带警告的Problems视图

我们将在本章后面讨论这些问题。不过现在，大家只需要知道当警告消息的旁边是一个内带惊叹号的黄色三角而不是红色的x（即所谓的“错误”）时，应用程序的运行并不会受影响。眼下，我们可以忽略它们。

在第2章，我讲到了Outline视图的重要性。在构建应用程序时，最好密切关注位于Flex Builder左下方的Outline视图。在图3-9中可以看到，这个视图直观地呈现了MXML页面的结构层级。

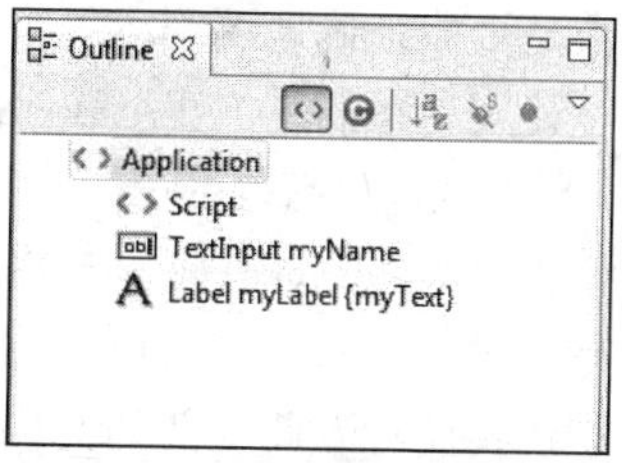

图3-9 Outline视图

3.2.1 注释

为代码加上注释永远是一种有益的做法。这样一来，当你本人或者其他程序员看到代码时，很容易就可以看出代码各个部分的意图。

大多数程序都有注释语法，且所支持的注释类型有如下两种。

- 单行注释：

```
//这是一个单行注释的示例
```

- 多行注释：

```
/*这是一个多行注释的示例，
  即一个区块中含有几行内容*/
```

最好包含一个头注释来表明创建文件的时间和原因。

```
/*该文件创建于6/20/2007
  作者: Charles E. Brown
  用于演示部分ActionScript 3.0代码*/
```

我们还可以给MXML标签加注释，不过我们使用的不是刚才显示的两种方法，而是一种与给XHTML代码加注释相似的方法：

```
<!-- -->
```

Flex Builder将协助我们给MXML标签添加注释。

通常情况下，正如这里所显示的，我们会使用注释给代码添加解释和描述。不过，它们还有一个用处：禁用暂时不使用的代码。这在测试的时候非常方便。我们可以把代码注释掉，而不是删除它。这样一来，当我们想再次使用它的时候，只要去除注释就可以了。这里有一个示例。

(1) 突出显示之前创建的TextInput标签。

(2) 用右键或按Ctrl键单击，选择Source → Toggle Block Comment命令（或者可以按Ctrl+Shift+C或Shift+Cmd+C键）。现在的标签应该如下所示：

```
<!--<mx:TextInput id="myName" /> -->
```

当该文件转换成SWF文件时，注释会被忽略，因而它不会增加文件的大小。

如果是跟着本书中的示例学习的话，为何不现在就给代码文件添加一些注释呢？

3.2.2 使用trace()函数

如果曾在Flash中编过程序，大概就使用过trace()函数。这是一个便利的小工具，在代码开发过程中，它会向Output窗口发送某些类型的输出。我们可以使用它来测试变量是否有正确的值，函数是否被正确地调用，等等。

让人高兴的是，在ActionScript 3.0中仍然可以使用trace()函数。不过，因为不是在Flash中操作，所以这里没有Output窗口。取而代之的是，trace()函数的输出会发送到Eclipse的Console视图。在编程用语中，这有时候被称作控制台输出。换句话说，这与向操作系统的命令行提示符发送输出是一样的。只不过Eclipse的做事方式是访问命令行提示符，并为我们处理所有幕后的任务。

让我们看看此功能的文档。

(1) 选择Help → Find in Language Reference命令。

70

(2) 单击库顶部的Index链接，如图3-10所示。

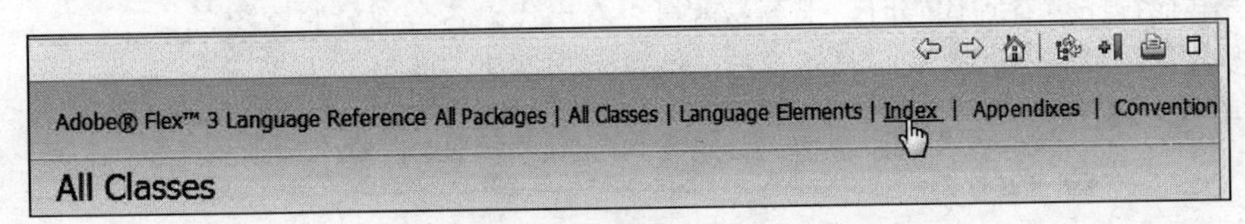

图3-10　Language Reference中的Index链接

(3) 沿着标有Symbols的一行单击字母T。

> 另一种方法是在左边的窗格中展开Index清单，然后从中选择T。

(4) 向下滚动至trace(. . . rest)函数，并单击链接了解它的使用详情。此时应该会看到图3-11中所示的界面。

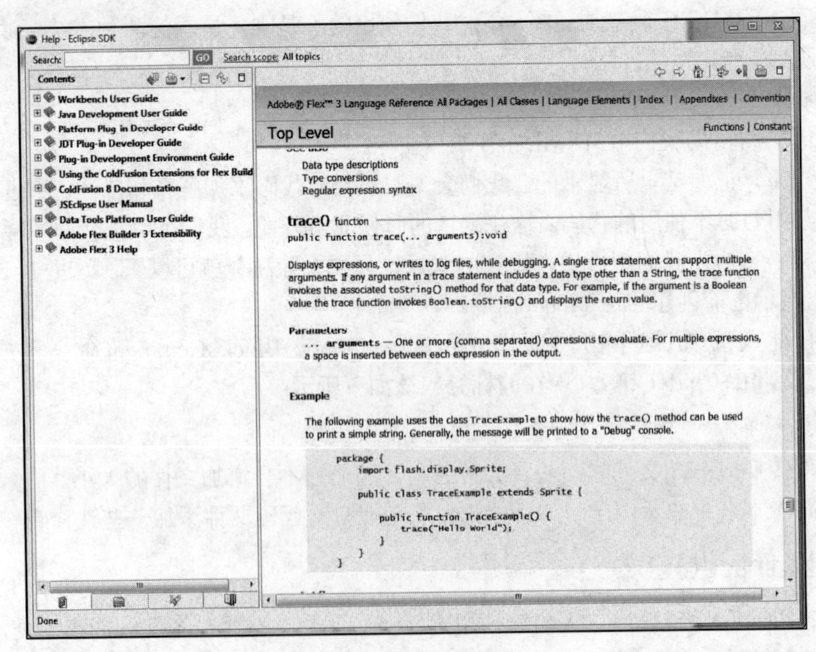

图3-11　与trace()函数有关的细节

从这个示例中可以看到，trace()函数是名为顶级函数的函数组中的一员。顶级函数是指不需要引用类文件或使用import语句，所有代码就可以自动使用的函数。

71

> 在本书后面，大家会学到与import语句有关的更多知识。

换句话说，我们可以根据需要随时调用顶级函数。它们有时候也叫做全局函数（global function）。

另外还有顶级常量。这些值永远不会改变，它们是全局性的。例如，当一个值不是数字时，就会调用常量NaN。如果注意Language Reference的右上角，就会看到Constants超链接。单击它，会看到如图3-12所示的界面。

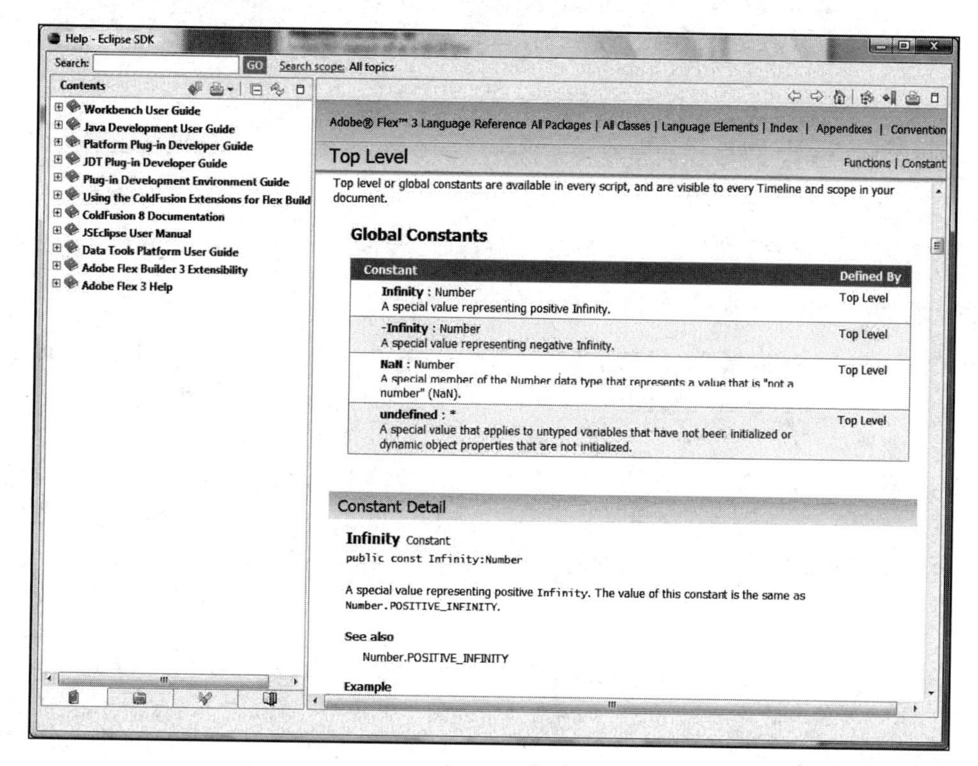

图3-12　全局常量

让我们回到Script代码块，并往其中放入一个trace语句。

(5) 在trace语句的第一个示例中，我们只放入一些字面量文本（即放在引号中的加粗文本）。

```
<mx:Script>
    <![CDATA[
        var myText:String = "Welcome to Flex!";
        trace("Welcome to Flex 3 and ActionScript 3.0");
    ]]>
</mx:Script>
```

72

若要使用trace函数，我们需要使用Debug按钮而不是Run Application按钮。如果使用Run Application按钮，trace语句将不会运行。

Debug按钮位于Run Application按钮的右边，其上有一个小臭虫图标，如图3-13所示。

图3-13　Debug按钮

(6) 保存文件，然后单击Debug按钮。

此时应该会看到浏览器打开了，就好像单击了Run按钮一样。不过，如果回到Flex Builder，应该会看到底部的Console视图中有trace()函数的内容，如图3-14所示。

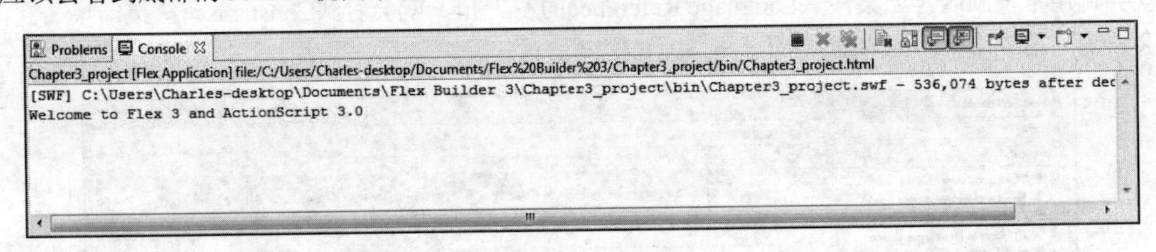

图3-14　Console视图

在本书后面，我们将大量使用trace语句。我还会向大家展示一些用它测试代码的实用技术。

3.2.3　函数

我们想让ActionScript做的，很可能不只是用“硬连接”的变量填写一下控件而已。程序中真正的主力是函数（function）。函数就是一段执行特殊任务的代码，它可以随时被调用。

想象一下需要把两个数字加在一起，且需要多次执行这项任务的情况。一遍又一遍地编写同样的代码是极其低效的。取而代之的是，我们会构建一个函数，然后在每次需要执行特定任务时调用它。虽然这看上去似乎是一个相对简单的任务，但请想象一下应用程序中需要数百次地执行它的情况。我们需要数百次地编写相同的代码。这会增加许多不必要的代码、开销和调试工作。

函数有两个基本类型：只执行某个任务的函数和向调用方返回值的函数。

> 我在本章前面讲过，ActionScript在其语法中往往会使用“函数”而不是“方法”。不过，大多数OOP程序使用的是“方法”。它们实际上表示同一件事情，我在文中将使用“函数”一词。

73

函数的第一行叫做签名。在签名的后面放入一对大括号，将函数需要执行的代码放入其中，这叫做函数的主体。

> 由于众多原因，ActionScript 2.0支持多种声明函数的语法，这常常会把程序员搞糊涂。ActionScript 3.0已经被标准化为这里显示的语法。

(1) 在Script代码块中的变量声明下面插入下列函数声明：

```
function createMyName():String
{

}
```

> 当你键入左大括号并按Enter键时，Flex Builder会自动放一个右大括号。

这里要好好讲一讲。名为createMyName的函数会向其调用方返回类型为String的信息。String叫做函数的返回类型。如果函数不需要返回任何东西，我们就会将其返回类型设置为void。

> 在ActionScript 2.0中，这个返回类型要求首字母大写（Void）。在ActionScript 3.0中，它全部是小写的。

(2) 给函数的主体添加一些代码。

```
function createMyName():String
{
    var myFirstName:String = "Charles";
    var myLastName:String = "Brown";
    return myFirstName + " " + myLastName;
}
```

头两行就是像以前那样设置两个String变量。唯一的不同就是我们是在函数的内部设置它们。有趣的是，在函数内部设置的变量叫做局部变量，它只在函数运行时才会存在。函数外部的变量叫做实例变量，它会在应用程序运行的时候存在。

74

主体的最后一行使用了关键词return。当函数返回的是非void类型时，我们必须用关键词return指定返回的内容。如果返回类型是void，我们就不能使用关键词return返回值。它们是互斥的。

举个例子，使用单行注释//将return行注释掉。

(3) 保存应用程序。此时应该会在Problems视图中看到如图3-15所示的错误。

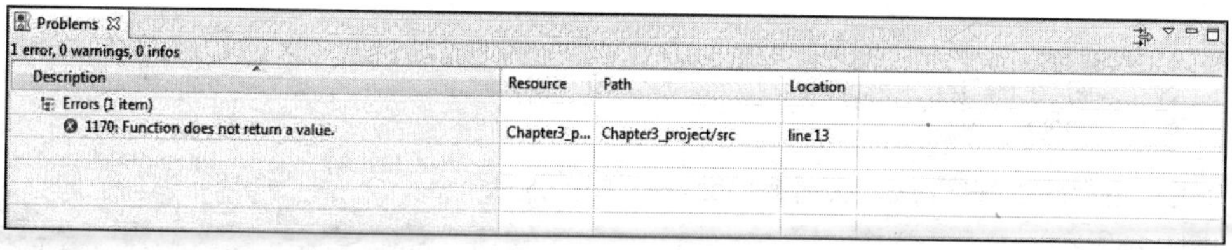

图3-15 Problems视图显示出值没有被函数返回

(4) 去掉return行的注释。

return行后面的代码是一个拼接的示例。这是一个特别的词语，表示将多项信息连接在一起。

(5) 将第1个变量（myFirstName）与带有空格的引号相连，在名和姓之间放入一个空格，然后将其与第2个变量（myLastName）相连。各个项使用加号（+）字符相连。

完成后的Script代码块应该如下所示：

```
<mx:Script>
    <![CDATA[
        public var myText:String = "Welcome to Flex!";
        function createMyName():String
        {
            var myFirstName:String = "Charles";
            var myLastName:String = "Brown";
            return myFirstName + " " + myLastName;
        }
    ]]>
</mx:Script>
```

拼接中的每个事物（不论它是数字还是字符串）都会转换成字符串类型。

我们还需要做最后一件事情才能让这段代码正确工作。为了完成这项工作，函数必须被调用。调用代码会使用函数的名称，后跟一对圆括号（()）。在下一节，我们将使用圆括号向函数传递实参或形参。

75

(6) 将Label对象修改如下：

```
<mx:Label text="{createMyName()}" id="myLabel" />
```

现在的代码应该如下所示：

```
<?xml version="1.0" encoding="utf-8"?>
<mx:Application xmlns:mx="http://www.adobe.com/2006/mxml" ➥
layout="vertical">
    <mx:Script>
        <![CDATA[
            var myText:String = "Welcome to Flex!";
            function createMyName():String
            {
                var myFirstName:String = "Charles";
                var myLastName:String = "Brown";
                return myFirstName + " " + myLastName;
            }
        ]]>
    </mx:Script>
    <mx:Label text="{createMyName()}" id="myLabel" />
</mx:Application>
```

(7) 现在运行应用程序，应该会看到Label对象中的返回值（如图3-16所示）。

Charles Brown

图3-16　函数的结果

对于简单的函数来说这非常好，但如果函数需要更多的信息才能完成工作，该怎么办？让我们看看如何向函数传递值[通常叫做形参（parameter）或实参（argument）]，使它能够执行更复杂的任务。

3.2.4 传递参数

我们常常需要向函数提供一些信息，才能让函数正确地完成其工作。调用方需要把信息作为参数发送给它，然后函数会根据需要来处理它们。让我们看一个示例。

(1) 将函数更改如下：

```
<mx:Script>
    <![CDATA[
        var myText:String = "Welcome to Flex!";
        function createMyName(myFirstName:String, ➥
myLastName:String):String
        {
            return  myFirstName + " " + myLastName;
        }
    ]]>
</mx:Script>
```


76

注意，在这里，我们删除了两个变量，并用圆括号内的参数替代了它们。参数不仅必须指明发送的顺序，而且必须指定类型。在这个例子中，函数要返回的是名和姓，名在前、姓在后，并且它们的类型都必须是String。这就需要对Label对象中的函数调用进行调整。

(2) 对Label对象做如下修改：

```
<mx:Label text="{createMyName('Charles', 'Brown')}" id="myLabel" />
```

在这里，必要的参数以它们应有的顺序放在了函数调用中。不过，这里有一个我们常常会掉入其中的小陷阱。正常情况下，我们会使用双引号（" "）传递字符串。在MXML中选择text属性时，我们看到了：

```
text = " "
```

text值自动就是一个字符串。

> MXML几乎会把所有属性当成字符串处理。

然而在这个例子中，会有一个问题。函数期待有两个单独的字符串传递给它：一个是名，一个是姓。因此，我们需要在大字符串内有小字符串。在这种情况下，就需要使用单引号（''）识别子字符串。

如果把名和姓放在双引号中，就会使SWF编译器弄不清属性是在哪里结束的，那我们就会看到错误警告。如果真的使用双引号，就会在Problems视图中看到如图3-17所示的消息。

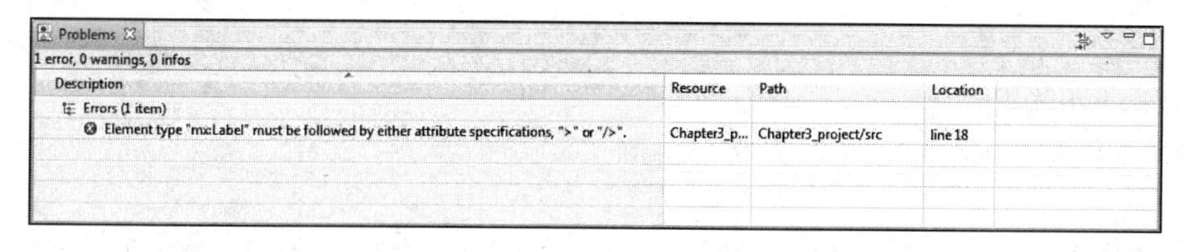

图3-17 Problems视图中的错误消息

要再次简短地提一下，和之前看到的惊叹号不一样，红色的×意味着有严重的错误会妨碍SWF文件的正确编译。如果运行它，就会得到更详细的警告。如果通过对问题“Continue Launch?”回答Yes来避开警告，最后的结果就是重新启动以前版本的SWF。

77

如果你为了看到这个错误消息而更改了代码，那就把函数调用中的子字符串改回成单引号。

(3) 现在运行项目，应该会编译成功，且我们会像以前那样看到名字。

为了进一步演示这里讨论的一些概念，我们来做一点儿调整。

(4) 删除已有的函数，并在其位置上放入下列函数（其内有一个故意安排的错误）。

```
function addNumbers(number1:Number, number2:Number):Number
{
    var sum:int = number1 + number2;
    return "The sum of the numbers is: " + sum;
}
```

(5) 将Label对象更改如下：

```
<mx:Label text="{addNumbers(2, 3)}" id="myLabel" />
```

这里有几件事情值得一提。首先，因为传递的是数字，所以函数调用中的参数不需要用引号（不论是单引号还是双引号）括住。另外，函数的返回类型现在是Number。

另外，我们要谈一谈赋给sum变量的类型int。这是ActionScript 3.0的一个新类型。String、Number、Boolean、int（整数）和uint（无正负之分的整数）被称为原始类型（primitive type）。使用“原始”一词的原因是它们是其他所有更加复杂的类型的基础。

int类型允许我们保存约–2 140 000和2 140 000之间的整数。uint类型允许我们保存0和4 290 000之间的值。

大家可能好奇为什么需要Number、int和uint这3个类型。这与存储空间有关。Number类型有足够的空间存储最大为179后面有300个零这样的数字。这是一个非常巨大的数字！int类型因为保存的数字小得多，所以需要的内存就少得多。uint类型需要的内存甚至更少。

(6) 保存应用程序。

噢！问题阻止了它的编译，如图3-18所示。

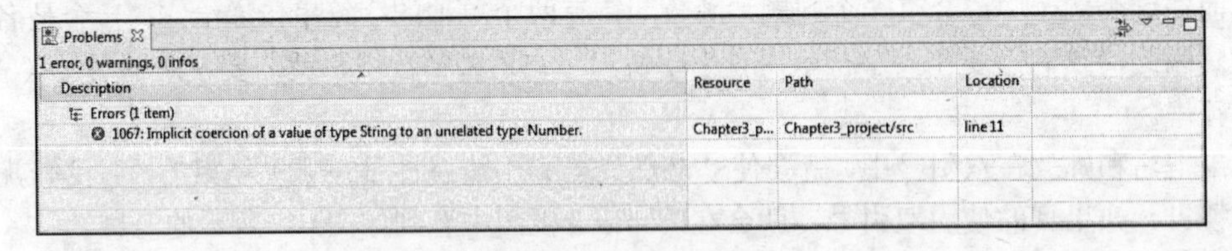

78

图3-18　暗示强迫错误

但是哪里出错了呢？

花点儿时间，看看你能否发现问题所在。

放弃了？

想想我之前讲过的，拼接会将返回的值变成一个字符串，即便其内是一些非字符串。所以，函数现在返回的是一个字符串。可是，如果看看函数的返回类型，会发现它仍然被声明为Number。如果想进行拼接的话，就需要把返回类型改成String。

(7) 将函数的返回类型改成String。

注意在Problems视图中，如图3-18所示，这叫做暗示强迫。这是一种表明你正试图将一种类型（这个例子中为String）的数据作为另一种类型（这个例子中为Number）加以传递的奇特方法。

调整之后，再次运行应用程序。工作应该正常。

如我们所见，ActionScript 3.0强制严格执行这些规则。不过，最后的结果是代码会运行得更高效、更不容易出现bug。

3.2.5 处理事件

到此为止，只要一启动应用程序，所有代码就都会运行起来。但很多时候，我们可能想等到某个事件（event）发生之后才让其中的一些代码运行。

事件可以是鼠标按钮的一次单击、一次按键、鼠标在某个对象上的悬停、应用程序正在加载，等等。所有事件必须有两个组成部分：事件监听程序（event listener）和事件处理程序（event handler）。

顾名思义，事件监听程序所做的事情就是监听某个事件的发生。一旦事件发生，事件监听程序就需要让某个函数知道该执行任务了。那个函数就是事件处理程序。

如果看看ActionScript文档，就会发现几乎所有的类都有特定的一组事件。

让我们回到Help菜单中的Language Reference。

定位至Button类，并向下滚动至图3-19所示的Events部分。

79

> 在截取如图3-19所示的界面之前，我单击了Show Inherited Events链接。类文件显示出了一种层级关系。因为OOP有继承性，所以我们可以访问层级中的其他类文件的属性、函数和事件。最右边的列向我们显示了事件、属性和函数是来自什么类。

与Button对象相关的最常见事件是单击，该事件会在用户按下并释放鼠标按钮时被触发。

让我们对这个小应用程序做一些改变，看看实际的效果。

80

(1) 按如下所示在Label对象的下面添加Button对象：

```
<mx:Label text="{addSum(2, 3)}" id="myLabel" />
<mx:Button label="Add the Numbers"/>
```

如果研究过Button类，就知道label属性会为按钮提供文本。

> ActionScript 3.0的一个奇特之处在于它有时候会给类文件和类文件的某个属性起相同的名字。例如，我们看到过，有一个类文件叫做Label。然而，Button类中有一个属性叫做label。为了区分它们，请记住类文件是以大写字母开头的(Label)，而属性是以小写字母开头的(label)。

Adobe® Flex™ 3 Language Reference　All Packages | All Classes | Language Elements | Index | Appendixes | Conventions　Adobe

Button　Properties | Methods | Events | Styles | Effects | Constants | Examples

Events

▼ Hide Inherited Events

Event	Summary	Defined By
↑ activate	Dispatched when Flash Player or an AIR application gains operating system focus and becomes active.	EventDispatcher
↑ add	Dispatched when the component is added to a container as a content child by using the addChild() or addChildAt() method.	UIComponent
↑ added	Dispatched when a display object is added to the display list.	DisplayObject
↑ addedToStage	Dispatched when a display object is added to the on stage display list, either directly or through the addition of a sub tree in which the display object is contained.	DisplayObject
buttonDown	Dispatched when the user presses the Button control.	Button
change	Dispatched when the selected property changes for a toggle Button control.	Button
↑ click	Dispatched when a user presses and releases the main button of the user's pointing device over the same InteractiveObject.	InteractiveObject
↑ contextMenu	Dispatched when the user selects the context menu associated with this interactive object in an AIR application.	InteractiveObject
↑ creationComplete	Dispatched when the component has finished its construction, property processing, measuring, layout, and drawing.	UIComponent
↑ currentStateChange	Dispatched after the view state has changed.	UIComponent
↑ currentStateChanging	Dispatched after the currentState property changes, but before the view state changes.	UIComponent
dataChange	Dispatched when the data property changes.	Button
↑ deactivate	Dispatched when Flash Player or an AIR application loses operating system focus and is becoming inactive.	EventDispatcher
↑ doubleClick	Dispatched when a user presses and releases the main button of a pointing device twice in rapid succession over the same InteractiveObject when that object's doubleClickEnabled flag is set to true.	InteractiveObject
↑ dragComplete	Dispatched by the drag initiator (the component that is the source of the data being dragged) when the drag operation completes, either when you drop the dragged data onto a drop target or when you end the drag-and-drop operation without performing a drop.	UIComponent
↑ dragDrop	Dispatched by the drop target when the user releases the mouse over it.	UIComponent
↑ dragEnter	Dispatched by a component when the user moves the mouse over the component during a drag operation.	UIComponent
↑ dragExit	Dispatched by the component when the user drags outside the component, but does not drop the data onto the target.	UIComponent
↑ dragOver	Dispatched by a component when the user moves the mouse while over the component during a drag operation.	UIComponent
↑ dragStart	Dispatched by the drag initiator when starting a drag operation.	UIComponent
↑ effectEnd	Dispatched after an effect ends.	UIComponent

图3-19　与Button类相关的事件

我们将在第5章详细讨论事件。不过现在，MXML为我们提供了一种非常简便的方法来用内联处理程序（inline handler）处理事件。这意味着我们可以把处理程序嵌入到MXML标签中。

作为一个简单的演示，假设我们想让Label对象的text属性在Button对象被单击时发生改变。

(2) 在Button标签中添加下列代码：

```
<mx:Button label="Add the Numbers" click="myLabel.text = ➥
'Button Has Been Clicked!'"/>
```

注意，我们再次遇到了字符串内有字符串且需要使用单引号的情形。在这个示例中，我们告诉Button对象在发生单击事件时向Label对象发送一条消息以将其text属性改为文本"Button Has Been Clicked!"。

(3) 运行应用程序，并单击该按钮，现在的界面应该类似于图3-20所示。

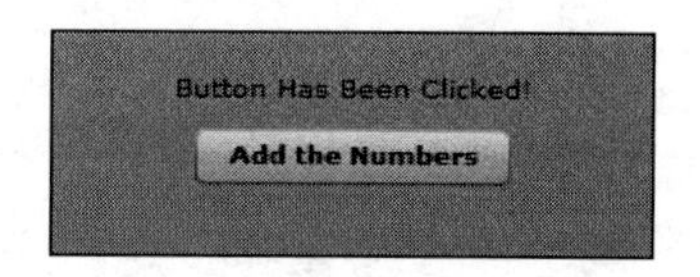

图3-20 Button对象被单击之后的界面

在MXML标签内找到的事件监听程序和处理程序组合适合用于刚才看到的简单任务。不过，如果要完成更复杂的任务，就需要编写我们自己的处理程序。

事件处理程序其实不过就是一个对事件做出响应的函数。编写处理程序有几种不同的方法，下一章将对此做更详细的讨论。眼下，让我们先看一个简单的示例。

(4) 将函数修改如下：

```
<mx:Script>
    <![CDATA[
        var myText:String = "Welcome to Flex!";
        function addNumbers(number1:Number, number2:Number):void
        {
            var sum:int = number1 + number2;
            myText = "The sum of the numbers is" + " " + sum;
        }
    ]]>
</mx:Script>
```

注意在函数内部，我们并没有在变量myText的前面加上关键词var。我们只在创建新变量时使用var。我们这里做的则是为实例变量myText赋值。

这里有两件事情值得一提：函数的结果现在将发送给我们在本章前面声明的变量myText。我们还将函数的返回类型设置为void。这岂不是与我在前面所讲的相矛盾？函数返回的不是一个字符串吗？

答案是“不是”。它不是向调用方返回值，因此也不会以任何方式修改调用方。它所做的就是向已经声明的变量发送信息。

为了让这个示例起作用，我们需要对MXML标签再做两处修改。我们需要把Label对象与myText变量绑定起来，并且需要在单击Button对象时调用addSum()函数。

```
<mx:Label text="{myText}" id="myLabel" />
<mx:Button label="Add the Numbers" click="addNumbers(2, 3)"/>
```

当应用程序开始运行变量myText时，它会用字符串"Welcome to Flex!"进行初始化。接着，Label对象会将其text属性设置为与myText相等。

当Button对象被单击时，它会调用addSum()函数，并向该函数发送2和3这两个数字。

当函数运行时，它会将其结果发送给myText变量来替换字符串，变量接着又会改变Label对象的text属性。

(5) 一切看起来井然有序。运行应用程序并单击Button对象。

嗯？没变化？

我们刚刚遇到了ActionScript 3.0的一个有趣的特别之处，它也是产生如图3-21所示的

82

Problems视图中的惊叹号的原因之一。

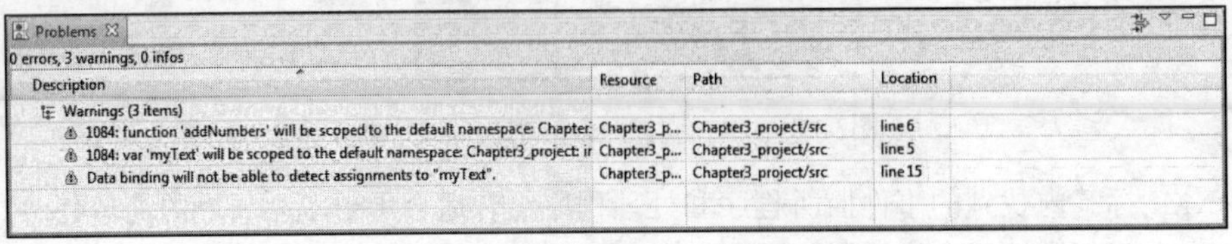

Problems
0 errors, 3 warnings, 0 infos

Description	Resource	Path	Location
Warnings (3 items)			
1084: function 'addNumbers' will be scoped to the default namespace: Chapter:	Chapter3_p...	Chapter3_project/src	line 6
1084: var 'myText' will be scoped to the default namespace: Chapter3_project: ir	Chapter3_p...	Chapter3_project/src	line 5
Data binding will not be able to detect assignments to "myText".	Chapter3_p...	Chapter3_project/src	line 15

图3-21　Problems视图中的可绑定警告

3.2.6　使用[Bindable]标签

当上述应用程序启动时，变量myText会把它的原始内容发送给需要的对象（在这个例子中为Label对象myLabel）。不过，当变量更新时，它不会自动把变化传送给它的值，除非你明确告诉它要这么做。为了完成这项工作，我们需要使用一个叫做[Bindable]的ActionScript元数据标签（metadata tag）。

简而言之，元数据标签就是一个ActionScript 3.0指令。当ActionScript编译器看到元数据标签时，它会自动在后台编写必要的代码，这样当变量的内容发生改变时，这个变化就会传送给使用该内容的所有对象。

我们必须在需要传送的每个变量前面放置[Bindable]元数据标签。如果不这样做，Problems视图就会用惊叹号警告提醒我们。此类警告只是一种劝告，并不会妨碍应用程序编译成SWF文件。

(1) 按如下所示向Script代码块添加[Bindable]标签：

```
<mx:Script>
    <![CDATA[
        [Bindable]
        var myText:String = "Welcome to Flex!";
        function addSum(number1:Number, number2:Number):void
        {

            var sum:int = number1 + number2;
            myText = "The sum of the numbers is" + " " + sum;
        }
    ]]>
</mx:Script>
```

保存应用程序之后，数据绑定劝告马上就会从Problems视图中消失。

(2) 现在，运行应用程序。

单击Button对象时，Label对象应该会发生改变，反映出函数的结果。但是大家会发现Problems视图中还有警告。跟紧点儿！我们马上会讲到这些问题。

83

如果只是想将同样的两个数字相加，这些示例非常好用。但我们大概会想让事情更具有交互性。只要做几个小的改动，就可以轻松实现这一点。

3.2.7　添加交互性

我们创建一种方法让用户可以输入两个要相加的数字。为此，我们将回到本章前面简要介绍的一个类文件：TextInput类。

(1) 在Label标签的正上方添加两个新的TextInput标签（记住，标签会反映出相应的类文件）。因为我们需要使用ActionScript与它们交互，所以就要给它们设置id属性。对于这个示例，可以将它们的id属性设置为inputNum1和inputNum2。此外，将宽度设置为50像素。

```
<mx:TextInput id="inputNum1" width="50" />
<mx:TextInput id="inputNum2" width="50" />
<mx:Label text="{myText}" id="myLabel" />
<mx:Button label="Add the Numbers" click="addNumbers(2, 3)"/>
```

3

> 默认情况下，Flex中的所有尺寸单位都是像素。

(2) 运行应用程序。界面应该如图3-22所示。

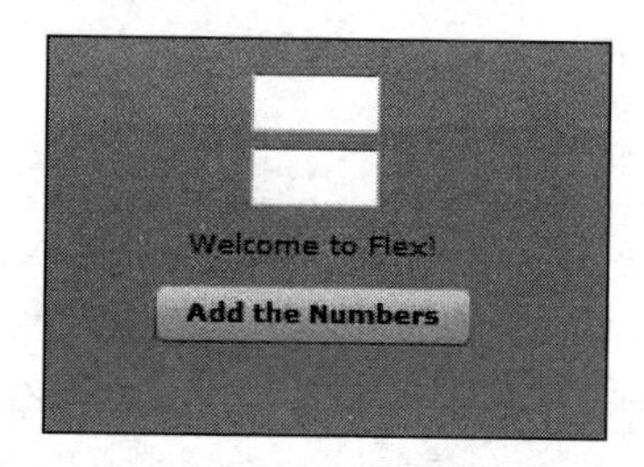

图3-22 完成之后的表单

当然，如果单击Add the Numbers按钮，不论往字段中输入的是什么，它仍然是让2和3相加，因为你没有改变Button对象发送的事件。

(3) 回到应用程序，将该事件修改如下：

```
<mx:Button label="Add the Numbers" click=➥
"addNumbers(inputNum1.text, inputNum2.text)"/>
```

(4) 保存文件。

此时应该会在代码行上和Problems视图中看到一个红色的×（如图3-23所示）。

84

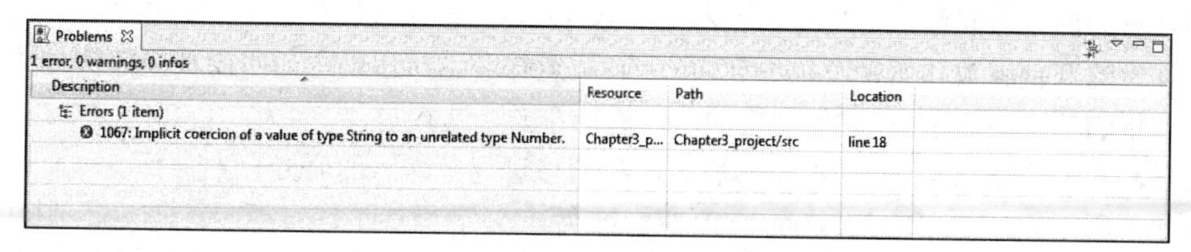

图3-23 由最近的代码更改生成的错误

哎哟！问题和以前一样：暗示强迫。

text属性是一个字符串。我们向Button对象的事件传递了两个字符串，然后又把这些字符串传递给了函数。但函数的两个参数被定义为Number类型。所以，我们需要在某个地方把两个（定义为字符串的）text属性的内容转换成Number类型。通过简单地修改，就可以轻松完成任务。

(5) 将代码修改如下：

```
<mx:Button label="Add the Numbers" click="addNumbers➥
(Number(inputNum1.text), Number(inputNum2.text))"/>
```

Number和String类有时候被称为包装类（wrapper class）。这种类就像是一个函数。通过把字符串形式的数字包装在Number类中，该类就会把字符串转换成数字。我们还可以使用String类把数字转换成字符串。

(6) 现在运行代码。

工作应该正常。更改数字，然后再单击按钮。不需要每次重新启动应用程序。

Flex有一些非常好的方法用来处理非预期事件——异常（exception）。试着在两个TextInput字段中输入文本字符串。应用程序并没有像很多程序那样出现瘫痪，而是返回了0，如图3-24所示。

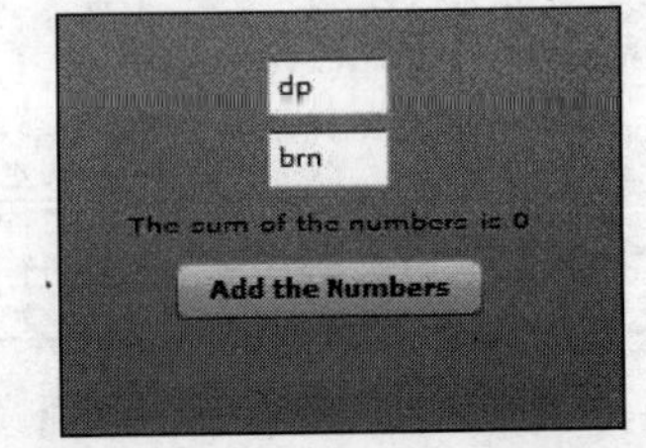

图3-24　在数值字段中输入字符串

> 作为练习，不妨试着构建一个这样的应用程序：用户输入两个数字，当单击按钮时，应用程序会返回两个数字的和、差、乘积和商。然后，再尝试构建一个应用程序，其中共有四个按钮，分别用来获得两个数字的和、差、乘积和商。这里有一个提示：对于第2个练习，我们需要为每种计算构建单独的函数。

85

现在，一切看起来都工作正常。可是，Problems视图中仍然有一些讨厌的警告消息。

3.3　访问修饰符

变量和函数都应该有一些叫做访问修饰符（access modifier）的东西。这个修饰符将规定谁可以访问或不可以访问它。

对于编程新手，这可能没有太大的意义。但这样想一想：它会决定哪些数据应该受到限制（从而使得只有文件内的其他组件才能看到它）以及哪些数据可以放开访问权。

最常见的两个访问修饰符是private和public。private意味着只有这个MXML文件（及相应的类文件）中的其他函数和变量可以看到它。public意味着它可以被项目中的其他任何文件访问。

在本章的这个小例子中，我们使用的访问修饰符并不是很重要，因为没有其他文件在访问它。作为演示，我们将使用public。在本书后面，我们将进行更深入的研究。

按如下所示为myText和addNumbers()改变修饰符：

```
<![CDATA[
    [Bindable]
    public var myText:String = "Welcome to Flex!";
    public function addSum(number1:Number, number2:Number):void
    {
        var sum:int = number1 + number2;
        myText = "The sum of the numbers is" + " " + sum;
    }
```

修改之后，Problems视图中的警告应该会马上消失。

为了演示，请将两个public修饰符改为private。应用程序的工作情况应该和以前完全一样，因为没有外部的源试图访问变量或函数。

3.4　重构

有些时候，我们可能需要改变变量的名字。在一个大项目中，变量会被引用很多次，这可能会对编辑和调试工作产生很大的影响。

现代的大多数集成开发环境都有一个很方便的工具来处理它：重构（refactoring）。也就是说，如果在某个地方改变名称，IDE就会仔细检查一遍，并将其他所有地方的名称都改变过来。它是一个非常老道的搜索替换工具。Flex Builder 3现在包含了重构工具。通过将变量myText的名称改为myNameText，我们来试用一下它。

(1) 在Script代码块中，突出显示变量myText。

(2) 选择Source → Refactor → Rename命令，如图3-25所示。

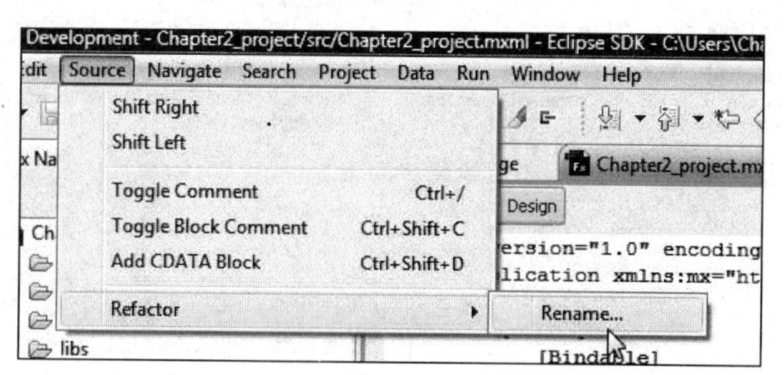

图3-25　选择重构工具

当选择Rename时，会出现如图3-26所示的窗口。

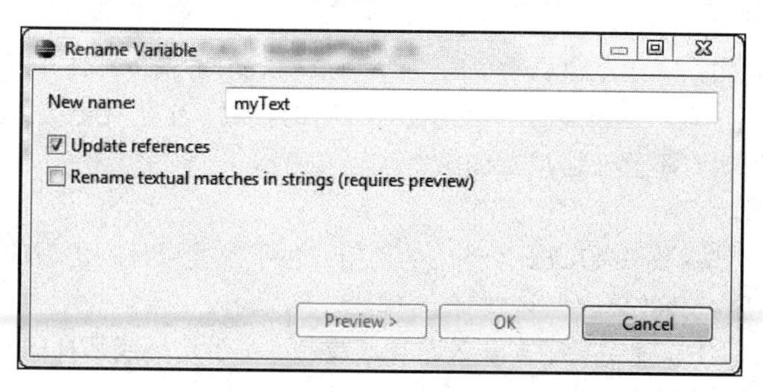

图3-26　Rename Variable窗口

注意突出显示的变量名已经插入到了New name字段中。

(3) 将名称改为myNameText。

虽然不是必需的，但我们可以通过单击Preview按钮预览更改后的结果，甚至还可以做一些调整。

87

(4) 单击Preview按钮，应该会看到如图3-27所示的窗口。

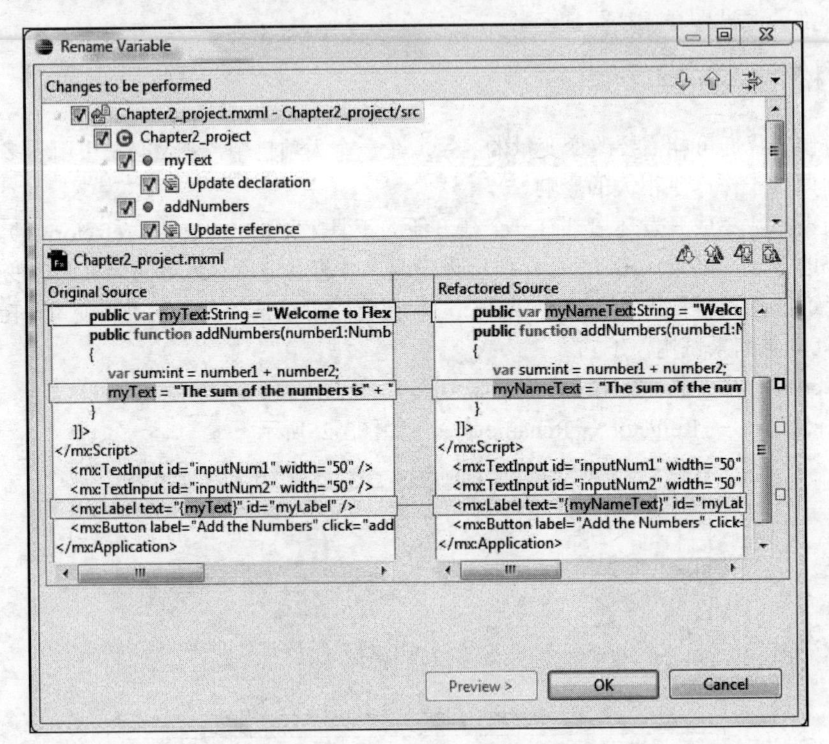

图3-27　Rename Variable预览窗口

强烈建议不要在这里做任何改动，除非你的确是一名经验丰富的程序员，能够理解更改所带来的后果。

正如我们所看到的，它在左边显示了原来的代码（Original Source），在右边显示了所做的更改（Refactored Source）。窗口顶部有一些复选框可以帮助我们确定想要更改或不想更改哪些引用。同样，强烈建议大家暂时不要在这里做任何更改。

(5) 单击OK按钮。

大家应该已经看到函数以及Label控件中的引用发生了改变以反映出新的名字：myNameText。

(6) 运行应用程序，其效果应该和以前一样。

就像我们所看到的，在使用了很多变量名且这些名称由于这样或那样的原因需要调整的复杂编程情况下，这是一个非常强大的工具。

现在我们要让重构更进一步。

我们在第2章简短讨论了组件，并将在第5章更详细地讨论它们。所以对于这个练习，我要请大家暂时遵循创建组件的步骤。我们的焦点不是组件的构造，而是重构。

(1) 在应用程序文件中，删除起始和结束Application标签之间的所有代码。

(2) 在Flex Navigator中，用右键单击项目名Chapter3_project，并选择New → MXML Component命令。此时应该会打开如图3-28所示的对话框。

88

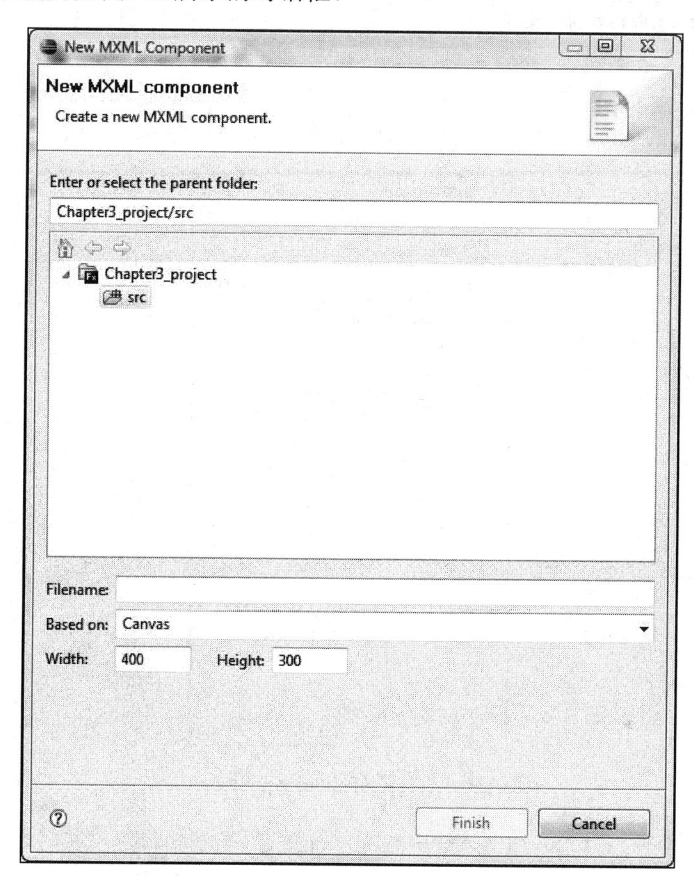

图3-28　New MXML Component对话框

(3) 将组件的文件名设置为FirstComponent，其他设置保持不变。

(4) 单击Finish按钮。

代码应该如下所示：

```
<?xml version="1.0" encoding="utf-8"?>
<mx:Canvas xmlns:mx="http://www.adobe.com/2006/mxml" ➥
width="400" height="300">

</mx:Canvas>
```

这就是我们目前需要做的全部工作。

(5) 返回到应用程序文件。在起始和结束Application标签之间，我们将用下列标签调用组件。（键入<符号打开标签之后，开始键入组件的名称。Flex Builder应该会填写其余的内容。此时按Enter键即可。）

89

```
<?xml version="1.0" encoding="utf-8"?>
<mx:Application xmlns:mx="http://www.adobe.com/2006/mxml" ➥
layout="absolute" xmlns:local="*">
        <local:MyFirstComponent/>
</mx:Application>
```

同样，暂时不用关心其余代码。

如果看看Flex Navigator，就会发现那里有组件的名称，如图3-29所示。

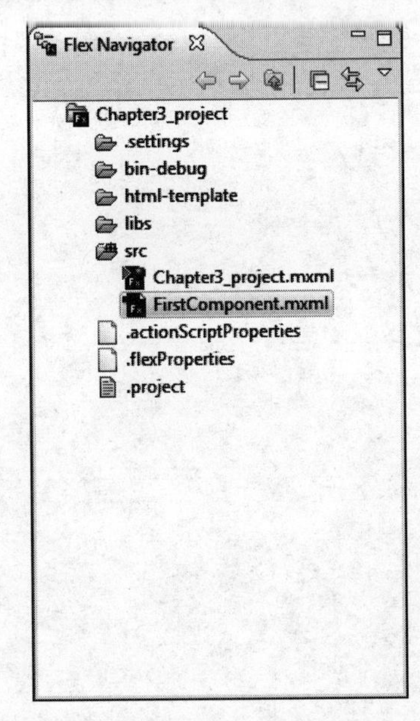

图3-29　带有新组件的Flex Navigator

(6) 用右键单击组件名FirstComponent.mxml，并选择Rename命令。此时应该会显示如图3-30所示的对话框。

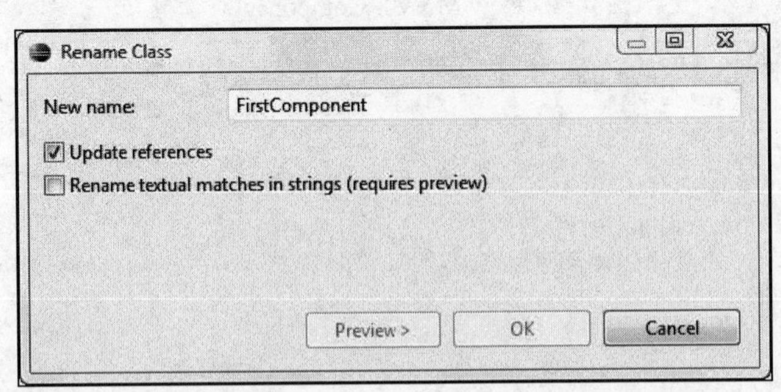

图3-30　Rename Class对话框

就像我们将在第5章所学的，“类”和“组件”表示同一件事情。

(7) 将组件重命名为MyFirstComponent。确保选中了Update references复选框。

(8) 单击OK按钮。

运行可能会花一些时间。不过，当它完成时，所有对组件的引用都会反映出名称的变化。看看Flex Navigator和应用程序文件中的代码。

```
<?xml version="1.0" encoding="utf-8"?>
<mx:Application xmlns:mx="http://www.adobe.com/2006/mxml" ➥
layout="absolute" xmlns:local="*">
        <local:MyFirstComponent/>
</mx:Application>
```

我们已经看到，Flex Builder 3会尽力确保引用总是正确的。这将大大减少潜在的调试时间。让我们再继续。

(1) 返回到MyFirstComponent文件，在起始Canvas标签的正下方放入一个Script代码块。

(2) 在Script代码块的内部创建如下变量：

```
<?xml version="1.0" encoding="utf-8"?>
<mx:Canvas xmlns:mx="http://www.adobe.com/2006/mxml" width="400" ➥
height="300">
    <mx:Script>
        <![CDATA[
            [Bindable]
            public var myProperty:String;
        ]]>
    </mx:Script>
</mx:Canvas>
```

(3) 回到应用程序文件，通过添加id并向属性发送值来修改对组件的调用，如下所示：

```
<local:MyFirstComponent id="myComponent" myProperty="Welcome to Flex"/>
```

(4) 在组件调用的下面，添加如下所示的Label标签：

```
<mx:Label text="{myComponent.myProperty}" id="myLabel"/>
```

(5) 在起始Application标签下面，添加下列Script代码块：

```
<mx:Script>
    <![CDATA[
        public var myProperty:String = myComponent.myProperty;
    ]]>
</mx:Script>
```

91

(6) 返回到MyFirstComponent。

(7) 用右键单击myProperty变量并选择References → Project命令。

注意Flex Builder 3允许我们搜索同一个文件、同一个项目或同一个工作空间中的多个项目中的引用。

在透视图的底部，应该打开了一个新的名为Search的视图（如图3-31所示）。

注意它向我们显示了3个引用。

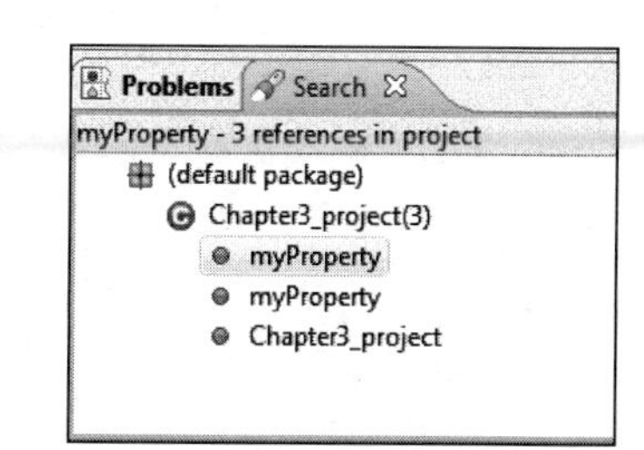

图3-31 Search视图

(8) 双击其中一个引用。这会把我们带回到应用程序文件，且所有的该引用都突出显示，对应的箭头位于编辑器的左侧，如图3-32所示。

```
1  <?xml version="1.0" encoding="utf-8"?>
2  <mx:Application xmlns:mx="http://www.adobe.com/2006/mxml" layout="absolute" xmlns:local="*">
3  <mx:Script>
4      <![CDATA[
5          public var myProperty:String = myComponent.myProperty;
6      ]]>
7  </mx:Script>
8      <local:MyFirstComponent id="myComponent" myProperty="Welcome to Flex"/>
9      <mx:Label text="{myComponent.myProperty}" id="myLabel"/>
10 </mx:Application>
11
```

图3-32　引用的变量

我们可以看到，现在可以轻松引用属性了。同样，这可以帮助我们显著地减少调试时间。

在这里，我们来试着做最后的测试。

(1) 返回到MyFirstComponent。

(2) 用右键单击myProperty并选择Refactor → Rename命令，此时应该会打开Rename对话框。

(3) 将属性重命名为myFirstProperty。确保选中了Update references选项。

92

(4) 选择OK。

如果回到应用程序文件，所有引用应该都已经更新了。就像我们所看到的，处理起来非常简单。

3.5　Flex调试

如果曾经在Flash环境下编过ActionScript程序，那我肯定你会同意其编程环境非常基础，它调试代码的能力几乎为零。大家将会看到，Flex Builder并非如此。

我在前两章提到过，Flex Builder是建立在强大的Eclipse编程环境上的。这意味着我们可以使用一些强大的调试工具。我们将在这里简短地看一看。不过，在本书后面，我们将定期地回到这个话题。大家将有大量使用它的机会。

(1) 确保是在应用程序文件中。

(2) 将myProperty变量更改如下：

```
public var myProperty:String = "Welcome to Flex";
```

(3) 在右上角应该会看到一个小按钮，它的右边有一个较大的Flex Development按钮（该按钮的名称至少会部分显示），如图3-33所示。

图3-33　Flex Development按钮

我在第1章和第2章讲过，Eclipse中的视图排列叫做透视图。

(4) 单击左边的小按钮，并选择Flex Debugging透视图，此时的环境应该如图3-34所示。

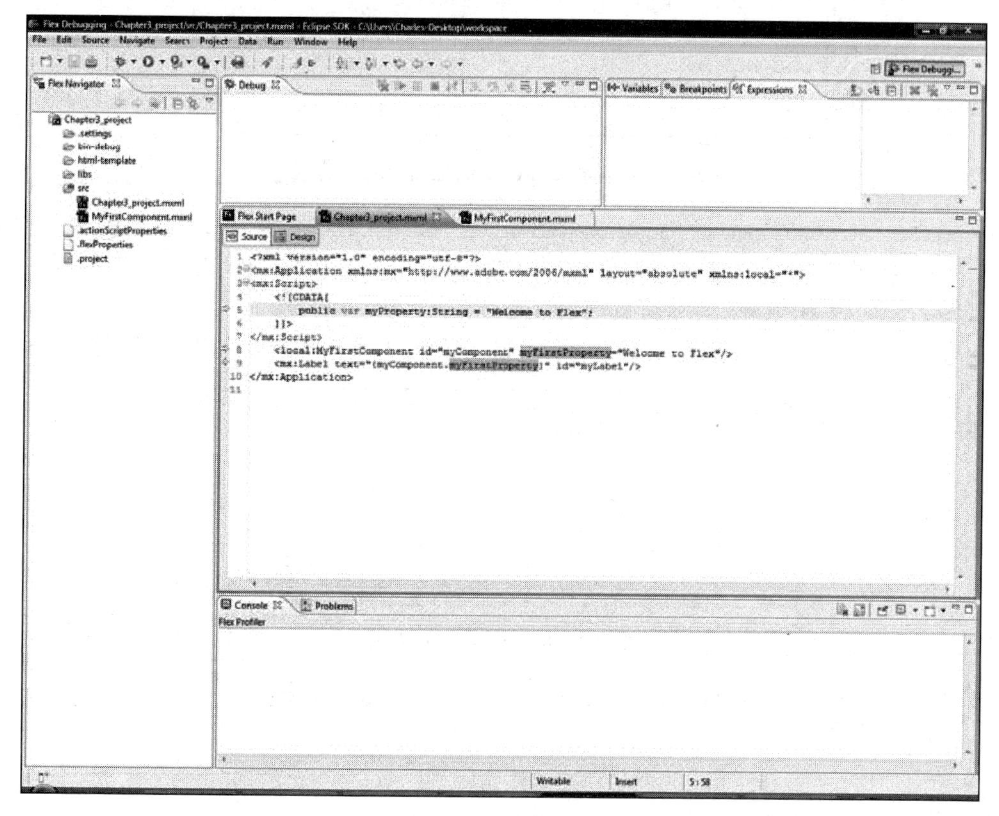

图3-34 Flex Debugging透视图

在这里，我们可以设置各个断点（即停止代码并检查值的地方）和监视表达式。大家会在这里看到一个简单的演示。

注意有一个视图叫做Expressions。如果曾经用过Flex Builder 2，就知道我们需要在这个视图中编写一个允许我们监视属性的表达式。Flex Builder 3中的情况不再是这样。我们来看一看。

3

(5) 用右键单击Script代码块中的myProperty。注意这里现在有一个新选项Watch "myProperty"，如图3-35所示。选择这个选项。

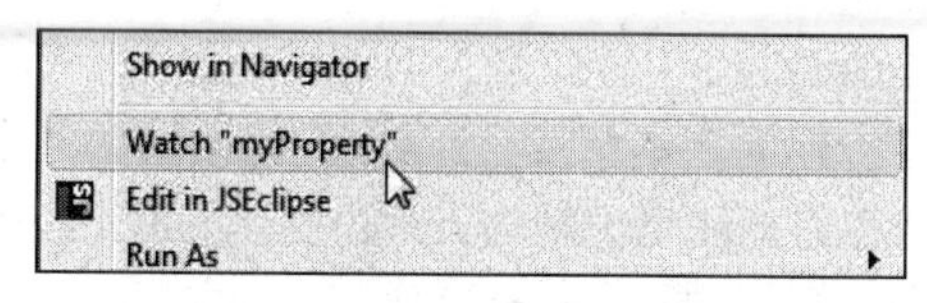

图3-35 Watch选项

选择它时，注意表达式现在自动添加到了Expressions视图中，如图3-36所示。

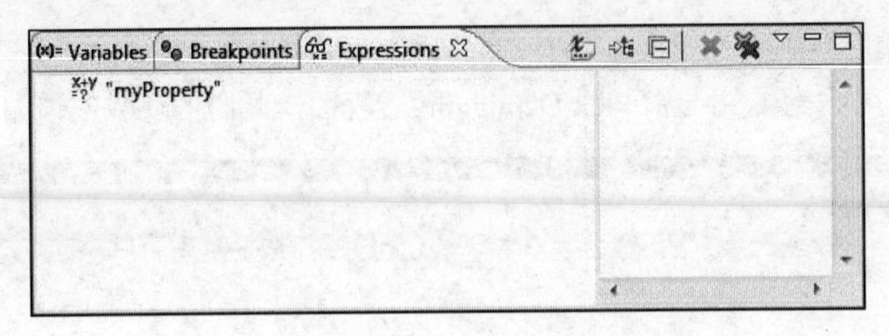

94

图3-36　添加到Expressions视图中的表达式

(6) 通过单击位于曾经用过的Run Application按钮左边的Debug按钮，调试应用程序。按钮看起来像一个小臭虫。

此时应该会打开浏览器，就像运行应用程序时那样。

(7) 使浏览器处于打开状态，切换回Flex Builder，现在看看Expressions视图（如图3-37所示）。

图3-37　填好的监视表达式

我们可以看到，被监视的变量的值返回来了。这是一种测试正确的值在恰当的时间到达应到位置的好方法。

(8) 使用与切换至Debugging透视图相同的按钮回到Development透视图。

我讲过，我们将在本书中多次回到Debugging透视图。

3.6　小结

我们刚才把很多Flex“拼图”放在了一起。我们不仅学习了ActionScript 3.0的一些基本知识（如变量、函数和简单的事件），而且使用它与MXML进行了交互。我们还学习了设计良好的Flex应用程序会把MXML与ActionScript结合起来使用。

我们学习了使用[Bindable]元数据标签的重要性以及强类型转化为什么非常重要，并懂得了如果不传递正确的类型将会发生什么。

最后，我们学会使用Flex Builder 3中一些强大的调试和引用工具。

从现在起，本章所讲内容将建立在本章及第2章中学习的概念之上。

接下来，我们将通过使用容器把注意力转向Flex的设计方面。我们还将看看组件的强大功能以及如何使用组件为应用程序建立模型。

95

翻过这一页，让我们把所学的知识综合起来吧。

第4章

容　　器

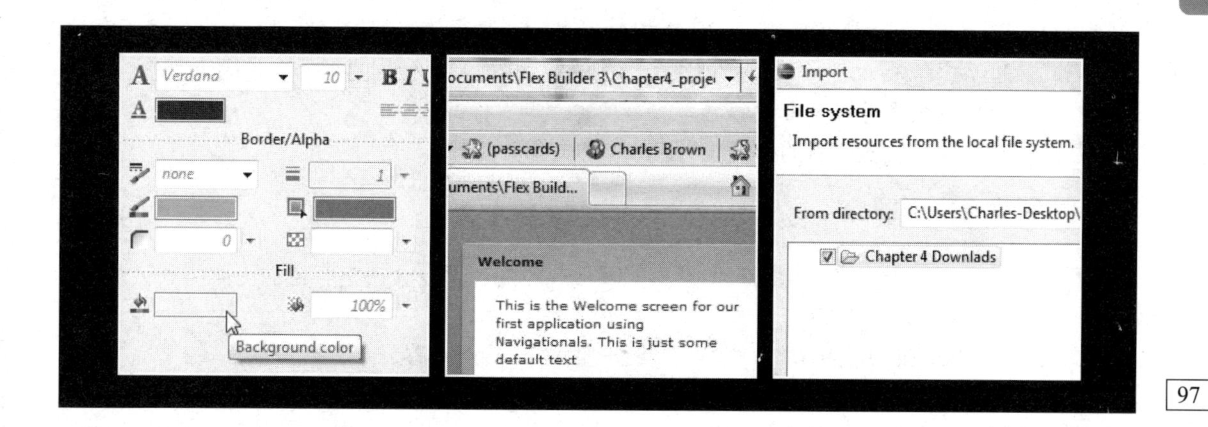

安装好Flex（以及Flex Builder）并熟悉了其环境、MXML和ActionScript之后，我们现在就可以深入学习Flex设计的核心：容器。

大家将在本章看到，处理不同类型的任务要用不同的容器。针对需要完成的任务选择恰当的容器是非常重要的。

此外，我们还将研究如何通过导航和不同容器的过渡来从一个容器转到另一个容器。

本章内容如下：

- 布局容器
- Form容器
- 导航容器
- 状态
- 过渡

本章在很大程度上是Flex设计工作的基础。请大家认真学习，确保理解每一个概念。

4.1　应用程序容器

1995年，Sun公司为其Java开发环境推出了一套新的类文件：Swing类。这些类允许程序员设计复杂的GUI（Graphic User Interface，图形用户界面），以便向应用程序写入数据和从应用程序中读取数据。

这一组类文件的设想其实很简单。开发人员可以使用这些类创建各种容器或盒子。每个容器都有一个叫做布局管理器的功能，它会自动排列容器的内容。其内容可以是典型的表单字段（如文本输入、标示语、按钮等），或者也可以是带有附加内容的其他容器。

Flex对各种不同的布局容器使用的是完全相同的概念。我们将在完成一些准备工作之后看到这些概念的实际应用。

(1) 因为我们不再使用第3章的项目，所以可以关闭或（用文件删除选项）删除它。

98

(2) 创建一个名为Chapter4_project的新项目。使用默认的存放位置和默认的MXML应用程序文件名。

第2章和第3章讲过，所有代码、MXML和ActionScript必须放在起始和结束Application标签之间。因此，起始和结束Application标签合在一起被称为根容器。使用“容器”是因为它包含了应用程序所需要的其余组件以及其他容器。

从现在起，我们将从容器的角度思考Flex中的大部分工作。

4.2　布局管理器

所有容器都有一个内建的功能叫做*布局管理器*。布局管理器会决定容器的内容将如何放置。可能的放置方式有如下3种。

- **绝对**（absolute）。对于绝对布局，我们必须指定*x*和*y*位置。
- **垂直**（vertical）。对于垂直布局，容器的内容会垂直居中排列。
- **水平**（horizontal）。对于水平布局，容器的内容会从左往右排列。

我们来看一个具体的示例。

如果看一下Application标签，应该就会发现其layout属性是absolute。如果不是，那现在也不用担心。我们马上会修正它。

```
<mx:Application xmlns:mx="http://www.adobe.com/2006/mxml" ➥
layout="absolute">
```

(1) 切换到Design透视图。

(2) 单击Design区域中的任意位置。

如果看一下Flex Properties视图，应该会发现该视图的Layout块中有一个Layout字段，如图4-1所示。

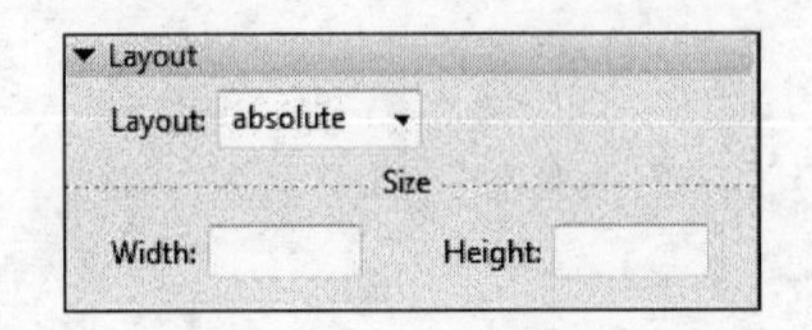

图4-1　Flex Properties视图的Layout区块

(3) 根据需要，将布局方式设置为absolute。这会自动更改Application标签。

(4) 进入Components视图的Controls区块，并将3个Label控件拖到舞台上，如图4-2所示。控件的位置和文本并不重要。

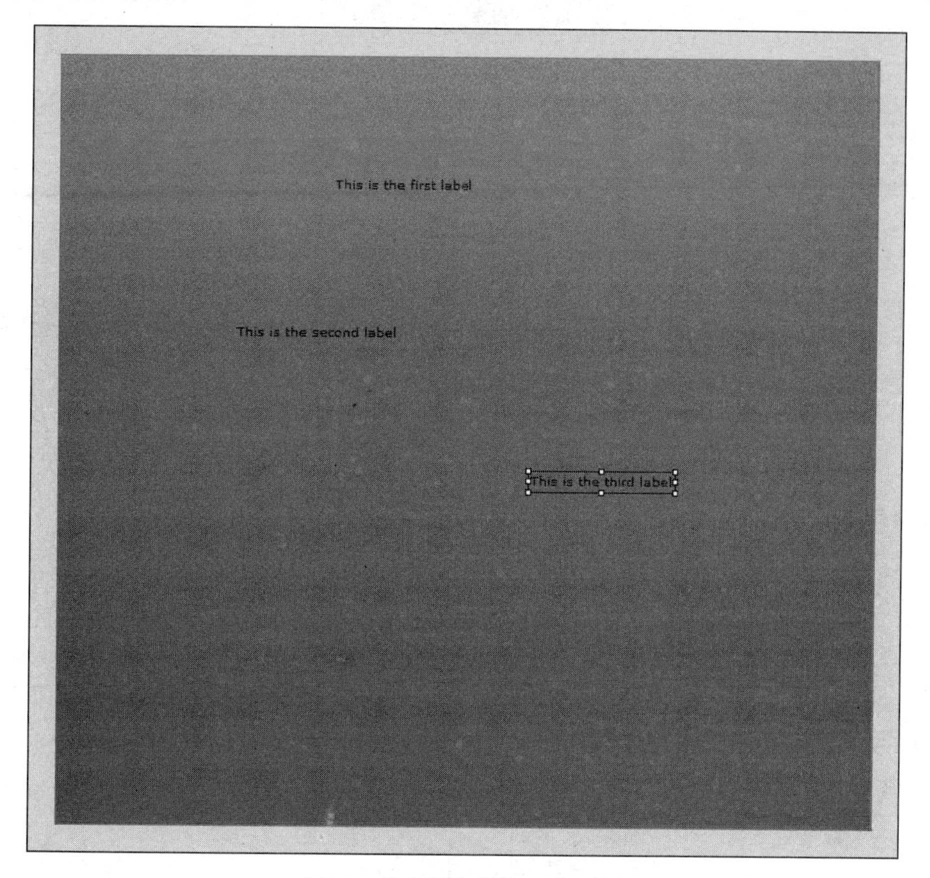

图4-2 放在舞台上的3个标示语

我刚才讲过，使用绝对布局时，需要指定*x*和*y*坐标。当我们把标示语放在舞台上时，Flex Builder会为我们进行处理。

(5) 切换到Source视图，看一下代码。

```
<?xml version="1.0" encoding="utf-8"?>
<mx:Application xmlns:mx="http://www.adobe.com/2006/mxml" ➥
layout="absolute">
     <mx:Label x="162" y="139" text="This is the first label"/>
     <mx:Label x="285" y="212" text="This is the second label"/>
     <mx:Label x="195" y="285" text="This is the third label"/>
</mx:Application>
```

我们可以在这里看到x和y属性。

(6) 为了加以证明，请删除3个标示语的x和y属性。删除它们之后，运行应用程序（或切换至Design透视图）。结果应该如图4-3所示。

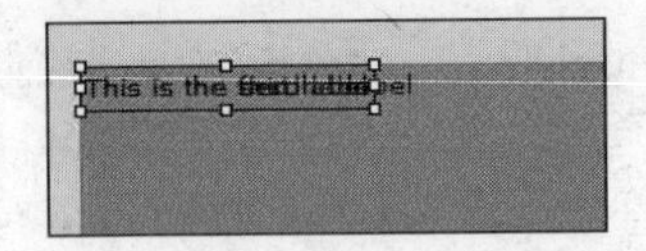

100

图4-3　删除x和y属性之后的绝对布局

如果没有x和y属性，使用绝对布局放在容器中的所有内容的默认位置都是0,0。

> Flex以及Flash的坐标起点是左上角。因此，0, 0就是左上角。

我们来看看其他两个布局方式。可以在Design透视图中（使用前面所讲的方法）或在Source视图中切换容器的布局。

(7) 如果需要，可切换至Source透视图并将布局方式改为horizontal。

> 也可以突出显示absolute一词，然后按Ctrl+空格键或Cmd+空格键。这会打开一个列表，其中包含3种布局方式，大家可以从中进行选择。

(8) 重新运行应用程序，结果应该如图4-4所示。

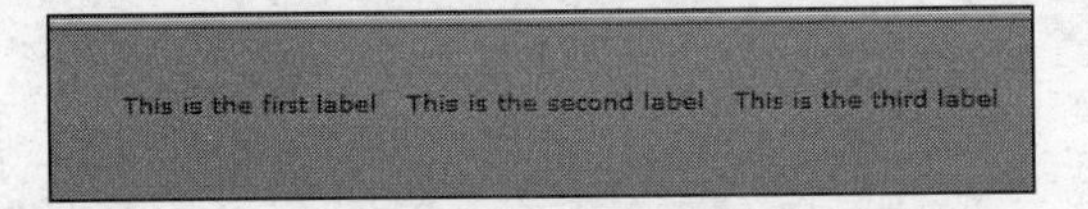

图4-4　水平布局

我们会看到，标示语是从左往右排列的。

(9) 回到代码中并将布局方式改为vertical。

(10) 运行应用程序，结果应该如图4-5所示。

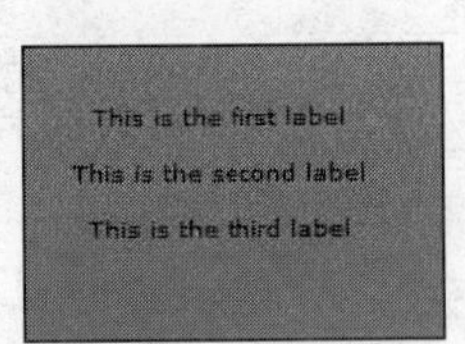

图4-5　垂直布局

在使用垂直或水平布局时，x和y属性是禁用的。取而代之的是，布局管理器会处理一切。

> 使用绝对布局得到的应用程序会更高效。这是因为Flex不需要计算内容的位置。

101

对布局方式有了一定了解之后，我们就可以把容器的概念再推进一步。

4.3　布局容器

布局容器会画出一个矩形区域来定义子容器或子控件的大小和位置。如果不确定“子”这个字的含义，那也不必担心。几分钟之后，大家就会对它一清二楚。

(1) 切换至Design透视图，然后分别选中刚才加入的3个Label控件，并按Delete键删除它们。

因为这些控件是在Application容器内，所以它们被视为该容器的子控件。

好了，在术语方面我现在真的把大家弄糊涂了（唉，不是我，应该是Flex）！

我们已经在第2章和第3章中讨论过MXML标签是ActionScript类文件的一种表现形式，这很容易弄懂。但是在这里，MXML使用了自己独有的术语。

在MXML中，ActionScript类文件叫做组件。但MXML有一些不一致的地方，因为它把表单项（如标示语、按钮、文本输入等）叫做控件，尽管它们也是ActionScript类文件的MXML表示。这样做是为了与XHTML术语保持一致。

其要点就是：组件、类文件和控件指的几乎全是同一件事情。讲完这个问题之后，让我们继续向前。

(2) 在Components视图内选择Layout类别来查看图4-6中所示的布局容器。

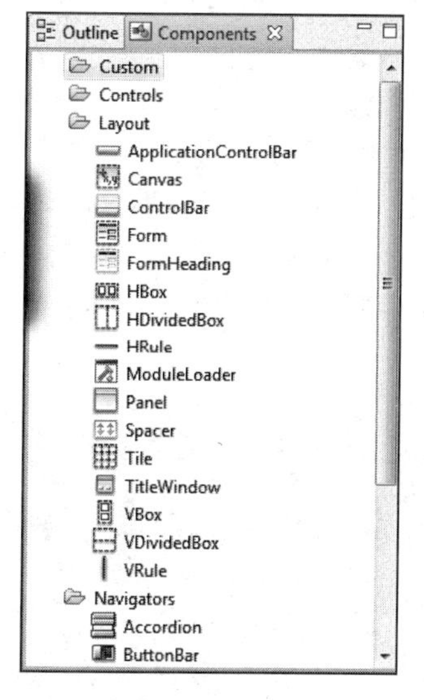

图4-6　布局容器

在本书中，这些布局容器几乎全都会讲到。不过现在，我们要把重点放在最常使用的容器上：HBox和VBox。

4.3.1　HBox 和 VBox 容器

我们刚才简单介绍了布局管理器的使用。我们将Application容器的布局方式由绝对改为了水平和垂直，并看到了结果。在使用水平和垂直布局方式时，组件会自动摆好，且x和y属性会被忽略。

HBox和VBox容器带有预先定义的、无法更改的布局管理器。大家可能很容易看出，HBox有一个预先定义为水平的布局管理器，而VBox有一个预先定义为垂直的布局管理器。

下面就让我们看一看。

(1) 切换至Design透视图。

(2) 将Application容器的布局方式改为horizontal。

(3) 从Components视图中拖一个HBox容器放在舞台上。

此时应该会看到一个类似于图4-7所示的对话框。

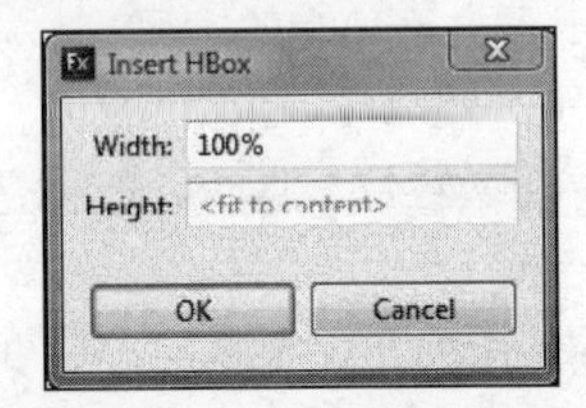

图4-7　Insert HBox对话框

如果你的设置与图4-7所示不相同，那也没有关系，我们正打算更改它们。

我们可以把容器的大小设置为以像素为单位的精确尺寸，或将其设置为父容器大小的一个百分比，父容器就是其下一个外部容器。例如，如果看图4-7所示的对话框，就会发现其宽度是Application容器的100%，Application容器就是该练习中的下一个外部容器。

设置容器大小还有另一种方法：不是输入具体的尺寸，而是自动选择<fit to content>。这表示容器会根据特定时刻的内容动态地调整大小。我们马上将看到具体的示例。

103

(4) 将高度和宽度都设置为100%并单击OK按钮。HBox组件现在应该与图4-8所示相仿。

图4-8　HBox容器的放置

(5) 使用Flex Properties视图，将位于Style区块底部的背景色改为你选中的颜色（如图4-9所示）。

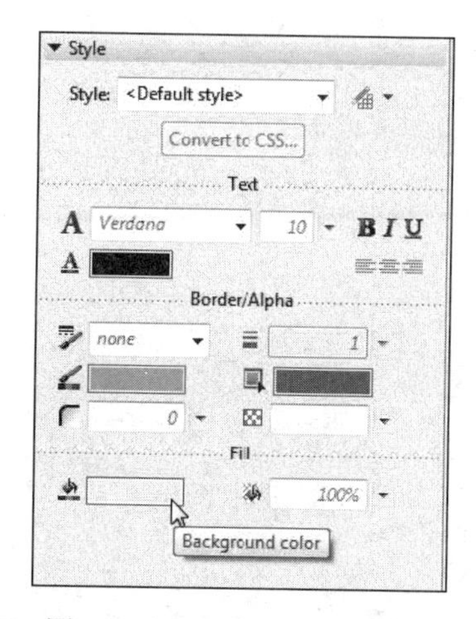

图4-9 Background Color属性

104

(6) 将VBox容器放在刚才创建的HBox容器内。将宽度设置为50%，将高度设置为100%。这个VBox容器是外部的HBox容器的一个子容器。

(7) 将VBox容器的背景色改为一种浅的与HBox容器的背景色对比鲜明的颜色。

注意其摆放是自动完成的，这要归功于HBox容器的布局管理器，如图4-10所示。

图4-10 作为HBox容器的子容器——VBox容器

(8) 在刚才创建的VBox容器的右边再放一个VBox容器，并使用与最后添加的VBox相同的设置。将背景色改成一种浅的对比鲜明的颜色。

(9) 在右边的VBox容器，即刚刚放置的VBox容器内放入一个宽度为100%、高度为50%的HBox容器。

(10) 将新的HBox容器的颜色改为你选好的任意颜色。

(11) 最后，使用与上一个HBox相同的设置在刚才创建的HBox的下面再放一个HBox容器。更改容器的颜色（如图4-11所示）。

105

图4-11　完成之后的布局

大家会看到，大量与摆放工作有关的事情都是由父容器自动处理的。

我们可以用多种方法查看其层级关系。

(12) 首先，单击Components选项卡旁边的Outline选项卡，打开Outline视图（如图4-12所示）。

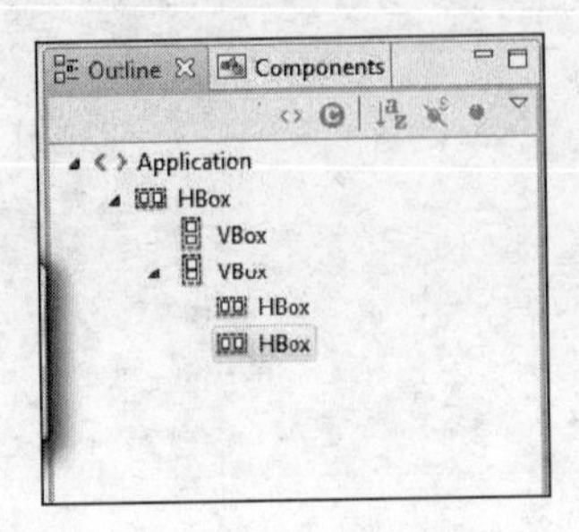

106

图4-12　Outline视图

大家会看到，第2个VBox容器内有两个HBox容器。第2个VBox容器和第1个VBox容器是放在一个HBox容器中的，而HBox容器又是Application容器的一个子容器。在Outline视图中，我们可以单击任意一个容器，然后该容器就会在舞台上被选中。

如果看一下舞台上方，即Source和Design按钮的右边，就会看到一个用来显示周围容器的按钮。

(13) 单击Show Surrounding Containers按钮（或按F4键），如图4-13所示。

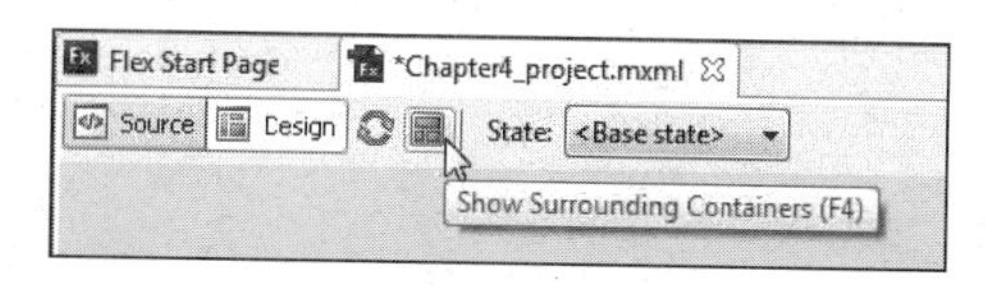

图4-13 Show Surrounding Containers按钮

单击这个按钮，我们就会看到舞台上容器的关系（如图4-14所示）。

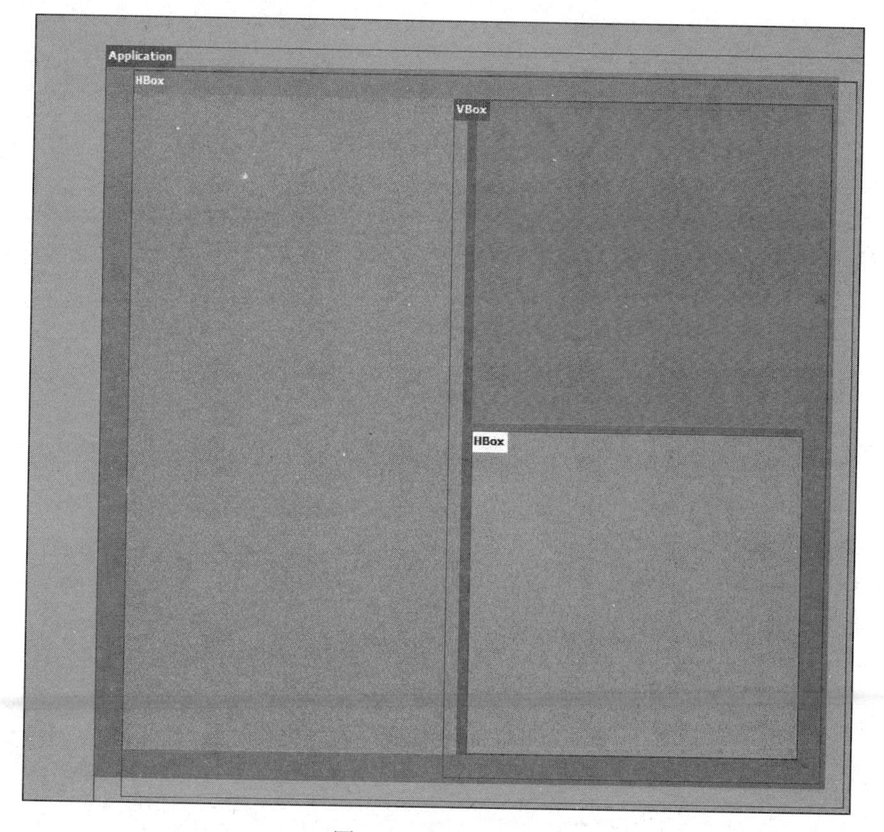

图4-14 容器的关系

通过单击不同的容器，就可以看到各个容器的关系。

(14) 单击Show Surrounding Container按钮（或按F4键），将其关闭。

(15) 切换至Source视图看一下代码。

```
<?xml version="1.0" encoding="utf-8"?>
<mx:Application xmlns:mx="http://www.adobe.com/2006/mxml" ➥
layout="horizontal">
    <mx:HBox width="100%" height="100%" backgroundColor="#454FD9">
        <mx:VBox width="50%" height="100%" backgroundColor="#E69393">
        </mx:VBox>
        <mx:VBox width="50%" height="100%" backgroundColor="#AC713D">
            <mx:HBox width="100%" height="50%" ➥
backgroundColor="#E7DAA4">
            </mx:HBox>
            <mx:HBox width="100%" height="50%" ➥
backgroundColor="#822222">
            </mx:HBox>
        </mx:VBox>
    </mx:HBox>
</mx:Application>
```

在这里，我们看到了内嵌容器的代码。

学习了容器的应用知识之后，我们需要知道如何在这些容器内放入内容。为了完成这项工作，我们把注意力转向另一个布局容器。

4.3.2 Form 容器

在使用HBox和VBox容器时，我们无法改变布局属性。按照定义，HBox容器会使用水平布局，而VBox容器会使用垂直布局。虽然这在内容的布局方面可以为我们提供很大的帮助，但也会带来一些问题。

让我们看一个示例。

(1) 根据需要，切换回Design透视图。

(2) 在Components视图中切换到Controls类别。

(3) 拖动一个Label控件到HBox容器的右上角。

(4) 将标示语的文本改成First Name:。

(5) 在其右边拖放一个TextInput控件。

108

这是创建表单的标准过程。此时的表单应该如图4-15所示。

Label和TextInput控件是HBox容器的子控件。

(6) 再添加一个Label控件（如图4-16所示），将其文本改成Last Name:。

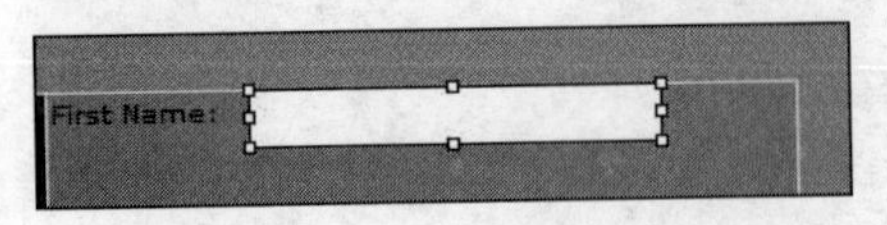

图4-15 带有子控件的HBox容器

图4-16 添加另一个控件

不管把新的Label控件放在哪里，HBox容器的布局管理器都会接管这一工作并自动把该控件作为下一个水平条目加以摆放。不用说，这并不是我们想要的结果。

(7) 删除HBox容器中的3个控件。

(8) 回到Components视图的Layout类别，将Form容器拖到刚才从中删除控件的那个HBox中。将高度和宽度设置为<fit to content>。

Form容器允许我们轻松地用合理的版式来布局表单控件。

这里需要解释一下。如果你曾经用HTML编过程序，那以前就使用过Form容器，但是其功能大不相同。HTML中的Form容器需要收集表单数据并用恰当的变量名（该变量名是由控件的名称决定的）把它发送给服务器，而Flex中的Form容器则仅仅用于布局目，它不具备任何数据收集功能。

在向表单添加控件之前，最好先给表单提供一个标题。大家可能猜到了，我们还将使用另一个容器。

在Components视图中Form容器的下面，我们应该会看到名为FormHeading的另一个布局容器。这个容器中的文本将相对于Form容器的宽度呈水平居中（Form容器的宽度会按照其内容进行调整）。

(9) 将FormHeading容器拖放到刚才放在HBox中的Form容器中。

在本章的上一节，大家可能已经注意到在放置各个容器时有一条蓝线。这条线的目的是向大家指明将要摆放组件的位置。注意在把FormHeading拖到Form容器中时，这条蓝线变成了靠近容器顶部的水平线，如图4-17所示。

(10) 通过双击文本或使用Flex Properties视图将文本改成Contact Form，如图4-18所示。

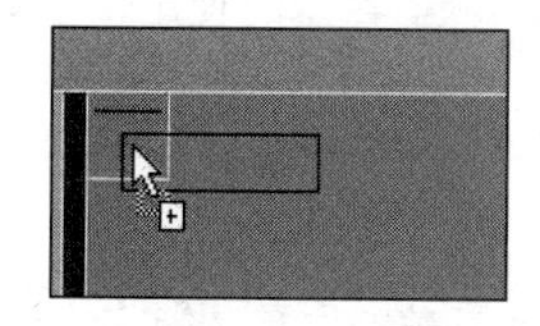

图4-17 FormHeading容器的放置

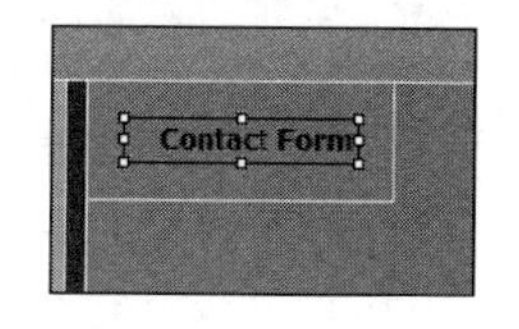

图4-18 完成的FormHeading容器

我们将在这个小表单中放3个控件：一个用于名、一个用于姓，一个用于电子邮件地址。大家的第一直觉可能是把Label控件拖到Form容器中，但实际上并不是这样。

(11) 拖动一个TextInput控件到Form容器中。

同样，通过FormHeading容器下方的蓝色水平线，我们可以判断当前是否在Form容器中（如图4-19所示）。

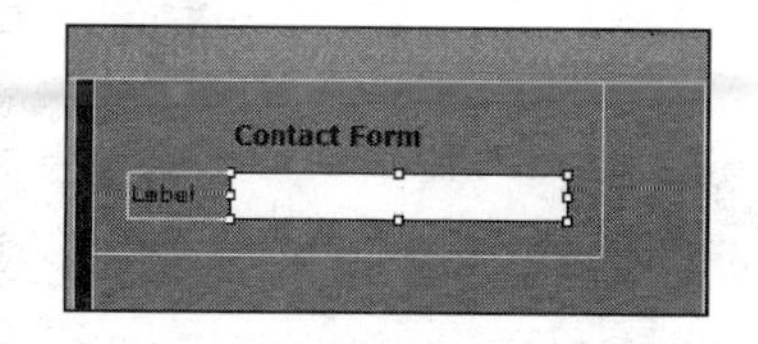

图4-19 添加TextInput控件

注意有一个标示语伴随着它出现了，Form容器正在自动处理着这一切。

(12) 双击标示语并键入First Name:。

(13) 完成键入之后按Enter键。

设置好标示语之后，Form容器会调整它的宽度且FormHeading文本会自动居中。

(14) 继续为Last Name:和E-mail:添加两个TextInput控件（如图4-20所示）。

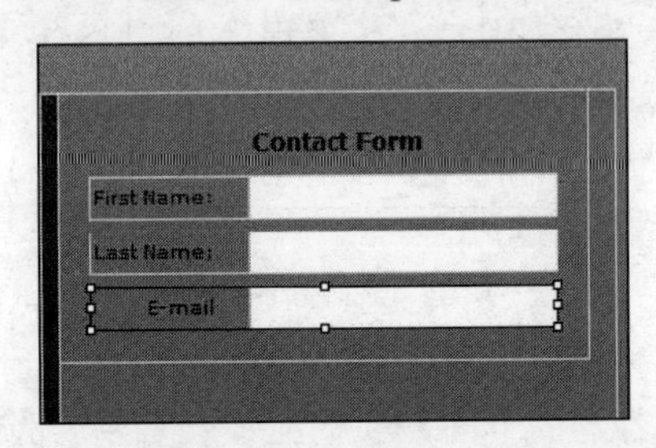

图4-20 带有3个TextInput控件的Form容器

放入TextInput控件之后，注意标示语会自动靠右对齐。同样，这也是Form容器的一个功能。我们马上将看看其中的代码。

> 在本书后面，我们将介绍表单验证和要求。现在，我们将让用户在表单字段中任意输入他们想要的内容。

110

如果创建了表单，很可能就要添加一个Submit按钮。对于Form容器的使用，这里要提出一点告诫。

(15) 就像添加3个TextIntput控件那样添加一个Button控件。

注意问题出现了（如图4-21所示）。

为Button控件添加了一个多余的标示语。处理这个问题有两种不同的方法。最简单的方法是双击文本Label，删除它，然后按Enter键。第2种方法要略微麻烦一些，但却更有效。

(16) 删除刚才添加的Button控件。

(17) 拖动另一个Button控件到容器中并注意蓝色的水平线（如图4-22所示）。

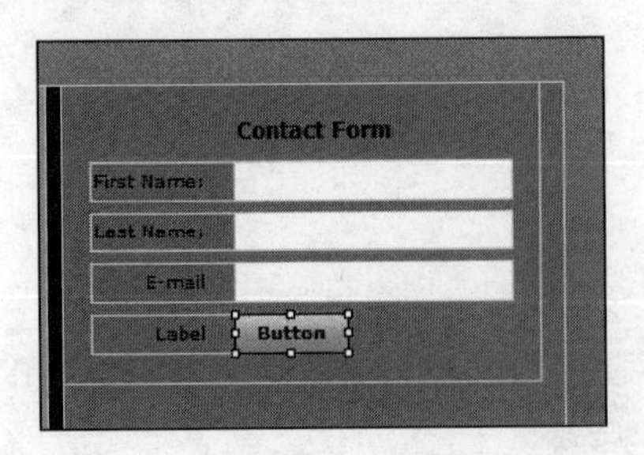

图4-21 添加一个Button控件

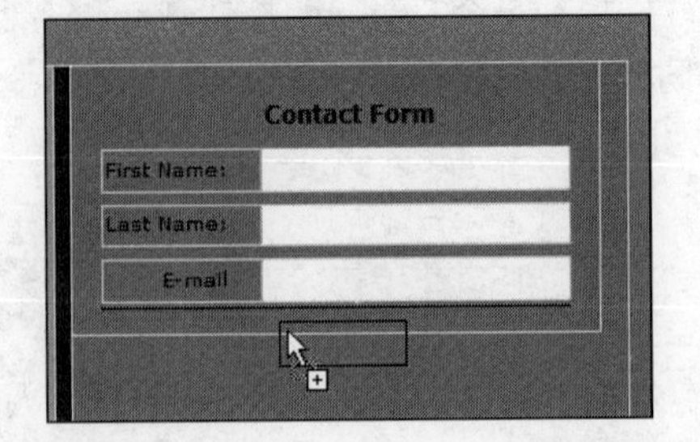

图4-22 Button控件的常规摆放位置

这条水平线几乎与Form容器等宽。但如果把Button控件拖到更高一点儿的位置，即位于上一个TextInput控件的上方，水平线就会缩短至大约TextInput控件的宽度（如图4-23所示）。

111

这不仅解决了多余的标示语问题，而且使Button控件刚好居中，如图4-24所示。

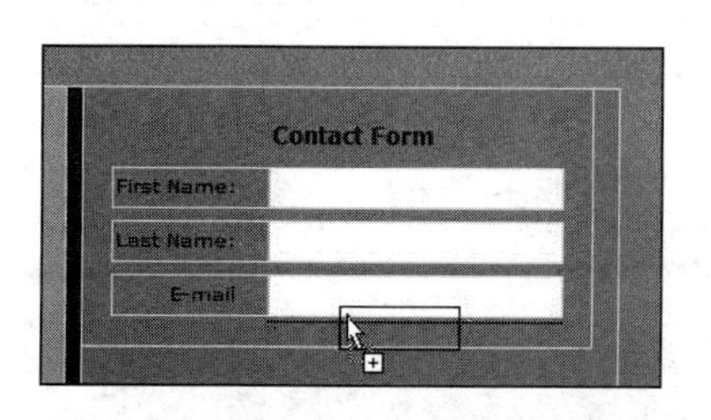

图4-23 Button控件的更优摆放位置

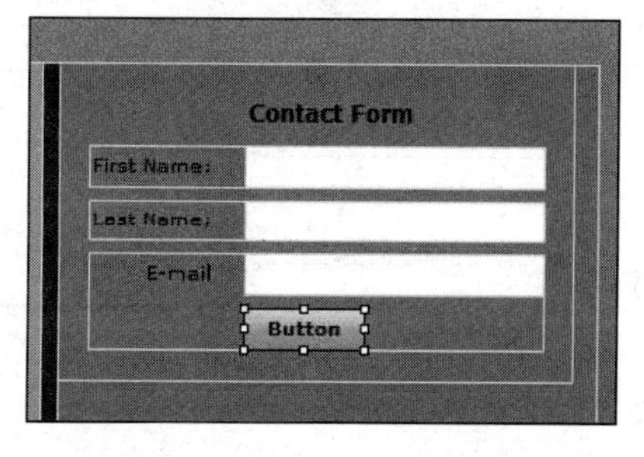

图4-24 Button控件的正确摆放位置

在运行应用程序时，各个控件周围的边线并不会显示出来。如果愿意，可以试一下，亲眼看一看。

为了完全理解Form容器是如何工作的，理解它背后的代码就变得非常重要。

(18) 切换到Source视图，看一下代码。

让我们集中看一下Form容器的代码。

```
<mx:HBox width="100%" height="50%" backgroundColor="#E7DAA4">
    <mx:Form>
        <mx:FormHeading label="Contact Form"/>
            <mx:FormItem label="First Name:">
                <mx:TextInput/>
            </mx:FormItem>
            <mx:FormItem label="Last Name:">
                <mx:TextInput/>
            </mx:FormItem>
            <mx:FormItem label="E-mail:">
                <mx:TextInput/>
                 <mx:Button label="Button"/>
            </mx:FormItem>
    </mx:Form>
</mx:HBox>
```

Form容器会把每个控件放在另一个名为FormItem的容器中。FormItem有一个名为label的属性。所以从理论上讲，我们并不是把Label控件添加到表单中，而是在利用FormItem容器的label属性。

之所以让Button控件放在了正确的位置上，是因为我们将按钮作为另一个不同的项添加到了最后一个FormItem容器中。我们可以肯定地说，TextInput控件和Button控件是FormItem容器的子控件。

我们来看看Form容器的另一个方便的特性。

(19) 回到Design透视图。

(20) 选择标示语为E-mail的FormItem容器。

> 若要选择整个容器，应单击标示语而不是TextInput控件。如果只单击TextInput控件，就只会选中控件，而不会选中标示语。

如果看看Flex Properties视图，就会发现该视图的Common区块有一个Required下拉列表（如图4-25所示）。

113

通过将它设置为true，控件就会自动添加一个星号（如图4-26所示）。

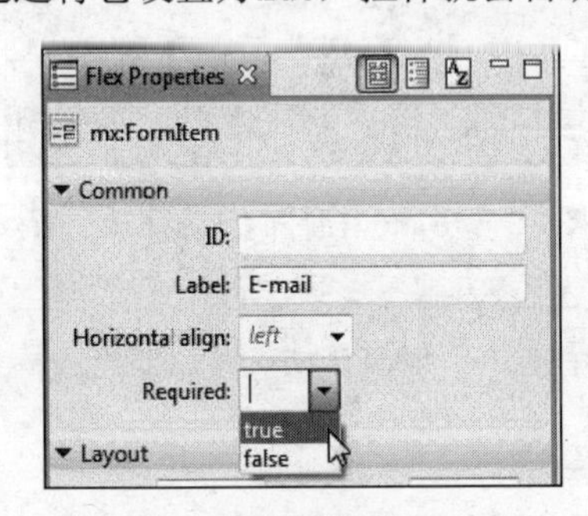

图4-25　Required属性

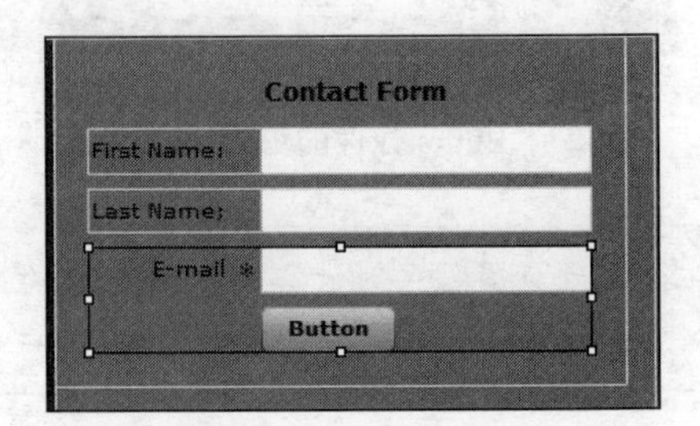

图4-26　向控件添加星号

此时此刻，我想让大家在这里看到Required属性自动向该字段添加了一个星号（*）。就像我在前面提到过，本书后面将谈论Required属性和验证程序的处理。

大家现在肯定看到了Form控件的强大功能。但我们还可以试试另外一些可能的做法。现在，我们看看另一个不同的布局容器。

4.3.3　Panel 容器

Panel容器之所以独特，是因为它像Application容器一样，可以处理3种布局方式。我们马上就会看到，这为我们提供了一定的灵活性。为了让大家看到具体的差别，我们将使用Panel容器重新构建那个小联系表单。

(1) 删除Form容器及其内容。

(2) 在被删除的Form容器的位置上放一个Panel容器，如图4-27所示。

图4-27　Panel容器

Panel容器的四周有一个半透明的边框，该容器可以容纳一个title属性以及我们马上就要看到的按钮控件栏。另外，在把它拖到容器中时，我们并没有像处理HBox和VBox容器那样重新调整对话框的大小。我们马上将在Flex Properties视图中设置它。

(3) 在Flex Properties视图中将宽度设置为50%。

114

如果留意一下Flex Properties视图的Common部分，应该会看到一个Title输入框。

(4) 在Title字段中键入Contact Form，如图4-28所示。

(5) 键入Contact Form之后按Enter键。

按Enter键之后，我们会看到使用Panel容器的另一个好处——容器顶端的title属性，如图4-29所示。

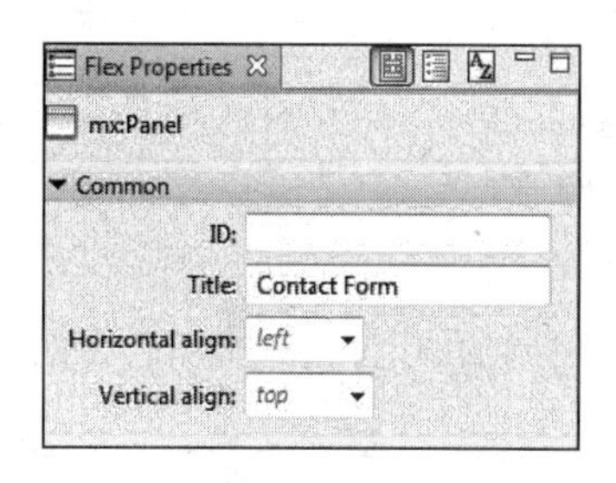

图4-28 Flex Properties视图中的Title字段

图4-29 Panel容器中的title属性

白色区域是放置内容的地方。

与VBox和HBox容器不一样，Panel容器可以访问3个布局管理器：垂直、水平和绝对。

(6) 将Panel容器的布局方式设置为vertical。可以像对待Application容器那样在Flex Properties视图中做这件事情。

在这个练习中，我们将用一种与以前不太相同的方法布局表单。因此，我们需要结合使用VBox和HBox容器。让我们看一个示例。

115

(7) 拖动一个HBox容器到Panel容器的白色区域。

(8) 通过删除所有尺寸，将宽度和高度都设置为<fit to content>。这将允许我们从左向右排列Label和TextInput控件。

(9) 向HBox控件中放入Label和TextInput控件。

(10) 将Label控件的文本改为Last Name:。

此时的表单应该类似于图4-30所示。

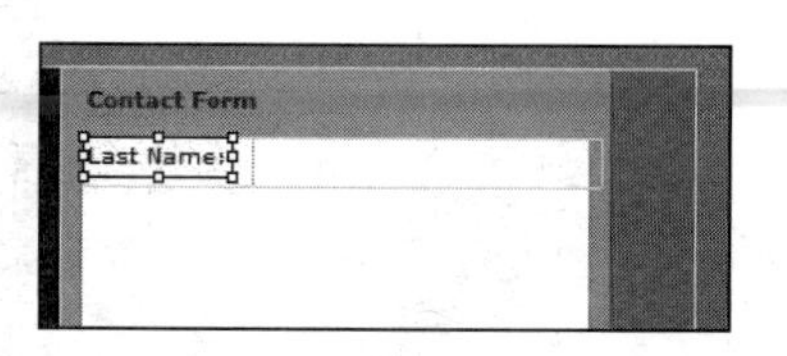

图4-30 添加了控件的Panel容器

现在该看看用于表单中的另一个控件RadioButton了。因为Panel容器的布局方式被设置为vertical，所以不必使用其他布局容器。通过把它们放在前面步骤中所放的HBox容器的下方，Panel容器的垂直布局管理器就会接管后面的工作。

和XHTML一样，Flex中的单选按钮控件一次只能选中一个（这与复选框相反）。为了完成工作，它们被共同组合在另一个名为RadioButtonGroup的容器中，该容器位于RadioButton控件的下方。

(11) 在Panel容器中HBox容器的下方拖放一个RadioButtonGroup的副本。

此时应该会打开图4-31中所示的对话框。

116

图4-31　Insert Radio Button Group对话框

所使用的组名应该正确地标识出对应的组。在本书后面，当我们深入探究编程应用时，这一点将变得非常重要。

(12) 将组名改为contactType。不要使用空格。

(13) 单击Button 1并将文本改成Telephone。

(14) 单击Button 2并将文本改成E-mail。

(15) 单击Add按钮，添加第3个按钮。此时应该会打开一个新的对话框以允许我们添加名称。

(16) 键入No Contact并单击OK按钮。

(17) 完成之后单击OK按钮。此时的表单应该类似于图4-32所示。

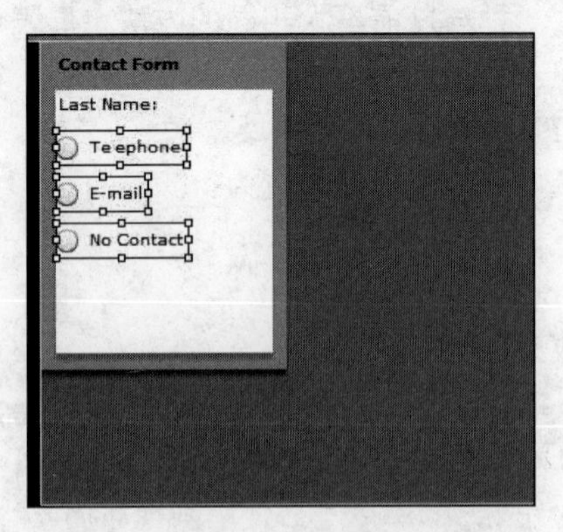

图4-32　所添加的RadioButton控件

如果愿意，可以再添加几个控件。Panel容器的白色区域将会自动扩展以容纳其中的内容。

我们来看看与Panel容器搭档的另一个布局容器。

4.3.4 ControlBar 容器

ControlBar容器会自动将自身放在Panel容器底部的边框区域中。这是一个非常方便的容器，因为它允许我们沿着Panel容器的底部排列控件。不过，因为它会顺着底部排列自身，所以就有一个我们必须小心的地方：为了让它能够正确工作，它必须是Panel容器的最后一个容器。

我们来看一个示例。

(1) 回到Components视图中的Layout类别。

(2) 将ControlBar容器拖动到最后一个RadioButton控件的正下方。

释放鼠标之后，马上注意该容器的摆放位置：正好在底部的边框区域。

现在我们可以向其中拖入任意的控件。

(3) 向ControlBar容器中拖入两个Button控件。

(4) 将两个按钮的label改成Submit和Reset，如图4-33所示。

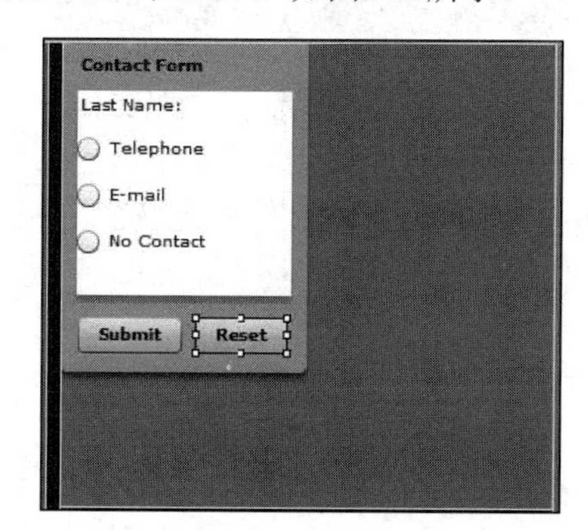

图4-33 添加到ControlBar的Button控件

可以看出，ControlBar使用的是一个水平布局管理器。

Panel容器还有一个有趣的特性。

(5) 选择Panel容器。大家可能会发现通过单击Panel的标题或在Outline视图中选择它，就可以轻松地选中容器。

在Flex Properties视图的Border/Alpha区块，有一个给容器设置Corner Radius属性的方法。

(6) 将拐角半径设置为35，如图4-34所示。

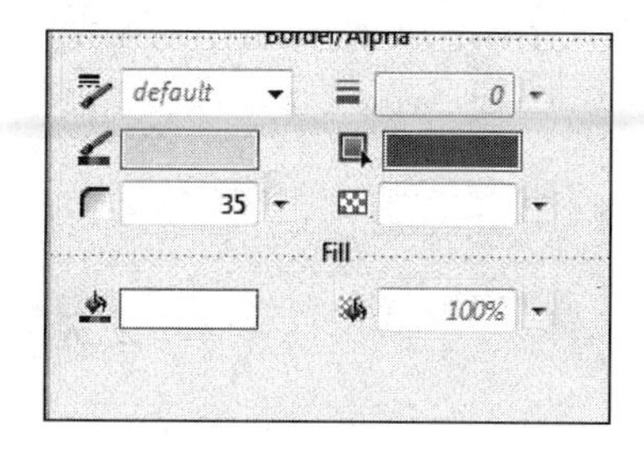

图4-34 Corner Radius字段

(7) 按Enter键。

118

此时应该会看到Panel容器的拐角做出了调整，如图4-35所示。

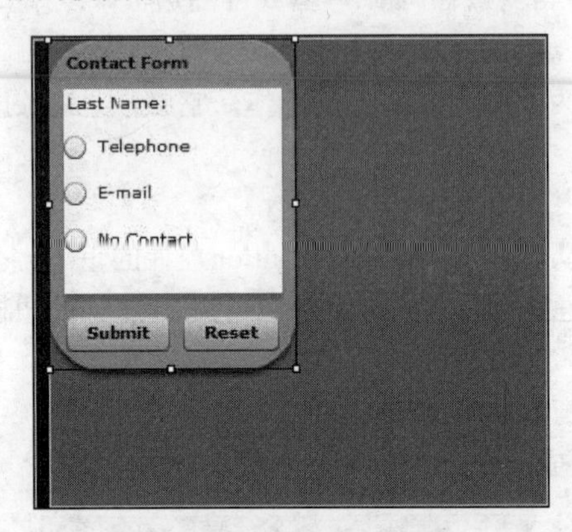

图4-35　圆角的Panel容器

大家现在应该理解了布局容器的强大功能。很容易就可以看出，我们只在这里尝试了最常用的几个容器。不过在本书后面，我们将有机会试用其他一些容器。

现在，我们要把注意力转向导航容器。

4.4　导航容器

和HTML应用程序不一样，我们并不是每单击一次链接就进入一个崭新的页面。取而代之的是，我们的所有内容都是包含在一个SWF文件中的，当选中相应链接时，就可以访问这些内容。我们马上就会非常清晰地看到这一点，当讨论状态时，我们会再次清楚地看到这一点。

和所有应用程序一样，我们要向用户提供一种对内容进行导航的简单方式。Flex通过提供专门致力于此的容器使我们得到了帮助。这些容器叫做导航容器或导航器，和布局容器一样，我们可以在Components视图中找到它们（如图4-36所示）。

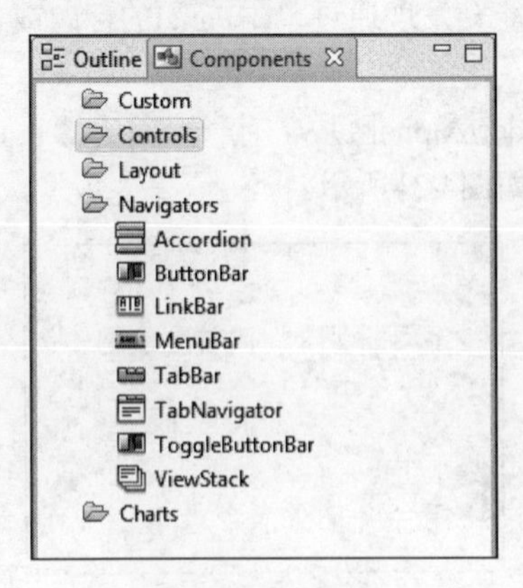

119

图4-36　导航器

导航器的根本是要理解ViewStack容器，下面我们就来看一看。

4.4.1 ViewStack 容器

我们要做的是从零开始构建一个非常简单的应用程序，这样我们就可以理解导航器的工作机制。

(1) 关闭已经打开的现有MXML文件。

(2) 选择File → New → MXML Application命令，打开图4-37中所示的对话框。

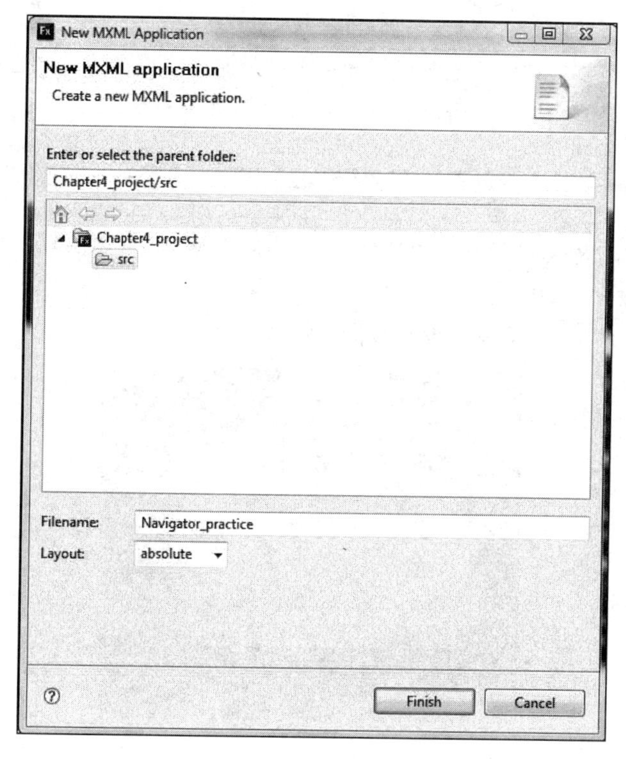

图4-37 New MXML Application对话框

(3) 将MXML文件命名为Navigator_practice。

(4) 将布局方式设置为vertical并单击Finish按钮。

(5) 根据需要，切换到Design透视图。

(6) 将Panel容器拖到舞台上。

(7) 将其标题设置为Welcome。

我们马上就会看到，在设计导航所用的容器时，最好将它们全部设置为相同的大小。虽然这种做法并不是强制性的，但马上我们就会明白为什么要把它们设置成相同的大小。

(8) 将宽度设置为250，将高度设置为200。记住，这个尺寸的单位是像素。

在此之前，我们还没有太多地讲到id属性。当我们开始学习更高级的技术时，为应用程序中的每一项指定一个唯一的ID就变得非常重要，这样做是为了让MXML/ActionScript能够轻松地引用它。

因为MXML/ActionScript会区分大小写，所以使用第2章和第3章所讲的命名惯例就变得非常重要。我们来快速回忆一下：

- 必须以字母、下划线或美元符号开头，而不能以数字开头；
- 不能有空格；
- 除了中间的大写字母以外，其余所有字母必须是小写（例如myAddressBook）；
- 可以使用的非字母数字字符只有下划线（_）和美元符号（$）。

(9) 在Flex Properties视图中，将这个Panel容器的ID设置为welcome。

因为这里的焦点是学习如何构建导航元素，所以我们会将设计方面的工作减至最少。拖动一个Text控件到Panel容器的白色区域并键入一些你自己想要的文本。

> Label控件只允许单行文本，而Text控件则允许多行文本。

(10) 将Text控件的宽度调整至约200像素，将高度调整至约120像素，并使用鼠标将它放在Panel容器的内容区域中。

(11) 键入图4-38中所示的文本（或你想要的任何文本）。

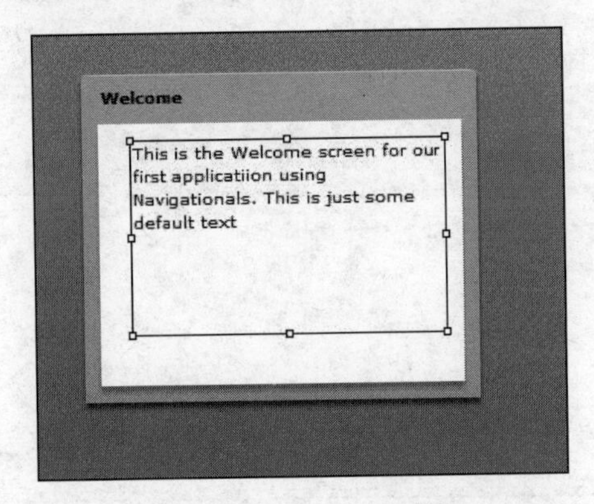

图4-38　Welcome面板

121

(12) 再拖动一个Panel容器到应用程序中。因为我们将布局方式设置为vertical，所以它们应该会自动挨个向下摆放。

(13) 将这个Panel容器的标题设置为Contact，将其id属性设置为contact。

(14) 拖动一个Text控件到应用程序中，使用和前面相同的尺寸并添加一些你想要的文本。

(15) 拖动第3个Panel容器到应用程序中。

在这里，大家可能会注意到一个小问题。第3个Panel容器看上去超出了Design透视图的可用面积（如图4-39所示）。

解决这个问题有两种不同的方法。当然，我们可以切换到Source透视图用代码来完善它。但假设我们想留在Design透视图中呢。

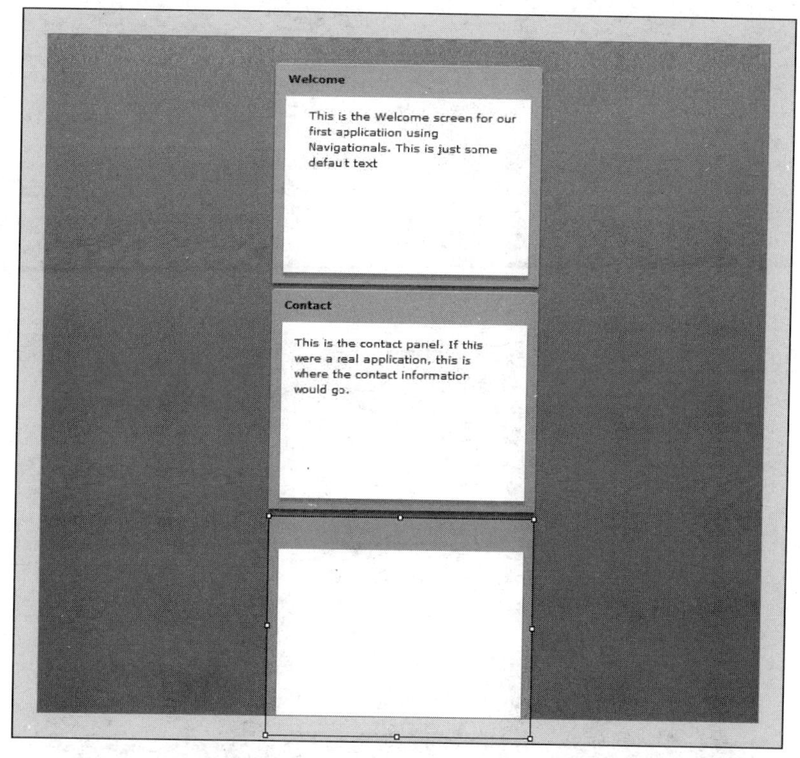

图4-39 Panel容器超出了Design区域

如果看一下Design区域的右上方，就会发现有一个下拉列表允许我们调整正在设计的区域，如图4-40所示。我发现对于此类情况，这个工具可以非常方便地扩展Design区域。 122

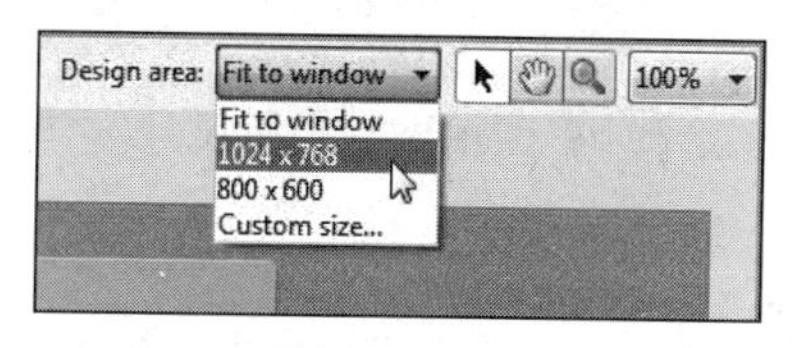

图4-40 设置Design区域

(16) 将Design区域设置为1024×768。

现在我们可以使用滚动条轻松地到达最后一个Panel容器。

(17) 将第3个Panel容器的标题设置为About Us，将其ID设置为aboutUs。

(18) 和前面的Panel一样，用相同的设置添加一个Text控件，并用选好的文本填充它。

完成之后，马上运行应用程序，此时的界面应该如图4-41所示。如果看到的界面不完全一样，那也不用担心，它们并不需要完全一样。 123

不用说，这并不是最合心意的构建应用程序的方法。如果是用HTML创建这个应用程序，我们可能会用超链接导航设计为每个主题创建一个单独的HTML页面。

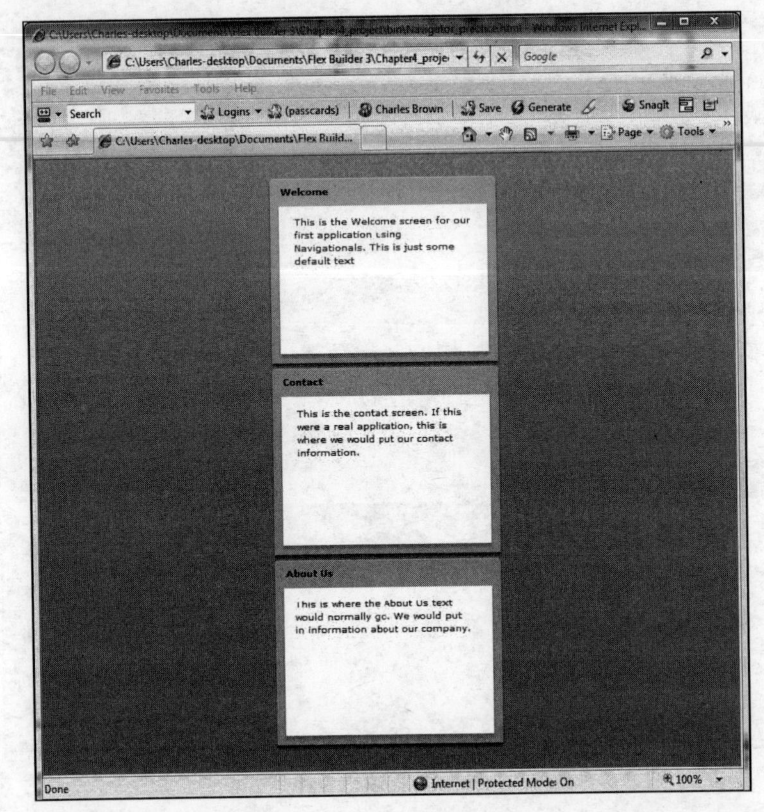

图4-41　当前的应用程序

我在前面讲过，在Flex中不需要这么做，因为所有的一切都是包含在一个SWF文件中。但是为了把这3个主题分到单独的版面中，我们需要编写一些程序。

(19) 切换到Source视图看一下代码（如果文本和尺寸与这里的代码不尽相同，那也不要紧）。

```
<?xml version="1.0" encoding="utf-8"?>
<mx:Application xmlns:mx="http://www.adobe.com/2006/mxml" ➥
layout="vertical">
    <mx:Panel width="250" height="200" layout="absolute" ➥
title="Welcome" id="welcome">
        <mx:Text x="10" y="28" text="This is the Welcome ➥
screen for our first application using Navigationals. This is ➥
just   some default text." width="200"/>
    </mx:Panel>
    <mx:Panel width="250" height="200" layout="absolute" ➥
id="contact" title="Contact">
        <mx:Text x="10" y="25" text="This is the Contact ➥
screen for our first application using Navigationals. ➥
In here we could put a contact form." width="200"/>
    </mx:Panel>
    <mx:Panel width="250" height="200" layout="absolute" ➥
```

```
id="aboutUs" title="About Us">
         <mx:Text x="10" y="10" text="This is where you ➥
could put information that would normally go into the ➥
About Us page. Enter information about who you are ➥
and what you do" width="200"/>
     </mx:Panel>
</mx:Application>
```

为了创建出独立的页面，我们可以把3个Panel容器放在ViewStack导航容器中。

(20) 在第1个Panel容器welcome的起始标签前插入下列代码：

```
<mx:ViewStack>
```

(21) 把结束标签</mx:ViewStack>剪切并粘贴到最后一个Panel容器aboutUs的结束标签的后面。现在的代码应该如下所示：


```
<?xml version="1.0" encoding="utf-8"?>
<mx:Application xmlns:mx="http://www.adobe.com/2006/mxml" ➥
layout="vertical">
<mx:ViewStack>
     <mx:Panel width="250" height="200" layout="absolute" ➥
title="Welcome" id="welcome">
         <mx:Text x="10" y="28" text="This is the Welcome ➥
screen for our first application using Navigationals. ➥
This is just some default text." width="200"/>
     </mx:Panel>
     <mx:Panel width="250" height="200" layout="absolute" ➥
id="contact" title="Contact">
         <mx:Text x="10" y="25" text="This is the Contact ➥
screen for our first application using Navigationals. ➥
In here we could put a contact form." width="200"/>
     </mx:Panel>
     <mx:Panel width="250" height="200" layout="absolute" ➥
id="aboutUs" title="About Us">
         <mx:Text x="10" y="10" text="This is where you could ➥
put information that would normally go into the About Us page. ➥
Enter information about who you are and what you do" width="200"/>
     </mx:Panel>
</mx:ViewStack>
</mx:Application>
```

124

(22) 运行应用程序。我们应该会看到与之前大不相同的结果，如图4-42所示。

125

3个Panel容器彼此堆叠在了一起。我们现在看到的只是第1个也是最上面的那个容器。

这也是我建议大家在创建导航元素时要把所有容器设置成相同大小的原因（虽然大家并不是必须这样做）。

这就完成了创建导航元素的第一部分工作。下一步是创建一种导航方式，如链接或按钮。为此，我们需要再做一些工作。让我们回到代码中去。

因为ViewStack包含了需要被导航的页面，所以我们需要让导航工具引用它。为此，我们需要给它指定一个id属性。本练习中我们将它命名为myPages。

(23) 按如下所示设置ViewStack容器的id属性。注意我使用了正确的命名惯例。

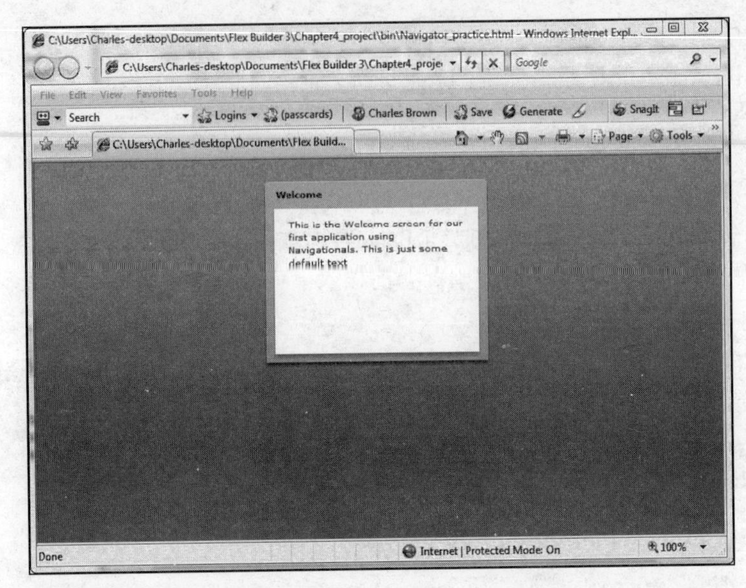

图4-42　ViewStack容器内的3个Panel容器

```
<mx:ViewStack id="myPages">
```

如果给ViewStack容器内的每个Panel容器都指定一个label属性，导航工具就会自动得到命名。label属性的值应该是你想在按钮或链接中看到的内容。

(24) 向Panel容器中添加下列标示语：

```
<?xml version="1.0" encoding="utf-8"?>
<mx:Application xmlns:mx="http://www.adobe.com/2006/mxml" ➥
layout="vertical">
<mx:ViewStack id="myPages">
    <mx:Panel width="250" height="200" layout="absolute" ➥
title="Welcome" id="welcome" label="Welcome">
        <mx:Text x="10" y="28" text="This is the Welcome ➥
screen for our first application using Navigationals. ➥
This is just some default text." width="200"/>
    </mx:Panel>
    <mx:Panel width="250" height="200" layout="absolute" ➥
id="contact" title="Contact" label="Contact Us">
        <mx:Text x="10" y="25" text="This is the Contact ➥
screen for our first application using Navigationals. ➥
In here we could put a contact form." width="200"/>
    </mx:Panel>
    <mx:Panel width="250" height="200" layout="absolute" ➥
id="aboutUs" title="About Us" label="About Us">
        <mx:Text x="10" y="10" text="This is where you could ➥
put information that would normally go into the About Us page. ➥
Enter information about who you are and what you do" width="200"/>
    </mx:Panel>
</mx:ViewStack>
</mx:Application>
```

最后一步是创建按钮或链接。我们即将看到，Flex处理这项工作也非常轻松。

126

(25) 在Application和ViewStack标签之间放入一个空白行。

导航容器中有一个是ButtonBar。当我们把它放入应用程序时，是使用ViewStack容器的ID作为ButtonBar的dataProvider属性。ButtonBar反过来会为ViewStack容器内的每个容器创建一个Button控件。Button控件的label属性将由我们之前给Panel容器添加的label属性来填写。

(26) 在刚才创建的空白行中放入下列代码。注意我们用大括号将myPages（即ViewStack的ID）与dataProvider属性绑定了起来。

```
<mx:ButtonBar dataProvider="{myPages}" />
```

(27) 运行应用程序，现在应该具有了完整的导航功能，如图4-43所示。单击3个按钮来测试它们。

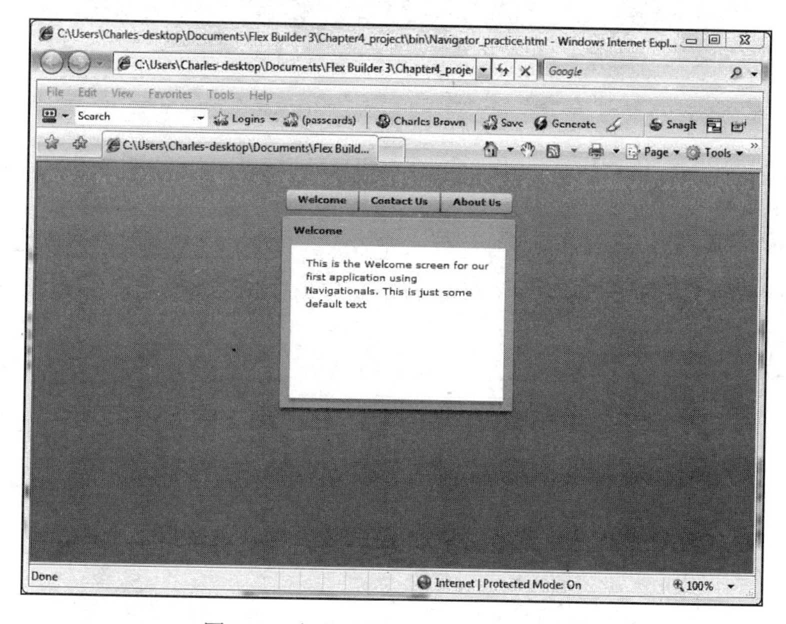

图4-43 完成后的ViewStack应用程序

通过添加一个容器、几个属性和一个ButtonBar，我们就拥有了一个功能完整的导航系统。在开始学习更高级的技术时，我们可以不断地向ViewStack添加容器。因为ButtonBar会根据ViewStack容器所提供的信息来做自我调整，所以我们会有一个自动更新的导航系统。我们将在本书后面看到这样的情景。

不过，我们所获得的灵活性还不止于此。

127

(28) 回到代码中并将ButtonBar改为ToggleButtonBar。

```
<mx:ToggleButtonBar dataProvider="{myPages}" />
```

其他内容没有变化。

(29) 重新运行应用程序，此时的界面应该类似于图4-44。

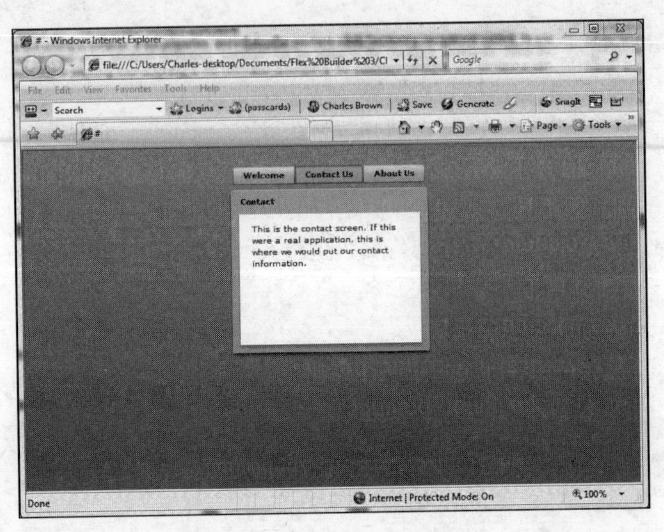

图4-44　使用ToggleButtonBar

请注意，对于ToggleButtonBar，与用户所查看的页面相关联的按钮显示为下凹状态。这为用户提供了一种所在页面的视觉提示。

大家将发现在使用MXML时，有很多特性只要做一些微小的改动就可以简单地互换。我们刚才看到了ButtonBar与ToggleButtonBar的互换。为了进一步强调这个概念，请继续下面的步骤。

(30) 将ToggleButtonBar做如下更改：

```
<mx:LinkBar dataProvider="{myPages}" />
```

128

(31) 再次运行应用程序。此时的界面应该如图4-45所示。

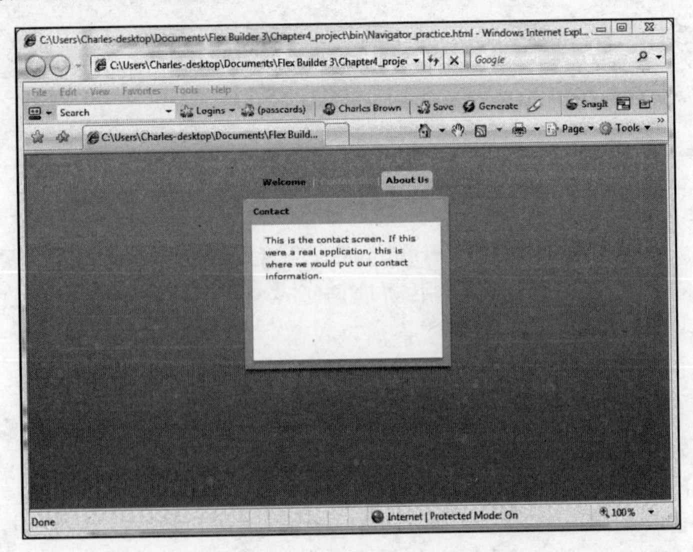

图4-45　使用LinkBar

这一次，我们拥有的不是按钮而是一个LinkBar，它看上去就像是用竖线分开的多个超链接。同样，就像ToggleButtonBar那样，它们在用户所查看的页面方面为我们提供了视觉提示。

这种可互换性使我们可以在不用大量重新编写代码的情况下轻松测试其他的选择。

说到代码的编写，我们就要稍微谈谈导航与ActionScript。

4.4.2 使用 ActionScript 实现导航功能

我们可以轻松地使用ActionScript语法来创建导航元素。虽然本节将在一个相对简单的场景中做这件事情，但当我们在后面学习更高级的编程技巧时同样需要用到这些简单的概念。

(1) 首先在ViewStack结束标签后面创建一个HBox容器，并向它添加3个Button控件，如下所示：

```
</mx:ViewStack>
<mx:HBox>
    <mx:Button label="Welcome"/>
    <mx:Button label="Contact Us"/>
    <mx:Button label="About Us"/>
</mx:HBox>
</mx:Application>
```


129

(2) 运行应用程序，我们应该会看到顺着底部水平排列的3个按钮。

在上一节，我们看到了ViewStack。我没有提到的是ViewStack容器以及ActionScript 3.0中的其他很多类文件都使用了一个非常重要的编程工具：数组。

通常情况下，我们认为一个变量只存放一个值。例如，变量lastName的值可能是Smith。大家可能没想过lastName有Smith、Jones和Brown这3个值。然而，这就是数组的作用：它允许单个变量存放多个值。

数组中的每个值叫做*元素*。所以如果变量lastName有Smith、Jones和Brown这些值，那它们就是变量的3个元素。每个元素都会自动分配一个叫做*索引*的数字。在大多数编程环境中（包括ActionScript 3.0），分配给第1个元素的索引号为0。

> 值得注意的是，ColdFusion是一个例外。它从数值1开始给数组的第1个元素编号。

为了与我在本书使用的其他MXML术语保持一致，大家可以把变量名想成容器，把每个元素想成是该容器的子成员。

在大多数编程环境中（包括ActionScript），数组是用分配给元素的索引号加两边的方括号来表示的。例如：

```
Smith[0], Jones[1]. Brown[2]
```

这里，变量是myPages，即ViewStack的ID。它存放的多个值（子成员或元素）就是ViewStack内的容器的ID：welcome、contact和aboutUs。

ViewStack容器有一个属性叫做selectedIndex，这个属性允许用元素的索引号来调用元素。

在编写代码之前，我们来快速回顾一下第2章和第3章中的两个概念。

大多数OOP语言都会使用点符号，这在第3章讨论过。对于点符号，我们会在点的左侧输入对象的名称（或变量名）并在点的右侧输入所需属性或函数的名称。所以，如果我们想调用之前创建的ViewStack容器的元素0，就要这么表示：

```
myPages.selectedIndex = 0;
```

另外，第2章和第3章讲过，很多Flex类或组件都内置了一些事件。最常用的事件之一就是与Button类相关的click事件。

130

(3) 利用这两个概念对刚才添加的Button控件做如下修改来创建导航元素：

```
<mx:HBox>
     <mx:Button label="Welcome" click="myPages.selectedIndex = 0"/>
     <mx:Button label="Contact Us" click="myPages.selectedIndex = 1"/>
     <mx:Button label="About Us" click="myPages.selectedIndex = 2"/>
</mx:HBox>
```

(4) 现在运行应用程序，添加到底部的按钮应该具有完整的功能了。

(5) 回到代码中去。

大家可能会发现在有些情况下引用元素的索引号并不是很方便。在元素的索引号可以不断改变情况下尤其如此。如果是这种情况，ViewStack会用另一个属性来帮助我们：selectedChild。

我在前面讲过，向容器添加的任何事物都是该容器的子元素。因此，ViewStack容器当前有3个子元素。

selectedChild属性的简单之处在于我们可以通过子元素的id属性而不是索引号来引用它。

(6) 将代码修改如下：

```
<mx:HBox>
   <mx:Button label="Welcome" click="myPages.selectedChild = welcome"/>
   <mx:Button label="Contact Us" click="myPages.selectedChild = ➥
contact "/>
   <mx:Button label="About Us" click="myPages.selectedChild = ➥
aboutUs "/>
</mx:HBox>
```

(7) 再次运行应用程序。按钮的作用应该和以前一样。

现在我们来看看其他两种创建有趣的导航元素的方法。

4.4.3 TabNavigator 和 Accordion 容器

TabNavigator和Accordion容器将导航与设计结合了起来，并且非常易用。

为了演示这些容器，我们来对代码做一点儿改动。

(1) 删除LinkBar标签以及包含刚才创建的3个按钮的HBox容器。

131

(2) 将ViewStack起始标签和结束标签改为TabNavigator。

现在的代码应该如下所示：

```
<?xml version="1.0" encoding="utf-8"?>
<mx:Application xmlns:mx="http://www.adobe.com/2006/mxml" ➥
layout="vertical">
```

```
<mx:TabNavigator id="myPages">
     <mx:Panel width="250" height="200" layout="absolute" ➥
title="Welcome" id="welcome" label="Welcome">
          <mx:Text x="10" y="28" text="This is the Welcome ➥
screen for our first application using Navigationals. ➥
This is just some default text." width="200"/>
     </mx:Panel>
     <mx:Panel width="250" height="200" layout="absolute" ➥
id="contact" title="Contact" label="Contact Us">
          <mx:Text x="10" y="25" text="This is the Contact ➥
screen for our first application using Navigationals. ➥
In here we could put a contact form." width="200"/>
     </mx:Panel>
     <mx:Panel width="250" height="200" layout="absolute" ➥
id="aboutUs" title="About Us" label="About Us">
          <mx:Text x="10" y="10" text="This is where you could ➥
put information that would normally go into the About Us page. ➥
Enter information about who you are and what you do" width="200"/>
     </mx:Panel>
</mx:TabNavigator>
</mx:Application>
```

(3) 运行应用程序。结果应该类似于图4-46所示。

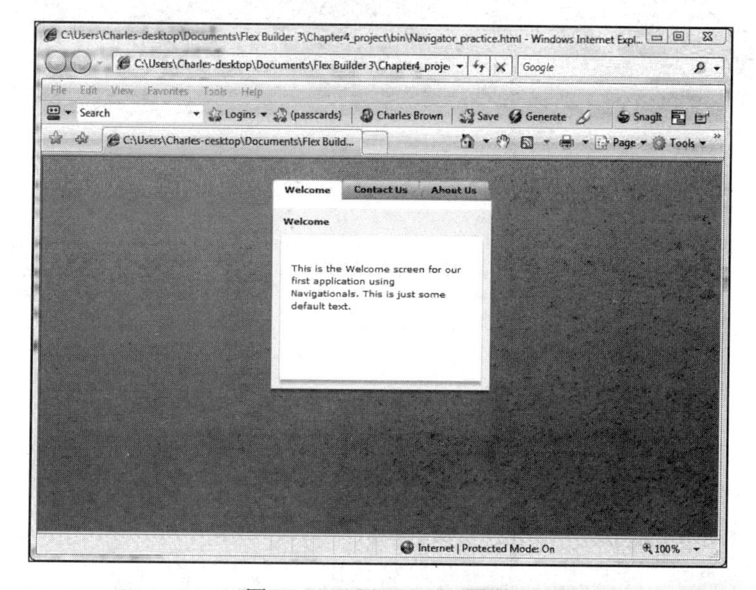

图4-46 TabNavigator容器

可以看出，外面的TabNavigator容器内的每个子容器都会创建一个选项卡。和前面一样，选项卡的label属性是用子容器的label属性填写的。

我在前面讲过，Flex中的很多相关的组件都是可以简单互换的。这就是另一个示例。

(4) 将TabNavigator起始标签和结束标签改为Accordion标签并运行应用程序。此时的界面应该类似于图4-47所示。

每个子容器都会在Accordion容器中创建一个“折叠”。容器的label属性会像以前一样为导航提供文本。用户需要做的就是单击将折叠分开的边栏。

至此，我们已经看到了各种各样的导航技术。所有技术的使用都相当简单。但是，讨论导航就不能不讲设计Flex应用程序的最重要特性之一：状态。

132

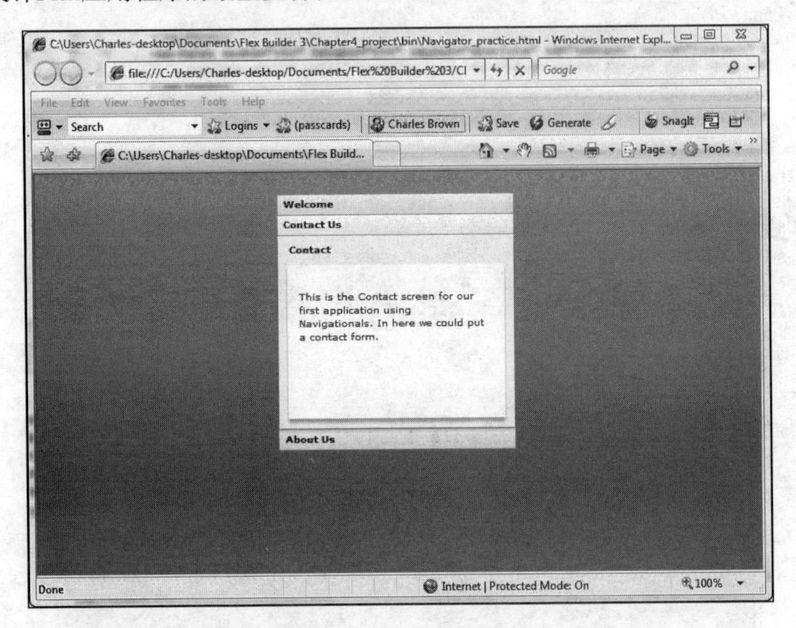

133

图4-47　Accordion容器

4.5　状态

在前面的导航练习中，我们彻底改变了所查看内容的视图。但是，对于只有部分信息需要改变的情形，该怎么办呢？

让我们暂时回到XHTML设计中来。

我在前面讲过，传统的非SWF Web设计通常由很多单个的XHTML页面组成，这些页面以某种层级关系排列起来，并通过某种通用的导航系统联系在一起。导航系统的最基本层面就是一系列超链接，这些链接会将用户从一个页面转到另一个页面。

这个系统多数时候都很管用，但却非常低效。用户每次单击超链接时，都会向Web服务器发送一个请求，然后服务器必须找到页面，通过因特网将页面发送给调用者，并将其载入到浏览器中。在有些情况下，就会发生Page Not Found（找不到网页）这样的错误。

前面看到过，Flash通过将整个网站内化到一个SWF文件中解决了很多这样的问题。在一些非常复杂的情况下，主SWF文件可能会用到两三个SWF文件，这些文件会以各种各样的方式结合在一起。在Flash的早期版本中，单击导航系统中的一个链接会将用户从一个页面转到另一个页面，其实现方法是移动到时间轴上的另一个点或者是移动到一个不同的场景。从Flash MX开始，我们可以在同一帧内动态地改变界面。在后来的版本中，网页的创建就不是使用时间轴或场景了，而是使用多个SWF文件，这些文件可以装入到主SWF文件的库中或者使用诸如空的movie clip之类的工具进行动态加载。

这一切提高了Web导航的效率，因为每一次请求不必再提交到服务器，然后通过因特网加以返回。一旦主SWF文件加载到了Flash Player中，网站完整运作所需要的全部元素也就随之加载了。

Flex突然再次改变了事态，最显著的变化就是去掉了现已被大家熟知的时间轴。可是如果去掉了时间轴，我们如何在应用程序内从一个页面跳转到另一个页面呢？

一种方法就是使用前几节提到的导航容器，另一种方法就是运用状态。在状态之间进行移动类似于跳到时间轴上的不同点。在操作本节示例时，我们会更好地理解这一点。在完成这些示例的过程中，我们可以复习之前讨论的一些概念并学习一些新的概念。

第1个例子非常简单：我们将通过单击超链接让面板显示出来。

(1) 关闭前面操作的MXML文件。

(2) 通过选择File → New → Flex Application命令创建一个新的MXML应用程序。

(3) 将应用程序命名为State_practice。

(4) 如果需要，请将布局方式改为absolute。

134

(5) 根据需要，切换到Design透视图。

(6) 拖动一个Panel容器到舞台的左上角，如图4-48所示。

图4-48 Panel容器的放置

(7) 使用Flex Properties视图或在标题区域双击，将Panel容器的标题设置为Enemies of Ed。

(8) 像以前所做的那样，拖动一个Text控件到Panel容器的白色主体区域，并添加下列文本：

```
We would like to hear from you. Please click on the link below to ➥
find out how to contact us.
```

(9) 按Enter键。

Text控件可能会超出Panel容器。之前，我们使用Flex Properties视图更改了Text控件的宽度。135 作为另外一种方法，还可以按下列步骤操作。

(10) 使用右边中间的调节句柄，把控件的右边缘拖回到Panel容器的白色区域中，使界面类似于图4-49所示。

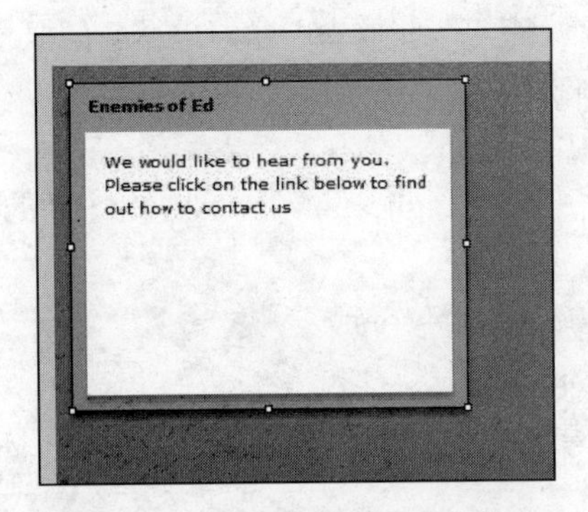

图4-49　经过调整的Text控件

当有事件发生时，我们想显示另一个面板。为此，我们要创建一个事件来触发新的状态。此时，就要用到我们之前未曾见过的一个控件：LinkButton。

在我看来，LinkButton控件的名字并不恰当，因为其结果根本不是一个按钮。它更像是XHTML中的超链接。

(11) 拖放出一个LinkButton控件的副本，该控件位于Components视图中的Controls类别下，把它放在刚才创建的文本的下方（如图4-50所示）。

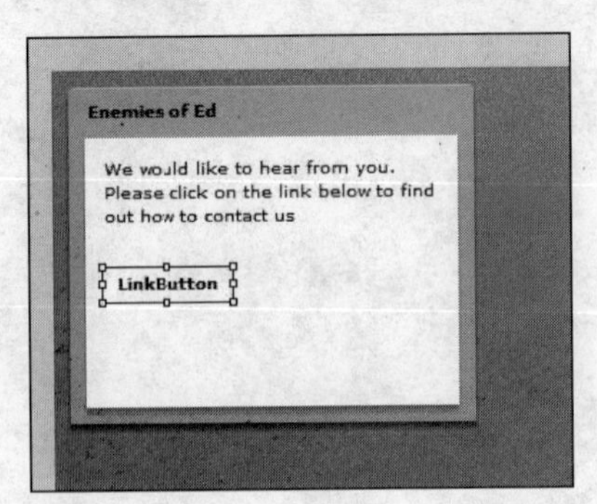

图4-50　添加到Panel容器中的LinkButton控件

(12) 我们可以双击控件或使用Flex Properties视图中的Text字段来更改文本。键入文本Click

Here to E-mail Us。

(13) 按Enter键提交更改。

像所有超链接一样，我们可能要更改文本的颜色，将其标示为一个超链接。这项工作可以很轻松地完成。

136

(14) 在Flex Properties视图的Style区块中更改字体颜色（如图4-51所示）。

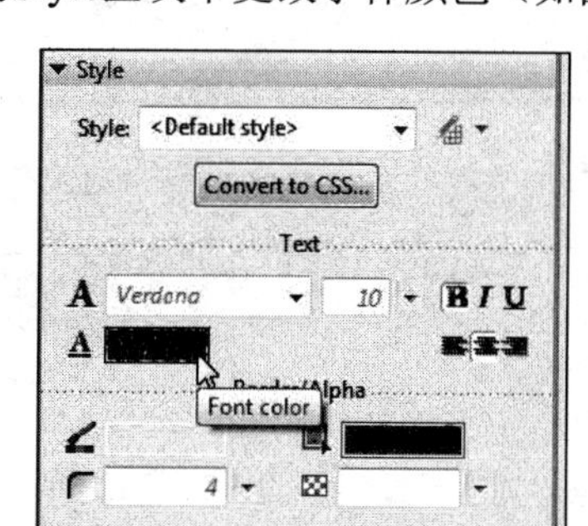

图4-51 设置字体颜色

(15) 测试应用程序，并看看LinkButton控件。

当鼠标悬停在文本上方时，背景颜色发生了变化，因此我们很容易看出该控件更像一个超链接，而不是按钮。

(16) 关闭浏览器，返回到Flex Builder。

4.5.1 更改状态

下一个练习是使用LinkButton控件更改应用程序的状态。注意在Flex Builder的右上角，Flex Properties视图的正上方是一个名为States的视图，如图4-52所示。

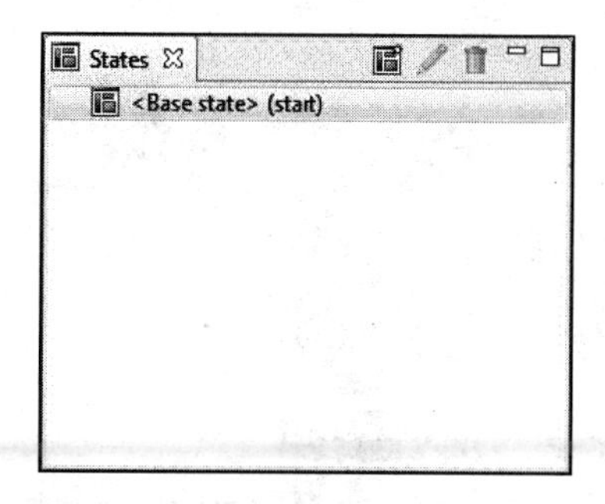

图4-52 States视图

所有Flex应用程序都是从基础或起始状态开始的，这是默认的状态。换句话说，Flex Builder下的操作为所见即所得。

不过现在，我们要添加另外一个状态。

137

(1) 用右键单击States视图中的<Base state>并选择New State命令，或者单击位于States视图右上角的New State按钮。

此时会打开一个对话框，允许我们给状态命名。

(2) 将新的状态命名为contact，如图4-53所示。

Based on列表用来指定要将新状态建立在哪个状态之上。因为我们还没有构建其他的状态，所以必须将其设置为<Base state>。也可以把这个新状态设置成默认或起始状态。但是现在，暂时不要选中Set as start state（设置为起始状态）复选框。

(3) 单击OK按钮。

现在应该能够看到States视图中出现了新的状态（如图4-54所示）。

图4-53　New State对话框

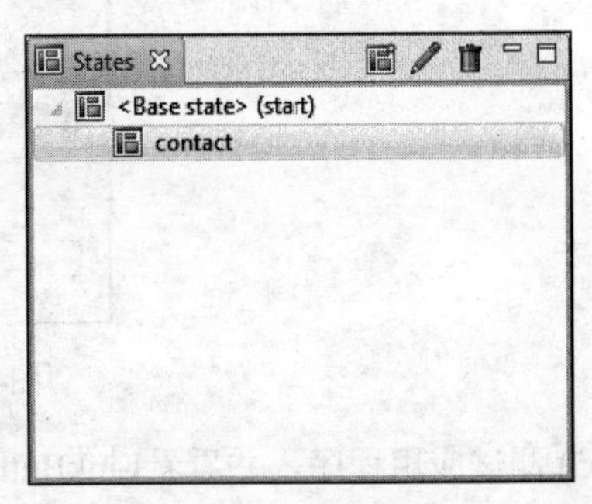

图4-54　添加到States视图中的新状态

添加新状态之后，界面并没有什么变化。但是我们要来改变它。

在处理多个状态时有一点非常重要，那就是要密切关注States视图以查看当前激活的是哪个状态，它就是States视图中突出显示的那个状态。

(4) 确保选中States视图中的contact状态。

(5) 再拖动一个Panel容器到舞台上，将它放在现有面板的右边，并将其标题设置为Send Us a Question（如图4-55所示）。

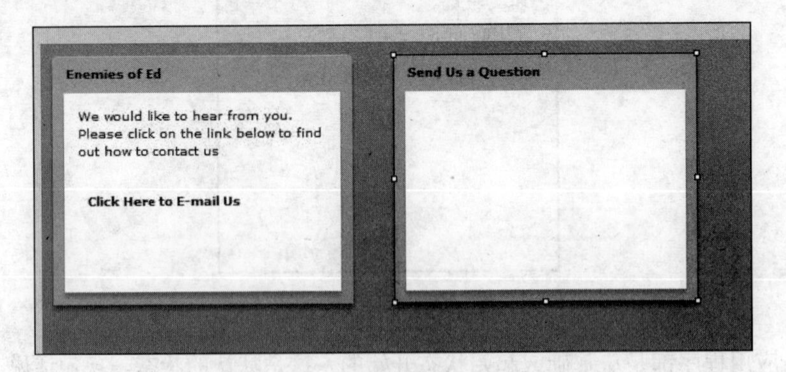

图4-55　在contact状态下添加第2个面板

在这个新的Panel容器中构建一个简单的电子邮件表单，如图4-56所示。因为我们现在并不是真的要发送电子邮件，所以表单的细节无关紧要。

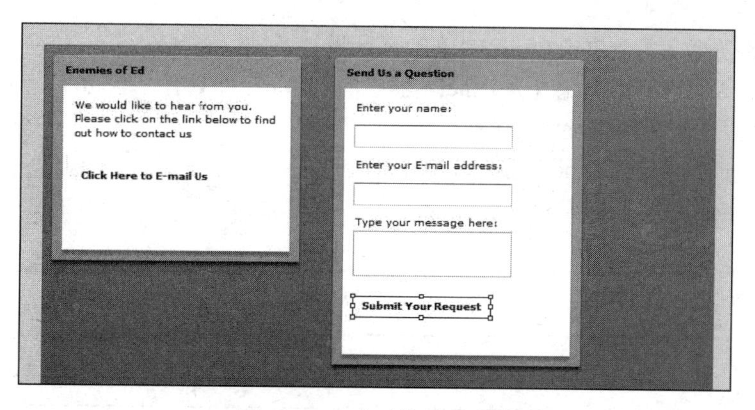

图4-56 完成后的联系表单

(6) 使用图4-56作为参考，将Label、TextInput、TextArea和Button控件拖到Panel容器中。

(7) 更改标示语和按钮的文本，如图4-56所示。

(8) 重新调整Panel容器的大小以容纳表单。对于这个示例，我发现300像素的高度比较合适。

完成了第2个面板之后，我们来看一个小小的魔术。

(9) 在States视图中单击<Base state>标签。

我们刚才创建的Panel容器消失了。如果再次单击contact状态，就会返回到新的Panel容器。欢迎来到“状态”之都！

如果现在运行应用程序，我们看到的会是基础状态。现在，我们必须添加一些代码，这样位于基础状态和contact状态中的LinkButton和Button控件才能更改状态。

(10) 根据需要，返回到Flex Builder并单击States视图中的<Base state>。

(11) 单击LinkButton控件。

(12) 定位到Flex Properties视图中的On click字段。在这里放入代码就相当于第3章在Source视图中键入一个click事件那样。

(13) 在On click字段中输入下列内容：

```
currentState = 'contact'
```

(14) 按Enter键。

第3章讲过，单引号表示大字符串中的字符串。ActionScript需要这个内部的字符串来正确工作。快速看一下Source视图中的代码，就能知道其中的原因。

```
<mx:LinkButton x="10" y="74" label="Click Here to Email Us" ➥
color="#0000FF" click="currentState = 'contact'"/>
```

可以看出，currentState是click事件的主字符串。事件所触发的状态contact是内部的字符串。currentState是ActionScript用来从一个状态切换到另一个状态的命令。

(15) 保存并运行应用程序，对代码做一次测试。当我们单击基础状态中的Panel容器的LinkButton控件时，应该会显示出contact面板。这样就可以创建一种漂亮的转页方式。

任务还未完成。

(16) 关闭浏览器，回到Flex Builder中的Design透视图。

现在我们需要让contact状态下的Panel容器中的Button控件具有一些功能。

(17) 单击States视图中的contact标签。

(18) 单击contact状态下Panel容器中的Button控件。

(19) 在On click字段中键入下列代码：

```
currentState = ''
```

空的单引号表示基础状态。

> 当用空的单引号表示基础状态时，不要在引号之间放入空格。否则会导致错误。

140

(20) 保存并运行应用程序。

单击LinkButton控件时，应该会打开第2个面板。单击该面板上的Button控件时，应该就会返回到原来的面板和基础状态。

大家现在肯定看出这里开启了诸多的可能性。记住这一点，让我们把这个概念再深入一步。

(21) 回到Flex Builder并在States视图中选择contact状态。

(22) 再次单击New State按钮。

注意，这一次系统询问我们是否想将新状态建立在contact状态的基础上。Flex总是会询问我们是否要在所选状态之上进行构建。在这个例子中，我们要把它建立在contact状态的基础上。

(23) 将新状态命名为thankYou，如图4-57所示。记住，不要使用空格。

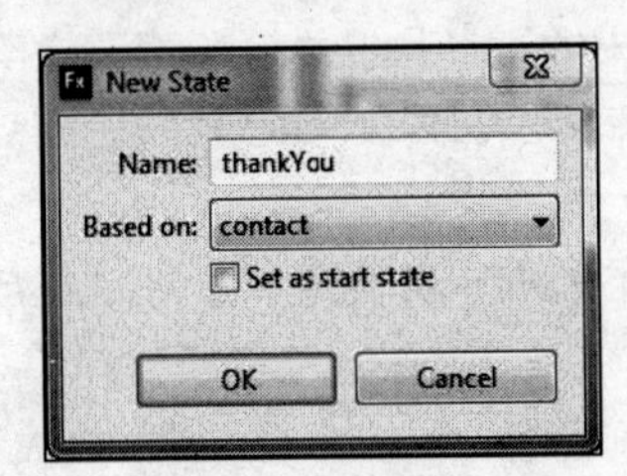

图4-57　在contact状态之上构建状态的New State对话框

(24) 单击OK按钮。States视图现在应该如图4-58所示。

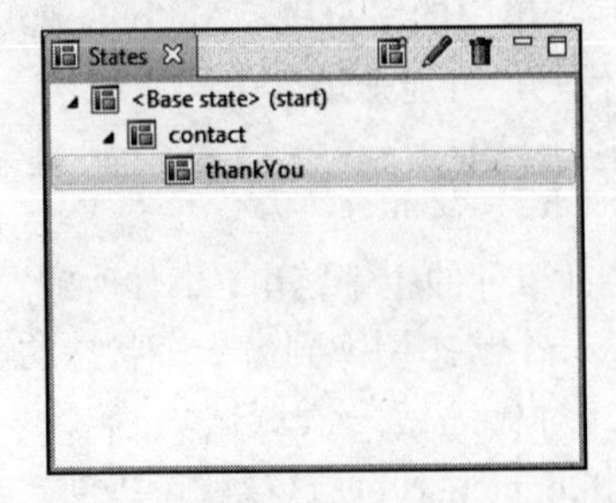

图4-58　显示出状态层级关系的States视图

注意，因为新的状态是在contact状态之上构建的，所以它在States视图下是缩进显示的。这就使得我们很容易看出由各种不同状态所创建的层级关系，以及哪些状态是构建在哪些状态基础之上的。

141

(25) 选中thankYou状态，向Design透视图中放入第3个Panel容器。

(26) 将这个Panel容器的标题设置为Thank you for Contacting Us。

(27) 在Panel容器的主体部分，使用Text控件添加下列文本：

```
Thank you for sending us your inquiries. We will try to answer ➥
your question in the next year or so.
```

(28) 拖动一个Button控件到Panel容器中，将其label属性设置为OK，如图4-59所示。

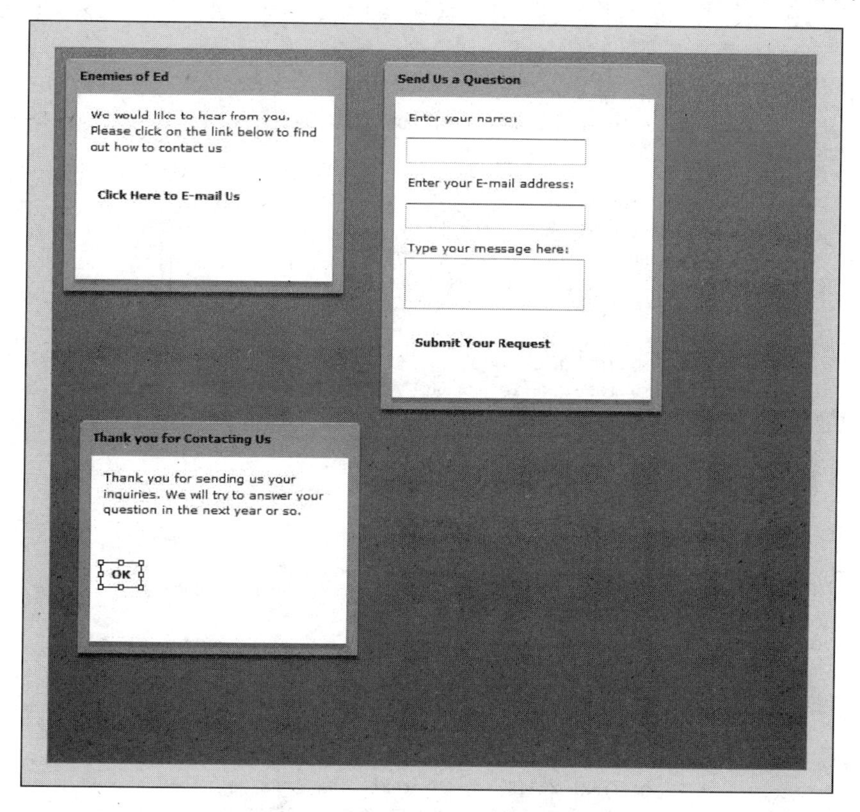

图4-59　本练习完成之后的状态

(29) 单击刚才创建的Button控件并设置On click事件以回到基础状态：

```
currentState = ''
```

(30) 回到contact状态并更改Submit Your Request按钮的On click事件以进入thankYou状态。

```
currentState = 'thankYou'
```

(31) 保存并测试应用程序。当单击各个按钮时，我们应该会看到应用程序的外观的变化。

142

不用多说，我们可以使用相同的思路尝试多种多样的变化。例如，我们可以将基础状态作为thankYou状态的基础。这样，在单击Submit Your Request按钮时，电子邮件表单就会不可见。

这也佐证了我在本章开头所说的一句话：在Flex应用程序中，我们将应用程序的大部分内容放在了一个SWF文件中，而不是像使用XHTML那样从一个页面转到另一个页面。

大家最好花时间看看Design透视图背后的源代码。

4.5.2　状态与代码

在本书的大部分章节里，我们都会试着用Design和Source（代码）两种方法来完成工作。在我看来，这可以让我们在创建应用程序时将控制能力最大化。也就是说，在创建状态时，Design透视图无疑是更好的选择，因为代码会让初学者畏惧不前。这里，要讲几个大家没有见过的、有意思的概念。我们来看看下面的代码（或者切换到Source透视图）：

```
<?xml version="1.0" encoding="utf-8"?>
<mx:Application xmlns:mx="http://www.adobe.com/2006/mxml" ➥
layout="absolute">
    <mx:states>
        <mx:State name="contact">
            <mx:AddChild position="lastChild">
                <mx:Panel x="307" y="10" width="250" ➥
height="300" layout="absolute" title="Send Us a Question">
                    <mx:Label x="10" y="10" ➥
text="Enter your name:"/>
                    <mx:TextInput x="10" y="36"/>
                    <mx:Label x="10" y="66" ➥
text="Enter your e-mail address"/>
                    <mx:TextInput x="10" y="92"/>
                    <mx:Label x="10" y="122" ➥
text="Type your message here:"/>
                    <mx:TextArea x="10" y="138"/>
                    <mx:Button x="10" y="210" ➥
label="Submit Your Request" click="currentState = 'thankYou'"/>
                </mx:Panel>
            </mx:AddChild>
        </mx:State>
        <mx:State name="thankYou" basedOn="contact">
            <mx:AddChild position="lastChild">
                <mx:Panel x="71" y="331" width="250" ➥
height="200" layout="absolute" title="Thank You for Contacting Us">
                    <mx:Text x="10" y="10" text="Thank you ➥
for sending us your inquiry. We will try to answer your question ➥
in the next  year or so." width="198"/>
                    <mx:Button x="82" y="73" label="OK" ➥
click="currentState = ''"/>
                </mx:Panel>
            </mx:AddChild>
        </mx:State>
    </mx:states>
    <mx:Panel x="10" y="10" width="250" height="200" ➥
layout="absolute" title="Enemies of Ed">
```

143

```
            <mx:Text x="10" y="12" text="We would like to hear ➥
from you. Please click on the link below to find out how to ➥
contact us." width="210"/>
            <mx:LinkButton x="10" y="74" label="Click Here to ➥
E-mail Us" color="#0000FF" click="currentState = 'contact'"/>
        </mx:Panel>
</mx:Application>
```

如果仔细查看，就会发现有些东西似乎与我以前所讲的内容相矛盾。整个状态结构是放在一个起始标签和结束标签中的，这个标签叫做<mx:states>。

我在第2章说过，MXML标签是基于ActionScript类文件的，而类文件总是以一个大写字母开头的。

4

这个起始标签并不矛盾。相反，它是MXML中一个有趣的概念，我们将在本书中多次看到它。

如果研究一下Application类，就会发现states是它的属性之一。MXML有时候允许我们将属性作为独立的标签，以便进行更加精确的定义。在这个示例中，属性states将附有两个状态实例。

我们定义的每个状态［本案例中有2个状态（不包括基础状态）］会调用State类的一个新实例并为其指定一个name属性。如果看看代码，就会发现一个名称为contact的State类和一个名称为thankYou的State类。

所以总的来说，所有状态都是包裹在Application标签的一个名为states的属性中的，而每个状态的细节则是包裹在一个名为State的标签中。

只要一单击调用currentState处理程序的控件，AddChild类就会调用<mx:states>属性来查找相应的<mx:State>类。

顾名思义，AddChild类的作用是向容器中添加子元素。在使用MXML时，AddChild类会在创建新状态时自动被调用。

接着，AddChild类会把工作接管过来并创建一个新的容器。AddChild类有一个名为position的属性，该属性的默认值是lastChild。这个默认值会把新的容器放在当前存在的上一个AddChild容器的后面。

144

当不再需要子容器时，<mx:states>会自动调用一个名为RemoveChild的类。这个类有一些用来删除容器的适当方法。

就像一开始所讲，这会让编程新手感到畏惧。为了帮助大家一试身手，让我们做一个涉及鼠标悬停效果的小练习。

4.5.3 状态与鼠标悬停效果

在传统的XHTML设计中，可以使用JavaScript创建鼠标悬停效果。当鼠标悬停在文本或图像上方时，JavaScript中的事件处理程序就会捕捉到事件，然后代码会指示浏览器将文本或图像换成另外一个。这个处理过程对于今天的Web标准来说是非常简单和普通的，但它却需要很多的资源。

Flash通过将所有需要的图片和代码编译并压缩到一个单独的SWF文件中，让这个处理过程变得更高效。而且，和前面的示例一样，这其中的很多工作都是用时间轴来处理的。可是，Flex不再有时间轴了。

状态再次派上用场。让我们看一个简单的示例。这一次，我们不再像往常那样使用Design透视图，而是在Source透视图中为这个示例创建代码。但是在创建代码之前，我们需要向这个小项目中导入一些资产。

4.5.4　向项目中导入资产

按照下面的步骤把资产导入到项目中。

(1) 从www.friendsofed.com网站下载第4章的文件[①]。这是众多图书中某本书的封面，大家也可以使用其他任何想要的图像。

(2) 将下载的文件解压缩到选好的文件夹中。

(3) 前往Flex Builder中的Flex Navigator视图。

(4) 用右键单击src文件夹并选择New → Folder命令，打开如图4-60所示的对话框。

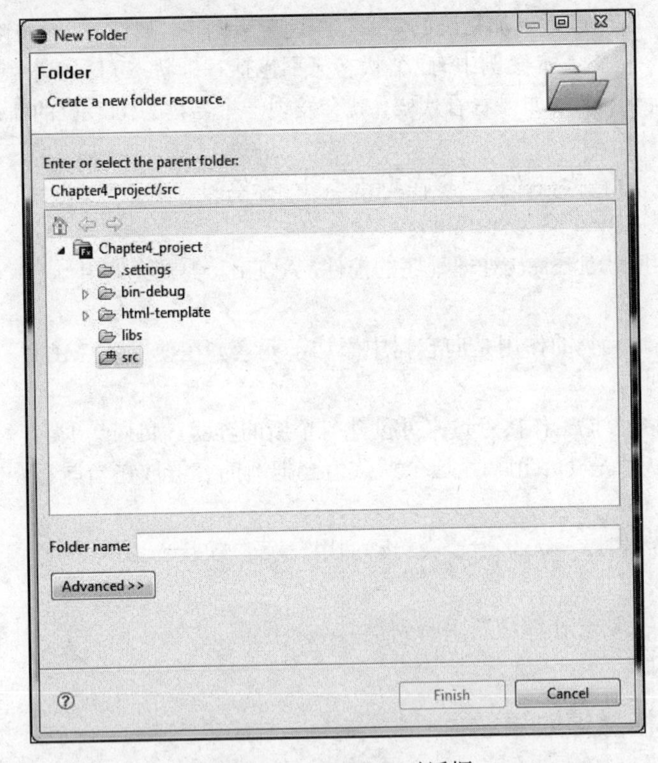

图4-60　New Folder对话框

(5) 将文件夹命名为assets。

(6) 单击Finish按钮。

现在我们应该会在Navigator视图中看到这个文件夹，如图4-61所示。

① 本书的相关文件也可从图灵网站（www.turingbook.com）上免费注册下载。——编者注

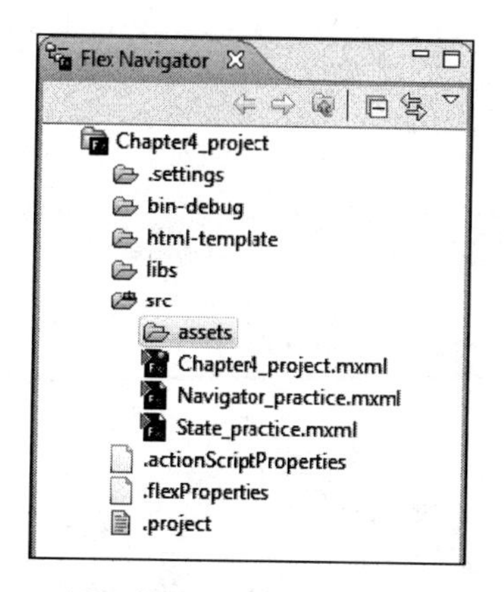

图4-61 显示有assets文件夹的Navigator视图

146

下一步是将所需的文件导入到这个文件夹中。

(7) 右击新的assets文件夹，选择Import命令，打开图4-62中所示的对话框。

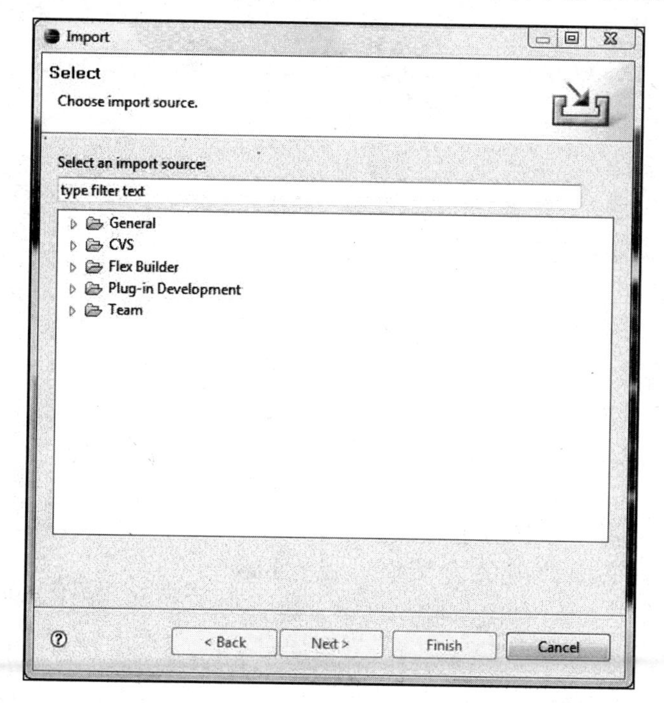

图4-62 Import对话框

(8) 在General类别下，选择File System。

(9) 单击Next按钮。

(10) 单击From directory字段右边的Browse按钮，并导航至解压缩下载文件的那个文件夹（如图4-63所示）。

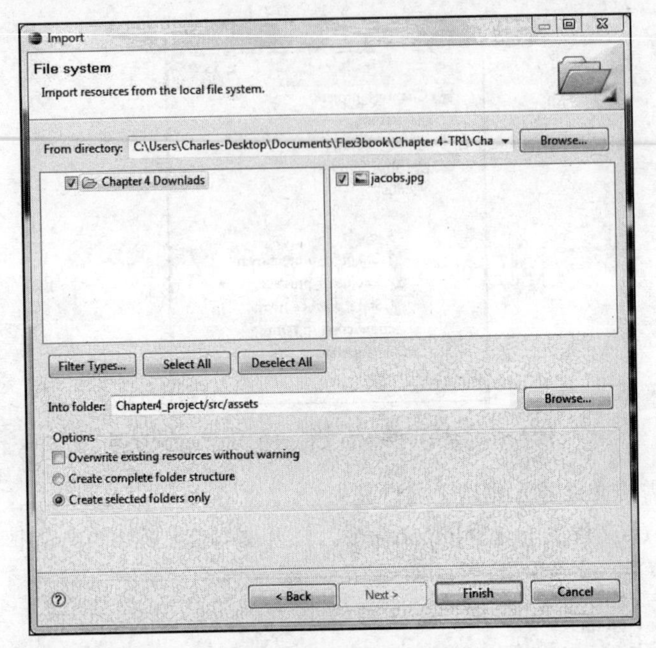

图4-63　Import对话框

注意Import对话框中有2个窗口。左边的窗口显示的是文件夹，右边的窗口显示的是该文件夹内所包含的文件（在Mac机上，我们需要突出显示左边窗口中的文件夹名才能让右边的窗口显示出内容）。我们可以单击文件夹左侧的复选框来选择该文件夹内的所有文件，也可以单击所需要的特定文件的复选框。

(11) 因为只有一个文件jacobs.jpg，所以就选中它。

(12) Into folder字段应该选中了src/assets文件夹。如果没有，就应该使用Browse按钮导航到那里。

(13) 选好一切之后，单击Finish按钮。

147~148

文件应该在assets文件夹中。我们可以在Flex Navigator视图中检查这一点（如图4-64所示）。

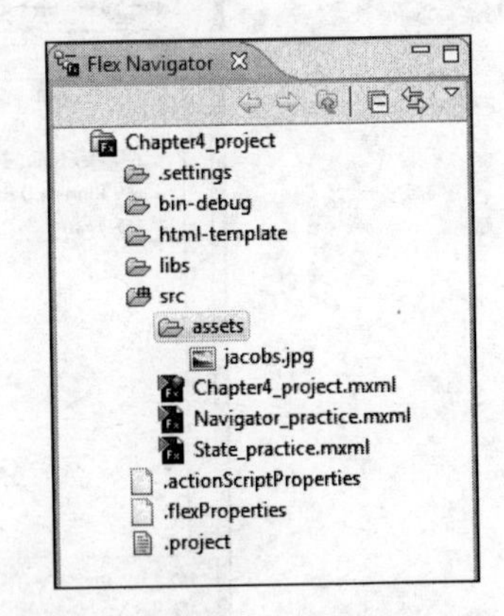

图4-64　显示有导入文件的Navigator视图

导入文件之后，我们就做好了准备工作，可以回到使用状态的鼠标悬停示例中去。

(14) 关闭项目中所有打开的MXML文件。

(15) 创建一个新的MXML应用程序，并将它命名为RollOver_practice。

(16) 将应用程序的布局方式设置为absolute。

虽然我们可以在Design模式下轻松插入刚才导入的图片，但是我们要勤快一点，做一些编写代码的工作。

(17) 根据需要，切换到Source透视图。

(18) 在两个Application标签之间放入一个Image标签，其属性如下所示：

```
<?xml version="1.0" encoding="utf-8"?>
<mx:Application xmlns:mx="http://www.adobe.com/2006/mxml" ➥
layout="absolute">
    <mx:Image x="180" y="25" source="assets/jacobs.jpg"/>
</mx:Application>
```

虽然Flash和Flex都是在ActionScript中工作的，但Image标签突出显示了两者之间的一个差别。

在Flash中，当我们在舞台上插入图像时，图像是嵌入到SWF文件中的。Image标签却不是这样。Image标签是从服务器调用图像，就像XHTML所做的那样。如果想嵌入图像，就需要将source属性做如下修改：

```
<mx:Image x="180" y="25" source="@Embed('assets/jacobs.jpg')" />
```

请再次注意，单引号表示字符串内的字符串。

我们可以立刻切换到Design透视图来确认图像是否被正确插入，如图4-65所示。

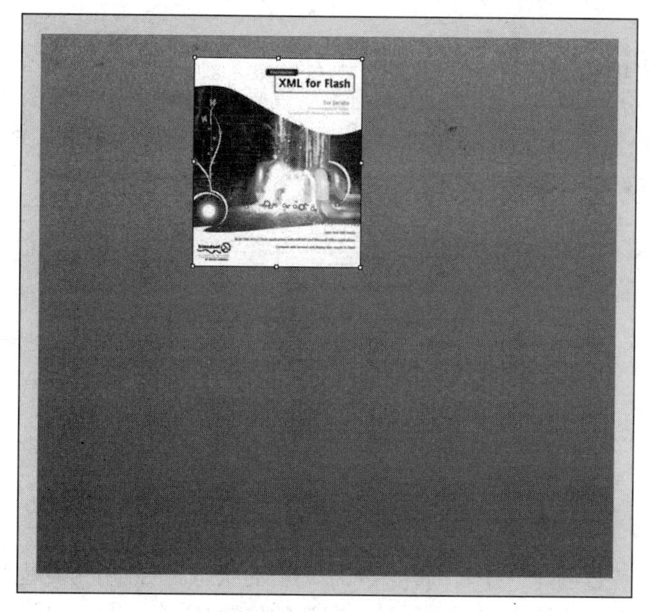

图4-65 插入图像后的Design透视图

(19) 现在我们开始亲手给状态编写代码，所以请回到Source透视图。

前面的示例中讲过，每个状态都会使用State类，而State类的所有实例都需要放在Application标签的states属性内。

(20) 将states属性提取出来作为单独的容器，如下所示：

```
<?xml version="1.0" encoding="utf-8"?>
<mx:Application xmlns:mx="http://www.adobe.com/2006/mxml" ➥
```

```
layout="absolute">
<mx:states>

</mx:states>
    <mx:Image x="180" y="25" source="assets/jacobs.jpg"/>
</mx:Application>
```

149

注意我们把代码放在了Application标签的正下方。虽然并不是必须如此，但这样可以使代码的编写更有条理，因为它是Application标签的一个属性。

(21) 如果还没有的话，请输入代码。

现在，每个状态必须使用具有唯一名称的State类。

(22) 添加下列State代码，并将其name属性的值设置为bookDetails：

```
<?xml version="1.0" encoding="utf-8"?>
<mx:Application xmlns:mx="http://www.adobe.com/2006/mxml" ➥
layout="absolute">
<mx:states>
    <mx:State name="bookDetails">

    </mx:State>
</mx:states>
    <mx:Image x="180" y="25" source="../assets/jacobs.jpg"/>
</mx:Application>
```

150

为了验证这一点，请回到Design视图并看看States视图（如图4-66所示）。我们刚才用<mx:State>标签创建的状态应该列在了视图中。后续添加的每个状态也都会列在其中。

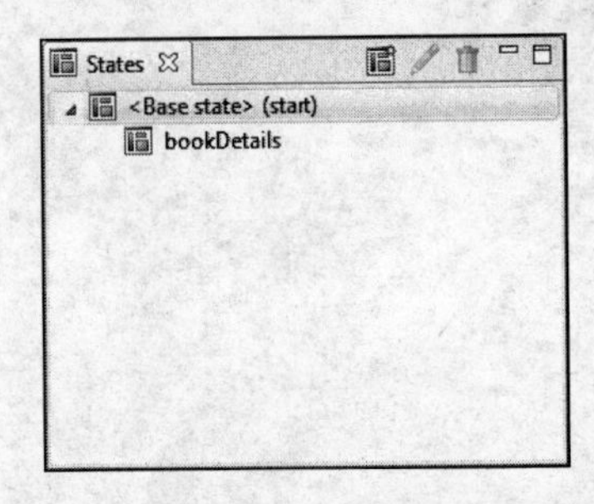

图4-66　列在视图中的bookDetails状态

回到代码中去，通过创建一个新的容器来添加新的状态。AddChild类是用来创建新容器的。这个类还会决定新容器的位置。前面提到过，默认的位置是lastChild。也就是说，它会被放在所添加的其他子容器的后面，本例中没有其他子容器。

(23) 添加AddChild类，如下所示：

```
<?xml version="1.0" encoding="utf-8"?>
<mx:Application xmlns:mx="http://www.adobe.com/2006/mxml" ➥
layout="absolute">
<mx:states>
    <mx:State name="bookDetails">
        <mx:AddChild position="lastChild">
```

```
        </mx:AddChild>
    </mx:State>
</mx:states>
        <mx:Image x="180" y="25" source="assets/jacobs.jpg"/>
</mx:Application>
```

在AddChild标签内，我们会为容器添加所需要的内容。其内容可以是任何事物（从文本到另外的容器和图像）。

> 如果不想键入下面的文本，可以使用我在本章下载文件中为大家提供的文本文件RollOver_practice_text.txt。

(24) 在这个例子中，请添加一个Text标签，如下所示：

```
<mx:State name="bookDetails">
    <mx:AddChild position="lastChild">
        <mx:Text width="385" x="110" y="275" fontWeight="bold" ➥
text="XML is a completely platform agnostic data medium. Flash is ➥
able to make use of XML data, which is very useful when you are ➥
creating Rich Internet Applications - it allows you to populate ➥
Flash web interfaces with data from pretty much any source that ➥
supports XML as a data medium, be it databases, raw XML files, ➥
or more excitingly, .NET applications, web services, and even ➥
Microsoft Office applications such as Excel and Word"/>
    </mx:AddChild>
</mx:State>
```


(25) 切换到Design透视图并单击States视图中的bookDetails，我们应该会看到放入的文本，如图4-67所示。

图4-67　带有文本的新的子容器

我们可以回到Source透视图并使用AddChild类创建另一个容器。这一次，我们添加的容器将带有一个Text控件，用来显示图书的ISBN号。

(26) 在现有AddChild容器的正下方再添加一个AddChild实例。同样，将其位置设置为lastChild并添加下列Text控件：

```
</mx:AddChild>
<mx:AddChild position="lastChild">
    <mx:Text width="135" fontWeight="bold" ➥
text="ISBN: 1590595432" x="236" y="380"/>
</mx:AddChild>
```

152

希望大家已经看出AddChild类是如何在State容器内添加容器的。

有人或许在想，我们可以把这些Text控件直接添加到State容器中。但是，我强烈建议不要这么做。如果这样做，就会牺牲一些有趣的设计方案。大家将在本书后面看到一些这样的设计方案。

现在，到了给应用程序添加一些功能的时候了。

本章前面讲过，我们将currentState处理程序指派给了click事件。这里要做一个小的变化，我们将该处理程序指派给图像的rollOver事件。

(27) 对Image MXML标签做下列修改：

```
<mx:Image id="jacobsBook" x="180" y="25" source=➥
"../assets/jacobs.jpg" rollOver="currentState = 'bookDetails' " />
```

> 请记住，要像之前讲过的那样把bookDetails放在单引号中。

(28) 保存并测试应用程序。

当鼠标悬停在图像上方时，AddChild容器和它们的内容就会显示出来。

现在有一个小问题：当鼠标离开图像时，AddChild容器中的内容还留在那里。

大家可能猜到了，通过给Image控件添加第2个事件，我们可以轻松解决这个问题。

(29) 再对Image标签做下列修改：

```
<mx:Image id="jacobsBook" x="181" y="25" source=➥
"../assets/jacobs.jpg"rollOver="currentState = ➥
'bookDetails' " rollOut="currentState = '' " />
```

(30) 现在，保存并运行应用程序。鼠标离开图像之后，文本应该就会消失了。

为了看看Flex 3中的一个有趣的编程工具，让我们再尝试一个小小的变化。

(31) 删除刚才在Image控件中创建的rollOut事件。

我们将在结束标签</ mx:State>的前面创建一个SetEventHandler标签。SetEventHandler类允许我们在创建事件的组件外部定义事件。这个类只能在<mx:State>容器内使用。虽然这是一个相对比较简单的示例，但我们将在日益复杂的情况下使用这个类——例如，给一个状态分配多个事件和过渡效果。

153

SetEventHandler类有3个重要的属性。

- name属性是为其设置处理程序的事件的名称。在这个例子中，它是rollOut。
- target属性是将要发送事件的组件的名称。在这个例子中，它就是ID为jacobsBook的Image控件。我们需要使用大括号（{}）绑定语法来设置该目标。

- handler属性是事件发生时所要做的事情。在这个例子中，就是返回到基础状态。

(32) 在结束State标签的前面放入下列代码：

```
<mx:SetEventHandler name="rollOut" target="{jacobsBook}" ➥
handler="currentState = '' "/>
```

(33) 现在，测试一下应用程序。当我们把鼠标移开时，其效果应该完全相同。

我在主持Flex研讨会时，会用一个与刚才相似的示例演示SetEventHandler的强大功能。总会有人问我是否可以用相同的方法设置rollOver事件。我让与会者设置一下看看，但他们在测试的时候什么都没发生。你能猜猜这是为什么吗？

做一些逻辑推理就能理解其中的原因了。SetEventHandler类是在State容器内调用的。这意味着在激活该类所在的状态之前，这个类并不是活动的。在这个例子中，在rollover事件发生之前，State并不是活动的。所以，我们要试着调用一些在程序上还不存在的事情。这是一种循环思考。

除了SetEventHandler，还有SetProperty事件。两者的语法非常相似，因为目标属性就是我们要改变其属性的组件。和SetEventHandler一样的是：name属性就是我们想要改变的属性。和SetEventHandler不一样的是：我们会给所要改变的属性赋值。

在这个示例中，我们要在激活bookDetails状态时将图像的大小减少50%。这就需要添加两个SetProperty标签：一个用于scaleX属性，一个用于scaleY属性。

scaleX和scaleY属性分别是宽度和高度的乘数。所以，如果将scaleX属性设置为2，它就会将现在的宽度乘以2。类似地，如果将scaleY属性设置为0.5，它就会使高度减半。

(34) 通过在SetEventHandler标签的下面放如下两个标签来试一试：

```
<mx:SetEventHandler name="rollOut" target="{jacobsBook}" ➥
handler="currentState = '' "/>
<mx:SetProperty target="{jacobsBook}" name="scaleX" value=".50"/>
<mx:SetProperty target="{jacobsBook}" name="scaleY" value=".50"/>
```

(35) 运行应用程序。当鼠标悬停在图像上方时，图像的大小应该会减小50%（如图4-68所示）。 154

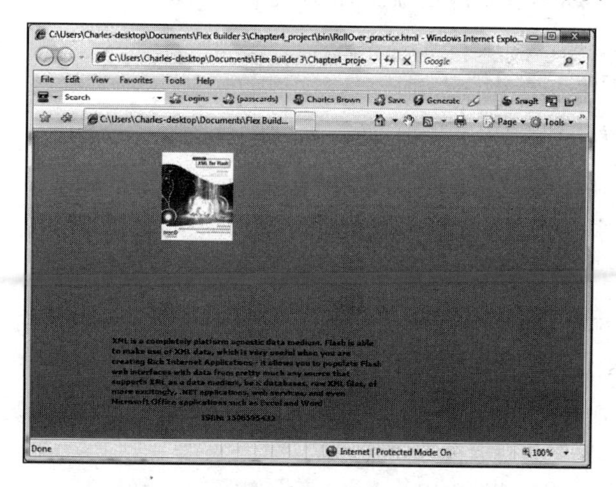

图4-68 鼠标悬停在图片上的图像效果

> 运行这个应用程序时，图像的大小可能会有一些不稳定的表现。这是由于目标区域发生了改变。现在不用为此操心。这里的主要目标是让大家理解相关概念。在本书后面，我们会对代码做精细的调整。

在所有这些示例中，状态的进入和退出似乎都不够优美。下面，让我们看看如何让状态的进入和退出更优美。

4.6　过渡

过渡是一种优美地打开或关闭状态的方法。在Design透视图中是无法设置过渡的，而且我们将会看到，实现这种效果需要用MXML编写一些代码。过渡是一个比较大的主题，相关的详细讨论超出了本书的范畴。希望下面的示例能为大家提供一个好的入门介绍。

155

过渡的构建实际上是一个3步走的过程。

(1) 构建容器。

(2) 创建状态。

(3) 编写过渡程序。

在这个练习里，我们要处理一个比较复杂的情形。我们要用过渡给容器添加一些动画。

4.6.1　构建容器

首先，我们要构建最终将使用过渡的容器。

(1) 新建一个MXML应用程序，并将其命名为Transition_practice。布局方式为absolute。

我们要构建一个容器来存放Sas Jacob的XML图书信息。这个环节非常简单明了。

(2) 在Source透视图中创建下列代码：

```
<?xml version="1.0" encoding="utf-8"?>
<mx:Application xmlns:mx="http://www.adobe.com/2006/mxml" ➥
layout="absolute">
     <mx:Panel title="XML Book" id="book" horizontalScrollPolicy=➥
"off" verticalScrollPolicy="off">
          <mx:Form id="bookForm">
               <mx:FormItem label="Foundation XML for Flash" ➥
fontWeight="bold"/>
               <mx:FormItem label="Sas Jacobs" fontStyle="italic"/>
          </mx:Form>
     </mx:Panel>
</mx:Application>
```

在这里，我们看到了两个以前没有讲过的属性：horizontalScrollPolicy和verticalScroll-Policy。很多可视化类都含有这两个属性，它们负责处理应用程序中的滚动条。我们可以赋给这两个属性的值有3个：auto、off或on。auto值会在需要时打开或关闭滚动条。off或on值会让滚动条不管在什么情况下都始终为打开或关闭状态。

156

(3) 切换到Design透视图，初始的Panel容器应该如图4-69所示。

图4-69 最初的Panel容器

接下来，我们需要给Panel容器添加LinkButton和Label控件。我们在本章前面看到过，做这件事情的最简单方法是使用ControlBar。ControlBar的用途是提供一个容器以便在Panel容器的底部添加我们可能需要的控件。

要确保LinkButton和Label控件之间有合适的间距。为此，我们要调用Flex中的一个类：Spacer。在父容器的大小可以变化的情况下，Spacer类有大量的属性，用来设置高度、宽度、最大高度和宽度、最小高度和宽度、百分比高度和宽度等内容。大家最好花时间学习一下这个类的文档资料。我发现这个类在很多情况下都非常有用。

(4) 给刚才创建的Panel容器添加下列代码：

```
<mx:Panel title="XML Book" id="book" horizontalScrollPolicy=➥
"off" verticalScrollPolicy="off">
     <mx:Form id="bookForm">
          <mx:FormItem label="Foundation XML for Flash" ➥
fontWeight="bold"/>
          <mx:FormItem label="Sas Jacobs" fontStyle="italic"/>
     </mx:Form>
     <mx:ControlBar>
          <mx:LinkButton label="Book Details" id="bookLink"/>
          <mx:Spacer width="100%" id="spacer1"/>
          <mx:Label text="Book Title" id="title"/>
     </mx:ControlBar>
</mx:Panel>
```

Panel容器现在应该如图4-70所示。

图4-70 完成构建之后的Panel容器

构建完容器之后，再为它构建状态。

4.6.2 构建状态

本章前面讲过，状态必须放在创建容器数组的<mx:states>标签内。每个容器都代表一个不同的状态，我们必须将其放在<mx:State>标签（该标签代表State类）中。

157

下面这个代码示例的大部分内容都与我们以前构建的状态相似。不过，它添加了一些有趣的东西，它们在输入代码之后讨论。

(1) 在起始Application标签后面放入下列代码：

```
<mx:states>
    <mx:State name="bookDetails" basedOn="">
        <mx:AddChild relativeTo="{bookForm}" ➥
position="lastChild" creationPolicy="all">
            <mx:FormItem id="isbn" label="ISBN: 1590595432"/>
        </mx:AddChild>
        <mx:SetProperty target="{book}" name="title" ➥
value="Book Details"/>
        <mx:SetProperty target="{title}" name="text" ➥
value="Book Details"/>
        <mx:RemoveChild target="{bookLink}"/>
        <mx:AddChild relativeTo="{spacer1}" position="before">
            <mx:LinkButton label="Collapse Book Details" ➥
click="currentState = ''"/>
        </mx:AddChild>
    </mx:State>
</mx:states>
```

在起始<mx:states>标签后面，使用<mx:State>标签创建名为bookDetails的状态。

前面提到过，AddChild类会添加一个新容器，并且每个容器可以包含我们可能需要的任意内容。不过，这里我们要使用和前面的示例不太相同的方法。

在这个示例中，我们给AddChild类添加relativeTo属性来给之前创建的bookForm容器添加容器。我们还会让它把这个包含表单项的容器作为表单中的最后一个子容器进行摆放。

creationPolicy属性会决定在什么时候创建子容器。

> 注意，我说的是“创建”，而不是“添加”。当子容器被创建后，它只是存放在内存中，直到被调用为止。

creationPolicy属性有3个可能的值，其默认值是auto。auto值表示在状态激活时创建容器。我们在该示例中使用的值是all，它表示在应用程序启动时创建容器。在处理过渡（主要就是动画）时，我们发现将子容器缓存起来会有利于得到更加平滑的过渡效果，因为所有部件已经各就各位了。none值表示在调用createInstance()函数来明确创建容器之后才会创建子容器。在某些高级编程情景中，这个值用起来非常方便。

158

稍后，我们要在这里使用all值来帮助实现更加平滑的过渡。

在AddChild容器创建后，我们会用到本章前面讨论的SetProperty类。注意，在这个例子中，我们要使用该类的两个实例来更改Panel容器的title值book以及ControlBar容器中Label控件title

的text属性。要记住，这些动作只有在状态激活之后才会发生。

接下来的几行代码开始变得有点儿不同。

要记住，无论何时只要我们向容器添加内容（包括其他容器），就是在向该容器添加一个子元素。RemoveChild类会从用户界面中删除子容器和子控件。在这个例子中，我们让它删除的是ControlBar容器中的LinkButton控件bookLink。

一旦删除了初始的LinkButton控件，我们就要在其位置上放一个全新的控件。注意，我们通过结合使用relativeTo和position属性，把新的控件放在了间隔元素spacer1的前面。这就引起了一个有趣的编程问题：我们能使用SetProperty和SetEventHandler类做同样的事情吗？

答案是"可以"。

在这个例子中，两种方法都会可以。到底应该使用哪种方法，在很大程度上是一个编程风格和需求的问题。在本书后面，当大家学会一些新的技术之后，可以看一遍前面的练习并使用新学的知识修改它们。

(2) 切换到Design透视图，激活bookDetails状态，用户界面应该如图4-71所示。

图4-71 bookDetails状态的布局

注意面板标题和标示语文本的变化。另外，表单中还有一项内容，即ISBN号。

还有一件小事要做。我们需要让原来位于ControlBar中的LinkButton控件在被单击之后切换到bookDetails状态。

159

(3) 在LinkButton标签中添加下列代码：

```
<mx:LinkButton label="Book Details" id="bookLink" ➥
click="currentState = 'bookDetails' "/>
```

同样，不要忘了在状态名称周围使用单引号。

此时，代码应该如下所示：

```
<?xml version="1.0" encoding="utf-8"?>
<mx:Application xmlns:mx="http://www.adobe.com/2006/mxml" ➥
layout="absolute">
<mx:states>
     <mx:State name="bookDetails" basedOn="">
          <mx:AddChild relativeTo="{bookForm}" ➥
position="lastChild" creationPolicy="all">
               <mx:FormItem id="isbn" label="ISBN: 1590595432"/>
```

```
        </mx:AddChild>
        <mx:SetProperty target="{book}" name="title" ➥
value="Book Details"/>
        <mx:SetProperty target="{title}" name="text" ➥
value="Book Details"/>
        <mx:RemoveChild target="{bookLink}"/>
        <mx:AddChild relativeTo="{spacer1}" position="before">
            <mx:LinkButton label="Collapse Book Details" ➥
click="currentState = ''"/>
        </mx:AddChild>
    </mx:State>
</mx:states>
    <mx:Panel title="XML Book" id="book" horizontalScrollPolicy=➥
"off" verticalScrollPolicy="off">
        <mx:Form id="bookForm">
            <mx:FormItem label="Foundation XML for Flash" ➥
fontWeight="bold"/>
            <mx:FormItem label="Sas Jacobs" fontStyle="italic"/>
        </mx:Form>
        <mx:ControlBar>
            <mx:LinkButton label="Book Details" id="bookLink" ➥
click="currentState = 'bookDetails' "/>
            <mx:Spacer width="100%" id="spacer1"/>
            <mx:Label text="Book Title" id="title"/>
        </mx:ControlBar>
    </mx:Panel>
</mx:Application>
```

160

下一步是创建过渡，使状态的进入和退出更加优美。

4.6.3 创建过渡

创建过渡的语法在很多方面类似于创建状态的语法。我们要使用标签<mx:transitions>来创建一个过渡数组。和<mx:states>一样，过渡是Application标签的一个属性，我们将把它提取出来作为单独的容器。我们可以创建任意多个过渡效果。而且，我们可以决定让它们顺序播放还是并行播放。

(1) 在</mx:states>结束标签的下面输入下列过渡代码。输入代码之后，我们将一行一行地进行讲解。

```
<mx:transitions>
    <mx:Transition fromState="*" toState="*">
        <mx:Parallel targets="{[book, bookLink, title, isbn]}">
            <mx:Resize duration="5000" easingFunction=➥
"Bounce.easeOut"/>
            <mx:Sequence target="{isbn}">
                <mx:Blur duration="2000" blurYFrom="0.0" ➥
blurYTo="20.0"/>
                <mx:Blur duration="2000" blurYFrom="20.0" ➥
blurYTo="0.0"/>
            </mx:Sequence>
        </mx:Parallel>
    </mx:Transition>
</mx:transitions>
```

就像<mx:states>标签创建状态数组那样，<mx:transitions>标签会创建一个由其内的过渡组成的数组。而且，就像<mx:State>标签会创建新的状态那样，<mx:Transition>会创建一个新的过渡。不过，fromState和toState属性带来了一个有趣的编程可能性。

让我们在这儿设想一种情形，假定应用程序有4个状态：stateA、stateB、stateC和stateD。我们可以指明只在由stateB转向stateC时使用这个特殊的过渡，如下所示：

```
<mxTransition fromState = "stateB" toState = "stateC" >
```

通过在项目代码中使用星号（*），可以让Flex在由任意两个状态发生转变时使用这个过渡效果。

在有多个过渡的情况下，我们可以选择让它们以并行方式一起执行，还是以顺序方式一个接一个执行。

在这个例子中，通过选择Parallel类，我们选用了并行执行的方式。但是现在，我们必须告诉Flex要以并行方式运行哪些组件。如果只是过渡单个组件，那就使用target属性。但如果是过渡多个组件，就要用数组语法来使用targets属性。

```
<mx:Parallel targets="{[book, bookLink, title, isbn]}">
```

161

通过使用Parallel类，我们是在告诉Flex要重新调整方括号（即数组语法）中包含的所有组件的大小来一起执行过渡。

这里的语法非常重要。因为我们是使用多个目标，所以Parallel类在设置它自己的组件数组。方括号（[ ]）就是数组语法。所以，组件book、bookLink、title和isbn会同时或并行过渡。

在Parallel容器内，我们现在需要指定这些组件要执行的动作。我们可以选择Resize或Move类。对于这个示例，我们使用的是Resize类。

```
<mx:Resize duration="5000" easingFunction="Bounce.easeOut"/>
```

我们看到的第1个属性是duration，它将决定完成重新调整大小的过渡会用多长时间。其单位是微秒，所以5 000微秒会换算成5秒。

> 为了展示效果，我在这个练习中故意减慢了过渡的速度。在实际的项目中，2~3秒可能是比较理想的时间。

easingFunction属性改变的是过渡动画的速度，这让人想到了Flash的一个特性。最好的类比就是球体的运动。按照在空气中抛球的算法，重力会导致球体在上升时减速、在下降时加速。这个速度的变化就叫做增减速（easing）。我们并没有直接指定某个数值，而是让另一个类Bounce来控制easingFunction的值。

顾名思义，Bounce类的作用就是让增减速像球一样起伏。easeOut函数会使起伏效果开始快、后来慢。所以，在这个例子中，大小调整过渡效果会持续5秒（5 000微秒），然后是一个开始快、后来慢的起伏。

我们需要知道的是，Bounce类的使用有一个特别之处。Bounce类属于mx.effects.easing包。我在第2章讲过，包就是存储相关类文件的一个目录结构。ActionScript若要使用其他包（或目录结构）中的类文件，就必须能够先找到这个包。完成这一工作的方法有两种：在MXML中，我们会在Application标签中使用namespace属性。在ActionScript自身的内部，我们会使用import命令。因为这两种选择能让我们得到完全相同的结果，所以它们是可以互换的。唯一的差别就是import命令必须在Script标签内。

(2) 在Application标签的下面创建一个Script代码块，如下所示：

```
<mx:Application xmlns:mx="http://www.adobe.com/2006/mxml" ➥
layout="absolute">
<mx:Script>
    <![CDATA[
        import mx.effects.easing.Bounce;
    ]]>
</mx:Script>
```

162

ActionScript现在可以找到Bounce类了。

就在这一切进行的同时，我们要在isbn标示语中运行另一个动画。

(3) 使用Sequence类取代Parallel类，这样两个动画就会一前一后地执行。

```
<mx:Sequence target="{isbn}">
    <mx:Blur duration="2000" blurYFrom="0.0" blurYTo="20.0"/>
    <mx:Blur duration="2000" blurYFrom="20.0" blurYTo="0.0"/>
</mx:Sequence>
```

动画师们惯用的一个技巧就是使对象变模糊，然后再恢复清晰，由此创建出运动的感觉。Blur类就是通过创建名为“高斯模糊”（Gaussian blur）的图像效果来实现这一点的。

看看前面的代码，之所以要以顺序方式执行该效果，原因是显而易见的。我们首先让控件的模糊程度在2秒钟内从0.0变成20.0，然后又让模糊程度在另一个2秒钟内从20.0变成0.0，以使它重新变清晰。

设置好所有的过渡之后，快速检查一遍全部代码。

```
<?xml version="1.0" encoding="utf-8"?>
<mx:Application xmlns:mx="http://www.adobe.com/2006/mxml" ➥
layout="absolute">
<mx:Script>
    <![CDATA[
        import mx.effects.easing.Bounce;
    ]]>
</mx:Script>
<mx:states>
    <mx:State name="bookDetails" basedOn="">
        <mx:AddChild relativeTo="{bookForm}" position=➥
"lastChild" creationPolicy="all">
            <mx:FormItem id="isbn" label="ISBN: 1590595432"/>
        </mx:AddChild>
        <mx:SetProperty target="{book}" name="title" ➥
value="Book Details"/>
        <mx:SetProperty target="{title}" name="text" ➥
value="Book Details"/>
```

```
            <mx:RemoveChild target="{bookLink}"/>
            <mx:AddChild relativeTo="{spacer1}" position="before">
                <mx:LinkButton label="Collapse Book Details" ➥
click="currentState = ''"/>
            </mx:AddChild>
        </mx:State>
    </mx:states>
    <mx:transitions>
        <mx:Transition fromState="*" toState="*">
            <mx:Parallel targets="{[book, bookLink, title, isbn]}">
                <mx:Resize duration="5000" easingFunction=➥
"Bounce.easeOut"/>
                <mx:Sequence target="{isbn}">
                    <mx:Blur duration="2000" blurYFrom="0.0" ➥
blurYTo="20.0"/>
                    <mx:Blur duration="2000" blurYFrom="20.0" ➥
blurYTo="0.0"/>
                </mx:Sequence>
            </mx:Parallel>
        </mx:Transition>
    </mx:transitions>
        <mx:Panel title="XML Book" id="book" horizontalScrollPolicy=➥
"off" verticalScrollPolicy="off">
            <mx:Form id="bookForm">
                <mx:FormItem label="Foundation XML for Flash" ➥
fontWeight="bold"/>
                <mx:FormItem label="Sas Jacobs" fontStyle="italic"/>
            </mx:Form>
            <mx:ControlBar>
                <mx:LinkButton label="Book Details" id="bookLink" ➥
click="currentState = 'bookDetails' "/>
                <mx:Spacer width="100%" id="spacer1"/>
                <mx:Label text="Book Title" id="title"/>
            </mx:ControlBar>
        </mx:Panel>
</mx:Application>
```

163

4

如果一切正常，就可以测试一下代码。

单击LinkButton控件时，我们应该会看到新状态发生的所有变化。当回到基础状态时，这些变化会逆转过来。

虽然这些过渡很有趣，而且想法一旦形成，程序的编写也很简单，但我强烈建议大家在开始编程之前要对它们好好做一番规划。在非常复杂的情况下，过渡也会变得错综复杂。

现在还认为丢失了Flash中的时间轴吗？

4.7 小结

我们刚才介绍了很多内容，学习了两种类型的容器：布局和导航容器。了解了容器的概念之后，我们讨论了如何通过使用状态在需要的时候平滑地更新容器。但是，就像大家所学到的，不要像开关那样打开和关闭这些状态，使用过渡可以使得这些容器的开关转换更平滑。我常常把过渡比作是在Flash中使用时间轴。

164

希望大家现在明白了容器是如何成为Flex应用程序设计的核心的。从现在起，我们的工作将建立在这些非常重要的概念之上，也会频繁地提到本章所讲的内容。但是，我们对于容器的讨论并不止于此。

在此之前，我们只是简单地谈到了组件和事件。下一章将深入这些主题，并向大家展示它们是如何一起工作的。

165

第5章

事件与组件

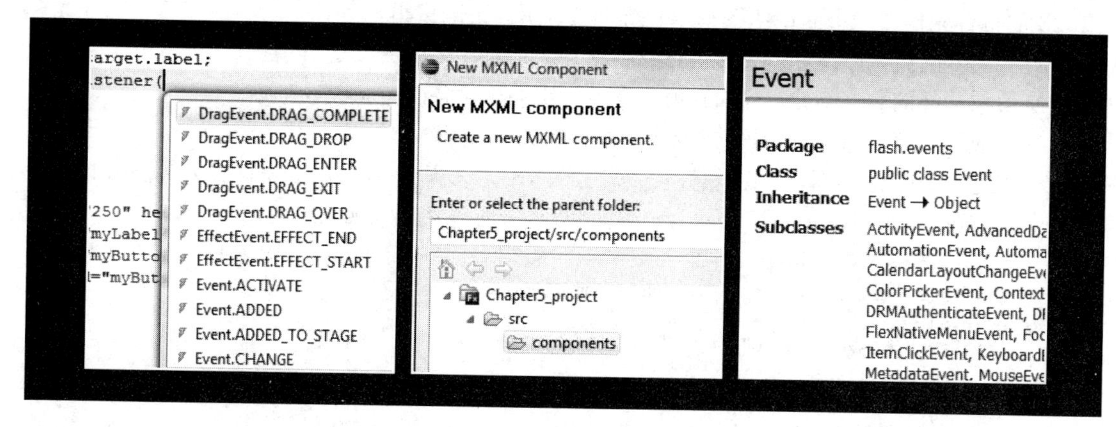

了解了Flex的工作机制之后，接下来需要开始谈谈设计模型。

什么是设计模型呢？

实际上，它的意思是如何设计应用程序。这些设计包括应用程序的模块化技术以及工作流程的拆分技术。

本章，我们首先要以不同于前面章节的方式讨论事件。我们不是把简单的事件构建到MXML代码中，而是要使用ActionScript 3.0。大家即将看到，这会为我们带来更多的可能性。

接着，我们会看看如何构建专业的组件。虽然从表面上看这与事件可能没什么关系，但在本书后面我们会学到，实际上它们是有关的。

我们将讨论MVC（Model-View-Controller，模型–视图–控制器）模式，它是一种帮助我们规划项目结构的设计模式。

最后，我们会回到事件上来，以便让大家学习如何创建自定义的事件来触发动作或在触发动作的同时传递数据。

相信我，在本章结束时，大家对Flex应用程序设计的理解会彻底改变。让我们开始吧。

5.1 事件

我在本书前面讲过，事件可以是导致动作发生的任何事情。例如，它可以是鼠标单击或某次按键。

> 虽然把计算机扔到墙上也可以算是一个事件，但它不是一个可以由ActionScript 3.0轻松处理的事件。不过，Adobe公司的工程师们正在为将来的更新做这方面的努力。

它也可以是某些看不见的事情，如应用程序的完全加载、数据的加载、连接的建立，等等。ActionScript可以处理数百个看得见或看不见的事件。

虽然ActionScript 2.0也具备这些能力，但改进之后的ActionScript 3.0能够更加轻松地处理这些工作。

我们将首先构建一个简单的图形用户界面（GUI）来测试事件处理。

(1) 关闭并（或）删除在Flex Builder 3中打开的项目。

(2) 根据选择的名称新建一个Flex项目。我使用的名称是Chapter5_project。

168

(3) 将应用程序的布局方式设置为absolute。

(4) 创建一个Panel容器，将其x属性设置为320，y属性设置为130，width属性设置为250，height属性设置为200。将布局方式设置为absolute，将title设置为Testing Events。

```
<?xml version="1.0" encoding="utf-8"?>
<mx:Application xmlns:mx="http://www.adobe.com/2006/mxml" ➥
layout="absolute">
    <mx:Panel x="320" y="130" width="250" height="200" ➥
layout="absolute" title="Testing Events">

        </mx:Panel>
</mx:Application>
```

(5) 在Panel容器内放一个id为myLabel的Label组件以及一个标示语为Test且id属性为myButton的Button组件。虽然位置并不重要，但我将Label的x位置设置为55，y位置为45。我将Button组件的x位置设置为90，y位置为96（见图5-1）。

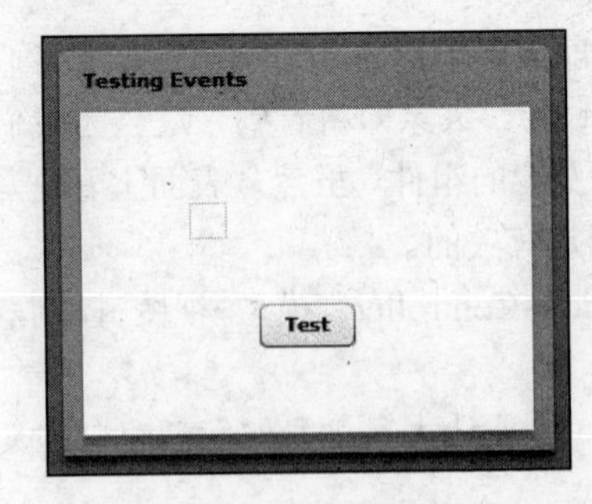

图5-1　基本的GUI设置

完成之后的代码应该如下所示：

```
<?xml version="1.0" encoding="utf-8"?>
<mx:Application xmlns:mx="http://www.adobe.com/2006/mxml" ➥
layout="absolute">
```

```
    <mx:Panel x="320" y="127" width="250" height="200" ➥
layout="absolute" title="Testing Events">
        <mx:Label x="55" y="45" id="myLabel"/>
        <mx:Button label="Test" id="myButton" x="90" y="96"/>
    </mx:Panel>
</mx:Application>
```

我们来快速回顾一下。

我们可以为Button组件简单地提供一个内联事件，如下所示：

```
<mx:Button label="Test" id="myButton" x="90" y="96" ➥
click="myLabel.text = 'The button is clicked' "/>
```

169

> 请记住，文本是放在单引号中的，因为整个单击事件必须放在双引号中。这是大多数编程环境在字符串内定义字符串的方式。

(6) 运行应用程序并单击Test按钮，标示语应该类似于图5-2所示。

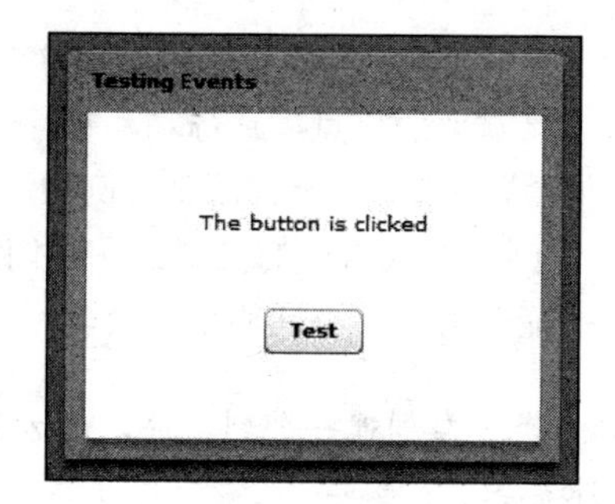

图5-2 初始的应用程序

显示的标示语文本是非常简单的，不用MXML标签，只要编写一点儿代码就可以了。这种简易性也有一定的代价，那就是会牺牲灵活性。

现在，我们开始用不太一样的方法来处理这些事情。

(7) 在Application标签的正下方，用下列代码为私有函数构建一个Script代码块：

```
<mx:Script>
    <![CDATA[
        private function fillLabel():void
        {
            myLabel.text = "The Button is Clicked!";
        }
    ]]>
</mx:Script>
```

(8) 将Button组件中的click事件更改如下：

```
<mx:Button label="Test" id="myButton" x="90" y="96" ➥
click="fillLabel()"/>
```

在这里，我们没有直接调用Label控件，而是通过fillLabel()函数把它传递到了Script代码块中。

170

> 前面讲过，“私有范围”意味着只有这个文件可以看到和使用fillLabel()函数。

(9) 再次运行应用程序，其效果应该和之前一模一样。

那么，它是如何使事情更加灵活的呢？跟紧点儿！这里要讲几个术语。

实际上，在大多数编程环境里，Button组件中的click事件被称为事件监听程序。这意味着它唯一的工作就是监听指定事件的发生。这个术语马上会体现出更重要的地位。事件一旦发生，它就会告诉指定的代码（在这个例子中为fillLabel()函数）去执行相应的任务。这些代码就是事件处理程序。

这样的代码允许我们轻松地构建事件。不过，还有第3种非常强大的处理事件的方法：事件对象。

5.1.1　事件对象

在ActionScript（以及今天的大多数编程环境）中，当有事件发生时，就会生成一个名为事件对象的对象。这个对象包含两段非常重要的信息：目标和类型。

target属性几乎包含了与事件生成方有关的所有信息。例如，它可以返回Button组件的ID、x位置、y位置等内容。type属性会返回所生成事件的类型。在我们这个小示例中，它是一个click事件。但在比较复杂的情况下，可能会有多个不同的事件类型。

> 用更准确的术语讲，target属性是在创建一个到事件发送方的指针。在进入到更为高级的编程情景中时，这个小小的差别将会非常重要。

让我们对代码做一些小的修改，看看事件对象是怎么工作的。

(1) 首先，将Button组件的事件修改如下：

```
<mx:Button label="Test" id="myButton" x="90" y="96" ➥
click="fillLabel(event)"/>
```

注意，当click事件现在调用事件处理程序（在这个例子中为fillLabel()）时，它会传递一个参数。该参数的名称event实际上就是事件的名称，且这个名称非常重要。我们不能使用其他的名称。

(2) 现在，把注意力转向fillLabel()处理程序。将其代码修改如下：

```
private function fillLabel(evt:Event):void
{
    myLabel.text = evt.target.id + " is pressed";
}
```

171

注意，我们接收到了一个引用叫做evt的事件对象。在这里，我们可以把它叫做任何名字，它只是一个让函数可以引用的名字。不过，前面讲过，当函数接收参数时，它必须有一个与之关联的数据类型（即类文件）。最适合用来处理大部分事件的类是Event。在这个例子中，我们可以使用MouseEvent甚至Object作为类型。不过，我们将暂时保持事物的普通性。

如果打开Event类的文档，可以看到它的很多属性和函数。有一个新的内容叫做常量，我们将在本章5.1.2小节谈论它们。

大家会看到，Event类属于flash.events包，它具有捕捉和处理事件的能力。

在本书后面，我们将看到不同类型的事件以及与它们相关的不同的类。

一旦函数（事件处理程序）捕捉到事件，就可以通过target属性访问事件发起方（有时候叫做事件派遣方）的所有属性。函数也可以通过type属性看到事件的类型。

代码

```
myLabel.text = evt.target.id + " is pressed";
```

正在通过使用target属性调用事件派遣方（在这个例子中为myButton）的id属性。

(3) 试一下吧。我们会看到与图5-3所示相同的结果。

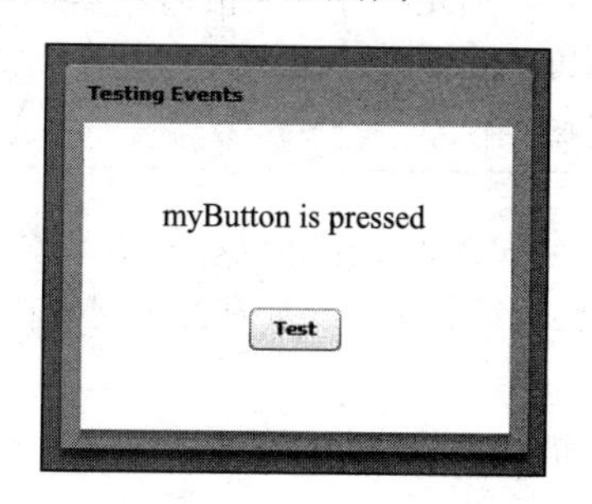

图5-3 更改之后的标示语

大家一定可以看出在这里可以采用其他一些做法。例如，大家马上将要看到，我们可以根据谁触发了事件或事件是什么来构建决策结构。

172

我们来看一个示例。在原来的Button控件的下方添加第2个Button控件，如下所示。

(4) 添加第2个Button控件：

```
<mx:Button label="Test" id="myButton" x="90" y="96" ➥
click="fillLabel(event)"/>
 <mx:Button label="Test 2" id="myButton2" x="90" y="126" ➥
click="fillLabel(event)"/>
```

(5) 再次运行应用程序，来回单击两个按钮。

我们会看到，事件处理程序fillLabel(evt:Event)现在可以处理由两个按钮中的任何一个生成的click事件。我们不需要为每个组件编写单独的处理程序。

现在，我们再进一步做些小小的变动。

(6) 改变代码，让其判断出谁在生成事件并做出不同的响应，如下所示：

```
private function fillLabel(evt:Event):void
{
```

```
        if(evt.target.id == "myButton")
        {
            myLabel.text = "Button 1 is pressed";
        }
        if(evt.target.id == "myButton2")
        {
           myLabel.text = "Button 2 is pressed";
        }
    }
```

在这里，我们看到了构建决策语句的语法。所需要做出的决策叫做Boolean语句。该语句被放在圆括号中，并会返回一个值：true或false。和函数一样，Boolean语句返回true时所要运行的代码主体是放在大括号中的。

现在，我们正在构建两个决策语句来测试传送事件的是哪个组件。

> 注意这里使用的是两个等号，而不是一个等号。双等号表示比较等号左右两边的内容。一个等号，即我们所说的赋值操作符，则是将等号右边的内容指派给左边的对象。双等号叫做比较操作符。例如，a = b表示将b的值赋给a。而a == b则是在测试a与b是否相等。如果相等，就会返回true。如果不等，就会返回false。

173

(7) 运行应用程序。此时应该会看到各个按钮的标示语文本如我们期望的那样发生了改变。

到目前为止，我们只使用了target属性。但大家会想起我在前面提到过另一个属性type，它会返回所生成事件的类型。

(8) 删除处理程序中的两条if语句，替换为下列代码：

```
private function fillLabel(evt:Event):void
{
    myLabel.text = evt.type;
}
```

如果现在运行代码，两个按钮会返回相同的事件：click（如图5-4所示）。

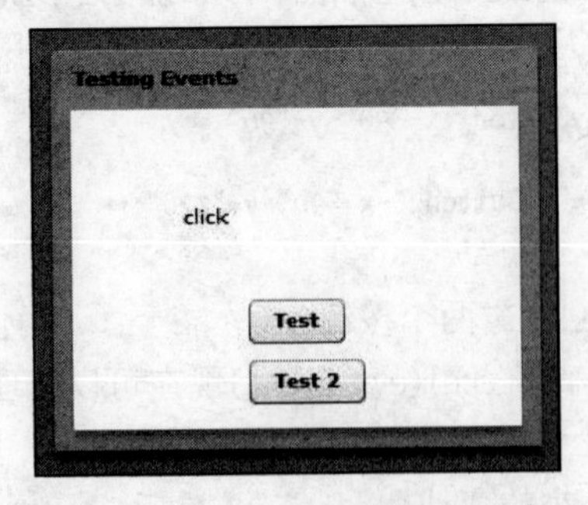

图5-4　显示出单击事件的函数

大家可能开始看出这里有大量的可能性。不过，我们仍未看到事情的全部。另外一个功能将打开更为广阔的世界：addEventListener。

5.1.2 addEventListener

事件监听程序会占用一定数量的内存。在我们刚才创建的小应用程序中，这并不算是大问题。但是，在复杂的大型应用程序中，我们就要尽可能地将所使用的资源最小化。除非真的需要，否则我们不会添加事件监听程序。我们可以用程序化的方式做这件事情。

ActionScript 3.0的很多类文件中都有addEventListener函数，它允许我们在需要时将事件指派给某个组件。因此，我们可以根据需要彻底改变事件的结果，以及通过在需要时指派事件监听程序来保存资源。

为了更好地理解这一点，这里有一个常见于应用程序构造的示例。

(1) 首先删除myButton2中的click事件。按钮现在无法访问处理程序fillLabel()。

(2) 在处理程序的内部更改代码，显示调用按钮的label属性，如下所示：

```
private function fillLabel(evt:Event):void
{
    myLabel.text = evt.target.label;
}
```

现在，我们要添加addEventListener函数。我们来按部就班地做这件事情。

(3) 在刚才编辑的代码行的正下方添加下列代码：

```
myButton2.addEventListener(
```

在键入左括号时，Flex Builder会向我们提供关于所需参数的代码提示。首先显示出可用事件类型的方框，如图5-5所示。

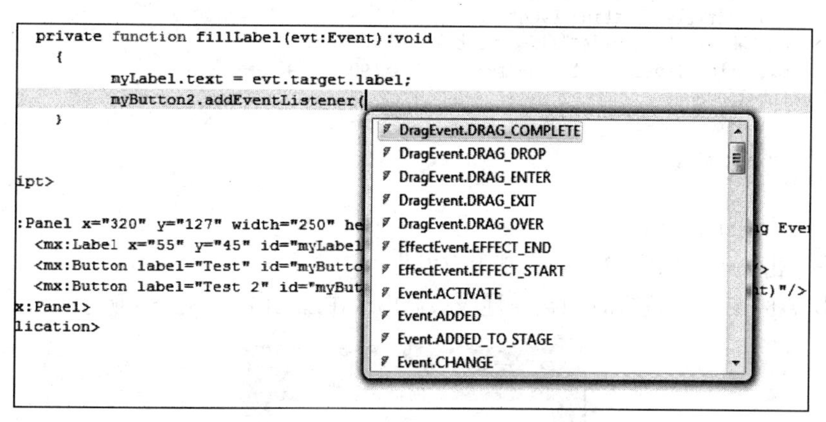

图5-5 可用事件的列表

实际上，它由两个部分组成：第1部分是事件类型，点后面是以大写字母显示的事件本身的名称。用大写字母显示是有原因的。前面讲过，在查看Event类的文档时，有一个叫做常量的类别。常量表示不会改变的属性。一个常见的例子是Math类中PI的数学属性。PI永远不会改变。在OOP环境中，常量通常全部是用大写字母来表示的。

(4) CLICK是一个MouseEvent，所以请向下滚动至MouseEvent.CLICK（或按M键）并选中它。

(5) 输入一个逗号。

现在，我们需要输入第2个参数，即处理程序的名称fillLabel。事情到这里变得有点儿奇怪：虽然我们在做一个函数调用，但我们并没有像以前那样使用括号。我们使用括号来传递参数。然而在这里，所有的事情都在后台处理了。

175

(6) 在逗号的后面键入fillLabel。完成之后的处理程序应该如下所示：

```
private function fillLabel(evt:Event):void
{
    myLabel.text = evt.target.label;
    myButton2.addEventListener(MouseEvent.CLICK,fillLabel);
}
```

完整的代码应该如下所示：

```
<?xml version="1.0" encoding="utf-8"?>
<mx:Application xmlns:mx="http://www.adobe.com/2006/mxml" ➥
layout="absolute">
<mx:Script>
    <![CDATA[
        private function fillLabel(evt:Event):void
        {
            myLabel.text = evt.target.label;
            myButton2.addEventListener(MouseEvent.CLICK,fillLabel);
        }
    ]]>
</mx:Script>
    <mx:Panel x="320" y="127" width="250" height="200" ➥
layout="absolute" title="Testing Events">
        <mx:Label x="55" y="45" id="myLabel"/>
        <mx:Button label="Test" id="myButton" x="90" y="96" ➥
click="fillLabel(event)"/>
        <mx:Button label="Test 2" id="myButton2" x="90" y="126"/>
    </mx:Panel>
</mx:Application>
```

(7) 运行应用程序。

(8) 首先单击Test 2按钮。应该什么都没有发生。

(9) 单击Test按钮，该按钮的label属性应该会出现在Label中（如图5-6所示）。

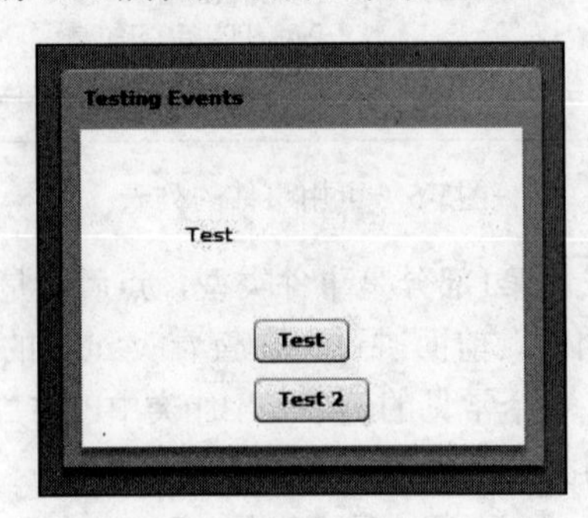

176

图5-6　单击Test按钮的结果

(10) 现在再次单击Test 2按钮。显示的label属性应该如图5-7所示。

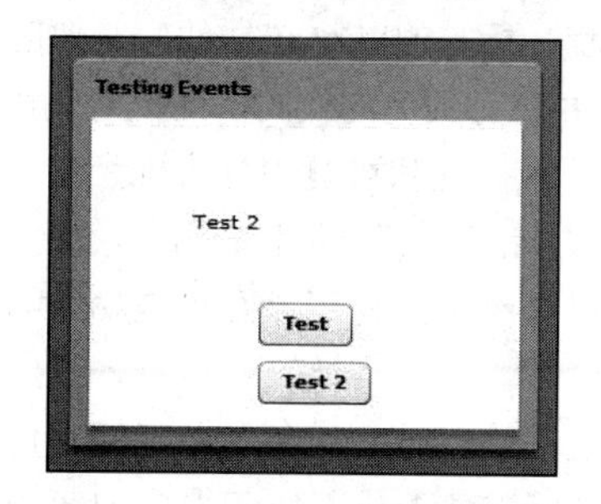

图5-7 单击Test 2按钮的结果

一单击Test按钮，我们就访问了处理程序。接着，代码把MouseEvent单击事件赋给了Test 2按钮并告诉该事件在发生的时候使用fillHandler方法。我们实际上是在应用程序运行时指派了事件，这就叫做运行时赋值。这还意味着我们可以根据当前的情况指派所需要的事件。大家可能会好奇为什么这件事情很重要。在按钮B将要工作之前，我们需要单击按钮A吗？如果是这种情况，单击按钮A就不是非常有用。

如果这样想，就会遗漏一点，即事件可以在运行时按照需要被初始化。在这个示例中，我们是用一个按钮初始化另一个按钮的事件。但是我们可以轻松地建立这样一种情形：如按钮会根据用户选中的复选框来选择事件处理程序。我可以列出无穷无尽的排列组合。希望大家明白其思想。

在本书后面，我们将频繁地重温事件。此外，我们将在本章后面学习一个叫做自定义事件的概念。不过现在，我们将把注意力转到一个略微不同的方向。

5.2 组件

至此，我们把所有事物放在了一个单独的MXML文件中并运行了该文件。不过，如果曾经编写过OOP代码，可能就会知道更好的做法是把这些事物划分到更专业的编程单元中，这些单元被称为类文件。类文件使应用程序变得更加模块化。这一特性反过来又改善了代码的可维护性和可复用性。每个类只负责一项工作。当需要完成另外的操作才能执行其任务时，它可以调用其他类文件。

此前，我们已经相当多地用到了类文件，因为MXML充当了这些类文件的代理。正如我们所看到的，每个MXML标签都是在访问相关类文件的属性、函数和事件。

我们将在本节创建自己的类文件。不过，我们不是在ActionScript 3.0中创建代码，而是要创建MXML对等物——组件。

在OOP中，研究表明几乎所有的应用程序都归结为有限数量的代码编写手法，这些手法叫做设计模式。一旦熟悉了这些模式，就可以很容易地从中挑选出一个来完成特定的任务。

Flex中最常用的设计模式之一是MVC模式。这里的讲解会非常简短，因为随着进一步的学习，该模式背后的含义会变得十分清楚。

在开始处理数据时，我们可能会想看到数据的不同方面。例如，有时候我们可能想看到输入表单，有时候只想看到员工的姓名和部门，另一些时候可能只想看到员工的从业经历。我们把该数据

177

的每个“视图”放到一个专门的组件中来建立应该如何呈现数据（包括格式、顺序等）的“模型”。当主MXML文件（即包含Application标签的MXML文件）需要时，这些视图就会被调用。这个主文件叫做“控制器”，所以主文件并没有大量的代码，而只有调用这些专门的组件所需要的代码。

大家现在肯定可以看出这在可维护性和可复用性方面所能提供的诸多优点。

(1) 在本章的项目文件中删除起始和结束Application标签之间的全部代码。

在MXML应用程序设计中，只有一个文件应该有这些Application标签。我们把这个文件叫做控制器或应用程序文件。

虽然不是必需的，但最好将组件放在一个或多个专门的文件夹中，就像你会把图像放在一个名为images的文件夹中那样。这样可以使查找工作变得更加轻松。就组件来说，我们把这些文件夹叫做包，而且正如大家马上将要看到的，我们需要对这些包做一些额外的代码编写和准备工作。

我们首先需要决定是把组件与应用程序MXML文件一起放在src文件夹内，还是创建一个单独的文件夹来存放组件。该决定纯粹是组织性的。不论存放在哪里，组件都将具有同样的功能。不过我们马上就会看到，如果选择使用单独的文件夹，就需要做一些额外的代码编写工作以便让Flex找到这些文件夹以及存放在这些文件夹中的组件。

对于这些练习，我们要在src文件夹下创建一个名为components的文件夹。

(2) 在Navigator视图中用右键单击src文件夹。

178

(3) 选择New → Folder命令。

此时应该会打开一个允许给文件夹命名的对话框，如图5-8所示。

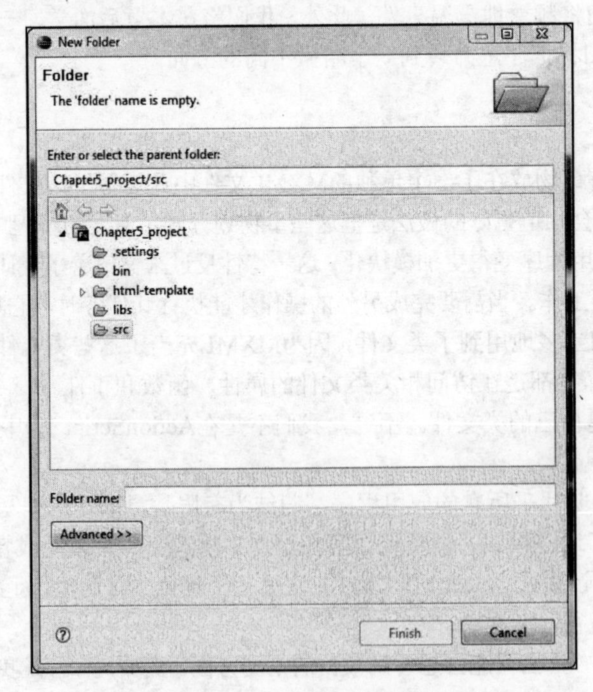

图5-8　New Folder对话框

(4) 我在Folder name字段中使用了名称components。不过，大家可以任意选择喜欢的名称。

(5) 输入名称之后，单击Finish按钮。此时的Navigator视图应该类似于图5-9所示。

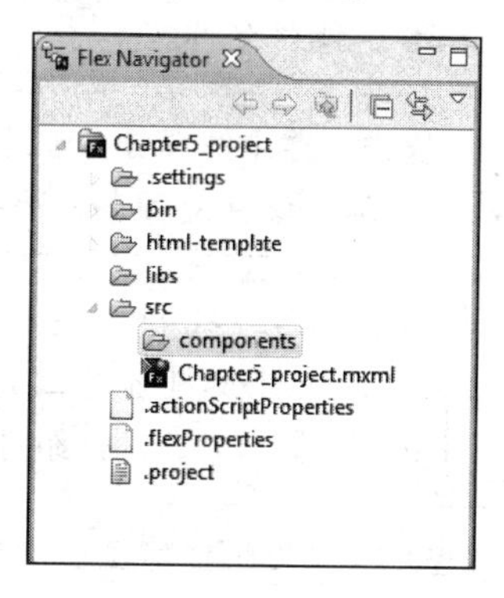

图5-9 Flex Builder中的Navigator视图

179

我们将把组件放在这个新的文件夹或包中。

(6) 现在用右键单击新的文件夹components，并选择New → MXML Component命令，打开图5-10中所示的对话框。

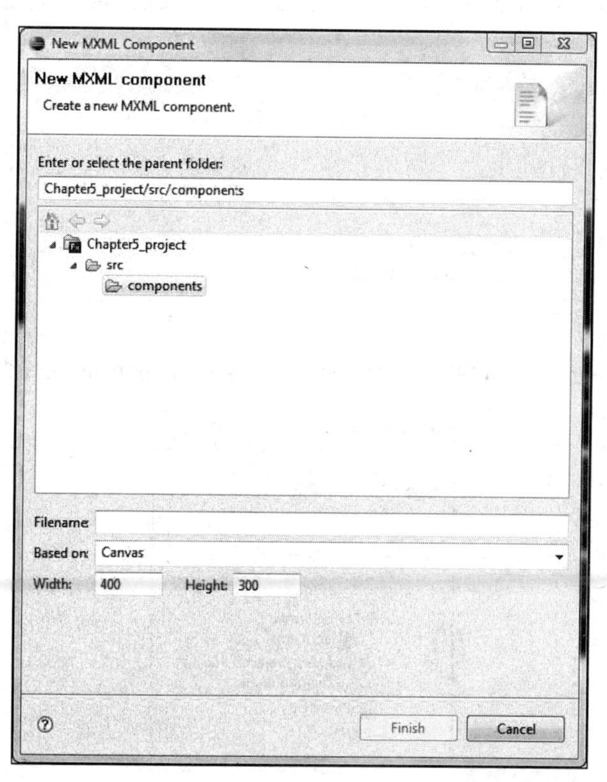

图5-10 New MXML Component对话框

注意Enter or select the parent folder字段中选中了该文件夹。

新的组件需要有一个名称。

(7) 在Filename字段中输入MyForm作为组件名称。

> 我在多个地方提到过，在OOP环境中，类文件名习惯上是以一个大写字母开头的。因为组件是类文件的MXML对等物，所以其名称应该以大写字母开头。

180

至此，我们的所有MXML文件都使用了Application标签作为主容器。不过，我在本章前面提到过，只有充当主文件（或控制器）的MXML文件才可以有Application容器。如果引用了带Application容器的其他文件，就会发生错误。因此，在创建组件时，我们会使用不同的容器类型。

> 大家将在本书后面看到，我们甚至可以把组件建立在诸如Image标签这样的控件上。

看看Based on下拉菜单，就会发现所有容器以及为Flex内建的其他组件都列在其中。

(8) 对于这个练习，请选择VBox容器。

注意我们还可以设置组件的Width和Height属性。不过，通常的做法是删除这些字段中的数字。这样，容器就会根据其内容自动调整大小。当然，这是一个我们需要考虑的设计问题。但对于该练习，我们要删除这些数字。

(9) 删除Width和Height文本框中的数字。

(10) 单击Finish按钮。

Flex Builder中应该打开了一个新的带组件的选项卡。注意该组件用VBox容器代替了Application标签。

```
<?xml version="1.0" encoding="utf-8"?>
<mx:VBox xmlns:mx="http://www.adobe.com/2006/mxml">

</mx:VBox>
```

而且，我们还会在Navigator视图中看到该组件保存在components文件夹下，如图5-11所示。

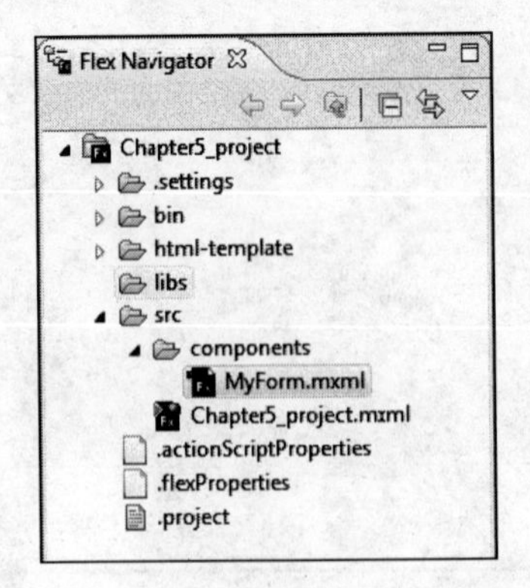

181

图5-11　components文件夹下的新组件

对于这第1个示例，我们将保持其简单性，只对组件添加两个Label标签。我们将让后面的示例具有更多的功能，使其能够来回传递数据。

(11) 向MyForm组件添加下列标示语：

```
<?xml version="1.0" encoding="utf-8"?>
<mx:VBox xmlns:mx="http://www.adobe.com/2006/mxml">
     <mx:Label text="This is a test of our first component"/>
     <mx:Label text="You will quickly see how easy components ➥
are to use"/>
</mx:VBox>
```

(12) 保存文件并切换回主MXML文件，在这个示例中主MXML文件为Chapter5_project.mxml。

(13) 删除起始和结束Application标签以外的所有代码。

5.2.1 添加组件

向主应用程序文件添加组件的方法有两种。首先，我们用麻烦的方法来处理。

我在前面提到过，存放组件（或类文件）的文件夹叫做包。为了在完成之后的应用程序中包含某个组件，编译器需要能够找到这个组件并将它作为编译后的SWF文件的一部分。但编译器是如何知道访问包或目录结构的呢？

所有OOP程序都会用到下面两种语法之一：*命名空间或导入*。虽然这两种方法的语法略有不同，但实质上它们做的是同一件事情：将编译器指向正确的目录（包）并找到组件（类文件）。

大家已经在第4章见过了import语句。在Flex中，ActionScript使用的是import，而MXML是在起始Application标签中使用命名空间属性。实际上，起始Application标签内会自动带有一个命名空间：

```
<mx:Application xmlns:mx="http://www.adobe.com/2006/mxml" ➥
layout="absolute">
```

虽然这看上去像一个网站URL的引用，但实际上它是指向类文件的ActionScript库所在位置的内部引用。

注意命名空间属性是以名称xmlns（XML命名空间）开头的。在冒号后面，我们使用的是代理名称，而不是在每次需要组件时输入路径。默认的xmlns中使用了字母mx，所以所有标签都以mx开头。

现在有一个好消息！

作为Flex Builder 3的新功能，命名空间会自动为我们构建好。

182

(1) 在起始和结束Application标签之间键入<，就像在创建其他标签那样。开始键入comp。键入的同时应该会看到组件包自动弹出，如图5-12所示。

(2) 我们可以完成键入或向下滚动并按Enter键。

选择包之后，应该会看到Application标签中自动构建的命名空间。

```
<mx:Application xmlns:mx="http://www.adobe.com/2006/mxml" ➥
layout="absolute" xmlns:component="components.*">
```

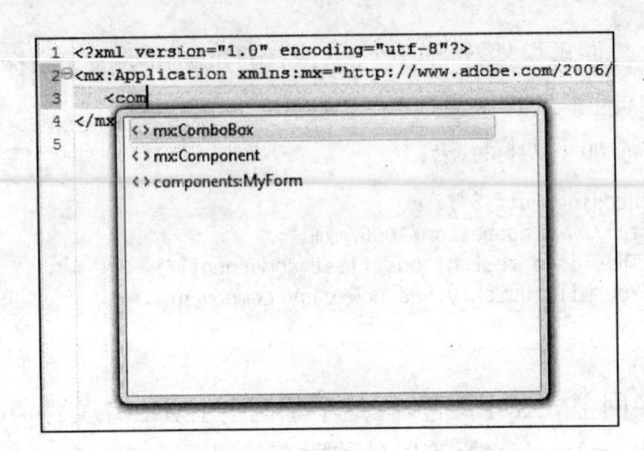

图5-12　组件出现在列表上

如果布局方式被设置为absolute，我们就要像对待其他组件那样添加x和y属性。代码应该如下所示：

```
<?xml version="1.0" encoding="utf-8"?>
<mx:Application xmlns:mx="http://www.adobe.com/2006/mxml" ➥
layout="absolute" xmlns:components="components.*">
    <components:MyForm x="225" y="260"/>
</mx:Application>
```

(3) 试一下应用程序。我们应该会看到嵌入到应用程序中的组件的两个标示语，如图5-13所示。

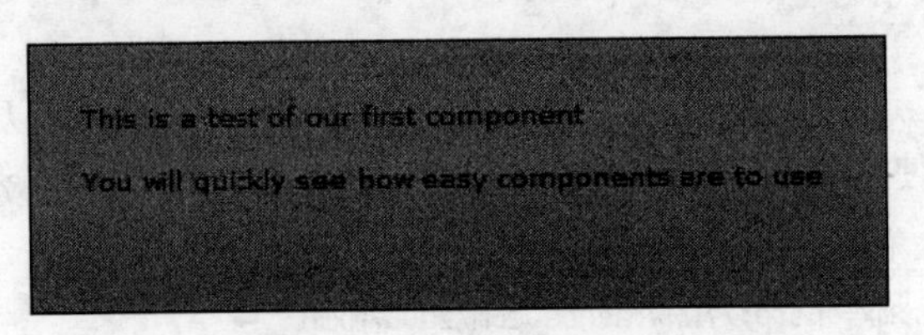

图5-13　嵌入的组件

183

> 我们无法运行组件本身。为了让Flex应用程序起作用，就必须有起始和结束Application标签。

就像我在本练习开头所讲的那样，这是一种麻烦的处理方法。我们来看一种更为简单的方法。

(4) 关闭所有打开的文件。

(5) 创建一个新的MXML应用程序文件，将其命名为任何想要使用的名称。对于这个练习，我使用的名称是ComponentTest。

(6) 根据需要，切换到Design透视图。

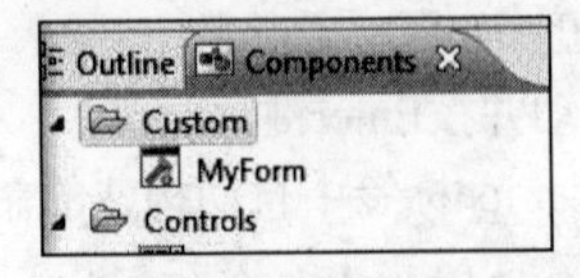

图5-14　带有自定义组件的Components视图

如果查看Components视图（该视图通常位于Flex Builder的左下方），应该会看到一个名为Custom的文件夹。根据需要，使用文件夹图标左侧的小箭头展开它（如图5-14所示）。

Flex Builder会自动找到我们创建的所有自定义组件，并将它们放在Custom文件夹内。

如果想使用某个组件，只要将其拖到应用程序MXML文件中即可。Flex Builder将自动为我们构建命名空间和标签。

(7) 将MyForm拖到MXML文件中并切换至Source视图。

```
<?xml version="1.0" encoding="utf-8"?>
<mx:Application xmlns:mx="http://www.adobe.com/2006/mxml" ➥
layout="absolute" xmlns:ns1="components.*">
     <ns1:MyForm x="217.5" y="258">
     </ns1:MyForm>
</mx:Application>
```

注意Flex Builder会自动构建一个名为ns1的命名空间，然后使用它在应用程序中创建组件的一个实例。

> “实例”是面向对象编程的一个词语。我在本书前面讲过，对象是类文件在内存中的一个副本。因为组件其实就是一个ActionScript类文件，所以我们只是在应用程序中创建它的一个副本。我们将这个副本叫做类文件的一个实例。

(8) 运行应用程序，其效果应该和之前一模一样。还能使它更容易吗？

这个小小的示例强调了另一个重要的概念：组件的可复用性。注意我们刚才在两个不同的应用程序文件中使用了相同的组件。随着我们对Flex的学习，这个概念开始变得愈加重要。

当然，一个只有标示语的组件或许对我们不是非常有用。我们来看看如何在组件和应用程序文件之间来回传递数据。

184

5.2.2 组件与数据

首先，我们来创建一个新的组件。

(1) 和以前一样，用右键（或按Ctrl键）单击Navigator视图中的components文件夹。

(2) 选择New→ MXML Component命令。

对于这个练习，我要使用不设置高度和宽度的VBox容器。我在调用组件MyForm2。为了来回传递数据，我们需要在ActionScript中为想要传递的每个属性创建一个变量。

(3) 在新的组件中，首先创建一个Script代码块，并在其中放入两个名为myFirstName和myLastName的变量。两个变量的类型都是String。

```
<?xml version="1.0" encoding="utf-8"?>
<mx:VBox xmlns:mx="http://www.adobe.com/2006/mxml">
     <mx:Script>
          <![CDATA[
               [Bindable]
               public var myFirstName:String;
               [Bindable]
```

```
            public var myLastName:String;
        ]]>
    </mx:Script>
</mx:VBox>
```

注意我将两个变量都设置为public，因为我们需要从组件的外部访问它们。这两个变量都应该是可绑定的。

(4) 创建两个分别与myFirstName和myLastName变量绑定的Label组件。还要添加一个如下所示的小拼接：

```
<?xml version="1.0" encoding="utf-8"?>
<mx:VBox xmlns:mx="http://www.adobe.com/2006/mxml">
    <mx:Script>
        <![CDATA[
            [Bindable]
            public var myFirstName:String;
            [Bindable]
            public var myLastName:String;
        ]]>
    </mx:Script>
    <mx:Label id="txtFirstName" text="Your first name ➥
is {myFirstName}" />
    <mx:Label id="txtLastName" text="Your last name is ➥
{myLastName}" />
</mx:VBox>
```

185

> 注意，和ActionScript不同，MXML不需要对拼接使用+号。这也是MXML可以为我们节省时间和编程精力的一个体现。

(5) 保存组件并新建一个MXML应用程序文件。同样，大家可以使用任何喜欢的名称。我将这个文件命名为MyNameData。

(6) 创建一个Script代码块，并添加两个可绑定的、类型为String的私有变量。为每个变量赋值，我将它们命名为fName和lName。

```
<mx:Script>
    <![CDATA[
        [Bindable]
        private var fName:String = "John";
        [Bindable]
        private var lName:String = "Smith";
    ]]>
</mx:Script>
```

(7) 在Script代码块的后面，将组件实例化。将其x位置设置为250，并将y位置设置为125。不要完成标签，我们需要在这里执行两个额外的步骤。

(8) 按下空格键并选择id属性。

除了那种最简单的情况（如第1个示例）以外，在实例化组件时，给它们设置id属性是非常重要的，这样它们才能在传递数据时被ActionScript代码或其他MXML标签识别出来。在最初的这些示例里，我们只使用了一个组件。但是在本书后面，我们将使用多个组件，所有组件都会相互对话。如果没有id属性，就不可能实现这种对话。

> 在第3章，我谈到了“对象引用”和“实例名称”这两个术语（它们指的是同一件事情）。在MXML中为组件提供一个ID就相当于为对象提供一个实例名称。

(9) 对于这个示例，我使用的id属性是names。大家可以使用想要的任何名称。

(10) 再次按空格键显示出属性列表，并向下滚动，直至找到myFirstName和myLastName这两个在组件中声明的公开属性（如图5-15所示）。

186

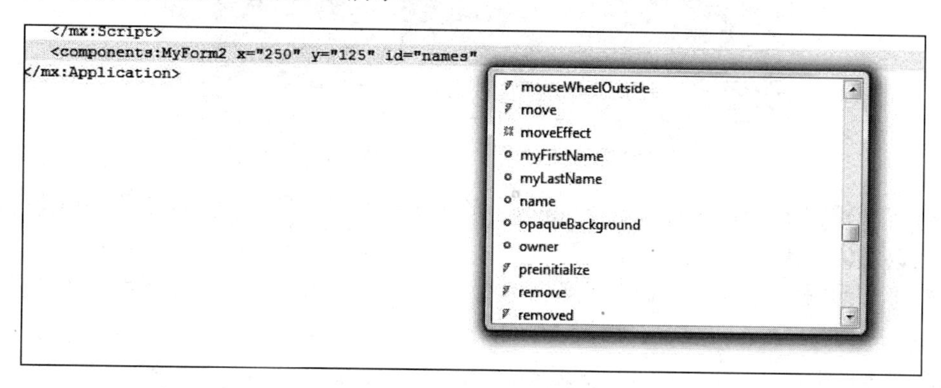

图5-15　组件的两个公开属性

(11) 选择myFirstName属性，并将其与变量fName绑定。

(12) 用同样的方法将myLastName与lName绑定起来。

完成之后的代码应该如下所示：

```
<?xml version="1.0" encoding="utf-8"?>
<mx:Application xmlns:mx="http://www.adobe.com/2006/mxml" ➥
layout="absolute" xmlns:components="components.*">
<mx:Script>
    <![CDATA[
        [Bindable]
        private var fName:String = "John";

        [Bindable]
        private var lName:String = "Smith";
    ]]>
</mx:Script>
    <components:MyForm2 id="names" x="250" y="125" ➥
myFirstName="{fName}" myLastName="{lName}"/>
</mx:Application>
```

(13) 运行一下，看看到目前为止是否起到作用。此时的界面应该类似于图5-16所示。

知道数据成功地从应用程序文件传递到组件之后，我们来看看如何逆转这个过程。

187

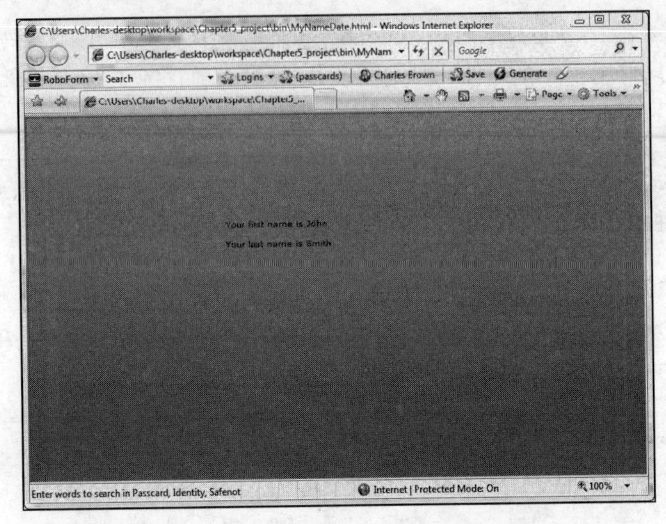

图5-16　从应用程序向组件传递数据

(14) 在应用程序文件MyNameData.mxml中的实例的下面放置一个Label组件，将其x和y位置分别设置为350和200。

(15) 将text属性与id属性为names的组件中的两个公开属性绑定起来，如下所示（我使用了一个拼接）：

```
<mx:Label x="350" y="200" text="My full name is ➥
{names.myFirstName} {names.myLastName}"/>
```

注意组件的属性会和往常一样弹显出来。

(16) 再次运行应用程序，应该会看到完全填好的标示语，如图5-17所示。

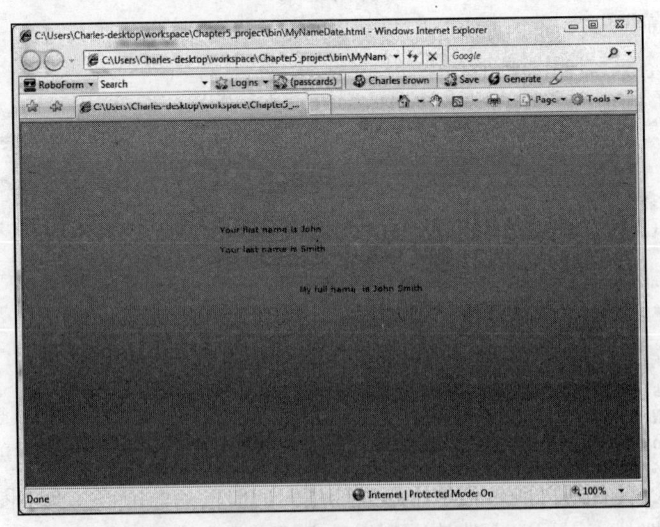

图5-17　数据从组件传回到应用程序文件

大家肯定在这里看出了巨大的潜力。我们可以创建很多可复用的组件，每个组件做一项专门的工作，并根据需要来回传递数据。

熟悉了事件和组件之后，我们就要知道二者必须互相做些什么。

组件和事件合在一起就产生了一种叫做自定义事件的编程方法。

188

5.3 自定义事件

首先，我要说从编程的角度来看，自定义事件是非常简单的。但对于编程新手来说，这可能是一个难以理解的概念。我甚至见过一些经验丰富的程序员也弄不清这个概念。所以，如果你现在不理解它的用法，那也不要气馁。

我们已经见过，如果没有事件触发某个程序，那就不会发生什么。事件的发生反过来会触发一个叫做事件处理程序的函数。这一过程是非常清楚的。

在OOP中，我们有时候把对象叫做黑盒子。我们把数据放进它的一端，并从另一端得到结果，至于这个结果是如何得到的，我们并不知晓。

我常常使用银行的ATM机来打比方。你把卡插入ATM并输入密码，现金吐出来之后就完成交易。你可能对ATM所使用的编程语言、与之通信的计算机或者所涉及的其他任何过程并不感兴趣。你向它提供必要的信息，它向你分配请求的现金，这才是你所关心的全部。

189

如果你是银行，会想让公众知道ATM是如何完成它的工作的吗？很可能不会！这些信息可能会危及操作的安全性或完整性。

在构建基于Web的系统时，你极有可能要把组件完成其工作的过程隐藏起来。在OOP环境中，我们把这叫做封装。有时候，我们把这叫做松耦合架构，即每个组件对其他组件的处理过程一无所知。

有了自定义事件，ActionScript 3.0将封装的概念向前推进了一步。这意味着组件可以让主应用程序文件中的事件处理程序知道某个事件的发生，并让事件处理程序完成它的工作。但是事件的派遣方和类型可以是完全隐藏的。这会把组件的操作完全封装起来。事件处理程序所知道的就是发生了某个事件并去完成它的工作。

没错，这部分内容很难理解。构建自定义事件是很容易的，或者至少是比较容易。

自定义事件的创建分为3个部分。

(1) 使用Event元标签声明事件。

(2) 创建事件。

(3) 发送事件。

我们将依次看看这些步骤。

5.3.1 声明自定义事件

在这个练习中，我们要构建一个MXML应用程序文件和两个Flex组件。有趣的是：这两个组件最初与应用程序文件毫无关系，且两个组件之间也毫无关系。我们将在后面把它们全部关联起来。这是一个非常实用的情景。在一般的项目中，你会选择那些执行需要完成的任务的组件，并让它们彼此协作。

我们首先在这儿做一些设置工作。

(1) 关闭已经打开的所有文件，并创建一个新的主应用程序。对于这个练习，我将把它命名为NameMain.mxml。

(2) 在起始Application标签的下面放一个Script代码块，并在其中放入一个名为sharedNameData的可绑定私有变量。将其类型设置为String，并将其初始值设置为Default Name。

(3) 在该变量的下面创建一个名为sharedNameDataHandler的私有函数，该函数接受一个事件类型的参数，返回类型为void。

190

完整的代码应该如下所示：

```
<?xml version="1.0" encoding="utf-8"?>
<mx:Application xmlns:mx="http://www.adobe.com/2006/mxml" ➥
layout="absolute" xmlns:components="components.*">
    <mx:Script>
        <![CDATA[
          [Bindable]
           private var sharedNameData:String = "Default Name";

           private function sharedNameDataHander(evt:Event):void
           {

           }
        ]]>
    </mx:Script>
</mx:Application>
```

我们稍后会回到这个文件。但是现在，我们需要创建一个创建（发送）事件的组件。

(4) 用右键单击或按Ctrl键单击之前创建的components文件夹，并创建一个名为Name-Dispatcher的新MXML组件，该组件是以不设置宽度和高度的VBox容器为基础的。

(5) 在起始VBox容器的下面创建一个Script代码块，并在其中放入一个名为clickHandler的私有函数，该函数不接受参数，返回类型为void。

(6) 在Script代码块的下面创建一个text属性为Name Dispatcher、字号大小为16的Label组件。

(7) 在标示语的下面创建一个label属性为Click Me的按钮，并创建一个click事件来调用之前创建的clickHandler函数。

代码应该如下所示：

```
<?xml version="1.0" encoding="utf-8"?>
<mx:VBox xmlns:mx="http://www.adobe.com/2006/mxml">
    <mx:Script>
        <![CDATA[
            private function clickHandler():void
            {

            }
        ]]>
    </mx:Script>
    <mx:Label text="Name Dispatcher" fontSize="16"/>
    <mx:Button label="Click Me" click="clickHandler()"/>
</mx:VBox>
```

现在我们要开始构建自定义事件来让其他组件知道事件的发生，我们将以步骤化的方式来完成这项工作。

191

5.3.2　创建事件

为了开始构建自定义事件，请按下列步骤进行操作。

(1) 在Script代码块的下面、Label标签的前面放入一个起始和结束Metadata标签。

```
<mx:Metadata>

</mx:Metadata>
<mx:Label text="Name Dispatcher" fontSize="16"/>
```

Metadata标签会向Flex编译器提供信息来描述MXML组件在Flex应用程序中的用法。Metadata标签虽然不会编译到可执行代码中，但却会提供信息来控制部分代码的编译。

现在请记住，我们不能把ActionScript或MXML代码放入Metadata标签，而只能把特殊的指令放入其中。

在Metadata标签的内部，我们需要告诉编译器我们正在创建一个自定义事件，然后为该事件起一个选好的名称。与将变量声明为[Bindable]时一样，我们使用方括号作这个声明。方括号叫做元标签。

(2) 输入Event元标签，如下所示：

```
<mx:Metadata>
    [Event(name="nameDataShared")]
</mx:Metadata>
```

注意name属性是放在圆括号中的，真正的名称是引号中的字符串。

在clickHandler()函数内部，我们需要将事件类实例化，以匹配所生成事件的类型。例如，这是一个按钮的click事件。不过，在不传递数据时（如这里的示例所示），我们可以简单地使用Event类本身。在圆括号中，我们传递的是之前给事件起好的名称。

(3) 在clickHandler函数内部输入下列代码：

```
<mx:Script>
    <![CDATA[
            private function clickHandler():void
        {
            var myEvent:Event = new Event("nameDataShared");
        }
    ]]>
</mx:Script>
```

现在我们需要做最后一步——发送事件。

192

5.3.3　发送事件

最后，我们需要把事件发送出去。好在Flex（实际上是ActionScript 3.0）中的大部分可视化组件都有一个方便的名为dispatchEvent()的小函数。我们要发送的事件将成为名叫myEvent的新对象，myEvent将携带名为nameDataShared的自定义事件。

(1) 在Event类的实例的后面添加dispatchEvent()函数，如下所示：

```
private function clickHandler():void
{
    var myEvent:Event = new Event("nameDataShared");
    dispatchEvent(myEvent);
}
```

重申一下，当按钮被按下时，其他组件所关心的就是发生了一个叫做nameDataShared的事件。该事件是什么、是谁生成了它等内容完全是隐蔽的。

好了，这里的工作暂时告一段落。

(2) 切换回NameMain应用程序文件。

在这里，我们要用和前面的练习相同的方法实例化刚才创建的组件。不过，这里略有一些变化。

(3) 在结束Script标签的下面实例化NameDispatcher组件，将其x和y位置分别设置为35和40。但不要关闭标签。

通常情况下，就像我们已经多次见到的那样，组件可用的事件可以列在MXML标签中。我们已经对用到click事件的Button组件多次使用过这种方法。我们刚才创建的自定义事件和Button组件中的click事件如出一辙。

(4) 按下空格键并键入字母n，我们将看到事件nameDataShared。我们可以看出它是一个事件，因为它的左边有一个小闪电符号（如图5-18所示）。

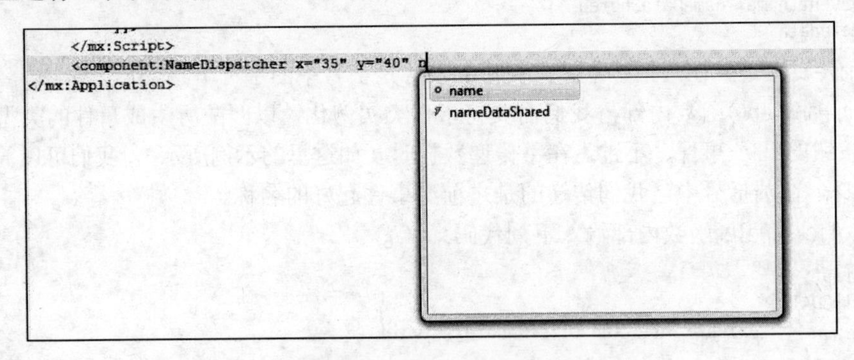

193

图5-18　nameDataShared事件

(5) 选择nameDataShared。

现在，正如大家已经想到的，我们要让这个事件调用sharedNameDataHandler(evt:Event)函数，就像在使用click事件时那样。我们需要传递事件参数，因为前面讲过，在组件中定义它时，其类型为Event。

> 在本书后面，我们将传递其他类型的事件。

(6) 完成事件，如下所示：

```
<components:NameDispatcher x="35" y="40" nameDataShared=➥
"sharedNameDataHandler(event)"/>
```

现在，我们应该回到熟悉的领域。

(7) 在sharedNameDataHandler的内部放入代码，使变量sharedNameData变成一个名称。

```
private function sharedNameDataHandler(evt:Event):void
{
    sharedNameData = "Charles E. Brown";
}
```

最后一步非常简单。我们将构建一个简单的组件来接收来自sharedNameData的新数据。

(8) 使用不指定高度和宽度的VBox容器创建一个新的名为ReceiveName的组件。

(9) 创建一个Script代码块，并向其中放入一个可绑定的名为myName、类型为String的公开变量。

(10) 在Script代码块的后面放入一个Label组件，将其text属性与myName绑定起来，并将其fontSize属性设置为16。

```
<?xml version="1.0" encoding="utf-8"?>
<mx:VBox xmlns:mx="http://www.adobe.com/2006/mxml">
    <mx:Script>
        <![CDATA[
            [Bindable]
             public var myName:String;
        ]]>
    </mx:Script>
    <mx:Label text="{myName}" fontSize="16"/>
</mx:VBox>
```

(11) 回到NameMain并在DispatchName组件的下面实例化ReceiveName组件。将ReceiveName组件的x和y属性分别设置为35和120。最后，将该组件的myName属性与应用程序文件的sharedNameData属性绑定起来。

194

完成之后的应用程序文件的代码应该如下所示：

```
<?xml version="1.0" encoding="utf-8"?>
<mx:Application xmlns:mx="http://www.adobe.com/2006/mxml" ➥
layout="absolute" xmlns:components="components.*">
    <mx:Script>
        <![CDATA[
            [Bindable]
            private var sharedNameData:String = "Default Name";

            private function sharedNameDataHandler(evt:Event):void
            {
                sharedNameData = "Charles E. Brown";
            }
        ]]>
    </mx:Script>
    <components:NameDispatcher x="35" y="40" nameDataShared=➥
"sharedNameDataHandler(event)"/>
    <components:ReceiveName x="35" y="120" myName="{sharedNameData}"/>
</mx:Application>
```

我们应该做好了试用它的准备。

(12) 启动应用程序，它应该如图5-19所示。

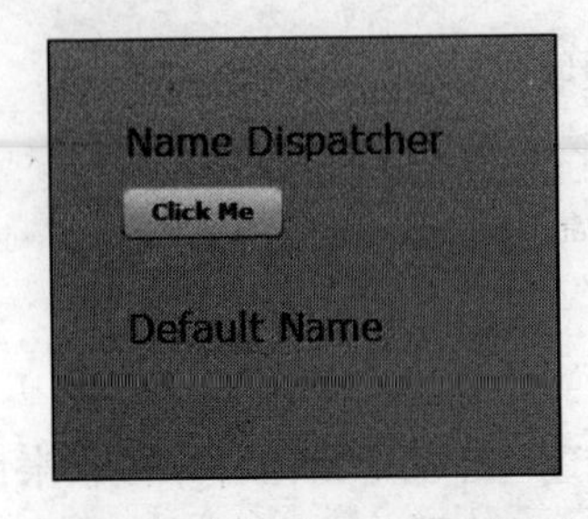

图5-19　初次启动应用程序时

(13) 单击Click Me按钮，应该会看到名字的变化，如图5-20所示。

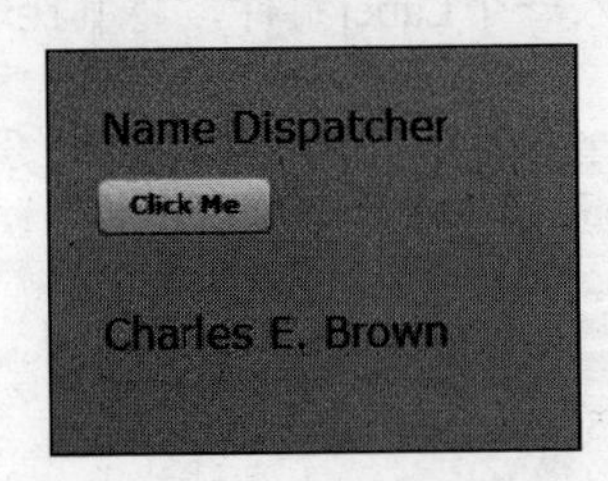

图5-20　自定义事件被触发之后

注意把组件插入应用程序文件以及让组件触发事件是非常容易的。应用程序文件或其他任何组件并不一定知道该组件的内部运作方式。

195

大家肯定不会只想传递静态的数据。让我们对代码做一些修改，以便可以从组件传递变化的数据。

5.3.4　传递数据

若想向组件传递变化的数据，请从下面的步骤开始。

(1) 回到NameDispatcher组件。

(2) 在Label组件的正下方和Button控件的前面插入一个HBox容器。

(3) 在HBox容器的内部添加一个text属性为Enter Your Name的Label组件。

(4) 在其下方放一个id属性为myNameInput的TextInput组件。

HBox的代码应该如下所示：

```
<mx:HBox>
    <mx:Label text="Enter Your Name"/>
    <mx:TextInput id="myNameInput"/>
</mx:HBox>
```

因为我们现在要传递数据，所以不能再把它当做简单的事件来传递。换句话说，将要发生的不只是一个动作。结果就是我们需要找到一个能够处理文本数据传递的事件类（我在这里的用词是非常谨慎的）。

如果进入ActionScript文档并打开Event类，就会找到一些有趣的内容（如图5-21所示）。

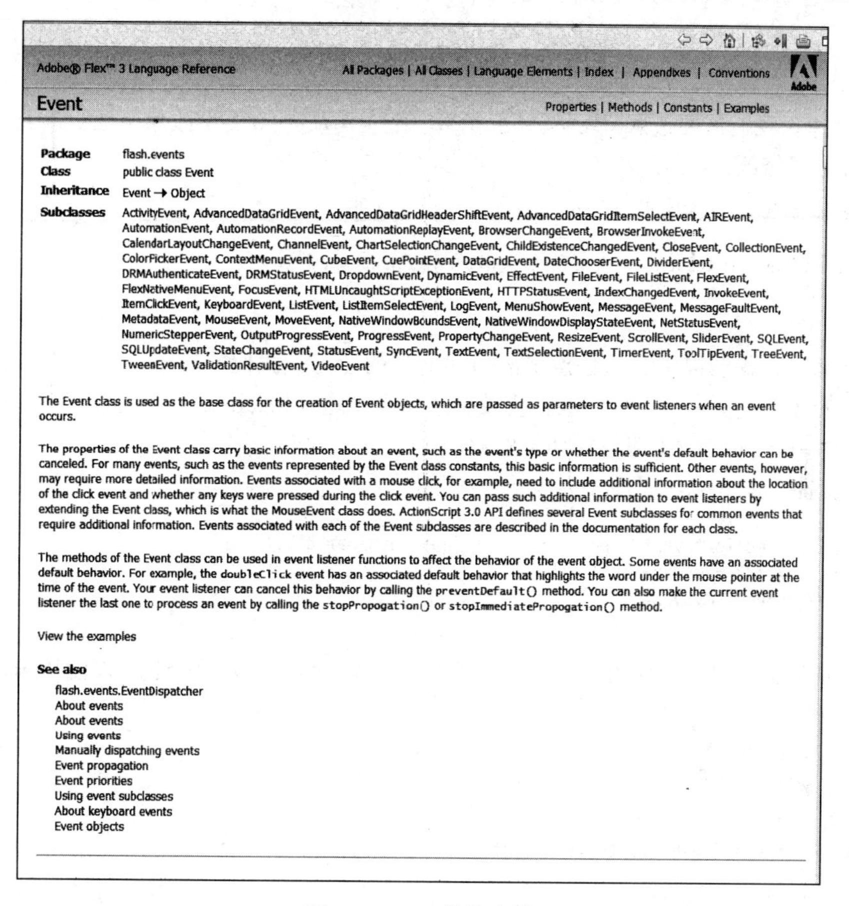
Adobe® Flex™ 3 Language Reference

All Packages | All Classes | Language Elements | Index | Appendixes | Conventions

Adobe

Event

Properties | Methods | Constants | Examples

Package flash.events

Class public class Event

Inheritance Event → Object

Subclasses ActivityEvent, AdvancedDataGridEvent, AdvancedDataGridHeaderShiftEvent, AdvancedDataGridItemSelectEvent, AIREvent, AutomationEvent, AutomationRecordEvent, AutomationReplayEvent, BrowserChangeEvent, BrowserInvokeEvent, CalendarLayoutChangeEvent, ChannelEvent, ChartSelectionChangeEvent, ChildExistenceChangedEvent, CloseEvent, CollectionEvent, ColorPickerEvent, ContextMenuEvent, CubeEvent, CuePointEvent, DataGridEvent, DateChooserEvent, DividerEvent, DRMAuthenticateEvent, DRMStatusEvent, DropdownEvent, DynamicEvent, EffectEvent, FileEvent, FileListEvent, FlexEvent, FlexNativeMenuEvent, FocusEvent, HTMLUncaughtScriptExceptionEvent, HTTPStatusEvent, IndexChangedEvent, InvokeEvent, ItemClickEvent, KeyboardEvent, ListEvent, ListItemSelectEvent, LogEvent, MenuShowEvent, MessageEvent, MessageFaultEvent, MetadataEvent, MouseEvent, MoveEvent, NativeWindowBoundsEvent, NativeWindowDisplayStateEvent, NetStatusEvent, NumericStepperEvent, OutputProgressEvent, ProgressEvent, PropertyChangeEvent, ResizeEvent, ScrollEvent, SliderEvent, SQLEvent, SQLUpdateEvent, StateChangeEvent, StatusEvent, SyncEvent, TextEvent, TextSelectionEvent, TimerEvent, ToolTipEvent, TreeEvent, TweenEvent, ValidationResultEvent, VideoEvent

The Event class is used as the base class for the creation of Event objects, which are passed as parameters to event listeners when an event occurs.

The properties of the Event class carry basic information about an event, such as the event's type or whether the event's default behavior can be canceled. For many events, such as the events represented by the Event class constants, this basic information is sufficient. Other events, however, may require more detailed information. Events associated with a mouse click, for example, need to include additional information about the location of the click event and whether any keys were pressed during the click event. You can pass such additional information to event listeners by extending the Event class, which is what the MouseEvent class does. ActionScript 3.0 API defines several Event subclasses for common events that require additional information. Events associated with each of the Event subclasses are described in the documentation for each class.

The methods of the Event class can be used in event listener functions to affect the behavior of the event object. Some events have an associated default behavior. For example, the `doubleClick` event has an associated default behavior that highlights the word under the mouse pointer at the time of the event. Your event listener can cancel this behavior by calling the `preventDefault()` method. You can also make the current event listener the last one to process an event by calling the `stopPropogation()` or `stopImmediatePropogation()` method.

View the examples

See also

flash.events.EventDispatcher
About events
About events
Using events
Manually dispatching events
Event propagation
Event priorities
Using event subclasses
About keyboard events
Event objects

图5-21 Event类的文档

注意Event类位于很多专用事件类的最上方。例如，有一些类是用来处理视频事件、键盘事件和日历事件这样的事情。我在前面讲过，如果只触发一个动作，就像我们在最后一个练习中所做的那样，那就可以使用通用的Event类。但是在传递数据时，我们必须将事件类与所要传递的数据种类匹配起来。

我说过，我的用词是非常谨慎的。在这个示例中，我们传递的是文本，所以就需要对TextEvent类做工作。注意事件类属于flash.events包。这在稍后会对我们很重要。

我们来开始做一些修改。

(5) 前往在MetaData标签中声明自定义事件名称的地方。在使用任意的事件类而不是Event类时，我们需要按如下所示声明类型：

```
<mx:Metadata>
    [Event(name="nameDataShared", type="flash.events.TextEvent")]
</mx:Metadata>
```

注意我在name属性后面放了一个逗号，并在声明类型时使用了完整的包名称。

> 在OOP中，我们把使用完整的包名称叫做全限定名称。

(6) 接下来，我们需要进入clickHandler函数，把实例从Event类型改为TextEvent类型。一定要确保两边都做了修改。

```
private function clickHandler():void
{
    var myEvent:TextEvent = new TextEvent("nameDataShared");
    dispatchEvent(myEvent);
}
```

197

TextEvent类为我们提供了从任意字段传递文本的能力。我们向这个组件中放入了一个名为myNameInput的TextInput字段。现在我们需要把该文本传递到TextInput对象的text属性中。

(7) 传递TextInput的text属性，如下所示：

```
private function clickHandler():void
{
    var myEvent:TextEvent = new TextEvent("nameDataShared");
    myEvent.text = myNameInput.text;
    dispatchEvent(myEvent);
}
```

最后，我以前讲过，在使用一个不同包的类时，我们需要导入这个包，以便让编译器知道在哪里可以找到它。

(8) 导入TextEvent类：

```
<mx:Script>
    <![CDATA[
        import flash.events.TextEvent;

        private function clickHandler():void
        {
            var myEvent:TextEvent = new TextEvent("nameDataShared");
            myEvent.text = myNameInput.text;
            dispatchEvent(myEvent);
        }
    ]]>
</mx:Script>
```

(9) 保存所做的更改，并回到NameMain应用程序文件。我们需要在这里做两个小小的改动。

注意sharedNameDataHandler期待传递给它的是一个Event，可是，现在真正传递给它的是一个TextEvent。

(10) 更改代码，使sharedNameDataHandler期待得到一个TextEvent，然后就像在组件中所做的那样在Script代码块的最上方使用import语句。

(11) 使变量sharedNameData等于evt.text。

下面是完整的代码：

```
<?xml version="1.0" encoding="utf-8"?>
<mx:Application xmlns:mx="http://www.adobe.com/2006/mxml" ➥
layout="absolute" xmlns:components="components.*">
     <mx:Script>
          <![CDATA[
                import flash.events.TextEvent;
               [Bindable]
               private var sharedNameData:String = "Default Name";
               private function sharedNameDataHandler➥
(evt:TextEvent):void
               {
                    sharedNameData = evt.text;
               }
          ]]>
     </mx:Script>
     <components:NameDispatcher x="35" ➥
y="40" nameDataShared="sharedNameDataHandler(event)"/>
     <components:ReceiveName x="35" y="120" myName="{sharedNameData}"/>
</mx:Application>
```

198

(12) 运行一下，并在字段中键入一个名字。单击按钮之后，这个名字应该会显示在ReceiveName组件的实例中。

同样，注意NameMain和ReceiveName这两者都不必关心NameDispatcher内部的属性或函数。换句话说，NameDispatcher的操作完全是隐蔽的。

5.4 小结

本章讨论的事件和组件相对要复杂一些，很难一下子就能领会，对编程新手来说尤其如此。强烈建议大家把这些概念多复习几遍，直至将它们理解得非常透彻。以后，你将会发现这里所讲的步骤能够适用于许多情形。

现在我们要把注意力转向数据以及Flex是如何处理XML的。

199

第 6 章

Flex与XML

在知道如何构建富因特网应用程序的GUI之后，我们开始把焦点转向在GUI中放入内容。毕竟，倘若不能把它们与数据源联系起来，所有这些工具又有什么用武之地呢？

本章内容如下：

- 理解何为XML文件；
- 将Flex连接到XML文件；
- 学习使用E4X语法读取XML数据；
- 学习DataGrid组件的工作原理；
- 探讨Flash Player中的安全性；
- 探讨新控件AdvancedDataGrid；
- 探讨Tree控件。

在阅读本章的过程中，当学习将Flex连接到XML时，强烈建议大家多尝试一下之前学习的构建GUI技术。大家很快就会发现，适用于某个控件的东西也同样适用于其他很多控件。

本章会把很多零散的东西集合起来。

6.1 数据源

让我们先从一个简单的问题开始：什么是数据源？

如果是六七年前问这个问题，答案可能是“数据库”。如果有过用最早的动态Web技术ASP编程的经历，就一定编写过将数据库（如Microsoft Access或SQL）直接引用到动态页面模板的程序。虽然今天的一些动态技术（如ColdFusion）仍具有这种能力，但现在的趋势是放弃过去的做法，实现XML和Web服务。让我们通过一个简单的示例来看看发生这一幕的原因。

假设我们要构建一个在线旅游网站，用户可以在这里比较航班、预定机票。让我们进一步假设用户想预订特定日期从新泽西州纽华克市飞往佛罗里达州奥兰多市的机票。

该用户会输入日期、城市、首选的起飞时间等内容，然后单击Submit（提交）按钮。之后，网站会“调查”诸如大陆航空、美国航空和JetBlue航空等所有航空公司，看看是否有符合要求的航班。如果遵循的是前面提到的ASP的动态页面模型，网站就需要直接连接到数十家航空公司的数据库才能工作。而且，它必须考虑到每家航空公司各自采用的数据库服务器和结构。最后，如果你是航空公司的话，会在不过滤的情况下就让网站与你的数据直接相连吗？大家肯定可以很容易地看出为什么这种做法不是很切实际。我们需要某种标准化的方法来允许网站轻松地访问所有航空公司的信息。

202

6

XML就是做这项工作（即在因特网上轻松地交换数据）的标准。因为它是一种基于文本的格式，所以人和计算机都可以非常容易地阅读它。此外，它还足够灵活，可以轻松适应多种情况。今天的动态技术（PHP、ColdFusion、.NET、JSP和其他ASP）可以轻松地使用XML。

这个新的模型相当流行，于是Macromedia公司去掉了Flex和Flash直接访问数据库的功能（这项决定是在Adobe公司的收购行动之前做出的）。取而代之的是允许程序轻松访问XML文件的大量类文件。

在这本书中，我的讲解重点是使用XML作为数据源。虽然这是最简单的技术，但它并不是唯一的。当我们学习高级的Flex技术时，可以使用LiveCycle Data Services服务器、直接读取ColdFusion和Java文件的能力（Flex Remoting）以及Web服务。由Sas Jacobs和Koen De Weggheleir著的*Foundation Flex for Developers: Data-Driven Applications with PHP, ASP.NET, ColdFusion, and LCDS*（friends of ED, 2007）一书中讲到了很多这样的高级技术。

我们来稍微讲讲XML文件的工作机制。

6.2 XML 简介

在介绍XML之前，我们需要先理解几样东西。

我在前面已经讲过，Flex（以及Flash）无法直接与数据库相连，我们也不想这样做。Flex（或Flash）的目的是以友好的方式将数据呈现给用户。业务逻辑层的职责是确定在访问数据时哪些是允许的，哪些是不允许的。业务逻辑就是指使用Java、ColdFusion、.NET或PHP之类的编程环境，为数据库的连接以及数据的插入、删除、读取和分发等确立所有规则。Flex（或Flash）的目的是以友好的方式将数据呈现给用户。不过，业务逻辑层会确定在访问数据时哪些是允许的，哪些是不允许的。

有关XML机制的深入讨论超出了本书的范畴。感兴趣的话，强烈建议阅读由Sas Jacobs著的*Foundation XML for Flash*（friends of ED，2005）和*Beginning XML with DOM and Ajax: From Novice to Professional*（friends of ED，2006）这两本书。

现在，该看看XML了。XML规范最初是由W3C于1998年发布的。

203

> 有些人可能不知道，W3C意即万维网联盟（World Wide Web Consortium）。它的目的是为Web上使用的各种编程和标记语言设立标准。如想学习关于这些规范的更多知识，可访问www.w3.org。

和XHTML一样，XML是一种标记语言，这就意味着它是以文本为基础的，其目的是描述数据。事实上，XML的意思是可扩展标记语言，但可扩展是什么意思呢？

如果用XHTML做过设计，就知道我们有一套定义好的标记可以使用，如<p>、<h1>和<head>就是描述文本在Web页面上样式的标签，等等。XML允许我们根据数据的特殊需要定义一套自己的标记。事实上，每个特定的行业都有专用的XML标记库，或称词汇表。化学工程界使用的化学标记语言（Chemical Markup Language，简称CML）就是这样的一个例子，它有一些定义化学公式的排版以及定义其他一些事物的标签。

让我们看一个小示例。假设我们想用XML来表示一个小的虚拟书店。其结构可能如下所示：

```
<?xml version="1.0" encoding="iso-8859-1"?>
<foed>
   <book isbn="8909123456">
      <book_name>XML for Flash</book_name>
        <author>Sas Jacobs</author>
        <cover>assets/jacobs.jpg</cover>
   </book>
   <book isbn="890998765">
      <book_name>Foundation Flash 8 Video</book_name>
        <author>Tom Green</author>
        <cover>assets/green.jpg</cover>
   </book>
   <book isbn="8909435876">
      <book_name>Object Oriented Programming for Flash 8</book_name>
        <author>Peter Elst</author>
        <cover>assets/elst.jpg</cover>
   </book>
   <book isbn="890929435">
      <book_name>Foundation ActionScript Animation: ➥
Making Things Move</book_name>
        <author>Keith Peters</author>
        <cover>assets/peters.jpg</cover>
   </book>
</foed>
```

对于这个XML结构，大家会注意到几件事情。

首先，标记名称非常好地描述了它们所包含的数据。其次，注意每个起始标签都有对应的结束标签（结束标签由/开头）。第三，标签有严格的层级关系。第四，它们区分大小写。

注意，代码中有4个图书元素，即我们所说的结点。每个结点又有3个子元素：<book_name>、<author>和<cover>。除了这些子元素，每个图书结点还有一个名为isbn的属性。这一切都包含在名为<foed>的根结点内。

204

当Flex访问XML文件时，每个结点都会在内存中变成一个新的对象。

有人会问，像Java或ColdFusion这样的程序是如何创建或使用XML文件的呢？要抱歉的是，这些内容超出了本书的范畴。如果想了解更多信息，可以考虑阅读我在本节一开始提到的两本书。

6.3 在 Flex 中使用 XML

首先，如果还未下载本章的XML文件，请先从www.friendsofed.com的下载专区进行下载。将它们解压缩到选好的文件夹中。完成了这些工作之后，让我们进入正题，运行一个在Flex中使用XML的示例。到本章结束时，大家会惊讶这项工作是多么简单！

(1) 根据需要，删除或关闭Chapter5_project。

(2) 在默认位置创建一个新的名为Chapter6_project的Flex Project。

(3) 在src文件夹的下面创建一个assets文件夹，并将books.xml文件从第6章的下载文件夹导入到新的文件夹中（第4章讲过了文件夹的创建以及资产的导入）。

在动手操作之前，请先打开assets文件夹中的books.xml文件并查看一下。

```
<?xml version="1.0" encoding="iso-8859-1"?>
<books>
   <stock>
      <name>The Picasso Code</name>
        <author>Dan Blue</author>
        <category>Fiction</category>
        <description>Cubist paintings reveal a secret society ➥
of people who really look like that</description>
   </stock>
   <stock>
      <name>Here With the Wind</name>
        <author>Margaret Middle</author>
        <category>Fiction</category>
        <description>In this edition, nobody in the south ➥
really gives a damn</description>
   </stock>
   <stock>
      <name>Harry Potluck and the Chamber of Money</name>
        <author>J.K. Roughly</author>
        <category>Fiction</category>
        <description>Young wizard finds the real pot-of-gold ➥
and retires</description>
   </stock>
   <stock>
      <name>No Expectations</name>
        <author>Chuck Dickens</author>
        <category>Fiction</category>
        <description>Dickens finally reveals what he really ➥
thinks of people</description>
```

205

```
    </stock>
    <stock>
      <name>Atlas Stretched</name>
        <author>Ann Rind</author>
        <category>Fiction</category>
        <description>Great inventors finally just take the ➥
money and run</description>
    </stock>
    <stock>
      <name>Recycling Software</name>
        <author>Big Gates</author>
        <category>Nonfiction</category>
        <description>How to just change the name and interface of ➥
the same old software and sell it as new</description>
    </stock>
    <stock>
      <name>Make Tons of Money</name>
        <author>Donald Rump</author>
        <category>Nonfiction</category>
        <description>Rump explains how he became a billionaire ➥
while constantly declaring bankruptcy</description>
    </stock>
    <stock>
      <name>How to Win Enemies and Lose Friends</name>
        <author>Dale Crochety</author>
        <category>Nonfiction</category>
        <description>The Ultimate how-to book for people who ➥
want to stay loners</description>
    </stock>
    <stock>
      <name>My Lies</name>
        <author>Swill Clinton</author>
        <category>Nonfiction</category>
        <description>This former American president tries to ➥
define what a lie is</description>
    </stock>
    <stock>
      <name>The Complete History of the World</name>
        <author>David McClutz</author>
        <category>Nonfiction</category>
        <description>McClutz gives you the entire history of ➥
all civilization is less than 300 pages</description>
    </stock>
</books>
```

206

正常情况下，如果是在一个完整的系统上操作，并从数据库获取数据，我们就看不到填在这里的数据。相反，我们只会看到基本的XML结构。那么，数据是怎么用在里面的呢？我会带大家简要看看其中的究竟。

在讲述XML时，我常常会告诉我的学生，不妨把最外面的容器（在这个例子中为<books></books>）想成是一个巨大的容器。在这个容器内，有一些比较小的容器，如这个例子中的10个名为<stock></stock>的盒子。每个储藏容器存放的是某本书的相关信息：书名、作者、类别和图书简介。

事实上，对应的技术表达并没有太大的不同。在这个示例中，如果有一个请求被发送到一个符合所有业务逻辑规则的数据库中，该数据库就会通过XML文件返回数据。之后，会有一个名为books的对象创建出来。在这个例子中，books对象就是指其他10个名为stock的对象。每个stock对象都有name、author、category和description属性。Flex需要做的就是通过book对象访问这10个对象。

> 如果是XML专家，就应该知道这只是一个简要的讲解，并不能涵盖XML的所有技术事宜。所以，请不要给我发送难以回复的电子邮件。

如果愿意的话，可以打开这个XML文件作为参考。

6.3.1 使用HTTPService标签

如果用ActionScript 2.0编写过XML连接的程序，那可能就用过类似于下面的代码：

```
myData = this.firstChild.childNodes[2].firstChild.firstChild.nodeValue
```

在编写和调试代码时，诸如firstChild和childNodes之类的词语可能显得有点儿神秘。它们并没有告诉我们多少关于所调用数据的事情。让人高兴的是，现在很多此类代码编写方式都不见了，这要感谢MXML以及重新编写的新的XML ActionScript类。

> 在ActionScript 3.0中，XML类经过了彻底的重新编写。ActionScript 2.0中的XML类现在叫做XMLDocument类。

MXML为我们提供了一个非常方便的标签，叫做HTTPService，它也是与ActionScript类相关。在MXML中，HTTPService标签会动态地读取XML。也就是说，每当有特定事件发生时，SWF文件都会从XML文件请求最新的数据。有时候，人们把这种行为称为异步请求。术语“异步”通常用来描述那些可以间歇地传输数据而不是以稳定的流传输数据的通信。在这个示例中，间歇传输是由某种事件导致的。

(1) 回到建立该项目时所创建的MXML文件。

(2) 在起始Application标签的下面，创建一个id属性为bookData的HTTPService标签。

```
<mx:HTTPService id="bookData"
```

接下来要添加的是一个重要的属性：XML文件的URL。

在这个示例中，URL目标位于本地驱动器上。不过，它只要是一个http://地址就行，也可以位于使用Web服务的其他位置上。HTTPService类在这方面不会差别对待。

(3) 添加url属性，如下面的代码示例所示，并关闭标签。

```
<?xml version="1.0" encoding="utf-8"?>
<mx:Application xmlns:mx="http://www.adobe.com/2006/mxml" ➥
layout="absolute">
      <mx:HTTPService id="bookData" url="/assets/books.xml"/>
</mx:Application>
```

我在第5章讲过，如果没有事件以某种方式进行触发，代码中就不会发生什么。仅仅使用HTTPService类与XML文件连接并不是一个事件。这个事件应该是单击按钮、按下某个键，或者像我们在前面章节中所学的那样，完成SWF文件的加载。

虽然我们可以使用任意事件来触发XML数据的加载，但对于这些示例，我们将使用creationComplete事件。creationComplete事件通常是包含在起始<mx:Application>标签内的，我们可以在任意的容器内使用它。它的工作是在容器（在这个示例中为Application容器）完全加载时进行汇报。当它做出汇报时，就会运行我们指示它运行的指令。

在这个例子中，当creationComplete事件发生时，HTTPService类会得到触发send()函数向XML文件发送请求的信号，XML文件反过来又会返回它的最新数据。HTTPService类会在后台处理这一切。我们需要做的就是编写如上所示的代码。注意Application标签中调用send()函数的creationComplete事件是bookData，它是HTTPService标签的id。

(4) 向起始Application标签添加一个creationComplete事件，如下所示：

```
<?xml version="1.0" encoding="utf-8"?>
<mx:Application xmlns:mx="http://www.adobe.com/2006/mxml" ➥
layout="absolute" creationComplete="bookData.send()">
    <mx:HTTPService id="bookData" url="assets/books.xml"/>
</mx:Application>
```

208

在这个时候测试一下连接也许是个不错的主意。如果你正在看Problems视图，没有发现任何错误或警告，就会认为万事大吉了。不过，有一个问题：只有在请求真正发生时，Flash Player才会做好连接。而请求只有在应用程序运行之后才会发生。这就叫做运行时处理。

(5) 运行应用程序以确保没有问题。如果只看到一个空白的浏览器，应该就说明状况良好。为了向大家展示可能发生的事情，我们来故意破坏一下URL。

(6) 在HTTPService标签中，将URL改成请求book.xml而不是books.xml。

(7) 再次运行应用程序，应该会看到图6-1中所示的错误消息。

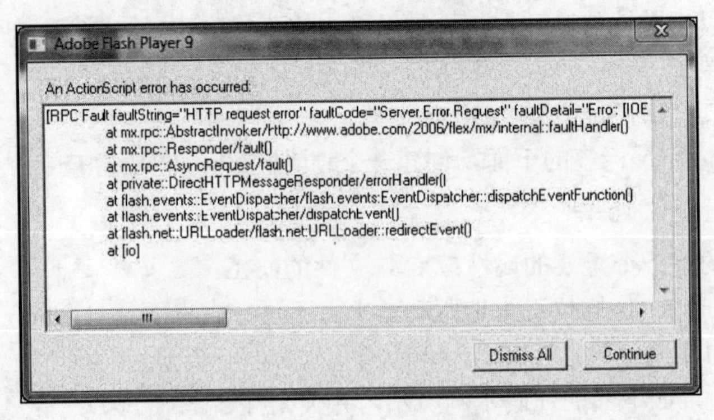

图6-1　从Flash Player返回的错误消息

Flash Player返回了HTTPService请求中的一个错误。因为这个应用程序中尚没有其他事情发生，所以可以肯定，出错的是XML连接。

(8) 单击Dismiss All或Continue按钮，然后关闭浏览器。

(9) 将url属性改回原来的样子，并重新测试应用程序以确保一切正常。

6.3.2 显示数据

将Flex连接到XML数据源之后，就该显示数据了。显示数据的方法有很多，本书其余的章节中会讲到它们。不过，最简单的方法之一是使用DataGrid组件。

利用很少的操作，且实际上不需要编写任何代码，DataGrid组件就可以读取XML对象的属性，并以友好的格式向用户显示数据。除此之外，我们马上就会看到，该组件还有其他一些好处。 209

(1) 首先，设置一个DataGrid控件。将代码修改如下：

```
<?xml version="1.0" encoding="utf-8"?>
<mx:Application xmlns:mx="http://www.adobe.com/2006/mxml" ➥
layout="absolute" creationComplete="bookData.send()">
    <mx:HTTPService id="bookData" url="assets/books.xml"/>
    <mx:DataGrid x="56" y="250" width="950"/>
</mx:Application>
```

我故意让大家把网格设置得有点儿宽，以容纳需要显示的数据。

(2) 现在运行应用程序，结果应该类似于图6-2所示。

图6-2 空的DataGrid控件

除非喜欢又大又空的方框，否则这样的控件没什么用。为了填入数据，我们需要再添加一个名为dataProvider的属性。我要花几分钟时间讲讲这个属性。在我讲解的时候，参考一下前面所列的books.xml文件的内容可能会有所帮助。

要记住，与XML文件的连接以及对象的建立全都是由刚才设置的<HTTPService>标签（即bookData）处理的。该服务将成为我们的数据提供者。

(3) 将DataGrid标签修改如下：

```
<mx:DataGrid x="56" y="250" width="950" dataProvider=➥
"{bookData.lastResult.books.stock}"/>
```

我们需要更仔细地看看这行代码。

注意，和已经完成的其他ActionScript绑定一样，我们要将它放在大括号（{ }）内。但这些大括号内会发生什么呢？

我们知道bookData是HTTPService类的id属性。HTTPService会将从XML文件返回的数据存储到一个名为lastResult的属性中。

安排好这些之后，我们必须层级而下找到想要显示的“重复性数据”。按照我在前面使用的容器类推法，重复的数据是在stock容器内，stock容器则在books容器内。stock容器包含我们想要显示的图书的书名、作者、类别和图书简介。我在前面讲过，`lastChild`和`childNodes`这样的语法不见了。取而代之的是，我们可以使用XML结点的实际名称。

(4) 运行应用程序，此时的界面应该如图6-3所示。

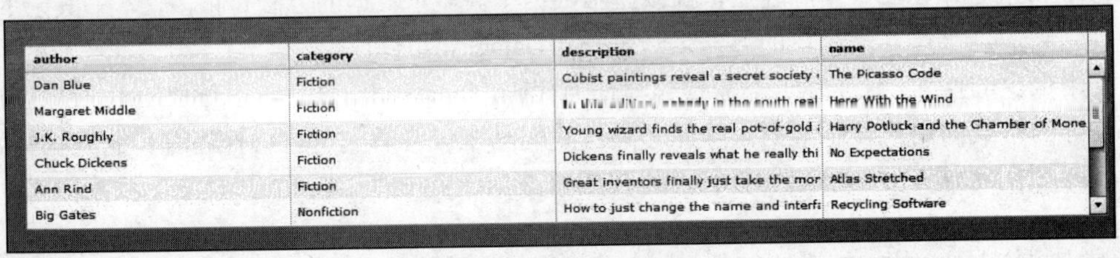

author	category	description	name
Dan Blue	Fiction	Cubist paintings reveal a secret society	The Picasso Code
Margaret Middle	Fiction	[illegible] in the south real	Here With the Wind
J.K. Roughly	Fiction	Young wizard finds the real pot-of-gold	Harry Potluck and the Chamber of Mone
Chuck Dickens	Fiction	Dickens finally reveals what he really thi	No Expectations
Ann Rind	Fiction	Great inventors finally just take the mor	Atlas Stretched
Big Gates	Nonfiction	How to just change the name and interf	Recycling Software

图6-3　填充后的DataGrid控件

DataGrid组件做了大部分的工作。注意，它会使用结点名作为表头。数据按字母顺序排列。这一切都可以用代码来修改，但是现在，我们来看看DataGrid控件的一些对用户更加友好的特性。

单击其中一个表头，注意数据是以该表头作为标准进行排序的。例如，如果用户单击name表头，数据就会按照书名排序。再次单击该表头，数据就会按降序排列。

这个控件甚至让用户有机会重新排列各栏以及调整它们的宽度，其操作方法和我们在Excel中所用的方法相同。通过单击name栏的标题并把它拖到第1列来试一下。然后，在category栏和description栏的标题之间单击，使description栏变得更宽。

所有这些操作让终端用户可以对数据的显示方式进行大量控制。

在本章后面，我们将更详细地讨论DataGrid控件的修改与控制。但是现在，我们要先看看如何使用ActionScript 3.0实现XML连接。

6.4　XML 与 ActionScript 3.0

在本书中，我已经尽一切努力来向大家展示如何用MXML做事情以及如何用ActionScript来实现相同的想法。大家可能已经看到，MXML是一种简单的做事方法。但是，简单并不总是等于最灵活或最高效。

如果像这里一样，所处理的是简单数据，我早前展示的方法就不会有太大问题，前面的技术就能管用。但如果是在比较复杂的情况下工作，可能就要首选能力更强的ActionScript编程。作为一个示例，假设我们需要根据用户的响应调用不同的XML文件。我们需要用ActionScript进行编程。

就像在上一章中与事件一起展示的那样，学习基本的ActionScript技术可能会走很长的一段路，这期间会涉及很多可能的情况。在这一章也是如此。

首先，让我们看看其中最重要的一个概念：`ArrayCollection`类。在学习这个概念时，我们将用程序化的方法重新实现我们刚才用MXML所做的事情。虽然这看上去可能有点儿无聊，但它会帮助我们理解基本的ActionScript代码，进而协助我们应对日益复杂的情况。

ArrayCollection类

所有编程学生首先要学的事情之一是数组的定义。

通常情况下，我们会把某个变量与单个数据关联起来。例如：

```
var fName:String = "John";
```

或者

```
var myAge:Number = 35;
```

不过，数组表示的是与单个变量关联的多个值。虽然这不是准确的语法，但它类似于下面的代码：

```
var myName:Array ={ "John", "Mary", "Chris", "Tom"};
```

每个值（也叫*元素*）会分配有一个叫做*索引*的数字。在一般的数组中，第1个索引号是0。

和其他所有事情一样，在ActionScript中，数组是由一个ActionScript类处理的。如果进入ActionScript文档并向下滚动，就会找到Array类，它值得大家花时间研究一下。这里面有一些很容易漏掉的细微之处。

如果看一下方法清单，就会发现它们全都是针对数组元素的操作。例如，给元素排序，在数组的末尾添加元素（push()），创建数组的子集（slice()），等等。虽然这看上去似乎很好，但有一个不太明显的问题：它没有办法对构成数组元素的数据执行操作。例如，假设我们需要添加额外的记录或删除几条记录。

基于这个原因，XML数据会使用另一个类ArrayCollection把自己包裹在Array类的周围。

大家现在应该看看这个类的文档。

举个例子，诸如removeItemAt()之类的方法会删除记录而不是将记录从数组中移走。有了ArrayCollection类，我们处理的就是实际的基本数据。

我们在上一节使用的HTTPService标签自动将XML数据转换成了类型ArrayCollection。但是，如果用ActionScript进行手动编程，就需要做一些设置工作。

212

(1) 在刚才操作的同一个文件内，在起始Application标签的下面创建一个Script代码块。

(2) 创建一个私有的名为bookStock的可绑定变量，其类型为ArrayCollection。

```
<?xml version="1.0" encoding="utf-8"?>
<mx:Application xmlns:mx="http://www.adobe.com/2006/mxml" ➥
layout="absolute" creationComplete="bookData.send()">
<mx:Script>
    <![CDATA[

        [Bindable]
        private var bookStock:ArrayCollection;
    ]]>
</mx:Script>
```

注意Flex Builder自动创建了必要的import语句以便使用ArrayCollection类。

现在剩下的所有工作就是编写一个方法来处理XML数据。这个方法只接受一个参数，即事件对象，它在第5章被介绍过。在处理XML事件时，事件对象的类型是ResultEvent。ResultEvent类属于mx.rpc（远程过程调用）包。这个包含有很多与处理XML和Web服务相关的类文件。

我们将创建一个函数来设置bookStock变量，bookStock变量将变成DataGrid控件的dataProvider。向代码中添加下列突出显示的行（第2个import语句应该是自动写好的）。

(3) 在Script代码块的内部创建下面这个名为bookHandler的函数：

```
<mx:Script>
    <![CDATA[
        import mx.rpc.events.ResultEvent;
        import mx.collections.ArrayCollection;
        [Bindable]
        private var bookStock:ArrayCollection;

        private function bookHandler(evt:ResultEvent):void
        {

        }
    ]]>
</mx:Script>
```

最后一步是填入使函数具备功能的代码。前面讲过，在传递事件对象时，target属性会包含与对象发送者相关的信息。在ResultEvent这个例子中，我们传递的不是目标，而是结果。result属性包含XML数据，XML数据会接着存放到我们创建的ArrayCollection变量bookStock中。

213

(4) 向bookHandler函数的主体添加下列代码：

```
private function bookHandler(evt:ResultEvent)
    {
        bookStock = evt.result.books.stock;
    }
```

ArrayCollection变量bookStock现在是dataProvider类，而不是HTTPService类。不过，HTTPService类仍然需要进行真正的连接，然后把结果传递给函数。

(5) 对<HTTPService>标签做如下修改（我们马上将修改DataGrid控件）：

```
<mx:HTTPService id="bookData" url="assets/books.xml" ➥
result="bookHandler(event)"/>
```

在HTTPService类中，结果就是当数据成功返回时所发生的一个事件。这会通过传递包含了result属性、类型为ResultEvent的事件对象把XML连接的结果发送给bookHandler()函数。

对于result这个词，我们很容易将它的功能弄混。在HTTPService类中，它是一个事件，而在ResultEvent类中，它是一个属性。

(6) 将DataGrid标签修改如下：

```
<mx:DataGrid x="56" y="250" width="950" dataProvider="{bookStock}"/>
```

(7) 运行应用程序，其效果应该和之前一模一样。

我一开始就说过，这个练习的目的是向大家展示用程序化的方式连接XML文件的基本框架结构。从现在起，我们就有了强大的ActionScript编程能力，并可以在任何需要的地方配合MXML

来使用它。

6.5　代码出错的时候

在本章前面，当我们给XML文件命名错误时，看到了一条由Flash Player返回的错误消息。但是，这并不是一种处理事情的得体方法。

在大多数编程环境中，错误处理是用程序化的方法来完成的。但是，HTTPService类可以通过一个简单的内置事件来轻松地处理它。

现在，就让我们看看其中的工作原理。

首先，编写一个处理错误的函数。我们要使用的事件对象是FaultEvent，这是一个类文件，而且很方便的是，它也属于我们在上一个练习中看到的mx.rpc.events包。它的作用是报告与远程组件或XML文件连接的错误。

214

(1) 将Script代码块修改如下。附加的import语句应该是自动添加的。

```
<mx:Script>
    <![CDATA[
        import mx.rpc.events.FaultEvent;
        import mx.rpc.events.ResultEvent;
        import mx.collections.ArrayCollection;
        [Bindable]
        private var bookStock:ArrayCollection;

        private function bookHandler(evt:ResultEvent):void
        {
            bookStock = evt.result.books.stock;
        }

        private function faultHandler(evt:FaultEvent):void
        {

        }
    ]]>
</mx:Script>
```

这些import语句可以合并为import mx.rpc.events.*。如果愿意的话，就可以这样做。但是，让包中的每个类具有单独的import语句不只是多添加几行代码的问题，它还使应用程序不会增加额外的开销。

我们要做的下一件事情是构造一个变量来存放消息。

(2) 向faultHandler函数添加下列代码：

```
private function faultHandler(evt:FaultEvent):void
{
    var faultMessage:String = "Could not connect with XML file";
}
```

我们要发送这个字符串消息，以让它显示在一个警示框中。alert类属于mx.controls包。

(3) 将下面这个import语句添加到其他import语句中：

```
import mx.controls.*;
```

215

完成这项工作之后，使用它的show()函数设置Alert类。

(4) 向faultHandler函数添加下列代码：

```
private function faultHandler(evt:FaultEvent):void
{
    var faultMessage:String = "Could not connect with XML file";
    Alert.show(faultMessage, "Error opening file");
}
```

show()函数中的第1个参数是要显示的消息（即我们创建的上一个变量中的字符串），第2个参数是弹出框的标题。

剩下来要做的就是让HTTPService在遇到错误时调用该方法。<HTTPService>类有一个名为fault的事件，它将为我们处理这件事情。

(5) 向HTTPService标签添加下面这个fault事件：

```
<mx:HTTPService id="bookData" url="assets/books.xml" result=➥
"bookHandler(event)" fault="faultHandler(event)"/>
```

注意，如果发生错误，就会调用我们刚才创建的faultHandler函数，并传递FaultEvent事件对象。

(6) 像本章前面所做的那样，在<HTTPService>标签中误拼XML文件的名称，然后运行应用程序，得到的输出结果应该如图6-4所示。

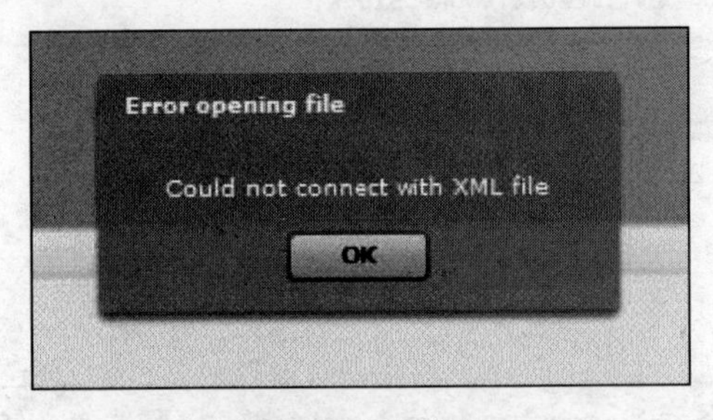

图6-4　出错消息

我们很容易就可以看出message和title属性的位置。

(7) 单击OK按钮并关闭浏览器会话。

让我们看看其他几种可能出现的消息。

前面讲过，事件对象有一个名为target的属性，它表示事件的发送方。FaultEvent对象可以使用这个属性。让我们来看一看。

(8) 将错误消息字符串修改如下：

```
var faultMessage:String = "The origin of the fault is: " +  evt.target;
```

216

(9) 现在运行代码，应该会看到HTTPService发送了该事件，如图6-5所示。

图6-5　显示出target属性的对话框

我们生成的第1个错误消息对终端用户很友好，但这最后一个消息或许只在调试状态下才会使用。终端用户可能并不关心出错的源头是HTTPService请求。

(10) 在编写和调试代码的过程中，可以生成的消息有很多。为了快速浏览一下它们，请将错误消息改成如下内容：

```
var faultMessage:String = "The origin of the fault is: " + evt.message;
```

这会列出图6-6中所示的全部消息。

图6-6　生成所有错误消息的message属性

在往下三分之二的位置，注意有这样一行消息：

```
faultString = "HTTP request error"
```

请记住它，我们将在下一节看到一些有趣的事情。

大家肯定不想让用户看到这些。所以，还是建议使用我们生成的第1个对话框。

(11) 将HTTPService标签中被破坏的URL链接重新改成books.xml。

如果要连接到外面的世界，就必须特别注意安全性。这里正是谈论这个话题的好地方。

6.6　Flash Player的安全性

Flash Player的安全防线非常严密。和大多数插件播放器（有时候叫做ActiveX控件）一样，其外围有一个安全沙盒。改编一下美剧《欲望之都》（*Las Vegas*）的广告语，那就是：在Flash Player中上演的事情就会在Flash Player中谢幕。

让我们看看Flash Player 9中的安全组件是如何工作的。对于这部分内容，有人可能只想读读文字就算了。不过，如果想要试验一番的话，就需要安装带有Web服务器组件的ColdFusion 8，该组件只在Developer Edition中才可以使用。大家也可以安装其他的服务器技术。我在这里列出的ColdFusion操作步骤可以轻松地转用到不同的服务器上。

> 关于安装（带有Web服务器组件的）ColdFusion 8 Developer Edition的操作指南，请参见附录A。
>
> 如果你知道该怎么做，不妨在诸如Apache或IIS之类的Web服务器中尝试完成这个例子。

下面是这次示范的操作步骤。

(1) 在ColdFusion 8（ColdFusion8目录）的wwwroot目录下建立一个文件夹（将其命名为test）。

当针对测试目的在本地运行ColdFusion时，它的地址是localhost:8500。localhost是服务器的名称，8500是运行所在的端口。

(2) 不要忘了将上一个练习中的XML文件的名称重新改成books.xml。

218

(3) 在刚才创建的ColdFusion8\wwwroot\test目录中放一个books.xml文件的副本。

(4) 将<HTTPService>标签中的url属性更改如下：

```
<mx:HTTPService id="bookData" url="http://localhost:8500/test/➥
books.xml" result="bookHandler(event)" fault="faultHandler(event)"/>
```

(5) 运行应用程序，它应该正常工作。如果是第1次在ColdFusion中运行它，数据可能会需要一些时间才会显示在DataGrid中。这是因为ColdFusion正在处理与连接Flex以及使用XML文件相关的所有工作。以后的运行应该就会快得多。

新生成的SWF文件现在知道应该只和localhost:8500/test对话。

现在，我们要做个小试验。

(6) 复制Chapter6_project.swf文件（或你命名的那个基本的MXML文件）并将它粘贴到ColdFusion 8的wwwroot\test目录中，它也是books.xml所在的目录。

(7) 打开浏览器会话，并输入下列URL：

http://localhost:8500/test/Chapter6_project.swf

结果应该和之前完全一样。这与部署到服务器所采用的方法基本相同。

大家可能知道，Web地址127.0.0.1是比较正式的表示本地主机的方法。

(8) 将浏览器的URL改成如下所示：

http:/127.0.0.1:8500/test/Chapter6_project.swf

实质上，这与之前的URL相同。但是，在运行它的时候会改由faultHandler来触发。再看一下我们最初在上一节见到的faultString（如图6-7所示）。

```
faultDetail = "Destination: DefaultHTTP"
faultString = "Security error accessing url"
headers = (Object)#2
messageId = "3B4AB78E-8107-A369-5A29-
```

图6-7　新的faultString

这一次，faultString报告的内容是“Security error accessing url”。即使是URL中的细微变化，也足以导致Flash Player的安全组件被触发。

但如果我们需要让SWF文件访问一个与所在域不同的URL，该怎么办呢？通过在Web服务器的根目录中创建一个XML文件，我们就可以越过此安全特性。必须将这个文件命名为crossdomain.xml，并把它保存在Web服务器的根目录下，而非应用程序文件夹中——在ColdFusion中就是保存在wwwroot文件夹中。如果是在Mac机上使用Apache，就要定位到Macintosh HD:Library:WebServer:Documents中的crossdomain.xml。将它放在Sites文件夹的根层级上是不管用的。

6

219

下面是需要使用的语法的示例。我使用Dreamweaver CS3创建了这个示例。不过，大家可以使用任意的文本编辑器。

```
<?xml version="1.0" encoding="utf-8"?>
<!DOCTYPE cross-domain-policy SYSTEM "http://www.adobe.com/xml/➥
dtds/cross-domain-policy.dtd">
<cross-domain-policy>
    <allow-access-from domain="127.0.0.1" />
</cross-domain-policy>
```

(9) 创建了crossdomain.xml并把它放在服务器的根目录下之后，重新运行之前的URL。

如果正确地完成了这一切，127.0.0.1在访问所生成的SWF文件方面应该就不会有麻烦了。

我们可以用星号（*）代替crossdomain.xml文件中的域名。不过，这就意味着所有域都拥有SWF文件的访问权。强烈建议不要这么做，原因是显而易见的。

知道了如何在Flex中处理XML之后，让我们改变一点儿规则。

6.7　E4X入门简介

到目前为止，ActionScript还没有办法直接处理XML数据，只能把它转换成ArrayCollection，也就是我们刚才所看到的。

E4X（代表ECMAScript for XML）是一种用简化的方式读取和查询XML数据的新兴标准，这种方法无需使用ArrayCollection。

我在本章前面讲过，ArrayCollection会把XML文件的每个结点转换成单独的对象。我们可以通过使用Flex Builder调试功能来看一个这样的示例。

(1) 根据需要，将HTTPService标签中的URL重新改成assets/books.xml。

```
<mx:HTTPService id="bookData" url="assets/books.xml" result=➥
"bookHandler(event)" fault="faultHandler(event)"/>
```

我们可能要给它来个快速的测试以确保一切正常。

(2) 在bookHandler函数的结束大括号那一行，用右键（或按Ctrl键）单击左边缘并选择Toggle

220　Breakpoint（如图6-8所示）。

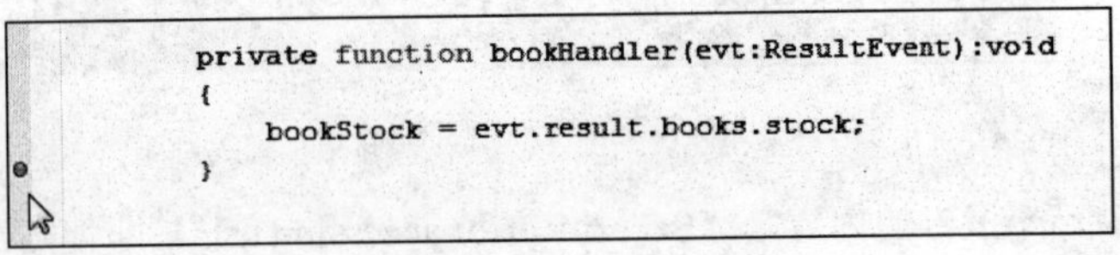

```
private function bookHandler(evt:ResultEvent):void
{
    bookStock = evt.result.books.stock;
}
```

图6-8　断点的放置

(3) 通过单击我们一直使用的Run Application按钮右边的Debug按钮，在Debugging模式下运行Flex。

(4) 浏览器打开之后，回到Flex Builder。此时应该会看到一个对话框，它告诉我们它需要切换到Debugging透视图，如图6-9所示。

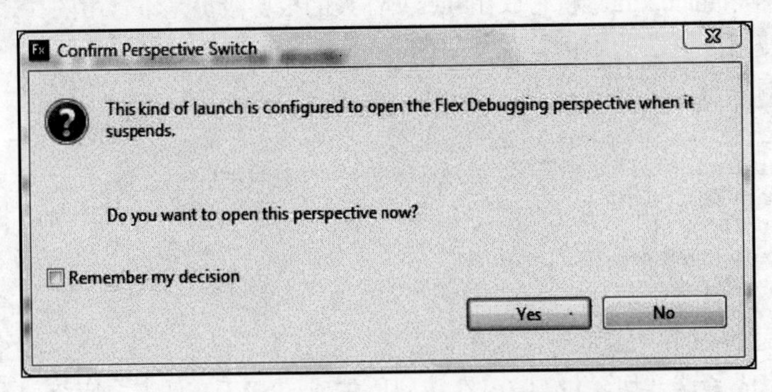

图6-9　Confirm Perspective Switch对话框

(5) 单击Yes按钮。

现在我们是在Flex Debugging透视图中。

(6) 在右上角应该会看到Variables视图。双击Variables选项卡将其最大化。

(7) 展开evt分支。它对应的是我们在函数中设置的ResultHandler事件。

(8) 展开evt下面的result分支。

(9) 展开books，然后展开stock。注意这一切都与我们设置函数以及请求XML数据的方式一致

221　（如图6-10所示）。

可以看出，result.books.stock被转换成了ArrayCollection，这个ArrayCollection有10个元素，

索引号从0开始，每个元素都是一个Object（Flex使用的类是mx.utils.ObjectProxy）。这与我此前所说的相符。

(x)= Variables | Breakpoints | Expressions

Name	Value
this	Chapter6_project (@464a0a1)
evt	mx.rpc.events.ResultEvent (@46c2c01)
bubbles	false
cancelable	true
currentTarget	mx.rpc.http.mxml.HTTPService (@4551dc1)
eventPhase	2
message	mx.messaging.messages.AcknowledgeMess...
messageId	"68EE3C4A-42B7-48FB-8DC9-AE463846A3C8"
result	mx.utils.ObjectProxy (@468be51)
books	mx.utils.ObjectProxy (@468be09)
object	Object (@4620a39)
stock	mx.collections.ArrayCollection (@46e4101)
[0]	mx.utils.ObjectProxy (@468bd79)
[1]	mx.utils.ObjectProxy (@468bd31)
[2]	mx.utils.ObjectProxy (@468bce9)
[3]	mx.utils.ObjectProxy (@468bca1)
[4]	mx.utils.ObjectProxy (@468bc59)
[5]	mx.utils.ObjectProxy (@468bc11)
[6]	mx.utils.ObjectProxy (@468bbc9)
[7]	mx.utils.ObjectProxy (@468be99)
[8]	mx.utils.ObjectProxy (@468bb81)
[9]	mx.utils.ObjectProxy (@468bb39)
filterFunction	null
length	10 [0xa]
list	mx.collections.ArrayList (@4572e21)
sort	null
source	Array (@467b939)
type	null
uid	"5D985573-A029-2287-C41B-AE46384DF97D"
object	Object (@46200b1)
type	null
uid	"8D818BE6-0AEE-4DB2-C3B4-AE46384DB744"

图6-10 Variables视图中呈现的XML数据

(10) 若要停止调试，请关闭浏览器。

(11) 双击Variables视图，将它恢复到正常大小。

留在Debugging透视图中。

(12) 前往HTTPService标签并添加属性resultFormat = "e4x"。

```
<mx:HTTPService id="bookData" url="assets/books.xml" result=➥
"bookHandler(event)" fault="faultHandler(event)" resultFormat="e4x"/>
```

(13) 再次运行调试器，并回到Variables视图。

现在，当我们像以前那样层级而下时，会看到实际的数据而不是神秘的代码，如图6-11所示。

事实上，请注意ArrayCollection不见了。

222

当我们使用E4X格式时，Flex不会使用ArrayCollection类。取而代之的是，数据会转换成一种ActionScript固有的格式，这种格式可以轻松地用于查询和显示。

(x)= Variables | Breakpoints | Expressions

Name	Value
⊞ this	Chapter6_project (@45ea0a1)
⊟ evt	mx.rpc.events.ResultEvent (@45294c1)
bubbles	false
cancelable	true
⊞ currentTarget	mx.rpc.http.mxml.HTTPService (@44f1dc1)
eventPhase	2
⊞ message	mx.messaging.messages.AcknowledgeMess...
messageId	"3720935A-FBA7-52D8-565E-AE5F5A06A2E7"
⊟ result	XML
⊟ <books>	
⊟ <stock>	
⊟ <name>	
"The Picasso Code"	
⊟ <author>	
"Dan Blue"	
⊞ <category>	
⊞ <description>	
⊞ <stock>	
⊞ <stock>	
⊞ <stock>	
⊞ <stock>	
⊞ <stock>	
⊞ <stock>	
⊞ <stock>	
⊞ <stock>	
⊞ <stock>	
⊞ target	mx.rpc.http.mxml.HTTPService (@44f1dc1)
⊞ token	mx.rpc.AsyncToken (@4500ca1)
type	"result"

图6-11 E4X格式下的Variables视图

(14) 如果需要的话，请通过双击Variables选项卡让Variables视图恢复到常规的大小。

(15) 通过单击Debugging视图中的红色方形按钮或关闭浏览器会话（在Mac机上也可以按Cmd+F2键）来结束调试会话。

(16) 回到Development透视图。

(17) 关闭断点。

为了使用E4X格式，我们需要做一些小的修改。首先，变量bookStock的类型不能是ArrayCollection，因为E4X不使用ArrayCollection。

223

(18) 将变量bookStock的类型改成XMLList。

XMLList是在处理多个XML元素或结点时所使用的类。如果用XML类处理多个对象就会出错。XML类的作用是操作XML文件内的单个元素以及运用新的E4X标准，即我们正在讨论的内容。XML和XMLList之间的差别将在本章后面变得显而易见。

我们通过几个示例来看看E4X是怎么帮助我们的。眼下，我们将使用DataGrid控件来显示数据。

假设我们只想看见书名<name>。

(19) 将函数修改如下：

```
private function bookHandler(evt:ResultEvent):void
{
    bookStock = evt.result..name;
}
```

result和name之间的两个点叫做后代访问符。这表示访问与<name>结点相关的任意数据，不管它离根结点有多远。换句话说，我们不需要像以前必须在ActionScript 2.0中所做的那样明确地层级而下地获得数据。

(20) 运行代码，应该会看到一个图书清单。

(21) 如果只想看作者清单，就用author代替name并运行应用程序。

E4X真正的强大之处体现在它能查询基于某个标准的XML数据。举个例子，假设我们只想看到类别为Fiction（这里是区分大小写的）的图书。

(22) 将代码更改如下：

```
private function bookHandler(evt:ResultEvent):void
{
    bookStock = evt.result.stock.(category=="Fiction").name;
}
```

注意我们使用了双等号（比较操作符），就像在ActionScript中编写if语句时那样。

(23) 现在运行代码，应该只会看到所请求的图书。

> 请记住这里是区分大小写的。如果使用的是fiction，得到的结果就为空。

有关E4X语法的方方面面可以写上一整本书。虽然我们还将在本书剩余的章节里讲到这个主题的各个方面，但大家也可以在下面的网址学到更多的知识：

www.ecma-international.org/publications/files/ECMA-ST/Ecma-357.pdf

现在，我们来看看XML数据的另一个方面。

224

6.8 Model 标签

Model标签是不具有相应的ActionScript类文件的MXML标签之一。顾名思义，它的作用是给没有使用实时XML文件的应用程序中将使用的数据进行建模。通常情况下，我们的做法是在MXML文件中创建一个只有两三条记录的小XML文件来模拟将要操作的实际的XML数据。

我们来看一个示例。假设我们要给已经操作过的XML数据建模。

(1) 在我们已经操作过的MXML文件中，去除起始Application标签中的Script代码块、HTTPService标签和creationComplete事件。应该留下的是DataGrid控件。

(2) 在起始Application标签的下面，设置一个id属性为bookStock的起始和结束Model标签。

```
<?xml version="1.0" encoding="utf-8"?>
<mx:Application xmlns:mx="http://www.adobe.com/2006/mxml" ➥
layout="absolute">
```

```
<mx:Model id="bookStock">

</mx:Model>

<mx:DataGrid x="56" y="250" width="950" dataProvider="{bookStock}"/>
</mx:Application>
```

(3) 在起始和结束Model标签内，构建下面这个简单的XML模型：

```
<?xml version="1.0" encoding="utf-8"?>
<mx:Application xmlns:mx="http://www.adobe.com/2006/mxml" ➥
layout="absolute">
<mx:Model id="bookStock">
    <stock>
        <name>The Picasso Code</name>
        <author>Dan Blue</author>
        <category>Fiction</category>
        <description>Cubist paintings reveal a secret society ➥
of people who really look like that</description>
    </stock>
</mx:Model>
<mx:DataGrid x="56" y="250" width="950" dataProvider="{bookStock}"/>
</mx:Application>
```

225

DataGrid控件应该仍然让bookStock作为它的dataProvider。如果不是，就按上面所示将其输入。

(4) 运行应用程序，应该会看到DataGrid中的唯一一条记录，如图6-12所示。

author	category	description	name
Dan Blue	Fiction	Cubist paintings reveal a secret society o	The Picasso Code

图6-12　Model标签中的数据

Model标签还有一个名为source的属性，它允许我们从外部调用XML文件。知道了这些，大家可能会问为什么不能用它代替HTTPService标签。答案很简单：Model标签中使用的数据实际上是嵌入到SWF文件中的。这意味着如果外部XML文件中的数据因为任何原因发生了改变，那些变化并不会反映到SWF中。因此，Model标签的用途应该仅限于设计期间的数据建模和数据测试。

> 我知道有些设计师会对少量的不发生变化的数据（如办公室地址或州的缩写）使用这个标签。

好了，本章至此一直在使用DataGrid控件。大家肯定对它印象深刻。但是，我们只看到了它的一小部分功能。让我们把注意力转向它，看看如何才能释放它的威力。

6.9 DataGrid 控件

Flash MX 2004引入DataGrid控件时，该控件的作用和能力让我大吃一惊。可惜的是，我见过的大多数Flash网站都没有好好利用它的强大功能。在这里，大家将学习如何把这个控件的强大功能结合到我们自己的网站中。

(1) 如果需要，请导入第6章下载文件中的books2.xml文件。

这个文件与book.xml文件相似，但多了一个<publish_date>字段。

```
<books>
     <stock>
            <name>The Picasso Code</name>
        <author>Dan Blue</author>
        <category>Fiction</category>
        <description>Cubist paintings reveal a secret society of ➥
people who really look like that</description>
        <publish_date>2005-06-03</publish_date>
   </stock>
```

226

现在是做一次快速测试的好时机，目的是看看大家已经学到了多少知识。

(2) 用HTTPService标签连接这个XML文件，并使用其结果作为DataGrid控件的dataProvider。不要忘了起始Application标签中的creationComplete事件。

这个练习不需要ActionScript处理程序。

如果需要自己检查一遍，下面是完成之后的代码：

```
<?xml version="1.0" encoding="utf-8"?>
<mx:Application xmlns:mx="http://www.adobe.com/2006/mxml" ➥
layout="absolute" creationComplete="bookStock.send()">
<mx:HTTPService id="bookStock" url="assets/books2.xml"/>
<mx:DataGrid x="56" y="250" width="950" dataProvider=➥
"{bookStock.lastResult.books.stock}"/>
</mx:Application>
```

DataGrid控件应该类似于图6-13所示。

author	category	description	name	publish_date
Dan Blue	Fiction	Cubist paintings reveal a secret	The Picasso Code	2005-06-03
Margaret Middle	Fiction	In this edition, nobody in the sc	Here With the Wind	2004-08-13
J.K. Roughly	Fiction	Young wizard finds the real pot-	Harry Potluck and the Chamber	2006-01-03
Chuck Dickens	Fiction	Dickens finally reveals what he i	No Expectations	2003-06-12
Ann Rind	Fiction	Great inventors finally just take	Atlas Stretched	2005-02-03
Big Gates	Nonfiction	How to just change the name ar	Recycling Software	2004-04-12

图6-13 完成最初设置之后的DataGrid控件

虽然看上去并不差，但大家可能想要做一些改动。例如，它们的排列顺序可能并不是我们想要的，它们也不一定会显示出我们想要的表头文本。表头控件所做的不过就是获取结点名称。

6.10 修改 DataGrid 列

让我们对这些列做一些修改。

(1) 在DataGrid标签的结尾处，删除/>并用字符>替换它。Flex Builder应该会构建一个结束标签。我在前面的章节中讲过，这就好比把控件变成一个容器。

```
<mx:DataGrid x="56" y="250" width="950" dataProvider=➥
"{bookStock.lastResult.books.stock}">

</mx:DataGrid>
```

DataGrid控件有一个名为columns的属性。在第4章讨论状态和过渡时，我讲过MXML具有把属性变成独立容器的能力。这使得我们能够在该属性内添加多个条目或控制额外的属性。在这里，我们将使用DataGrid控件的columns属性做这件事。

227

(2) 添加columns属性，如下所示：

```
<mx:DataGrid x="56" y="250" width="950" dataProvider=➥
"{bookStock.lastResult.books.stock}">
    <mx:columns>

    </mx:columns>
</mx:DataGrid>
```

现在，我们可以在columns属性容器内建立一个DataGridColumns数组，并可以对其外观和内容进行控制。

(3) 在columns容器内从添加首个标签开始，如下所示：

```
<mx:DataGridColumn
```

DataGridColumn控件允许我们对列的格式、标题和内容进行完全的控制。这里要提醒一点：一旦用这个标签定义了DataGrid的其中一个列，就必须使用各个列的独立标签定义所有的列。

我们要添加的第1个属性是dataField。它允许我们指定要显示的是哪一个XML结点。举个例子，假设我们想先显示书名。

(4) 在DataGridColumn标签中添加下列属性：

```
<mx:DataGridColumn dataField="name"
```

> 在操作这些练习时，大家可能要将XML文件打开，以方便引用名称。

结点名称对用户来说常常不是很友好。我们可能要指定想让用户真正看到的文本。可以用headerText属性来做这件事情。

(5) 在DataGridColumn标签中添加headerText属性，如下所示：

```
<mx:DataGridColumn dataField="name" headerText="Book Name"
```

(6) 添加/>来关闭标签。此时的代码应该如下所示：

```
<mx:DataGrid x="56" y="250" width="950" dataProvider=➥
"{bookStock.lastResult.books.stock}">
    <mx:columns>
        <mx:DataGridColumn dataField="name" headerText="Book Name"/>
    </mx:columns>
</mx:DataGrid>
```

228

我刚才讲过，在使用DataGridColumn控件定义某个列时，我们必须用它定义所有的列。

(7) 现在运行应用程序，DataGrid将只显示一个列（如图6-14所示）。

图6-14 重新格式化之后的DataGrid列

注意表头文本反映了我们放在DataGridColumn控件中的内容。

(8) 为author、description和publish_date设置DataGridColumn控件。

```
<mx:DataGrid x="56" y="250" width="950" dataProvider=➥
"{bookStock.lastResult.books.stock}">
     <mx:columns>
          <mx:DataGridColumn dataField="name" headerText="Book Name"/>
          <mx:DataGridColumn dataField="author" ➥
headerText="Author Text"/>
          <mx:DataGridColumn dataField="description" ➥
headerText="Description"/>
          <mx:DataGridColumn dataField="publish_date" ➥
headerText="Publish Date"/>
     </mx:columns>
</mx:DataGrid>
```

(9) 运行应用程序，应该会看到图6-15中所示的结果。

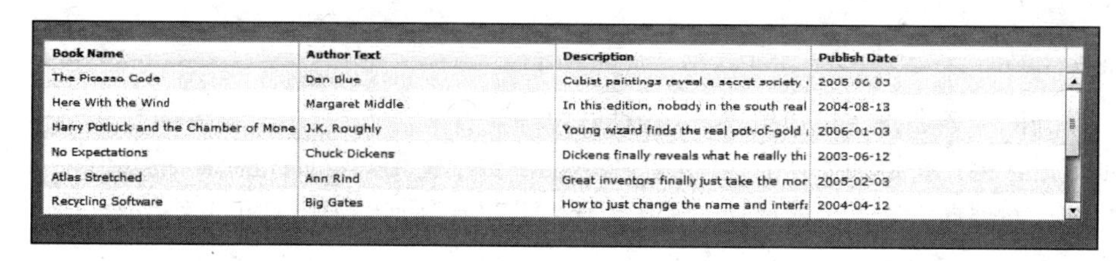

图6-15 完成之后的DataGrid

大家可能不喜欢Publish Date列的格式。我们来对它做一些改动。

6.11 DateFormatter 类

ActionScript有5个格式化类文件：CurrencyFormatter、DateFormatter、NumberFormatter、PhoneFormatter和ZipCodeFormatter。

DateFormatter类有一个名为formatString的属性，正如大家所猜测的，它允许我们给日期设置格式。

(1) 在起始Application标签的下面新建一个DateFormatter标签，并将其id设置为publishDate。

```
<mx:DateFormatter id="publishDate"
```

我刚才讲过，formatString属性允许我们建立一个模板来格式化日期。如果研究一下该类的文档，这也是我一直提到的做法，就会看到各种可用的格式。现在，我们要使用一个常见的格式：MMMM DD, YYYY。这会产生一个类似于March 02, 2008的日期。

和Flex中的其他所有东西一样，日期格式是区分大小写的。在formatString属性中格式化日期时，我们必须全部使用大写字母。

(2) 按如下所示设置DateFormatter标签的formatString属性。完成之后关闭标签。

```
<mx:DateFormatter id="publishDate" formatString="MMMM DD, YYYY"/>
```

事情到这里变得有点儿棘手。现在，我们需要让DataGrid控件对publish_date字段使用这个格式。可惜，我们不能直接这样做，只能通过函数来实现。

(3) 创建一个Script代码块并添加一个名为dateFormat()的函数。

这个函数需要接受两个参数。我们调用的第1个参数是dateItem（大家可以使用想要的任意名称），它的类型必须是Object。这表示每一行数据。第2个参数是想要格式化的列的名称，我使用的名称是dateColumn。它的类型必须是DataGridColumn。该函数的返回类型是String。

(4) 向dateFormat函数添加下列参数：

```
<mx:Script>
    <![CDATA[

        private function dateFormat(dateItem:Object, ➥
dateColumn:DataGridColumn):String
        {

        }
    ]]>
</mx:Script>
```

Flex Builder应该会再次自动构建出import语句。

前面讲过，因为有返回类型，所以我们必须在函数中使用关键词return。但我们必须决定要返回的内容。我要向大家展示的语法非常样板化，几乎在任何情况下都可以使用。

230

```
private function dateFormat(dateItem:Object, ➥
dateColumn:DataGridColumn):String
{
    return publishDate.format(dateItem[dateColumn.dataField]);
}
```

日期会通过dateItem参数从DataGrid传递到DateFormatter（我们将其命名为publishDate）。DateFormatter会通过它的format函数把这个格式化的日期返回给通过dateColumn参数传递列名的那个列的dataField。如果不太明白，只要慢慢推理就可以了。相信我，这样做是有意义的！

剩下来要做的唯一一件事情是指示DataGridColumn将必要的参数传递给我们刚才创建的dateFormat函数。

(5) 到DataGridColumn的publish_date列中添加labelFunction属性。此举会调用dateFormat函数，如下所示：

```
<mx:columns>
     <mx:DataGridColumn dataField="name" headerText="Book Name"/>
     <mx:DataGridColumn dataField="author" headerText="Author Text"/>
     <mx:DataGridColumn dataField="description" ➥
headerText="Description"/>
     <mx:DataGridColumn dataField="publish_date" ➥
headerText="Publish Date" labelFunction="dateFormat"/>
</mx:columns>
```

注意我们不需要指定需要传递给函数的那两个参数。DataGridColumn类会自动处理这一切。我们必须做的是像以前那样设置好函数来接收两个参数，第1个参数的类型是Object，第2个参数的类型是DataGridColumn。

(6) 测试一下应用程序。如果一切都设置正确了，应该就会得到图6-16中所示的结果。

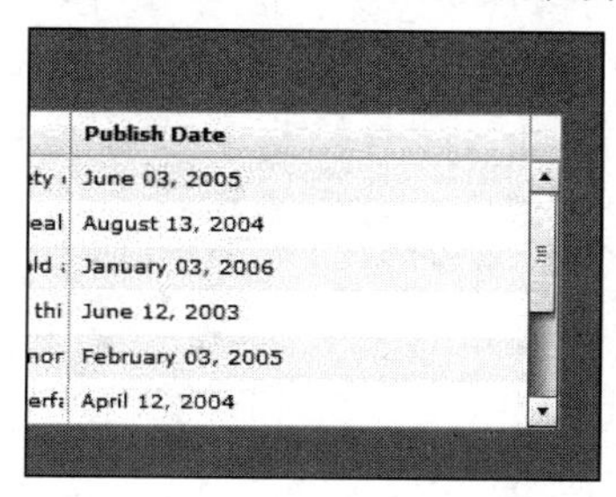

图6-16 格式化之后的日期

好了，我们已经扩展了DataGrid控件的强大功能。现在，我们要来一次真正的飞跃。 231

6.12 编辑和显示数据

DataGrid控件不仅可以用来显示数据，还可以用来编辑已有的数据或输入新数据。让我们看看这一特性。假设我们要让图书简介字段变得可以编辑。

首先，我们必须将整个DataGrid的可编辑功能打开。

(1) 向DataGrid控件添加editable属性，如下所示：

```
<mx:DataGrid x="56" y="250" width="950" dataProvider=➥
"{bookStock.lastResult.books.stock}" editable="true">
```

这样做会有一个不适宜的副作用：它会使所有字段变得可以编辑。

(2) 运行应用程序并单击每个字段。可以看到，我们能在DataGrid列中更改任意数据。

> 对数据所做的更改此时不会写回XML文件。本书会在后面讨论这个问题。

如果只想让description字段可以编辑，那就必须将想让其不可编辑的字段的editable属性设置为false。

(3) 将DataGridColumns更改如下：

```
<mx:DataGrid x="56" y="250" width="950" dataProvider=➥
"{bookStock.lastResult.books.stock}" editable="true">
    <mx:columns>
```

```
            <mx:DataGridColumn dataField="name" ➥
headerText="Book Name" editable="false"/>
            <mx:DataGridColumn dataField="author" ➥
headerText="Author Text" editable="false"/>
            <mx:DataGridColumn dataField="description" ➥
headerText="Description"/>
            <mx:DataGridColumn dataField="publish_date" ➥
headerText="Publish Date" labelFunction="dateFormat"➥
                editable="false"/>
        </mx:columns>
</mx:DataGrid>
```

(4) 现在，运行应用程序。我们应该只能更改图书简介字段。

接下来的操作步骤应该改变我们对DataGrid控件的整个理解并打开各种可能的设计思路。

(5) 通过添加一个不属于基本的XML文件的新列来更改DataGrid的结构。这一次我们还是暂时不保存该数据，而只是使用它来展示可能的设计。

232

```
<mx:DataGrid x="56" y="250" width="950" dataProvider=➥
"{bookStock.lastResult.books.stock}" editable="true">
    <mx:columns>
            <mx:DataGridColumn dataField="name" headerText=➥
"Book Name" editable="false"/>
            <mx:DataGridColumn dataField="author" ➥
headerText="Author Text" editable="false"/>
            <mx:DataGridColumn dataField="description" ➥
headerText="Description"/>
            <mx:DataGridColumn dataField="publish_date" headerText=➥
"Publish Date" labelFunction="dateFormat" editable="false"/>
            <mx:DataGridColumn dataField="review" ➥
headerText="Your Review" editable="true"/>
    </mx:columns>
</mx:DataGrid>
```

(6) 测试一下代码。更改之后的代码产生了一个新列，用户可以在这里写下他们自己的评论，如图6-17所示。

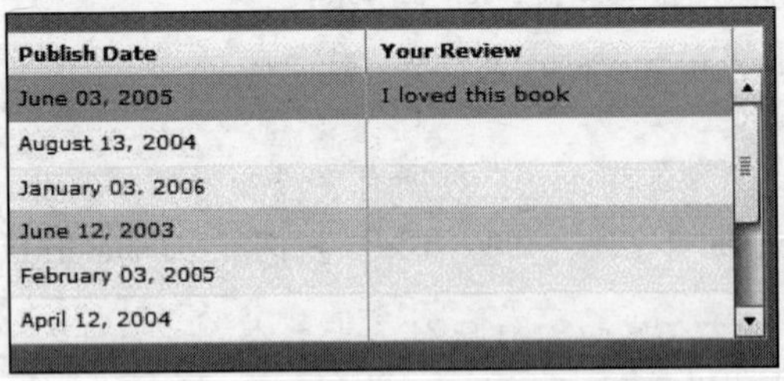

Publish Date	Your Review
June 03, 2005	I loved this book
August 13, 2004	
January 03, 2006	
June 12, 2003	
February 03, 2005	
April 12, 2004	

图6-17　带有新列的DataGrid控件

DataGrid控件允许我们将其他组件嵌入到单元格中，这些组件可以来自ActionScript 3.0，也可以是我们已经创建的组件。例如，假设为了允许用户更轻松地写下他们的评论，我们要在刚才创建的列的单元格中放入一个TextArea控件。有两条路可以选择：ItemEditor或ItemRenderer。这两个属性都允许我们将组件放到单元格中。但是这两个属性的功能略有不同。用具体的例子演示这种不同要比用文字进行解释来得更加容易。所以，我们就来看一看。

首先，这个列的editable属性必须为true。

我们在前面已经看过，内建在ActionScript 3.0中的控件属于mx.controls包。

(7) 给新列添加下列属性：

```
<mx:DataGridColumn dataField="review" headerText="Your Review" ➥
editable="true" itemEditor="mx.controls.TextArea"/>
```

注意，我们不仅指明了要把TextArea放入字段，而且定义了包含它的包（mx.controls)。我们将导入操作和控件合并到了一个简单的MXML语句中。

233

(8) 运行应用程序。乍一看，会觉得哪儿出错了（如图6-18所示）。

Publish Date	Your Review
June 03, 2005	
August 13, 2004	
January 03, 2006	
June 12, 2003	
February 03, 2005	
April 12, 2004	

图6-18 第1次加载ItemEditor时

6

似乎什么都没发生。

(9) 单击单元格，注意会发生什么——我们应该会看到其中的变化，如图6-19所示。

Publish Date	Your Review
June 03, 2005	
August 13, 2004	
January 03, 2006	
June 12, 2003	
February 03, 2005	
April 12, 2004	

图6-19 单击之后的itemEditor

当我们单击单元格时，itemEditor会打开TextArea控件，并允许我们输入内容。

(10) 现在，将itemEditor属性改成itemRenderer。

```
<mx:DataGridColumn dataField="review" headerText="Your Review" ➥
editable="true" itemRenderer="mx.controls.TextArea"/>
```

(11) 现在运行代码，应该会看到结果有显著的不同，如图6-20所示。每一行的TextArea控件在单元格中自动打开了。

选择itemEditor还是itemRenderer是一个关系风格以及是否适合的问题。

我们刚才看到的方法有一个缺点，即一个单元格一次只能包含一个控件。如果想让单元格包含多个控件，应该怎么做呢？

234

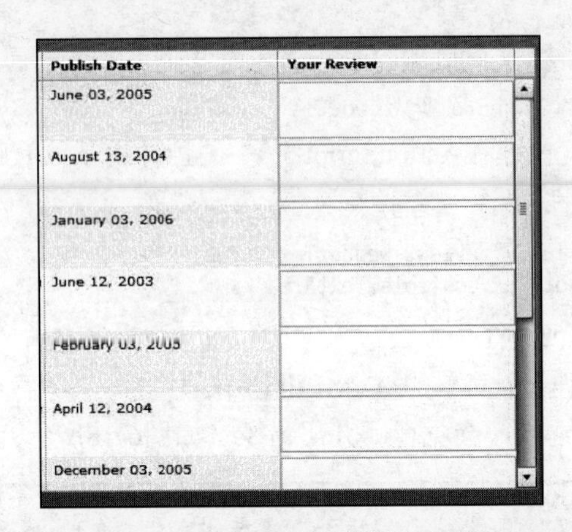

图6-20　添加了itemRenderer控件之后的DataGrid

可以回到我们已经学过的一个概念：组件。

(12) 用右键单击src文件夹并选择File → New → MXML Component命令，打开图6-21中所示的New MXML Component对话框。

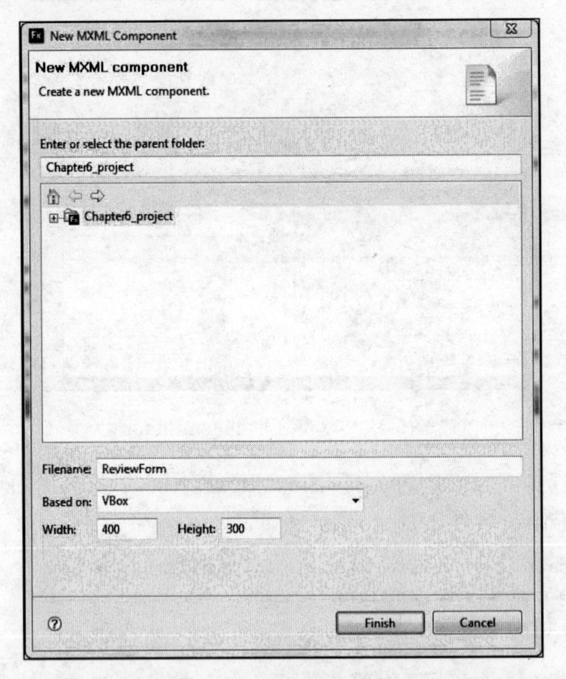

图6-21　New MXML Component对话框

> 对于这个练习，为了避免稍后必须使用xmlns添加路径，我故意没有把该组件放在一个单独的文件夹中。我这么做就是为了让事情保持简单。

(13) 将这个组件命名为ReviewForm。

(14) 以VBox为基础，并将Width和Height属性分别设置为400和300。（这一次我们要控制大小。我们马上就会看到这样做的原因。）

(15) 单击Finish按钮。

(16) 切换到Design透视图，如果不在该视图下的话。

(17) 在VBox中拖放一个Label控件，并将其Text属性设置为Please Enter Your Email Address（如图6-22所示）。

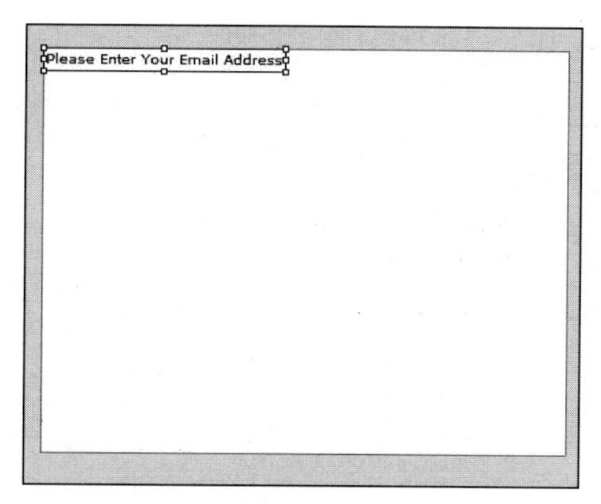

图6-22 添加Label控件之后的VBox

(18) 在其下方添加一个TextInput控件，输入电子邮件地址，如图6-23所示。

> 对于这个练习，我们不会添加id属性，因为我们不打算编写任何代码。

236

(19) 再添加一个Label控件，并将其Text属性设置为Please Enter Your Review，如图6-24所示。

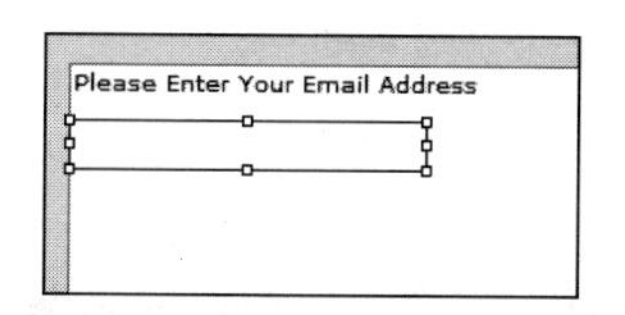

图6-23 所添加的TextInput控件

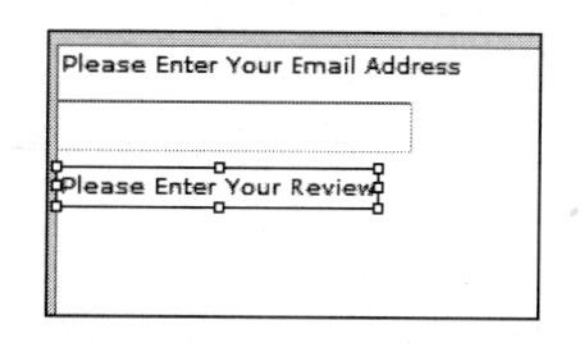

图6-24 所添加的Label控件

(20) 接下来，添加写评论用的TextArea控件，如图6-25所示。

现在，我们想让该组件尽可能得小以恰好放在DataGrid的一个单元格内并且使DataGrid不会过大。

(21) 单击VBox容器本身，使用尺寸调节句柄，尽可能地去掉浪费的空间，如图6-26所示。

如果想用数字来进行操作，可以进入Source视图并将VBox容器的宽度和高度分别设置为190和140左右。

(22) 需要的话，保存组件，然后关闭它。如果不保存组件，应用程序就不会正确地运行。

(23) 返回到应用程序文件。

237

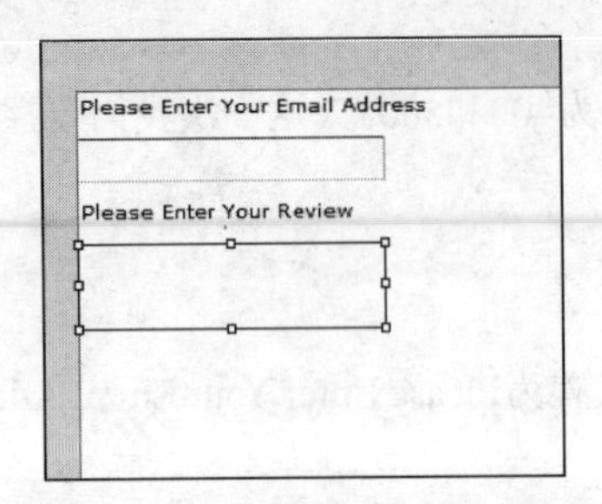

图6-25　所添加的TextArea控件

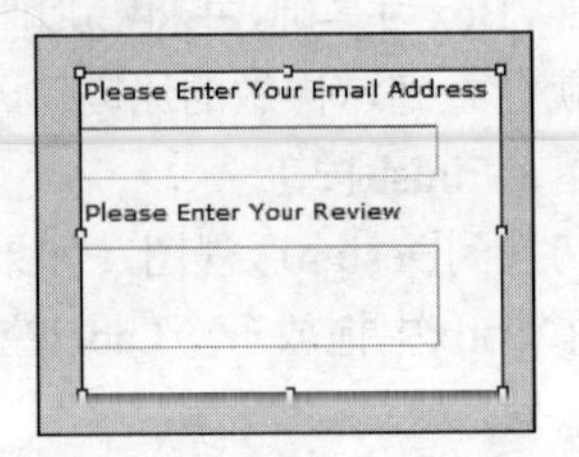

图6-26　完成之后的组件

(24) 用组件名称ReviewForm替换mx.controls.TextArea。因为我们把它保存在了相同的目录中，所以不需要写任何包的名称。

```
<mx:DataGridColumn dataField="review" headerText="Your Review" ➥
editable="true" itemRenderer="ReviewForm"/>
```

(25) 运行应用程序。应该会看到图6-27中所示的结果。

Book Name	Author Text	Description	Publish Date	Your Review
Atlas Stretched	Ann Rind	Great inventors finally just take	February 03, 2005	Please Enter Your Email Address Please Enter Your Review
Recycling Software	Big Gates	How to just change the name ar	April 12, 2004	Please Enter Your Email Address Please Enter Your Review
Make Tons of Money	Donald Rump	Rump explains how he became	December 03, 2005	Please Enter Your Email Address Please Enter Your Review
How to Win Enemies and Lose F	Dale Crochety	The Ultimate how-to book for p	June 20, 2004	Please Enter Your Email Address Please Enter Your Review
My Lies	Swill Clinton	This former American president	June 13, 2005	Please Enter Your Email Address Please Enter Your Review

图6-27　完成之后的带组件的DataGrid

这里有几件事情出错了。我们来逐一解决它们。

首先，我们可能打开了该组件的每个实例的水平和垂直滚动条。这很容易解决。

滚动条功能是用horizontalScrollPolicy和verticalScrollPolicy属性处理的。

(26) 关闭浏览器，返回到ReviewForm组件。

(27) 修改外面的VBox容器，如下所示：

```
<mx:VBox xmlns:mx="http://www.adobe.com/2006/mxml" width="190" ➥
height="140" horizontalScrollPolicy="off" verticalScrollPolicy="off">
```

注意滚动策略属性提供了3种选项：off表示从不出现，on会让滚动条始终打开，auto会根据需要打开或关闭滚动条。

238

(28) 保存组件并再次运行应用程序。滚动条问题应该解决了（如图6-28所示）。

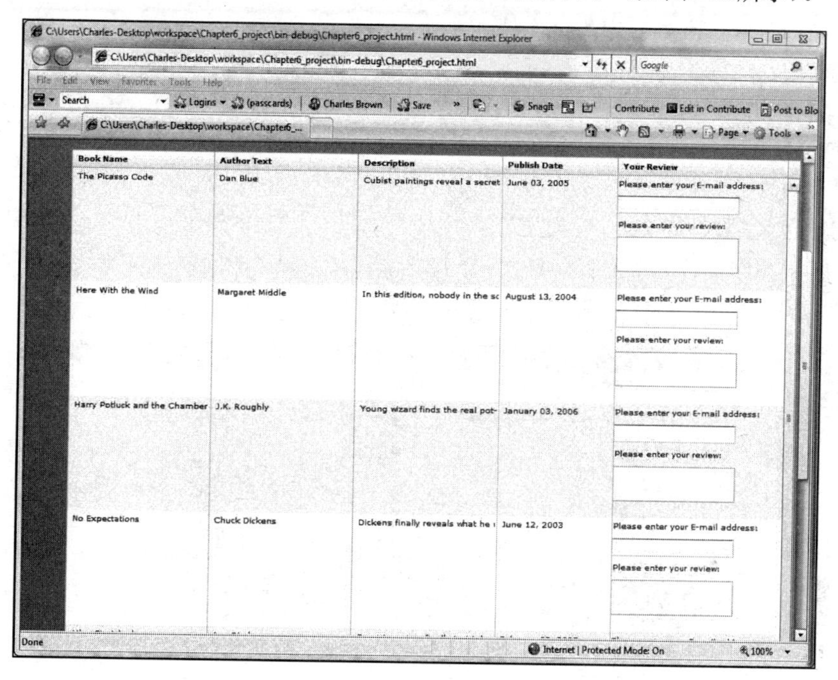

图6-28　关闭滚动条之后的组件

好了，第1个问题轻松解决了。但还有两个问题要解决。

(29) 在运行应用程序的情况下，单击组件中的其中一个TextInput字段，此时字段中应该会得到一个奇怪的消息（如图6-29所示）。

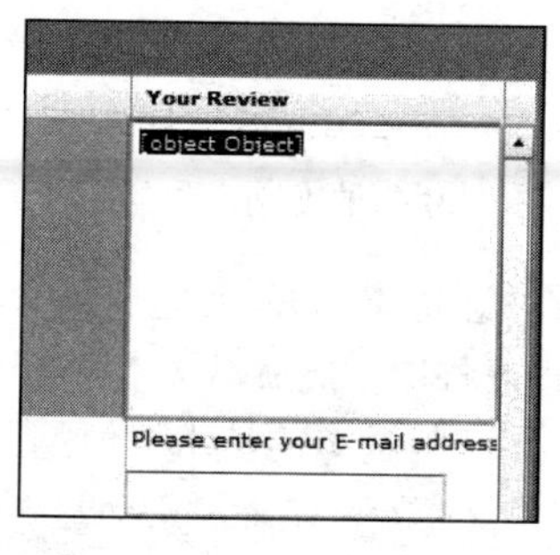

图6-29　[object Object]消息

我们在Flex中时不时就会遇到神秘的消息[object Object]，这是ActionScript在告诉我们它不确定我们所讲的是什么。

239

如果该组件提供的是只读数据，那这就不成问题。但在这个例子中，我们是让DataGrid控件使用itemRenderer内的组件并让它能够把数据写入到组件中。换句话说，itemRenderer需要充当一个编辑器。在MXML中，我们必须用rendererIsEditor属性明确地许可itemRenderer担任两个角色。该属性是Boolean类型，因为它只有true和false两个值。

(30) 关闭浏览器，回到应用程序文件。

(31) 在使用itemRenderer的DataGridColumn标签上添加下列属性：

```
<mx:DataGridColumn  dataField="review" headerText="Your Review" ➥
itemRenderer="ReviewForm" rendererIsEditor="true" />
```

(32) 保存组件并再次运行应用程序。[object Object]问题现在应该不见了。

两个问题已经解决了，下一个问题有点儿棘手，我在这里将提供一个临时的解决办法。

(33) 在应用程序运行着的时候，向第1行的两个TextInput字段中输入文本。当到第2行时，应该会看到图6-30中所示的错误消息。

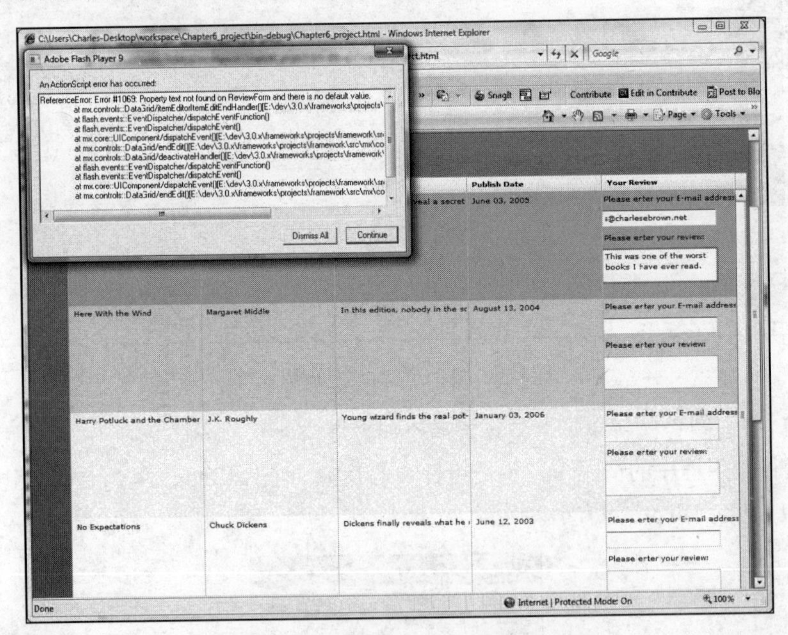

240

图6-30　由行的变动产生的错误消息

在换行时，ActionScript会设法在我们所操作的行上触发一个停用事件。当它停用时，该事件就会试图把数据保存到一个名为text的属性中。然后，文本就会试着把数据写到它需要写入的地方。

在这个小示例中，我们没有使用任何动态的技术。但是，通过回到组件添加一个Script代码块并创建一个名为text的可绑定公开属性就可以临时解决这个问题。

(34) 关闭浏览器并回到组件中。向它添加下列Script代码块：

```
<mx:Script>
    <![CDATA[
        [Bindable]
        public var text:String = "";

    ]]>
</mx:Script>
```

(35) 保存文件并重新运行应用程序。现在所有问题应该都解决了。

可以看出，带有多个控件的组件在DataGrid列的单元格内工作得很好。通过使用这个强大的功能，我们可以设立各种复杂的设计情形和编程状况。我甚至见过一些应用程序的内嵌组件还包含了二级的DataGrid或其他组件。

我喜欢的一个做法是：用Image控件创建一个组件，把控件绑定到XML文件中图像的URL里，然后再把组件放进DataGrid控件。顺着这种精神，让我们看看能对图像做些什么。

> Flex可以把数据传递给组件。DataGrid控件有一个名为data的属性，它将把信息传递给组件的属性。我们将在本书后面看到它。

6.13 DataGrid 容器中的图像

在第6章的下载文件中，我们应该会看到一个名为foed.xml的文件以及4个JPG文件。

(1) 如果需要，请将这些文件导入到当前项目的assets文件夹中。

这个练习的XML文件相当简单，如下所示：

```
<?xml version="1.0" encoding="iso-8859-1"?>
<foed>
   <book>
      <book_name>XML for Flash</book_name>
            <author>Sas Jacobs</author>
            <cover>assets/jacobs.jpg</cover>
   </book>
   <book>
      <book_name>Foundation Flash 8 Video</book_name>
       <author>Tom Green</author>
        <cover>assets/green.jpg</cover>
   </book>
   <book>
      <book_name>Object Oriented Programming for Flash 8</book_name>
       <author>Peter Elst</author>
        <cover>assets/elst.jpg</cover>
   </book>
   <book>
      <book_name>Foundation ActionScript Animation: ➥
Making Things Move</book_name>
          <author>Keith Peters</author>
          <cover>assets/peters.jpg</cover>
   </book>
</foed>
```

(2) 创建一个新的名为Image_practice.mxml的MXML应用程序文件。

(3) 连接XML文件并把book_name传递给DataGrid控件，此时的代码应该如下所示：

```
<?xml version="1.0" encoding="utf-8"?>
<mx:Application xmlns:mx="http://www.adobe.com/2006/mxml" ➥
layout="absolute" creationComplete="bookStock.send()">
<mx:HTTPService id="bookStock" url="assets/foed.xml"/>
 <mx:DataGrid width="400" dataProvider=➥
"{bookStock.lastResult.foed.book}" x="345" y="30">
    <mx:columns>
        <mx:DataGridColumn dataField="book_name" headerText=➥
"Book Name" />
    </mx:columns>
</mx:DataGrid>
</mx:Application>
```

在这里，我们看到了一些（在讲解状态和过渡时）曾经遇到过几次的事情。注意我们把column属性提取出来作为单独的容器。当一个属性需要保存多个值时，我们有时也会这样做。

242

(4) 运行应用程序，应该会看到图6-31中所示的结果。

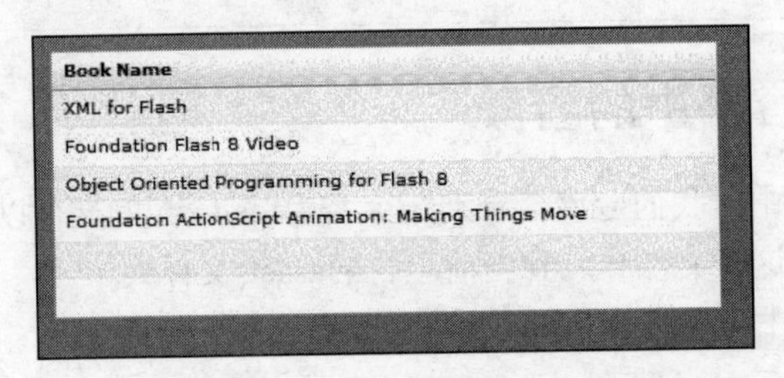

图6-31　带有书名的DataGrid控件

注意最后一个书名下面有一些空白行。DataGrid控件有一个属性，允许我们指定一次想要显示的行数：rowCount。

(5) 因为有4本书，所以我们需要将行数设置为4，如下所示：

```
<mx:DataGrid width="400" dataProvider=➥
"{bookStock.lastResult.foed.book}" x="345" y="30" rowCount="4">
```

此时的DataGrid应该如图6-32所示。

图6-32　调整之后的DataGrid控件

现在我们要做一点儿设计工作。

(6) 切换到Design透视图。

(7) 拖动一个Label控件到DataGrid控件的下方，并将其左边缘与DataGrid的左边缘对齐。

(8) 使用Flex Properties视图将其id属性设置为bookName。

(9) 删除Label的默认文本，如图6-33所示。

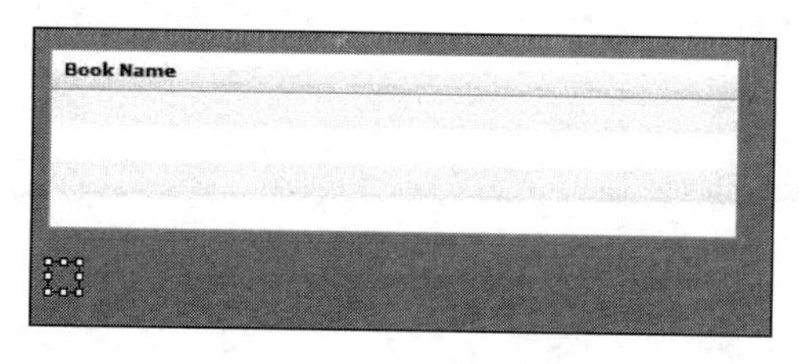

图6-33 Label控件的放置

243

(10) 在前一个控件的下方再拖放一个Label控件。将其id属性设置为authorName并再次删除默认的文本。

(11) 最后，拖放一个Image控件到DataGrid的下方，并将它的右边缘与DataGrid的右边缘对齐，如图6-34所示。将其id设置为coverPicture。

图6-34 Image控件的放置

(12) 一切都摆放好之后，回到Source透视图。

大家可能已经猜到我这么做的目的。当我们单击DataGrid中的名称时，book_name和author就会分配到各自的标示语中。然后，图像路径会分配给Image控件的source属性，而Image控件反过来会显示封面图像。

为了完成这些工作，我们需要像以前经常做的那样重新访问事件。

很多显示对象列表的控件，如DataGrid、ComboBox和List，都允许我们单击列表中的项。被选中的项叫做selectedItem。

> 还有一个属性叫做selectedIndex。因为列表中的项在内部就是数组，所以selectedIndex会选中元素的索引号。在很多编程场景中，对代码做一下调整，selectedIndex和selectedItem就可以互换。但如果是编程新手，可能就会觉得selectedItem更容易使用。
>
> 如果控件允许选择列表中的多个项，那么这两个属性就变成selectedItems和selectedIndices。

244

从一个selectedItem或索引号移到另一个selectedItem或索引号会触发更改事件（其类型为Event）。因此，和以前所做的一样，我们需要创建一个函数来处理更改对象。对于这个练习，我们将调用函数changeHandler，并把类型为Event的更改事件传递给它。

(13) 在Script代码块中创建下列函数：

```
<mx:Script>
    <![CDATA[
        private function changeHandler(evt:Event):void
        {

        }
    ]]>
</mx:Script>
```

我多次提到过，事件对象包含一个名为target的属性。target属性会包含传送事件的控件的名称，以及与事件有关的大部分信息。在这个例子中，它还含有在DataGrid控件中选中的selectedItem的身份证明。但是，selectedItem更进了一步：它含有特定记录的所有数据。在这个例子中，selectedItem包含了book_name、author和cover数据。

从现在起，剩下的工作就很简单了。我们所做的就是把信息赋给恰当的控件。

(14) 给changeHandler函数添加下列代码：

```
private function changeHandler(evt:Event):void
{
    bookName.text = evt.target.selectedItem.book_name;
    authorName.text = evt.target.selectedItem.author;
    coverPicture.source = evt.target.selectedItem.cover;
}
```

(15) 现在，我们需要让DataGrid控件在有更改事件发生时调用changeHandler函数。

```
<mx:DataGrid width="400" dataProvider=➥
"{bookStock.lastResult.foed.book} ➥
"x="345" y="30" rowCount="5" change="changeHandler(event)">
```

245　(16) 再次测试应用程序。单击书名，我们会很高兴地看到类似于图6-35中所示的效果。

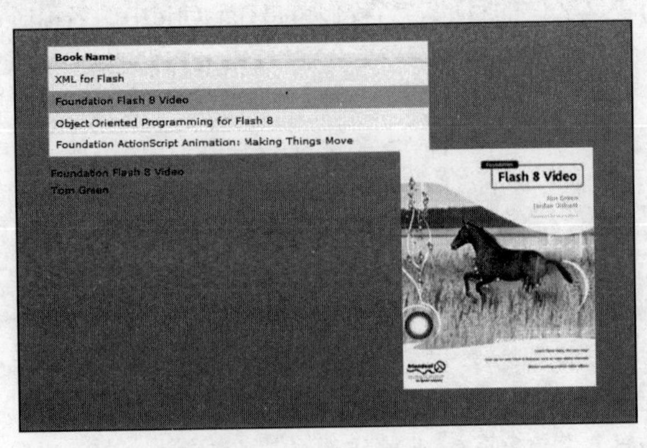

图6-35　填充之后的字段

可以看出，事件对象再次把很多东西连在了一起。

(17) 使用Flex Properties视图更改两个Label控件的字体和大小。

```
<mx:Label x="345" y="150" id="bookName" fontFamily="Arial" ➥
fontWeight="bold" fontSize="30"/>
 <mx:Label x="345" y="187" id="authorName" fontFamily="Arial" ➥
fontSize="24"/>
```

结果应该类似于图6-36所示。

图6-36　进一步更改Label控件属性之后的效果

246

在前面的示例中，较长的书名可能会有部分文字隐藏在图像的后面。大家可以随意按照想要的方式重新排列组件。

就像DataGrid控件具有强大的功能一样，另一个控件也具有强大的功能，适合处理XML数据的父子关系，我们现在就来看一看。

6.14 Tree 控件

我们已经看到，XML数据有很清楚的层级关系。换句话说，就是数据有一种父子关系。

Tree控件就是在数据存在父子关系的情况下使用的。Tree控件有点儿难以描述。所以，我们要做两个练习来介绍这个控件。在这个过程中，我们将以不同的方式运用之前学过的一些概念，并学习一些全新的概念。

(1) 关闭已经打开的所有文件，并创建一个新的名为Tree_demonstration.mxml的MXML应用程序。

在本章前面，我们尝试了在开发和测试期间用Model标签给数据建模。但是，我们此前已经看到过很多次，ActionScript 3.0有相当于MXML标签的对等物。与使用Model标签等效的做法是设置一个类型为XML的变量，并向其中输入模型化的XML结构。

(2) 创建一个Script代码块。

(3) 在Script代码块中创建一个名为myData的可绑定私有变量，并将其类型设置为XML。但是不要用分号结束它，而是要放入一个等号来添加数据。

```
<?xml version="1.0" encoding="utf-8"?>
<mx:Application xmlns:mx="http://www.adobe.com/2006/mxml" ➥
layout="absolute">
    <mx:Script>
        <![CDATA[
            [Bindable]
            private var myData:XML =

        ]]>
    </mx:Script>
</mx:Application>
```

247

现在，我们要创建一个简单的XML结构，就像我们以前使用Model标签时所做的那样。

(4) 向myData:XML属性添加下列数据：

```
<?xml version="1.0" encoding="utf-8"?>
<mx:Application xmlns:mx="http://www.adobe.com/2006/mxml" ➥
layout="absolute">
    <mx:Script>
        <![CDATA[
            [Bindable]
            private var myData:XML =
            <stock name="In stock">
                <category name="Fiction"></category>
                <category name="Nonfiction">
                    <title name="Flash CS3 for Designers"></title>
                    <title name=➥
"Flex 3 with ActionScript 3.0"></title>
                    <title name=➥
"Dreamweaver CS3 with CSS, Ajax, and PHP"></title>
                </category>
            </stock>
        ]]>
    </mx:Script>
```

可以看出，这里的父子关系是stock—category—title。但是，请注意每个结点都有一个名为name的属性（我们在本章开头讲过XML结构和属性）。为了正确地行使功能，Tree控件需要有这个常见的属性。因此，如果打算使用这个控件，就需要仔细地规划好XML文件的结构，而它可能并不适用于所有的情况。

> 有很多不同的方法可以搭建XML数据的结构。我们在这里看到的是一些比较常见的技术。

Tree控件并不关心XML标签的名称，它所关心的只是父子关系。我们来看一个示例。

(5) 在Script代码块的下面，给Tree控件输入下列MXML标签：

```
<mx:Tree dataProvider="{myData}" width="400"/>
```

注意我们将dataProvider属性设置为XML变量myData。和我们以前见过的绑定属性一样，它是用大括号括起来的。此外，我们还设置了一个width属性。虽然这不是必需的，但使用Tree控件时强烈建议这么做，因为Tree控件无法自动调整其宽度来容纳不同的数据长度。 248

(6) 运行应用程序。从图6-37中可以看出，效果不对。

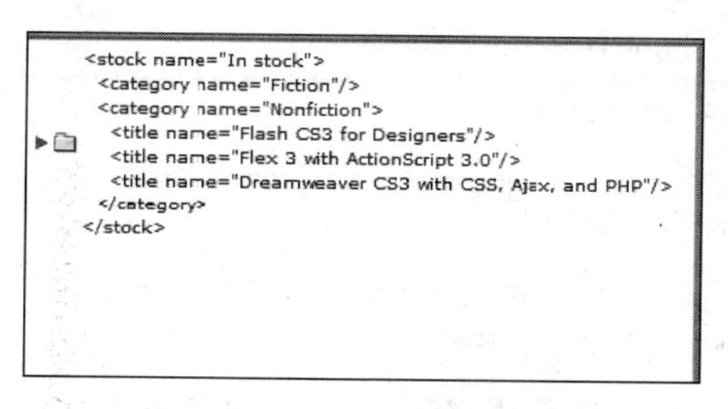

图6-37　运行最初的Tree控件

它只显示了基本的XML，而没有向我们展示完好的树状结构。这不是我们想要的结果。

我们需要做的是告诉Tree控件应该怎样创建分支。为了完成这项工作，我们要回到本章前面讨论的另一个主题：E4X。

之前我们快速地看过使用E4X的语法。不过，我们没有讨论如何访问XML文件内的属性。若想请求属性，就要使用@符号。所以如果想访问name属性，就会使用@name。

注意这个小的XML模型中的所有标签都有name属性。我们可以利用这一点，通过使用Tree控件的一个名为labelField的属性来告诉Tree控件根据name属性来建立分支。

(7) 向Tree控件添加labelField，并告诉它使用name属性，如下所示：

```
<mx:Tree dataProvider="{myData}" width="400" labelField="@name"/>
```

(8) 现在运行应用程序看看有什么不同，如图6-38所示。

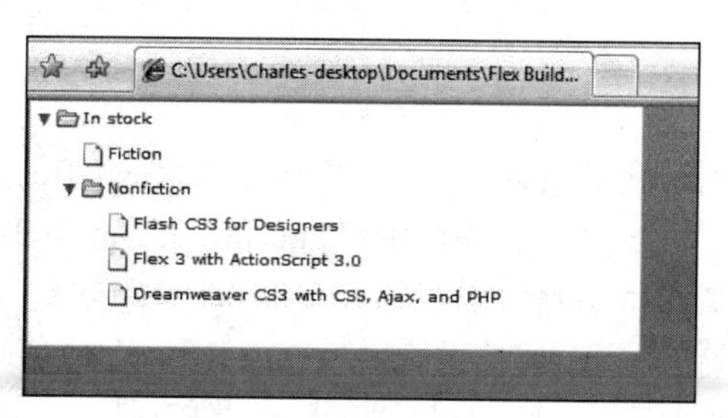

图6-38　正确行使功能的Tree控件

注意我们可以向下展开分支，并且可以在这个过程中清楚地看到基本的XML文件中的父子关系。这将允许用户轻松地导航至所需要的数据。 249

这里有一些直观的视觉提示来帮助用户。注意In stock和Nonfiction是用文件夹图标来表示的。这是因为它们有与之相关的子元素。在使用Tree控件时，这些元素叫做分支。但是，请注意Fiction

和每个Nonfiction标题的图标看上去像是右上角向下卷的纸张。这些叫做叶的图标意味着以此结束或者没有与之相关的子元素。

让我们把这个概念放到一个比较“现实”的情景中。

(9) 关闭现有的MXML应用程序，并新建一个名为Tree2_demonstration的应用程序。

(10) 如果需要，请将bookTree.xml导入到assets文件夹中。该文件应该包含在本章的下载文件中。

让我们停下片刻，看看bookTree.xml的结构。

```
<?xml version="1.0" encoding="utf-8"?>
<stock>
    <title name="Flash CS3 for Designers" isbn="159059861">
        <author name="Tom Green" />
    </title>
    <title name="Flex 3 with ActionScript 3.0" isbn="1590597338">
        <author name="Charles E. Brown" />
    </title>
    <title name="Dreamweaver CS3 with CSS, Ajax, and PHP" ➥
isbn="1590598598">
        <author name="David Powers" />
    </title>
</stock>
```

根结点是不带属性的stock。每个title结点有2个属性：name和isbn。最后，title的子结点author有1个属性：name。这一次，我们又看到了普遍使用的name属性。而且，我们可以清楚地看到其中的父子关系。

(11) 在MXML应用程序中创建一个HTTPService标签。将其id属性设置为treeData，将其url属性设置为../assets/bookTree.xml，并将其resultFormat属性设置为e4x。

```
<?xml version="1.0" encoding="utf-8"?>
<mx:Application xmlns:mx="http://www.adobe.com/2006/mxml" ➥
layout="absolute">
    <mx:HTTPService id="treeData" url="../assets/bookTree.xml" ➥
resultFormat="e4x"/>
</mx:Application>
```

我们还要做一些美化的工作来让应用程序变得好看。

(12) 在HTTPService标签的下面，创建一个宽度为900像素的HBox容器。

(13) 在HBox容器内创建2个id属性分别为leftPanel和rightPanel的Panel容器。

250

(14) 将左边的Panel容器的title属性设置为Friends of ED Adobe Library。

(15) 将右边的Panel容器的height属性设置为与左边的Panel容器的高度绑定。

我在这里使用了一点儿小技巧。在创建左边的Panel容器时，我们没有为其设置宽度和高度。它会自动调整至其内容的高度和宽度，在这个例子中，其内容就是一个Tree控件。我们让右边的容器和左边的容器等高。

此时的代码应该如下所示：

```
<?xml version="1.0" encoding="utf-8"?>
<mx:Application xmlns:mx="http://www.adobe.com/2006/mxml" ➥
layout="absolute">
```

```
    <mx:HTTPService id="treeData" url="../assets/bookTree.xml" ➥
resultFormat="e4x"/>
    <mx:HBox width="900">
        <mx:Panel id="leftPanel" title="Friends of ED Adobe Series">

        </mx:Panel>
        <mx:Panel id="rightPanel" height="{leftPanel.height}">

        </mx:Panel>
    </mx:HBox>
</mx:Application>
```

(16) 在HTTPService标签的上方，创建一个Script代码块，该代码块有2个可绑定的私有变量：类型为XMLList的treeXML，和类型为XML的selectedData。

```
<mx:Script>
    <![CDATA[
        [Bindable]
        private var treeXML:XMLList;

        [Bindable]
        private var selectedData:XML;
    ]]>
</mx:Script>
```

6

(17) 创建一个名为resultHandler的私有函数，它会接收一个类型为ResultEvent的参数evt，其返回类型是void。

```
private function resultHandler(evt:ResultEvent):void
{

}
```

事情到这里就需要讲究一点技巧。本章前面讲过，ResultEvent会使用属性result来返回数据，而Event类使用的属性则是target。我们需要做的是将HTTPService类的结果作为XML类型带入，然后让XML类将结果发送给XMLList变量。如果是编程新手，或者是ActionScript编程新手，这也许会让人有些费解。但是，通过多个类型传递数据在OOP环境中并不罕见。如果使用下列语法，应该每次都会管用。

251

(18) 向刚才创建的函数添加下列代码：

```
private function resultHandler(evt:ResultEvent):void
{
    var result:XML = evt.result as XML;
}
```

(19) 使用之前在6.7节中讲到的后代访问符将XML结果传递给XMLList变量treeXML。

```
private function resultHandler(evt:ResultEvent):void
{
    var result:XML = evt.result as XML;
    treeXML = result..title as XMLList;
}
```

这里有一个新的奇特的操作符：as。在第3章，我们讲过一些OOP概念，并讲过一切事物都是对象且所有对象都有一个与之相关的类型或类文件。在OOP用语里，这叫做类型转换操作符。实质上，它表示我们在把一种类型的数据转换成另一种类型的数据。在这个例子中，我们首先是把带入函数的数据转换成XML类型，然后在把它保存到treeXML之前将其转换成XMLList类型。

(20) 正如在我们最初讨论HTTPService时所做的那样，我们需要在标签中创建一个result事件，如下所示：

```
<mx:HTTPService id="treeData" url="assets/bookTree.xml" ➥
resultFormat="e4x" result="resultHandler(event)"/>
```

(21) 最后，要使用HTTPService标签的id在起始Application标签中创建一个creationComplete事件。这是要触发HTTPService来调用XML文件的。

```
<mx:Application xmlns:mx="http://www.adobe.com/2006/mxml" ➥
layout="absolute" creationComplete="treeData.send()">
```

> 如果愿意的话，可以像本章前面所讲的那样使用Debugging透视图检查连接。

现在我们设置好了所有连接。接下来需要做的是设置Tree控件并确定一种选择数据的方式。在Tree控件中选择数据时，我们是在触发一个更改事件。

252

(22) 为了适应这种更改，就要在Script代码块中为changeEvent处理函数构建下列框架结构：

```
private function changeHandler(evt:Event): void
{

}
```

现在，我们要在左边的Panel容器中构建Tree控件。

(23) 在左边的Panel容器中构建Tree控件。将其id属性设置为myTree，并使用change事件调用我们刚才创建的changeHandler函数。另外，要将dataProvider绑定到我们创建的XMLList变量treeXML上，并将其宽度设置为400像素。最后，添加一个labelField属性来查找name属性。代码应该如下所示：

```
<mx:Panel id="leftPanel" title="Friends of ED Adobe Library">
    <mx:Tree id="myTree" dataProvider="{treeXML}" ➥
labelField="@name" width="400" change="changeHandler(event)" />
</mx:Panel>
```

如果运行应用程序，就可以测试一下来确保数据到达了Tree控件。

(24) 运行应用程序。现在的界面应该类似于图6-39所示。

在本章前面讨论DataGrid控件时，我们讲到了数组。前面讲过，我们在选择数组中的某一项时，会设置属性selectedItem。现在我们就要利用这一点。

因为selectedItem一次只选择一项，所以我们会把数据发送到XML变量selectedData。要记住，数据的各个片段会发送到类XML，多条记录则会发送到XMLList。如果没有使用E4X，那就都会发送到类ArrayCollection。这些区别非常重要，因为我们需要针对具体的工作选择恰当的类。

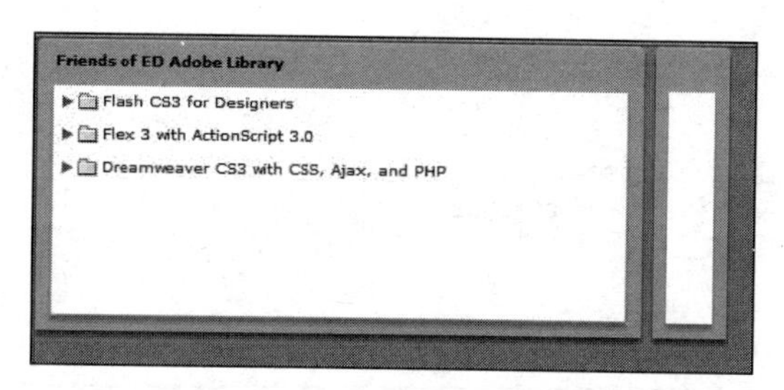

图6-39 发挥作用的Tree控件

(25) 回到changeHandler函数，并添加下列代码：

```
private function changeHandler(evt:Event): void
{
    selectedData = myTree.selectedItem as XML;
}
```


要记住所传递的参数Event载有全部的数据，我们在第5章已讨论过这一点。

现在我们必须有一个发送数据的目的地。为此，我们将使用右边的Panel容器。

(26) 在右边的Panel容器的内部放一个Form容器。将其宽度设置为400像素。

```
<mx:Panel id="rightPanel" height="{leftPanel.height}">
    <mx:Form width="400">

    </mx:Form>
</mx:Panel>
```

现在，我们要在这儿用一点儿技巧。我们将添加一个label属性为Book Name的FormItem，在这个FormItem内，我们将放入一个text属性为空的Label控件。

(27) 添加下面这个FormItem：

```
<mx:Panel id="rightPanel" height="{leftPanel.height}">
    <mx:Form width="400">
        <mx:FormItem label="Book Name">
            <mx:Label text=""/>
        </mx:FormItem>
    </mx:Form>
</mx:Panel>
```

这是个检查数据流的好地方。

HTTPService把XML文件的结果以E4X格式发送给resultHandler函数。resultHandler函数把结果（title）数据转换成类型XMLList，并把它发送给treeXML变量。treeXML变量把多行数据发送给Tree控件，tree控件又根据name属性把数据解析成多个分支。当我们选择Tree控件中的一个分支时，会导致有一个更改事件发送给changeHandler函数，因为它只是一条记录，所以changeHandler函数会把它发送给XML变量selectedData。

希望大家开始明白这个逻辑上的流程。

剩下的唯一一件要做的事情是让Form容器中Label控件的text属性读取这个XML变量，并选择它需要的数据。请记住，在使用E4X选择某个属性时，我们要使用@符号。

(28) 向Label控件的text属性添加下列绑定：

```
<mx:Form width="400">
    <mx:FormItem label="Book Name">
        <mx:Label text="{selectedData.@name}"/>
    </mx:FormItem>
</mx:Form>
```

254

(29) 运行应用程序并单击Tree控件中的书名（如图6-40所示）。

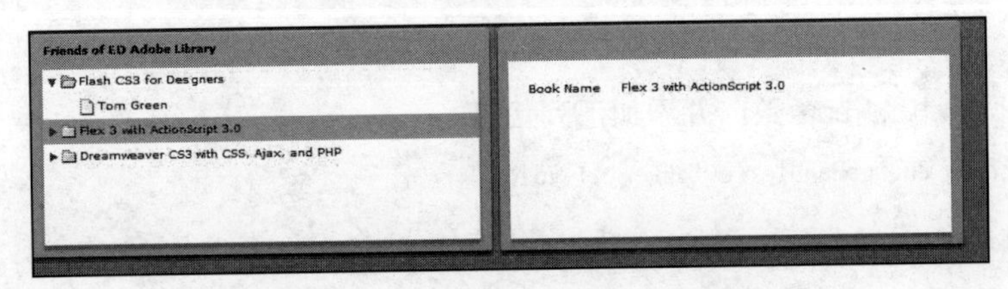

图6-40　单击书名并填写Label控件

> 如果单击树中的作者名，就会在Book Name字段中得到作者名。我们马上将解决这个问题。

(30) 再添加一个FormItem，并用ISBN号填写它，如下所示：

```
<mx:Panel id="rightPanel" height="{leftPanel.height}">
    <mx:Form width="400">
        <mx:FormItem label="Book Name">
            <mx:Label text="{selectedData.@name}"/>
        </mx:FormItem>
        <mx:FormItem label="ISBN Number">
            <mx:Label text="{selectedData.@isbn}"/>
        </mx:FormItem>
    </mx:Form>
</mx:Panel>
```

当运行应用程序时，我们现在应该会看到所添加的ISBN号。但是仍然有一个问题，因为如果选择作者名，Book Name字段就会用这个数据进行不恰当的填写。我们需要做的是测试父子关系，如果选中的是作者名，selectedItem就会发送回父分支。

为了完成这项工作，我们需要在changeHandler中构建一个条件语句。我们要测试一下，看看title结点是否被选中。如果没有被选中，我们就要强迫它被选中。

XML类有一个名为name()的函数，它会返回所选结点的名称。我们首先要设置一个类型为String、名字与所选结点同名的变量。

(31) 在changeHandler函数的内部，设置一个名为nodeName、类型为String的变量，并让它等于XML变量的name()函数。

```
private function changeHandler(evt:Event): void
{
    selectedData = myTree.selectedItem as XML;
    var nodeName:String = selectedData.name();
}
```

255

现在我们要构建一个if语句来测试一下，看看我们是否不在title结点上。在ActionScript以及大多数编程环境中，表示“不”的语法是!。所以!=就表示不等于。

(32) 在刚才设置的变量的下面构建下列if语句：

```
private function changeHandler(evt:Event): void
{
    selectedData = myTree.selectedItem as XML;
    var nodeName:String = selectedData.name();

    if(nodeName != "title")
    {

    }
}
```

如果选中的不是title，这个条件语句就会运行。在我们这个例子中，唯一的他选是author结点。

XML类还有一个函数叫做parent()，它会选中所选结点的父结点。如果父结点没被选中的话，我们就可以在if语句中使用它来选择父结点。

6

(33) 在if语句的主体部分填入下列代码：

```
if(nodeName != "title")
{
    selectedData = selectedData.parent();
}
```

注意我们是让它先看看已有的XML记录，然后再到该记录的父结点。

我们最好在这里看看完成之后的代码。

```
<?xml version="1.0" encoding="utf-8"?>
<mx:Application xmlns:mx="http://www.adobe.com/2006/mxml" ➥
layout="absolute" creationComplete="treeData.send()">
<mx:Script>
    <![CDATA[
        import mx.rpc.events.ResultEvent;
        [Bindable]
        private var treeXML:XMLList;

        [Bindable]
        private var selectedData:XML;

        private function resultHandler(evt:ResultEvent):void
        {
            var result:XML = evt.result as XML;
            treeXML = result..title as XMLList;
        }
        private function changeHandler(evt:Event): void
        {
            selectedData = myTree.selectedItem as XML;
            var nodeName:String = selectedData.name();
```

```
                if(nodeName != "title")
                {
                    selectedData = selectedData.parent();
                }
            }
        ]]>
    </mx:Script>
        <mx:HTTPService id="treeData" url="../assets/bookTree.xml" ➥
    resultFormat="e4x" result="resultHandler(event)"/>
        <mx:HBox width="900">
            <mx:Panel id="leftPanel" title="Friends of ED Adobe Library">
                <mx:Tree id="myTree" dataProvider="{treeXML}" ➥
    labelField="@name" width="400" change="changeHandler(event)" />
            </mx:Panel>
            <mx:Panel id="rightPanel" height="{leftPanel.height}">
                <mx:Form width="400">
                    <mx:FormItem label="Book Name">
                        <mx:Label text="{selectedData.@name}"/>
                    </mx:FormItem>
                    <mx:FormItem label="ISBN Number">
                        <mx:Label text="{selectedData.@isbn}"/>
                    </mx:FormItem>
                </mx:Form>
            </mx:Panel>
        </mx:HBox>
    </mx:Application>
```

(34) 运行应用程序。当单击作者名时，它应该工作正常。

这里还有一个小问题。如果运行应用程序并单击展开箭头而不是单击数据项本身，数据就不会被选中。通过创建另一个处理函数并向它传递一个类型为TreeEvent的事件（我在第5章告诉过大家，我们会用到大量不同的事件）就可以轻松地修复这个问题。

(35) 在Script代码块中添加另一个名为openTree的事件处理程序，并向它传递一个类型为TreeEvent的参数，其返回类型是void。

```
private function openTree(evt:TreeEvent):void
{

}
```

257

Tree控件有一个itemOpen事件。

(36) 在Tree控件中，将itemOpen事件设置如下：

```
<mx:Tree id="myTree" dataProvider="{treeXML}" labelField="@name" ➥
width="400" change="changeHandler(event)" itemOpen="openTree(event)" />
```

我们将openTree处理程序的主体设置得与changeHandler函数很像。但是我们不需要担心被选中的子结点，因为如果选中了展开箭头，分支（而不是叶）就一定会被选中。

(37) 向openTree处理程序的主体添加下列代码：

```
private function openTree(evt:TreeEvent):void
{
```

```
        selectedData = evt.item as XML;
    }
```

(38) 运行应用程序。当单击展开箭头时，数据应该会被选中。

我希望大家看到，Tree控件为XML数据提供了一些强大的导航方法。

现在，我们要回到DataGrid控件，或者至少是回到它的一种变体。

6.15 AdvancedDataGrid 组件

Adobe在Flex 3中引入了一个新的控件：AdvancedDataGrid控件。

这个新的控件结合了Flex 2的用户所需要的很多功能。在写作本书时，我还不太清楚为什么Adobe公司不把这些功能合并到现有的DataGrid控件中。而且，我也不太明白这两个控件在将来会如何并存。不过，在Flex 3中，这些是我们必须使用的工具。

AdvancedDataGrid具有与标准的DataGrid控件相同的所有功能，并且还有一些值得注意的附加功能。这其中最值得注意的是它具有汇总网格内数据的能力。我将在这里演示这个功能。

(1) 删除现有应用程序文件中起始和结束Application标签之间的所有代码。

(2) 创建一个HTTPService标签，将其ID设置为bookStock，它将访问位于assets文件夹中的books.xml文件。result事件将调用Script代码块中的一个函数bookHandler()，该函数将把值赋给名为bookData、类型为ArrayCollection的可绑定变量。必需的import语句应该会自动写好。另外，在起始Application标签中应该有一个针对HTTPService的creationComplete事件。因为所有这些工作都是已经讲过的，所以大家应该能够自己编写代码。写好之后，代码应该如下所示：

258

```
<?xml version="1.0" encoding="utf-8"?>
<mx:Application xmlns:mx="http://www.adobe.com/2006/mxml" ➥
layout="absolute" creationComplete="bookStock.send()">
<mx:Script>
    <![CDATA[
        import mx.rpc.events.ResultEvent;
        import mx.collections.ArrayCollection;

        [Bindable]
        private var bookData:ArrayCollection;

        private function bookHandler(evt:ResultEvent):void
        {
            bookData = evt.result.books.stock;
        }
    ]]>
</mx:Script>
    <mx:HTTPService id="bookStock" url="assets/books.xml" ➥
result="bookHandler(event)"/>

</mx:Application>
```

现在，我们要设置AdvancedDataGrid控件。语法几乎是一样的，只不过我们使用的不是DataGrid和DataGridColumn，而是AdvancedDataGrid和AdvancedDataGridColumn。

(3) 在HTTPService标签的下面设置AdvancedDataGrid控件，如下所示：

```
<mx:AdvancedDataGrid dataProvider="{bookData}" width="70%">
    <mx:columns>
        <mx:AdvancedDataGridColumn dataField="category" ➥
headerText="Category" width="125"/>
        <mx:AdvancedDataGridColumn dataField="author" ➥
headerText="Book Author" width="225"/>
        <mx:AdvancedDataGridColumn dataField="name" ➥
headerText="Book Name" width="500"/>
    </mx:columns>
</mx:AdvancedDataGrid>
```

(4) 运行应用程序。除了一些细微的差别，界面应该类似于图6-41所示。

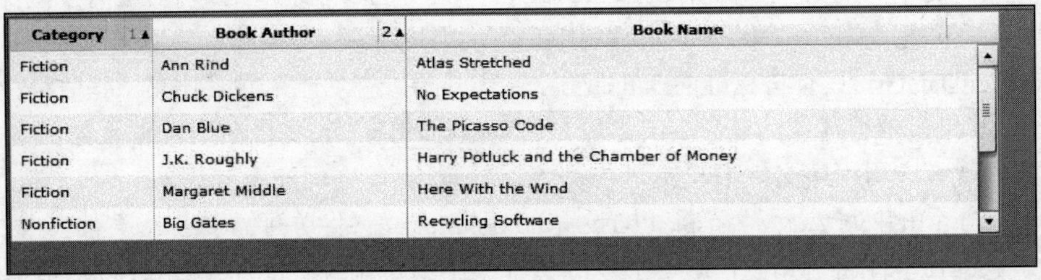

Category 1 ▲	Book Author 2 ▲	Book Name
Fiction	Ann Rind	Atlas Stretched
Fiction	Chuck Dickens	No Expectations
Fiction	Dan Blue	The Picasso Code
Fiction	J.K. Roughly	Harry Potluck and the Chamber of Money
Fiction	Margaret Middle	Here With the Wind
Nonfiction	Big Gates	Recycling Software

259

图6-41　AdvancedDataGrid控件

注意每个列标题的右边有一个额外的控件区域。当把鼠标悬停在这些区域的上方时，就会出现可以单击的数字。我们可以使用这些数字来进行多重排序。例如，我们可以选择Category来进行初始排序，然后选择Book Author来进行二级排序。此功能只能用于AdvancedDataGrid控件中。

不过，AdvancedDataGrid控件的真正厉害之处是能够给数据分组。例如，假设我们要按照类别来给数据分组。为了完成这项工作，就要在AdvancedDataGrid控件和ActionScript中编写一点儿代码。

(5) 在AdvancedDataGrid控件中删除dataProvider属性。

(6) 在AdvancedDataGrid控件的起始标签的下面，将dataProvider提取出来作为单独的容器。前面讲过，我们可以把某个属性提取出来作为单独的容器以方便它存放多个值。

```
<mx:AdvancedDataGrid width="70%">
    <mx:dataProvider>

    </mx:dataProvider>
    <mx:columns>
        <mx:AdvancedDataGridColumn dataField="category" ➥
headerText="Category" width="125"/>
        <mx:AdvancedDataGridColumn dataField="author" ➥
headerText="Book Author" width="225"/>
        <mx:AdvancedDataGridColumn dataField="name" ➥
headerText="Book Name" width="500"/>
    </mx:columns>
</mx:AdvancedDataGrid>
```

(7) 在dataProvider容器内再创建一个名为GroupingCollection的容器。我们必须为GroupingCollection容器指定一个唯一的ID，从而使ActionScript能够访问它。在这里，我们将它命名为bookGroup。

```
<mx:AdvancedDataGrid width="70%">
    <mx:dataProvider>
        <mx:GroupingCollection id="bookGroup">

        </mx:GroupingCollection>
    </mx:dataProvider>
```

(8) 在该容器内再创建一个名为Grouping的容器。

```
<mx:GroupingCollection id="bookGroup">
    <mx:Grouping>

    </mx:Grouping>
</mx:GroupingCollection>
```

260

(9) 通过使用新的GroupingField标签给我们想要编组的字段命名。

```
<mx:GroupingCollection id="bookGroup">
    <mx:Grouping>
        <mx:GroupingField name="category"/>
    </mx:Grouping>
</mx:GroupingCollection>
```

大家现在可能好奇数据是如何进入AdvancedDataGrid控件中的。毕竟，我们没有像以前那样引用ArrayCollection。

在AdvancedDataGrid控件中，我们将向GroupingCollection标签添加另一个名为source的属性。source属性将绑定到ArrayCollection上。

(10) 向GroupingCollection标签添加source属性：

```
<mx:GroupingCollection id="bookGroup" source="{bookData}">
```

如果现在运行应用程序，只会得到一个空白的DataGrid。导致这种结果的原因是为了显示数据，GroupingCollection需要进行刷新。这正是我们为其指定ID的原因之一。

(11) 回到bookHandler()函数，再添加一行代码，这行代码将调用GroupingCollection类的refresh()函数。

```
private function bookHandler(evt:ResultEvent):void
{
    bookData = evt.result.books.stock;
    bookGroup.refresh();
}
```

> AdvancedDataGrid控件的文档表明：通过使用initialize属性，可以把refresh()函数放入到AdvancedDataGrid标签中。在写作本书时，我使用这项技术会遇到一些结果不一致的问题。我发现通过把它放在处理程序中，结果就会一致得多。

(12) 运行应用程序，我们应该会看到类似于图6-42所示的树状控件。我们可以打开树状结构，并在该类别内层级而下地找到数据。

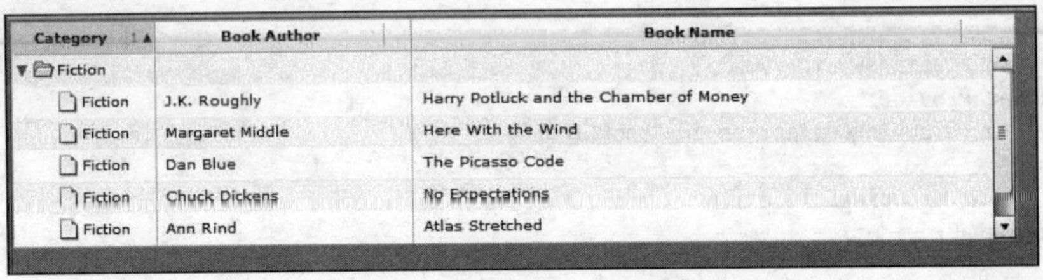

261

图6-42　在AdvanceDataGrid控件中分组的数据

当然，如果愿意的话，我们可以通过添加更多的GroupingField标签在多个列上进行分组。

AdvancedDataGrid最终会替代DataGrid吗？或者AdvancedDataGrid的功能最终会合并到DataGrid控件中吗？唯有让时间来告诉我们。

6.16　小结

本章介绍了很多内容。首先，简要看了一下XML数据和结构。然后，我们讨论了如何使用HTTPService类来连接数据。之后，又介绍了一些显示数据的方法，其中包括强大的DataGrid和Tree控件。这期间，我们又学习了一些使用ActionScript 3.0的知识，尤其是数组，还有XML和XMLList类以及与其相关的属性和函数。最后，我们见识了强大的新控件AdvancedDataGrid。

262

在下一章，我们将看看如何用CSS来格式化数据，以及Flex内部的一些格式化功能。

第7章

格式化和CSS

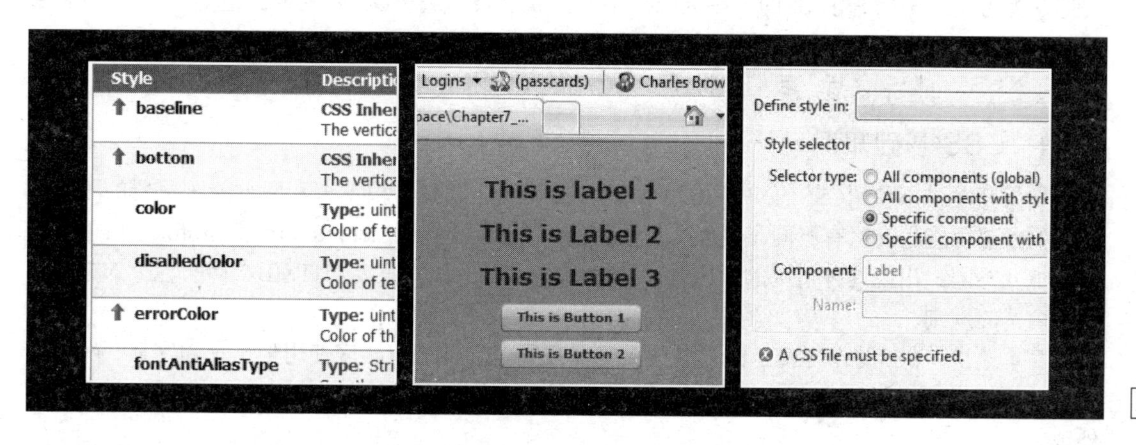

学习Flex的人可能都具有一些Web设计经验。倘若你确实有一些Web设计经验，那么你很可能使用过CSS（Cascading Style Sheets，层叠样式表）来格式化HTML文档。这种格式化可能包括选择字体、字号、颜色、各个元素在页面中的位置等。

好在我们的CSS知识对Flex而言并不过时。我们将要看到，CSS在这里只是用法略有不同。

本章内容如下：

- 讲解一些使用CSS的基础知识；
- 探讨Flex是如何使用CSS的，其中包括Flex Builder 3的一些新特性；
- 使用Validator和Formatter类；
- 结合MXML与ActionScript 3.0来执行验证。

别担心，如果没有使用CSS的经验，也不会影响这里的学习，我会解释其中的每一个步骤。

7.1 Flex 与 CSS

现在的大部分Web设计师都使用过CSS。事实上，优秀的XHTML设计需要内容、表现与结构的三者分离。

在新式的XHTML与CSS Web设计中，XHTML处理的是网站的结构。内容要么是静态的，包含在XHTML中；要么由某种数据源处理。最后，网站的外观（背景色、图像、颜色和字体等）

由CSS处理。这种工作上的划分显著提高了网站的灵活性和可维护性。

我要给大家带来一些好消息（同时没有任何坏消息）：我们可以在Flex中使用CSS。事实上，我们可以用两种方法使用CSS：可以像对待大多数的网站设计那样创建一个外部样式表；也可以使用Style类（或对应的MXML标签）在内部定义样式。

为了方便，我们将在这里使用后一种技术。

按照我刚才在前面的段落中所讲的，相对于在HTML中的使用，CSS在Flex中的功用是有限的。例如，CSS在Web设计中常用于布置XHTML页面内的各种对象。可是我们已经在前面章节中看到，无需使用CSS，我们就可以非常容易地布置Flex应用程序中的各项内容。大家一开始可能会把这视为在Flex中使用CSS的一种局限。不过，我的技术编辑David Powers说得好："读者很快就会发现Flex提供了诸多在XHTML中不可能有的属性和样式。"

266 了解了这些限制之后，我们来讲述一下CSS的基本术语和语法。

7.1.1 CSS基础知识

如果开发过不使用CSS的XHTML页面，可能就会注意到：根据查看网页的浏览器的不同，网页的外观可能也会略有不同。例如，页面中的空白页边在Internet Explorer和Firefox中可能看起来有点儿不同。出现这种情况的原因是：每个浏览器对于如何呈现XHTML文档的各个部分都有一组内建的规则。

简单地说，CSS的作用就是覆写这些浏览器规则，告诉浏览器应使用你指定的字体、颜色和大小等来显示某个标签（如<h1>标签）。如此一来，在各种不同的浏览器中就能得到更加统一的外观。

了解了这些，就可以明白CSS是一组规则，用来告诉浏览器应该如何显示XHTML文档中的各种元素。不过，这些规则必须有准确的语法。在这里，我们用一个基本的CSS示例来看看它的语法：

```
h1 {color:red;}
```

这条规则中的h1所在的部分叫做选择器，即应用规则的那个元素。{color:red;}所在的部分叫做声明。

在声明内，单词color叫做属性，red是赋给该属性的值。注意声明是用大括号（{}）围起来的。另外，请注意属性和值是由一个冒号（:）隔开的。

我们可以在声明内设置多个属性，如下所示：

```
h1 {
        color:red;
        font:Arial;
        font-style:italic;
        text-align:center;
    }
```

注意每个声明都是以分号（;）结尾。

我们还可以对多个元素指定同一条规则，如下所示：

```
h1, h2, h3{color:red;}
```

当然，这就表示：只要是<h1>、<h2>或<h3>元素，就要将文本显示为红色。

目前为止，我们看到的这些规则只是应用到某个特定的标签上的。还有一种类型的规则，叫做类规则。类规则以圆点和想要的名称开头。例如：

```
.myStyle{color;red;}
```

类规则的优点是：它可以随时应用于任何元素。在XHTML中，元素就是页面上的标签。

267

那么，这些规则应放在哪里呢？

在XHTML中，我们可以把CSS规则放在3个地方：放在文本文档中，该文档可以被网站中的任意页面引用；放在特定页面的标题中，使规则仅应用于该页面；放在特定的代码行上，使规则仅应用于这一行。如果规则是放在外部文件中的，就叫做*链接*或*外部样式表*。如果规则是在特定文档的标题内调用的，就叫做*内嵌*样式表。特定行上的规则叫做*行内*样式。

内嵌样式优先于外部样式中的规则，行内样式则优先于其他所有样式。所以，如果同时有包含下列规则的外部CSS

```
h1{color:red;}
```

和包含下列规则的内嵌样式

```
h1{color:blue;}
```

后者就会覆盖前者，因此我们看到的标题会是蓝色，而不是红色。

至此，CSS在Flex中功能有限的原因可能就变得显而易见了。除了调用Flash Player之外，Flex不会用到浏览器。而Flex应用程序是（作为SWF文件）在Flash Player中显示的，所以不会有浏览器差别方面的问题。

相反，我们可以使用CSS处理一些普遍的格式问题，即应用程序的各种组件可能遇到的那些问题。让我们看看如何做这件事情。

7.1.2 在 Flex 中使用 CSS

根据需要来启动Flex Builder 3。

因为我们不会再使用第6章练习中的应用程序文件，所以大家可以使用前面章节中所讲的方法关闭或删除它们。

(1) 创建一个名为Chapter7_project的新Flex项目。可以为MXML应用程序文件采用默认的名称。

(2) 在起始Application标签中，将布局方式改为vertical。

(3) 在起始和结束Application标签之间创建3个带有默认文本的Label标签和2个带有标示语文本的Button标签。

```
<?xml version="1.0" encoding="utf-8"?>
<mx:Application xmlns:mx="http://www.adobe.com/2006/mxml" ➥
layout="vertical">
     <mx:Label text="This is label 1"/>
```

```
    <mx:Label text="This is Label 2"/>
    <mx:Label text="This is Label 3"/>
    <mx:Button label="This is Button 1"/>
    <mx:Button label="This is Button 2"/>
</mx:Application>
```

268

(4) 保存应用程序并运行它，此时的界面应该类似于图7-1所示。

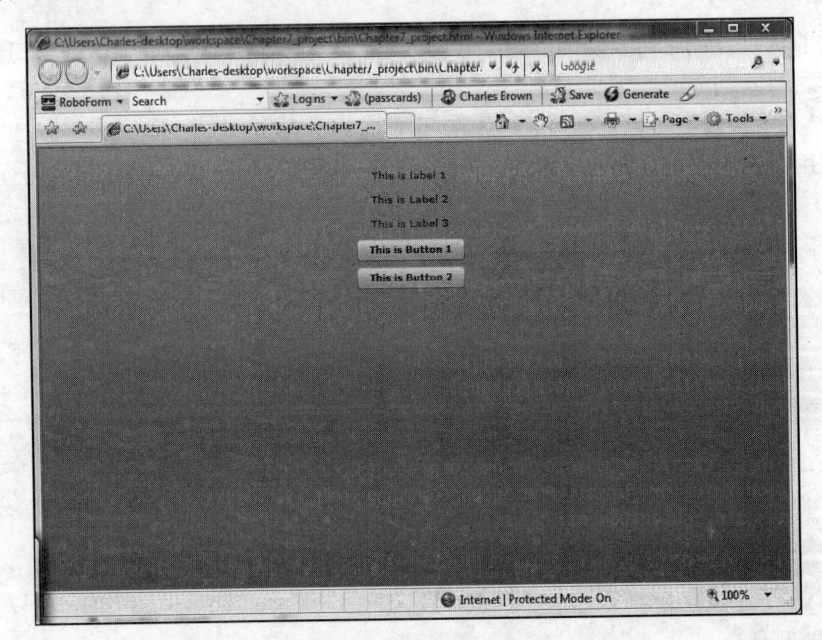

图7-1 最初的项目设置

默认情况下，Label控件使用的10像素的字，Buttons控件使用的是10像素的加粗字体。

(5) 关闭浏览器并回到应用程序中。

(6) 在起始Application标签的下面键入<mx:Style。不要关闭标签。

如果按空格键，就会注意到Style类有一个属性：source。如果是把应用程序链接到外部的CSS文件，我们就会使用source属性。因为我们在这里不是链接到外部的CSS文件，所以只要使用字符>将标签作为容器关闭即可。现在我们应该有一个起始和结束Style标签。

我们要把CSS规则放在Style容器内。

在放入规则之前，我们来看一些有趣的事情。

(7) 就像我们在前面的章节中所做的那样打开Label类的文档，其方法是单击所创建的3个Label标签中其中一个的“Label”一词并按F1键。(在Mac机上，应选择Help → Dynamic Help命令来显示Related Topics面板。) 打开文档之后，马上向下滚动至Styles部分，如图7-2所示。

269

在这里，我们看到了Label类的可用样式以及可以由CSS使用的样式。每个可视化组件类都有一个相近的部分。花些时间看看Label和Button类的可用样式。可以看出，很多样式属性通常是我们在XHTML环境下使用CSS时所看不到的。

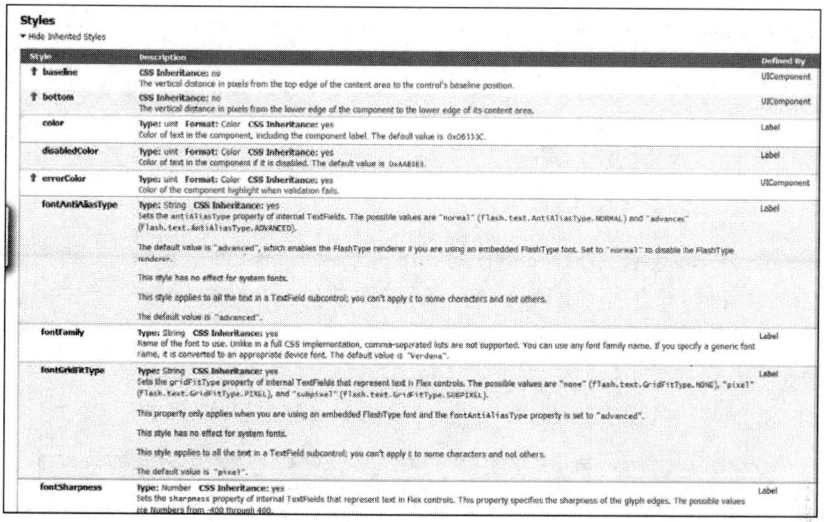

Styles

▾ Hide Inherited Styles

Style	Description	Defined By
↑ baseline	**CSS Inheritance:** no The vertical distance in pixels from the top edge of the content area to the control's baseline position.	UIComponent
↑ bottom	**CSS Inheritance:** no The vertical distance in pixels from the lower edge of the component to the lower edge of its content area.	UIComponent
color	**Type:** uint **Format:** Color **CSS Inheritance:** yes Color of text in the component, including the component label. The default value is 0x0B333C.	Label
disabledColor	**Type:** uint **Format:** Color **CSS Inheritance:** yes Color of text in the component if it is disabled. The default value is 0xAAB3B3.	Label
↑ errorColor	**Type:** uint **Format:** Color **CSS Inheritance:** yes Color of the component highlight when validation fails.	UIComponent
fontAntiAliasType	**Type:** String **CSS Inheritance:** yes Sets the antiAliasType property of internal TextFields. The possible values are "normal" (flash.text.AntiAliasType.NORMAL) and "advanced" (flash.text.AntiAliasType.ADVANCED). The default value is "advanced", which enables the FlashType renderer if you are using an embedded FlashType font. Set to "normal" to disable the FlashType renderer. This style has no effect for system fonts. This style applies to all the text in a TextField subcontrol; you can't apply it to some characters and not others. The default value is "advanced".	Label
fontFamily	**Type:** String **CSS Inheritance:** yes Name of the font to use. Unlike in a full CSS implementation, comma-separated lists are not supported. You can use any font family name. If you specify a generic font name, it is converted to an appropriate device font. The default value is "Verdana".	Label
fontGridFitType	**Type:** String **CSS Inheritance:** yes Sets the gridFitType property of internal TextFields that represent text in Flex controls. The possible values are "none" (flash.text.GridFitType.NONE), "pixel" (flash.text.GridFitType.PIXEL), and "subpixel" (flash.text.GridFitType.SUBPIXEL). This property only applies when you are using an embedded FlashType font and the fontAntiAliasType property is set to "advanced". This style has no effect for system fonts. This style applies to all the text in a TextField subcontrol; you can't apply it to some characters and not others. The default value is "pixel".	Label
fontSharpness	**Type:** Number **CSS Inheritance:** yes Sets the sharpness property of internal TextFields that represent text in Flex controls. This property specifies the sharpness of the glyph edges. The possible values are Numbers from -400 through 400.	Label

图7-2 Label类的Styles文档

(8) 如果愿意，可以关闭文档并回到应用程序。在起始和结束Style标签之间单击。

参见前面关于CSS语法的讲解，Flex会使用3种不同类型的选择器。

- 全局选择器应用于应用程序中的所有类。
- 类型选择器应用于特定的类。
- 类选择器的工作方式与我们之前所讲的方式几乎相同，因为它们可以在任意时刻应用于任意的类。

> 在Flex中使用CSS时，不要将术语“类选择器”与ActionScript类混淆了。我们将在本章后面看到，这两者毫无关系。

在这里，我们将用到这3种选择器。

假设我们要对Label类的所有实例应用样式。在这个例子中，我们会使用一个带有词语“Label”的类型选择器。注意它是区分大小写的。

270

(9) 按如下所示进行设置：

```
<mx:Style>
    Label{
            }
</mx:Style>
```

> 在写作本书时，Flex Builder并不会自动缩进Style标签内的大括号。我们可以通过按空格键来对此进行调整，使它们按照我们的意愿适当缩进。

从现在起，我们的声明和以前看到的声明将几乎相同，只是会有一些微小的变化。

举个例子，假设我们想让3个Label实例中的文本为18像素的粗体文字。

(10) 输入下列声明：

```
<mx:Style>
    Label{
                font-size:18;
                font-weight:bold;
          }
</mx:Style>
```

注意这里的语法和以前在XHTML中使用CSS的语法几乎相同。不过，二者有一个小小的差别。在XHTML中，我们可以为字号大小使用各种各样的度量单位。例如，我们可以使用像素、磅和em等。在Flex中，只能使用像素这个度量单位，所以，在Flex中我们不需要指定字号大小所使用的度量单位。

(11) 现在，保存应用程序并运行它，此时的界面应该类似于图7-3所示。

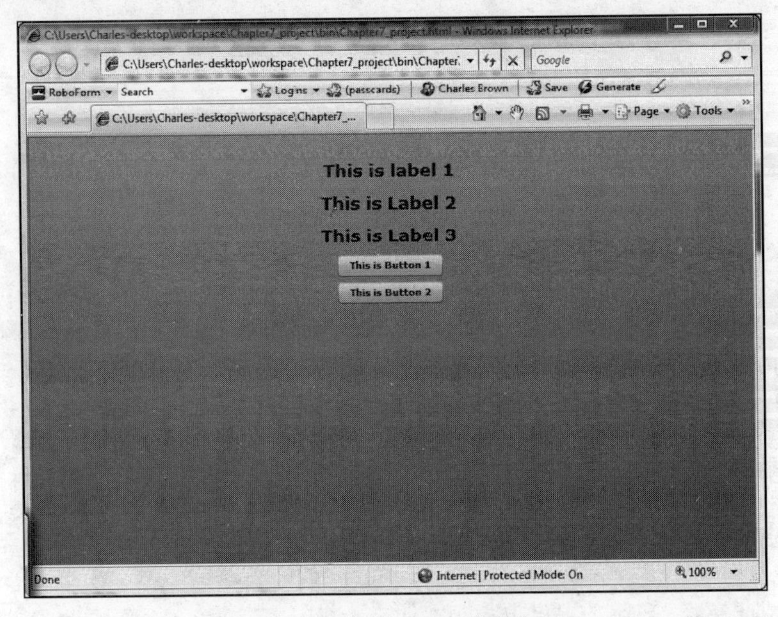

图7-3　使用CSS的应用程序

注意一条CSS规则一下子处理了Label类的所有3个实例，这就是Flex中CSS的威力所在。

Flex允许我们在CSS声明中使用有点儿像ActionScript的另一种语法。

```
<mx:Style>
    Label{
                fontSize:18;
                fontWeight:bold;
          }
</mx:Style>
```

271

注意属性名中的连字号用骆驼拼写法替代了。得到的结果完全一样。大家可以随意使用最顺手的那种语法。但是要记住，和Flex中的其他所有事物一样，样式名是区分大小写的。为了保持一致性，在本书后面的大部分示例中，我将使用骆驼拼写法。不过，为了举例，我可能偶尔会展示其他的拼写方法。要记住的是，不管使用哪种拼写方法，都能让我们得到相同的结果。

假设我们想在Button类中把文本大小改成8个像素，修改方法与之前相似。我们要为Button类创建第2个类型选择器，如下所示：

```
<mx:Style>
    Label{
                fontSize:18;
                    fontWeight:bold;
            }
   Button{
                fontSize:8;
            }
</mx:Style>
```

272

如果保存并运行应用程序，应该就会看到文本Button的大小有了变化。

(12) 打开Button类的文档，并定位到Styles部分。找到fillColors样式，如图7-4所示。

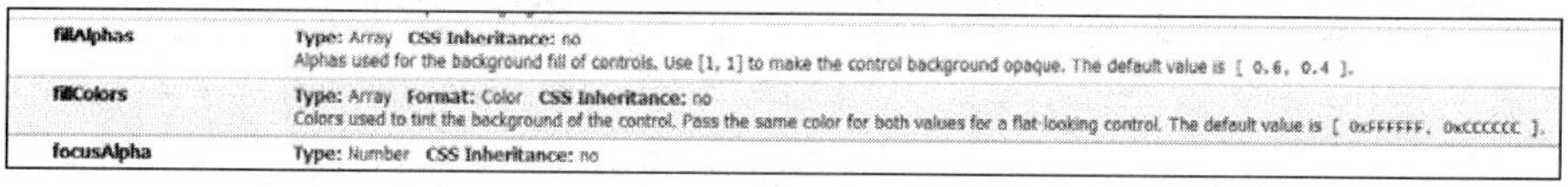

fillAlphas	Type: Array　CSS Inheritance: no Alphas used for the background fill of controls. Use [1, 1] to make the control background opaque. The default value is [0.6, 0.4].
fillColors	Type: Array　Format: Color　CSS Inheritance: no Colors used to tint the background of the control. Pass the same color for both values for a flat-looking control. The default value is [0xFFFFFF, 0xCCCCCC].
focusAlpha	Type: Number　CSS Inheritance: no

图7-4　fillColors样式

注意它的类型是Array。这表示我们可以让Button实例具有一种渐变的外观。例如，假设我们想让Button控件有一种从白到蓝的垂直渐变（虽然不是那种最漂亮的颜色组合，但却允许我们轻易地看到渐变）。在写作本书时，似乎并没有任何创建垂直渐变的选项，除非是使用诸如Fireworks、Illustrator或Photoshop之类的图像程序。

我们可以使用主要颜色的十六进制码或色彩关键词。各个颜色间用逗号隔开。

(13) 在Button类型选择器中添加下列代码。在这个示例中，我们同时使用了颜色的十六进制码和关键词。同时使用这两者是为了向大家展示使用它们的方法。

```
Button{
        fontSize:8;
        fillColors:#FFFFFF, blue;
    }
```

(14) 保存并运行应用程序。我们应该会看到按钮的渐变填充。

我们再来试用一个样式属性cornerRadius，它允许我们将Button类的实例处理成圆角。

(15) 在Button选择器声明中添加下列样式。

```
Button{
            fontSize:8;
            fillColors:#FFFFFF, blue;
            cornerRadius:20;
        }
```

(16) 保存并运行应用程序，现在的界面应该类似于图7-5所示。

273

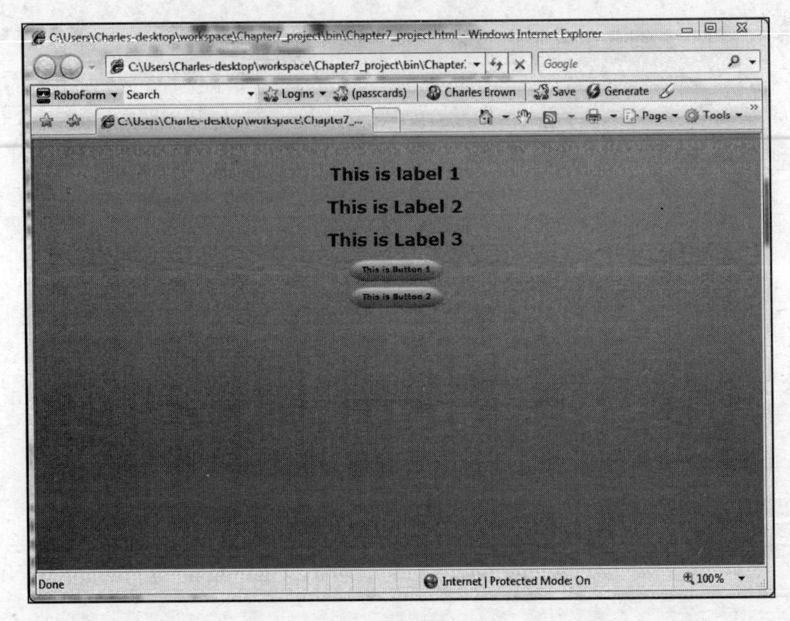

图7-5　圆角按钮

现在，假设我们想让所有对象的字体为Comic Sans MS（大家可以使用任何想要的字体）。我们可以使用global选择器轻松地完成这项工作。注意global的首字母g是小写的。在这之后，一切都和我们使用类型选择器时完全一样。

(17) 输入如下所示的global选择器：

```
<mx:Style>
    Label{
                    fontSize:18;
                    fontWeight:bold;

            }

    Button{
                    fontSize:8;
                    fillColors:#FFFFFF, blue;
                    cornerRadius:20;
              }

    global{
                    fontFamily: "Comic Sans MS";
              }
</mx:Style>
```

274

> 注意字体名称是放在引号中的。如果字体名称是一个单词，如Arial，就不需要使用引号。但是，当字体名称中有多个单词时就需要使用引号。为了保持一致性，把所有字体名称都放在引号中可能不失为一种好的做法。

(18) 保存应用程序并试用一下（如图7-6所示）。

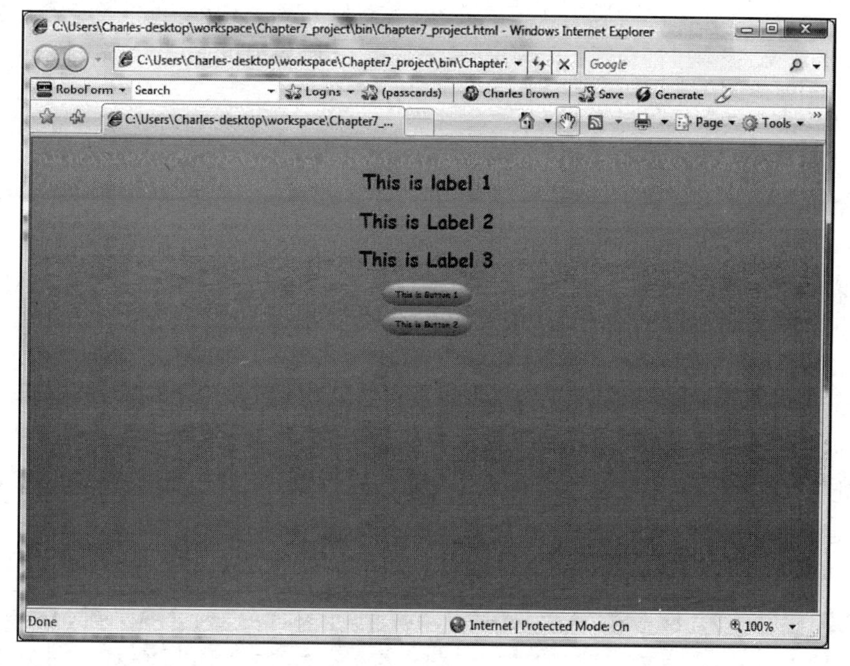

图7-6　字体全部改变

最后，假设我们想让第2个Label实例变为蓝色。我们可以像在XHTML中那样使用一个类选择器，这是因为我们可以自己选定所使用的选择器的名称。不过，它必须以点开头。

假设要创建一个叫做.blueColor的类选择器，我们会按如下所示在起始和结束Style标签内输入它。

```
.blueColor{
        color:#0000FF;
    }
```

事情在这里开始有一些变化。如果想把这个类指派给第2个Label实例，就要使用属性styleName，而不是使用在XHTML中所使用的类属性。

275

(19) 将第2个Label修改如下：

```
<mx:Label text="This is Label 2" styleName="blueColor"/>
```

我们在引用类名称时并不使用点，而且这个引用是区分大小写的。

如果保存并运行应用程序，第2个标示语的文本现在应该是蓝色的。

最后，要在这里说明一点。如果把规则放在一个外部CSS文件中，它不会像在XHTML环境中那样在运行时加载。相反，它会编译到最后的SWF文件中。这表示如果对CSS规则做出改变，就需要重新编译SWF文件才能让这些变更生效。一种让其在运行时加载的方法是使用setStyle函数，大多数组件都可以使用这个函数。但是它非常耗费资源，我强烈建议不要使用它，除非是非常特殊的情况。

掌握了在Flex中创建CSS规则的基础知识之后，我要打乱一下大家的学习步骤，不过是以一种好的方式。Flex 3提供了两个新工具来帮助我们在Design透视图中创建CSS规则。

7.1.3　Flex 3与CSS

Flex 3为我们带来了一些有助于使用CSS的新工具。实际上，有一个是新工具，另一个是Flex 2就有的，但不太为人们所知。我们先来看看Flex 2本身就有的工具。

1．Flex Style Explorer

Flex Style Explorer是一个在线工具，它会用直观的方式为我们创建CSS规则，然后允许我们把这些规则复制并粘贴到应用程序中。因为这是一个在线应用程序，所以我们需要有因特网连接才能试用它。

我们可以在下列地址中找到Flex Style Explorer：http://examples.adobe.com/flex3/consulting/styleexplorer/Flex3StyleExplorer.html#。

让它处于打开状态，并返回到应用程序代码中。

(1) 新建一个Flex应用程序或删除起始和结束Application标签之间的所有代码。

276

(2) 在起始和结束标签之间添加一个Panel容器，将其标题设置为Testing CSS。

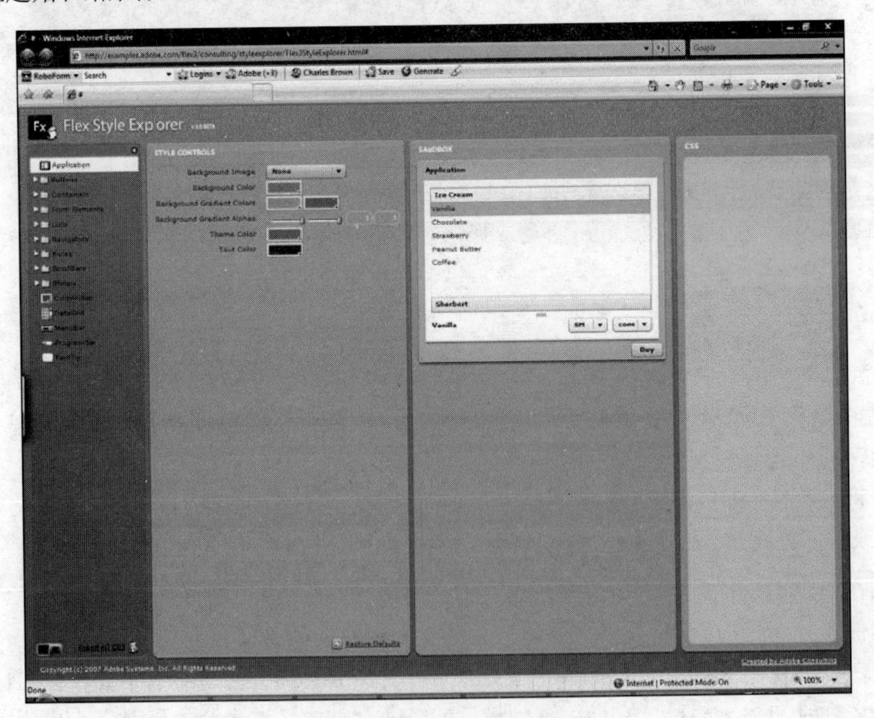

图7-7　Flex Style Explorer

(3) 在Panel容器的内部放入一个Text MXML标签，并为它设置一些默认的文本。

```
<?xml version="1.0" encoding="utf-8"?>
<mx:Application xmlns:mx="http://www.adobe.com/2006/mxml" ➥
layout="vertical">
     <mx:Panel title="Testing CSS">
          <mx:Text text="This is a test of the Flex Style Explorer.➥
 Wait till you see how easy it is to use"/>
     </mx:Panel>
</mx:Application>
```

(4) 保存并运行应用程序，它看上去应该非常标准（如图7-8所示）。

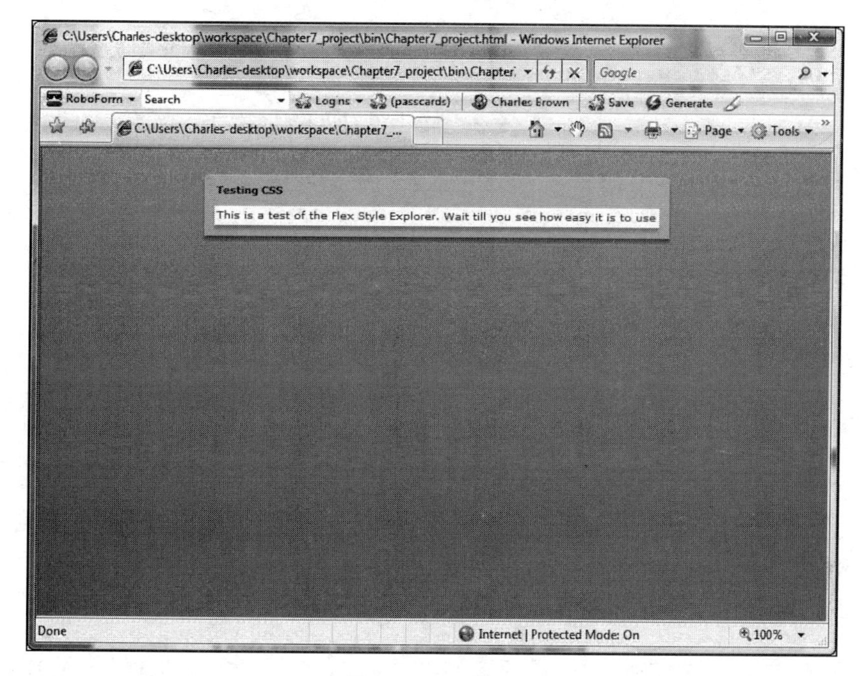

图7-8 Panel容器

(5) 回到代码中去，并在起始Application标签的下面添加一个Style标签。

277

(6) 回到Flex Style Explorer。

注意Flex Style Explorer被分为4个面板。第1个面板允许我们选择想要应用样式的组件。第2个面板（STYLE CONTROLS）是用来设置颜色的。第3个面板（SANDBOX）允许我们预览CSS规则。最后一个面板会包含创建好的CSS代码，我们将复制并粘贴它。

(7) 在第1个面板中Containers类别的下面选择Panel组件。选中它之后，马上就会在预览面板中看到变化。

我们将要做一些更改。

(8) 尝试一下不同的设置。我们可以在SANDBOX面板中看到结果。注意STYLE CONTROLS面板中还有一个选项卡是用来调整title属性的样式的。再用它做一些调整。在操作时，我们应该会看到SANDBOX面板中显示的结果以及写好的代码，如图7-9所示。

278

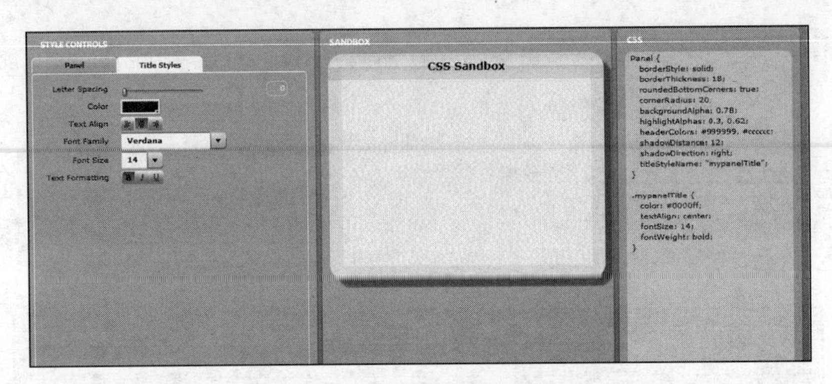

图7-9　使用Flex Style Explorer

注意它甚至会在titleStyleName属性和.mypanelTitle类规则之间创建一个链接。

(9) 得到了想要的样式规则之后，马上定位到第1个面板底部的链接Export All CSS。单击该链接时，应该会得到一条消息告诉我们代码已经保存到剪贴板上了（如图7-10所示）。

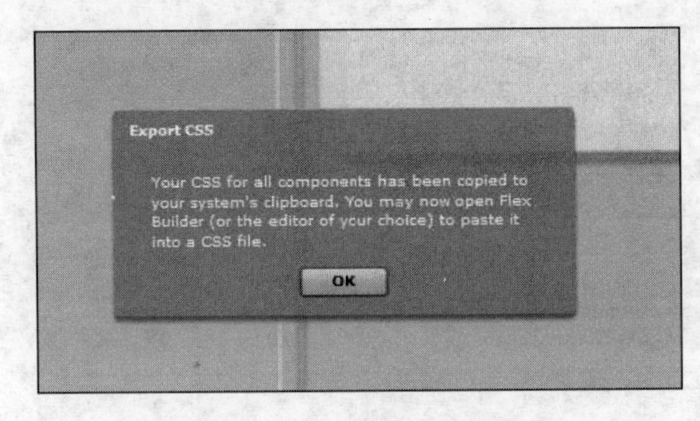

图7-10　Export CSS消息

(10) 回到应用程序，把CSS规则粘贴到起始和结束Style标签之间。保存并运行应用程序。现在它应该反映了所有的新样式规则。

279

是的，就是这么简单！

2．转换成CSS

Flex 3中还有一个全新的工具可以帮助我们创建CSS规则。为了看看它的工作方式，请采用下面的操作步骤。

(1) 删除起始和结束Application标签之间的所有代码或新建一个MXML应用程序。

(2) 把3个标示语放在Application标签之间，并为它们设置一些简单的默认文本（如图7-11所示）。

图7-11　最初采用的设置

(3) 切换到Design透视图并单击第1个Label。

让我们把注意力转向Flex Builder 3右边的Flex Properties视图（如图7-12所示）。

注意Flex Properties视图的底部是Style区域。我们在第4章已经有过一些使用它的经验。但是我们要在这里做一些新的独特的事情。

(4) 在Style区域的Text部分，将字体设置为Verdana，将文本大小设置为18，并将其设置为粗体。接着，在下一行将字体改成想要的颜色。

更改完之后，应该马上就会看到Convert to CSS按钮现在可以使用了。

(5) 单击Convert to CSS按钮。

(6) 系统可能会提示我们保存MXML文件。如果是，就保存它。此时会打开一个新的对话框，如图7-13所示。

New Style Rule对话框允许我们定义一个外部样式表，然后将所有更改保存其中。

(7) 单击该对话框顶部的New按钮。

此时会打开一个新的对话框，允许我们给外部的CSS文档命名（如图7-14所示）。对于这个练习，我们使用的名称是MyStyles。Flex Builder会把它保存在src文件夹的下面。

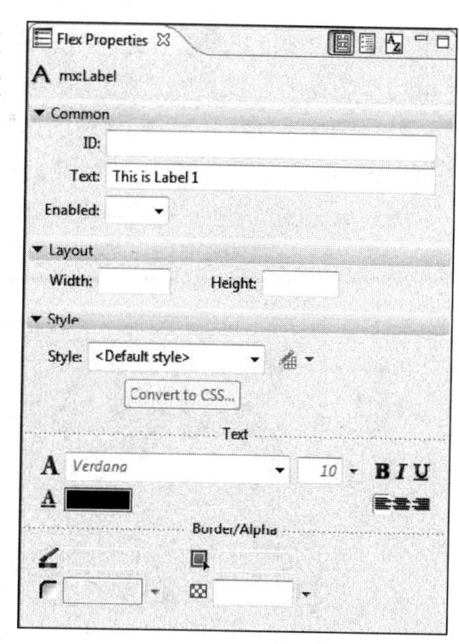

图7-12 Flex Properties视图

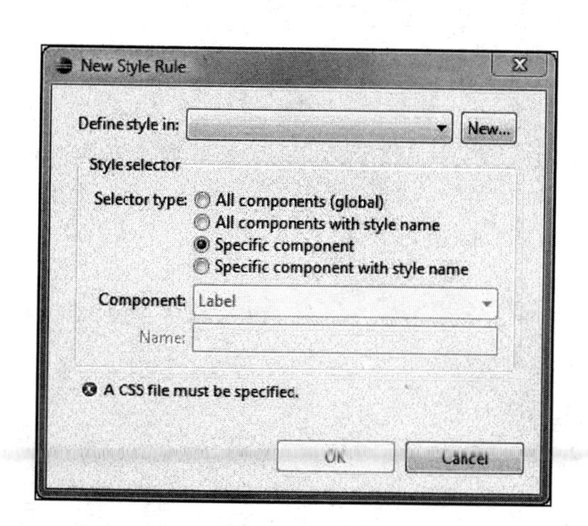

图7-13 New Style Rule对话框

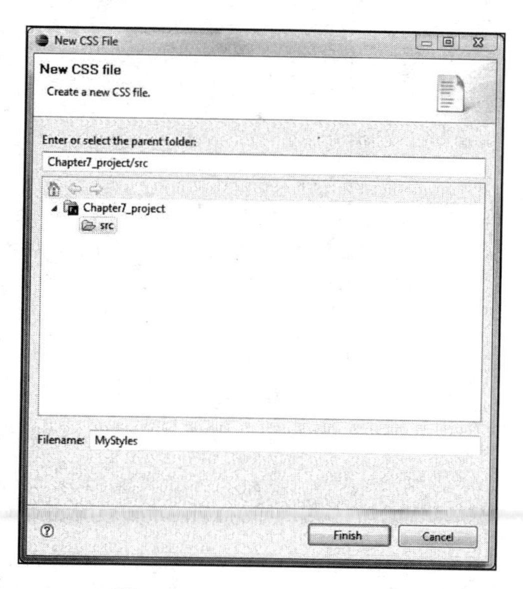

图7-14 New CSS File对话框

(8) 给文档命名之后单击Finish按钮。注意在Flex Navigator视图和New Style Rule对话框中，这个新的文档都有文件扩展名.css。

选择器类型的四种选择关系到我们之前谈论的内容。我们可以使用全局选择器把所做的更改

281 应用到所有内容上，可以使用类选择器把更改应用到使用特定类型名称的每一个组件上，也可以使用类型选择器，或者结合使用类型选择器和类选择器。

(9) 对于这个练习，我们使用的是默认的类型选择器。因为我们是在对Label组件进行操作，所以Component字段会自动设置为Label。

(10) 单击OK按钮。将要发生的事情有很多。

首先，Design透视图中应该会打开一个新的选项卡。它向我们显示了CSS文档的普通预览图（如图7-15所示）。

图7-15　CSS的Design透视图

如果转到Source透视图，就会看到写好的CSS代码。

```
/* CSS file */

Label
{
     color: #0F3CE3;
     fontFamily: Verdana;
     fontSize: 18;
     fontWeight: bold;
}
```

在这里，我们可以做任何想要的调整。

282

(11) 返回到应用程序文件。我们将看到写好的Style标签链接到了新的CSS文档。

```
<?xml version="1.0" encoding="utf-8"?>
<mx:Application xmlns:mx="http://www.adobe.com/2006/mxml" ➥
layout="vertical">
<mx:Label text="This is Label 1"/>
<mx:Label text="This is Label 2"/>
<mx:Label text="This is Label 3"/>
    <mx:Style source="MyStyles.css"/>
</mx:Application>
```

所有这一切都是自动完成的。如果现在保存并运行应用程序，应该就会反映出新的样式规则。

283

让我们再进一步。

(12) 切换回CSS文档并转到Design透视图。我们会发现顶部有2个小按钮，如图7-16所示。

图7-16 New Style按钮

左边的按钮允许我们创建新的样式，右边的按钮会删除样式。

(13) 单击New Style按钮（即左边的按钮），此时应该会打开New Style对话框。选择第2个选项：All components with style name。

(14) 在Name字段中，为样式起一个选好的名字。前面讲过，类的名称是以点开头的。不过，如果忘记在这里放点，Flex Builder会为我们自动插入。对于这个练习，我使用的名称是myTextStyle（如图7-17所示）。

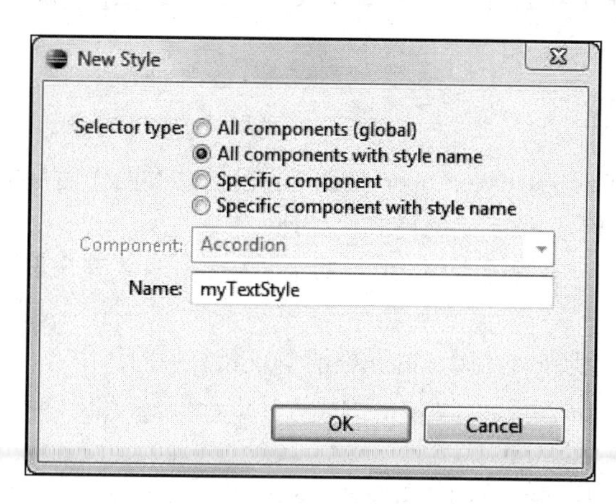

图7-17 New Style对话框

(15) 单击OK按钮。

(16) 接下来，系统会提示我们想在什么容器中看到这个样式。该容器只是用于预览。对于这个练习，请选择Label。

(17) Flex Properties视图现在会反映样式的类名称。将其设置为Verdana、16像素、加粗，并为其设置选好的颜色。

(18) 保存CSS文档。如果不保存，应用程序就不可以使用这个类名称。

如果现在看看Source透视图，应该会看到两条规则：一条是针对我们之前创建的Label，一条是针对类.myTextStyle。

(19) 在Design透视图中切换到应用程序。

284

(20) 在Label组件的3个实例下面，拖放一个Button组件。

(21) 单击目前显示为<Default Style>的Style下拉列表（如图7-18所示）。

CSS文档中的类选择器（在这个例子中只有一个）会出现在这个列表当中。通过选择它，我们就可以把任意类指派给任何组件。

(22) 选择myTextStyle。按钮中的文本现在应该会反映出样式的更改，如图7-19所示。

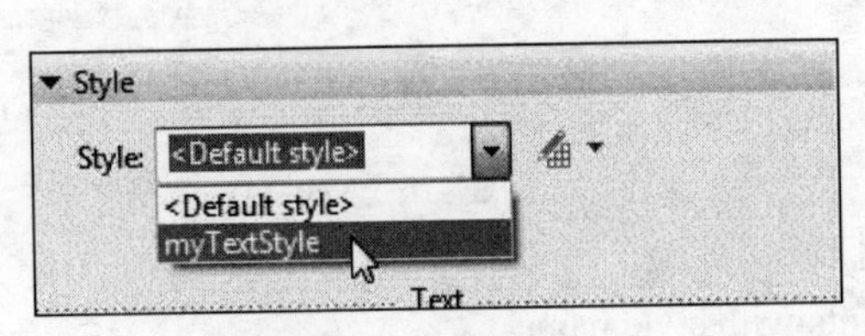

图7-18　选择类样式

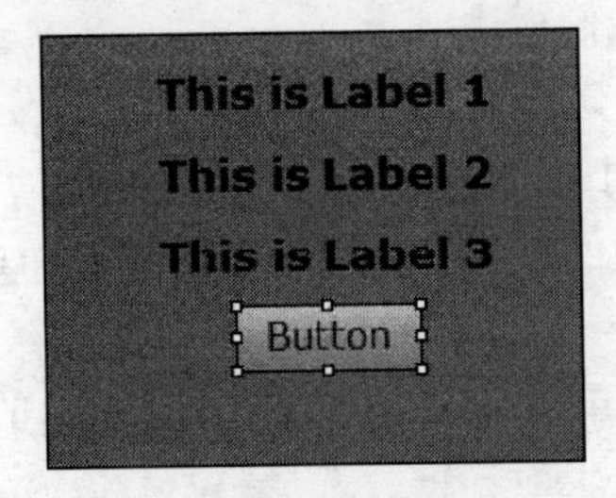

图7-19　反映出样式更改的Button组件

好了，希望大家现在明白了Flex Builder 3在创建和维护CSS样式规则方面的强大功能。现在，我们要把注意力转向一种不同的格式化方法。但是，在格式化之前，我们要先验证一下以确保所处理的是正确的数据。

7.2　验证与格式化

ActionScript有大量叫做Validator和Formatter的类。这些类的作用是确定输入到表单中的信息是正确的以及产生的输出得到了正确的格式化处理。

虽然这似乎是两个完全不同的主题，并且验证与格式化并没有关联，但我们马上就会看到它们常常是在一起的。

大家可以在如下地址找到Validator的完整清单以及它们的作用：

http://livedocs.adobe.com/livecycle/es/sdkHelp/common/langref/mx/➥
validators/package-detail.html

在如下地址可以找到Formatter的完整清单：

http://livedocs.adobe.com/livecycle/es/sdkHelp/common/langref/mx/➥
formatters/package-detail.html

285

虽然我们肯定不会把每个Validator和Formatter都用一遍，但我们要看看那些比较常用的类。另外，Validator和Formatter之间的功能有很多共性。所以，通过学习那些最普通的类，大家就会对几乎所有的类有一个全面的了解。

7.2.1 NumberValidator

我知道大部分的开发人员都会同意最常用的Validator是NumberValidator。这个特别的验证类非常有用，因为它会检查是否有数字输入到字段中，如果你愿意的话，它还可以测试该数字是否在所定义的范围内。

为了看看实际的应用，我们首先要构建一个简单的表单来向其中输入数字。

(1) 删除起始和结束Application标签之间的所有代码，或者如果你愿意的话，新建一个MXML应用程序文件。名称并不重要。

(2) 在Application标签的下面，输入一个起始和结束Form标签。

(3) 输入两个FormItem容器。代码应该如下所示：

```
<?xml version="1.0" encoding="utf-8"?>
<mx:Application xmlns:mx="http://www.adobe.com/2006/mxml" ➥
layout="vertical">
<mx:Form>
    <mx:FormItem label="Enter a number between 1 and 10:">
        <mx:TextInput id="numberInput"/>
    </mx:FormItem>
    <mx:FormItem>
        <mx:Button label="Submit"/>
    </mx:FormItem>
</mx:Form>
</mx:Application>
```

图7-20显示了表单应有的外观。

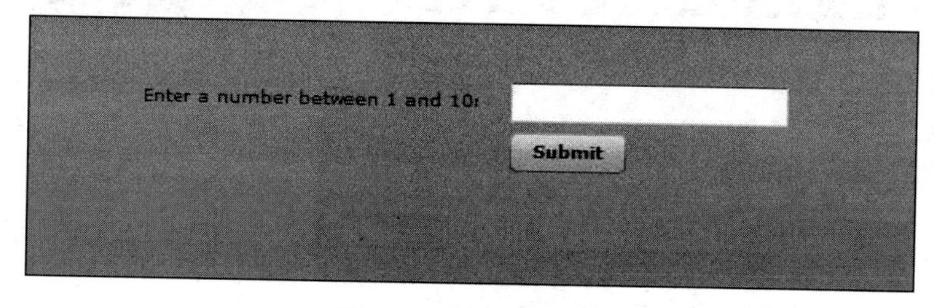

图7-20 要验证的表单

当然，这些全都是我们已经见过的，而且MXML代码非常简单。但是现在，我们要为TextInput字段numberInput创建一些Validator。

我们可以把NumberValidator标签放在MXML代码中的任意位置，对于这个练习，我们将把它放在起始Application标签的下面。

286

(4) 在起始Application标签和起始Form标签之间放入两个空白行。

我们将逐步讲解后面的操作。

(5) 新建如下所示的标签：

```
<mx:NumberValidator id="numValidate"
```

很明显，这里我们只是定义标签并为其设置一个id。接下来，我们将使用source属性来告诉

Validator要验证的是哪个字段。显然，在这个例子中，要验证的字段是numberInput，它需要被做成MXML绑定。

(6) 向NumberValidator添加source属性，如下所示：

```
<mx:NumberValidator id="numValidate" source="{numberInput}"
```

我们已经学过，ActionScript类（以及相应的MXML标签）有很多属性。所以，我们现在必须告诉Validator它必须验证TextInput实例的哪个属性。因为我们是在检查字段的内容，所以检查的属性是text。

(7) 向NumberValidator添加下列属性，然后关闭标签。

```
<mx:NumberValidator id="numValidate" source="{numberInput}" ➥
property="text" />
```

(8) 保存并运行应用程序。

(9) 单击TextInput字段并单击Submit按钮。我们应该注意到TextInput字段的边框变成了红色。现在把鼠标悬停在它的上方（如图7-21所示）。

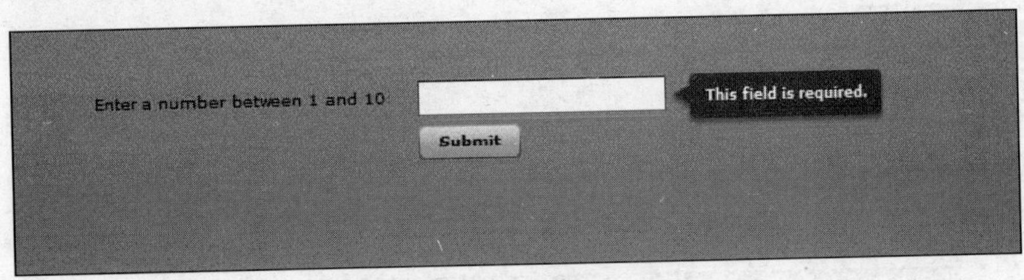

图7-21　必填字段的错误消息

这里要做一些说明。

首先，使用Validator会自动要求必填字段必须填写内容。我们马上将看到有一种方法可以覆写它。

其次，我们必须至少在字段中定位一次，验证才能发生。我们马上会用ActionScript来改进它。

当应用程序正在运行时，我们尝试做其他一些事情。

287

(10) 在字段中键入abc，单击Submit按钮，并再次把鼠标悬停在字段上方（如图7-22所示）。

图7-22　字符不正确的错误消息

注意这一次我们收到了不同的错误消息。虽然关于字段必须有内容的消息非常清楚，但关于输入字符无效的消息却有点儿晦涩难懂。关闭浏览器，回到代码中去。

如果在NumberValidator的结尾处单击并按空格键，就会看到我们期望弹出的属性。

向下滚动一会儿，定位到required和requiredFieldError属性。

属性required允许我们打开或关闭刚才看到的required属性。而在Validator类中，当我们在属性名称的末尾看到Error时，就意味着我们可以自己定义所显示的错误消息。

我们来看一个示例。

(11) 向NumberValidator添加如下所示的invalidCharError属性：

```
<mx:NumberValidator id="numValidate" source="{numberInput}" ➥
property="text" invalidCharError="You must enter an ➥
integer between 1 and 10" />
```

(12) 保存并运行应用程序。像以前所做的那样，通过在字段中键入abc来触发错误（如图7-23所示）。

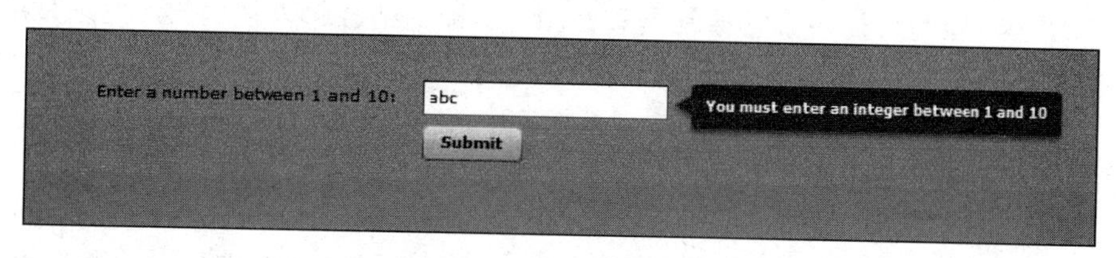

图7-23 自定义的错误消息

我们稍后将处理整数问题。

现在，我们来检查另外一个问题。

(13) 在字段中键入20，并单击Submit按钮。

没有触发任何错误，尽管我们要求用户要输入一个1和10之间的数字。这是因为我们只让NumberValidator检查数据是否为整数。接下来，我们将修正这个问题。

(14) 关闭浏览器并回到代码中去。

288

NumberValidator提供了2个属性minValue和maxValue来允许我们设置最小和最大范围。属性lowerThanMinError和exceedsMaxError允许我们设置相应的消息（请再次注意，它们是以Error结尾的）。

(15) 将NumberValidator更改如下：

```
<mx:NumberValidator id="numValidate" source="{numberInput}" ➥
property="text" invalidCharError="You must enter an integer ➥
between 1 and 10" minValue="1" maxValue="10" lowerThanMinError=➥
"The minimum number is 1" exceedsMaxError="The number must ➥
not exceed 10" />
```

(16) 保存并运行应用程序，然后测试其中的错误。

应用程序运行时，我们可以测试出另外一个潜在的问题。

(17) 键入一个带小数的数字，如9.1，然后单击Submit按钮，应该没有触发任何错误。

NumberValidator有一个叫做domain的属性，它允许我们将数值字段设置为int（不带小数位）或real（带小数位）。相应的错误消息可以用integerError属性来设置。

(18) 向NumberValidator添加下列代码，保存并运行应用程序，然后测试其中的错误。

```
<mx:NumberValidator id="numValidate" source="{numberInput}" ➥
property="text" invalidCharError="You must enter an integer ➥
between 1 and 10" minValue="1" maxValue="10" lowerThanMinError=➥
"The minimum number is 1" exceedsMaxError="The number must not ➥
exceed 10" domain="int" integerError="Must be an integer" />
```

可以看出，我们在一个标签中装入了大量的错误检查，甚至还包括了自定义消息。如果停在这里，就会有一个相当不错的错误检查机制，同时还没有那种在XHTML环境中使用JavaScript时所经历的复杂性。但是，我们可以使用ActionScript 3.0让它更上一层楼。下面我们就来看一看ActionScript 3.0，然后把格式化操作添加进去。

7.2.2 ActionScript与验证

使用ActionScript的好处在于它通常是和Validator标签结合起来使用的，而不是用来取代Validator标签的。我们将编写一些代码来改进刚才使用的NumberValidator。然后，我们将使用CurrencyFormatter做一些格式化处理。

(1) 根据需要，关闭浏览器并返回到代码中。

前面的练习讲过，Validator会在我们与它交互时触发错误。我们必须先在字段内单击才会触发验证操作。一旦单击了字段，Validator就会马上完成它的工作。如果要使用ActionScript，就需要把这个功能关掉。具体的做法是在Validator标签中放入triggerEvent属性，然后使它空着，如下所示：

289

```
<mx:NumberValidator id="numValidate" source="{numberInput}" ➥
property="text" invalidCharError="You must enter an integer ➥
between 1 and 10" minValue="1" maxValue="10" lowerThanMinError=➥
"The minimum number is 1" exceedsMaxError="The number must ➥
not exceed 10" domain="int" integerError=➥
"Must be an integer" triggerEvent="" />
```

如果现在测试应用程序，所有验证都不会起作用。

(2) 在起始Application标签的下面，创建一个Script代码块。

(3) 在Script代码块内创建一个名为validateNumber的私有函数，该函数不带参数且返回类型为void。

```
<mx:Script>
    <![CDATA[
        private function validateNumber():void
        {

        }
    ]]>
</mx:Script>
```

(4) 转到Submit按钮的标签，并添加一个click事件来调用validateNumber函数。

```
<mx:Button id="submit" label="Submit" click="validateNumber()"/>
```

到此为止，没有什么特别新的内容。

ActionScript有一个Validator类，该类有一个名为validate()的函数。validate()函数会返回一个ValidationResultEvent对象。在刚才创建的函数内，我们需要设置一个类型为Validation-ResultEvent的属性。对于这个示例，我们将该属性命名为validNumber。

(5) 向validateNumber()函数添加下列代码：

```
<![CDATA[
    import mx.events.ValidationResultEvent;
    private function validateNumber():void
    {
        var validNumber:ValidationResultEvent;
    }
]]>
```

Flex Builder应该会自动在函数上方添加import语句。

这就是我们调用validate()函数的地方。

290

NumberValidator标签的id属性应该是上一个练习中的numValidate。（如果没有，就把它添加进去。）让刚才创建的新属性等于这个id的validate方法。

(6) 向函数中的属性添加下列代码：

```
private function validateNumber():void
{
    var validNumber:ValidationResultEvent = numValidate.validate();
}
```


ValidationResultEvent对象会返回一个叫做type的属性。type属性有2个可能的结果，这2个结果都是常量：VALID或INVALID。

我们需要在私有函数内设置一个if结构来测试验证为VALID还是INVALID。在这个例子中，我们要测试验证是否为INVALID。

(7) 向函数添加下列代码：

```
private function validateNumber():void
{
    var validNumber:ValidationResultEvent = numValidate.validate();
    if (validNumber.type == ValidationResultEvent.INVALID)
    {

    }
}
```

现在，我们只在if结构内包含一条显示表单无效的警告。

(8) 在if结构中添加下列代码：

```
if (validNumber.type == ValidationResultEvent.INVALID);
{
    Alert.show("The form has errors");
}
```

(9) 最后，我们需要在现有import语句的下面再构建一个如下所示的import语句，才能使用Alert类：

```
import mx.controls.Alert;
```

自己检查一遍，完成后的Script代码块应该如下所示：

```
<mx:Script>
    <![CDATA[
        import mx.events.ValidationResultEvent;
        import mx.controls.Alert;
        private function validateNumber():void
        {
            var validNumber:ValidationResultEvent = ➥
numValidate.validate();

            if (validNumber.type == ValidationResultEvent.INVALID);
            {
                Alert.show("The form has errors");
            }
        }
    ]]>
</mx:Script>
```

291

(10) 保存应用程序并运行它。现在不用担心在InputText字段中的首次单击。取而代之的是，只要单击Submit按钮即可（如图7-24所示）。

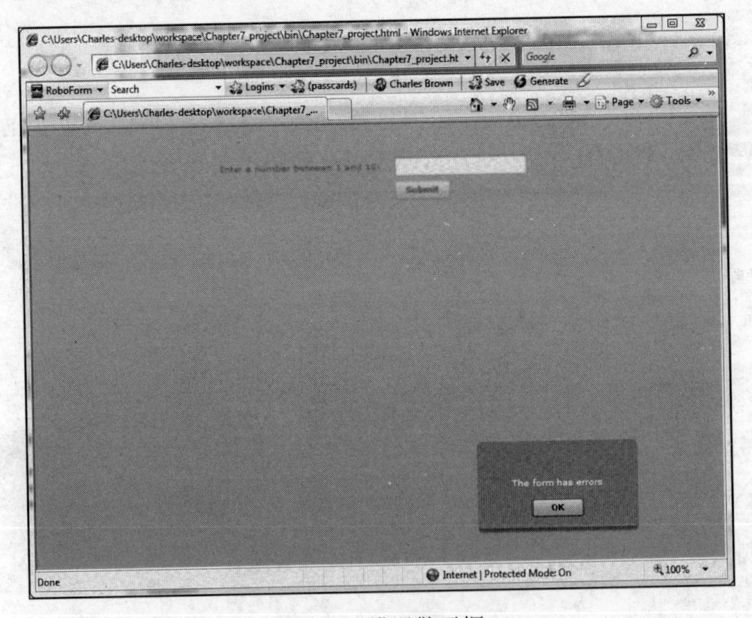

图7-24　错误警示框

通过单击OK按钮解除警示框之后，我们可以马上把鼠标悬停在字段上方并看到之前设置的错误消息。举个例子，在字段中键入20，或者某个小数，或者是字母。当我们把鼠标悬停在其上方时，验证就会奏效。我们现在同时获得了两方面的好处：ActionScript代码允许我们在不用先与字段交互的情况下触发验证，而且我们可以在MXML标签中轻松地设置多个验证。

现在，让我们再前进几步。

292

(11) 转到应用程序的Form区域，并在Submit按钮的上方添加如下所示的FormItem：

```
<mx:Form>
    <mx:FormItem label="Enter a number between 1 and 10:">
        <mx:TextInput id="numberInput"/>
    </mx:FormItem>
    <mx:FormItem label="Your total purchase is: ">
        <mx:Label id="myPurchase"/>
    </mx:FormItem>
    <mx:FormItem>
        <mx:Button id="submit" label="Submit" click=➥
"validateNumber()"/>
    </mx:FormItem>
</mx:Form>
```

(12) 回到Script代码块，在if结构的正下方添加一个else结构。

```
private function validateNumber():void
{
        var validNumber:ValidationResultEvent = numValid.validate();
        if (validNumber.type == ValidationResultEvent.INVALID)
        {
        Alert.show("The form has errors");
        }
        else
        {

        }
}
```

让我们发挥一下想象力，想一下可能发生的情况。假设这是一个购物网站。对于这个练习，假设我们购买的所有商品都是$2.00。这意味着我们需要将InputText字段numberInput中text属性的内容乘以2，并把结果发送给myPurchase标示语的text属性。虽然这听起来非常简单，但我们需要在这里说明两点。

字段的text属性会发送出去并接收字符串。如果不先把字符串转换成数字，就无法对字符串执行数学运算。之后，计算结果必须先转换成字符串才能发送给Label的text属性。好在ActionScript会在这里帮助我们。

String和Number类有时候被称为包装类，这表示它们可以转换类型。例如，假设我们想转换TextInput字段numberInput的文本内容，语法如下所示：

```
Number(numberInput.text);
```

293

类似地，假设我们要设置一个叫做calcResult的属性，并想把它的值发送给myPurchase标示语。所采用的语法是：

```
myPurchase.text = String(calcResult);
```

因为我们想在表单验证有效时触发它，所以要把这些代码放在刚才创建的else结构中。

(13) 在else结构中输入下列代码：

```
else
{
    var calcResult:Number;
    calcResult = Number(numberInput.text) * 2;
    myPurchase.text = String(calcResult);
}
```

根据前面的讲解，这些代码应该非常简单。

(14) 运行应用程序，倘如我们通过了所有验证，应该就会看到类似于图7-25所示的结果。

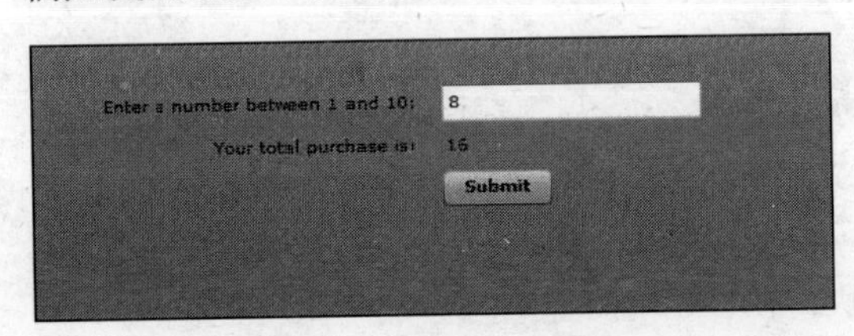

图7-25　得到的结果

如果满足了所有规则，ValidationResultEvent类型就会返回常量VALID，这将触发else结构，执行计算并将结果发送给标示语。但是，我们现在要用货币格式对该结果进行格式化。

在本章前面，我向大家提供了介绍Validator和Formatter类的链接。有一个Formatter类是CurrencyFormatter，它就是我们将在这里使用的Formatter类。

(15) 在Script代码块的结尾处下方，插入一个CurrencyFormatter标签，并将其id设置为resultFormat。

```
<mx:CurrencyFormatter id="resultFormat"/>
```

现在我们需要返回到else代码块。CurrencyFormatter类有一个format函数，它会将数值对象或属性转换成字符串，并向其添加一个美元符号（或工作环境所对应的任何货币符号）。这表示我们不再需要在else结构中进行String转换。

294

(16) 对else语句做如下更改：

```
else
{
    var calcResult:Number;
    calcResult = Number(numberInput.text) * 2;
    myPurchase.text = resultFormat.format(calcResult);
}
```

(17) 保存并运行应用程序，现在我们应该能看到美元符号了，如图7-26所示。

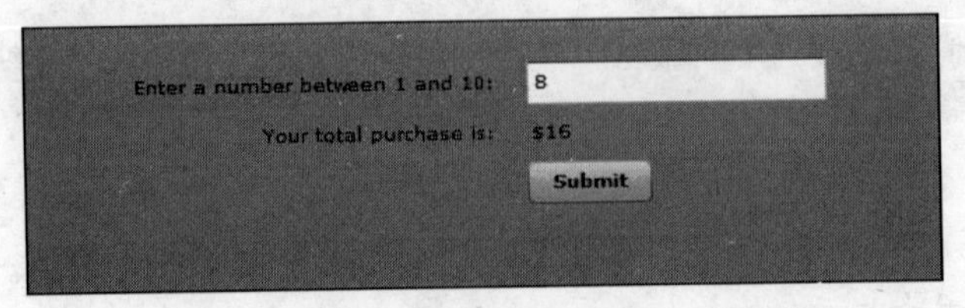

图7-26　添加了美元符号

大家可能想用带有两个小数位的标准货币格式来显示运算结果，这可以通过使用Currency-Formatter的precision属性轻松实现。precision属性设置的是小数位的数量。

(18) 回到CurrencyFormatter标签并添加如下所示的precision属性：

```
<mx:CurrencyFormatter id="resultFormat" precision="2"/>
```

(19) 保存并运行应用程序，我们应该会看到类似于图7-27所示的结果。

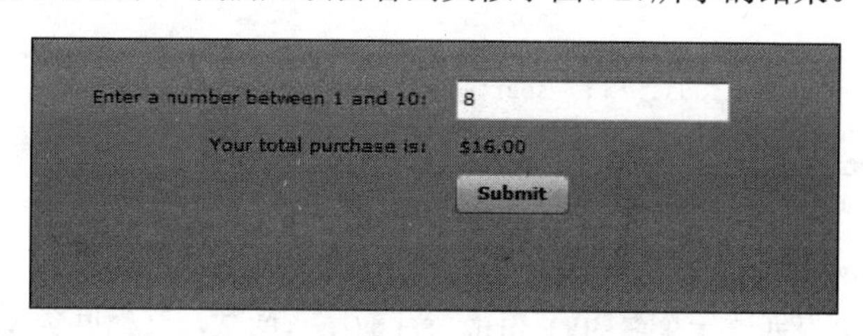

图7-27 添加2个小数位

之前，我讲过要向大家展示两个最常用的Validator类。在下一节，我要快速演示一下StringValidator。我这么做就是为了向大家展示其用法和我们刚才使用的NumberValidator几乎相同。

我们将再次同时使用MXML标签和ActionScript代码。我不会过多介绍操作步骤，因为大部分概念都已经在本章讲解过了。

7

295

7.2.3 StringValidator

要想弄明白如何使用StringValidator，请遵循下面的步骤进行操作。

(1) 新建一个Flex应用程序或删除起始和结束Application标签之间的代码。

(2) 创建一个带有2个FormItem的表单，如下所示：

```
<?xml version="1.0" encoding="utf-8"?>
<mx:Application xmlns:mx="http://www.adobe.com/2006/mxml" ➥
layout="vertical">
<mx:Form>
     <mx:FormItem label="Enter Your Name: ">
          <mx:TextInput id="myName"/>
     </mx:FormItem>
     <mx:FormItem label="Enter your Password ➥
(between 3 - 6 characters)">
          <mx:TextInput id="myPassword" displayAsPassword="true"/>
     </mx:FormItem>
     <mx:FormItem>
          <mx:Button label="Submit"/>
     </mx:FormItem>
</mx:Form>
</mx:Application>
```

注意我们会为第2个TextInput实例使用displayAsPassword属性，这会使我们所键入的内容全部显示为星号。

(3) 在起始Application标签的下面新建一个StringValidator标签，并将其id设置为validUserName。将其作为源绑定到myName上。另外，将property设置为text。

(4) 在下面再创建一个StringValidator，将其id设置为validPassword，并把它作为源绑定到myPassword上。同样，将property设置为text。

(5) 在两个Validator标签中，像以前所做的那样将triggerEvent设置为空，因为我们将使用ActionScript代码。

```
<mx:StringValidator id="validUserName" source="{myName}" ➥
property="text" triggerEvent=""/>
<mx:StringValidator id="validPassword" source="{myPassword}" ➥
property="text" triggerEvent=""/>
```

(6) 在2个StringValidator的上方，创建一个新的Script代码块。

(7) 在Script代码块内创建一个名为validateUser的私有函数，其返回类型为void。

296

```
<mx:Script>
    <![CDATA[
        private function validateUser():void
        {

        }
    ]]>
</mx:Script>
```

至此，一切工作都和以前差不多。

(8) 在函数内创建2个类型为ValidationEventResult的属性userValidation和passwordValidation，并使它们与各自的StringValidator的validate函数相等。

```
private function validateUser():void
{
    var userValidation:ValidationResultEvent = ➥
validUserName.validate();
    var passwordValidation:ValidationResultEvent = ➥
validPassword.validate();
}
```

和以前一样，我们现在需要构建一个if结构来测试ValidationResultEvent对象中的type属性返回的常量是VALID还是INVALID。在这个例子中，我们要测试两种情况。在大多数面向对象语言中（包括ActionScript 3.0），我们会使用双和符号（&&）在if结构中创建AND操作符。OR测试是用双竖线符号（||）来完成的。

(9) 创建如下所示的if结构：

```
private function validateUser():void
{
    var userValidation:ValidationResultEvent = ➥
validUserName.validate();
    var passwordValidation:ValidationResultEvent = ➥
validPassword.validate();
    if(userValidation.type == ValidationResultEvent.VALID ➥
```

```
&& passwordValidation.type == ValidationResultEvent.VALID)
        {

        }
}
```

(10) 要保持if结构的简单性，我们只在其中放入一个Alert语句来告诉用户所输入的信息是有效的。

(11) 创建一条else语句来用警示框显示无效的数据。

```
if(userValidation.type == ValidationResultEvent.VALID && ➥
passwordValidation.type == ValidationResultEvent.VALID)
{
    Alert.show("You have entered valid information");
}
else
{
    Alert.show("You have entered invalid information");
}
```

(12) 最后，为Alert类创建第2个import语句。

297

(13) 我们还需要做最后一件事情。转到下面的Submit按钮，创建一个click事件来调用validateUser()函数。

7

```
<mx:Button label="Submit" click="validateUser()"/>
```

(14) 保存并测试应用程序。如果没有在2个字段中输入文本，得到的结果应该是INVALID。如果在2个字段中都输入了文本，得到的结果应该是VALID。

到此为止，一切都和我们之前的练习几乎相同。但是还有一件事情需要修正。密码需要是3~6个字符。为了处理这个问题，我们要回到密码所对应的StringValidator。

(15) StringValidator有2个属性：maxLength和minLength。不用说，我们应该将其分别设置为6和3。另外，若想设置错误消息，就要设置属性tooShortError和tooLongError。

```
<mx:StringValidator id="validPassword" source="{myPassword}" ➥
property="text" triggerEvent="" minLength="3" maxLength="6" ➥
tooShortError="The password must be at least 3 characters" ➥
tooLongError="The password is maximum of 6 characters"/>
```

(16) 保存应用程序并运行它。

我们将看到一切都和前面的练习一样奏效。而且，语法几乎没什么变化。我在前面的章节中讲过，MXML和ActionScript 3.0有很多一致的地方。

7.3 小结

在本章中，我们学习了很多格式化数据和验证数据的知识。我们使用了CSS和Formatter类这两种方法来进行格式化。另外，我们学习了在使用CSS时Flex Builder 3为我们提供的各种选项，还学习了如何使用NumberValidator和StringValidator来验证数据。

接下来，我们要看看Repeater和Tile组件。这就相当于在ActionScript中编写循环，而且它允许我们针对每一个数据项来重复组件。

298

第 8 章

Repeater组件

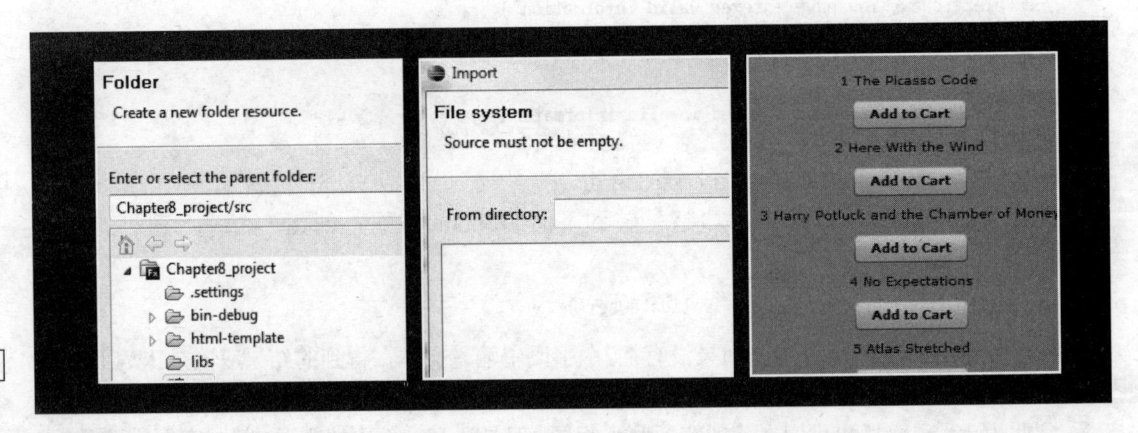

我在本书中多次讲过，MXML是一种编写ActionScript的便利方法，就像使用Adobe ColdFusion 8编写Java代码那样。我们使用一种简单的、基于标记的语言在后台编写更加复杂的语法。

这在本章将变得非常明显。我们将使用MXML组件Repeater来编写ActionScript 3.0循环。在我看来，这是Flex中最强大的组件之一，因为这个组件会与数据源联系起来，并对每个数据实例重复容器内所包含的内容。

例如，假设我们想在电子商务应用程序中添加一个标示为Add（*name of book*）to cart的按钮。我们可以使用Repeater组件为出现的每本书添加一个按钮，并将该书的书名添加到数组中。如果只卖5本书的话，你可能认为这样做太多余了。但如果有300本书，且这些书每周都在变化呢？Repeater代码可以在无需变动的情况下为我们动态生成所有的按钮，不管数据源中有多少本书，也不管这些书的变动有多么频繁。

本章内容如下：

- 学习Repeater组件；
- 用Repeater组件传递数据；
- 使用Repeater组件创建事件。

和上一章相比，这一章的内容相对较短。但其中的信息却对理解Flex应用程序的构建至关重要。

8.1 理解Repeater组件

在使用组件时，我们的工作就是创建一个MXML容器，该容器会针对数据源中的每一条记录重复它的内容。如果不太明白我的意思，那么不用担心，几分钟之后就会明白这句话的含义了。不过，在开始操作之前，我们需要做一些常规工作。

(1) 如果打开了第7章的项目，请关闭或删除它。我们将不再使用它的文件。

(2) 创建一个名为Chapter8_project的新Flex项目。可以接收默认的MXML应用程序名称（即和项目同名）。

为了有一些可以处理的数据，我们将从简行事，使用Model标签创建一个简短的数据结构。我们在第6章讨论过Model标签。现在我们简短地回顾一下，就像其名称所表述的那样，我们主要是在为测试目的设置代理XML结构时使用它作为建模工具。我们常常是在其中放入几条记录来进行测试。我在第6章讲过，这是少数不代表ActionScript类文件的MXML标签之一。

302

(3) 在起始Application标签的下面，添加如下所示的Model标签：

```
<?xml version="1.0" encoding="utf-8"?>
<mx:Application xmlns:mx="http://www.adobe.com/2006/mxml" ➥
layout="absolute">
     <mx:Model id="bookData">
          <books>
               <bookName>The Essential Guide to Dreamweaver ➥
CS3</bookName>
               <bookName>Foundation Flex for Developers: ➥
Data-Driven Applications</bookName>
               <bookName>Flash CS3 for Designers</bookName>
          </books>
     </mx:Model>
</mx:Application>
```


在第6章讨论XML时讲过，Flex会把XML数据转换成ArrayCollection类型。虽然这个示例中使用的是Model标签，但我们在其内创建了一个XML结构来组织数据。所以，我们需要把数据转换成ArrayCollection类型。

同样，我们可以使用MXML来表示第6章看到的ActionScript处理过程。

(4) 在刚才定义的Model标签的下面添加下列标签：

```
<mx:ArrayCollection id="bookArray" source="{bookData.bookName}"/>
```

在这个例子中，数据源就是Model标签bookData的重复结点bookName。因为Model标签会将其内容转换成一个MXML结构，所以我们根本不需要提到根结点books。此外，必须使用大括号把它处理成数据绑定。

Model结构被转换成ArrayCollection之后，就可以开始处理Repeater组件了。

(5) 就像使用dataProvider那样，使用bookArray这个ArrayCollection创建一个Repeater结构。我们将把Repeater组件的id设置成bookRepeater，并把它放在刚才定义的ArrayCollection的下面：

```
<mx:ArrayCollection id="bookArray" source="{bookData.bookName}"/>
<mx:Repeater id="bookRepeater" dataProvider="{bookArray}">
```

```
</mx:Repeater>
```

一旦设置好Repeater组件，所要做的就是决定放在容器中的内容是什么。我们先从一个非常简单的示例开始。

303

(6) 在Repeater结构内添加一个Label控件，将其text属性的值设置为Place Book Title Here。

```
<mx:Repeater id="bookRepeater" dataProvider="{bookArray}">
    <mx:Label text="Place Book Title Here"/>
</mx:Repeater>
```

最后需要检查的是我们在本书中多次讲到的一点：Application标签的layout属性。如果该属性被设置为absolute，我们就需要自己摆放其内成员的位置。不过，通过将该属性改成vertical，就可以解决这个简单的练习。

完成之后的代码应该如下所示：

```
<?xml version="1.0" encoding="utf-8"?>
<mx:Application xmlns:mx="http://www.adobe.com/2006/mxml" ➥
layout="vertical">
    <mx:Model id="bookData">
        <books>
            <bookName>The Essential Guide to Dreamweaver ➥
CS3</bookName>
            <bookName>Foundation Flex for Developers: ➥
Data-Driven Applications</bookName>
            <bookName>Flash CS3 for Designers</bookName>
        </books>
    </mx:Model>

    <mx:ArrayCollection id="bookArray" source="{bookData.bookName}"/>
    <mx:Repeater id="bookRepeater" dataProvider="{bookArray}">
        <mx:Label text="Place Book Title Here"/>
    </mx:Repeater>
</mx:Application>
```

(7) 运行代码，结果应该如图8-1所示。

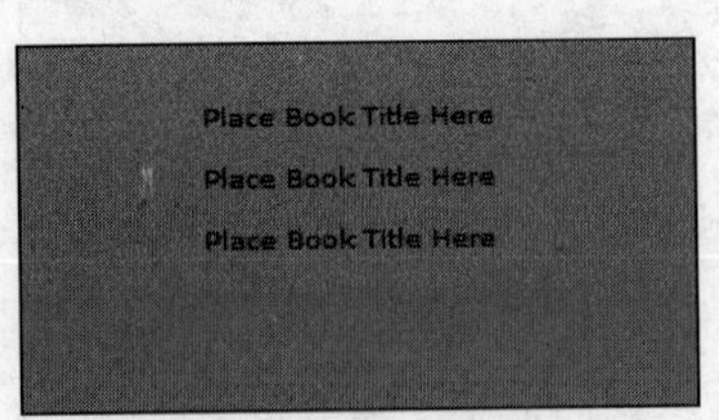

图8-1　Repeater组件

我们可以看到放在Repeater容器内的Label控件会针对每条记录进行重复。在这个例子中，它会重复3次。

(8) 现在我们要将这一成果再推进一步。添加一个Button控件，将其label属性设置为Add to Cart。把它添加到Repeater容器内，放在Label控件的正下方。

304

```
<mx:ArrayCollection id="bookArray" source="{bookData.bookName}"/>
 <mx:Repeater id="bookRepeater" dataProvider="{bookArray}">
     <mx:Label text="Place Book Title Here"/>
     <mx:Button label="Add to Cart"/>
</mx:Repeater>
```

(9) 运行代码，此时应该看到如图8-2所示的效果。

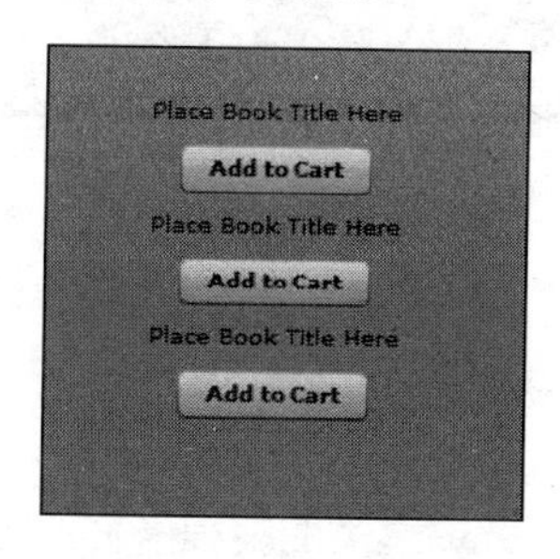

图8-2 添加了Button控件之后的Repeater组件

显然，我们不想让最后的标示语显示为Place Book Title Here，我们要添加真正的书名。为了显示书名，我们需要对代码做一些修改。

在 Repeater 组件中传递数据

Repeater组件每创建一个新的重复之后，就会前进到Array的下一个元素。Repeater类有两个大家应该熟悉的重要属性：currentIndex和currentItem。currentIndex会从0开始返回被选项的索引号。currentItem会返回被选项的真实数据。在如今的大多数编程环境中，这是两个标准的属性。

如果打开Repeater类的文档，就会看到属性下面列有这两项，如图8-3所示。

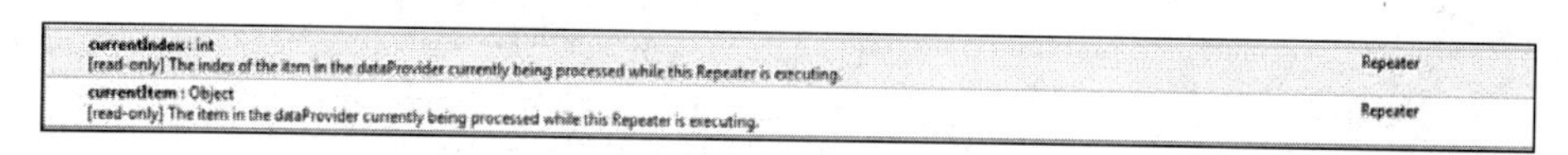

图8-3 Repeater类的属性

我们看到，currentIndex返回的是Repeater组件正在处理的项的数组索引号。currentItem返回的是所处理的项的真实数据。

我们来看一个示例：

(1) 对Label控件的text属性做一个调整，如下所示：

```
<mx:Label text="{bookRepeater.currentItem}"/>
```


这里，Label控件在回调Repeater组件。它在问Repeater：currentItem或数据是什么。然后，Repeater组件会将当前元素中的数据返回给调用方。在这个例子中，调用方即为Label控件的text属性。

(2) 改好Label组件之后，保存并运行代码。结果如图8-4所示。

currentIndex属性会从0开始返回Repeater组件处理的元素的索引号。在我们想给某些事物编号时，这会很有用。

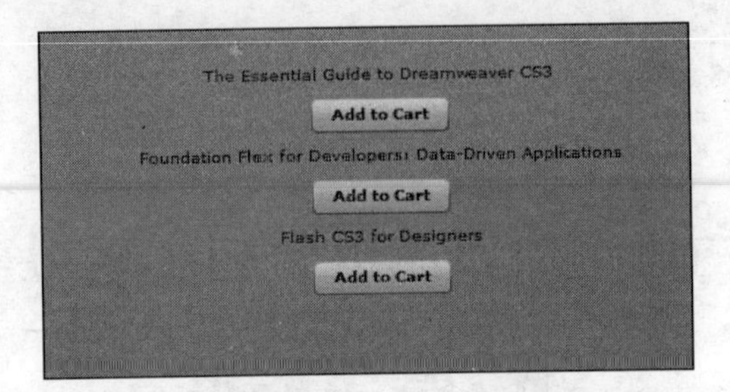

图8-4　添加到Label控件的数据

(3) 接下来，我们要在Label的text属性中创建一个简单的拼接。对代码做如下更改：

```
<mx:Label text="{bookRepeater.currentIndex} ➥
{bookRepeater.currentItem}"/>
```

注意，和诸如ActionScript、C++、Java之类的编程语言不同，我们不需要使用+字符建立拼接。在MXML中，我们需要做的就是设置两个调用，并在二者之间放一个空格。

(4) 保存并运行应用程序，界面应该类似于图8-5所示。

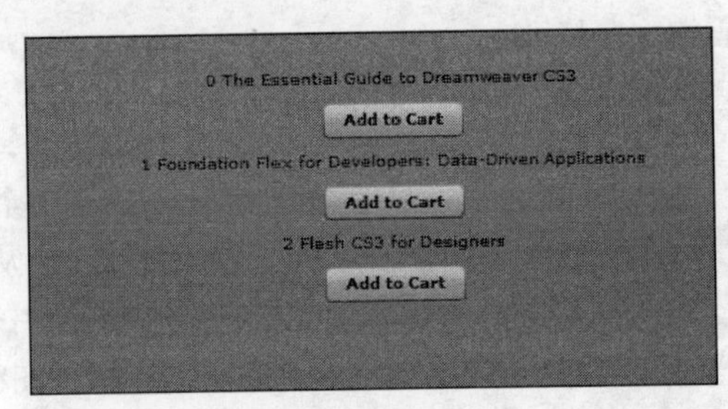

图8-5　添加编号之后的Repeater组件

噢！记起来了，数组是从编号0开始的。如果运行这个应用程序，大家肯定不想看到某个事物的编号为0。

306

(5) 对代码做如下调整来解决这个问题：

```
<mx:Label text="{bookRepeater.currentIndex + 1} ➥
{bookRepeater.currentItem}"/>
```

(6) 再次运行应用程序，图8-6显示的是解决问题之后的结果。

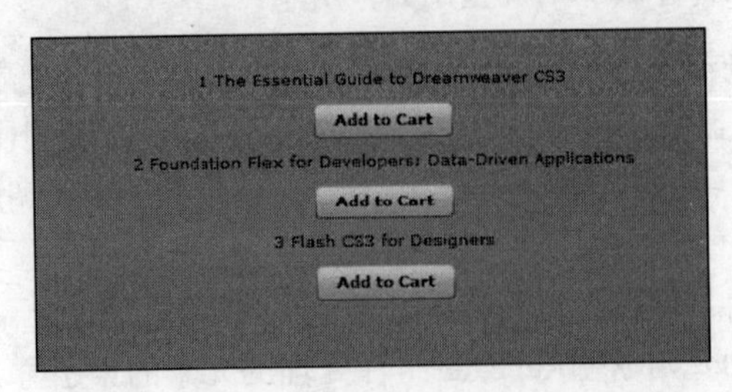

图8-6　修正之后的Repeater组件中的编号

Button类以及很多涉及表单项的类，都有一个名为getRepeaterItem()的方法（如图8-7所示）。这个方法的作用和currentItem一样，因为Repeater容器外面的控件可以调用Repeater并请求它正在处理的项。

图8-7　getRepeaterItem()方法的文档资料

> currentItem不能用在Repeater组件的外面，因为它引用的是Repeater当前所处理的项。当我们看到一切都显示出来的时候，Repeater已经完成了它的工作，currentItem就不再是可访问的。

(7) 对Button控件添加一个click项，并把事件对象传递给我们马上要创建的函数getBookData()。

```
<mx:Button label="Add to Cart" click="getBookData(event)"/>
```

(8) 像我们在前面章节中所做的那样，创建一个Script代码块，并在其中创建一个名为getBookData()的函数。将事件作为Event类型传递给该函数。

```
<mx:Script>
    <![CDATA[
        private function getBookData(evt:Event):void
        {

         }
    ]]>
</mx:Script>
```


前面讲过，事件对象的target属性允许我们访问事件发送方（在这个例子中为Button控件）的所有属性和函数。在这个练习中，我们将使用Button控件的getRepeaterItem()函数从Repeater组件获得相应的项，并把该信息传递给我们马上要创建的Label控件nameLabel。

(9) 给刚才创建的getBookData()函数添加下列代码：

```
private function getBookData(evt:Event):void
{
    nameLabel.text = evt.target.getRepeaterItem();
}
```

(10) 在Repeater控件的下面，插入一个id属性为nameLabel的Label控件，然后将其fontSize属性设置为14。

```
<mx:Label id="nameLabel" fontSize="14"/>
```

完整的代码应该如下所示：

```
<?xml version="1.0" encoding="utf-8"?>
<mx:Application xmlns:mx="http://www.adobe.com/2006/mxml" ➥
layout="vertical">
<mx:Script>
```

```
    <![CDATA[
        private function getBookData(evt:Event):void
        {
            nameLabel.text = evt.target.getRepeaterItem();
        }
    ]]>
</mx:Script>
    <mx:Model id="bookData">
        <books>
            <bookName>The Essential Guide to ➥
Dreamweaver CS3</bookName>
            <bookName>Foundation Flex for Developers: ➥
Data-Driven Applications</bookName>
            <bookName>Flash CS3 for Designers</bookName>
        </books>
    </mx:Model>

    <mx:ArrayCollection id="bookArray" source="{bookData.bookName}"/>
    <mx:Repeater id="bookRepeater" dataProvider="{bookArray}">
        <mx:Label text="{bookRepeater.currentIndex + 1} ➥
{bookRepeater.currentItem}"/>
        <mx:Button label="Add to Cart" click="getBookData(event)"/>
    </mx:Repeater>
    <mx:Label id="nameLabel" fontSize="14"/>
</mx:Application>
```

308

(11) 保存并运行应用程序。当单击这3个按钮中的任何一个时，应该会看到Label控件将书名反映了出来（如图8-8所示）。

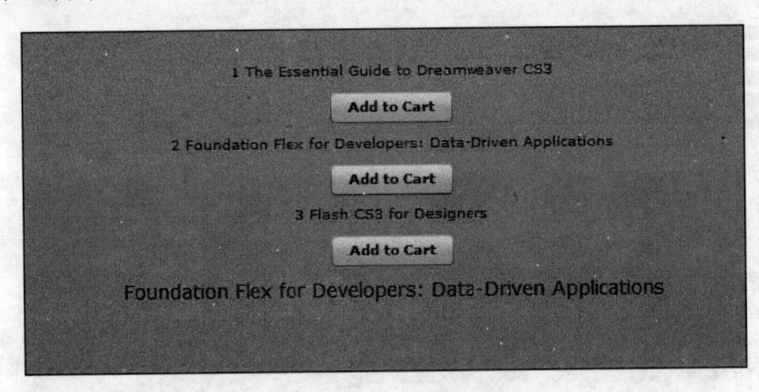

图8-8　新填好的Label控件

现在，我们要把注意力转向从XML文件引入数据。大家即将看到，这是一个主题上的变更。

8.2　使用 XML 数据

在这一节，我们要将数据从XML文件中取出来。这让我们有机会复习第6章中讲过的一些概念，并将它们应用到Repeater组件上。

(1) 如果还没下载的话，请从www.friendsofed.com下载本章的XML文件。将其解压缩到选好的目录中。

(2) 在Flex Builder中使用Flex Navigator视图，用右键单击src文件夹并选择New→Folder命令，打开如图8-9所示的对话框。

309

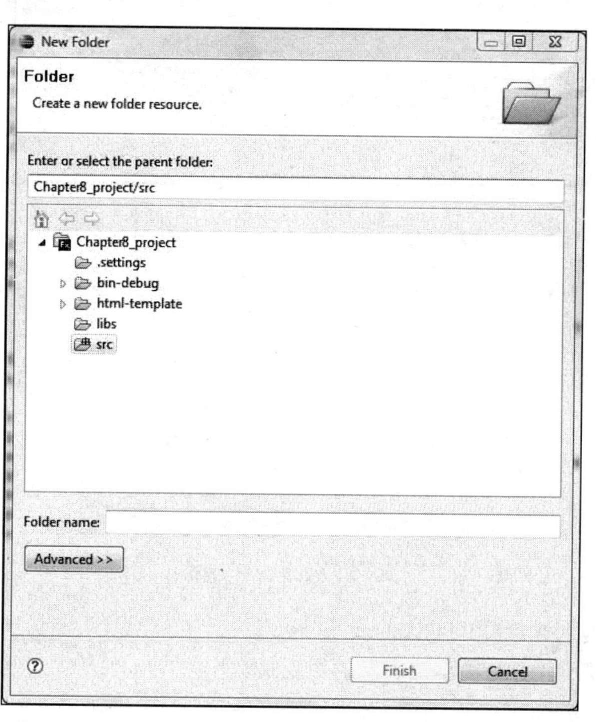

图8-9　New Folder对话框

(3) 将新文件夹命名为assets并单击Finish按钮。现在应该能在Flex Navigator视图中的src文件夹下看到该文件夹（如图8-10所示）。

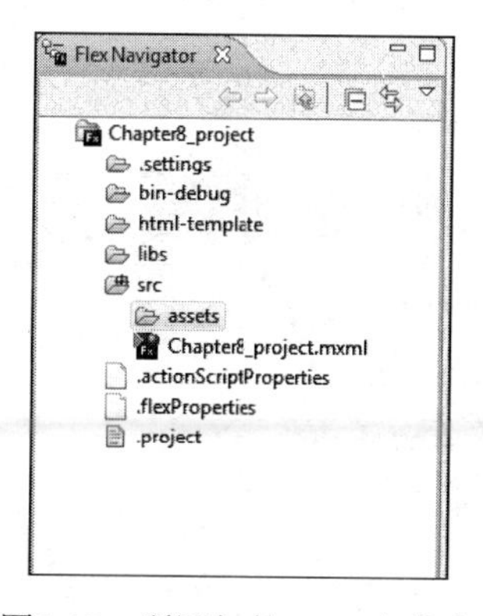

图8-10　所添加的assets文件夹

310

(4) 在Flex Navigator视图中，用右键单击新创建的assets文件夹并选择Import命令，这会打开Import对话框，如图8-11所示。

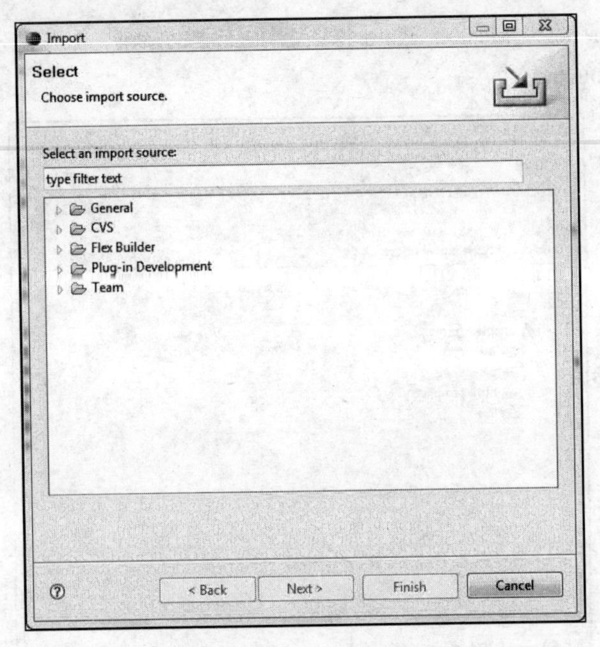

图8-11　Import对话框

(5) 展开General类别并选择File System。

(6) 单击Next按钮，打开如图8-12所示的对话框。

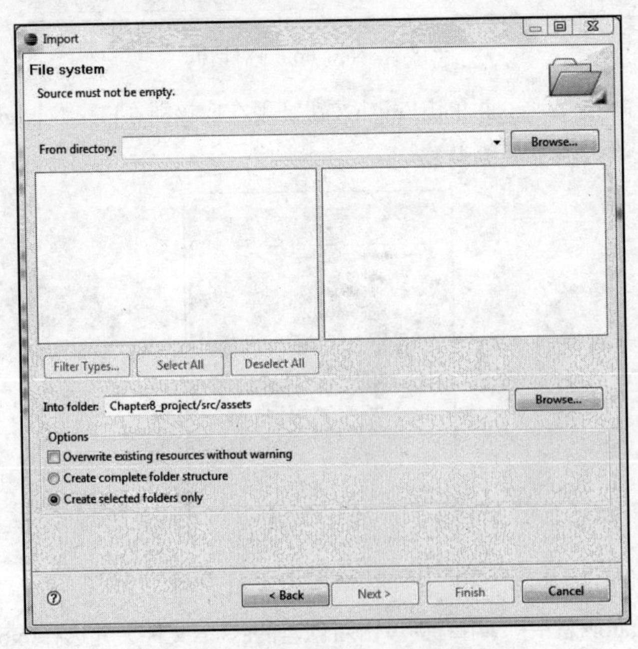

图8-12　File System对话框

(7) 使用From directory字段右边的Browse按钮，导航至解压缩第8章下载文件的目录。我们想通过选择它左边的复选框来导入books.xml文件。

(8) 选好之后单击Finish按钮。展开在Flex Navigator视图中创建的assets文件夹之后，我们现在应该能够从中看到这个文件。

311

打开books.xml文件并简要地看一下它的内容。

```
<?xml version="1.0" encoding="iso-8859-1"?>

<books>
   <stock>
      <name>The Picasso Code</name>
      <author>Dan Blue</author>
      <category>Fiction</category>
      <description>Cubist paintings reveal a secret society of ➥
people who really look like that</description>
   </stock>
   <stock>
      <name>Here With the Wind</name>
      <author>Margaret Middle</author>
      <category>Fiction</category>
      <description>In this edition, nobody in the south really ➥
gives a damn</description>
   </stock>
   <stock>
      <name>Harry Potluck and the Chamber of Money</name>
      <author>J.K. Roughly</author>
      <category>Fiction</category>
      <description>Young wizard finds the real pot-of-gold ➥
and retires</description>
   </stock>
   <stock>
      <name>No Expectations</name>
      <author>Chuck Dickens</author>
      <category>Fiction</category>
      <description>Dickens finally reveals what he really thinks ➥
of people</description>
   </stock>
   <stock>
      <name>Atlas Stretched</name>
      <author>Ann Rind</author>
      <category>Fiction</category>
      <description>Great inventors finally just take the money ➥
and run</description>
   </stock>
   <stock>
      <name>Recycling Software</name>
      <author>Big Gates</author>
      <category>Nonfiction</category>
      <description>How to just change the name and interface ➥
of the same old software and sell it as new</description>
   </stock>
   <stock>
```

312

```
        <name>Make Tons of Money</name>
        <author>Donald Rump</author>
        <category>Nonfiction</category>
        <description>Rump explains how he became a billionaire ➥
while constantly declaring bankruptcy</description>
    </stock>
    <stock>
        <name>How to Win Enemies and Lose Friends</name>
        <author>Dale Crochety</author>
        <category>Nonfiction</category>
        <description>The Ultimate how-to book for people who ➥
want to stay loners</description>
    </stock>
    <stock>
        <name>My Lies</name>
        <author>Swill Clinton</author>
        <category>Nonfiction</category>
        <description>This former American president tries to ➥
define what a lie is</description>
    </stock>
    <stock>
        <name>The Complete History of the World</name>
        <author>David McClutz</author>
        <category>Nonfiction</category>
        <description>McClutz gives you the entire history of all ➥
civilization is less than 300 pages</description>
    </stock>
</books>
```

313

(9) 回到之前操作的应用程序文件。因为是从XML文件引入数据的，所以我们不再需要Model标签及其内容。因此，删除它即可。不过，要记住给它指定的名称：bookData。这会在后面为我们省去一些编程工作。因为我们一会儿将使用HTTPService类，所以不需要ArrayCollection标签。第6章讲过，HTTPService会自动把数据转换到一个ArrayCollection中。

大家可能记得第6章讲过的内容，我们需要使用HTTPService类来调用XML文件。

(10) 在原来的Model标签的位置插入一个HTTPService标签，将其id属性设置为bookData，将其url属性设置为assets/books.xml。

```
<mx:HTTPService id="bookData" url="assets/books.xml"/>
```

我们需要调整Repeater组件的dataProvider属性来反映新的数据源。第6章讲过，我们需要使用lastResult属性来构建数据对象，并保持一直更新它们。此外，还需要利用XML文件的层级而下的结点来获得所需的数据。

(11) 对Repeater组件做下列修改：

```
<mx:Repeater id="bookRepeater" dataProvider="➥
{bookData.lastResult.books.stock}">
```

最后，HTTPService不会在应用程序运行之后马上自动发生。必须有一个触发它的事件。虽然我们可以使用任何事件，但通常的做法是在Application标签中放一个creationComplete事件来命令HTTPService把对数据的请求发送给XML文件。

(12) 在Application标签中添加下列代码：

```
<mx:Application xmlns:mx="http://www.adobe.com/2006/mxml" ➥
layout="vertical" creationComplete="bookData.send()">
```

因为做了很多变动，所以我们要花点儿时间对照下面的代码检查一下完成之后的代码。

```
<?xml version="1.0" encoding="utf-8"?>
<mx:Application xmlns:mx="http://www.adobe.com/2006/mxml" ➥
layout="vertical" creationComplete="bookData.send()">
<mx:Script>
    <![CDATA[
        private function getBookData(evt:Event):void
        {
            nameLabel.text = evt.target.getRepeaterItem();
        }
    ]]>
</mx:Script>

<mx:HTTPService id="bookData" url="assets/books.xml"/>
<mx:Repeater id="bookRepeater" dataProvider=➥
"{bookData.lastResult.books.stock}">
    <mx:Label text="{bookRepeater.currentIndex + 1} ➥
{bookRepeater.currentItem}"/>
    <mx:Button label="Add to Cart" click="getBookData(event)"/>
</mx:Repeater>
<mx:Label id="nameLabel" fontSize="14"/>
</mx:Application
```

314

8

(13) 保存并运行应用程序，我们会得到一个非常奇怪的结果，如图8-13所示。

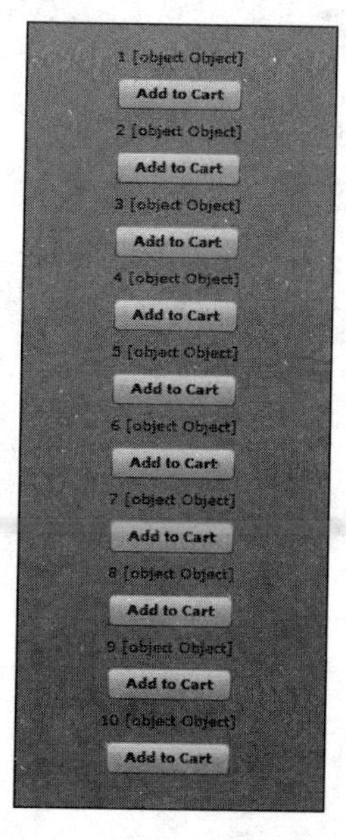

图8-13　在Repeater组件中发布XML文件的结果

可以看到，事情并不像我们计划的那样。

在使用Model标签时，Repeater组件的工作非常简单。它需要关心的数据只有一个：bookName。

315

所以，currentItem属性的填写非常容易。可是，如果看看XML文件的结构，就会发现currentItem可以是3个潜在数据项中的任意一个：书名、作者或图书简介。

[object Object]这个响应是ActionScript在告诉我们它为每个数据项创建了对象，但它并不知道我们要用作currentItem的是哪一个数据项。我们必须给ActionScript一些更明确的指示。令人高兴的是，这项工作并不难。

(14) 给Repeater结构中的Label控件添加少许代码：

```
<mx:Repeater id="bookRepeater" dataProvider=➥
"{bookData.lastResult.books.stock}">
    <mx:Label text="{bookRepeater.currentIndex + 1} ➥
{bookRepeater.currentItem.name}"/>
    <mx:Button label="Add to Cart" click="getBookData(event)"/>
</mx:Repeater>
```

我们告诉了Label控件要用哪个结点填写text属性。

(15) 现在，保存并运行应用程序，得到的界面应该如图8-14所示。

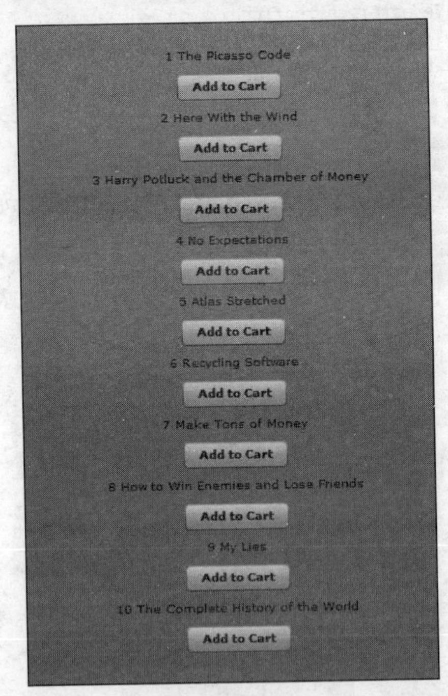

316

图8-14　在Repeater结构中显示的正确数据

可以看到，现在显示的是正确的数据。可是，如果现在单击其中一个Button控件，我们在Repeater组件下的Label控件中得到的仍然是[object Object]。通过对Script代码块中的getBookData()函数的主体做同样的修改，这个问题就可以轻松被解决。不过，通过使用不同的数据项，我们可以让这件事变得更有趣一些。

(16) 对getBookData()函数的主体做如下修改：

```
private function getBookData(evt:Event):void
{
    nameLabel.text = evt.target.getRepeaterItem().description;
}
```

(17) 保存并运行应用程序，然后单击其中的一个按钮，现在我们应该会在Label控件中看到图书简介信息（如图8-15所示）。

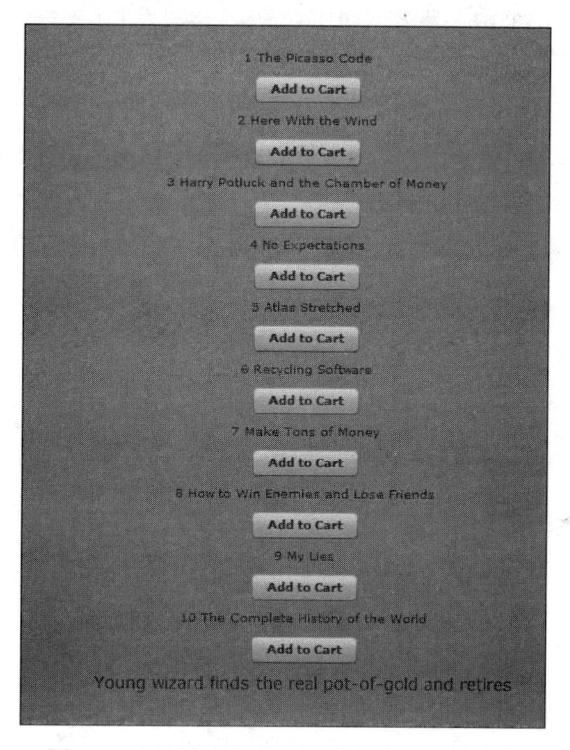

图8-15　出现在底部的Label控件中的图书简介

让我们再看一个小小的变动。假设我们想让Button组件表明该书已经被添加到购物车中。通过与此前不太相同的方法使用事件对象的target属性就可以完成这项工作。

317

(18) 在getBookData()函数中，添加下面这行代码：

```
private function getBookData(evt:Event):void
{
    nameLabel.text = evt.target.getRepeaterItem().description;
    evt.target.label = "Added";
}
```

这行代码会将发送事件的按钮的label属性改为“Added”。

(19) 保存并试用一下（如图8-16所示）。

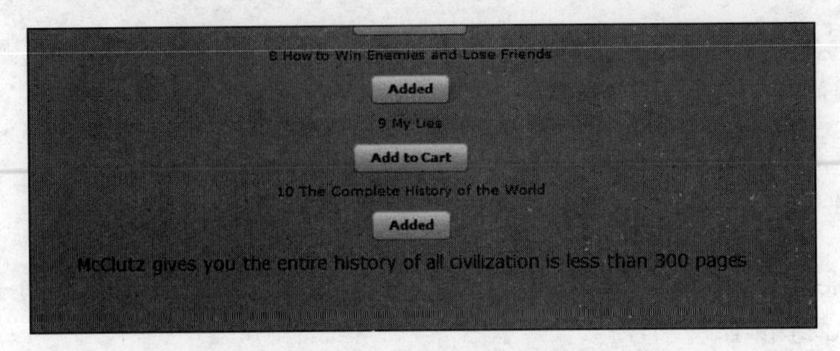

图8-16　发送事件的按钮的label属性发生了改变

8.3　小结

在探讨Repeater组件的过程中，我们发现了大量的潜能。我们可以创建复杂得令人难以置信的结构，该结构会针对新数据的每一次出现加以重复。

318

现在我们要把注意力转向Flex的另一个强大的功能，即拖放组件的能力。

第 9 章

拖放操作

在讲授Flex时，我最先听到的问题几乎总是下面这个：如何创建在Adobe网站上Flex Store示例应用程序中看到的那种拖放场景。我们在第1章见过这个网站。在这个示例应用程序中，每款手机都在一个单独的组件中。该组件可以被拖放到某个容器中来比较多个模型，也可以被拖放到购物车中。

在桌面应用程序中，我们会多久使用一次拖放操作呢？大家可能认为这个操作非常普遍。现在问第2个问题：在Web应用程序中，我们会多久使用一次拖放操作？答案是不太常用（虽然它在新潮的网站上正变得越来越常见）。

在整本书中，我频繁地提到桌面应用程序和Web应用程序之间的区别正变得越来越模糊。现在，大家就要亲眼看到这一点。本章会使两种应用程序的区别变得更加模糊。

我们将学习如何使用ActionScript最独特的一个类：DragManager。

大家很快就会看到，Flex的所有可视化组件都支持拖放操作。换句话说，通过调用一个属性，我们就可以拖动Web应用程序的某个元素，并把它放在该应用程序内的不同容器中。

本章内容如下：

- 实现从DataGrid到DataGrid的拖曳；
- 实现从DataGrid到List的拖曳；
- 用ActionScript编程来实现拖曳；

- 理解与拖放操作有关的类。

首先，我们需要学习一些概念和术语，这就开始吧。

9.1 理解拖放操作的概念

首先，让我们思考一下拖放操作的过程。

拖放操作是从用户选中Flex组件中的一个条目（如我们在Flex Store示例应用程序中看到的手机）开始的。然后，用户在屏幕上移动所选条目时会按下鼠标按钮。最后，用户把该条目移至另一个组件（通常为容器）并释放鼠标按钮，将其放进组件之中。

当然，和所有事情一样，我们必须理解和这个过程相关的一些术语。

用户从中拖曳手机图像的组件叫做拖曳初始器。手机图像本身就是所移动的数据，这叫做拖曳源。当在屏幕上拖曳拖曳源时，被拖曳的图像需要显示出来。这幅图就叫做拖曳代理。最后，把拖曳源放进去的组件叫做释放目标。

322

为了看看拖放操作的设置是多么容易，我们来打开DataGrid类的文档。

如果向下滚动，就会看到dragEnabled和dropEnabled这两个属性（如图9-1和图9-2所示）。你可能需要单击位于Public Properties区域顶部的Show Inherited Public Properties链接。注意这两个属性都是从ListBase类继承到DataGrid类的。如果单击属性链接，它们就会把我们带到ListBase类。

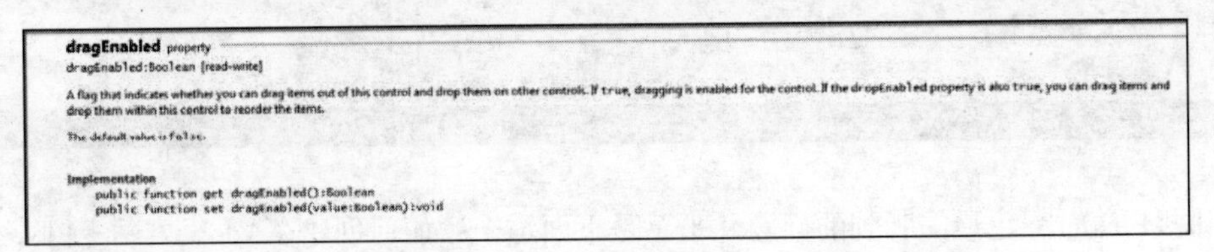

图9-1 dragEnabled属性

dropEnabled property
dropEnabled:Boolean [read-write]
A flag that indicates whether dragged items can be dropped onto the control.
If you set this property to true, the control accepts all data formats, and assumes that the dragged data matches the format of the data in the data provider. If you want to explicitly check the data format of the data being dragged, you must handle one or more of the drag events, such as dragOver, and call the DragEvent's preventDefault() method to customize the way the list class accepts dropped data.
When you set dropEnabled to true, Flex automatically calls the showDropFeedback() and hideDropFeedback() methods to display the drop indicator.
The default value is false.
Implementation
public function get dropEnabled():Boolean
public function set dropEnabled(value:Boolean):void

图9-2 dropEnabled属性

我发现很多学生都会误解这两个属性。很多人觉得是这两个属性使组件能够被拖放，但情况并非如此，至少不是直接如此。

dragEnabled属性会使组件（通常为容器）成为拖曳初始器。dropEnabled属性则会使组件成为释放目标。

两个属性都是Boolean类型的，其默认值都为false。

大家肯定迫不及待地想要试用一下了。就像在前面章节中所做的那样，我将用相对简单的设置向大家演示这个概念。

9.2 拖至 DataGrid 组件

至此，处理拖放操作的最简单方式就是把事物拖到DataGrid中。随着进一步的学习，这种处理方法会变得十分清楚。按照下面的步骤进行操作，应该每次都能获得有效的结果。

323

如果还没有下载，请从www.friendsofed.com下载第9章的文件。将它们解压缩到选好的目录中。

如果需要，请删除或关闭第8章的项目。我们将不再使用那些文件。

(1) 像在之前章节中所做的那样新建一个基本的Flex项目。对于这些练习，我们将它命名为Chapter9_project。

(2) 就像在上一章所做的那样，在Flex Navigator视图中的src文件夹下建立一个assets文件夹。

(3) 正如在上一章中那样，使用File→Import功能把第9章的下载文件从解压缩的文件夹中导入到刚才创建的assets文件夹中。导入的是一个XML文件，该文件与我们在上一章使用的XML文件相同。

(4) 在应用程序MXML文件中输入下列代码。现在看到的东西以前都见过。但是，请花点时间再细看一遍代码。

```
<?xml version="1.0" encoding="utf-8"?>
<mx:Application xmlns:mx="http://www.adobe.com/2006/mxml" ➥
layout="absolute" creationComplete="bookStock.send()">
     <mx:Script>
          <![CDATA[
               import mx.collections.ArrayCollection;
               import mx.rpc.events.ResultEvent;

               [Bindable]
               private var books:ArrayCollection;

               private function bookHandler(evt:ResultEvent):void
               {
                    books = evt.result.books.stock;
               }
          ]]>
     </mx:Script>

     <mx:HTTPService url="assets/books.xml" id="bookStock" ➥
result="bookHandler(event)"/>

     <mx:DataGrid x="158" y="62" dataProvider="{books}" ➥
id="dgInitiator" width="50%">
          <mx:columns>
               <mx:DataGridColumn headerText="NAME" dataField="name" />
               <mx:DataGridColumn headerText="AUTHOR" ➥
dataField="author"/>
               <mx:DataGridColumn headerText="CATEGORY" ➥
dataField="category"/>
          </mx:columns>
     </mx:DataGrid>
</mx:Application>
```

324

(5) 保存应用程序并运行它，此时的界面应该如图9-3所示。

图9-3　所输入代码的显示结果

注意我们将DataGrid组件的id属性设置为dgInitiator。而且我们没有使用XML文件的description字段，因为这个练习其实并不需要它。

现在，我们需要添加第2个DataGrid控件，该控件会接受所拖曳的数据。对于这个练习，第2个DataGrid将只有两列，一列用于书名，一列用于类别。

(6) 添加第2个DataGrid。

```
<mx:DataGrid x="158" y="62" dataProvider="{books}" id="dgInitiator" ➥
width="50%">
    <mx:columns>
        <mx:DataGridColumn headerText="NAME" dataField="name" />
        <mx:DataGridColumn headerText="AUTHOR" dataField="author"/>
        <mx:DataGridColumn headerText="CATEGORY" ➥
dataField="category"/>
    </mx:columns>
</mx:DataGrid>

<mx:DataGrid id="dgTarget" x="228" y="269">
    <mx:columns>
        <mx:DataGridColumn dataField="name" headerText="NAME"/>
        <mx:DataGridColumn dataField="category" ➥
headerText="CATEGORY"/>
    </mx:columns>
</mx:DataGrid>
```

325

(7) 运行代码，现在的结果应该如图9-4所示。

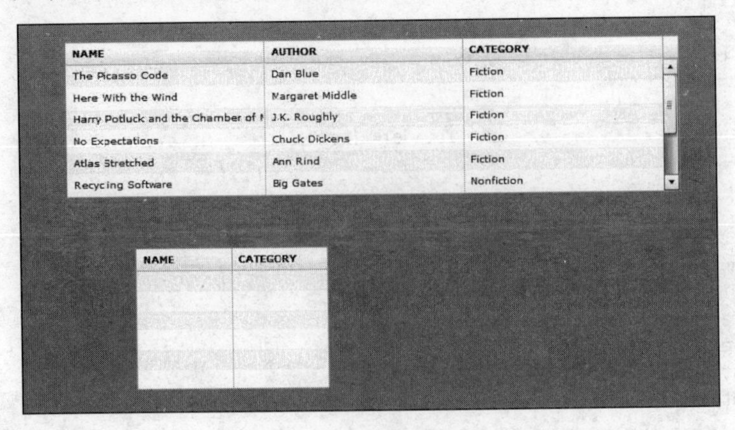

图9-4　此时得到的结果

因为我们将从第1个DataGrid组件dgInitiator拖动数据，所以我们需要将它的dragEnabled属性设置为true。

(8) 将第1个DataGrid的dragEnabled属性设置为true。

```
<mx:DataGrid x="158" y="62" dataProvider="{books}" id="dgInitiator" ➥
width="50%" dragEnabled="true">
```

(9) 保存并运行应用程序。虽然我们能够拖动信息了，但却没有地方释放它，如图9-5所示。

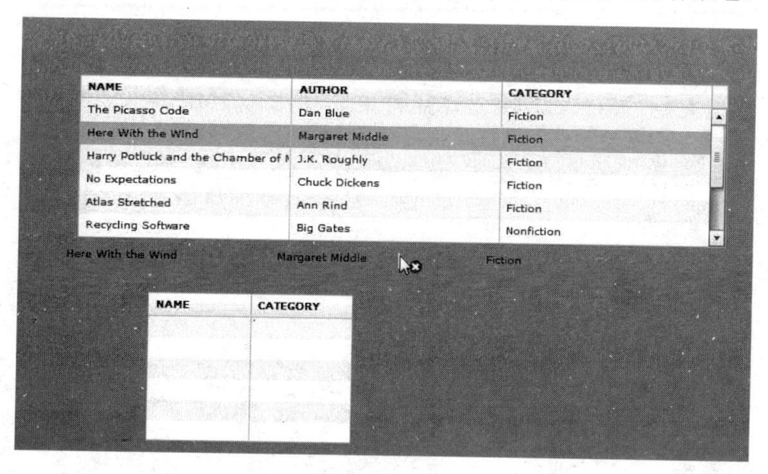

图9-5　将dragEnabled属性设置为true

326

注意鼠标光标有一个内带x的小圆圈，x表示我们把数据拖到了一个不可释放的区域。

(10) 将dgTarget这个DataGrid的dropEnabled属性设置为true。

```
<mx:DataGrid id="dgTarget" x="228" y="269" dropEnabled="true">
```

(11) 现在测试应用程序，应该就能够把数据项从一个网格拖放到另一个网格了，如图9-6所示。

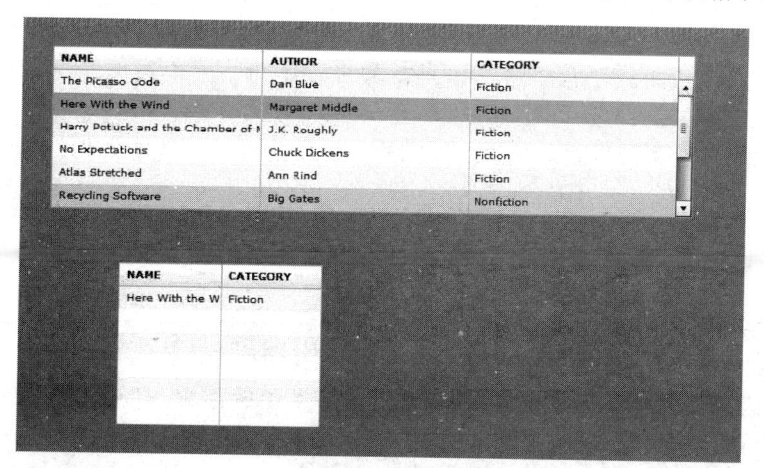

图9-6　数据从一个DataGrid拖放到了另一个DataGrid

在后台，DragManager类被调用，并会处理所涉及的全部工作。它不仅会设置DataGrid并启用拖放属性，而且使我们不需要再做编程方面的工作。

注意在执行拖放操作时，原来的数据会完好地留在DataGrid中。但是，假设我们要删除原来的数据，那就需要对dgInitiator这个DataGrid添加另一个属性：dragMoveEnabled。这也是一个Boolean属性，我们需要把它设置为true。

(12) 设置第1个DataGrid的dragMoveEnabled属性。

```
<mx:DataGrid x="158" y="62" dataProvider="{books}" ➥
id="dgInitiator" width="50%" dragEnabled="true" dragMoveEnabled="true">
```

327

(13) 运行代码。数据应该被移动而不是复制到第2个DataGrid控件（如图9-7所示）。

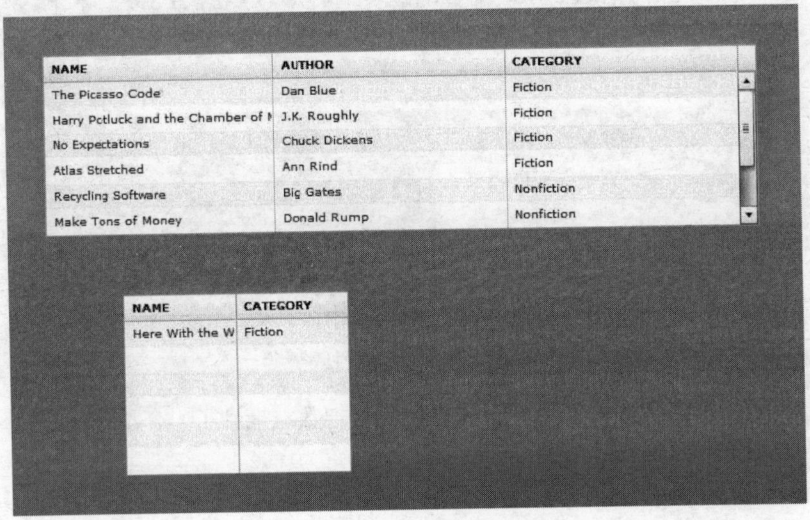

图9-7　移动而非复制数据

操作就是这么简单。

在本章以及本书后面，我将介绍另外一些复杂的案例。但是所有案例都是建立在这些简单的概念之上的。

使用拖放操作的最简单方式就是从DataGrid拖放到DataGrid。但如果想把事物拖曳到轮廓不那么清晰的List控件，该怎么办呢？

9.3　拖至List控件

在上一个示例中，针对DataGrid控件的拖放操作非常简单，这是因为dgInitiator和dgTarget这两个DataGrid之间的列名称是匹配的。但如果是拖曳到List控件，就没有可匹配的名称了。取而代之的是，我们必须把DataGrid的数据（该数据叫做条目）保存到一个单独的ArrayCollection中，然后再使这个新的ArrayCollection成为List的dataProvider。因为DataGrid的数据可以是任意类型，所以我们要把新的ArrayCollection设置成Object类型的集合。

我们来看看如何做这件事情。

(1) 删除之前示例中的dgTarget DataGrid。

(2) 用List控件代替删除的DataGrid，如下所示：

```
<mx:List id="liTarget" width="225" dropEnabled="true" x="217" ➥
y="244" />
```

328

(3) 运行应用程序。把一些条目拖放到List控件，看到的结果应该类似于图9-8所示。

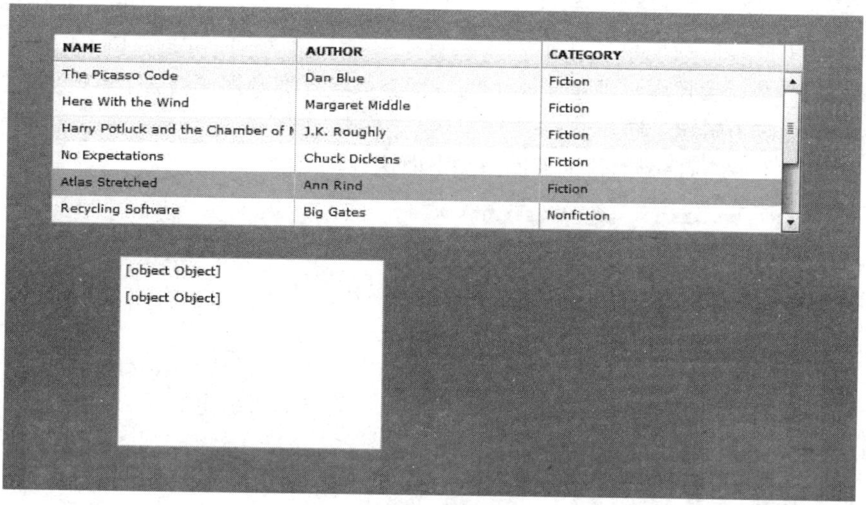

图9-8　拖放到List控件的结果

我在第6章讲过，[object Object]是ActionScript在礼貌地告诉我们它不知道该使用哪个数据。DataGrid有3个条目：NAME、AUTHOR和CATEGORY。你想在List控件中使用哪一个呢？我们需要做一点儿编程工作来帮助它。

(4) 对List控件添加下列事件：

```
<mx:List id="liTarget" width="225" dropEnabled="true" x="217" ➥
y="244" dragDrop="testDragDrop(event)" />
```

当用户在List控件上释放鼠标按钮时，就会调度dragDrop事件。在这个示例中，我们要让它调用一个名为testDragDrop()的函数，我们将在下一步编写该函数。我们会向它传递事件对象。

(5) 在Script代码块中创建一个名为testDragDrop的私有函数。它将接受一个引用为evt的事件对象，该引用的类型为DragEvent。相应的import语句应该是由其他import语句自动写好的。

```
private function testDragDrop(evt:DragEvent):void
{

}
```

我刚才讲过，我们要把拖曳到List控件中的每个条目保存为一个Object类型的条目。

329

(6) 在函数的主体内实例化一个新的Object。

```
private function testDragDrop(evt:DragEvent):void
{
    var targetRow:Object = new Object();
}
```

当从初始器中拖曳数据时，我们使用的是DragEvent类。DragEvent类有一个名为dragSource的属性。乍一看，dragSource这个名称有点儿像一个函数，但它却是包含所拖曳数据的属性。该数据正被传递到一个DragSource类中。DragSource类有一个名为dataForFormat()的函数。可惜的是，ActionScript文档中缺少这个重要函数的详细信息。不过，dataForFormat()函数会正确地处理被传递的数据类型并将其恰当地格式化。如果数据是从DataGrid或任何基于List的控件传递的，dataForFormat()函数就会使用一个名为items的内部参数。我们必须使用这个属性，否则dataForFormat()函数将无法正确地工作。

(7) 在新Object的实例targetRow的后面添加下面这行代码。

```
private function testDragDrop(evt:DragEvent):void
{
    var targetRow:Object = new Object();
    targetRow = evt.dragSource.dataForFormat("items");
}
```

我们还没有为List控件设置类型为ArrayCollection的dataProvider。我们可以在类型为ArrayCollection的books变量声明下做这件事。应该将它设置为可绑定的。

(8) 在books声明的下面实例化ArrayCollection，并将这个新实例命名为purchasedBooks。

```
[Bindable]
private var books:ArrayCollection;
[Bindable]
private var purchasedBooks:ArrayCollection = new ArrayCollection();
```

(9) 将purchasedBooks声明为List控件的dataProvider。

```
<mx:List id="liTarget" width="225" dropEnabled="true" x="217" ➥
y="244" dragDrop="testDragDrop(event)" ➥
dataProvider="{purchasedBooks}" />
```

代码现在需要为List控件把targetRow这个Object内的数据添加到purchasedBooks这个ArrayCollection中。为了完成这项工作，我们将使用ArrayCollection的addItem函数。我们将通过把书名传递给List控件来完成这项工作。但要记住，因为我们一次只添加一个条目，所以它总是在targetRow对象的[0]行。

330

(10) 给testDragDrop()函数添加第3行代码，如下所示：

```
private function testDragDrop(evt:DragEvent):void
{
    var targetRow:Object = new Object();
     targetRow = evt.dragSource.dataForFormat("items");
     liTarget.dataProvider.addItem(targetRow[0].name);
}
```

(11) 删除DataGrid控件的dragMoveEnabled属性。

(12) 现在，保存并运行应用程序，此时应该会看到书名带着一些多余的额外信息转移了过去，如图9-9所示。别担心，我们将在下一步修正这个问题。

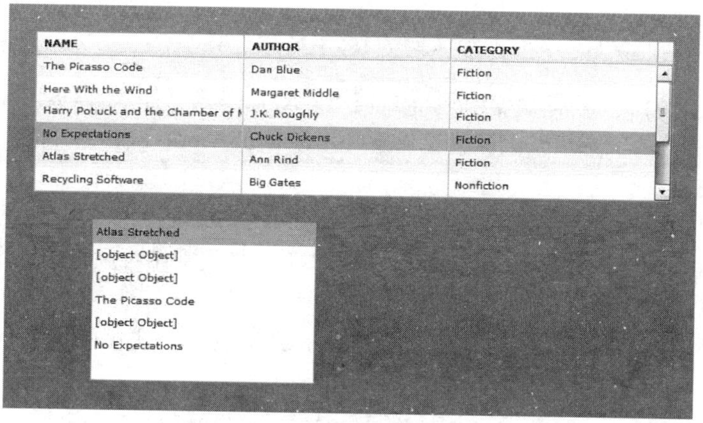

图9-9 填好之后的List控件

大家可能会奇怪，为什么还是得到了[object Object]这样的消息。

[object Object]这条消息实际上是Event类的一个默认行为。在这个示例中，它是一个时机问题。该消息是在书名被移到purchasedBooks这个ArrayCollection之前生成的。好在，只用一行代码就可以修正这个问题。Event类有一个函数preventDefault()，可以禁止这个行为。

(13) 向testDragDrop()函数再添加一行代码，如下所示：

```
private function testDragDrop(evt:DragEvent):void
{
    var targetRow:Object = new Object();
    targetRow = evt.dragSource.dataForFormat("items");
    liTarget.dataProvider.addItem(targetRow[0].name);
    evt.preventDefault();
}
```


331

(14) 保存并运行应用程序。现在应该一切就绪了，如图9-10所示。

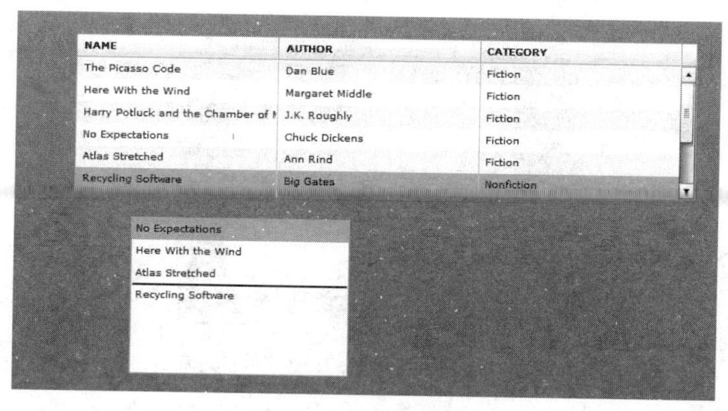

图9-10 修改代码之后的结果

到此为止，事情都非常简单。但如果想用程序化的方式添加拖放功能，又该怎么办呢？让我们来看一看。

9.4 用程序化的方式添加拖放功能

我已经在本书中向大家展示过如何单独使用MXML以及使用ActionScript或ActionScript与MXML的结合来做同样的事情。大家肯定同意使用ActionScript能得到更好的灵活性和更丰富的选择，这里的确如此。

在学习本节时，大家可能会发现有另外一些方法可以完成我在这里向大家展示的编程步骤。这是对的。任何编程场景通常都有多种选择。我在本节是使用非结合风格的操作步骤，同时会向大家展示一些概念。

(1) 首先，新建一个MXML应用程序或删除已有MXML应用程序中的起始和结束Application标签之间的所有代码。

332

(2) 添加下列代码。注意Application容器的布局方式被设置为vertical。

```
<?xml version="1.0" encoding="utf-8"?>
<mx:Application xmlns:mx="http://www.adobe.com/2006/mxml" ➥
layout="vertical">
    <mx:Script>
        <![CDATA[
            import mx.collections.ArrayCollection;

            [Bindable]
            private var targetData:ArrayCollection = ➥
new ArrayCollection();
        ]]>
    </mx:Script>

    <mx:Label id="dragLabel" text="Drag this Label"/>
    <mx:List id="liTarget" width="225" dataProvider="{targetData}"/>
</mx:Application>
```

(3) 运行应用程序，此时的界面应该如图9-11所示。

图9-11　显示有Label和空的List控件的当前示例

与拖放功能相关的类有4个。

- mx.core包的IUI类：这些类是UI组件的基类。
- mx.managers包的DragManager类：这个类会监管所有拖放操作。
- mx.core包的DragSource类：这个类包含所拖曳的数据。
- mx.event包的DragEvent类：这个类会在拖放操作期间生成事件对象。

(4) 在Script代码块的内部导入类，如下所示。因为我们将使用mx.core包的多个类，所以只要使用通配符就可以了。

```
<![CDATA[
    import mx.collections.ArrayCollection;
    import mx.core.*;
    import mx.managers.DragManager;
    import mx.events.DragEvent;
```

333

为了拖曳Label控件，我们需要创建一个mouseDown事件来调用函数。不过，为了让拖放操作起作用，需要传递4个参数。

第1个参数是所拖曳的Label组件的ID。第2个参数是所传递的数据。第3个参数是所传递的事件。最后，第4个参数是所传递的数据的格式。

(5) 为Label组件创建下列mouseDown事件。

```
<mx:Label id="dragLabel" text="Drag this Label" mouseDown=➥
"dragTest(dragLabel, 'This is the data', event, 'stringFormat')"/>
```

> 如果浏览ActionScript 3.0文档，可能会找不到stringFormat属性的参考资料。以我的经验，这是使用该属性的唯一场景。它的作用就是保证所拖曳的数据是一个字符串。

我们在本书其他地方看到过，当字符串内有字符串时，就需要使用单引号。在这个特别的示例中，我们是把一个简单的字符串作为数据传递出去。我们一会儿将看到这4个参数是如何发挥作用的。

现在我们需要在Script代码块中创建一个函数来接受和处理这些参数。

(6) 在Script代码块中创建一个dragTest函数，如下所示：

```
private function dragTest(initiator:Label, myData:String, ➥
event:MouseEvent, format:String):void
{

}
```

注意，第1个参数的类型是与之相关的组件类型，在这个例子中为Label控件。

(7) 第1行代码需要将DragSource类实例化，这个类是之前从mx.core包中导入的。

```
private function dragTest(initiator:Label, myData:String, ➥
event:MouseEvent, format:String):void
{
    var ds:DragSource = new DragSource();
}
```

(8) 现在，我们要使用addData()函数往DragSource对象添加数据和格式。

334

```
private function dragTest(initiator:Label, myData:String, ➥
event:MouseEvent, format:String):void
{

    var ds:DragSource = new DragSource();
    ds.addData(myData, format);
}
```

(9) 最后，我们要使用doDrag()函数往DragManager类添加组件的名称、DragSource对象以及事件。要记住，DragManager类起着中央管理的作用，如果没有相应的信息，DragManager就不知道该做什么。DragManager类是静态的，这意味着它不需要实例化就可以使用。

```
private function dragTest(initiator:Label, myData:String, ➥
event:MouseEvent, format:String):void
{
    var ds:DragSource = new DragSource();
    ds.addData(myData, format);
    DragManager.doDrag(initiator, ds, event);
}
```

(10) 保存应用程序并试用一下。我们将看到Label控件可以被拖动了。唯一的问题是：没有释放它的地方。此时的界面应该如图9-12所示。注意那个×符号。

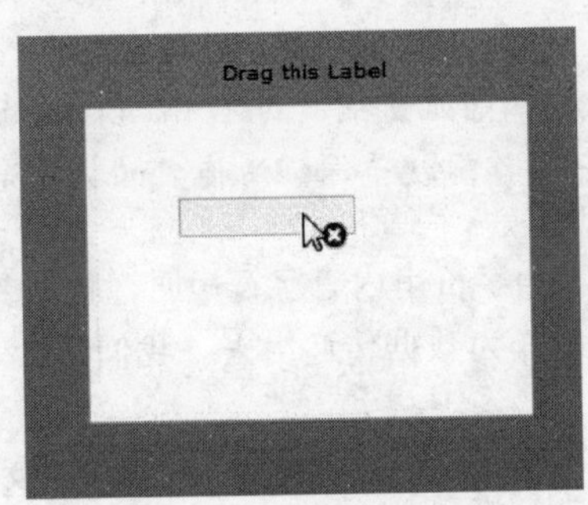

图9-12　拖曳Label控件

为了有一个起作用的释放目标，我们现在需要在List这边做一些编程工作。

(11) 在List标签中创建一个dragEnter事件，把事件和格式传递给我们马上要创建的函数。

```
<mx:List id="liTarget" width="225" dataProvider="{targetData}" ➥
dragEnter="testDragEnter(event, 'stringFormat')"/>
```

这一次我们又要用到DragManager类。不过，我们要把事件对象的target属性传递给本书中尚未碰到的一个类：IUIComponent。

前面的章节讲过，我们必须先添加一个子容器才能向组件或容器中添加东西。IUIComponent类实际上就是在这方面为我们做大量工作的那个类。简而言之，它是在绘制新的容器。假设我们现在要向这个新的容器添加一个Button控件。ActionScript实际上是在用IButton类来让这个新容器担当起按钮的作用。所以这个Button控件就是一个被赋予了通常按钮才有的功能的新容器。

335

ActionScript有很多包含在mx.core包内的I类[I代表接口（interface）]，它会负责添加组件和处理组件的功能。当我们添加容器和组件时，在后台就会自动调用这些I类。

如果不熟悉OOP编程概念，那可能就会对我刚才使用的“接口”一词感到陌生。这是一个相当高级的编程概念。但简而言之，接口就是一个把通常不相关的类连在一起的类。对于本书来说，我们不需要太深入了解这个概念。

(12) 在Script代码块中设置testDragEnter()函数。

```
private function testDragEnter(evt:DragEvent, format:String):void
{
    DragManager.acceptDragDrop(IUIComponent(evt.target));
}
```

那么概括一下，就是IUIComponent将在List组件内创建一个新的容器，而evt.target将把数据传递给它。

(13) 运行应用程序。我们仍然不能把Label控件释放到List组件中。但请注意红色的×符号不见了（如图9-13所示）。这表示List控件愿意接受释放操作。

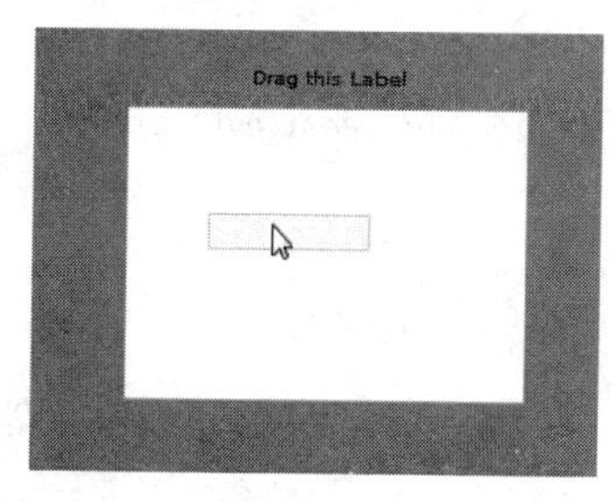

图9-13 准备接受数据的List控件

在List控件能够接受释放操作之前，我们需要做最后一点儿编程工作。

(14) 给List控件添加第2个事件。dragDrop事件将调用一个函数（类似于前面创建的testDragDrop函数），该函数将把数据传递到List控件的dataProvider中。

```
<mx:List id="liTarget" width="225" dataProvider="{targetData}" ➥
dragEnter="testDragEnter(event, 'stringFormat')" ➥
dragDrop="testDragDrop(event, 'stringFormat')"/>
```


(15) 现在要创建testDragDrop函数。就像在本章前面所做的那样，该函数将创建一个新的Object来接受数据，然后把数据传递给List控件的dataProvider。注意List控件会使用addItem()函数把数据添加到myData对象。

```
private function testDragDrop(evt:DragEvent, format:String):void
{
    var myData:Object = new Object();
    myData = evt.dragSource.dataForFormat(format);
    liTarget.dataProvider.addItem(myData);
}
```

最好再检查一遍，完成之后的代码应该如下所示：

```
<?xml version="1.0" encoding="utf-8"?>
<mx:Application xmlns:mx="http://www.adobe.com/2006/mxml" ➥
layout="vertical">
    <mx:Script>
        <![CDATA[
            import mx.collections.ArrayCollection;
            import mx.core.*;
```

```
            import mx.managers.DragManager;
            import mx.events.DragEvent;

            [Bindable]
            private var targetData:ArrayCollection = ➥
new ArrayCollection();

            private function dragTest(initiator:Label, ➥
myData:String, event:MouseEvent, format:String):void
            {
                var ds:DragSource = new DragSource();
                ds.addData(myData, format);
                DragManager.doDrag(initiator, ds, event);
            }

            private function testDragEnter(evt:DragEvent, ➥
format:String):void
            {
                DragManager.acceptDragDrop➥
(IUIComponent(evt.target));
            }

            private function testDragDrop(evt:DragEvent, ➥
format:String):void
            {
                var myData:Object = new Object();
                myData = evt.dragSource.dataForFormat(format);
                liTarget.dataProvider.addItem(myData);
            }
        ]]>
    </mx:Script>

    <mx:Label id="dragLabel" text="Drag this Label" mouseDown=➥
"dragTest(dragLabel, 'This is the data', event, 'stringFormat')"/>
    <mx:List id="liTarget" width="225" dataProvider="{targetData}" ➥
dragEnter="testDragEnter(event, 'stringFormat')" ➥
dragDrop="testDragDrop(event, 'stringFormat')"/>
</mx:Application>
```

337

(16) 运行应用程序。当把数据释放到List控件上时注意看一下，此时的界面应该如图9-14所示。

图9-14　完成之后的拖放操作

9.5 小结

我们刚才讲到了3种可能的拖放情况，这3种情况又包含了很多种可能性。这里所用的很多代码都可以一点不差地用到我们自己的项目中去。

学习完较短的两章之后，我们该回到大型的项目中去。我们将新建一个项目，把已经学到的很多概念融合在一起。

拿杯咖啡，卷起袖子，让我们进入下一个较长的章节吧。

第10章 案例研究 I

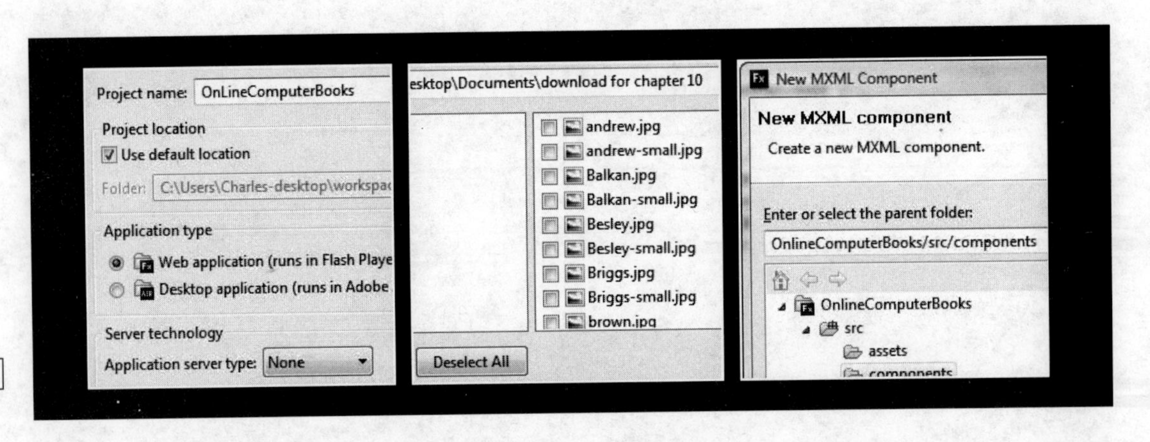

在Flex的基本概念和MXML的使用方面打下了坚实的基础，并对ActionScript 3.0有了基本的了解之后，我们要好好复习一下所学的知识。

此前，我是在相对简单和孤立的环境下向大家展示了各种概念。我希望大家可以使用这些信息来解决自己应用程序中的问题。不过，我想在本章做的事情是把各个散件放在一起并向大家展示如何从零开始开发Flex应用程序。我们将构建一个虚构的在线书店来和本书的出版商开个善意的玩笑。我找了一些老的图书封面和书名，可以使用它们来练习Flex的使用。

我不会在这里介绍很多新的概念。相反，我们的工作将建立在前9章学过的概念之上。在整个过程中，我会使用前面章节中所采用的步骤化的操作方式并在其间夹杂一些注解性的文字。

要注意的是，我尽力保持了各章的独立性，每一章都不会依赖于前面章节讲述的内容。后面的第12章也是如此。学习这些章节并不需要完成本章的案例研究。不过，我确实有一项要求：在前面的章节中，由于内容编排的原因，我们其实还留有很多试验的空间。但是，因为本章的内容是非常连贯的，所以我要求大家一定要按照本章所给的步骤进行操作。请大家务必遵守这些步骤，并确保理解这么做的原因。

我们将在本章完成案例研究的第 I 部分，并在下一章完成第 II 部分。

把这些事项牢记心中之后，就可以开始工作了。

10.1 案例研究：出版社的网站

作为案例研究，我们要为想提升形象的知名技术图书出版社重新设计网站（当然，高级编辑和我的技术审校也可以做一些形象提升工作，但这是一个完全不同的主题，其内容超出了本书的范畴）。

在动手之前，请先做两件事情。

(1) 从www.friendsofed.com下载本练习所需要的文件，将它们解压缩到选好的目录中。

(2) 关闭或删除以前打开的项目。我们将从零开始。

342

10.1.1 创建项目环境

首先，我们要设置项目环境。

(1) 选择File→New→Flex Project命令。

(2) 将项目命名为OnLineComputerBooks，如图10-1所示。

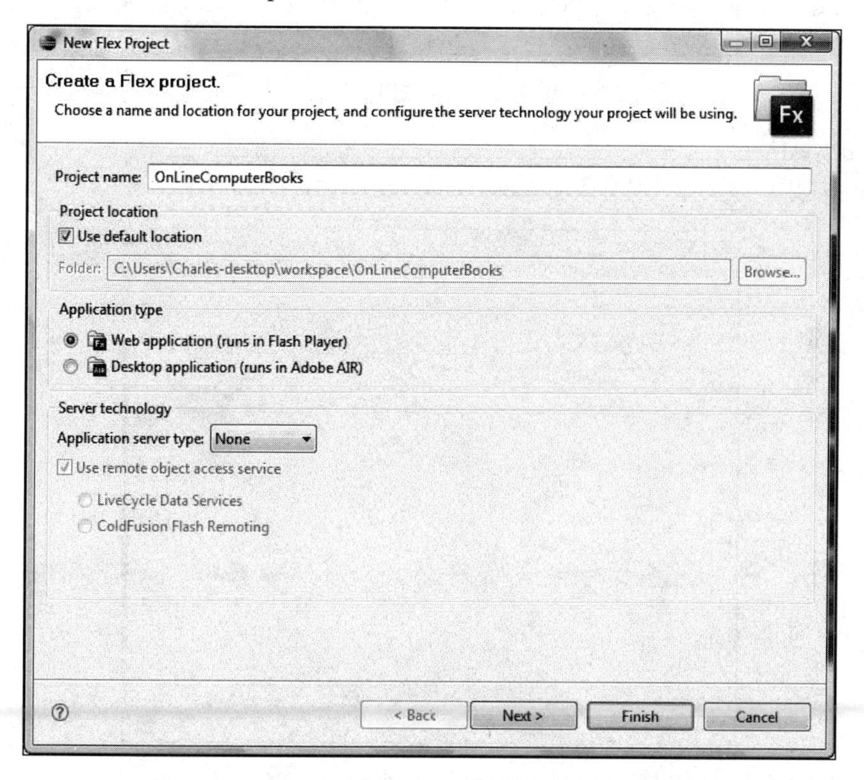

图10-1 在New Flex Project对话框中指定项目名称

(3) 使用默认的存放位置并将Application type设置为Web application (runs in Flash Player)。

(4) 单击Next按钮。

(5) 保留Output folder的默认设置bin-debug，如图10-2所示。

343

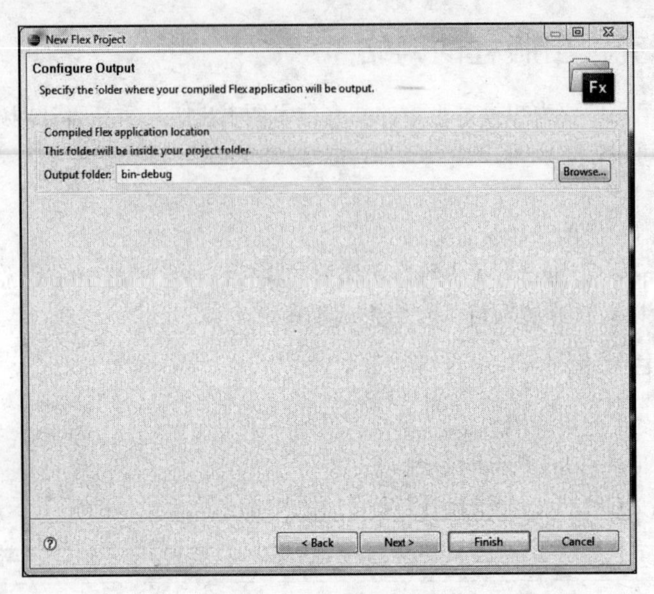

图10-2　指定输出文件夹

(6) 单击Next按钮。

(7) 将主应用程序文件的名称改成BooksMain.mxml，如图10-3所示。

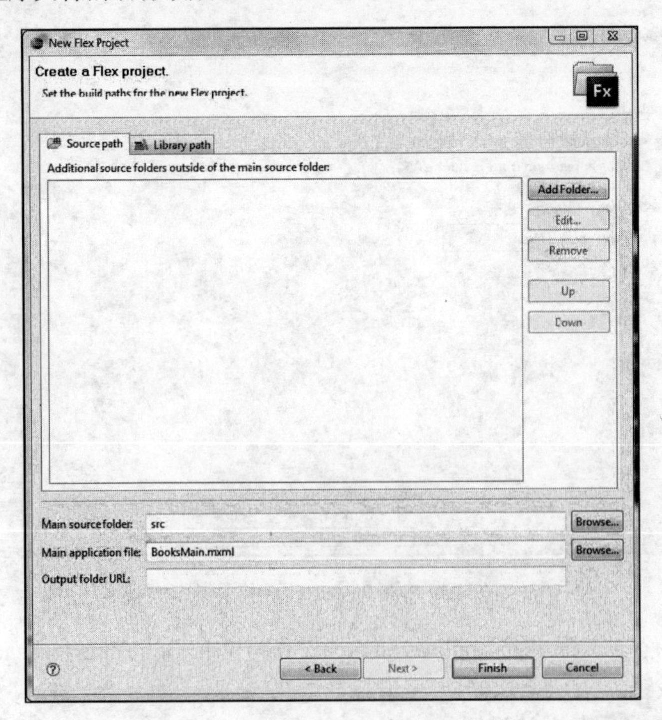

图10-3　更改主应用程序文件的名称

当然，最后一步不是必需的。如果采用和项目名相同的默认名称，并不会有任何问题。但是如果创建的组件很多或文件很多，通过在名称中放入“Main”一词，就更加容易识别主应用程序文件。

(8) 单击Finish按钮。

344

(9) 切换到Source视图。

10.1.2 建立初始布局

通过前面章节的操作，我们已经知道，Flex所需的代码必须放在起始和结束Application标签之间。另外，Application标签有一个叫做layout的属性，这是布局管理器，它会决定各种容器自动排列的方式。前面讲过，如果选择absolute作为布局设置，我们就需要指定所输入的各个组件的x和y位置。

(1) 对于该项目，我们要用垂直方式堆放容器。根据需要，将布局方式设置为vertical。

```
<mx:Application xmlns:mx="http://www.adobe.com/2006/mxml" ➥
layout="vertical">
```

345

(2) 该项目要求背景色为白色（这是我的假设）。所以，应添加backgroundColor属性，并将其值改为#FFFFFF。

> 在传统的CSS中，我们可以使用#FFF这种简略表达方式。可惜的是，该方法不能用于Flex中。我们必须使用这里显示的完整的十六进制码。

```
<mx:Application xmlns:mx="http://www.adobe.com/2006/mxml" ➥
layout="vertical" backgroundColor="#FFFFFF">
```

(3) 切换到Design透视图，背景现在应该是白色的了。

实际上，并不是真正的白色。我们不需要擦拭显示器。这个白色背景在往应用程序底部的方向上有一些暗色的渐变。Flex会将背景色默认处理为渐变效果。这里有一个逆向思考：如果想关闭此渐变效果，就必须使用backgroundGradientColors属性。然后要设置一个颜色数组；或者，如果不想要渐变效果的话，就设置一个只有一种颜色的数组。

举个例子，假设我们想让背景色是不带渐变的纯白色。我们可以输入下面的属性来代替backgroundColor属性：

```
backgroundGradientColors="[#FFFFFF, #FFFFFF]"
```

鉴于本案例研究的目的，保留原来的渐变即可。工作应该正常。

在正常的工作流程中，我们可能会让图片高手用Photoshop或Illustrator之类的工具为网站设计必要的图片。事实上，Adobe CS3现在捆绑了一个以前的Macromedia用户所熟知的程序：Fireworks。我们不会在这里使用它。但是，它的独特能力允许图片设计者布局Flex应用程序，然后用必不可少的MXML代码来保存所完成的布局。这在设计者和开发人员之间创建了一个几近无缝的工作流程。而且，在写作本书时，Adobe公司正在推出代号为Thermo的新产品的beta版。该产品一定会创建出一个更加无缝的环境。

创建好图片之后，马上将它们导入到Flex项目中。对于这个项目，图片文件是已经完成好的。

(4) 要导入本案例的图片文件，请选择File→Import命令，此时应该会看到图10-4中所示的对话框。

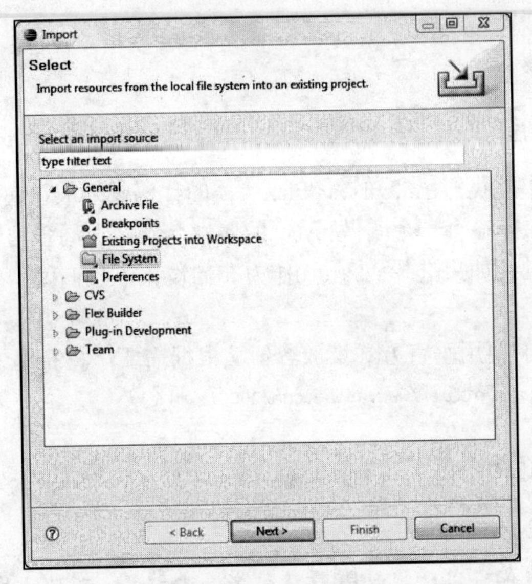

图10-4　Import对话框

(5) 可以看到，我们能从多个文件类型中进行选择。不过，对于这个案例，我们要选择General类别下的File System，然后单击Next按钮，进入图10-5中所示的界面。

346

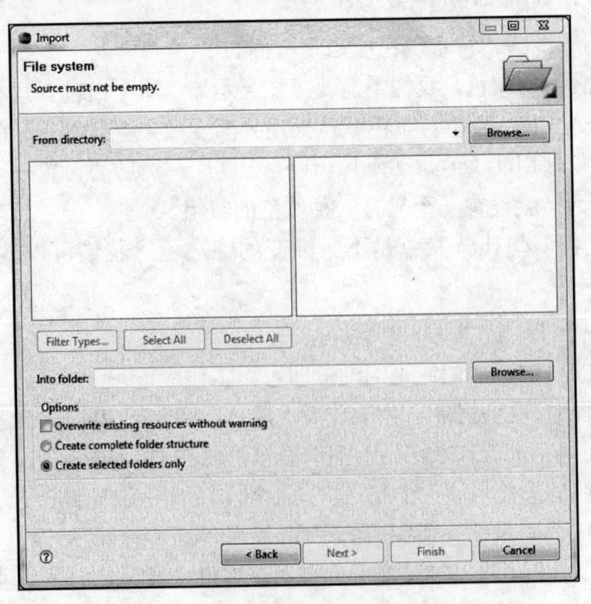

347

图10-5　Import对话框的File System界面

(6) 使用Browse按钮，浏览解压缩第10章文件所在的文件夹，该文件夹应该含有项目的资产，如图10-6所示。

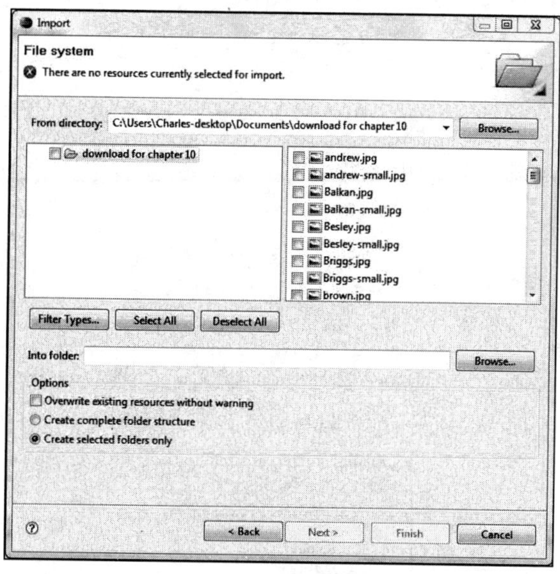

图10-6　下载的文件

注意我们在对话框的顶部收到了一条警告，警告的内容是当前没有选择要导入的资源。在这里，我们可以用若干种方法来轻松解决问题。可以单击左边窗口中的文件夹名左边的复选框，或单击Select All按钮选择所有文件，也可以单独选择想要使用的文件。

(7) 使用刚才所讲的方法，选择文件夹中的所有文件。警告现在应该消失了。

348

(8) 单击Into folder字段右边的Browse按钮，打开图10-7中所示的对话框。

10

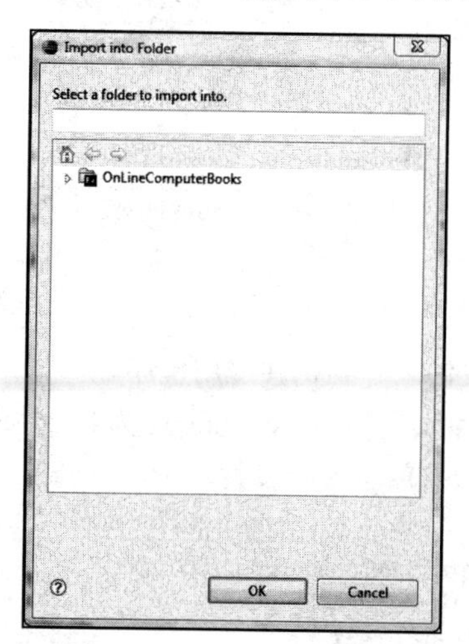

图10-7　Import into Folder对话框

(9) 展开OnLineComputerBooks文件夹并选择其中的src文件夹。

(10) 对Select a folder to import into字段中的输入内容做一些小的修改。添加assets文件夹（如图10-8所示）。Flex会在导入操作发生时创建该文件夹。注意这与我在前面章节中向大家展示的方法略有不同。

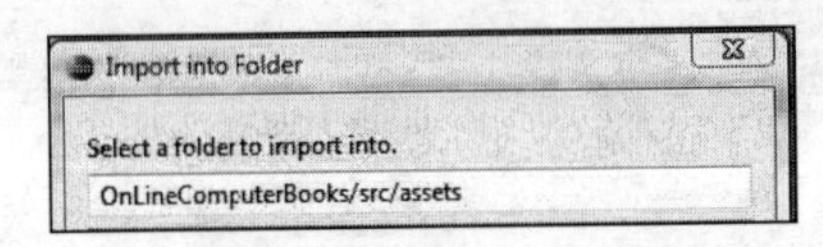

图10-8　修改之后的字段

(11) 单击OK按钮。

(12) 单击Finish按钮。

如果查看Flex Navigator视图，应该会看到所创建的assets文件夹中含有该项目的所有资产（如图10-9所示）。现在，它们正式位于这个项目内部了，我们可以使用这些文件了。

349

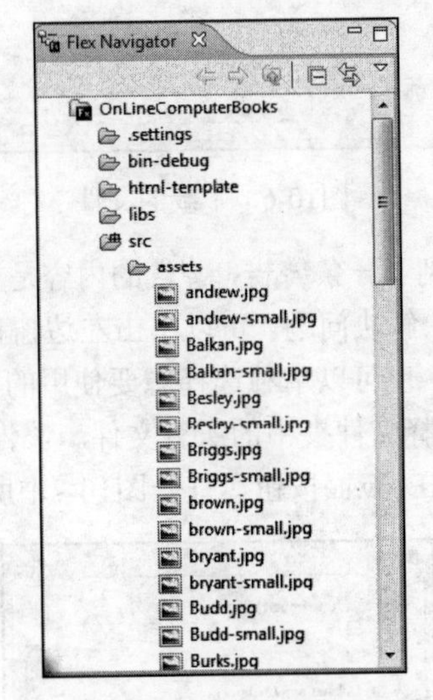

图10-9　新创建的assets文件夹

10.1.3　开始搭建结构

环境设置一切就绪之后，我们来开始构建应用程序。

(1) 首先，我们要在应用程序的顶部添加一个logo。为此，要进入Source透视图，在Application标签之间插入一个Image标签来放置Logo1.gif图片。

```
This particular im<?xml version="1.0" encoding="utf-8"?>
<mx:Application xmlns:mx="http://www.adobe.com/2006/mxml" ➥
layout="vertical" backgroundColor="#FFFFFF">
    <mx:Image source="assets/Logo1.gif"/>
</mx:Application>
```

这种特殊的图像叫做“透明GIF图片”。这表示除真正的字母之外的所有内容都是透明的，它允许图片背后的颜色透过它显示出来。如果愿意，可以将应用程序的背景色改成一种更深的颜色以便看清楚透明的GIF是如何工作的。这之后，不要忘了将它改回#FFFFFF。

(2) 保存并运行应用程序，此时的界面应该类似于图10-10所示。

(3) 关闭浏览器，回到Flex Builder。

现在，我们要为项目构建组件。

350

图10-10　添加logo之后的应用程序

10.1.4　创建组件

分而治之的时间到了！

我在第5章讲过，我们要把项目划分成专门的组件，应用程序文件只起到控制一切的作用。我们将这称为MVC模式。借此，就可以获得更好的灵活性、复用性和可维护性。

首先，我们要为主页、图书封面总览、用户评论页面和购物车构建组件。稍后，我们会向这些组件添加状态。

我们首先来构建作为主页使用的BookHome组件。

1. BookHome组件

要构建BookHome组件，请按下列步骤操作。

(1) 在Flex Navigator视图中，用右键单击src文件夹并选择New→Folder命令。

(2) 将新的文件夹命名为components，如图10-11所示。

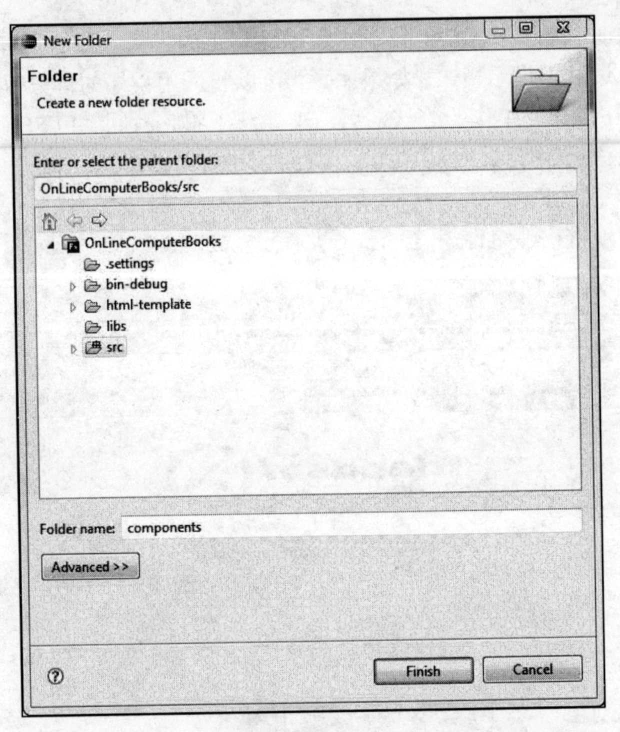

351

图10-11　在New Folder对话框中命名components文件夹

(3) 单击Finish按钮。

现在查看Flex Navigator视图，应该会看到新的文件夹，如图10-12所示。

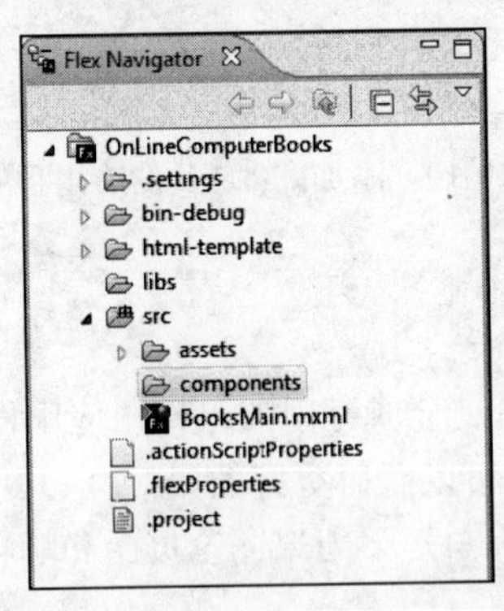

352

图10-12　显示有components文件夹的Flex Navigator视图

(4) 用右键单击新的components文件夹，然后选择New→MXML Component命令。

前面讲过，组件必须建立在某个容器组件的基础之上，而不能建立在Application标签之上。

(5) 将新组件命名为BookHome，并以VBox容器作为它的基础，如图10-13所示。和前面的示例不同，我们将该组件的宽度设置为400，高度设置为300。

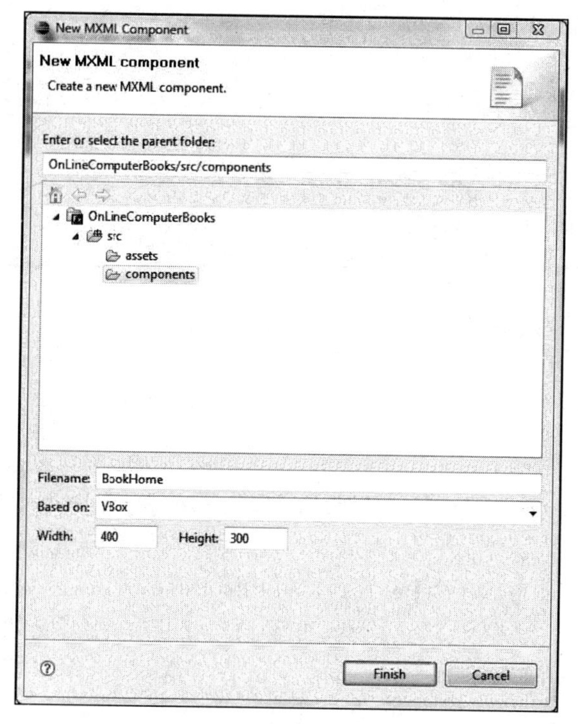

图10-13 在New MXML Component对话框中定义BookHome组件

(6) 单击Finish按钮。

新组件的代码应该如下所示：

```
<?xml version="1.0" encoding="utf-8"?>
<mx:VBox xmlns:mx="http://www.adobe.com/2006/mxml" width="400" ➥
height="300">

</mx:VBox>
```

(7) 在VBox容器内放入一个HBox容器：

```
<?xml version="1.0" encoding="utf-8"?>
<mx:VBox xmlns:mx="http://www.adobe.com/2006/mxml" width="400" ➥
height="300">
    <mx:HBox>

    </mx:HBox>
</mx:VBox>
```

(8) 现在，在HBox容器内放入一个Image标签，并将source设置为assets/EbooksHomeAd.jpg。

```
<?xml version="1.0" encoding="utf-8"?>
<mx:VBox xmlns:mx="http://www.adobe.com/2006/mxml" width="400" ➥
height="300">
    <mx:HBox>
        <mx:Image source="assets/EbooksHomeAd.jpg"/>
```

```
    </mx:HBox>
</mx:VBox>
```

之前讲过，Flex应用程序是用容器内的容器构建起来的。容器反过来又会处理其自身内容的排列方式。

(9) 现在，我们要在刚才插入的图像下方放一些文本。在Image标签下方放一个VBox容器。

```
<?xml version="1.0" encoding="utf-8"?>
<mx:VBox xmlns:mx="http://www.adobe.com/2006/mxml" width="400" ➥
height="300">
    <mx:HBox>
        <mx:Image source="assets/EbooksHomeAd.jpg"/>
        <mx:VBox>

        </mx:VBox>
    </mx:HBox>
</mx:VBox>
```

之前谈论UI组件时，我讲到了Text容器。我们需要做的就是创建一个Text容器来控制文本的字体、大小和颜色等。

(10) 在新的VBox容器内放一个Text容器，将其fontSize属性设置为12，将color属性设置为blue。将容器的宽度设置为200（记住，Flex中的所有尺寸都是以像素为度量单位的）。

```
<?xml version="1.0" encoding="utf-8"?>
<mx:VBox xmlns:mx="http://www.adobe.com/2006/mxml" width="400" ➥
height="300">
    <mx:HBox>
        <mx:Image source="assets/EbooksHomeAd.jpg"/>
        <mx:VBox>
            <mx:Text color="blue" fontSize="12" width="200">
            </mx:Text>
        </mx:VBox>
    </mx:HBox>
</mx:VBox>
```

354

注意，我没有在Text容器中放入text属性来存放文本，这样做是有原因的。在前面讨论状态和过渡时讲过，我们可以把某个MXML属性提取出来作为独立的子容器。如果属性将包含对象数组，这样做就非常有用。有时候，它还是一种使文本块在代码中更加易读的便捷方法。

> 注意大写的Text指的是类，而小写的text指的是属性。

(11) 在Text容器内创建一个文本容器，并将其文本设置为friends of ED eBooks are offered for sale at a discount of almost 50%。

```
<mx:Text color="blue" fontSize="12" width="200">
    <mx:text>
        friends of ED eBooks are offered for sale at a discount ➥
of almost 50%
    </mx:text>
</mx:Text>
```

要记住，我们无法像运行应用程序那样运行组件，因为组件本身没有Application标签。不过，我们可以在Design透视图中看到它。将目前的成果与图10-14做一下比较。

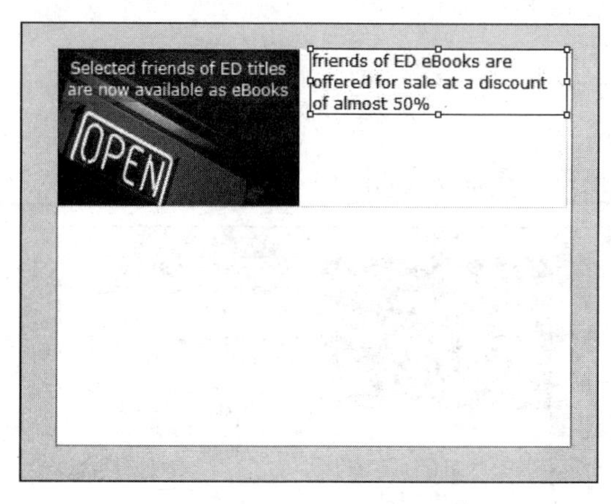

图10-14 完成最后一步操作时的组件

355

(12) 回到Source透视图，再添加一些代码。

(13) 为了节约时间，可以复制<mx:Text>容器并将它粘贴到Text容器的下方。在新容器的<mx:text>标签内，用下列文字替换文本：

```
Please use our site to find the technical books you need.
```

(14) 用相同的方法再添加一个Text容器，文本如下：

```
Keep coming back to our site to see the latest news about new ➥
books and technical information.
```

此时的代码应该如下所示：

```
<?xml version="1.0" encoding="utf-8"?>
<mx:VBox xmlns:mx="http://www.adobe.com/2006/mxml" width="400" ➥
height="300">
      <mx:HBox>
            <mx:Image source="assets/ebooksHomeAd.jpg"/>
            <mx:VBox>
                  <mx:Text color="blue" fontSize="12" width="200">
                        <mx:text>
                              friends of ED eBooks are offered for ➥
sale at a discount of almost 50%
                        </mx:text>
                  </mx:Text>
                  <mx:Text color="blue" fontSize="12" width="200">
                        <mx:text>
                              Please use our site to find the technical ➥
books you need.
                        </mx:text>
                  </mx:Text>
                  <mx:Text color="blue" fontSize="12" width="200">
```

10

```
                <mx:text>
                    Keep coming back to our site to see ➥
the latest news about new books and technical information
                </mx:text>
            </mx:Text>
        </mx:VBox>
    </mx:HBox>
</mx:VBox>
```

356

(15) 切换到Design透视图，界面应该如图10-15所示。

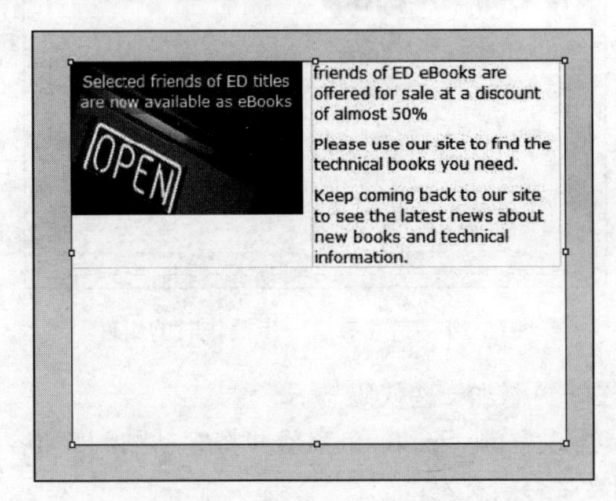

图10-15　添加文本之后的组件

稍后我们将回到这个组件再做一些更改。使用组件意味着网站更容易更新。

在学习如何构建和附加组件时，我们是使用拖放技术把它们放进了主页。在这个例子中，原本也可以这样做。但是，为了在本练习中达到复习的目的，我们将用手动方式做这件事情。这样可以巩固我们所学的概念。

(16) 切换回BooksMain.mxml文件。

我们必须在Application标签中声明一个命名空间。前面讲过，命名空间是一种预先定义路径来查找所需对象的方法。

(17) 要定义命名空间，请使用如下所示的xmlns属性。

```
<?xml version="1.0" encoding="utf-8"?>
<mx:Application xmlns:mx="http://www.adobe.com/2006/mxml" ➥
layout="vertical" backgroundColor="#FFFFFF"➥
 xmlns:comp="components.*">
    <mx:Image source="assets/Logo1.gif"/>
</mx:Application>
```

星号表示components目录中的所有组件。前面讲过，名称comp本身并没有什么重要的影响。不过，使用的名称最好能描述路径下的内容。在这个例子中，我使用了comp作为名称，说明这个路径包含的是组件。用准确的术语表达，这个名称（本例中为comp）叫做前缀。

(18) 在Image标签下，以comp（即刚才创建的命名空间的前缀，而不是之前很多标签所用的mx）开头，放入组件。

357

```
<comp
```

在命名空间前缀的后面键入冒号之后，就会出现components目录中的组件的清单（在这个例子中，目前只有一个组件），如图10-16所示。

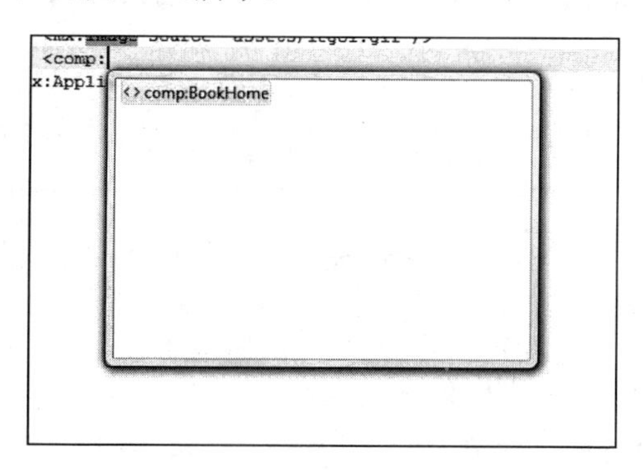

图10-16　组件清单

(19) 选择BookHome组件。

(20) 对于这个练习，我们要将组件的高度和宽度设置为应用程序大小的50%，如下所示。

```
<?xml version="1.0" encoding="utf-8"?>
<mx:Application xmlns:mx="http://www.adobe.com/2006/mxml" ➥
layout="vertical" backgroundColor="#FFFFFF" xmlns:comp="components.*">
    <mx:Image source="assets/logo1.gif"/>
    <comp:BookHome height="50%" width="50%"/>
</mx:Application>
```

(21) 保存项目并加以运行，得到的输出应该如图10-17所示。

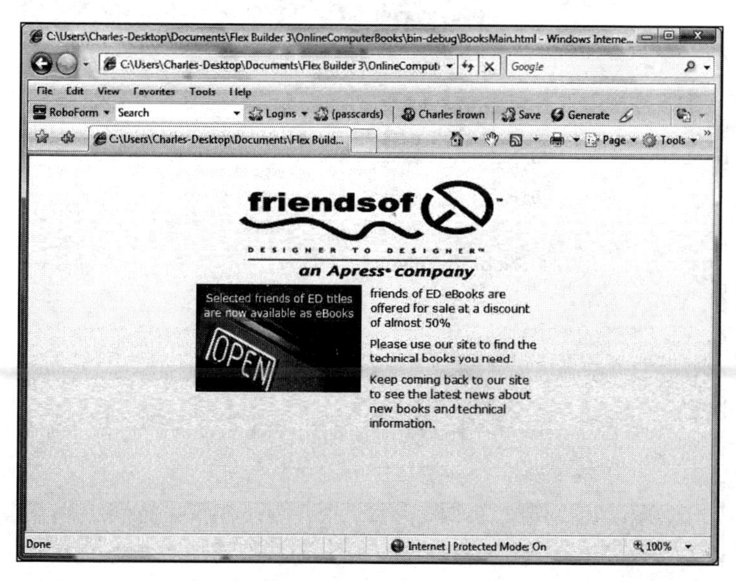

图10-17　主应用程序中的组件

10

这是个展示组件能力的好地方。

(22) 关闭浏览器，回到BookHome组件。

(23) 在结束HBox标签的下方，插入一个带有下列文本的Text容器。将fontSize设置为20，将fontWeight设置为bold。

```
</mx:HBox>
<mx:Text fontSize="20" fontWeight="bold">
    <mx:text>Book of the Week</mx:text>
</mx:Text>
```

358

(24) 在结束Text标签的下方放入一个Image标签，它会调用assets文件夹中的Green.jpg文件。

```
</mx:HBox>
<mx:Text fontSize="20" fontWeight="bold">
    <mx:text>Book of the Week</mx:text>
</mx:Text>
<mx:Image source="assets/Green.jpg"/>
```

(25) 保存组件。

(26) 切换回BooksMain并运行应用程序，现在我们应该会在应用程序中看到更新之后的组件，如图10-18所示。这就是组件真正的能力所在：它能够在不影响应用程序其他方面的情况下轻松地加以更新。

359

图10-18　完成之后的主页

可以看到，组件一旦更新，使用该组件的一切就都会在保存组件时自动更新。

在学习这个例子的过程中，我们会用程序化的方式调用这个组件，并构建导航栏。因此，我们需要给组件设置id和label属性。这里，我们将两个属性均设置为home。在label属性中，我们必须准确地输入想要在导航栏中显示的名称。所以，我们会使用大写字母H。

(27) 将组件修改如下：

```
<comp:BookHome height="50%" width="50%" label="Home" id="home"/>
```

完成之后的BooksMain.mxml代码应该如下所示：

360

```
<?xml version="1.0" encoding="utf-8"?>
<mx:Application xmlns:mx="http://www.adobe.com/2006/mxml" ➥
layout="vertical" backgroundColor="#FFFFFF" xmlns:comp="components.*">
    <mx:Image source="assets/Logo1.gif"/>
    <comp:BookHome height="50%" width="50%" label="Home" id="home"/>
</mx:Application>
```

2. Comments组件

现在，我们要构建另一个组件，该组件允许读者对出版社所售图书发表评论。

(1) 再次用右键单击Flex Navigator视图中的components文件夹。

(2) 选择New→MXML Component命令。

(3) 将该组件命名为Comments。同样，把它建立在VBox容器的基础之上。不过这一次要将宽度设置为500。对话框现在应该如图10-19所示。

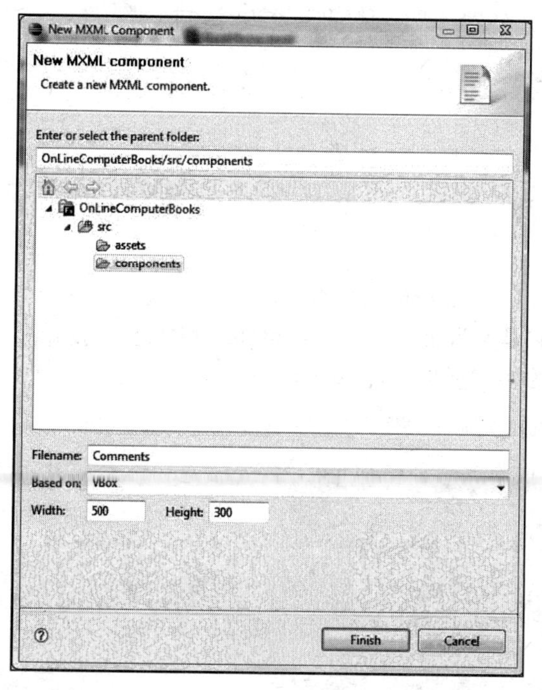

图10-19 在New MXML Component对话框中定义Comments组件

361

(4) 单击Finish按钮。

(5) 因为这要成为一个表单，所以我们需要声明Form容器。

```
<?xml version="1.0" encoding="utf-8"?>
<mx:VBox xmlns:mx="http://www.adobe.com/2006/mxml" width="500" ➥
height="300">
    <mx:Form>

    </mx:Form>
</mx:VBox>
```

(6) 接下来，声明一个FormHeading来告诉用户输入评论，如下所示：

```
<?xml version="1.0" encoding="utf-8"?>
<mx:VBox xmlns:mx="http://www.adobe.com/2006/mxml" width="500" ➥
height="300">
    <mx:Form>
        <mx:FormHeading label="Please Enter Your Rating and ➥
Comments About Our Books"/>
    </mx:Form>
</mx:VBox>
```

以前讨论表单时说过，FormItem容器会帮助摆放表单的各个组件，并调整它们的格式。在Flex中，比较好的做法是把每个组件放在单独的FormItem容器中。我们马上就会看到这样做的原因。

(7) 在FormHeading控件的下面插入FormItem容器。

```
<?xml version="1.0" encoding="utf-8"?>
<mx:VBox xmlns:mx="http://www.adobe.com/2006/mxml" width="500" ➥
height="300">
    <mx:Form>
        <mx:FormHeading label="Please Enter Your Rating and ➥
Comments About Our Books"/>
        <mx:FormItem>

        </mx:FormItem>
    </mx:Form>
</mx:VBox>
```

我们以前见过，在使用FormItem控件时，识别控件的标示语并不是作为带有text属性的单个控件来输入的。相反，它是作为FormItem标签中的label属性输入的。

(8) 将FormItem标签的label属性设置为Full Name。

```
<mx:FormItem label="Full Name">
```

(9) 在FormItem容器内添加一个TextInput控件，并将其宽度设置为250。

362

```
<mx:Form>
    <mx:FormHeading label="Please Enter Your Rating and Comments ➥
About Our Books"/>
    <mx:FormItem label="Full Name">
        <mx:TextInput width="250"/>
    </mx:FormItem>
</mx:Form>
```

为了查看效果，请切换到Design透视图，此时的界面应该类似于图10-20所示。

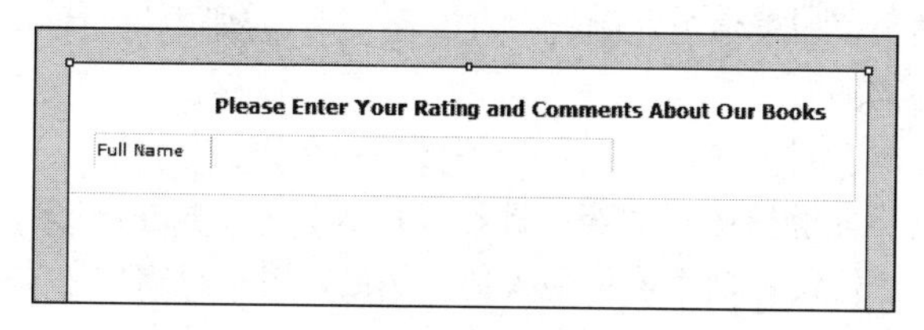

图10-20 FormHeading和FormItem控件

注意，Form容器连同FormItem容器会自动处理一切事物的摆放。

(10) 回到Source透视图，现在我们要在最后一个FormItem容器的下面构建一个新的FormItem容器。将其label属性设置为E-mail，并在其内插入一个宽度为250像素的TextInput控件。

```
<mx:FormItem label="E-mail">
     <mx:TextInput width="250"/>
</mx:FormItem>
```

现在，我们要搭建一个类似的结构来允许用户输入所评论图书的书名。

(11) 在E-mail FormItem的下面放入下列代码：

```
<mx:FormItem label="Book Title">
     <mx:TextInput width="250"/>
</mx:FormItem>
```

现在，我们想让用户输入他们的评论。为此，需要给用户提供一个较大的操作区域。TextArea控件可以很好地完成这项工作。

(12) 我们需要再次使用FormItem容器，并将其label属性设置为Please Enter Your Comments。将TextArea控件的宽度设置为250。

```
<mx:FormItem label="Please Enter Your Comments">
     <mx:TextArea width="250"/>
</mx:FormItem>
```

切换到Design透视图以预览表单，如图10-21所示。

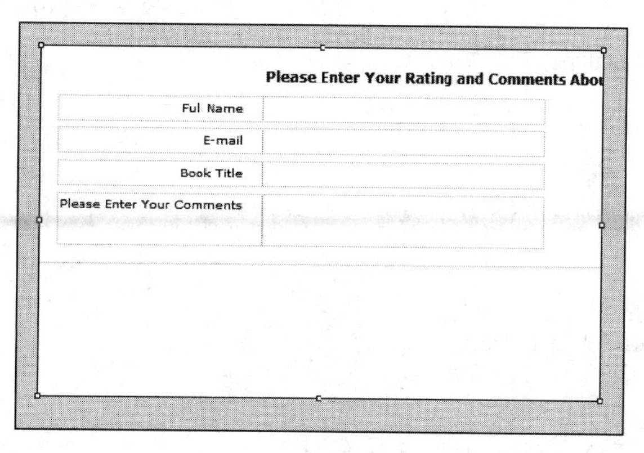

图10-21 部分完成的表单

FormHeading看上去被裁开了（如图10-21所示）。不用担心，它不会影响在应用程序文件中实例化组件时的最终结果。如果你为之困扰，可以在VBox容器中将组件的宽度更改为600像素左右。但这其实并不是必需的。

注意FormItem控件靠右对齐了表单上各个条目的标示语。

现在，我们要让用户能够给图书评级，评级范围为1～5。NumericStepper控件可以胜任这项工作。我们可以给这个控件设置最小值和最大值。然后，用户只需要单击上、下方向键就可以设置想要的值。

(13) 切换回Source透视图，在Comments FormItem的下面设置一个新的FormItem，其label属性为Please Rate This Book。

(14) 在该容器内放一个NumericStepper控件，该控件的minimum和maximum属性分别设置为1和5。

```
<mx:FormItem label="Please Rate This Book">
    <mx:NumericStepper minimum="1" maximum="5"/>
</mx:FormItem>
```

再次切换到Design透视图。我们会看到NumericStepper控件，如图10-22所示。不过，我们无法测试它，除非先从主应用程序中运行该组件，我们马上就会这样做。

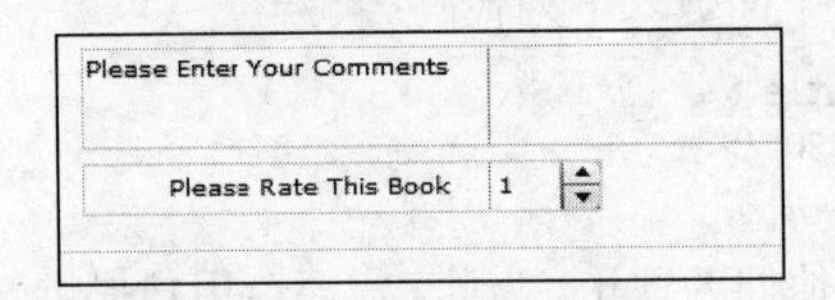

364

图10-22　NumericStepper控件

我们要在这个表单上做的最后一件事情是创建Submit和Clear按钮。起初，这些按钮不会有任何功能。随着项目的进展，我们会进一步赋予它们功能。不过，一开始有一个小问题。

所有这些控件都是巨大的VBox容器的一部分。我们知道，VBox容器会将其内成员以垂直方式排列。为了对其进行弥补，FormItem容器有一个叫做direction的有趣属性。该属性允许我们让FormItem容器内的任意成员不受该布局容器排列方向的限制。

(15) 在NumericStepper所对应的FormItem容器的下方再设置一个FormItem。这里没有label属性。不过，要将direction属性设置为horizontal：

```
<mx:FormItem direction="horizontal">

</mx:FormItem>
```

(16) 我们没有给FormItem设置label属性，而是在容器中放入了2个按钮，每个按钮有各自的标示语。

```
<mx:FormItem direction="horizontal">
    <mx:Button label="Submit Your Comment"/>
    <mx:Button label="Clear the Form"/>
</mx:FormItem>
```

Design透视图中的表单应该如图10-23所示。

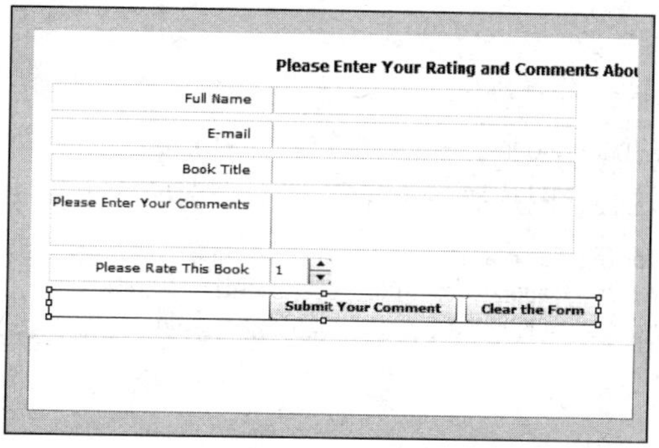

图10-23　完成之后的Comments组件

注意，新的按钮是水平排列的，且默认向右对齐。

现在，表单完成了。下一步是要构建一个显示各个图书封面的组件。

3. BookCovers组件

为了构建BookCovers组件来显示（组件名中所说的）图书封面，请按下列步骤操作。

(1) 和以前的做法一样，用右键单击Flex Navigator视图中的components文件夹并选择New→MXML Component命令。

(2) 将这个组件命名为BookCovers，并将其建立在VBox容器之上。

(3) 将Width属性设置为550像素。不过，和之前不一样的是，我们要删除Height设置。这样，组件的高度就会根据内容自动调整。完成设置之后的对话框应该如图10-24所示。

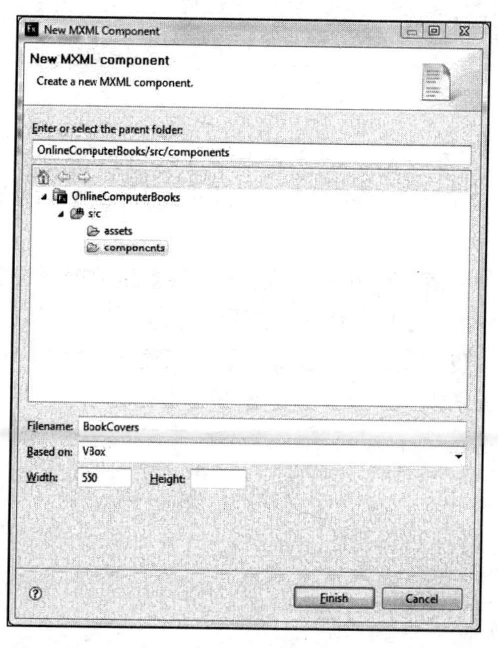

图10-24　在New MXML Component对话框中定义BookCovers组件

(4) 单击Finish按钮。

366

(5) 根据需要，切换到Source透视图，在VBox容器内创建一个HBox容器。

(6) 将新的HBox容器的backgroundColor属性设置为#EE82EE，即紫罗兰色。另外，将verticalAlign属性设置为middle，这会让图片居中对齐。最后，将fontSize设置为12。

```
<?xml version="1.0" encoding="utf-8"?>
<mx:VBox xmlns:mx="http://www.adobe.com/2006/mxml" width="550">
    <mx:HBox backgroundColor="#EE82EE" verticalAlign="middle" ➥
fontSize="12">

    </mx:HBox>
</mx:VBox>
```

(7) 在HBox容器内放入一个Label控件，其text属性为Select the Books:。

(8) 在Label控件的下方放入一个CheckBox控件，该控件的label属性为All Books。

```
<?xml version="1.0" encoding="utf-8"?>
<mx:VBox xmlns:mx="http://www.adobe.com/2006/mxml" width="550">
    <mx:HBox backgroundColor="#EE82EE" verticalAlign="middle" ➥
fontSize="12">
        <mx:Label text="Select the Books"/>
        <mx:CheckBox label="All Books"/>
    </mx:HBox>
</mx:VBox>
```

如果切换到Design透视图，界面应该如图10-25所示。

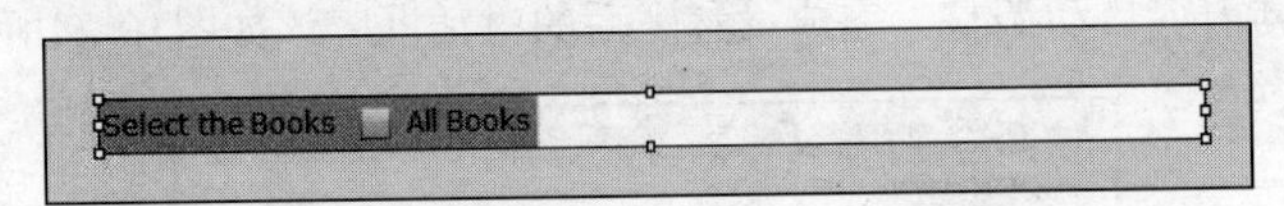

图10-25　Label和CheckBox控件

(9) 在CheckBox控件的下方再输入一个Label控件，其text属性为Select Book Category。

还有一个必须要注意的控件是ComboBox，我们将把它添加到这个组件中。ComboBox实质上是一个下拉框中的菜单。

一般情况下，我们会使用诸如XML、Web服务、甚至是数据库（要用到ColdFusion）之类的外部数据源创建ComboBox中的列表。因为我们还没有讲过服务器端技术，所以要用手动方式把条目添加到这个控件中。这也让我们有机会好好看看该控件背后的一些机制。

(10) 在刚才创建的Label控件的下面，用起始和结束标签创建一个ComboBox控件。

367

```
<?xml version="1.0" encoding="utf-8"?>
<mx:VBox xmlns:mx="http://www.adobe.com/2006/mxml" width="550">
    <mx:HBox backgroundColor="#EE82EE" verticalAlign="middle" ➥
fontSize="12">
        <mx:Label text="Select the Books"/>
        <mx:CheckBox label="All Books"/>
        <mx:Label text="Select Book Category"/>
        <mx:ComboBox>
```

```
            </mx:ComboBox>
        </mx:HBox>
    </mx:VBox>
```

在讨论XML（和DataGrid控件）时曾经讲过，很多控件会用到一个叫做dataProvider的属性。dataProvider属性会链接到数据源。即便是像现在这样用手动方式输入数据，ComboBox控件仍然需要使用这个属性。但是，我们使用它的方法会和以前有些不同。在这里，我们将使dataProvider成为独立的容器。

(11) 向ComboBox控件添加dataProvider属性，如下所示：

```
<mx:ComboBox>
    <mx:dataProvider>

    </mx:dataProvider>
</mx:ComboBox>
```

之前讨论XML时说过，ActionScript会把数据存放在ArrayCollection中。不过，因为我们是用手动方式把数据输入到这个控件中，所以必须通过在dataProvider容器内创建ArrayCollection容器来明确地告诉ActionScript应使用ArrayCollection类。

(12) 添加ArrayCollection容器，如下所示：

```
<mx:ComboBox>
    <mx:dataProvider>
        <mx:ArrayCollection>

        </mx:ArrayCollection>
    </mx:dataProvider>
</mx:ComboBox>
```

一旦设置好这一切，就必须将想要包含在控件中的数据项作为Object类型或String类型输入。因为我们并没有使用String类的任何特殊功能，所以两种类型均可。对于这个练习，我们将使用String类型。（我们也可以使用Object类型。但因为我们传递的是字符串，所以我决定在这个练习中使用String类。）

我们要在ComboBox控件中创建5个条目：Dreamweaver、Flash、Graphics、Web Design和Other。还可以添加更多的条目，但对于这个示例，我们想将打字工作减至最少。

(13) 在ComboBox中输入下列字符串：

```
<mx:ComboBox>
    <mx:dataProvider>
        <mx:ArrayCollection>
            <mx:String>Dreamweaver</mx:String>
            <mx:String>Flash</mx:String>
            <mx:String>Graphics</mx:String>
            <mx:String>Web Design</mx:String>
            <mx:String>Other</mx:String>
        </mx:ArrayCollection>
    </mx:dataProvider>
</mx:ComboBox>
```


368

在Design透视图中查看表单，它现在应该类似于图10-26所示。

图10-26　完成之后的搜索栏

和以前看到的NumericStepper控件一样，只有在主应用程序的Application标签中运行起来之后，ComboBox控件才会工作。我们将看到的是一个小小的下拉箭头。

现在，我们要向组件添加一个Tile容器来存放图书封面图片。顾名思义，Tile组件的作用是创建一个方框网格来显示一系列类似的对象。在这个例子中，使用它可以完美地显示我们需要展示的20本左右的图书封面。

(14) 在结束HBox标签的下方创建一个Tile容器。

现在，既有好消息，又有坏消息。好消息就是：Tile容器的手工装填非常容易。坏消息是：手工装填Tile容器需要我们键入许多重复的代码。（但是别害怕，我来援救大家了。我提供了一个文本文件，这样大家就可以复制和粘贴所需要的代码。）

说它简单是因为我们需要做的全部工作就是创建一系列Image控件。在这个练习中，我们要使用的是名称中带有-small的图片。这样的图片大约有20个。不过，我们要更进一步。我们要给图片设置一个click事件，该事件会调用即将创建的另一个状态bookDetails。稍后我们会在项目中用到它。

这样，终端用户就可以单击某个图书封面的缩略图来查看与该书有关的详细信息。

各个Image标签的代码如下所示（所改变的只是图片的名称而已）。

```
<mx:Image source="assets/Andrew-small.jpg" ➥
click="currentState='BookDetails'" />
    <mx:Image source="assets/Balkan-small.jpg" ➥
click="currentState='BookDetails'" />
    <mx:Image source="assets/Besley-small.jpg" ➥
click="currentState='BookDetails'" />
    <mx:Image source="assets/Briggs-small.jpg" ➥
click="currentState='BookDetails'" />
    <mx:Image source="assets/Brown-small.jpg" ➥
click="currentState='BookDetails'" />
```

369

我提到过，如果不想在这里敲入所需要的全部代码，可以使用本章下载文件中的TXT文件imageLinks.txt，该文件包含了这些代码。大家只要从这里复制并粘贴所有代码就可以了。

(15) 复制imageLink.txt中的代码，并将其粘贴在起始和结束Tile标签之间。

(16) 快速浏览一下Design透视图，此时的界面应该类似于图10-27所示。

构建完基本组件之后，就可以组装它们了。

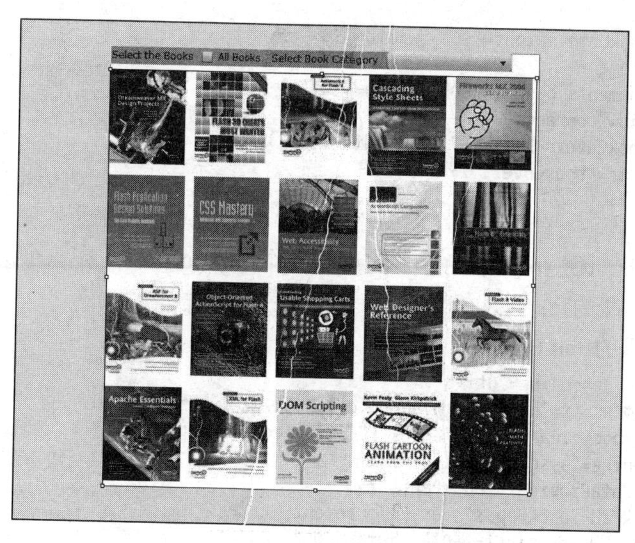

图10-27 完成之后的BookCovers组件

10.1.5 组装组件

370

让我们回到BooksMain应用程序文件。在讨论导航容器时，我说过ViewStack容器是最简单且最有用的容器之一。因此，我们要在这儿使用它。

我们要在主页代码的正上方设置一个ViewStack容器。因为我们要通过它创建一个导航栏，所以需要给它指定id属性。在这个例子中，我们将它称为bookPages。我们还要让容器根据所调用页面的内容自动调整大小。

(1) 剪切id为home的BookHome组件。创建ViewStack容器并把剪切的组件粘贴在ViewStack中，此时的代码应该如下所示：

```
<?xml version="1.0" encoding="utf-8"?>
<mx:Application xmlns:mx="http://www.adobe.com/2006/mxml" ➥
layout="vertical" backgroundColor="#FFFFFF" xmlns:comp="components.*">
     <mx:Image source="assets/Logo1.gif"/>
     <mx:ViewStack id="bookPages" resizeToContent="true">
          <comp:BookHome height="50%" width="50%" ➥
label="Home" id="home"/>
     </mx:ViewStack>
</mx:Application>
```

现在，我们需要在ViewStack容器内放入创建好的其他组件：Comments和BookCovers。因为要构建一个导航栏，所以我们需要做与处理BookHome组件时相同的工作——给每一个调用指定id和label属性。我们还需要将每个组件的height和width属性设置为50%。

(2) 在BookHome组件的下面，向ViewStack容器添加下列代码。

```
<?xml version="1.0" encoding="utf-8"?>
<mx:Application xmlns:mx="http://www.adobe.com/2006/mxml" ➥
layout="vertical" backgroundColor="#FFFFFF" xmlns:comp="components.*">
     <mx:Image source="assets/Logo1.gif"/>
     <mx:ViewStack id="bookPages" resizeToContent="true">
```

```
        <comp:BookHome height="50%" width="50%" ➥
label="Home" id="home"/>
        <comp:Comments height="50%" width="50%" ➥
label="Comments" id="comments"/>
        <comp:BookCovers height="50%" width="50%" ➥
label="Our Books" id="bookCovers"/>
    </mx:ViewStack>
</mx:Application>
```

组装过程的最后一步是在Image标签下面添加一个LinkBar控件。在这个例子中，dataProvider

371

属性的值将是ViewStack的id：bookPages。

(3) 添加如下所示的LinkBar：

```
<?xml version="1.0" encoding="utf-8"?>
<mx:Application xmlns:mx="http://www.adobe.com/2006/mxml" ➥
layout="vertical" backgroundColor="#FFFFFF" xmlns:comp="components.*">
    <mx:Image source="assets/Logo1.gif"/>
    <mx:LinkBar dataProvider="bookPages"/>
    <mx:ViewStack id="bookPages" resizeToContent="true">
        <comp:BookHome height="50%" width="50%" ➥
label="Home" id="home"/>
        <comp:Comments height="50%" width="50%" ➥
label="Comments" id="comments"/>
        <comp:BookCovers height="50%" width="50%" ➥
label="Our Books" id="bookCovers"/>
    </mx:ViewStack>
</mx:Application>
```

(4) 现在就可以对应用程序进行初始测试了。运行之后，首先出现的应该是主页，如图10-28所示。

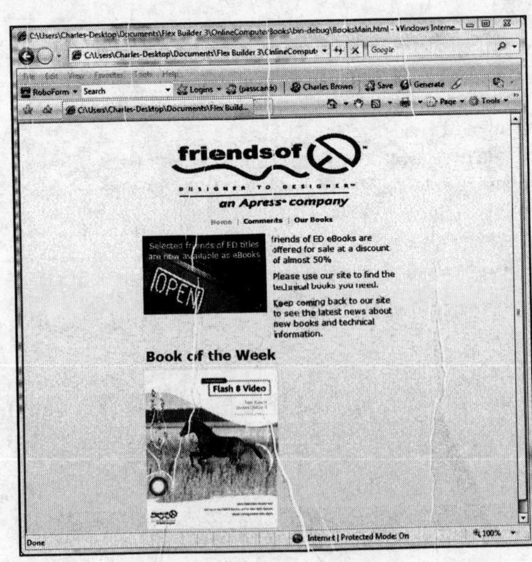

372

图10-28　主页的当前视图

注意，LinkBar会获得包含在ViewStack容器内的每一个组件的label值。

(5) 单击Comments链接，此时的界面应该类似于图10-29所示。

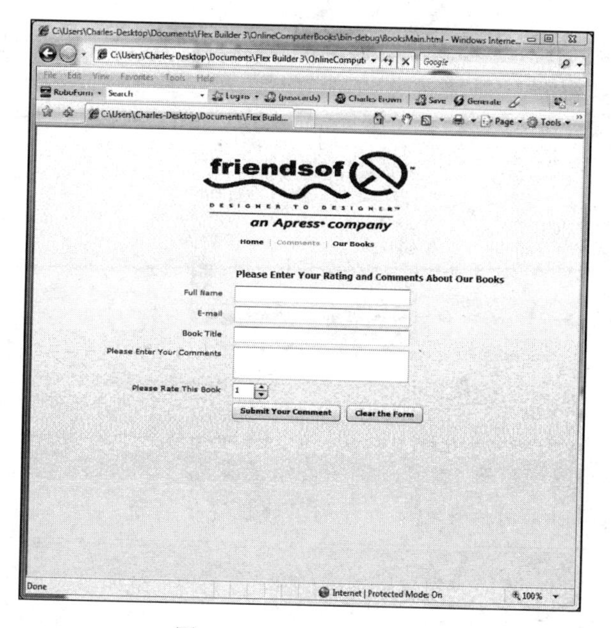

图10-29 Comments页面

注意，NumericStepper控件现在正在工作，我们可以通过单击两个箭头按钮或击中字段并键入想要的值来设定一个1至5之间的数字。如果输入大于5的数字，该控件就会默认把值改为5。

2个按钮还用不了，因为我们尚没有赋予其任何功能或事件。

(6) 单击Our Books链接，我们会看到平铺显示的图书封面，如图10-30所示。

图10-30 Our Books页面

注意ComboBox控件内现在有我们创建的类别。虽然它们还没有任何功能，但我们可以单击控件看一看，如图10-31所示。

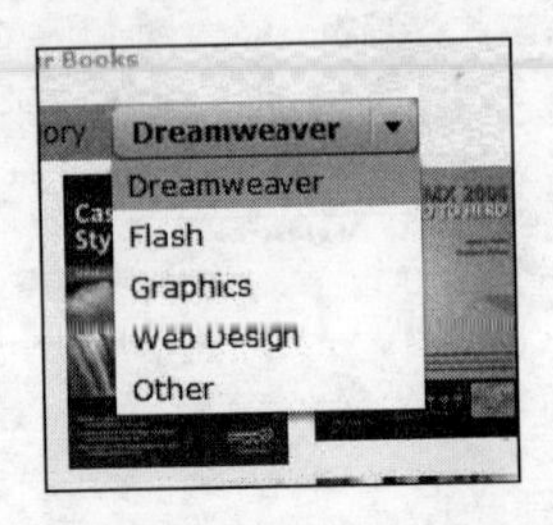

图10-31　填好的ComboBox控件

374

> 如果单击其中一个图书封面，就会收到一条错误消息。这是因为我们没有创建图像的click事件所调用的状态。暂时不用为此担心，我们将修正这个问题。

假设我们想让Our Books链接成为导航栏中的第2个选项。我们所要做的就是移动调用该组件的代码，使它成为第2项。

(7) 通过将代码更改如下来移动Our Books链接。

```
<mx:ViewStack id="bookPages" resizeToContent="true">
    <comp:BookHome height="50%" width="50%" label="Home" id="home"/>
    <comp:BookCovers height="50%" width="50%" ➥
label="Our Books" id="bookCovers"/>
    <comp:Comments height="50%" width="50%" ➥
label="Comments" id="comments"/>
</mx:ViewStack>
```

(8) 重新运行应用程序，我们会看到导航栏的内容已经重新排列了，如图10-32所示。

图10-32　重新排列的LinkBar组件

现在，大家一定会热烈叫好。不过，这里有一个小小的设计方法需要讨论。

仔细观察应用程序，就会发现它被分成了3个区域：logo图像、LinkBar控件和ViewStack容器。它们的位置是由Application容器的layout属性自动处理的。我们会看到，目前是垂直的摆放方式，3个区域从上往下排列。

使用垂直或水平的布局会有一些缺点。首先，它限制了我们按照自己的需要排列应用程序的能力。此外，因为每次调用页面时，Flex需要执行运算来决定各部分的位置，所以程序的性能会受到损害。因此，有一种主张是倾向于将layout属性设置为absolute，然后使用Design透视图或在Source透视图中设置x和y属性来摆放页面的各个部分。

375

(1) 将layout属性设置为absolute。

如果切换到Design透视图，我们会看到一个不太漂亮的景象：所有东西都挤在了左上角。我在本书开头讲过，布局方式absolute会将一切事物的默认位置设置为0,0。

有两种方法可以修正这个问题：我们可以进入代码中给每个部分设置x和y属性；也可以简单地在Design透视图中拖放它们，用手动方式排列。

对于这个练习，我们将采用前一种方法。

(2) 为应用程序的3个部分设置如下所示的x和y属性：

- logo图像：x: 360，y: 10。
- LinkBar：x: 400，y: 130。
- ViewStack：x: 290，y: 160。

(3) 最后，在Application标签中，将width和height属性均设置为100%，这样就有了放置购物车的空间。

```
<?xml version="1.0" encoding="utf-8"?>
<mx:Application xmlns:mx="http://www.adobe.com/2006/mxml" ➥
layout="absolute" backgroundColor="#FFFFFF" ➥
xmlns:comp="components.*" height="100%" width="100%">
     <mx:Image source="assets/Logo1.gif" x="360" y="10"/>
     <mx:LinkBar dataProvider="bookPages" x="400" y="130"/>
     <mx:ViewStack id="bookPages" resizeToContent="true" ➥
x="290" y="160">
          <comp:BookHome height="50%" width="50%" ➥
label="Home" id="home"/>
          <comp:BookCovers height="50%" width="50%" ➥
label="Our Books" id="bookCovers"/>
          <comp:Comments height="50%" width="50%" ➥
label="Comments" id="comments"/>
     </mx:ViewStack>
</mx:Application>
```

当运行应用程序时，各部分的位置应该和以前大致相同。如果有一些微小的变化，那也不用担心。

下一步是构建一个购物车，让用户能够购买所看到的图书。

BookCart 组件

现在，我们要构建BookCart组件，它将实现网站的购物车功能。同样，我们稍后才会赋予它大量的功能。不过，我们会在这儿用到状态。

(1) 和以前构建组件时的做法一样，用右键单击Flex Navigator视图中的components文件夹，并选择New→MXML Component命令。

376

(2) 将组件命名为BookCart，以Canvas容器作为基础，不要指定高度和宽度，如图10-33所示。

(3) 单击Finish按钮。

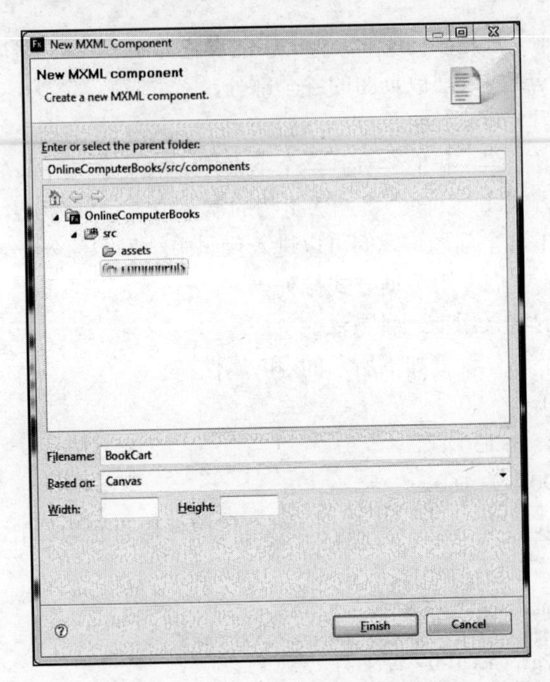

图10-33　在New MXML Component对话框中定义BookCart组件

(4) 在Canvas容器内添加一个Panel容器，将其id属性设置为cartContainer，width属性设为250，layout属性设为vertical。

```
<?xml version="1.0" encoding="utf-8"?>
<mx:Canvas xmlns:mx="http://www.adobe.com/2006/mxml">
    <mx:Panel id="cartContainer" width="250" layout="vertical">

    </mx:Panel>
</mx:Canvas>
```

我们需要设置一个可以在今后使用的临时存放地点来给购物车中的物品计数。在本案例研究的稍后部分，我们将用ActionScript提供的变量替换这个Label。

377

(5) 在Panel容器内添加如下所示的Label：

```
<mx:Panel id="cartContainer" width="250" layout="vertical">
    <mx:Label text="There are 0 items in your cart"/>
</mx:Panel>
```

(6) 添加一个按钮来允许用户看到购物车中的图书详情。我们马上将使用这个按钮来展开购物车。在刚才创建的Label下方添加Button控件：

```
<mx:Panel id="cartContainer" width="250" layout="vertical">
    <mx:Label text="There are 0 items in your cart"/>
    <mx:Button  label="See the cart details"/>
</mx:Panel>
```

(7) 最后，将Panel容器的title属性设置为Shopping Cart：

```
<mx:Panel id="cartContainer" width="250" ➥
layout="vertical" title="Shopping Cart">
    <mx:Label text="There are 0 items in your cart"/>
    <mx:Button label="See the cart details"/>
</mx:Panel>
```

如果切换到Design透视图，界面应该如图10-34所示。

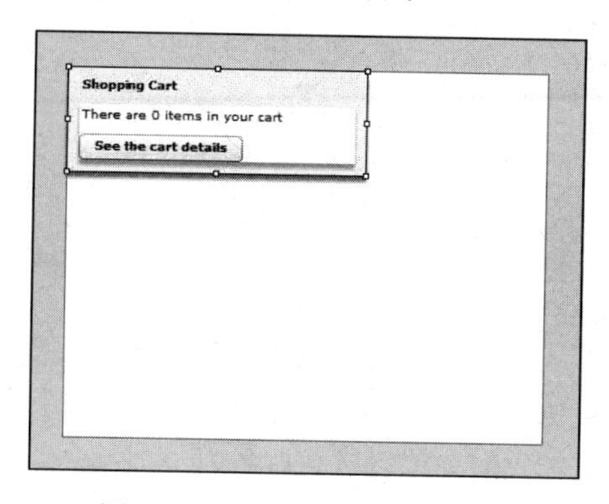

图10-34　组件中的购物车面板

(8) 保存组件，回到BooksMain文件。

我们需要把BookCart组件放到BooksMain页面上。

(9) 在ViewStack容器的下面放入BookCart，将其x属性设置为890左右，将其y属性设置为200。

(10) 运行一下应用程序，此时的界面应该如图10-35所示。如果愿意，可以调整购物车的位置，使之符合自己的喜好。

378

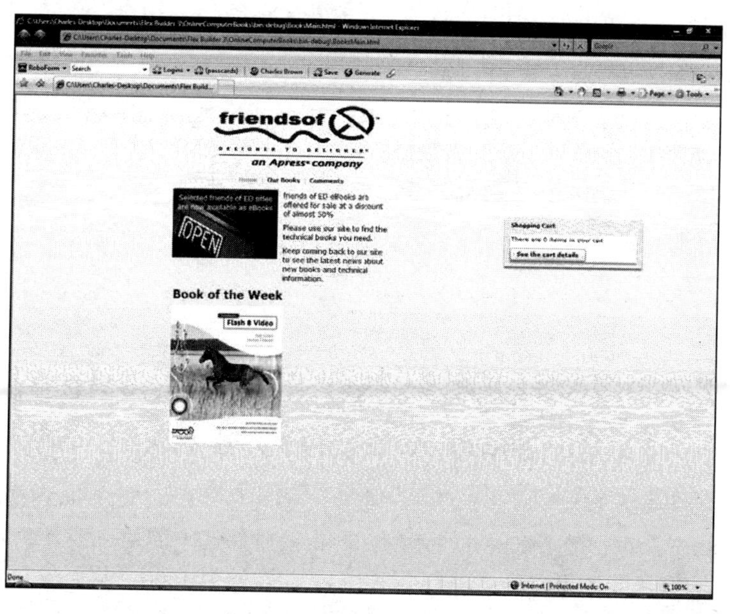

图10-35　所添加的购物车

放好购物车之后，就要为它开发一个状态，使它能够展开显示详细信息。

(11) 回到BookCart.mxml。

(12) 进入Source透视图，给Button控件添加一个click事件。将currentState设置为cartExpand。别忘了在状态名称的两边使用单引号。

```
<?xml version="1.0" encoding="utf-8"?>
<mx:Canvas xmlns:mx="http://www.adobe.com/2006/mxml">
    <mx:Panel id="cartContainer" width="250" ➥
layout="vertical" title="Shopping Cart">
        <mx:Label text="There are 0 items in your cart"/>
        <mx:Button label="See the cart details" ➥
click="currentState='cartExpand'"/>
    </mx:Panel>
</mx:Canvas>
```

379

(13) 切换到Design透视图，通过单击New State按钮或者用右键单击States窗口创建一个新的状态。

(14) 大家可能已经想到了，我们要把该状态命名为cartExpand，所以要在New State对话框中指定如图10-36所示的设置。

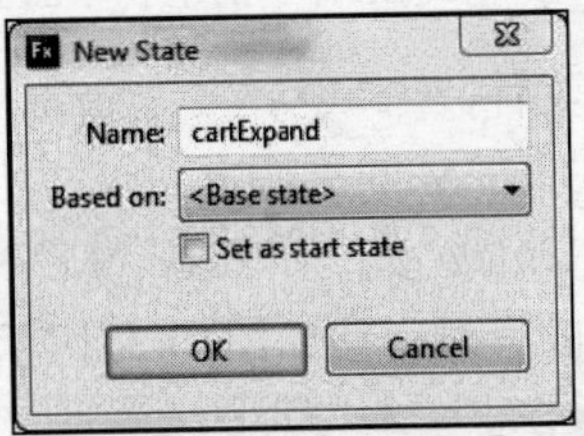

图10-36　在New State对话框中定义cartExpand状态

(15) 单击OK按钮。

在States视图中应该会看到新的状态，如图10-37所示。

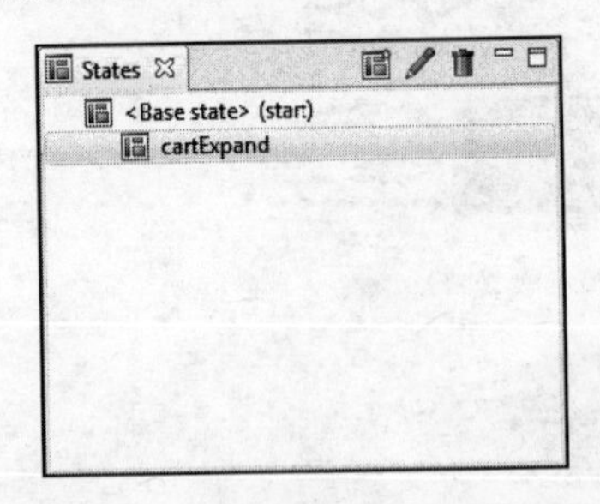

图10-37　具有新状态的States视图

在Design透视图中处理状态时有一点非常重要，那就是要密切关注States视图，以便了解当前处理的是哪个状态。对于接下来的几个步骤，一定要确保选中的是cartExpand状态。

(16) 选择Panel容器并使用Flex Properties视图将其高度改为500，从而使它看上去如图10-38所示。

380

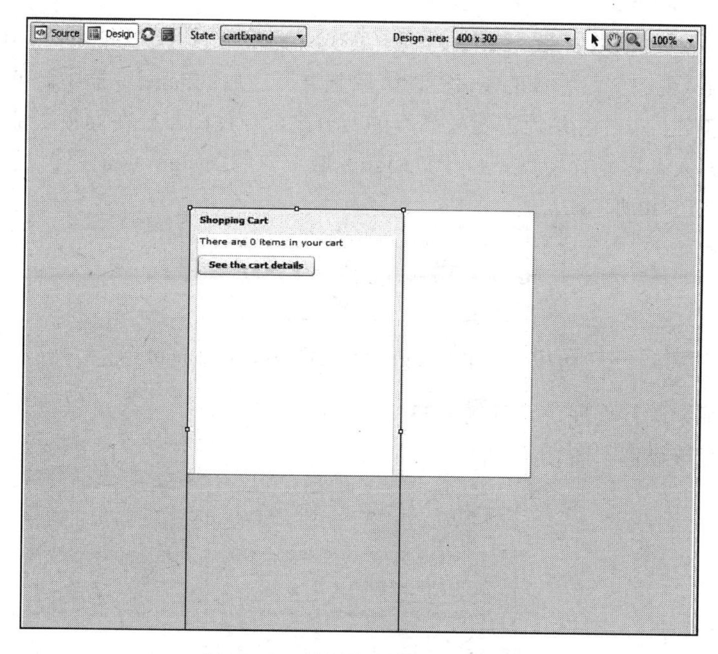

图10-38 扩展之后的Panel容器

Panel容器看起来似乎溢出了Canvas容器。我们在前面没有给Canvas设置height属性。所以，它会随着Panel容器的扩展而扩展。

(17) 保存BookCart组件并回到应用程序文件。运行应用程序。当我们单击购物车中的按钮时，应该会看到它随之展开，如图10-39所示。

381

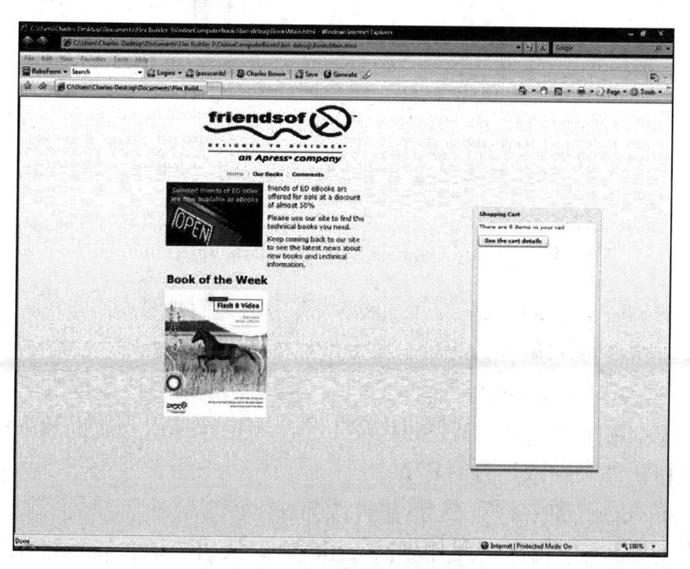

图10-39 展开之后的购物车

(18) 关闭浏览器并回到BookCart组件中去。确保当前是在cartExpanded状态中。

(19) 在Design透视图中，将DataGrid控件拖放到展开之后的Panel容器中。使用图形句柄调整宽度和高度，使它位于面板内并约占面板高度的四分之三。我们需要在面板底部留出足够的空间添加另一个按钮。大家可能会发现把位于Design区域上方的Design area控件设置为Fit to content会很有帮助，如图10-40所示。

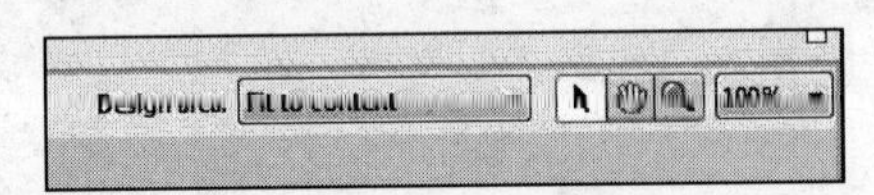

图10-40　将Design area设置为Fit to content

如果想用数字来进行处理，宽度约为230，高度约为375。

382

此时的组件应该类似于图10-41所示。

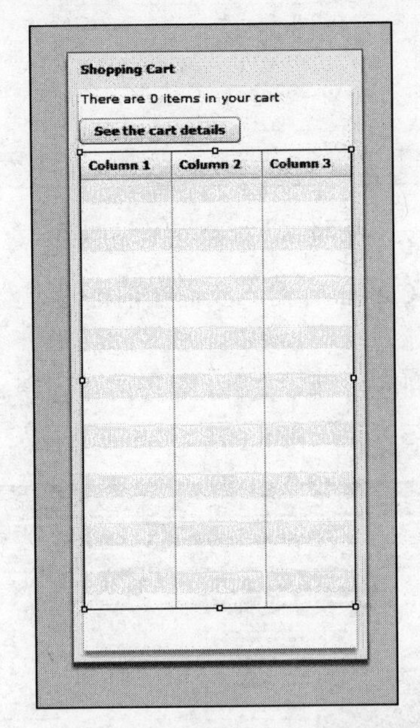

图10-41　添加了DataGrid控件之后的展开的Panel容器

按钮的标示语See the cart details在cartExpand状态中应该有所变化。

(20) 单击该按钮并将label属性改为Collapse the cart details。

On Click事件仍然为currentState='expandCart'。但是，我们想让该按钮使Panel回到折叠或基础状态。使用空的单引号（''）就可以完成这项工作。不要在单引号之间放入空格，这一点非常重要。如果放入空格，就会导致运行时错误。

(21) 在Flex Properties视图中将On Click事件改为currentState=''。

(22) 保存组件，回到应用程序文件并测试应用程序。按钮应该会展开和收缩Panel，且按钮的标示语会发生相应的变化。

我们需要在这一节做最后一步操作。我们将在展开之后的购物车的底部添加一个按钮，其标示语为Click to Checkout。眼下，该按钮不具备任何功能。

(23) 关闭浏览器并回到BookCart组件。确保当前是在cartExpand状态中。在展开之后的Panel容器的底部添加一个按钮，将其label属性设置为Click to Checkout，将其id属性设置为checkout。按钮应该如图10-42所示。

383

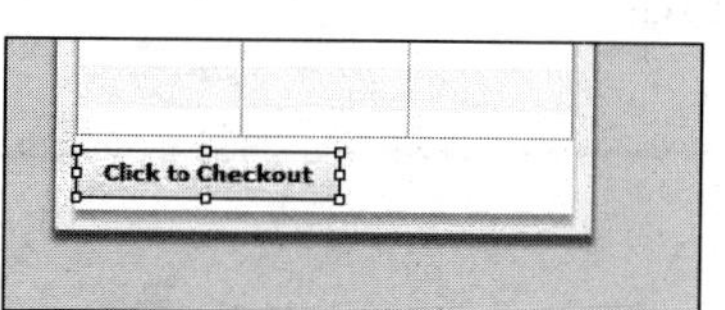

图10-42 checkout Button控件

(24) 保存组件并测试应用程序。展开购物车时，我们应该会看到刚才添加的按钮。

> 如果在展开购物车时激活了滚动条，那只要对DataGrid控件的高度和宽度做一些小小的调整就可以了。此举应该会很快修正这个问题。

现在我们完成了BookCart组件的处理。所以，我们可以保存并关闭它。

现在，我们要对应用程序做一点儿美化工作。

10.1.6 在项目中使用 CSS

我们将添加两个简单的CSS标签来控制ComboBox中选项的颜色以及应用程序中所有文本的颜色。

(1) 在BooksMain.mxml中Application标签的下方，输入一个Style标签，如下所示：

```
<?xml version="1.0" encoding="utf-8"?>
<mx:Application xmlns:mx="http://www.adobe.com/2006/mxml" ➥
layout="absolute" backgroundColor="#FFFFFF" ➥
xmlns:comp="components.*" height="100%" width="100%">
<mx:Style>

</mx:Style>
<mx:Image source="assets/Logo1.gif" x="360" y="10"/>
```

假设我们想让ComboBox控件中的选项显示为淡黄绿色。

(2) 向Style容器添加如下所示的样式：

```
<mx:Style>
    ComboBox
    {
        selectionColor: #32CD32;
    }
</mx:Style>
```

(3) 保存并测试应用程序。切换到Our Books页面，单击ComboBox控件中的选项。它应该显示为我们设置的颜色。

384

(4) 如果想将所有文本的颜色都改成深蓝色，该怎么做呢？可以定义一个全局样式来设置颜色。在Style容器中添加下列代码：

```
<mx:Style>
    ComboBox
    {
        selectionColor: #32CD32;
     }

    global
    {
        color:#00008B;
    }
</mx:Style>
```

如果现在运行应用程序，所有字体应该都显示为指定的颜色。

10.2 小结

本章完成了案例研究的第Ⅰ部分，这一部分的工作是搭建基本的项目结构。我们构建了组件，添加了图片，在应用程序文件中组装了组件，并添加了一些CSS。我们还在BookCart组件中创建了一个状态。

在下一章，我们将完成本案例研究的第Ⅱ部分，并通过添加ActionScript代码使网站具有更多的功能。

385

第 11 章

案例研究 II

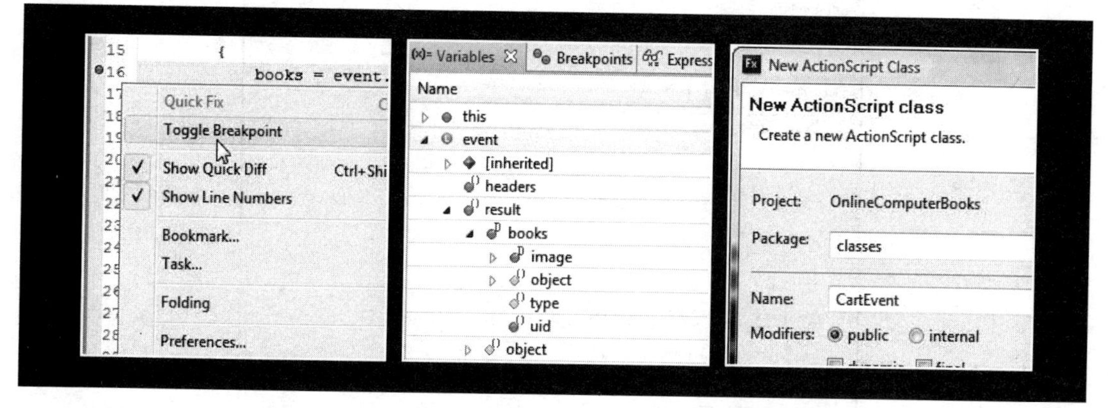

在上一章，我们设计了虚拟的出版社小网站的结构，或者说其图形外观。本章，我们将做一些硬连接工作（或编程工作）来使网站具有更多的功能。换句话说，在第10章我们是设计人员，而在本章我们是开发人员。

本章会违背我在本书开头所做的一个小承诺：各章内容是独立的，不会依赖于前面章节的工作。但由于本章是案例研究的第II部分，所以我们将从上一章结束的地方开始继续后面的工作。因此，如果你没有完成第10章的内容，请先回到第10章并按要求去做完。

在这里要向那些已经入门的程序员读者说明一点。

在本书的第1版出版后，我收到了很多来自程序员的电子邮件，他们问我为什么没有用这种或那种方法进行编程。任何编程场景常常都有很多不同的方法可供采用。在诸如此类的书中，其篇幅不允许我展示多种编程方法。而且，这样做可能最终会导致那些相对来说是编程新手的读者摸不着头脑。所以，我在本书使用的代码只是我决定要使用的代码，如果大家发现有另外的方法可以完成相同的任务，也不一定要使用我的方法。

和第 I 部分一样，我不会像在其他章节中那样给大家留很多试验的空间。在这样的案例研究中，我们需要有一致的编程做法。所以，请大家耐心操作，仔细地检验每一个步骤。

11.1 连接数据源

让我们从XML文件的导入开始，该文件包含了应用程序所需的数据。

(1) 如果还没下载的话，请从www.friendsofed.com下载本章的源文件。在下载的资源中，有一个名为books.xml的文件，它就是我们将要导入的文件。

(2) 选择File→Import→File System命令。

(3) 浏览至存放下载文件的文件夹。

(4) 选择books.xml文件的复选框。

(5) 在Into folder字段中，浏览并选择src文件夹下的assets文件夹，此时的设置应该如图11-1所示。

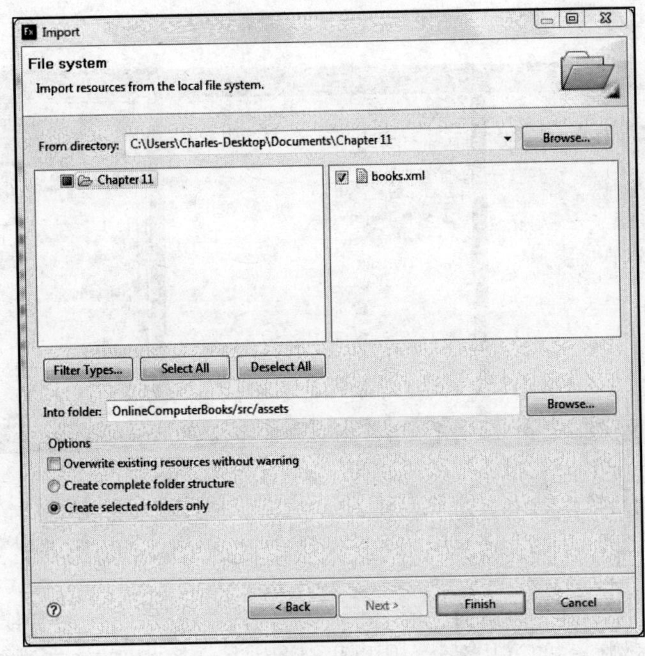

图11-1　设置好的Import对话框

(6) 单击Finish按钮。

388

(7) 检查Flex Navigator视图，确保该文件位于assets文件夹中，如图11-2所示。

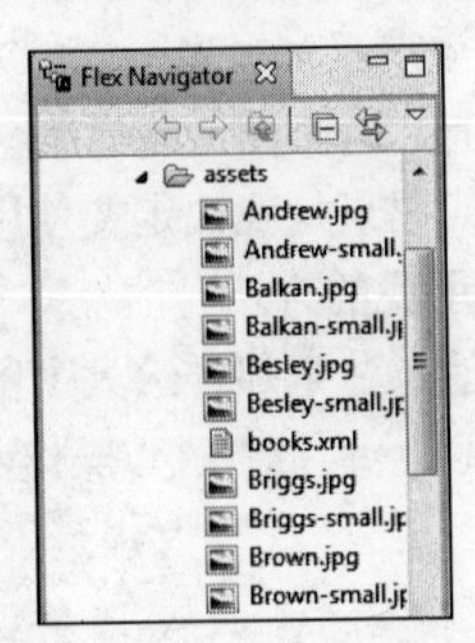

图11-2　在Flex Navigator视图中，assets文件夹中显示有books.xml文件

看一下assets文件夹，注意所有图书封面的JPG图像都有两个版本：常规图像（如Andrew.jpg）和文件名中添加有“-small”字样的小图像。后者是缩略图。

389

在设计网站时，为图像指定一套命名规则并严格执行它是非常重要的。我要向大家展示一下这种做法是如何省去大量的代码，并使事情变得更加灵活的。

(8) 打开books.xml文件。我们来看看这里的前4条记录：

```
<?xml version="1.0" encoding="UTF-8"?>
<books>
     <image filename="Andrew" title="Dreamweaver MX 2004 Design ➥
Projects" author="Rachel Andrew" category="Dreamweaver">
          <desc>Dreamweaver MX 2004 Design Projects takes you ➥
through the process of creating four real-world case studies, ➥
enabling you to take your Dreamweaver skills to a new level.</desc>
     </image>
     <image filename="Balkan" title = "Flash 3d Cheats Most Wanted" ➥
author="Aral Balkan" category="Flash">
          <desc>Improve your depth of deception with an innovative ➥
slice engine to create convincing 3D objects</desc>
     </image>
     <image filename="Besley" title = "Learn Programming with ➥
Flash MX" author="Kristian Besley" category="ActionScript">
          <desc>This book employs a truly unique classroom-based ➥
approach to learning, with the goal of establishing core, ➥
practical programming skills.</desc>
     </image>
     <image filename="Briggs" title = "Cascading Style Sheets" ➥
author="Owen Briggs" category="CSS">
          <desc>CSS is one of the trio of core client-side web ➥
professional skills: HTML for markup, JavaScript for ➥
dynamism, and CSS for style.</desc>
     </image>
```

注意，根结点是books。但其下是名为image的结点，每本书对应一个这样的结点。image结点含有一个filename属性，该属性包含各个图像文件的真实名称（不带扩展名）。现在，我们来使用Andrew文件。

当访问这些XML记录时，大家会发现给名称添加固定的文本并不难。例如，我们要添加assets/Andrew-small.jpg，其中粗体字就是添加到原来名称中的内容。因此，我们的编程工作具有很高的灵活度。但是要再次申明，为了享有这种灵活度，我们必须使用前后一致的命名规则。

11

理解了命名规则之后，下一步是从BooksMain.mxml连接XML文件。我们知道，BooksMain.mxml是主应用程序文件，因为一切事物都会经过它，所以我们只需要在这里建立一次连接就可以了。一旦做好了连接，各种组件就可以轻松地访问它。

(9) 如果还没有打开BooksMain.mxml文件的话，请打开它。根据需要，转到Source透视图。

390

连接XML文件所用的HTTPService标签的位置并不重要。对于这个练习而言，把它放在Style标签的正下方即可。

(10) 在Style标签的下面创建一个HTTPService标签，将其id属性设置为bookDataIn，将其url设置为assets文件夹中的books.xml文件。

```
</mx:Style>
<mx:HTTPService id="bookDataIn" url="assets/books.xml"/>
```

在前面的章节中，我们在Application标签中放入了一个名为“creationComplete”的事件。当应用程序完成加载时，该事件会指示HTTPService使用send()函数调用XML文件来获得数据。在此，我们本可以简单地照办。但是我们要尝试一些不太相同的做法。

(11) 在Application标签中，像以前所做的那样添加creationComplete事件。但这一次不是回调HTTPService send()，而是要让它调用一个名为init()的函数。我们马上就会编写这个函数。

```
<mx:Application xmlns:mx="http://www.adobe.com/2006/mxml" ➥
layout="absolute" backgroundColor="#FFFFFF" ➥
xmlns:comp="components.*" height="100%" width="100%" ➥
creationComplete="init()">
```

这也许看起来很奇怪，但事实上，它既是一种标准的编程实践，又是一个出色的代码组织工具。我们总是尽可能地想让代码保持井井有条，其原因是显而易见的。很多程序员喜欢把设置代码（如XML调用、变量初始化和对其他文件的调用等）组织在一个单独的函数中。按照惯例，这个函数叫做init()。

知道这些之后，我们现在就需要设置Script代码块并创建init()函数。因为这个函数不会向调用方返回值，所以它的返回类型为void。同样，Script代码块的位置并不是很关键，但对于这个练习，我们要把它放在Application标签的下面和上一章创建的Style标签的上面。

(12) 建立如下所示的Script代码块和函数：

```
<mx:Script>
    <![CDATA[
        private function init():void
        {

        }
    ]]>
</mx:Script>
```

当然，大家可能已经猜到了，我们要在新创建的init()函数中放入HTTPService调用来使用send()函数。

(13) 向init()函数添加HTTPService调用**bookDataIn**：

391

```
<mx:Script>
    <![CDATA[
        private function init():void
        {
            bookDataIn.send();
        }
    ]]>
</mx:Script>
```

前面讲过，HTTPService会自动将XML数据作为类型ArrayCollection来存储。现在，我们要设置一个属性来存放数据。

(14) 在init()函数的正上方创建一个名为books、类型为ArrayCollection的私有属性。设置属性为可绑定的。

```
<mx:Script>
    <![CDATA[
        import mx.collections.ArrayCollection;
        [Bindable]
        private  var books:ArrayCollection;
        private function init():void
        {
            bookDataIn.send();
        }
    ]]>
</mx:Script>
```

Flex Builder应该已经把import语句自动添加到Script代码块的顶部。

当HTTPService完成数据加载时，就会发送一个名为result的事件。然后，产生的事件对象会把XML数据带给用它调用的函数。

(15) 在HTTPService标签中添加下列代码：

```
<mx:HTTPService  id="bookDataIn" url="assets/books.xml" ➥
result="bookHandler(event)"/>
```

接下来，我们要在之前创建的init()函数的下面编写bookHandler()函数，该函数会接受一个参数，该参数的类型为ResultEvent。

(16) 在init()函数的下面创建私有函数bookHandler()，其返回类型为void。在写入函数的参数event:ResultEvent时，import语句应该会被自动写好。

```
<mx:Script>
    <![CDATA[
        import mx.rpc.events.ResultEvent;
        import mx.collections.ArrayCollection;
        [Bindable]
        private var books:ArrayCollection;
        private function init():void
        {
            bookDataIn.send();
        }

        private function bookHandler(event:ResultEvent):void
        {

        }
    ]]>
</mx:Script>
```

ResultEvent对象包含一个名为result的属性。

> ActionScript 3.0的一个奇特之处在于属性、事件和函数有时候可以有相同的名称。例如，HTTPService有一个名为result的事件，该事件会在XML文件加载时得到触发。此外，ResultEvent类把XML数据放在一个名称也是result的属性中。有时候，这可能会导致混淆。不过，在使用时通常会说明哪个名称是谁的。

11

392

result属性包含了XML数据。我们将层级而下地找到books结点下面的image结点，并把该数据保存在之前创建的books属性中。

(17) 在bookHandler()函数中设置books属性，如下所示：

```
private function bookHandler(event:ResultEvent):void
    {
        books = event.result.books.image;
    }
```

重申一下，HTTPService会创建到books.xml文件的连接。当creationComplete事件发生时，init()函数就会被调用。init()函数的代码会让bookDataIn这个HTTPService调用XML文件并获得数据。数据一旦完全加载，就会生成result事件——一个ResultEvent对象。ResultEvent对象会被发送到bookHandler()函数，接着bookHandler()函数会把（存放在result属性中的）图像数据保存在类型为ArrayCollection的属性books中。

此时的代码应该如下所示：

393

```
<?xml version="1.0" encoding="utf-8"?>
<mx:Application xmlns:mx="http://www.adobe.com/2006/mxml" ➥
layout="absolute" backgroundColor="#FFFFFF" ➥
xmlns:comp="components.*" height="100%" width="100%" ➥
creationComplete="init()">
<mx:Script>
    <![CDATA[
        import mx.rpc.events.ResultEvent;
        import mx.collections.ArrayCollection;
        [Bindable]
        private var books:ArrayCollection;
        private function init():void
        {
            bookDataIn.send();
        }

        private function bookHandler(event:ResultEvent):void
        {
            books = event.result.books.image;
        }
    ]]>
</mx:Script>
<mx:Style>
    ComboBox
    {
        selectionColor: #32CD32;
    }

    global
    {
        color:#00008B;
    }
</mx:Style>
<mx:HTTPService id="bookDataIn" url="assets/books.xml" ➥
result="bookHandler(event)"/>
```

```
    <mx:Image source="assets/Logo1.gif" x="360" y="10"/>
    <mx:LinkBar dataProvider="bookPages" x="400" y="130"/>
    <mx:ViewStack id="bookPages" resizeToContent="true" ➥
x="290" y="160">
        <comp:BookHome height="50%" width="50%" ➥
label="Home" id="home"/>
        <comp:BookCovers height="50%" width="50%" ➥
label="Our Books" id="bookCovers"/>
        <comp:Comments height="50%" width="50%" ➥
label="Comments" id="comments"/>
    </mx:ViewStack>
    <comp:BookCart x="890" y="200"/>
</mx:Application>
```

现在最好测试一下连接，以确保一切对话正常。

11.2 测试代码

如果运行应用程序，且没有得到任何错误提示，那就应该说明一切正常。不过，这离可靠的测试还有相当的距离。现在，我们要使用Flex Builder的一些强大的调试功能。

在bookHandler()函数中，找到把XML调用的结果赋给books属性的那行代码。 394

(1) 用右键单击行号，并选择Toggle Breakpoint。行号的左边应该会出现一个小圆点，如图11-3所示。

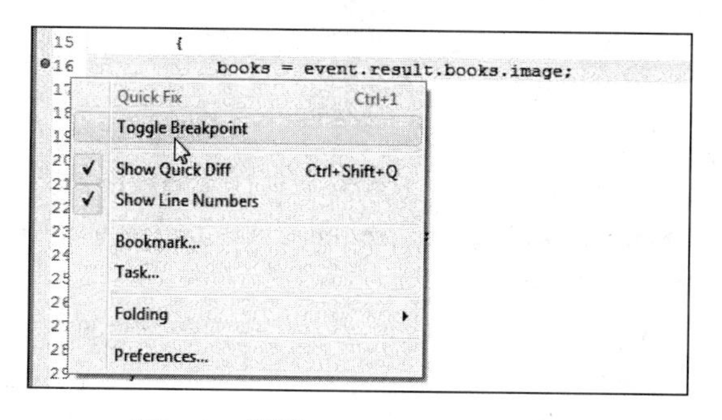

图11-3 设置Toggle Breakpoint选项

在Flex Builder的右上角，应该会看到Flex Developer指示器的左边有一个小按钮。单击这个按钮就可以在Development和Debugging透视图之间进行切换，如图11-4所示。

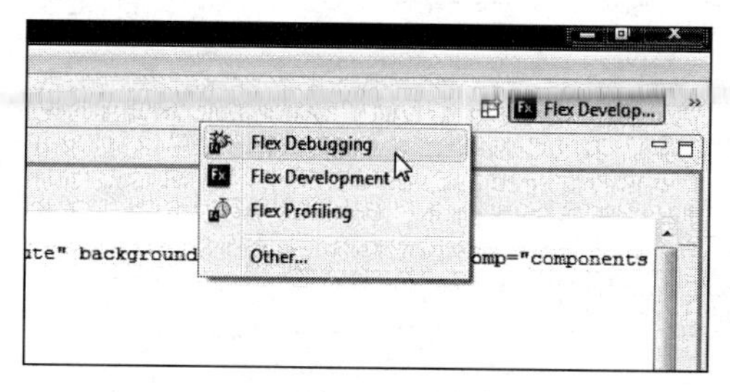

图11-4 切换到Flex Debugging透视图

(2) 单击Flex Debugging透视图选项，Flex Builder现在应该如图11-5所示。

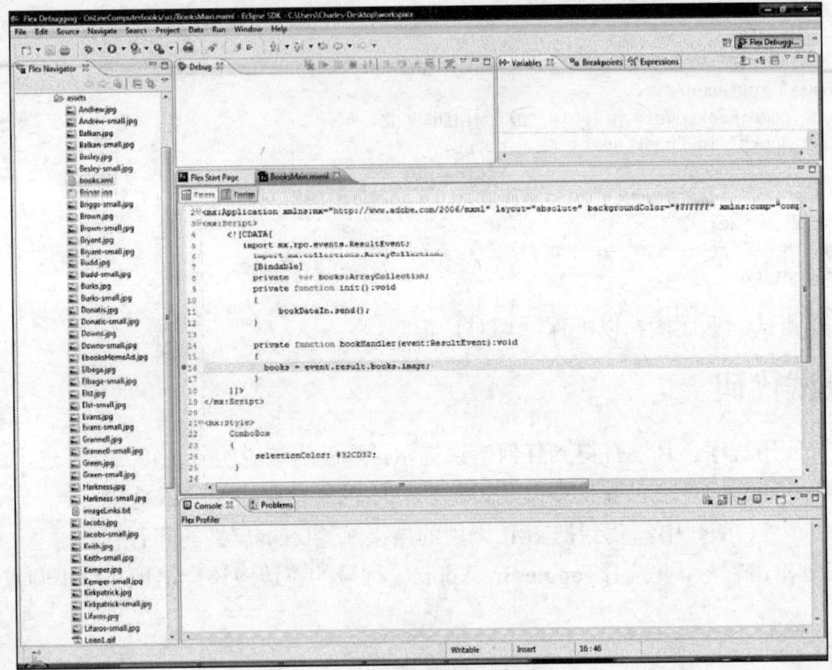

图11-5　Flex Debugging透视图

前面讲过，Eclipse使用“透视图”这个术语来定义打开的视图的布局状态。

(3) 单击Debug BooksMain而不是Run Application按钮，这个按钮就在主工具栏上RunApplication按钮的右边。

Web浏览器将会打开。不过，根据浏览器的情况，应用程序也许没有显示。别担心，这并不重要。我们要看的信息在Flex里。

395

(4) 切换回Flex Builder。

如果查看Variables视图，应该会发现其中有2行代码。第1行是`this`，第2行是`event`，如图11-6所示。

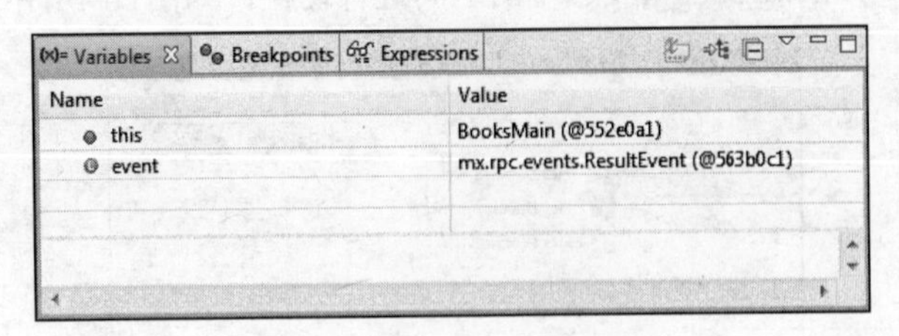

图11-6　当前的Variables视图

(5) 为了使操作更加容易，请双击Variables视图的选项卡将其最大化。

(6) 因为XML数据被带到了bookHandler()函数中，且我们用事件在这个函数中设置了一个断点，所以请把鼠标悬停在event一词上方并向下展开该事件（如图11-7所示）。

396

(x)= Variables | Breakpoints | Expressions

Name	Value
▷ this	BooksMain (@552e0a1)
◢ event	mx.rpc.events.ResultEvent (@563b0c1)
▷ [inherited]	
headers	null
▷ result	mx.utils.ObjectProxy (@5614e51)

图11-7 event对象

我们应该会看到由HTTPService触发的result事件，就像前面所讲的那样。

(7) 向下展开result事件（如图11-8所示）。

(x)= Variables | Breakpoints | Expressions

Name	Value
▷ this	BooksMain (@552e0a1)
◢ event	mx.rpc.events.ResultEvent (@563b0c1)
▷ [inherited]	
headers	null
◢ result	mx.utils.ObjectProxy (@5614e51)
▷ books	mx.utils.ObjectProxy (@5614e09)
▷ object	Object (@55d8421)
type	null
uid	"0771B3C8-0D10-29C3-B47D-D71F5F561976"

图11-8 向下展开的result事件

向下展开result事件时，我们应该会看到XML数据的books结点。我们可以从这里层级而下地查看XML文件。

(8) 向下展开books结点。现在应该会看image结点，如图11-9所示。

(x)= Variables | Breakpoints | Expressions

Name	Value
▷ this	BooksMain (@552e0a1)
◢ event	mx.rpc.events.ResultEvent (@563b0c1)
▷ [inherited]	
headers	null
◢ result	mx.utils.ObjectProxy (@5614e51)
◢ books	mx.utils.ObjectProxy (@5614e09)
▷ image	mx.collections.ArrayCollection (@563c2c1)
▷ object	Object (@55d85d9)
type	null
uid	"30289562-7B58-7A59-D120-D723ED1CA76C"
▷ object	Object (@55d8421)
type	null
uid	"0771B3C8-0D10-29C3-B47D-D71F5F561976"

图11-9 image结点

397

(9) 向下展开image结点（如图11-10所示）。

Name	Value
headers	null
result	mx.utils.ObjectProxy (@915f8b1)
books	mx.utils.ObjectProxy (@916a8f9)
image	mx.collections.ArrayCollection (@9201e01)
[inherited]	
[0]	mx.utils.ObjectProxy (@916aaf1)
[1]	mx.utils.ObjectProxy (@916a8b1)
[2]	mx.utils.ObjectProxy (@916a821)
[3]	mx.utils.ObjectProxy (@916a7d9)
[4]	mx.utils.ObjectProxy (@916a989)
[5]	mx.utils.ObjectProxy (@916afb9)
[6]	mx.utils.ObjectProxy (@916a791)
[7]	mx.utils.ObjectProxy (@916ab81)
[8]	mx.utils.ObjectProxy (@916aa61)
[9]	mx.utils.ObjectProxy (@916a749)
[10]	mx.utils.ObjectProxy (@916adc1)
[11]	mx.utils.ObjectProxy (@916ae99)
[12]	mx.utils.ObjectProxy (@915f701)
[13]	mx.utils.ObjectProxy (@915f671)
[14]	mx.utils.ObjectProxy (@915f0d1)
[15]	mx.utils.ObjectProxy (@915f161)
[16]	mx.utils.ObjectProxy (@915f1f1)
[17]	mx.utils.ObjectProxy (@916a9d1)
[18]	mx.utils.ObjectProxy (@915f749)
[19]	mx.utils.ObjectProxy (@915f281)
[20]	mx.utils.ObjectProxy (@915f2c9)
[21]	mx.utils.ObjectProxy (@915f311)
[22]	mx.utils.ObjectProxy (@915f359)
[23]	mx.utils.ObjectProxy (@915f3a1)
source	Array (@91a7511)
object	Object (@91b8f61)

图11-10　image对象

XML文件有24个重复结点，每个结点都是ArrayCollection中的一个对象。和所有数组一样，它是从0开始索引的。

(10) 选择任意一个image对象并向下展开（如图11-11所示）。

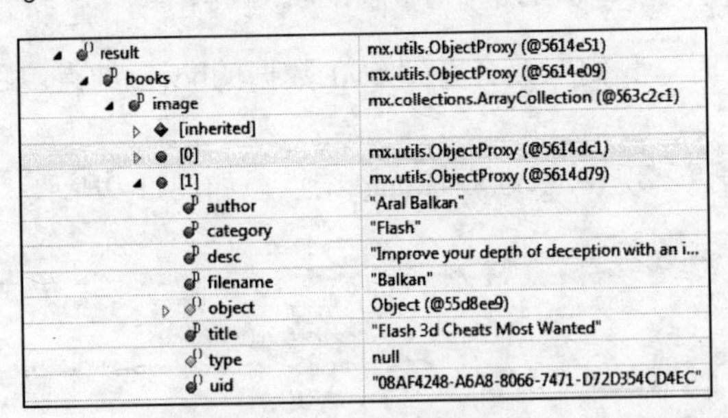

398

图11-11　数据的细节

我们应该会看到与该条记录相关的属性和数据。只要看到这个数据，我们就知道连接起作用了，现在可以继续往下操作了。

(11) 双击Variables视图的选项卡，让它恢复到正常大小。

(12) 单击Debug视图中的红色方块停止调试。浏览器应该关闭了。如果没有关闭，那就亲自动手关闭它。

(13) 使用之前所用的同一个按钮切换回Flex Development透视图。

(14) 用右键单击断点开关，将其关闭。

一切应该都回到了以前的样子。我们来进入下一步工作。

11.3 处理图书封面图片

如果完成了上一章的工作，components文件夹中就应该有一个名为BookCovers.mxml的组件。现在的代码应该如下所示：

```
<?xml version="1.0" encoding="utf-8"?>
<mx:VBox xmlns:mx="http://www.adobe.com/2006/mxml" width="550">
    <mx:HBox backgroundColor="#EE82EE" verticalAlign="middle" ➥
fontSize="12">
        <mx:Label text="Select the Books"/>
        <mx:CheckBox label="All Books"/>
        <mx:Label text="Select Book Category"/>
        <mx:ComboBox>
            <mx:dataProvider>
                <mx:ArrayCollection>
                    <mx:String>Dreamweaver</mx:String>
                    <mx:String>Flash</mx:String>
                    <mx:String>Graphics</mx:String>
                    <mx:String>Web Design</mx:String>
                    <mx:String>Other</mx:String>
                </mx:ArrayCollection>
            </mx:dataProvider>

        </mx:ComboBox>
    </mx:HBox>
    <mx:Tile>
        <mx:Image source="assets/Andrew-small.jpg" ➥
click="currentState='BookDetails'" />
        <mx:Image source="assets/Balkan-small.jpg" ➥
click="currentState='BookDetails'" />
        <mx:Image source="assets/Besley-small.jpg" ➥
click="currentState='BookDetails'" />
        <mx:Image source="assets/Briggs-small.jpg" ➥
click="currentState='BookDetails'" />
        <mx:Image source="assets/Brown-small.jpg" ➥
click="currentState='BookDetails'" />
        <mx:Image source="assets/Bryant-small.jpg" ➥
click="currentState='BookDetails'" />
        <mx:Image source="assets/Budd-small.jpg" ➥
click="currentState='BookDetails'" />
        <mx:Image source="assets/Burks-small.jpg" ➥
click="currentState='BookDetails'" />
        <mx:Image source="assets/Donatis-small.jpg" ➥
click="currentState='BookDetails'" />
        <mx:Image source="assets/Downs-small.jpg" ➥
click="currentState='BookDetails'" />
        <mx:Image source="assets/Elbaga-small.jpg" ➥
click="currentState='BookDetails'" />
       <mx:Image source="assets/Elst-small.jpg" ➥
click="currentState='BookDetails'" />
```

```
        <mx:Image source="assets/Evans-small.jpg" ➥
click="currentState='BookDetails'" />
        <mx:Image source="assets/Grannell-small.jpg" ➥
click="currentState='BookDetails'" />
        <mx:Image source="assets/Green-small.jpg" ➥
click="currentState='BookDetails'" />
        <mx:Image source="assets/Harkness-small.jpg" ➥
click="currentState='BookDetails'" />
        <mx:Image source="assets/Jacobs-small.jpg" ➥
click="currentState='BookDetails'" />
        <mx:Image source="assets/Keith-small.jpg" ➥
click="currentState='BookDetails'" />
        <mx:Image source="assets/Kirkpatrick-small.jpg" ➥
click="currentState='BookDetails'" />
        <mx:Image source="assets/Lifaros-small.jpg" ➥
click="currentState='BookDetails'" />

    </mx:Tile>
</mx:VBox>
```

(1) 运行BooksMain应用程序并单击Our Books链接，我们将看到组件的结果，如图11-12所示。

图11-12　BookCovers组件

可以看到，所有图书的封面图片都硬连接到了这个组件中。这种做法固然可行，但如此一来，我们就不能轻易做出改变。

我们想在这里用程序化的方式填入图片，这样如果有什么变动，就不需要对代码进行修改。相反，我们可以让代码自动处理这些变化。

400

(2) 关闭浏览器并回到BookCovers组件中去。

(3) 删除起始和结束Tile标签之间的所有Image标签。

我们需要把books这个ArrayCollection传递到该组件中，因为这个数据含有图片文件的名称（或者就像我们之前看到的那样，至少是含有部分名称）。

(4) 在BookCovers组件的上方、起始VBox标签的下方创建一个Script代码块。

(5) 在代码块内声明一个名为coverData、类型为ArrayCollection的公有属性。设置属性为可绑定的。

```
<mx:Script>
    <![CDATA[
        import mx.collections.ArrayCollection;
        [Bindable]
        public var coverData:ArrayCollection;
    ]]>
</mx:Script>
```

注意Flex Builder自动添加了import语句。

现在，我们需要从BooksMain的books变量获得数据。

(6) 保存BookCovers组件，切换到BooksMain，并向下滚动至ViewStack容器中的3个组件。在这里应该会看到BookCovers组件。


```
<mx:ViewStack id="bookPages" resizeToContent="true" x="290" y="160">
    <comp:BookHome height="50%" width="50%" label="Home" id="home"/>
    <comp:BookCovers height="50%" width="50%" ➥
label="Our Books" id="bookCovers"/>
    <comp:Comments height="50%" width="50%" ➥
label="Comments" id="comments"/>
</mx:ViewStack>
```

(7) 进入调用BookCovers组件的那行代码，创建一个如下所示的绑定：

```
<comp:BookCovers height="50%" width="50%" label="Our Books" ➥
id="bookCovers" coverData="{books}"/>
```

> 当开始键入coverData时，应该会看到它作为BookCovers组件的一个属性显示了出来。

这个绑定的含义就是让（刚才在BookCovers组件中声明的）coverData属性等于应用程序文件中的books属性。这就是两个属性的类型都是ArrayCollection的原因。

现在，我们要通过创建组件来存放封面图像，然后使用Repeater组件在BookCovers组件中重复该组件来把专业组件的概念再深入一步。

11.4 CoverDetails 组件

为了创建CoverDetails组件，请按下列步骤进行操作。

(1) 用右键单击Flex Navigator视图中的components文件夹，并选择New→MXML Component命令。

(2) 将组件命名为CoverDetails，并将其建立在Image容器的基础上，如图11-13所示。

注意Image容器没有height和width属性。

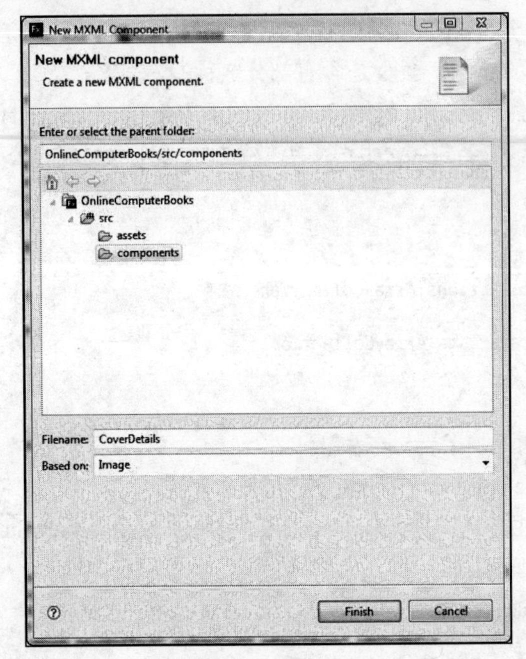

图11-13　创建CoverDetails组件时的New MXML Component对话框

(3) 单击Finish按钮，此时的代码应该如下所示：

```
<?xml version="1.0" encoding="utf-8"?>
<mx:Image xmlns:mx="http://www.adobe.com/2006/mxml">

</mx:Image>
```

402

接下来的几个步骤将允许应用程序用程序化的方式而不是以前采用的硬编码方式来填入图书封面的图库。这样一来，就可以轻松地进行更新。请慢慢操作并仔细遵守下面的步骤。

(4) 在起始Image标签的下面创建一个Script代码块。

```
<?xml version="1.0" encoding="utf-8"?>
<mx:Image xmlns:mx="http://www.adobe.com/2006/mxml">
    <mx:Script>
        <![CDATA[

        ]]>
    </mx:Script>
</mx:Image>
```

403

(5) 创建一个名为coverImageData的可绑定公有属性。在这个例子中，我们不会从XML文件传递数据。我们只会传递包含图片文件名称的字符串文件名。因此，这个属性可以是String类型或Object类型。面向对象编程的一条原则是让事物尽可能地通用。所以，在这个例子中，我们将把该属性设置为Object类型。

```
<mx:Script>
    <![CDATA[
        [Bindable]
```

```
            public var coverImageData:Object;
        ]]>
    </mx:Script>
```

(6) 现在，我们需要将Image标签的source设置为assets文件夹下的文件，该文件的名称为XML文件的filename属性加上-small.jpg，如下所示：

```
<mx:Image xmlns:mx="http://www.adobe.com/2006/mxml" ➥
source="assets/{coverImageData.filename}-small.jpg">
```

完成之后的代码应该如下所示：

```
<?xml version="1.0" encoding="utf-8"?>
<mx:Image xmlns:mx="http://www.adobe.com/2006/mxml" ➥
source="assets/{coverImageData.filename}-small.jpg">
    <mx:Script>
        <![CDATA[
            [Bindable]
            public var coverImageData:Object;
        ]]>
    </mx:Script>
</mx:Image>
```

(7) 保存这个组件并回到BookCovers组件。

我们需要像以前所做的那样先定义命名空间才能使用CoverDetails组件。只不过这一次，我们不是把它放入Application标签，而是把它放入起始VBox标签中。我们几乎可以在任意容器内定义命名空间。

(8) 按如下所示定义命名空间：

```
<mx:VBox xmlns:mx="http://www.adobe.com/2006/mxml" ➥
width="550" xmlns:comp="components.*">
```

(9) 向下滚动至Tile容器。

(10) 在Tile容器的两个标签之间添加一个Repeater容器，将其ID设置为displayCovers，将dataProvider属性设置为在Script代码块中定义的coverData变量。

404

```
<mx:Tile>
    <mx:Repeater id="displayCovers" dataProvider="{coverData}">

    </mx:Repeater>
```

11

这样就确保了Repeater组件会按照XML文件中的条目数量进行重复。

(11) 在Repeater组件内调用CoverDetails组件，并将Repeater组件的currentItem属性传递给它，以显示正确的图片。

```
<mx:Tile>
    <mx:Repeater id="displayCovers" dataProvider="{coverData}">
        <comp:CoverDetails coverImageData=➥
"{displayCovers.currentItem}"/>
    </mx:Repeater>
</mx:Tile>
```

完成之后的BookCovers组件的代码应该如下所示：

```
<?xml version="1.0" encoding="utf-8"?>
<mx:VBox xmlns:mx="http://www.adobe.com/2006/mxml" ➥
width="550" xmlns:comp="components.*">
<mx:Script>
    <![CDATA[
        import mx.collections.ArrayCollection;
        [Bindable]
        public var coverData:ArrayCollection;
    ]]>
</mx:Script>
    <mx:HBox backgroundColor="#EE82EE" verticalAlign="middle" ➥
fontSize="12">
        <mx:Label text="Select the Books"/>
        <mx:CheckBox label="All Books"/>
        <mx:Label text="Select Book Category"/>
        <mx:ComboBox>
            <mx:dataProvider>
                <mx:ArrayCollection>
                    <mx:String>Dreamweaver</mx:String>
                    <mx:String>Flash</mx:String>
                    <mx:String>Graphics</mx:String>
                    <mx:String>Web Design</mx:String>
                    <mx:String>Other</mx:String>
                </mx:ArrayCollection>
            </mx:dataProvider>

        </mx:ComboBox>
    </mx:HBox>
    <mx:Tile>
        <mx:Repeater id="displayCovers" dataProvider="{coverData}">
            <comp:CoverDetails coverImageData=➥
"{displayCovers.currentItem}"/>
        </mx:Repeater>
    </mx:Tile>
</mx:VBox>
```

405

> 稍后会有一个名为CoverDetails的状态。别担心，Flex工作空间会预防名称上的冲突。

(12) 保存所有代码，返回BooksMain，单击Our Books链接。我们应该会看到图书封面的显示和以前很接近（如图11-14所示）。

给Tile容器设置一个定义好的宽度并不是个坏主意。这是因为随着更多的图书添加进来，Tile容器可以自动重新调整宽度来容纳它们。这可能会导致图书封面图片溢出到购物车中。

406

(13) 关闭浏览器，回到BookCovers组件，将Tile容器的宽度改为550。

```
<mx:Tile width="550">
    <mx:Repeater id="displayCovers" dataProvider="{coverData}">
        <comp:CoverDetails coverImageData=CCC
"{displayCovers.currentItem}"/>
    </mx:Repeater>
</mx:Tile>
```

图11-14 所显示的图书封面

(14) 重新运行应用程序。宽度应该和以前大致相同（如图11-15所示）。

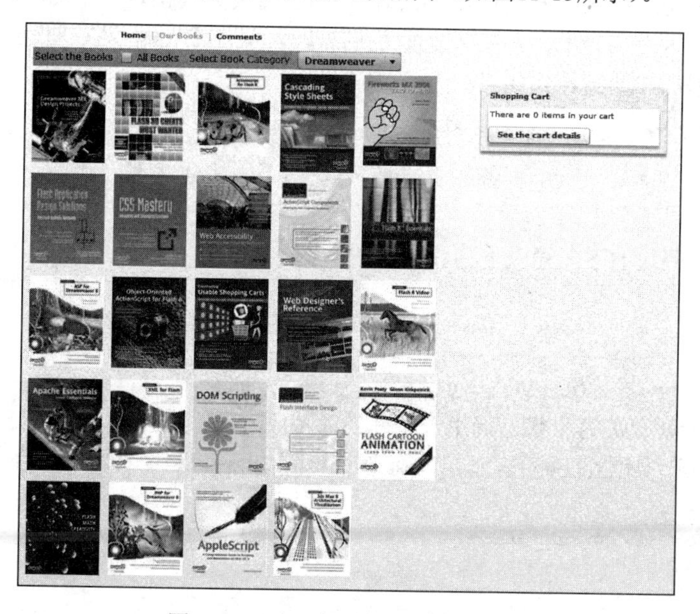

图11-15 改正之后的图书封面宽度

现在我们可以用程序化的方式更改封面。可以看出，把事情分解成更多的单个组件，对事情的管理就会更加容易。随着我们对本案例研究剩余部分的学习，这一点会变得显而易见。但是现在，只要理解其基本理念是为大家提供更多的灵活性就可以了。要记住，最好将事情分而治之：

把项目分解成很多更加专业的组件，而不是让不多的几个组件做许许多多的事情。

但愿大家明白了对图片采用恰当的命名规则的重要性。如果做法正确，整个系统就差不多是自运行的。我们需要做的工作就是把正确命名的图像放进assets文件夹中，并对数据源添加适当的信息。

407

现在，我们要实现单击小图就能看到大图的效果。

11.5　改变状态

我们已经看到了，每个封面图片都有两个版本：缩略图（即我们刚才操作的、名称中含有“-small”的图片）和大图。在这里我们要做的是实现如下功能：单击缩略图即可关闭图库，并在其位置上显示出大图和对应的图书简介。完成这部分操作之后，我们要能够返回到图库。

我在本书中反复讲过，Flex中的一切都是装在容器中的。整个应用程序装在一个名为“Application”的巨大容器中，Application下的每一个容器为子容器。所以，ViewStack容器就是Application容器的子容器。子容器也可以有自己的子容器。

在改变状态时，实质上就是去掉一个子容器，并在其位置上放置另一个子容器。

只要理解了这个相对简单的概念，我们要编写的代码也就（相对地）容易理解了。

(1) 回到BookCovers组件。

因为我们需要用程序化的方式移除Tile容器，所以需要为其指定一个id，以便ActionScript代码能够引用它。在这个例子中，将其id设置为coverThumbnails。

(2) 对Tile容器的起始标签作如下更改：

```
<mx:Tile width="550" id="coverThumbnails">
```

首先，通过创建<mx:states>标签在Script代码块的下面构建状态。states是VBox容器的一个属性。

(3) 在Script代码块的下面输入下列代码：

```
</mx:Script>
<mx:states>

</mx:states>
```

我们必须为所需要的每个状态调用一个新的State类。

(4) 输入起始和结束State标签，将其name属性设置为coverDetails。

```
<mx:states>
    <mx:State name="coverDetails">

    </mx:State>
</mx:states>
```

我们想让这个状态做的第1件事情是移除Tile容器，即刚才命名为coverThumbnails的容器。为此，我们要使用RemoveChild标签。我们想要移除的容器就是该标签的目标。

408

(5) 在State容器内移除子容器coverThumbnails，如下所示：

```
<mx:states>
    <mx:State name="coverDetails">
        <mx:RemoveChild target="{coverThumbnails}"/>
    </mx:State>
</mx:states>
```

(6) 接下来要做的事情是在Tile容器所在的位置上添加一个新的子容器。将position属性设置为lastChild就确保了新的子容器位于可能存在的其他容器的后面。

```
<mx:states>
    <mx:State name="coverDetails">
        <mx:RemoveChild target="{coverThumbnails}"/>
        <mx:AddChild position="lastChild">

        </mx:AddChild>
    </mx:State>
</mx:states>
```

等状态工作起来并看到一切事物摆放好之后，我们需要做一些位置上的调整。

接下来，我们需要构建一个容器来存放图像。为此，我们可以使用Canvas容器。

(7) 向AddChild容器添加Canvas容器，如下所示：

```
<mx:states>
    <mx:State name="coverDetails">
        <mx:RemoveChild target="{coverThumbnails}"/>
        <mx:AddChild position="lastChild">
            <mx:Canvas>

            </mx:Canvas>
        </mx:AddChild>
    </mx:State>
</mx:states>
```

现在需要开始编写代码来实现图片切换。同样，请仔细遵循下面的步骤。不要仓促地对待这部分内容。

(8) 往下定位到调用CoverDetails组件的标签。

(9) 添加一个click事件，它会调用一个名为displayBookDetails()的函数，我们将向该函数传递event.currentTarget.getRepeaterItem()参数。


```
<comp:CoverDetails coverImageData="{displayCovers.currentItem}"
click="displayBookDetails(event.currentTarget.getRepeaterItem())"/>
```

大家可能已经猜到了下一步操作，即创建函数displayBookDetails()。

409

(10) 返回到Script代码块，创建displayBookDetails()函数。让它接受类型为Object的事件对象。该函数的返回类型是void。

```
<mx:Script>
    <![CDATA[
        import mx.collections.ArrayCollection;
        [Bindable]
        public var coverData:ArrayCollection;
```

```
        private function displayBookDetails(event:Object):void
        {

        }
    ]]>
</mx:Script>
```

(11) 在新函数的内部，我们将使用currentState属性来调用刚才创建的状态。和本书前面在MXML代码中使用它时不同，我们可以在这里使用标准的双引号，因为我们不是把它放在一个更大的字符串中。

```
private function displayBookDetails(event:Object):void
{
    currentState = "coverDetails";
}
```

这是一个进行快速测试的好时机。

(12) 运行应用程序并单击Our Books链接。

(13) 当看到图书封面总览时，单击其中一个封面。如果它们全都消失了，如图11-16所示，那就说明状况良好。这表示coverDetails组件中的click事件正确地调用了状态。

图11-16　空的新状态

(14) 关闭浏览器，返回到在BookCovers组件中处理的函数。

410

现在，我们需要用想要的封面填写新的状态。

(15) 回到AddChild容器内的Canvas容器，添加一个Image标签，将该标签的id属性设置为coverState。

```
<mx:AddChild position="lastChild">
    <mx:Canvas>
        <mx:Image id="coverState"/>
    </mx:Canvas>
</mx:AddChild>
```

Image类有一个名为load()的函数，该函数会调用我们想要显示的图片的URL，包括其他SWF文件。在这个例子中，我们将使用load()函数把正确的图片发送给我们刚才在状态内创建的Image标签coverState。但此时，我们可能要问从哪里获得正确的图片名称呢？

前面讲过，displayBookDetails()函数会接受事件对象作为它的参数。该事件对象包含与当前的Repeater项相关的所有XML数据。所以，我们只要调用该事件，然后请求位于XML文件中的filename属性就可以了。

(16) 回到displayBookDetails()函数，并添加下面这行代码。注意我们使用的拼接技术与为图书封面总览采用的技术相同。但这一次，我们不是使用缩略图（-small），而是将使用大图。

```
private function displayBookDetails(event:Object):void
{
    currentState = "coverDetails";
    coverState.load("assets/" + event.filename + ".jpg");
}
```

(17) 保存代码并重新运行应用程序。和以前一样，单击Our Books链接，显示图书封面总览。当单击某个封面时，封面总览应该会消失，并显示出一幅较大的图书封面图像（如图11-17所示）。

图11-17　显示出图书封面的新状态

411

> 为了将这个练习的代码输入量降至最少，我决定不使用过渡效果。不过，如果你有勇气的话，尽可以随意使用这些效果。

现在，我们需要一种方法从大图回到图库。我们真正需要做的就是回到基础状态。前面讲过，currentState属性会使用一个空的字符串来回到基础状态。

(18) 回到刚才在State容器内创建的Image标签，并在其下方创建一个按钮，将该按钮的currentState设置为空字符串以便回到基础状态。要记住，因为这是在MXML中工作，所以我们需要使用单引号。

```
<mx:states>
    <mx:State name="coverDetails">
        <mx:RemoveChild target="{coverThumbnails}"/>
        <mx:AddChild position="lastChild">
            <mx:Canvas>
                <mx:Image id="coverState"/>
                <mx:Button label="Return to Book Covers" ➥
click="currentState=''" y="300"/>
            </mx:Canvas>
        </mx:AddChild>
    </mx:State>
</mx:states>
```

(19) 运行应用程序。当得到完整的封面图像时，我们应该会看到新的按钮（如图11-18所示）。单击该按钮时，就应该会返回到图库界面。

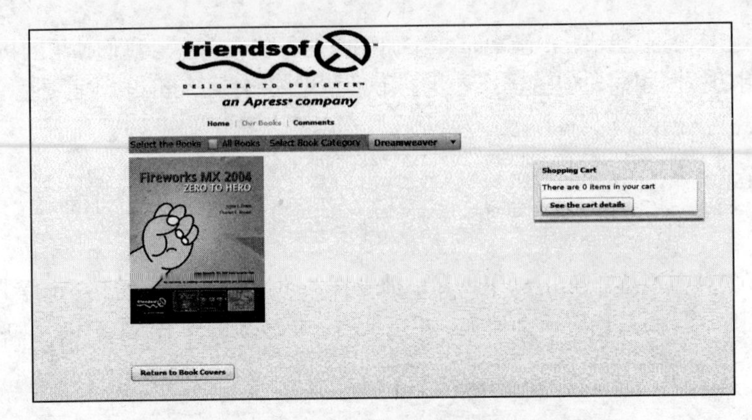

412

图11-18　放置一个返回到图书封面总览的按钮

编程工作全部完成之后，我们就可以轻松地添加额外的信息了，如作者和图书简介。记住，所有信息都已经装在事件对象内了。因此，我们可以采用若干种编写代码的方式。这里，我将采用不太一致的技术，目的是为了向大家举例说明多种可能性。不过，殊途同归。

在第1个示例中，我们要向图书简介中添加作者名。我说过，这里的主要目的是向大家说明技术上的多种可能性，而不一定要体现出完美或一致的编程风格。不过，第1种技术将帮助我们为11.6节做好准备。

(20) 在displayBookDetails()函数的正上方创建一个名为selectedCover、类型为Object的可绑定公有属性。

(21) 在displayBookDetails()函数内将selectedCover属性设置为与event相等。

```
[Bindable]
public var selectedCover:Object;

private function displayBookDetails(event:Object):void
{
    currentState = "coverDetails";
    coverState.load("assets/" + event.filename + ".jpg");
    selectedCover = event;
}
```

这样做的好处之一是让函数之外的event属性可以被访问，除此之外还有其他很多好处。任何需要访问该事件的东西，比如我们之前创建的Image标签，现在都可以访问selectedCover属性。我们来看一个示例。

(22) 回到Canvas容器。在Image标签的下面创建一个Text标签，并对其text属性做如下绑定：

```
<mx:Canvas>
    <mx:Image id="coverState"/>
    <mx:Text y="250" text="{selectedCover.author}"/>
    <mx:Button label="Return to Book Covers" ➥
click="currentState=''" y="300"/>
</mx:Canvas>
```

413

(23) 运行应用程序并测试刚才创建的Text控件，结果应该类似于图11-19所示。

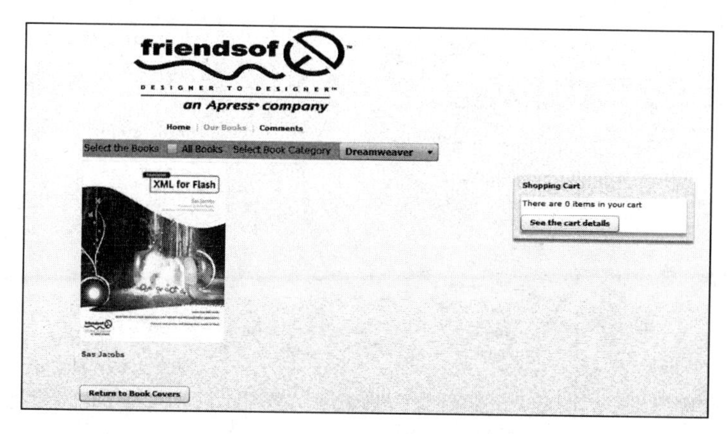

图11-19　添加了作者姓名

(24) 将fontSize指定为18，fontWeight指定为bold，以使作者姓名突出显示，得到的结果如图11-20所示。

```
<mx:Text y="250" text="{selectedCover.author}" ➥
fontSize="18" fontWeight="bold"/>
```

图11-20　更改字号大小并设置加粗效果

对于图书简介，即XML文件中的属性desc，我们可以用完全相同的方法引用selectedCover。

(25) 在Canvas容器中再添加一个如下所示的Text控件，还要将按钮的y属性改为400：

414

```
<mx:Canvas>
    <mx:Image id="coverState"/>
    <mx:Text y="250" text="{selectedCover.author}" ➥
fontSize="18" fontWeight="bold"/>
    <mx:Text y="300" text="{selectedCover.desc}" ➥
fontSize="14" width="400"/>
    <mx:Button label="Return to Book Covers" click=➥
"currentState=''" y="400"/>
</mx:Canvas>
```

(26) 运行一下应用程序，我们应该会看到所添加的图书简介，如图11-21所示。

图11-21　所添加的图书简介

> 大家可能注意到有些作者名的顶部看起来像被图书封面图像裁掉了。这是由封面图像的大小不一致所造成的。通过回到BookCovers组件，进入Design透视图，切换到coverDetails状态并对作者名和图书简介字段的摆放位置做一些小的调整就可以纠正这个问题。

现在，完成之后的BookCovers.mxml的代码应该如下所示：

415

```
<?xml version="1.0" encoding="utf-8"?>
<mx:VBox xmlns:mx="http://www.adobe.com/2006/mxml" width="550" ➥
xmlns:comp="components.*">
<mx:Script>
    <![CDATA[
        import mx.collections.ArrayCollection;
        [Bindable]
        public var coverData:ArrayCollection;

        [Bindable]
        public var selectedCover:Object;

        private function displayBookDetails(event:Object):void
        {
            currentState = "coverDetails";
            coverState.load("assets/" + event.filename + ".jpg");
            selectedCover = event;
        }
    ]]>
</mx:Script>
<mx:states>
    <mx:State name="coverDetails">
        <mx:RemoveChild target="{coverThumbnails}"/>
        <mx:AddChild position="lastChild">
            <mx:Canvas>
                <mx:Image id="coverState"/>
```

```
                    <mx:Text y="250" text="{selectedCover.author}" ➥
fontSize="18" fontWeight="bold"/>
                    <mx:Text y="300" text="{selectedCover.desc}" ➥
fontSize="14" width="400"/>
                    <mx:Button label="Return to Book Covers" ➥
click="currentState=''" y="400"/>
                </mx:Canvas>
            </mx:AddChild>
        </mx:State>
</mx:states>
    <mx:HBox backgroundColor="#EE82EE" ➥
verticalAlign="middle" fontSize="12">
        <mx:Label text="Select the Books"/>
        <mx:CheckBox label="All Books"/>
        <mx:Label text="Select Book Category"/>
        <mx:ComboBox>
            <mx:dataProvider>
                <mx:ArrayCollection>
                    <mx:String>Dreamweaver</mx:String>
                    <mx:String>Flash</mx:String>
                    <mx:String>Graphics</mx:String>
                    <mx:String>Web Design</mx:String>
                    <mx:String>Other</mx:String>
                </mx:ArrayCollection>
            </mx:dataProvider>
        </mx:ComboBox>
    </mx:HBox>
    <mx:Tile width="550" id="coverThumbnails">
        <mx:Repeater id="displayCovers" dataProvider="{coverData}">
            <comp:CoverDetails coverImageData=➥
"{displayCovers.currentItem}" click="displayBookDetails➥
(event.currentTarget.getRepeaterItem())"/>
        </mx:Repeater>
    </mx:Tile>
</mx:VBox>
```

416

至此，大家便要欢呼雀跃了。不过，还有一点儿工作需要完成。接下来，我们要实现购物车的大部分功能。

11.6 给购物车添加功能

出版社当然希望用户大量购买他们在我们构建的网站上看到的图书。我们在上一章构建了购物车组件BookCart，现在来快速回顾一下它的代码：

```
<?xml version="1.0" encoding="utf-8"?>
<mx:Canvas xmlns:mx="http://www.adobe.com/2006/mxml">
    <mx:states>
        <mx:State name="cartExpand">
            <mx:SetProperty target="{cartContainer}" ➥
name="height" value="500"/>
            <mx:AddChild relativeTo="{cartContainer}" ➥
position="lastChild">
                <mx:DataGrid width="230" height="375">
```

```
                    <mx:columns>
                        <mx:DataGridColumn ➥
headerText="Column 1" dataField="col1"/>
                        <mx:DataGridColumn ➥
headerText="Column 2" dataField="col2"/>
                        <mx:DataGridColumn ➥
headerText="Column 3" dataField="col3"/>
                    </mx:columns>
                </mx:DataGrid>
            </mx:AddChild>
            <mx:SetProperty target="{button1}" ➥
name="label" value="Collapse cart details"/>
            <mx:SetEventHandler target="{button1}" ➥
name="click" handler="currentState=''"/>
            <mx:AddChild relativeTo="{cartContainer}" ➥
position="lastChild">
                <mx:Button label="Click to Checkout" ➥
id="checkout"/>
            </mx:AddChild>
        </mx:State>
    </mx:states>
    <mx:Panel id="cartContainer" width="250" ➥
layout="vertical" title="Shopping Cart">
        <mx:Label text="There are 0 items in your cart"/>
        <mx:Button label="See the cart details" ➥
click="currentState='cartExpand'" id="button1"/>
    </mx:Panel>
</mx:Canvas>
```

417

目前，DataGrid控件有3列。对于这个练习而言，我们只需要一个列。

(1) 删除最后两个DataGridColumn控件。

(2) 将剩下的DataGridColumn控件的headerText属性改为Purchased Books，并将其宽度设置为230。

```
<mx:DataGrid width="230" height="375">
    <mx:columns>
        <mx:DataGridColumn headerText="Purchased Books" ➥
dataField="col1"/>
    </mx:columns>
</mx:DataGrid>
```

修改之后的DataGrid应该类似于图11-22所示。

在此之前，我们处理的都是已经用ActionScript创建好的类。类是OOP的基本单元。很多程序员提倡几乎不在MXML文件中放入任何代码，而是把代码全部放进类文件中。本书的作者也是这些提倡者中的一员。事实证明这样得到的文件大小要小得多，且耗费的资源也少得多。

在本书前面，我们讨论过自定义事件。为了控制购物车，我们要回到这个主题。只不过这一次，我们不是使用MXML，而是采用ActionScript类。

418

如果你觉得术语“自定义事件”听起来有些陌生，那就让我解释一下吧。在大多数情况下，我们看到的是诸如click和creationComplete之类的事件。通过这些事件的名称，我们就能体会其含义。当某个事件发生时，由于内部代码的存在，ActionScript会知道click或creationComplete是什么。但在这儿要做的是创建我们自己的事件。这个事件是该项目所特有的，它会把选中的图书放在购物车中。

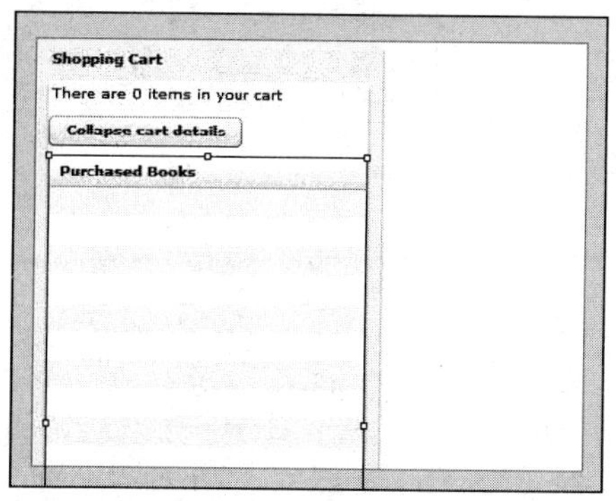

图11-22 修改之后的购物车中的DataGrid

我要在这里提醒大家的是：用ActionScript创建自定义事件所需要的代码有点儿复杂。我会尽己所能来解释每个步骤。不过，如果是OOP新手，起初可能会在理解个别概念的时候有些困难。但只要耐心操作，跟着下面的流程就不会出错。

我们首先要把类文件放进其特有的目录中。虽然不是必须采用的做法，但最好将项目所用的各种类型的文件组织到其各自的目录当中。

(3) 用右键单击Flex Navigator视图中的src文件夹，并选择New→Folder命令。

(4) 将新的文件夹命名为classes，如图11-23所示。

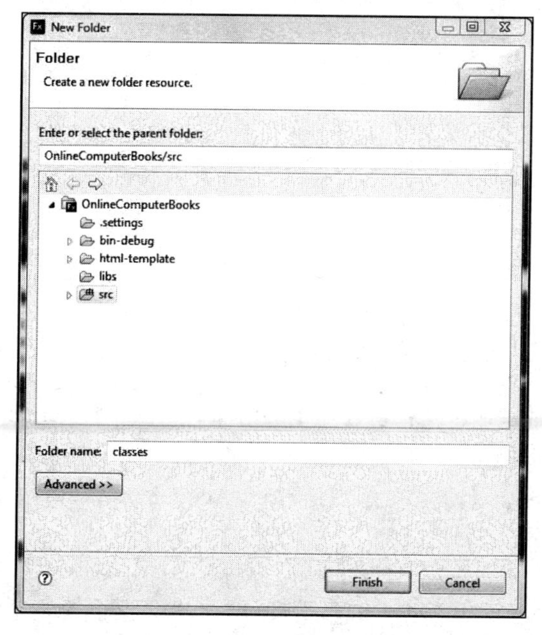

图11-23 在New Folder对话框中给文件夹命名

(5) 单击Finish按钮，我们应该会在Flex Navigator视图中看到这个文件夹（如图11-24所示）。

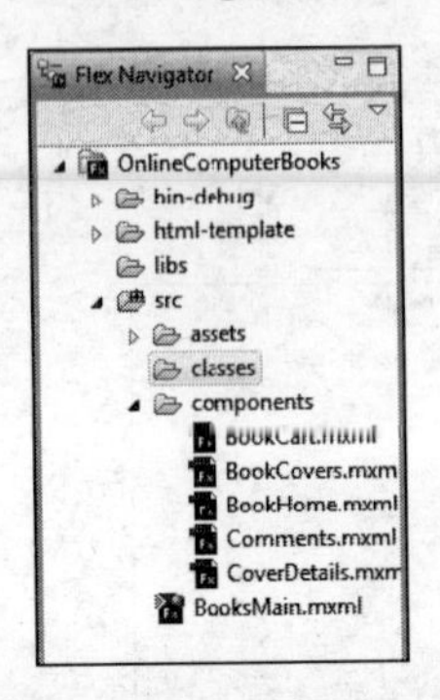

图11-24　显示有classes文件夹的Flex Navigator视图

(6) 用右键单击新的classes文件夹并选择New→ActionScript Class命令，打开图11-25所示的对话框。

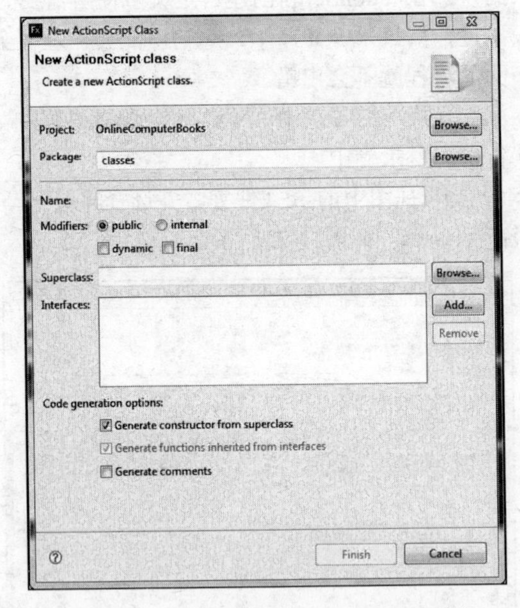

图11-25　New ActionScript Class对话框

420

我们即将在这里做的很多事情都可以与本书前面讨论的各种ActionScript知识联系起来。

前面讲过，在OOP环境中，“包”（package）这个词是表示类文件所处的文件夹结构的技术术语。注意，Flex Builder会自动输入我们打开New ActionScript Class对话框时所在的目录，将其作为包。保留自动输入的结果即可。

> 和其他OOP环境不同，ActionScript类文件需要有包声明。因此，Package字段必须总是包含相应的信息。

按照惯例，类文件是以大写字母开头的。

(7) 将类文件命名为CartEvent。

(8) 保留Modifiers选项的设置为public。

在创建类文件来处理自定义事件时，这个类文件必须派生自Event ActionScript类。这样一来，新的类就可以访问Event类的很多功能。这叫做继承，它是OOP中的一个重要概念。如果不这样做，就必须定义事件是什么，以及与之相关的全部代码。通过使用继承，我们只添加满足特殊要求的自定义代码就可以了。

有了New ActionScript Class对话框中的Superclass字段，Flex Builder使得继承的调用变得非常容易。

(9) 单击Superclass字段右边的Browse按钮，此时应该会出现可用类的清单（如图11-26所示）。向下滚动至Event类（或者在顶部的字段中键入Event），选择它并单击OK按钮。

(10) 根据需要，取消选择Generate constructor from superclass选项，此时的对话框应该如图11-27所示。

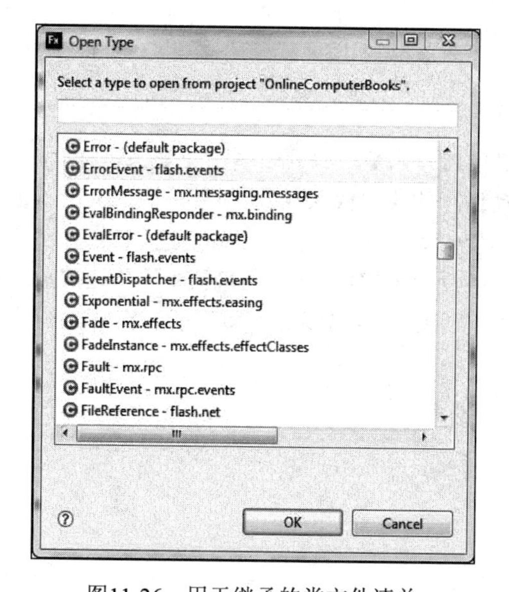

图11-26 用于继承的类文件清单

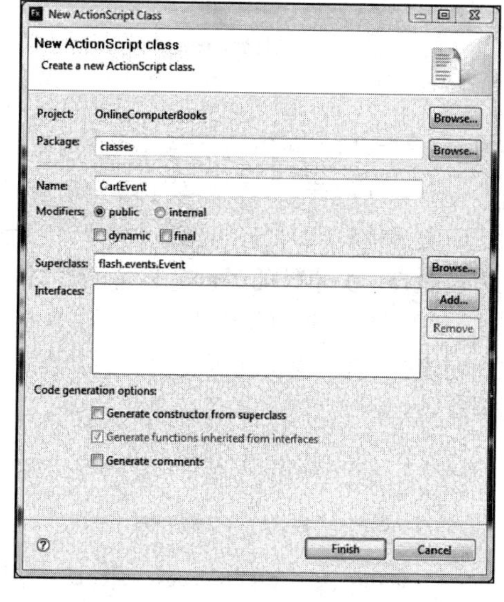

图11-27 完成之后的New ActionScript Class对话框中的设置

(11) 单击Finish按钮。

我们应该会看到由下列代码创建的文件CartEvent.as：

```
package classes
{
    import flash.events.Event;

    public class CartEvent extends Event
    {
    }
}
```

注意，所有代码都包裹在package声明中。有时候，人们将其称为包的包装或外包装。接下来，是必不可少的import语句。最后是class声明。所声明的名称必须和文件名（不带.as扩展名）相同，否则类文件会无法工作。关键词extends表示它继承自另一个类，在这个例子中为Event类。这表示新的类可以访问Event类的大部分功能。

422

让类文件运行起来所需要的代码必须位于class声明的大括号之间。

虽然这不是必需的，但大多数程序员都习惯于首先声明变量。在这里，需要创建一个变量来存放用户选中的图书的名称。我们应该将其类型设置为String，但对于这个示例，要尽可能让事物保持通用。

(12) 用名称selectedBook声明一个公有变量。因为不会用到String类的任何特殊功能，所以我们可以保持它的通用性，将它声明为Object类型即可。

```
package classes
{
    import flash.events.Event;

    public class CartEvent extends Event
    {
        public var selectedBook:Object;
    }
}
```

声明了变量之后，我们需要编写一个叫做构造函数的特殊函数。只要一调用类来创建对象，这个函数就会自动运行。所以，我们要把所有必须自动运行的代码放入其中。

构造函数必须与类同名，且必须不带返回类型，即使void也不行。

在为控制自定义事件的类创建构造函数时，它必须接受2个参数：一个用来接受所传递的数据（在这个例子中为选中的图书），一个用来接受事件的类型，其类型为String。

(13) 创建类构造函数，它会接受2个参数：

```
package classes
{
    import flash.events.Event;

    public class CartEvent extends Event
    {
        public var selectedBook:Object;

        public function CartEvent(selectedBook:Object, type:String)
        {

        }
    }
}
```

423

从现在起，创建自定义事件类所需要的代码在具体的操作上是很简单的，但在概念上却有一些难点。我说“具体的操作很简单”是因为自定义类的操作步骤几乎没什么变化，大家可以用类似菜谱的方式来遵循操作的顺序。但要想在概念上理解执行这些操作步骤的原因就有些困难。我会解释其中的每一个步骤。

处理事件所需要的全部代码（它们会以参数类型传递到构造函数中）位于Event类中（这就是在创建这个类时扩展Event类的原因）。Event类叫做超类。我们需要做的第1件事情是将类型发送回Event类，因为它知道如何处理这个类型。这可以用super()调用来实现。super()调用必须是构造函数的第1行。如果不是，就不会正确地工作。

(14) 添加如下所示的super()调用，将类型发送给Event超类：

```
public function CartEvent(selectedBook:Object, type:String)
{
    super(type);
}
```

所有OOP环境中都有两个级别的变量：位于函数内的变量叫做局部属性，位于函数外的变量叫做对象级属性。类文件中的关键词this为对象级属性。图书的名称会通过selectedBook参数进入构造函数。然后，我们要将对象级属性设置为与该参数相等。

(15) 在super()调用的后面添加如下所示的代码行：

```
public function CartEvent(selectedBook:Object, type:String)
{
    super(type);
    this.selectedBook = selectedBook;
}
```

> 很多程序员不赞成对象级属性与函数参数同名。我不支持这种观点，因为通过关键词this可以区分它们。

让我们看看目前为止的工作流程。

在MXML文件内将有对该类文件的一个调用（我们还没有创建这个调用）。调用这个类文件时会传递2个参数：所选图书的书名以及事件的类型。这些参数会在类被调用时自动传递给构造函数。构造函数反过来会把类型发回给超类Event，并让其已经创建好的代码处理它。然后，构造函数会用传递到参数selectedBook中的信息设置属性selectedBook。

424

11

到现在为止，似乎没有什么是不能在Event类中完成的。我们要从这里开始，做一些自定义的工作。

Event类有一个名为clone()的方法。clone()方法会制作事件和数据的副本。在理解Flex的一些功能时，这一点非常重要。

正如我反复所讲的，一切事物都是装在容器中的。我们假设事件是发生在容器B内，且容器B位于容器A内，而容器A又是在容器C里面。事件必须冒出每一层容器，直至到达主容器或Application容器。之后，Application容器将把该事件发送到它需要到达的地方。虽然对工作机制的解释有点儿简单，但处理事件冒出的正是clone()函数。

Event类有一个clone()函数的通用版本，它可以处理各种各样的事件。对于这里所编写的类，我们需要针对特定的需求来重新编写这个通用函数。为此，我们会使用关键词override。它会告诉我们所编写的类CartEvent应该到Event类获得clone()函数，然后向其添加自定义代码。

(16) 在构造函数的下方覆写clone()函数，如下所示：

```
public function CartEvent(selectedBook:Object, type:String)
{
    super(type);
    this.selectedBook = selectedBook;
}

override public function clone():Event
{

}
```

注意函数的返回类型和类一样，是Event。

现在，要让clone()函数针对每一层容器用图书数据和事件类型为我们创建的CartEvent类制作一个新副本（实例），直至到达Application容器。

(17) 向覆写的clone()函数添加下列代码：

```
override public function clone():Event
{
    return new CartEvent(selectedBook, type);
}
```

每次事件冒出到下一层容器时，就会用指定的2个参数实例化CartEvent类。

425　这是一个仔细检查代码的好地方。

```
package classes
{
    import flash.events.Event;

    public class CartEvent extends Event
    {
        public var selectedBook:Object;

        public function CartEvent(selectedBook:Object, type:String)
        {
            super(type);
            this.selectedBook = selectedBook;
        }

        override public function clone():Event
        {
            return new CartEvent(selectedBook, type);
        }
    }
}
```

这就是构建处理自定义事件的类所涉及的全部工作。每次调用这个类时，不论是从何处调用，这些事件都会运行。现在该让它工作了。

(18) 保存类文件并打开BookCovers.mxml组件。

(19) 在当前的import语句import mx.collections.ArrayCollection的下面导入新的类，如下所示：

```
import mx.collections.ArrayCollection;
import classes.CartEvent;
```

可以定义一个Metadata标签来预定义事件名称。设立标签之后，每次该事件发生时，刚才定义的类就会运行。

(20) 在起始VBox标签的下面、Script代码块的上面定义Metadata标签，如下所示：

```
<?xml version="1.0" encoding="utf-8"?>
<mx:VBox xmlns:mx="http://www.adobe.com/2006/mxml" ➥
width="550" xmlns:comp="components.*">
<mx:Metadata>

</mx:Metadata>
```

(21) 在Metadata容器内定义自定义事件，如下所示：

```
<mx:Metadata>
    [Event(name="bookSelected", type="classes.CartEvent")]
</mx:Metadata>
```

注意，定义的结尾没有分号。如果放了分号，就会发生错误。

426

(22) 向下滚动至Canvas容器。在已有按钮的下面再添加一个Button控件，将其label属性设置为Add to Cart，x属性设置为200，y属性为400，并设置一个click事件来调用名为purchaseBook()的函数（这是我们即将创建的函数）。

```
<mx:Canvas>
    <mx:Image id="coverState"/>
    <mx:Text y="250" text="{selectedCover.author}" fontSize="18" ➥
fontWeight="bold"/>
    <mx:Text y="300" text="{selectedCover.desc}" fontSize="14" ➥
width="400"/>
    <mx:Button label="Return to Book Covers" ➥
click="currentState=''" y="400"/>
    <mx:Button label="Add to Cart" x="200" y="400" ➥
click="purchaseBook()"/>
</mx:Canvas>
```

> 如果想测试按钮的位置，就需要暂时剪切click事件，否则会发生一个错误阻止代码运行。

427

图11-28显示了新的Add to Cart按钮。

如果测试了新按钮的位置，那么完成测试之后一定要重新插入click事件。

(23) 向上滚动回Script代码块并定义私有函数purchaseBook()，其返回类型为void。

```
private function displayBookDetails(event:Object):void
    {
        currentState = "coverDetails";
        coverState.load("assets/" + event.filename + ".jpg");
        selectedCover = event;
    }

    private function purchaseBook():void
    {

    }
```

图11-28　添加Add to Cart按钮

我们已经有了一个带有所有图书信息的变量，该变量名为selectedCover。这是我们在前面的函数中创建的并作为Script代码块中定义的可绑定属性来保存的对象。

我们需要从类CartEvent创建一个新对象，然后把selectedCover中的信息以及新事件bookSelected传递给它的构造函数。

(24) 创建一个新的CartEvent对象，并将正确的参数传递给它，如下所示：

```
private function purchaseBook():void
{
    var eventObj:CartEvent = new CartEvent(selectedCover, ➥
"bookSelected");
}
```

注意第1个参数是书名，第2个参数是自定义事件。

最后，为了让这一切发生，我们必须通过使用函数dispatchEvent()把新的事件对象eventObj发送给类。

(25) 在CartEvent实例的下面添加dispatchEvent()函数，如下所示：

```
private function purchaseBook():void
{
    var eventObj:CartEvent = new CartEvent(selectedCover, ➥
"bookSelected");
    dispatchEvent(eventObj);
}
```

希望大家花些时间在ActionScript 3.0 Language Reference中查一查所有这些构造，以获取比这里所讲的更加详细的资料。如果需要，可以花些时间追踪这里显示的代码流。

保存代码时应该不会生成错误提示。现在，完成之后的BookCovers.mxml的代码应该如下所示：

```
<?xml version="1.0" encoding="utf-8"?>
<mx:VBox xmlns:mx="http://www.adobe.com/2006/mxml" width="550" ➥
xmlns:comp="components.*">
<mx:Metadata>
    [Event(name="bookSelected", type="classes.CartEvent")]
</mx:Metadata>
<mx:Script>
    <![CDATA[
        import mx.collections.ArrayCollection;
        import classes.CartEvent;
        [Bindable]
        public var coverData:ArrayCollection;

        [Bindable]
        public var selectedCover:Object;

        private function displayBookDetails(event:Object):void
        {
            currentState = "coverDetails";
            coverState.load("assets/" + event.filename + ".jpg");
            selectedCover = event;
        }

        private function purchaseBook():void
        {
            var eventObj:CartEvent = new CartEvent➥
(selectedCover, "bookSelected");
            dispatchEvent(eventObj);
        }
    ]]>
</mx:Script>
<mx:states>
    <mx:State name="coverDetails">
        <mx:RemoveChild target="{coverThumbnails}"/>
        <mx:AddChild position="lastChild">
            <mx:Canvas>
                <mx:Image id="coverState"/>
                <mx:Text y="250" text="{selectedCover.author}" ➥
fontSize="18" fontWeight="bold"/>
                <mx:Text y="300" text="{selectedCover.desc}" ➥
fontSize="14" width="400"/>
                <mx:Button label="Return to Book Covers" ➥
click="currentState=''" y="400"/>
                <mx:Button label="Add to Cart" x="200" y="400" ➥
click="purchaseBook()"/>
            </mx:Canvas>
        </mx:AddChild>
    </mx:State>
</mx:states>
    <mx:HBox backgroundColor="#EE82EE" verticalAlign="middle" ➥
fontSize="12">
```

```
        <mx:Label text="Select the Books"/>
        <mx:CheckBox label="All Books"/>
        <mx:Label text="Select Book Category"/>
        <mx:ComboBox>
            <mx:dataProvider>
                <mx:ArrayCollection>
                    <mx:String>Dreamweaver</mx:String>
                    <mx:String>Flash</mx:String>
                    <mx:String>Graphics</mx:String>
                    <mx:String>Web Design</mx:String>
                    <mx:String>Other</mx:String>
                </mx:ArrayCollection>
            </mx:dataProvider>

        </mx:ComboBox>
    </mx:HBox>
    <mx:Tile width="550" id="coverThumbnails">
        <mx:Repeater id="displayCovers" dataProvider="{coverData}">
            <comp:CoverDetails coverImageData=➥
"{displayCovers.currentItem}" click="displayBookDetails➥
(event.currentTarget.getRepeaterItem())"/>
        </mx:Repeater>
    </mx:Tile>
</mx:VBox>
```

现在，我们开始把所有部件装在一起。

(26) 打开BooksMain.mxml应用程序文件。

(27) 将CartEvent类导入到这个文件中。

```
<![CDATA[
    import mx.rpc.events.ResultEvent;
    import mx.collections.ArrayCollection;
    import classes.CartEvent;
```

一旦调用BookCovers组件，事件bookSelected就要运行起来。该事件会为我们创建将数据传递到购物车组件所需要的对象。

(28) 向下滚动至调用BookCovers组件的位置。

(29) 在BookCovers标签的末尾按空格键。如果向下滚动或开始键入book，应该会看到刚才创建的自定义事件bookSelected出现在了清单中（如图11-29所示）。

430

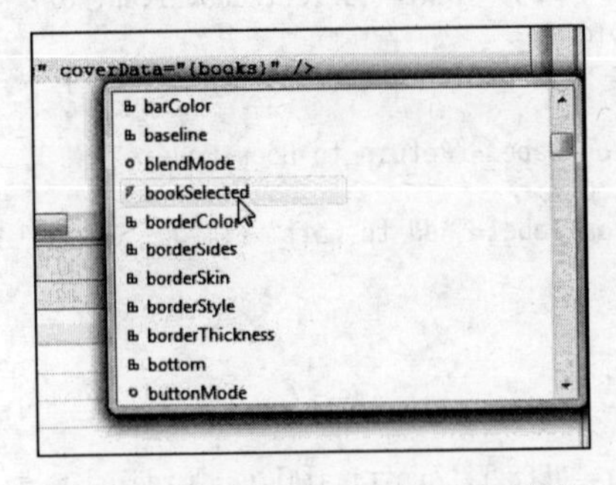

图11-29 可使用的bookSelected事件

(30) 我们将让它调用一个名为bookSelectionHandler()的函数，我们马上就会编写这个函数。将事件对象传递给它，如下所示：

```
<comp:BookCovers height="50%" width="50%" ➥
label="Our Books" id="bookCovers" coverData="{books}" ➥
bookSelected="bookSelectionHandler(event)"/>
```

注意，我们可以像使用其他事件那样使用bookSelected。

艰难的工作现在完成了，事情再次开始变得熟悉起来。

(31) 进入Script代码块，创建bookSelectionHandler()函数。向它传递一个参数event，其类型为CartEvent，因为这是处理事件的类。

```
private function bookSelectionHandler(event:CartEvent):void
{

}
```

我们需要向购物车传递XML数据，尤其是书名（title）。

因此，就需要设置一个类型为ArrayCollection的变量来处理它（记住，ActionScript会将XML数据作为类型ArrayCollection来处理）。

(32) 在Script代码块的变量声明部分，创建一个名为purchasedBooks的可绑定公有变量，将其类型设置为ArrayCollection。不过，因为这个ArrayCollection不是通过使用HTTPService创建的，所以我们需要按如下所示来创建它。

```
import mx.rpc.events.ResultEvent;
import mx.collections.ArrayCollection;
import classes.CartEvent;
[Bindable]
private var books:ArrayCollection;
[Bindable]
public var purchasedBooks:ArrayCollection = new ArrayCollection();
```

431

ArrayCollection允许我们使用名为addItem()的函数向其添加内容。

(33) 在bookSelectionHandler()函数内，向purchasedBooks添加selectedBook属性，如下所示：

```
private function bookSelectionHandler(event:CartEvent):void
{
    purchasedBooks.addItem(event.selectedBook);
}
```

11

CartEvent是用event参数传递给函数的。CartEvent中的selectedBook属性包含图书信息。注意，在event的后面键入点之后，我们马上就会看到selectedBook弹出来。

(34) 向下滚动至调用BookCart组件的地方。将purchasedBooks传递给BookCart，如下所示：

```
<comp:BookCart x="890" y="200" purchasedBooks = "{purchasedBooks}"/>
```

保存文件时，我们会在Problems视图中看到一条错误消息。这是因为我们还没有创建BookCart组件中的purchasedBooks属性。我们马上会修正这个问题。

在离开BooksMain之前，请对照下面的代码检查一遍：

```
<?xml version="1.0" encoding="utf-8"?>
<mx:Application xmlns:mx="http://www.adobe.com/2006/mxml" ➥
layout="absolute" backgroundColor="#FFFFFF" ➥
xmlns:comp="components.*" height="100%" ➥
width="100%" creationComplete="init()">
<mx:Script>
    <![CDATA[
        import mx.rpc.events.ResultEvent;
        import mx.collections.ArrayCollection;
        import classes.CartEvent;
        [Bindable]
        private var books:ArrayCollection;
        [Bindable]
        public var purchasedBooks:ArrayCollection = ➥
new ArrayCollection();
        private function init():void
        {
            bookDataIn.send();
        }

        private function bookHandler(event:ResultEvent):void
        {
            books = event.result.books.image;
        }
        private function bookSelectionHandler(event:CartEvent):void
        {
            purchasedBooks.addItem(event.selectedBook);
        }
    ]]>
</mx:Script>
<mx:Style>
    ComboBox
    {
        selectionColor: #32CD32;
    }

    global
    {
        color:#00008B;
    }
</mx:Style>
<mx:HTTPService id="bookDataIn" url="assets/books.xml" ➥
result="bookHandler(event)"/>
    <mx:Image source="assets/Logo1.gif" x="360" y="10"/>
    <mx:LinkBar dataProvider="bookPages" x="400" y="130"/>
    <mx:ViewStack id="bookPages" resizeToContent="true" x="290" ➥
y="160">
        <comp:BookHome height="50%" width="50%" label="Home" ➥
id="home"/>
        <comp:BookCovers height="50%" width="50%" ➥
label="Our Books" id="bookCovers" coverData="{books}" ➥
bookSelected="bookSelectionHandler(event)"/>
        <comp:Comments height="50%" width="50%" ➥
label="Comments" id="comments"/>
```

432

```
    </mx:ViewStack>
    <comp:BookCart x="890" y="200" purchasedBooks = ➥
"{purchasedBooks}"/>
</mx:Application>
```

(35) 保存文件，进入BookCart.mxml组件。

(36) 在起始Canvas标签的下方插入一个Script代码块，导入ArrayCollection类，并设置一个类型为ArrayCollection的可绑定公有变量purchasedBooks。

```
<mx:Script>
    <![CDATA[
        import mx.collections.ArrayCollection;
        [Bindable]
        public var purchasedBooks:ArrayCollection;
    ]]>
</mx:Script>
```

433

(37) 因为purchasedBooks包含XML数据，所以我们需要做的就是将其作为dataProvider属性指派给DataGrid组件。

```
<mx:DataGrid width="230" height="375" dataProvider="{purchasedBooks}">
```

剩下来要做的唯一一件事情是告诉DataGridColumn应该使用哪个XML属性，本例中是title属性。

(38) 将DataGridColumn修改如下：

```
<mx:DataGridColumn headerText="Purchased Books" dataField="title"/>
```

完成之后的BookCart组件应该如下所示：

```
<?xml version="1.0" encoding="utf-8"?>
<mx:Canvas xmlns:mx="http://www.adobe.com/2006/mxml">
<mx:Script>
    <![CDATA[
        import mx.collections.ArrayCollection;
        [Bindable]
        public var purchasedBooks:ArrayCollection;
    ]]>
</mx:Script>
    <mx:states>
        <mx:State name="cartExpand">
            <mx:SetProperty target="{cartContainer}" ➥
name="height" value="500"/>
            <mx:AddChild relativeTo="{cartContainer}" ➥
position="lastChild">
                <mx:DataGrid width="230" height="375" ➥
dataProvider="{purchasedBooks}">
                    <mx:columns>
                        <mx:DataGridColumn ➥
headerText="Purchased Books" dataField="title"/>
                    </mx:columns>
                </mx:DataGrid>
            </mx:AddChild>
```

```
                <mx:SetProperty target="{button1}" name="label" ➥
value="Collapse cart details"/>
                <mx:SetEventHandler target="{button1}" ➥
name="click" handler="currentState=''"/>
                <mx:AddChild relativeTo="{cartContainer}" ➥
position="lastChild">
                    <mx:Button label="Click to Checkout" ➥
id="checkout"/>
                </mx:AddChild>
            </mx:State>
        </mx:states>
    <mx:Panel id="cartContainer" width="250" layout="vertical" ➥
title="Shopping Cart">
        <mx:Label text="There are 0 items in your cart"/>
        <mx:Button label="See the cart details" ➥
click="currentState='cartExpand'" id="button1"/>
    </mx:Panel>
</mx:Canvas>
```

434

(39) 保存并运行应用程序。

(40) 单击Our Books链接。

(41) 单击一本书的封面，并单击Add to Cart按钮。

如果展开购物车，应该会看到其中的书名（如图11-30所示）。

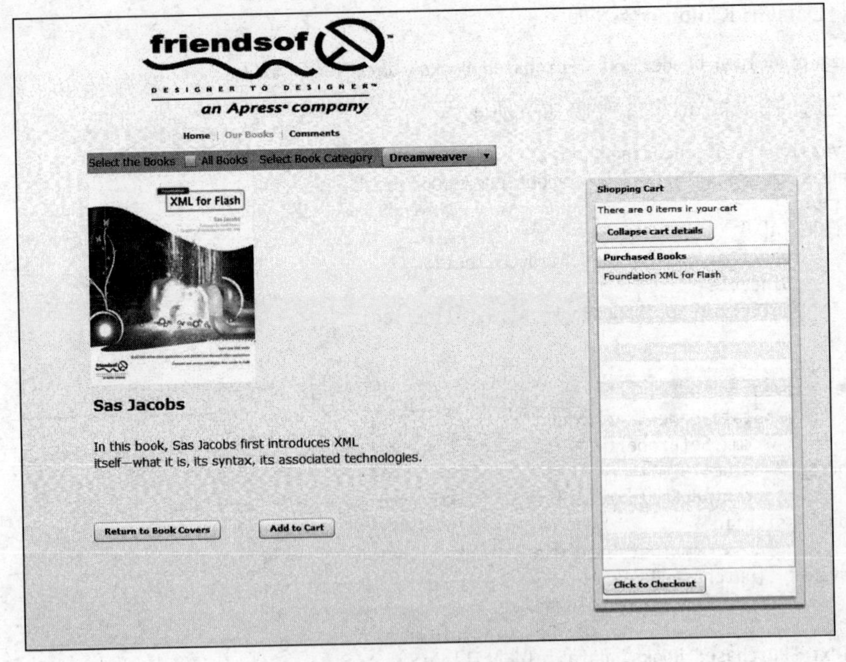

图11-30 工作状态下的购物车

通过回到图库并选择不同的图书，试着向购物车中添加一些书。

现在，我们可以向购物车多次添加图书。在本书的末尾，我们将在一个新的环境中回到这个案例研究。

我们需要完成另外一个小任务：设置计数器来显示购物车中的商品数量。

435

ArrayCollection有一个名为length的属性，这个属性会返回其内元素的数量。我们可以使用它给购物车做一个计数器。

(42) 找到BookCart.mxml组件中的Label控件，将其text属性修改如下：

```
<mx:Label text="There are {purchasedBooks.length} items in your cart"/>
```

(43) 再次运行应用程序并向购物车中添加商品。计数器的数字应该会增加，如图11-31所示。

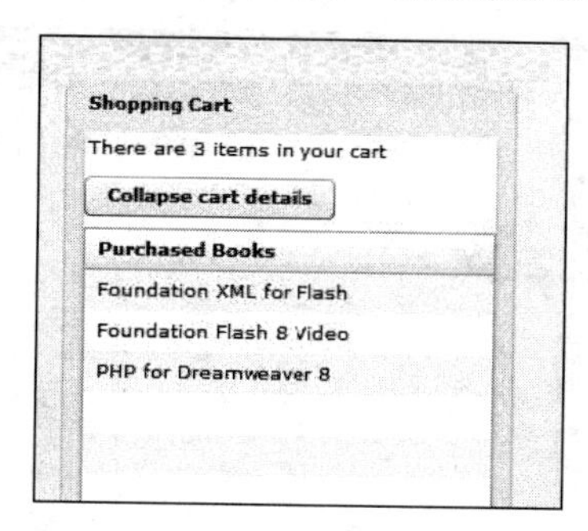

图11-31　增加的计数

11.7　小结

本章包含了大量复杂的ActionScript代码，如果是编程新手，可能会觉得其中一些代码不太好理解。虽然语法相对简单，但相关概念有时候需要花一些时日才能够完全掌握。我们花很多时间学习了如何创建自定义事件。

在本书末尾，我们将回到这个案例研究做一个令人惊讶的改变，所以不要删除这个项目。

为了避免出错，我在本章的下载文件中提供了完整的项目文件。

现在，我们把注意力转向数据的处理。

11

436

第 12 章

Flex与数据

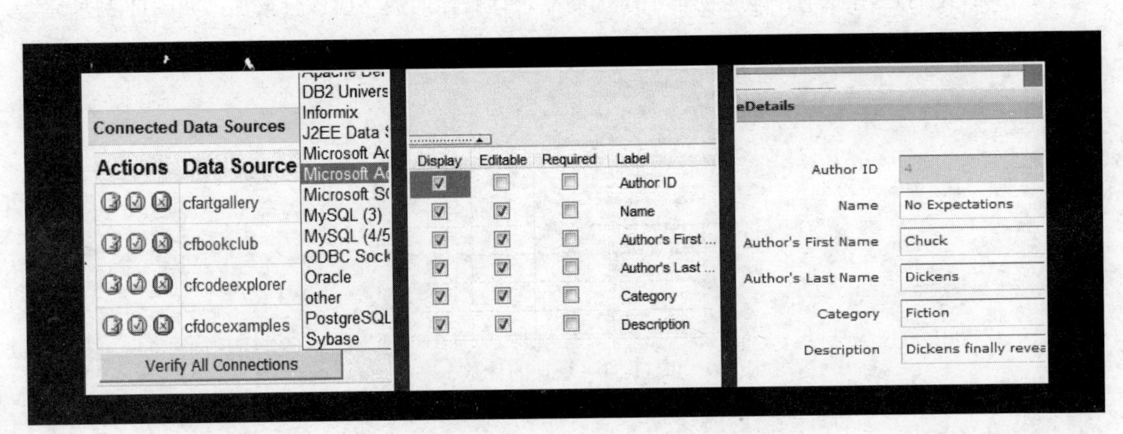

首先要讲的是我在本书反复提到的一点：Flex是一个呈现服务器！

这表示它要用到ColdFusion、.NET、PHP和Java这样的中间件技术作为支撑。Flex的目的不是取代这种技术，而是用我们此前看到的所有灵活特性将这种技术的输出呈现出来。

Flex与数据是个很大的主题，可以写上好几本书。由Sas Jacobs和Koen De Weggheleire著的*Foundation Flex for Developers: Data-Driven Applications with PHP, ASP.NET, ColdFusion, and LCDS*（Apress，2007）一书非常详细地讲解了这个主题。

让人高兴的是，Flex Builder 3简化了与上述各种技术连接的操作。

在写作本书时，我决定把重点放在Adobe公司自己的动态应用程序服务器ColdFusion 8上。不过，在讲解Flex与ColdFusion的过程中，我将向大家展示如何连接前面所列的其他技术。

本章有2个前提：

- 像附录A中所讲的那样安装了ColdFusion 8应用程序服务器；
- 在安装Flex时像第1章所讲的那样安装了ColdFusion扩展。

只要符合这两个条件，就可以顺利学习本章的内容。我们这就开始吧！

本章，我们将看看在连接动态数据服务器时可以使用的向导。接着，我们将在看过ColdFusion之后简短地看一看LCDS（LiveCycle Data Services）服务器。

12.1 ColdFusion 服务器

根据所使用的技术，我们需要安装一个应用程序服务器来起到将Flex与数据库技术连接起来的作用。例如，如果是使用PHP，我们就需要安装Apache服务器、MySQL数据库服务器和PHP应用程序服务器。

> 有一个不错的网站允许我们下载多合一的软件包：www.apachefriends.org/en/xampp-windows.html（XAMP代表Windows Apache MySQL PHP服务器）。这个包为我们提供了使用PHP所需要的一切。不过，在写作本书时，它只能用于Windows环境。对于Mac环境，在www.mamp.info（MAMP代表Macintosh Apache MySQL PHP）上有一个类似的包。如果安装这些包的其中之一，大家就可以把我列出的针对ColdFusion的操作步骤轻松地转用到PHP上。

440

ColdFusion可以用于各种平台，它在所有平台上的安装和操作几乎是一样的。

有趣的是，ColdFusion的脚本语言CFML是Flex的MXML语言的哲学基础。ColdFusion背后的整个理念就是在使用类HTML标签的同时进行Java编程。这很大地简化了编程的过程。举个例子，如果想设置一个变量，就要编写类似下面的代码：

```
<cfset  myName = "Charles E. Brown">
```

最后，ColdFusion会在后台把这个简单的标签转换成Java代码，就像MXML转换成ActionScript代码那样。

假设大家已经像附录A中所讲的那样安装了ColdFusion 8，那么我们需要做的第1件事情就是安装数据源。对于这个练习而言，我们将使用一个小型的Access数据库。因为我的目标是向大家展示如何将Flex与ColdFusion（以及其他技术）结合起来使用，而不是讨论数据库设计或SQL，所以我选用的这个数据库非常简单，只有几条记录和两个表。

大家可以从www.friendsofed.com下载这个数据库以及第12章的文件，现在就请做这件事情，因为我们需要在接下来的操作中用到它。数据库的位置并不重要。ColdFusion可以从任何地点运行它。

12.1.1 安装数据源

ColdFusion使数据源的安装变得非常简单。

> 在接下来的示例中，我将使用Windows Vista进行演示。ColdFusion和Flex都可以在各种各样的平台上运行。如果你使用的是不同的平台，访问ColdFusion Administrator的操作步骤就会有所不同。具体细节请查看你所使用的系统的文档。

(1) 选择Start→All Programs→Adobe→ColdFusion 8→Administrator命令，此时看到的界面可能不同于图12-1所示。别担心，我们马上就会得到一致的界面。

注意ColdFusion Administrator在默认的浏览器中是运行在localhost:8500（127.0.0.1:8500）上

的。记住这一点，因为我们需要在后面的几个步骤中用到它。

注意管理程序的左侧，我们将看到分门别类的一系列链接，它们用来访问管理程序的不同部分。

441

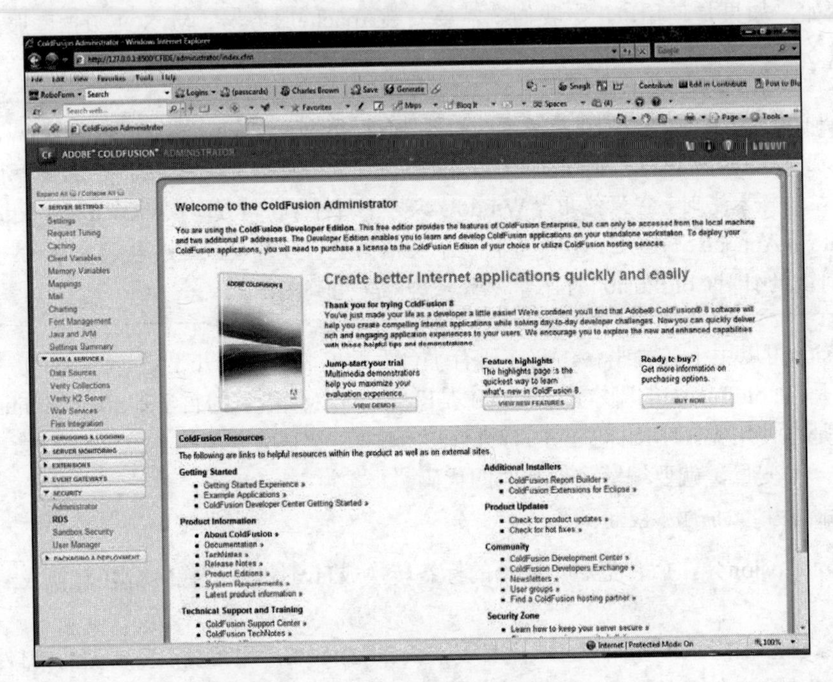

图12-1　ColdFusion 8 Administrator

(2) 在DATA & SERVICES类别下单击Data Sources链接，此时应该会看到图12-2中所示的界面。

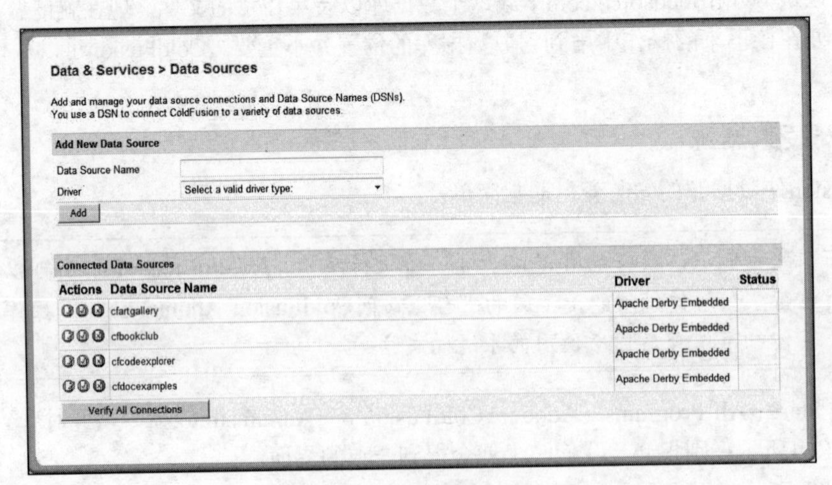

442

图12-2　Data Sources界面

> 首次安装ColdFusion时，会有用于练习目的的默认数据源，如图12-2所示。不过，如果没有这些数据源的话，也不要担心。

在Data Source Name字段中，我们需要给数据库连接起一个独有的名称。我们可以自己选择该名称。

(3) 将Data Source Name设置为bookData，如图12-3所示。

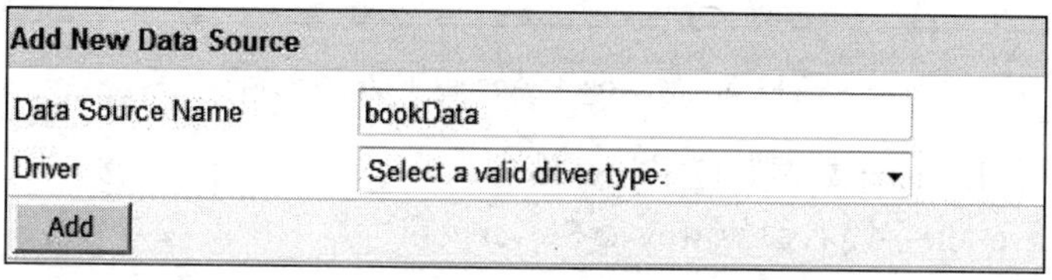

图12-3 命名数据源

因为每个数据库系统都有自身的要求，所以需要有驱动程序来帮助应用程序服务器，使它能够与数据库系统轻松地进行无缝的沟通。ColdFusion带有2种类型的驱动程序：ODBC（Open Database Connectivity，开放数据库连接）驱动程序，这种驱动程序已经存在很长时间并被广泛用于各种情形；另一种是较新的JDBC（Java Database Connectivity，Java数据库连接）驱动程序，很多人认为这种驱动程序要健壮得多。有关驱动程序以及各种驱动程序的使用场合的详细讲解超出了本书的范畴。

对于这个练习，我们将为Microsoft Access数据库使用JDBC驱动程序（Microsoft Access with Unicode）。

(4) 在Driver下拉列表中选择Microsoft Access with Unicode，如图12-4所示。

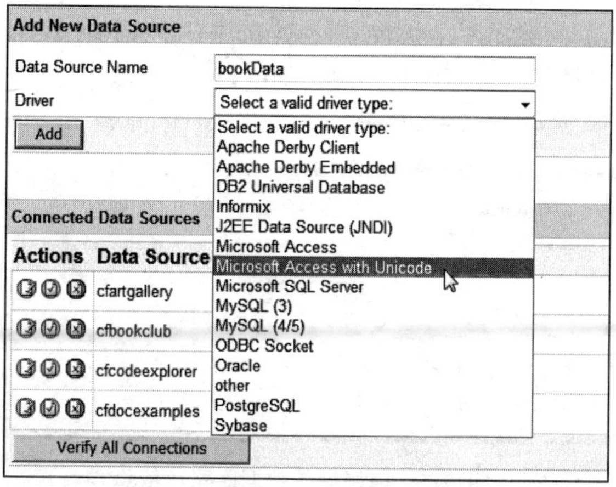

图12-4 可用的数据库驱动程序

(5) 单击Add按钮，此时的界面应该如图12-5所示。

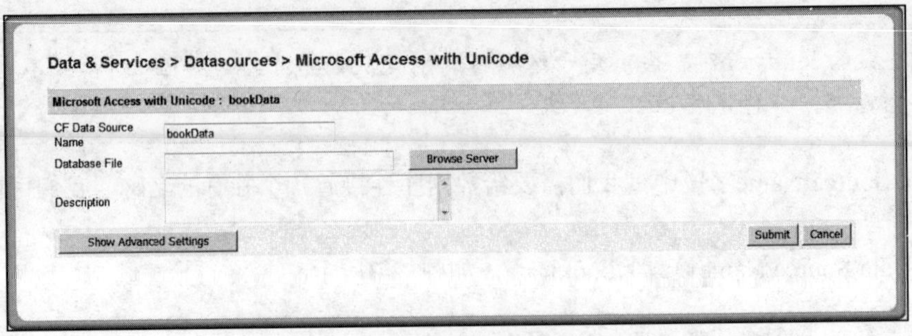

图12-5 Microsoft Access驱动程序界面

下一步是告诉ColdFusion数据库位于什么地方。

(6) 单击Database File字段右边的Browse Server按钮，显示出图12-6中所示的界面。

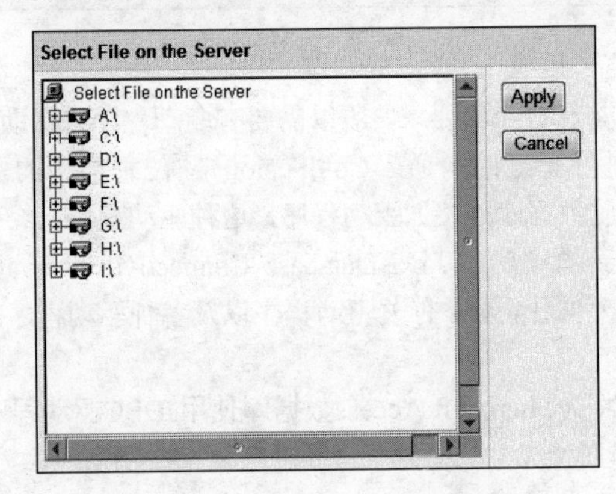

图12-6 Select File on the Server界面

(7) 导航至为本章下载的数据库bookdata所在的文件夹。找到之后，单击Apply按钮。我们又回到了之前的界面，并且填好了所有路径信息，如图12-7所示。

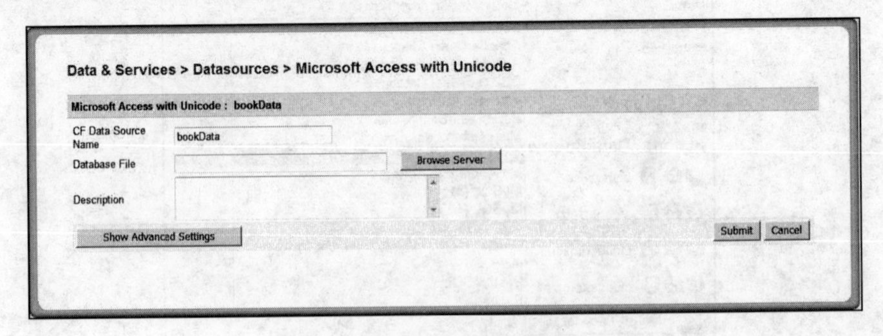

图12-7 填好后的数据库路径信息

(8) 单击位于该界面右下角的Submit按钮。如果所有操作都是正确的，就会在Status栏中看到OK字样，如图12-8所示。

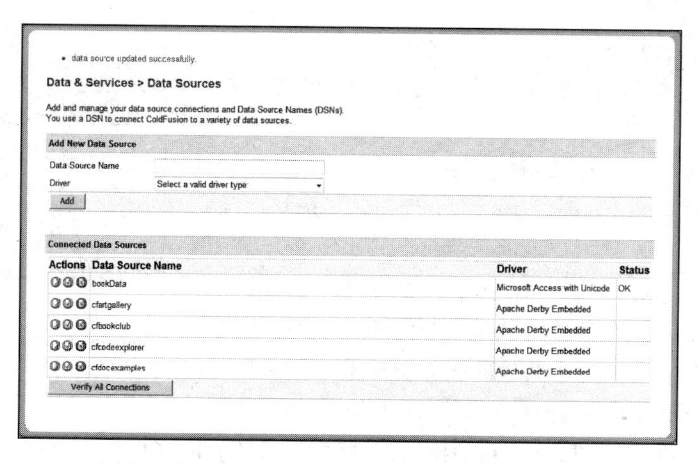

图12-8　Status栏中显示出数据库已经正确连接了

只要在Status栏中看到OK，就可以使用ColdFusion了。它的用法就是这么简单。

(9) 关闭ColdFusion Administrator。不管相信与否，总之我们不需要再访问它了。

12.1.2　连接 Flex 与 ColdFusion 8

如果使用过Flex Builder 2并把它连接到了ColdFusion 8（或其他任何动态技术），我们就会在设置连接的过程中看到一些有明显差别的地方。

(1) 根据需要，关闭上一章的项目。不要删除文件，因为我们将在后面的章节中回到这里。

(2) 选择File→New→Flex Project命令，打开New Flex Project对话框（如图12-9所示）。

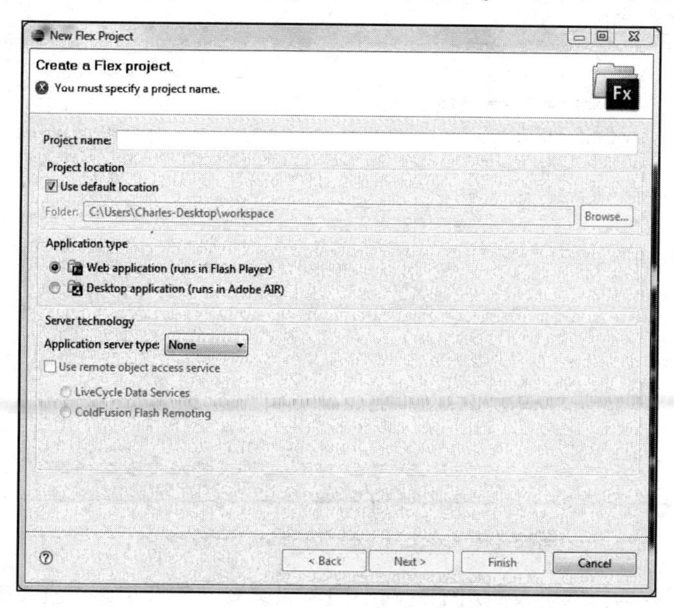

图12-9　New Flex Project对话框

(3) 输入Chapter12_project作为项目名称。

这里的操作会与前面的练习和Flex Builder 2中的操作有一些变化。

(4) 使Use default location选项处于选中状态。

在Application server type下拉框中，我们可以选择所使用的应用程序服务器，如图12-10所示。

446

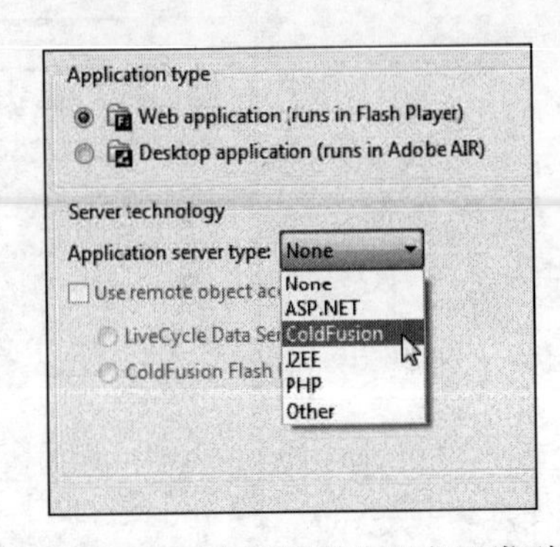

图12-10　选择应用程序服务器类型

根据所选择的服务器的不同，Project Wizard将带给我们一些不同的选项。这里我们使用的是ColdFusion。但是大家可以把很多概念轻松地应用于其他的服务器技术。

(5)将Application server type设置为ColdFusion。

如果选择ColdFusion或J2EE，可能就会出现使用LiveCycle Data Services服务器的选项。这是Adobe公司的Flex服务器，用来处理诸如远程对象、信息发送和代理功能之类的高级数据功能。我们将在本章后面简要讨论这个问题。

(6) 如果出现了这个选项，就要取消勾选Use remote object access service复选框。

(7) 单击Next按钮，打开图12-11中所示的对话框。

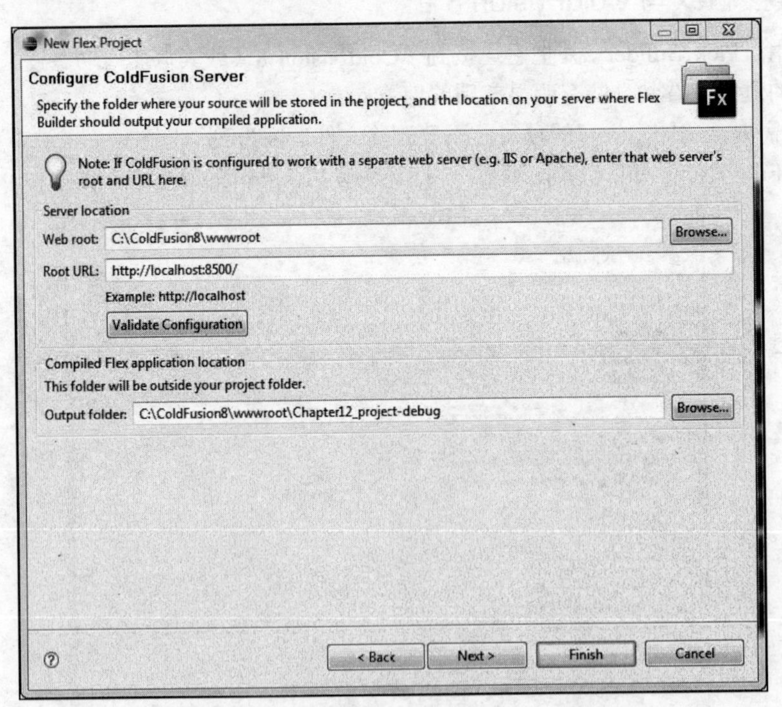

图12-11　Configure ColdFusion Server对话框

根据选择的服务器技术以及所用平台的不同，大家看到的选项和设置可能不同于图12-11中所示。在这个练习中，ColdFusion是运行在本地的8500端口上（localhost:8500）。ColdFusion服

447

务器的Web根目录是“wwwroot”。

Flex Builder会根据我们在上一个界面中选择的服务器想方设法地查明服务器设置，并自动建立正确的文件夹。当然，根据所使用的特定配置的不同，我们可能需要对这些设置作一些调整。一旦给服务器配置了正确的设置，我们就要单击Validate Configuration按钮。如果一切事物都在正确地相互对话，我们应该就会在对话框的顶部看到一条确认消息，如图12-12所示。

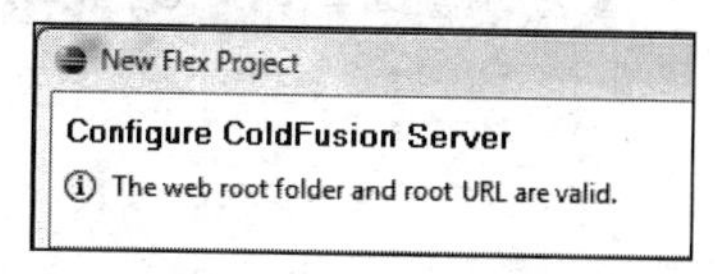

图12-12 确认服务器配置

注意Output folder字段被自动设置为服务器的Web根目录。在这个例子中就是ColdFusion8文件夹下的wwwroot文件夹。

与Flex Builder 2中的向导相比，这个新的向导使得连接各种应用程序服务器的工作变得更加容易了。

(8) 如果一切正常，就单击Next按钮。

我们在这里回到了熟悉的领域，如图12-13所示。

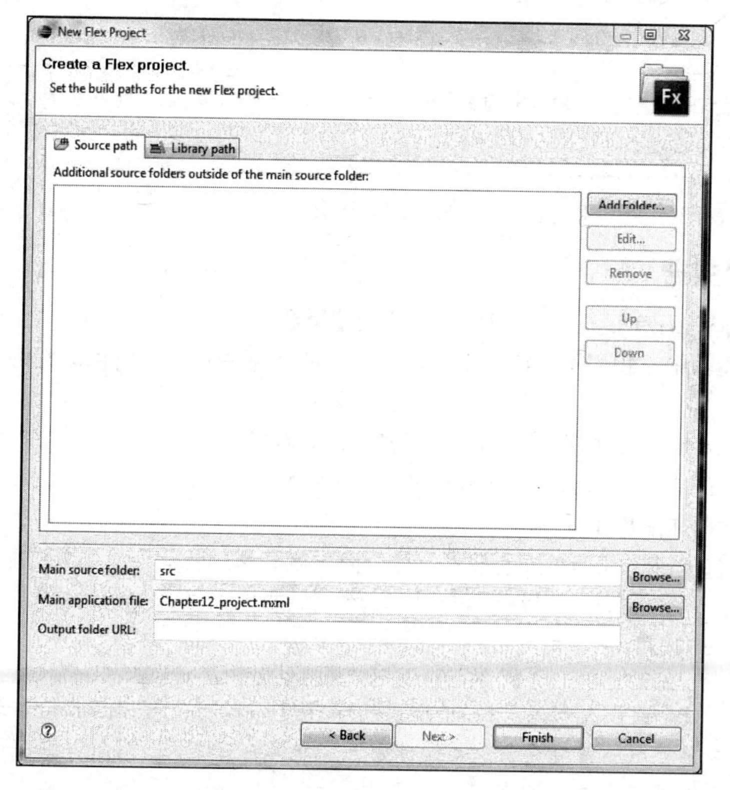

图12-13 Create a Flex project对话框

(9) 单击Finish按钮。

如果导航至服务器的Web根文件夹（wwwroot），应该就会看到设置好的Chapter12_project

文件夹，其中的内容让我们略感惊讶，如图12-14所示（这是Windows Vista环境下的显示方式）。

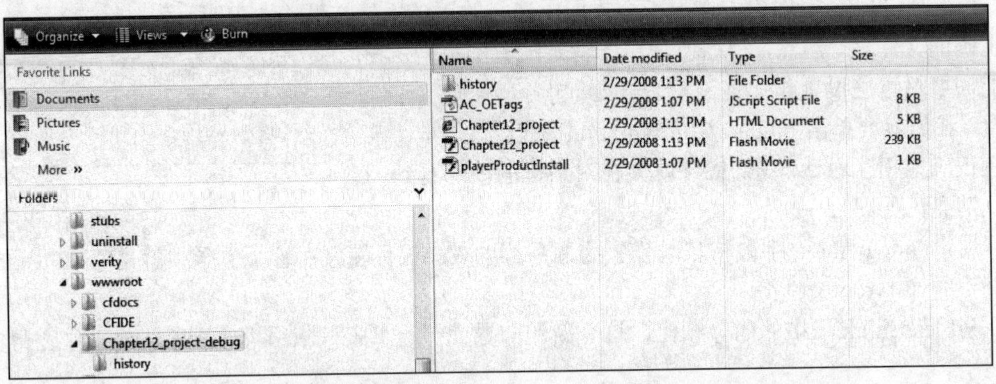

图12-14　部署到服务器的Web根文件夹的文件

第1章和第2章讲过，为了让应用程序正确运行，需要部署的文件通常存储在bin-debug文件夹中。但是现在，它们被部署到了服务器的根文件夹中。

> 我们仍然会在Flex Navigator中看到bin-debug文件夹中的文件。但实际上，它们现在是在服务器上。

请记住，Flex Builder处理了后台中的大部分工作。

12.1.3　使用数据

现在一切都有望正确运转了，我们准备开始使用数据。

在下面的步骤中，我们不关心图形问题，只关心数据的连接，所以这些练习的输出将非常朴素。

如果看看Flex Builder 3的菜单，就会发现Data选项。

(1) 选择Data→Create Application from Database命令。

449

出现的对话框如图12-15所示。

如果使用的是ColdFusion以外的技术，这个向导就会帮助我们连接到数据库。不过，因为我在本章演示的是ColdFusion，所以就不会用到这个对话框。

(2) 单击Cancel按钮。

> 从现在起，我会假设大家像第1章中所讲的那样为Flex安装了ColdFusion扩展。根据所安装的Flex Builder是独立版还是插件版，操作步骤上可能会略有不同。另外，根据所使用平台的不同，具体的操作可能也会有一些不同。

前面所讲的向导是用于PHP、ASP.NET或J2EE技术。在使用ColdFusion 8时，Flex 3会使用不同的向导。

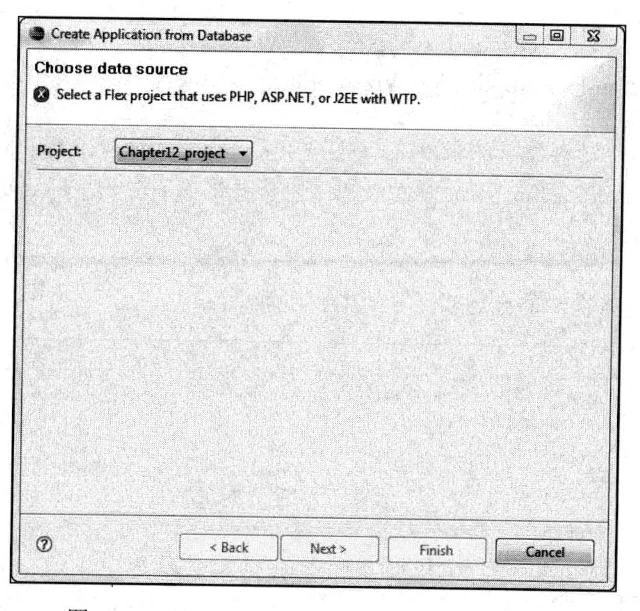

图12-15　Create Application from Database对话框

(3) 选择File→New→Other命令，打开图12-16中所示的对话框。

450

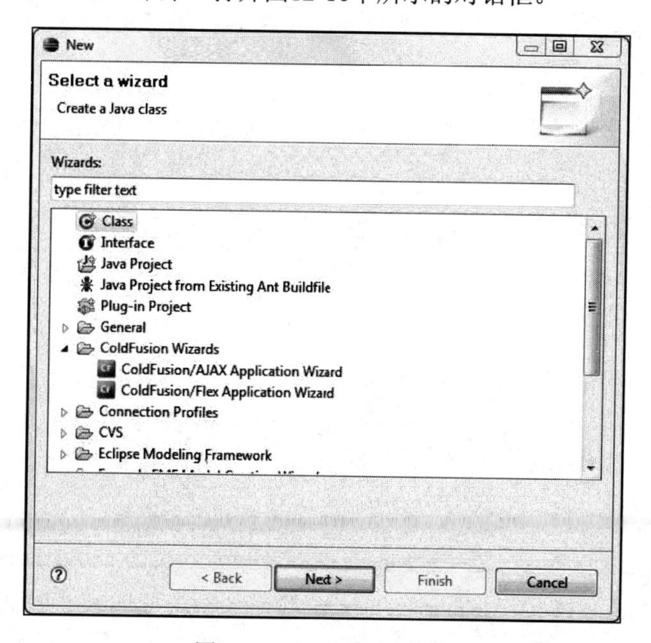

图12-16　ColdFusion向导

在为ColdFusion安装这些扩展时，我们实际上安装的是2个向导：**ColdFusion/AJAX Application Wizard**和**ColdFusion/Flex Application Wizard**。我们会在本书后面看看前一个向导。

现在，我们感兴趣的是ColdFusion/Flex Application Wizard。

(4) 选择ColdFusion/Flex Application Wizard并单击Next按钮。

> 根据ColdFusion 8的安装情况的不同，系统可能会提示我们输入Remote Data Service（RDS）密码。如果在安装ColdFusion 8的过程中使用了密码并记住了密码，那就在这里输入它。如果没有，就保留密码为空。

451

下一个界面是这个向导的介绍界面，如图12-17所示。

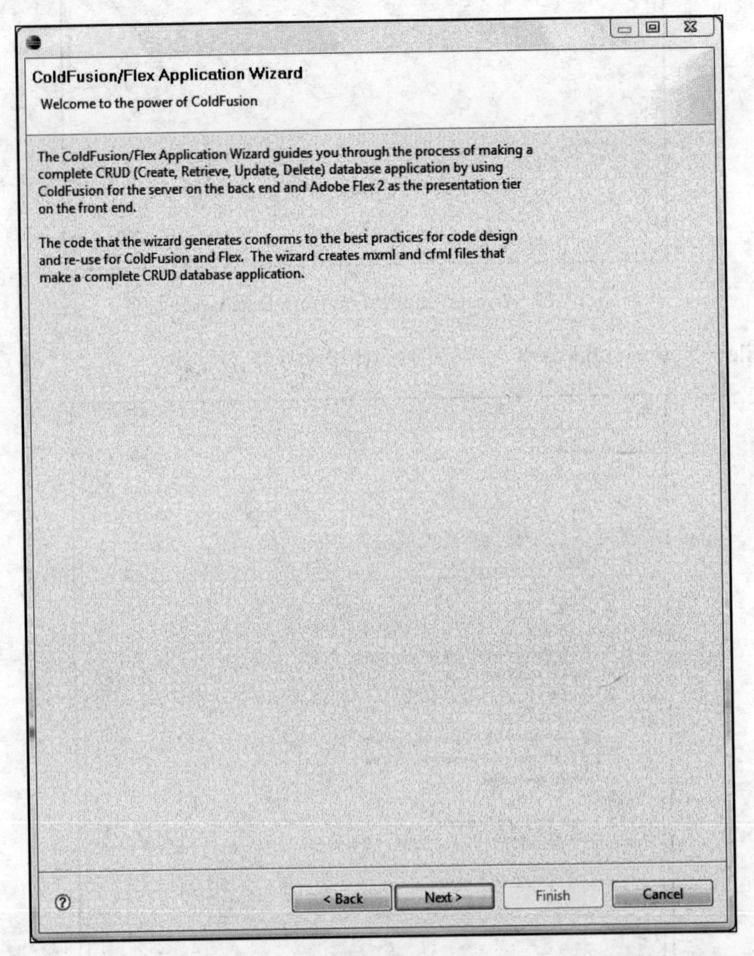

图12-17　ColdFusion/Flex Application Wizard的介绍界面

> 在写作本书时，Flex 3刚刚发布，这里的简介引用自Flex 2。Adobe公司肯定会在将来的更新中修正这个问题的。

(5) 单击Next按钮，进入图12-18中所示的界面。

452

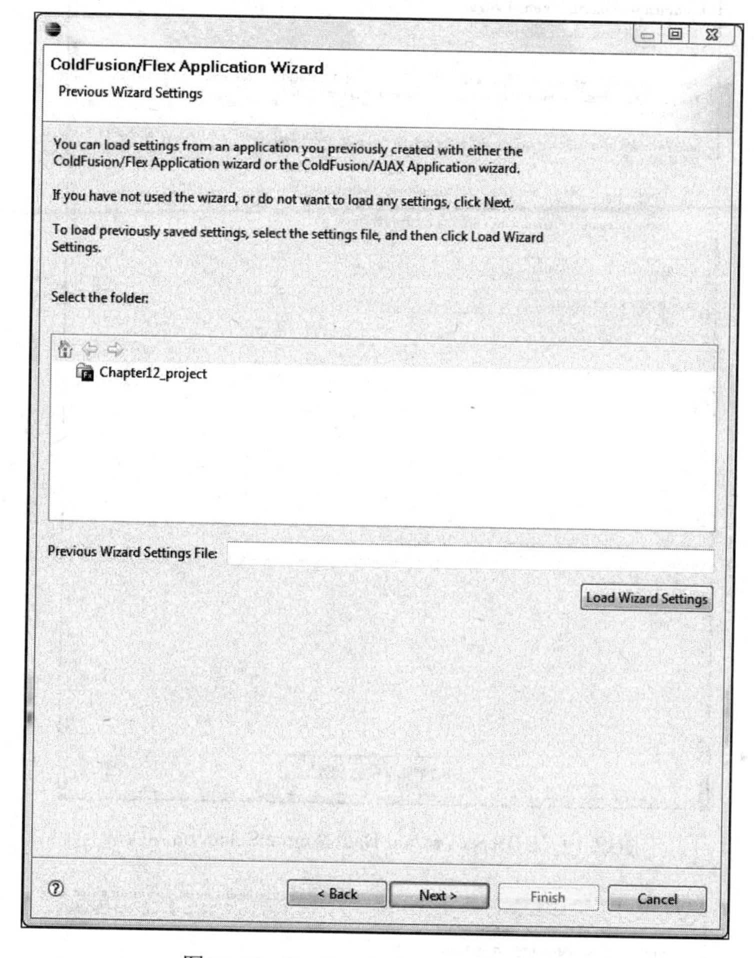

图12-18 Previous Wizard Settings界面

我们暂时不会用到这个界面。这个界面是用来调用在以前的向导会话中保存的设置。眼下，我们将忽略它。

453

(6) 单击Next按钮，进入图12-19中所示的界面。

这是非常酷的新功能之一。RDS（Remote Data Services，远程数据服务）就是应用程序通过ColdFusion访问数据库的方式。RDS Server的默认设置是localhost。根据创建项目时所使用的设置的不同，这个设置会有所变化。

默认的数据源是独一无二的，因为它可以看到ColdFusion Administrator中的所有数据源。

(7) 单击Default Data Source组合框（如图12-20所示）。

注意我们在清单上看到了所有的ColdFusion数据源。

(8) 确保选中bookData，并单击Next按钮。

454

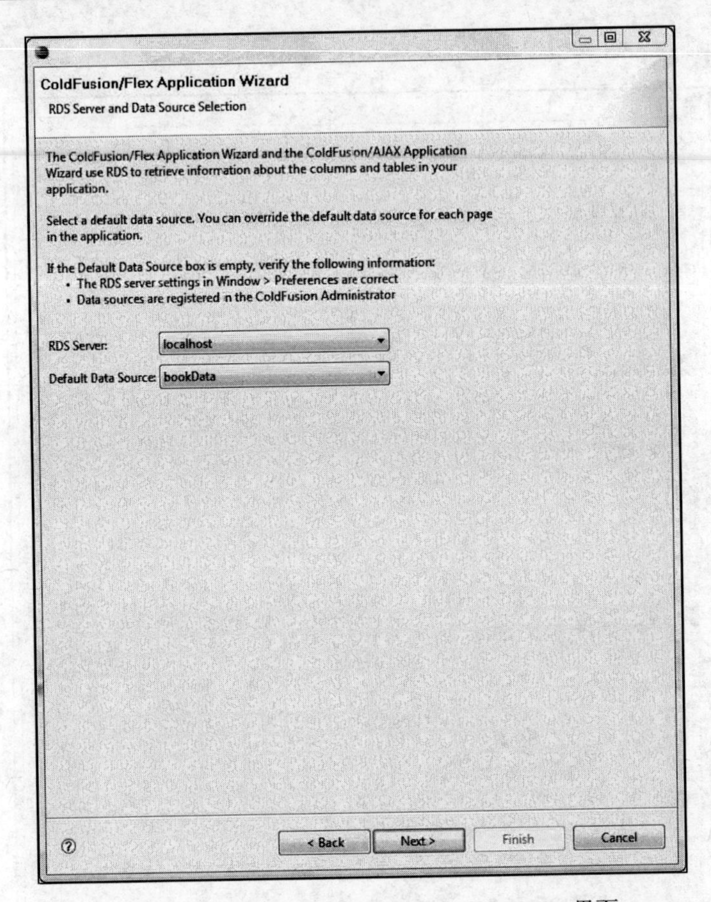

图12-19　RDS Server and Data Source Selection界面

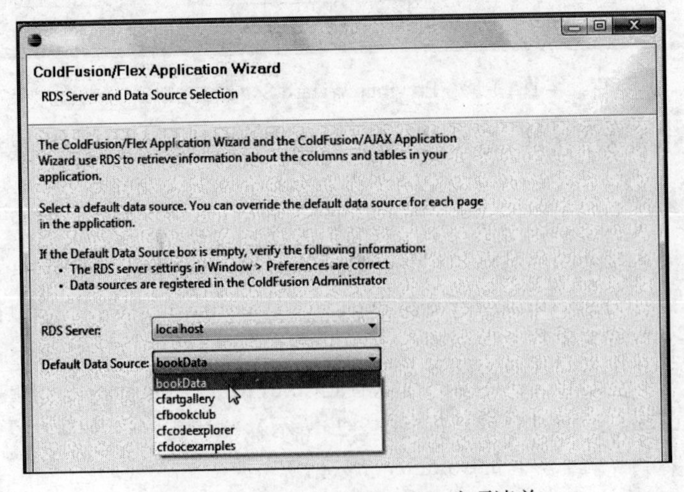

图12-20　Default Data Source选项清单

图12-21显示了向导的下一个界面。

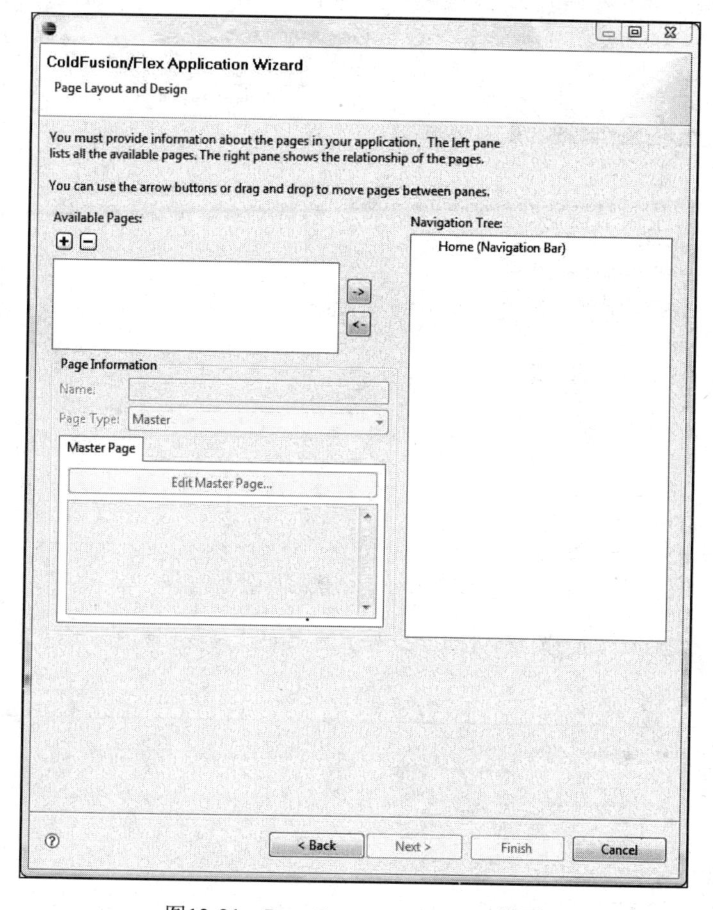

图12-21 Page Layout and Design界面

真正的工作将从这里开始。我们将在这里布置想要在页面上显示的数据以及它们的出现方式。

我们要做的第1件事情是设置主页面。同样，对于这个练习，我们会保持非常朴素的设计风格。我们要把这里的重点放在数据的捕获而不是图形的设计上。

(9) 在Available Pages类别下单击+按钮，应该会看到新页面已经创建好了，即列在Available Pages下面的New Page，如图12-22所示。

有了这第1个页面，Flex Builder就会假定该页面为Home页面，并会有与之关联的导航栏。这样很好。我们现在可以给新页面起一个名字。

(10) 在Name字段中，将页面的名称改为booksMain。我们应该会看到Available Pages列表中的名称也发生了改变。

现在，我们做好了为该页面编辑数据的准备。

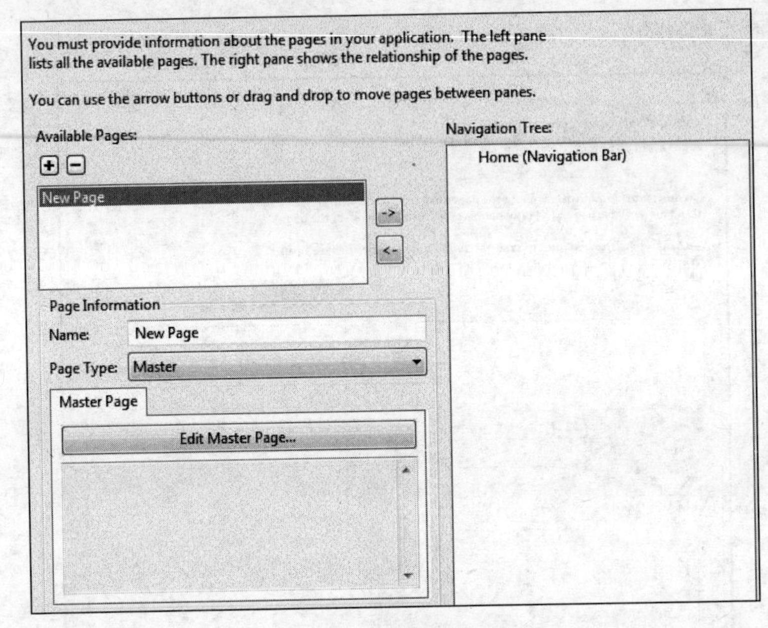

图12-22　新创建的页面

(11) 单击Edit Master Page按钮。图12-23所示的页面就是我们将数据分配给页面并构建SQL查询的地方。

456

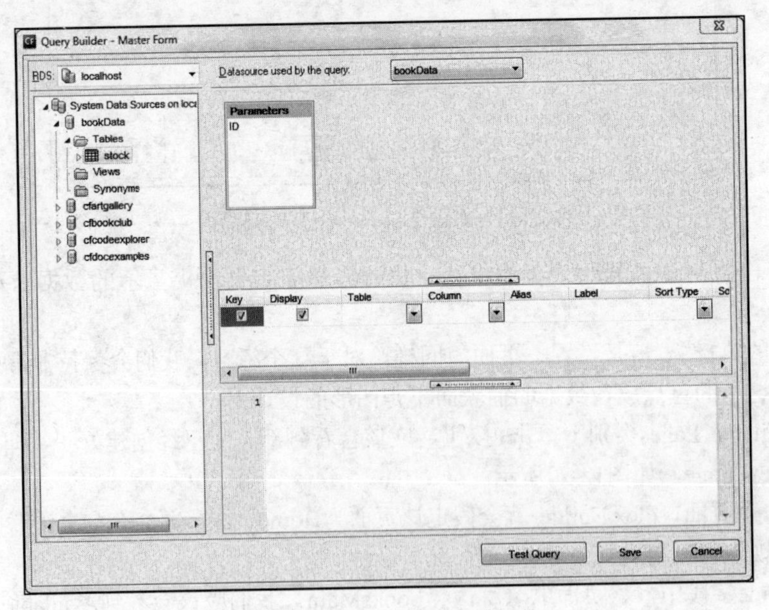

图12-23　Query Builder界面

可以看出，这个界面向我们显示了数据库（实际上，是ColdFusion Administrator中的所有数据库）的结构，并允许我们使用一种类似Access的界面来构建SQL（Structured Query Language，结构化查询语言）查询。这个练习使用的数据库很简单，只有一个表：stock。但是它能够满足这个示例的目的。

如果向下展开位于对话框左侧的stock表，我们就会看到这个表中的列。

(12) 向下展开stock表以看到它的列，如图12-24所示。

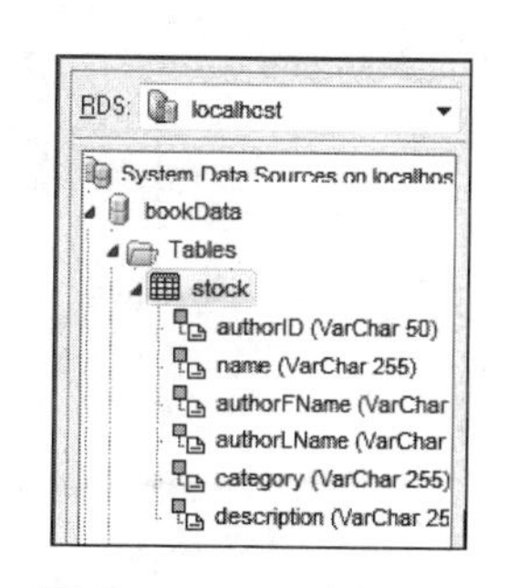

图12-24 stock表的结构

对于第1个简单的页面，我们将只用到authorFName和authorLName字段。不过，因为最终将把这个页面链接到另一个页面，所以我们还要包含authorID字段。我们会在后面隐藏它。

> 这个简单的数据库的结构很像我们在前面的章节中操作的books.xml文件。

(13) 双击authorID、authorFName和authorLName字段，将它们添加到查询当中（如图12-25所示）。

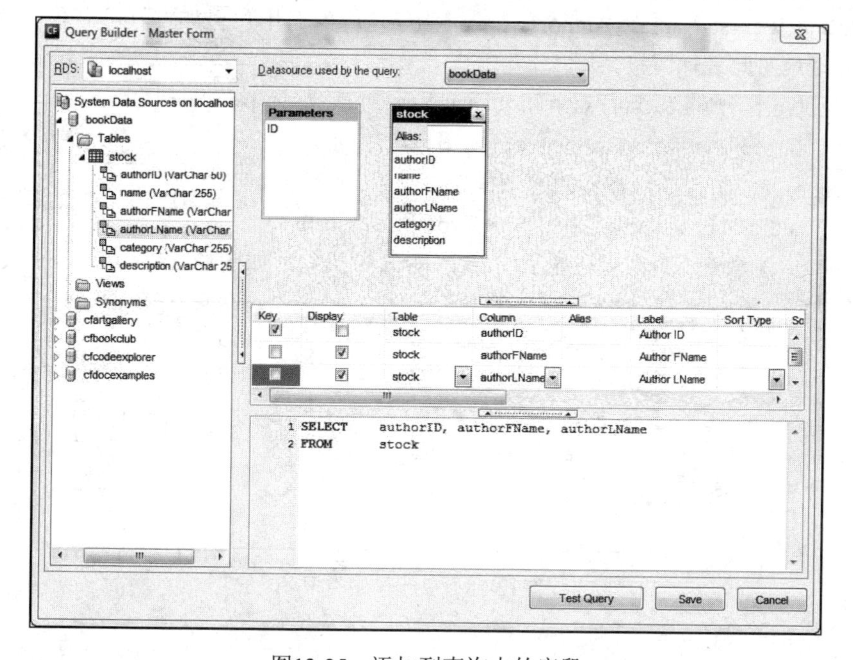

图12-25 添加到查询中的字段

注意这里的几件事情。

首先，SQL查询是自动为我们构建好的。这表示即使我们对SQL的了解非常少，该向导也会帮助我们完成大部分的工作。另外，注意Flex Builder认出了authorID字段是一个数据库键值字段。所以，它自动勾选了Key字段并取消选择了Display字段。这表示它不会显示在最终的页面中。在动态的页面设计中，这是常见的情形。authorID字段将用来帮助我们稍后链接到其他页面。

(14) 单击界面底部的Test Query按钮，对查询功能做一个快速测试。得到的输出结果应该如

图12-26所示。

图12-26　测试查询功能

458

(15) 关闭查询测试窗口。

我认为大家应该不会想让authorFName和authorLName这样的字段出现在最终的页面上，我们想要的是像Author’s First Name或Author’s Last Name这样的对用户更加友好的名称。我们可以在Label栏下轻松地对此进行调整。

(16) 在Label栏下将authorFName和authorLName更改为Author’s First Name和Author’s Last Name，如图12-27所示。

图12-27　更改字段标示语

最后，我们要让数据按照作者的姓来排序。

(17) 单击Author’s Last Name行中的Sort Type下拉箭头并选择Ascending。注意SQL查询现在显示了一个ORDER BY语句（如图12-28所示）。

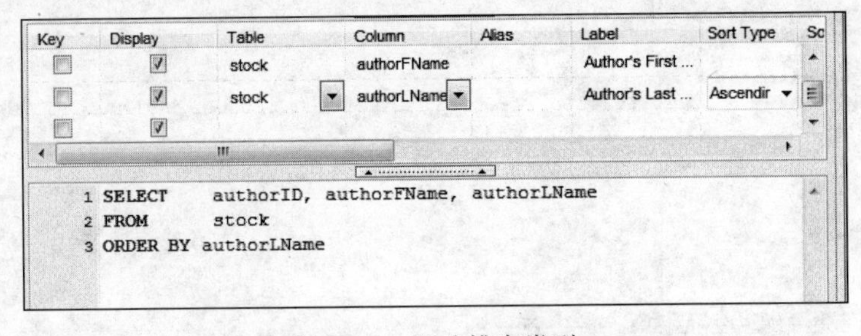

图12-28　更改排序类型

459

现在我们建好了主页面。

(18) 单击位于界面底部的Save按钮。我们应该会回到Page Layout and Design界面。该页面应该会显示出构建好的SQL代码（如图12-29所示）。

现在，我们要构建一个从主页面到细节页面的场景。这表示键值数据会出现在主页面上。但是在单击链接时，我们会看到特定记录的细节。我们刚刚构建了主页面，现在我们要构建细节页面。

(19) 再次单击Available Pages下方的+按钮，将页面命名为pageDetails。

(20) 在Page Type组合框中选择Detail。

注意下面的窗口现在显示的是Edit Detail Page（如图12-30所示）。

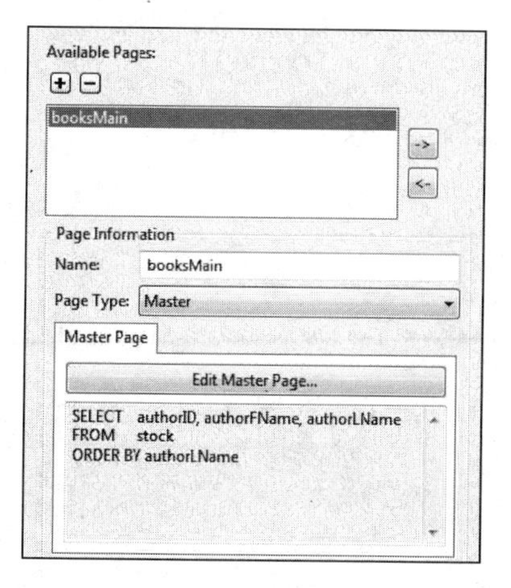

图12-29 添加了SQL信息之后的页面布局

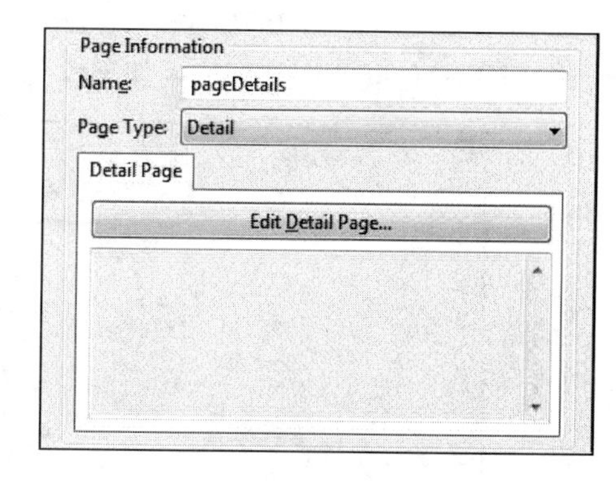

图12-30 Edit Detail Page按钮

460

(21) 单击Edit Detail Page按钮，打开图12-31中所示的界面。

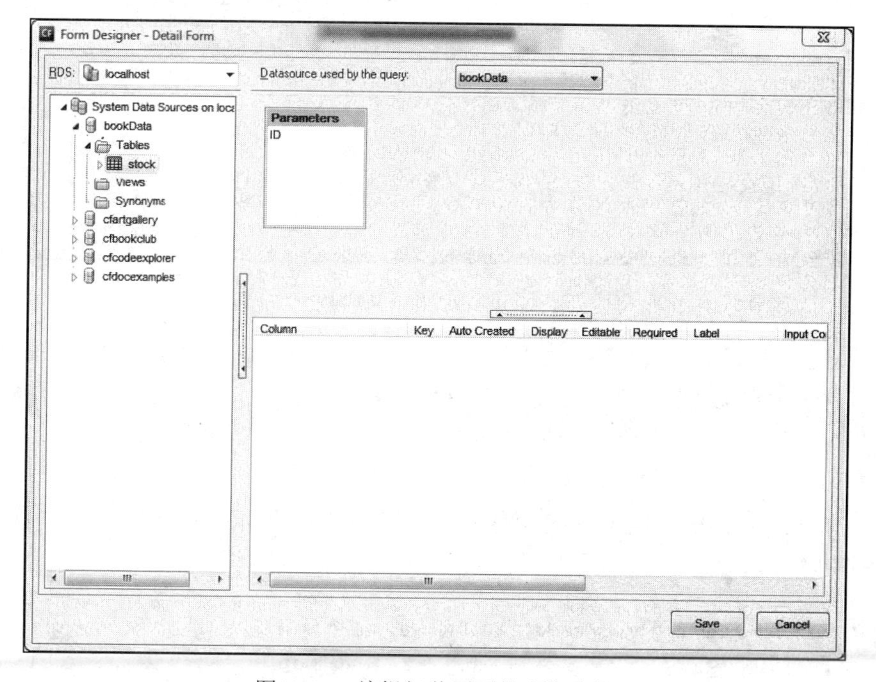

图12-31 编辑细节页面的查询功能

对于这个练习，我们将在该页面上包含表的所有字段。我们不用双击各个字段，而是可以只双击表名。

(22) 双击表名stock，所有字段应该都会出现在查询当中。和在上一个页面中所做的一样，修改标示语，使它们变得对用户更加友好。

12

注意，因为authorID是键值字段，所以要勾选Auto Created复选框。这会告诉Flex当有新记录创建时，数据库会自动填写该字段。

(23) 勾选authorID字段的Display复选框，但要让其Editable复选框为未选中状态。

461

此时的Form Designer界面应该如图12-32所示。

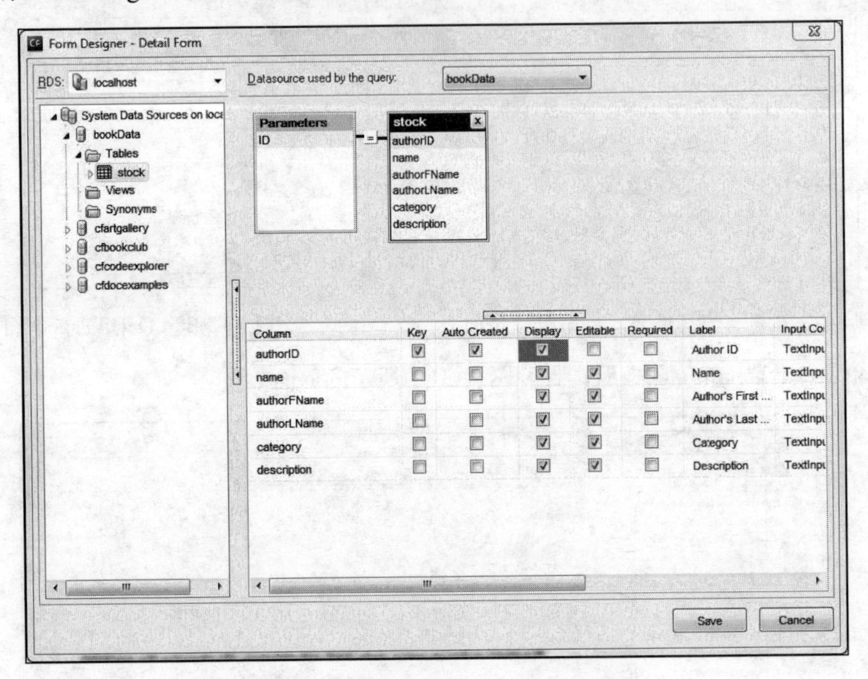

图12-32　完成之后的Form Designer界面

(24) 单击Save按钮。我们应该会再次看到显示在Page Layout and Design界面上的SQL代码。

在继续给项目收尾之前，我们还有一小步操作。

(25) 在Page Layout界面上选择booksMain页面并单击向右箭头，然后选择pageDetails并单击向右箭头。我们应该会在Navigation Tree的下方看到这两个页面以缩进方式列在Home页面的下方，如图12-33所示。注意pageDetails是booksMain的子页面。当我们稍后运行应用程序时，这一关系将变得显而易见。

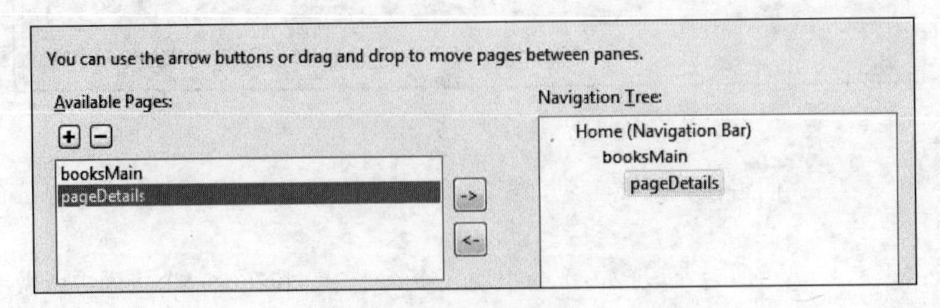

图12-33　导航树

现在可以进入到下一步操作了。

462

(26) 单击Next按钮，此时应该会看到图12-34所示的界面。

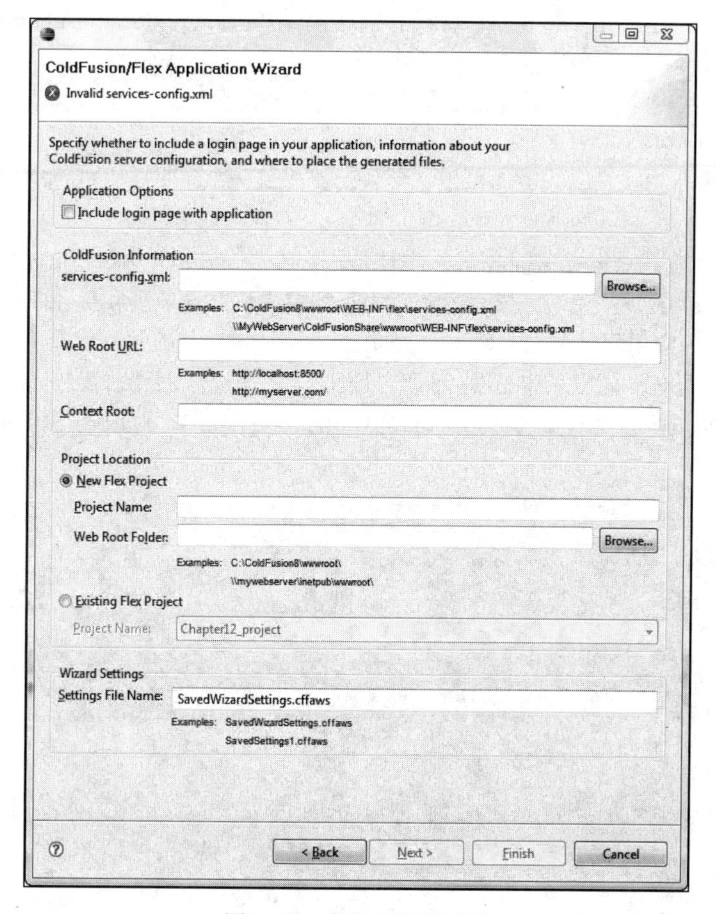

图12-34 服务器配置页面

这里有大量要讲解的内容。让我们花几分钟时间逐行讨论一下这个页面。

首先，大家可能会看到Invalid services-config.xml这条消息。暂时不用为它担心，我们马上会修正这个问题。

12

如果想包含登录页面，就可以选择对应的选项。不过我们暂时不勾选它。

463

ColdFusion会通过一个名为services-config.xml的XML文件连接到Flex。较老版本的ColdFusion需要手动安装这个文件。但是从ColdFusion 8开始，它在安装时就包含在了wwwroot\WEB-INF\flex目录下。因为Flex Builder不知道我们使用的是哪个版本的ColdFusion，或者该文件由于某种原因被移走了，所以我们需要告诉它在哪里找到services-config.xml文件。

(27) 单击Browse按钮，导航至C:\ColdFusion8\wwwroot\WEB-INF\flex\services-config.xml。

顶部的警告消息现在应该变成了Invalid web root folder (the path is not a directory)。同样，我

们马上会修正它。

下一个字段Web Root URL就是我们让Flex知道ColdFusion产品服务器位于何处的地方。因为这个练习是在本地使用ColdFusion，所以我们可以将它指定为http://localhost:8500/。

(28) 在Web Root URL字段中键入http://localhost:8500/。

现在我们必须决定这是一个新项目还是现有项目的一部分。因为我们已经设置了一个项目，所以可以使用第2个选项。

(29) 选择Existing Flex Project单选按钮。警告消息应该全都不见了，Finish按钮现在应该可以使用了。

(30) 单击Finish按钮，运行可能会花一些时间。

当回到Flex Builder时，我们应该会看到发生了很多事情。这值得我们花时间好好讲一讲。

首先，一个新的应用程序页面写好了，名叫main.mxml。这是应用程序在启动时所运行的第1个页面，所以这就是我们要放入Web设计图形的页面。大家会注意到它还包含了一个状态。

(31) 切换到Design 透视图并选择start mainApplication (start)，此时的界面看上去如图12-35所示。

图12-35　Design透视图中的main.mxml页面

对于我们在前面步骤中创建的每一个主页面，都会在ApplicationControlBar上放入一个新的linkButton控件。因为我们只构建了一个主页面，所以它看上去非常简单。不过，眼下它会帮助我们理解这个过程。

464

看看Flex Navigator视图，如图12-36所示。

我们应该会看到一个名为src_old的新文件夹，这是备份原来的应用程序文件的地方。我们刚才已经看到，main.mxml才是新的应用程序文件。

实际的操作是发生在src.com文件夹的下面。这里有很多MXML和ColdFusion组件以及.as文件，它们为应用程序的运行和数据源的连接提供了方便（如图12-37所示）。所有这些全都是由向导为我们自动写好的。亲自编写所有的代码是一个让人生畏的任务。

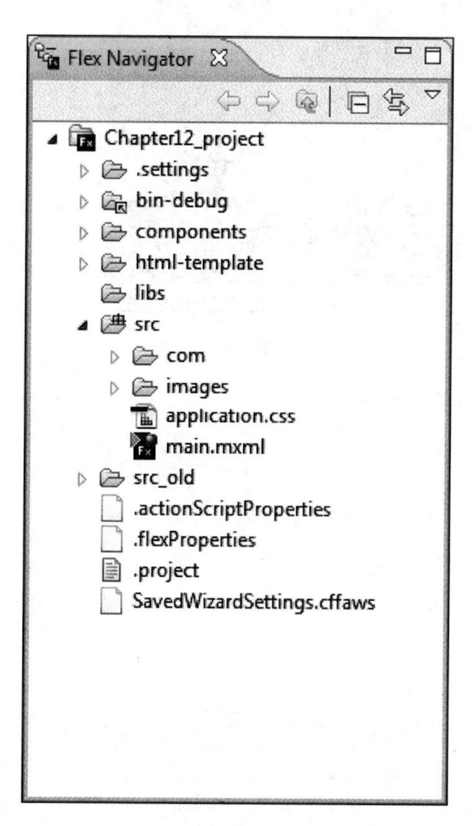

图12-36 重新配置之后的Flex Navigator视图

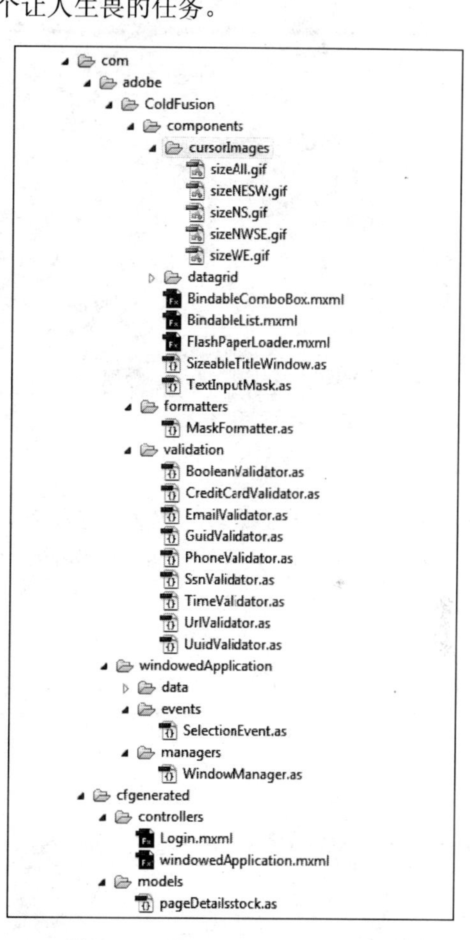

图12-37 由向导生成的所有文件

好了，大家肯定急着要看看应用程序的运行情况。

(32) 运行应用程序，结果应该如图12-38所示。

(33) 单击booksMain链接，打开booksMain组件（如图12-39所示）。

注意booksMain组件现在已经打开了。这里的措辞非常明确：它是一个组件。注意其中还添加了一些用来添加、编辑和删除记录的控件。

465 ~ 467

我们来看看pageDetails组件。

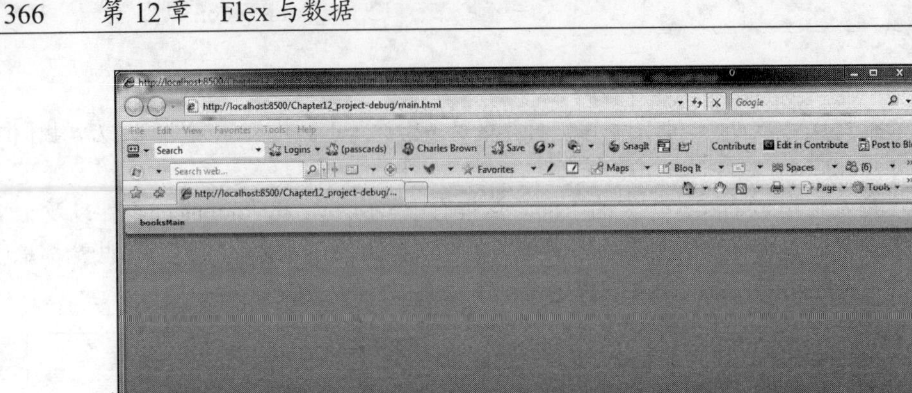

图12-38　主应用程序

(34) 双击其中一条记录，此时的界面应该类似于图12-40所示。

我们在这里看到了细节页面。因为Author ID字段是不可编辑的，所以它显示为灰色。但其他字段完全是可编辑的。

(35) 关闭浏览器，回到Flex Builder。关闭所有打开的MXML文件。

可以看出，我们有了一个功能完整的Flex应用程序，它用ColdFusion连接了数据源，且什么程序都不用编写。这是一种无缝的整合。有了Flex 3，我们还可以享受与.NET、JSP和PHP的类似整合。

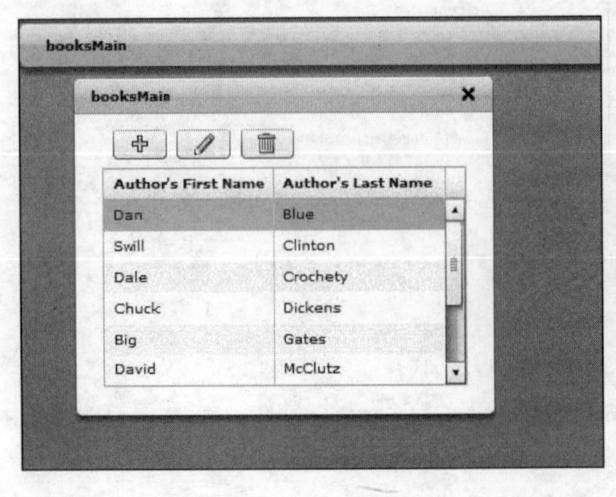

图12-39　booksMain组件

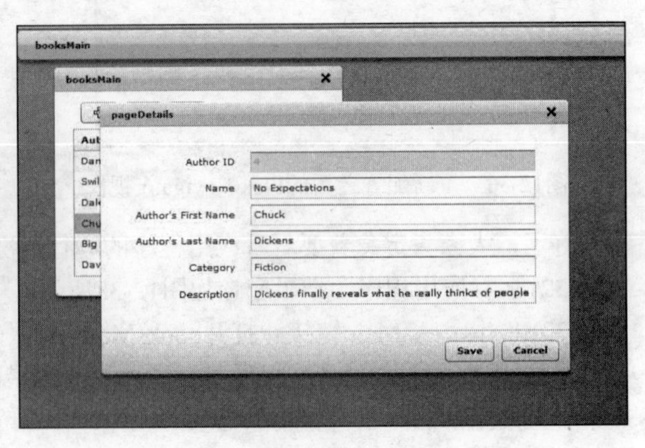

图12-40　pageDetails组件

12.1.4 换一种做法

我们之前在本章看到的布局并不是唯一的做法，下面试一下其他做法。

(1) 选择File→New→Other命令。

(2) 再次选择ColdFusion/Flex Application Wizard。

(3) 单击两次Next按钮，我们会看到如图12-41所示的界面。

468

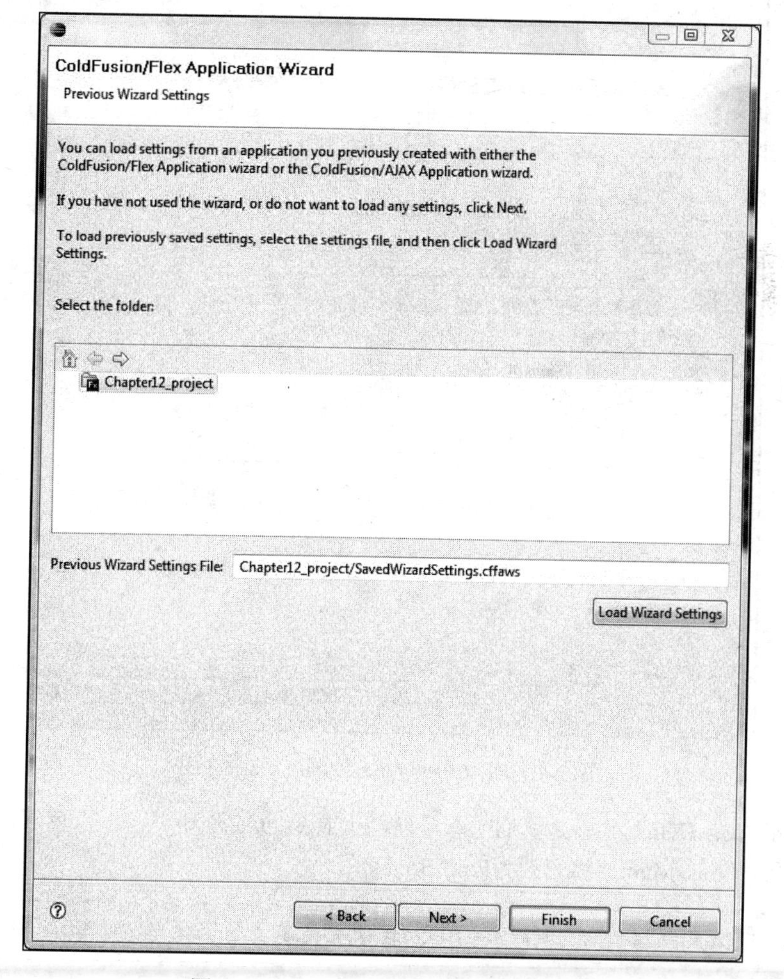

图12-41 Previous Wizard Settings界面

以前的向导设置存放在一个与项目一起保存的名为Settings.cffaws的文件中，这使得编辑工作变得非常容易。用Load Wizard Settings按钮重新调用这些设置。

(4) 单击Load Wizard Settings按钮。

(5) 单击两次Next按钮，我们应该会回到图12-42所示的界面。这是我们早前见过的Page Layout and Design界面。

469

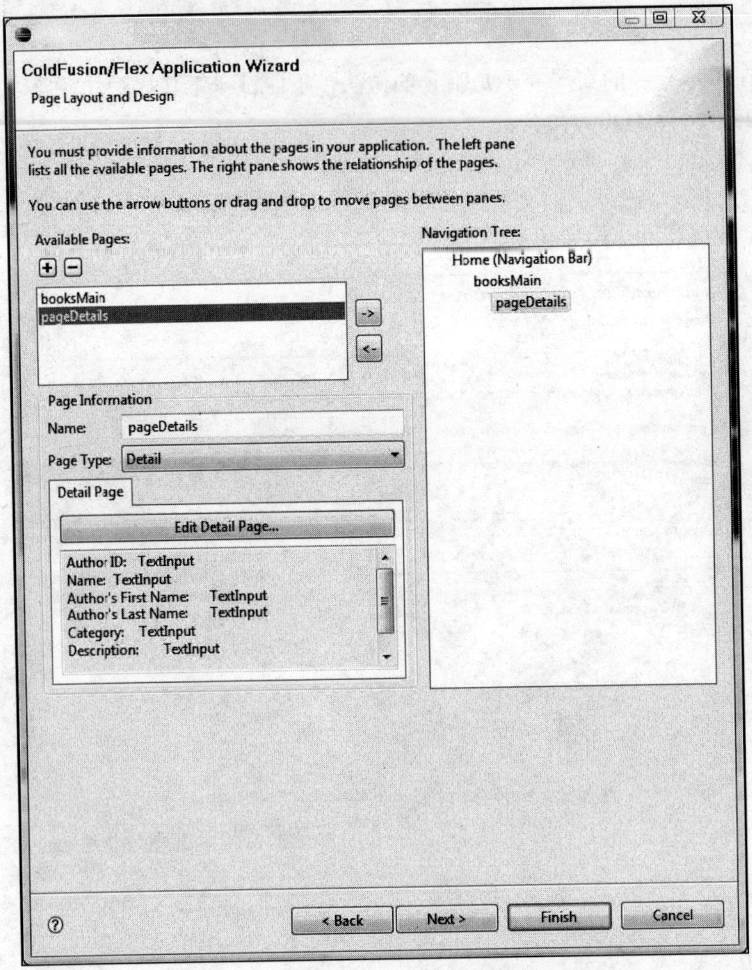

图12-42 重访Page Layout and Design界面

bookMain和pageDetails并不是我们想在导航栏上看到的名称。

(6) 单击名称booksMain，将其改为Find Books。

> 因为向导做的是内部命名，所以我们可以在这里使用友好的名称（名称中可以包含空格）。

(7) 将名称pageDetails改为Book Details，这将改变表单的标题。

470

(8) 单击Finish按钮重新编译应用程序。

如果现在单击链接，就会看到LinkButton和表单标题具有了对用户更加友好的名称，如图12-43所示。

不管是使用ColdFusion还是前面列出的其他技术，Flex 3都有一些必要的工具来帮助我们快速完成工作。但是现在，我们要把注意力转向另一个相对较新的技术：LCDS。

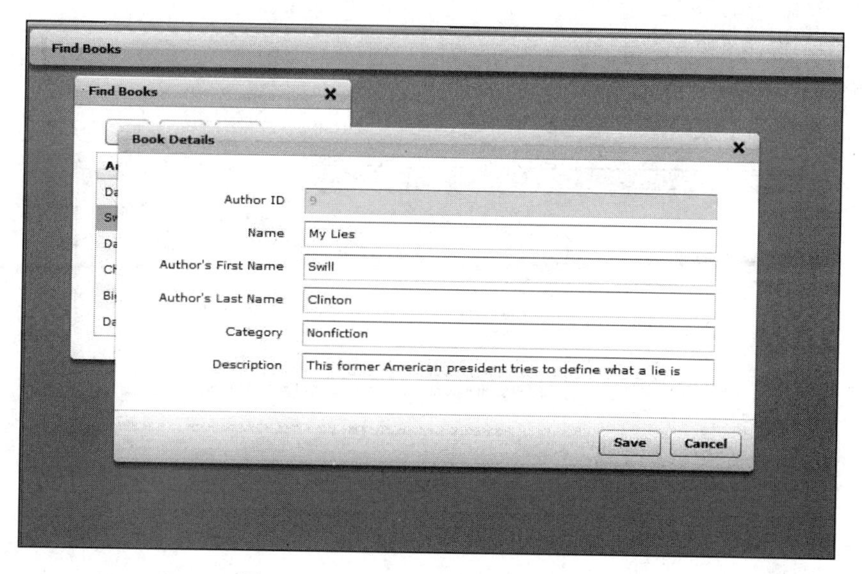

图12-43　完工之后的ColdFusion项目

12.2 LCDS

Adobe公司最新发布的服务器技术是*LCDS*，这个服务器采用的是J2EE技术，它会在3个层面上与Flex合作。

- 它会处理*Flex Messaging*。这表示如果Flex应用程序是在两个或多个客户端的机器上运行，那么数据就可以在它们之间共享。
- 在本书前面，我们看到了如何使用HTTPService来获取XML数据。LCDS的远程对象能够直接读取ColdFusion或Java对象，因而就无需使用XML。实际上我们在本章的上一个ColdFusion练习中对此做了小小的尝试。
- 在本书前面，我们讨论过与Flash Player相关的安全性方面的限制。通过充当Flash Player和所使用的数据服务之间的代理服务器，LCDS有助于克服很多这样的限制。

LCDS服务器实际上是对Flex Data Server的更新。名称的变化是因为在写作本书时，Adobe公司正在着手发布一条新的产品线：*LiveCycle*。LiveCycle是一个有重大意义的模块程序系列，这些模块程序会处理文档的管理。LiveCycle、Flex和Acrobat最终会为了LiveCycle全部结合在一起。

471

12

LCDS服务器是ColdFusion服务器的一部分。但如果是使用Java，我们就需要将LCDS作为独立的服务器来安装（它也可以安装在任意的标准J2EE服务器中）。和ColdFusion一样，它有一个带有有限连接的免费的开发人员版本。这个免费的版本叫做*LiveCycle Data Services ES Express*（ES代表Enterprise Server），这是我们在下一个练习中将要使用的版本。大家可以到www.adobe.com网站寻找LiveCycle Data Services ES Express下载区域来下载这个版本。和ColdFusion一样，开发人员版本是在本地的localhost下运行的。不过它使用的端口是8700（localhost:8700）而不是

ColdFusion的localhost:8500。

(1) 关闭并删除上一个练习的文件。

(2) 从Adobe网站下载LiveCycle Data Services ES Express并开始安装（如图12-44所示）。

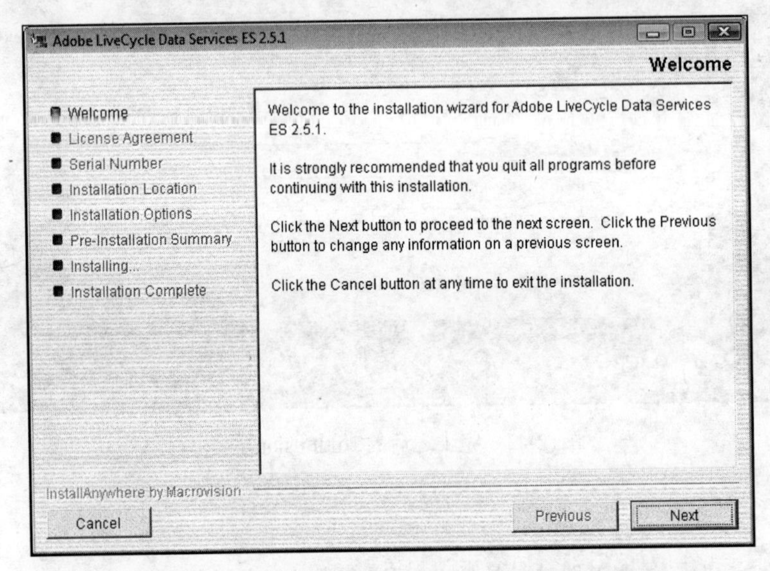

图12-44　LiveCycle Data Services的安装起始界面

472

(3) 单击Next按钮，显示许可协议（如图12-45所示）。

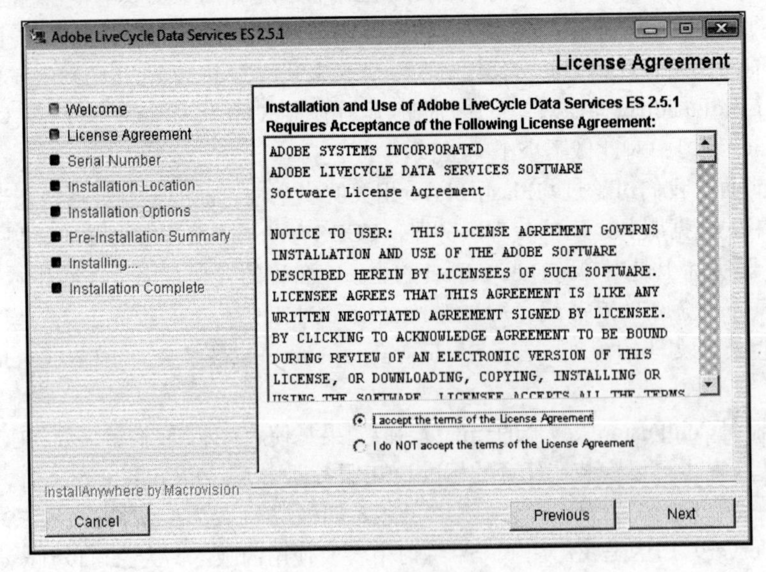

图12-45　许可协议

(4) 接受许可协议并单击Next按钮，进入下一个界面（如图12-46所示）。

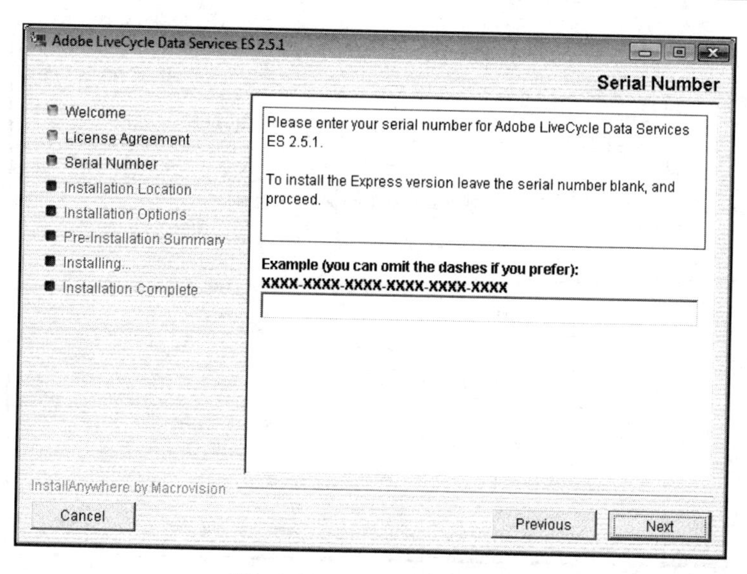

图12-46 Serial Number界面

473

如果使用的是完整版的LCDS，这里会要求我们输入序列号。不过，不输入数字就会默认安装免费版本：Express。

(5) 将序列号字段留为空白，然后单击Next按钮。

现在系统提示我们输入安装位置（如图12-47所示）。

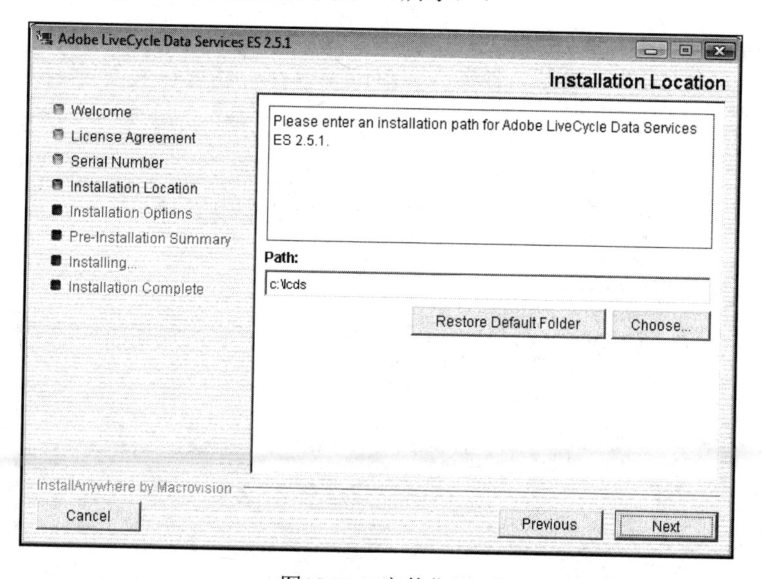

图12-47 安装位置

对于这个练习，选择默认的位置（lcds）即可。

(6) 单击Next按钮显示Installation Options界面（如图12-48所示）。

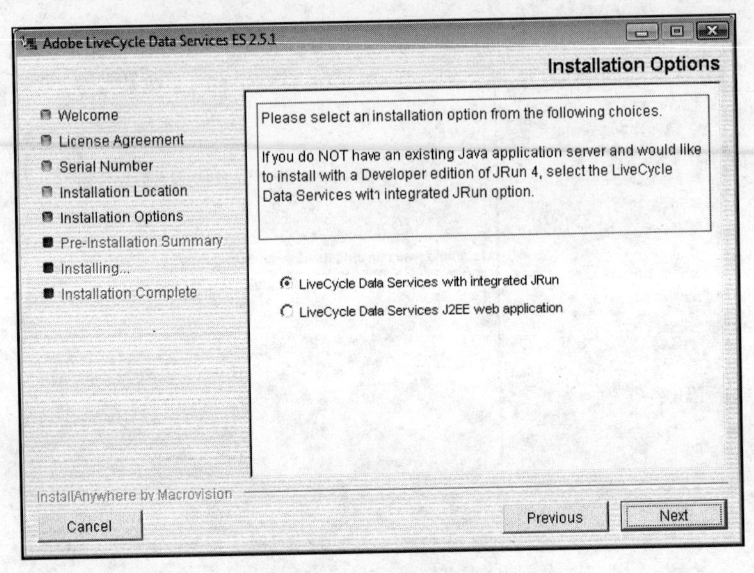

图12-48　安装选项

我在本节开头讲过，LCDS可以作为现有J2EE服务器（如Apache Tomcat服务器）的一部分来安装，也可以作为独立的J2EE服务器（即Adobe公司自己的产品JRun）来安装。我在前面讲过，LCDS也是ColdFusion的一部分，后者也是一个J2EE服务器。对于这个练习，我们将用整合过的JRun服务器来安装LCDS。

474

(7) 选择LiveCycle Data Services with integrated JRun选项并单击Next按钮。

最后一个界面允许我们检查默认设置，如图12-49所示。注意许可类型显示的是Express。

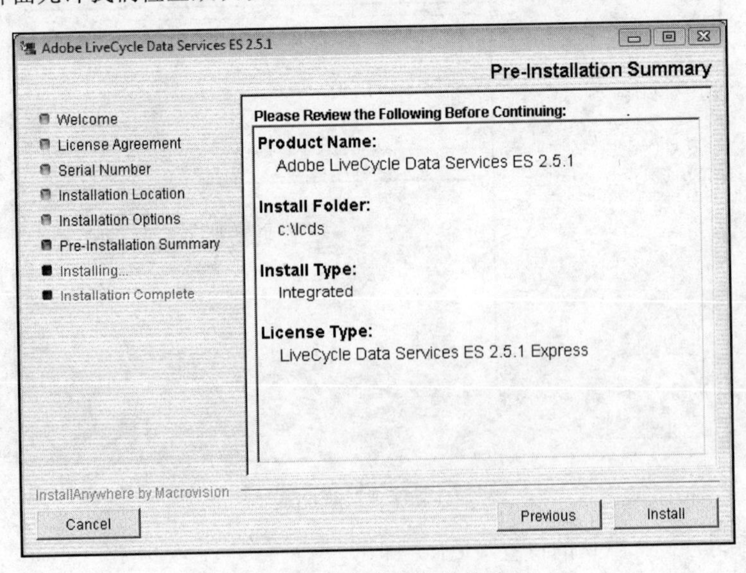

图12-49　安装之前的概要

475

(8) 单击Install按钮。

如果一切正常，应该会看到图12-50中所示的界面。

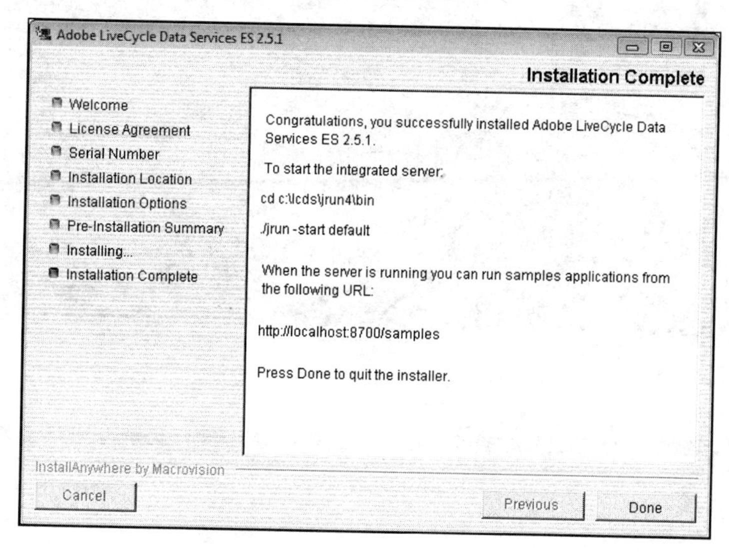

图12-50 Installation Complete界面

注意它告诉我们它是在localhost:8700上运行的。我们马上会试用一下它。实际上，它在http://localhost:8700/samples还有一些范例文件。

(9) 单击Done按钮。

现在，大家可能迫不及待地想要试用一下它。

(10) 打开浏览器并键入http://localhost:8700/samples。

噢！怎么回事？

这是LCDS新手常犯的一个错误。为了让服务器工作，我们需要真正启动它。我们可以从系统提示符或Adobe菜单中启动它。对于这个练习，我们将采用比较容易的路线：Adobe菜单。根据所处平台的不同，接下来的步骤可能会略有不同。我在这里使用的是Windows Vista。

(11) 单击Start按钮并选择All Programs→Adobe→LiveCycle Data Services ES [version number]→Start Integrated LiveCycle Data Server命令。

此时应该会打开命令提示符窗口，我们可以在这里观察启动过程（如图12-51所示）。根据所用系统的情况，启动过程可能会持续15~30秒。

在使用LCDS时，这个窗口必须保持打开状态。如果关闭它，服务器就会自动停止。

(12) 回到浏览器再次键入步骤(10)中的URL，此时应该会看到图12-52所示的界面。

这样就好多了。

学习LCDS诸多功能的最佳方法是使用30 Minutes Test Drive。它将指导我们游历各种操作。完成之后，关闭浏览器窗口，并让服务器保持运行状态。我们将讨论如何连接Flex与LCDS。

30分钟后见。

476
~
477

```
C:\ProgramData\Microsoft\Windows\Start Menu\Programs\Adobe\LiveCycle Data Services ES 2.5.1\...
03/01 15:56:37 user FlexMxmlServlet: Adobe Flex Web Tier Compiler Build: 173666
03/01 15:56:37 user MessageBrokerServlet: init
Starting HSQLDB database for sample applications...
[Server@1a4eb56]: [Thread[scheduler-9,5,scheduler]]: checkRunning(false) entered
[Server@1a4eb56]: [Thread[scheduler-9,5,scheduler]]: checkRunning(false) exited
[Server@1a4eb56]: Startup sequence initiated from main() method
[Server@1a4eb56]: Loaded properties from [C:\lcds\jrun4\bin\server.properties]
[Server@1a4eb56]: Initiating startup sequence...
[Server@1a4eb56]: Server socket opened successfully in 6 ms.
[Server@1a4eb56]: Database [index=0, id=0, db=file:C:/lcds/jrun4/servers/default
/samples/WEB-INF/db/flexdemodb/flexdemodb, alias=flexdemodb] opened sucessfully
in 987 ms.
[Server@1a4eb56]: Startup sequence completed in 1001 ms.
[Server@1a4eb56]: 2008-03-01 15:56:40.417 HSQLDB server 1.8.0 is online
[Server@1a4eb56]: To close normally, connect and execute SHUTDOWN SQL
[Server@1a4eb56]: From command line, use [Ctrl]+[C] to abort abruptly
03/01 15:56:40 user FlexSwfServlet: init
03/01 15:56:40 user FlexInternalServlet: init
03/01 15:56:40 info Deploying enterprise application "JRun 4.0 Internal J2EE Com
ponents" from: file:/C:/lcds/jrun4/lib/jrun-comp.ear
03/01 15:56:40 info Deploying EJB "JRunSQLInvoker" from: file:/C:/lcds/jrun4/lib
/jrun-comp.ear
Server default ready (startup time: 18 seconds)
```

图12-51　启动LCDS服务器

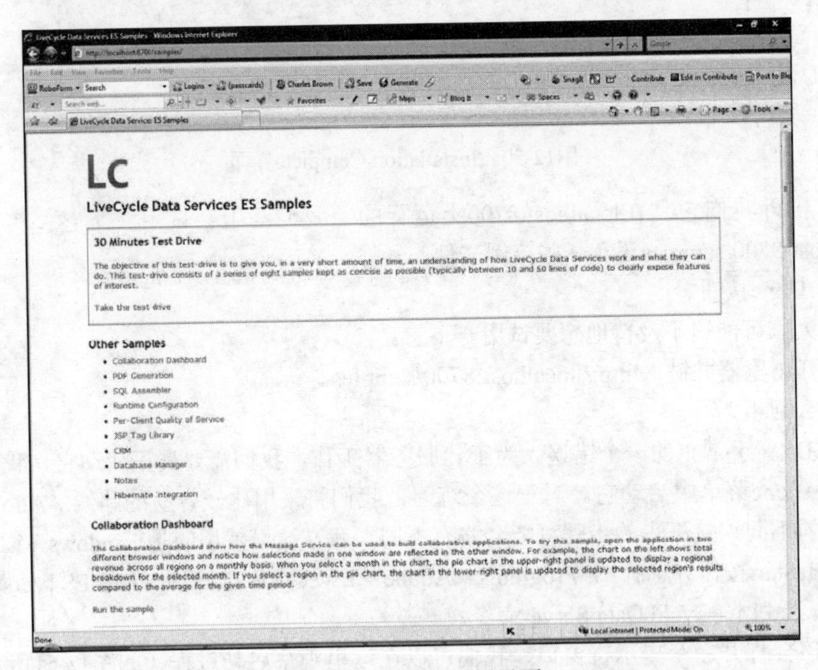

图12-52　LCDS示例界面

12.3　连接 Flex 与 LCDS

正如我在一开始所讲的，大家也在30 Minutes Test Drive中看到了，LCDS是一个很大的主题。下面的练习只向大家展示了连接Flex与LCDS的最基本操作。由Sas Jacobs和Koen De Weggheleire著的*Foundation Flex for Developers: Data-Driven Applications with PHP, ASP.NET, ColdFusion, and LCDS*（Apress，2007）一书比较详细地讲解了这个主题。

知道这些之后，就可以开始工作了。

(1) 在Flex Builder中选择File→New→Flex Project命令，打开New Flex Project界面（如图12-53所示）。

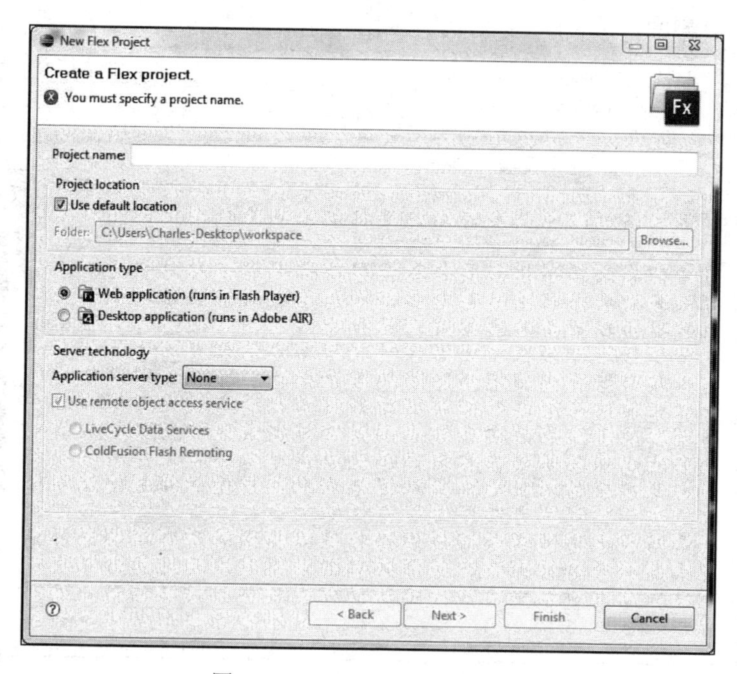

图12-53 New Flex Project界面

478

如果看到的设置与图12-53中的设置不同，那也暂时不用担心。

(2) 将项目命名为Chapter12_lcds。

(3) 在Application server type的下面选择J2EE并确保选中了LiveCycle Data Services。

(4) 单击Next按钮，打开图12-54中所示的界面。

我们在前面的ColdFusion练习中看到过，Flex Builder会自动为服务器监测到默认设置。

(5) 单击Validate Configuration按钮。如果界面顶部显示的是The web root folder and root URL are valid，就可以继续操作了。如果LCDS服务器没有运行，就会出错。

479

Compilation options这个部分在开发人员社区有一些争议。对于新手来说，默认的Compile application locally in Flex Builder (recommended)是使用LCDS的最佳方法。但Compile application on the server when the page is viewed是个有趣的选项，它会把项目的MXML文件放在LCDS服务器上（我们马上会讲到这个问题）。如果选择这个选项，SWF文件就会在每次调用时重新编译。这样一来，调用方每次调用它时总是会得到最新版的应用程序。不过这样做是有代价的：这个选项会显著减缓加载时间，因为它必须在加载之前先进行编译。作为开发人员，我们需要用两种方法来测试应用程序，并在各种情况下看看哪个选项最适合我们。

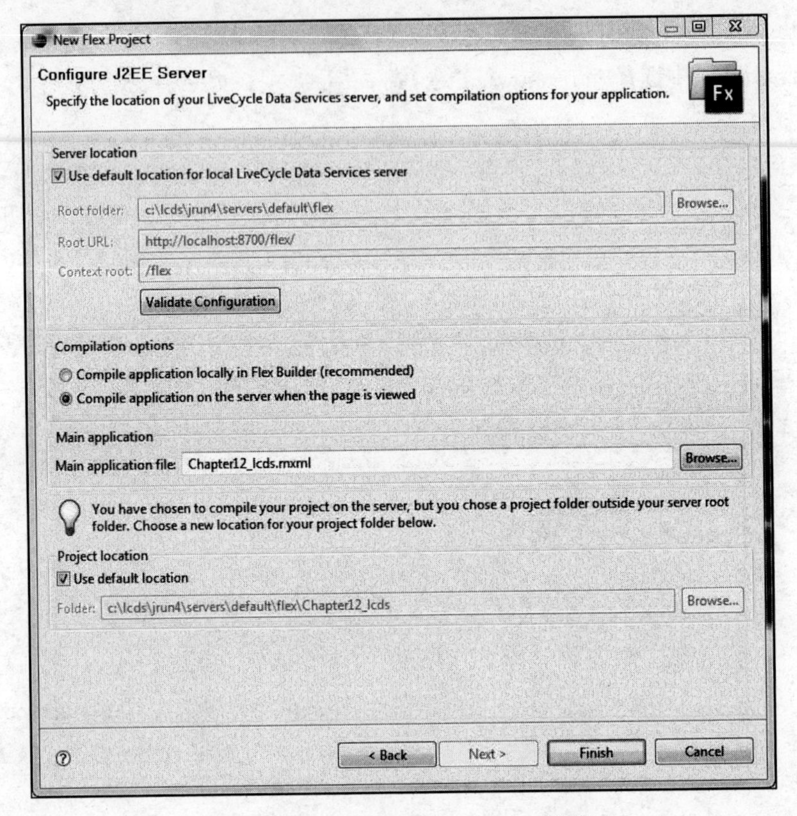

图12-54　Configure J2EE Server界面

对于这个练习，为了稍后做一些演示，我们要选择第2个选项。

(6) 选择Compile application on the server when the page is viewed选项。

(7) 单击Finish按钮。

从开发的角度来讲，大多数操作都是一样的。因为选择了第2个选项，所以我们会在Flex Navigator视图中看到不同之处（如图12-55所示）。

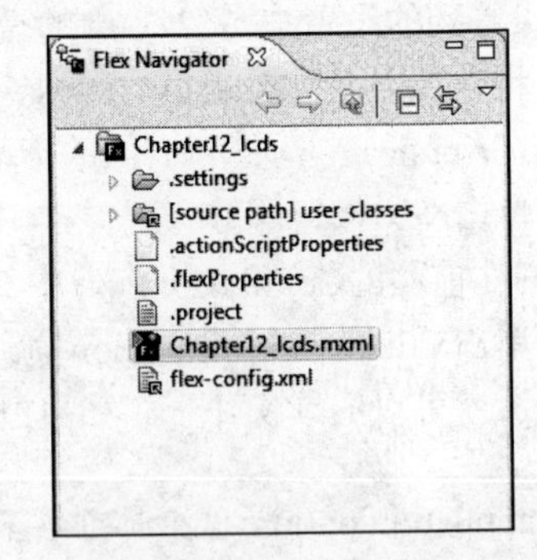

图12-55　使用LCDS服务器的Flex Navigator视图

我们没有见到那些熟悉的事物，如src文件夹或bin-debug文件夹。取而代之的是，我们看到了完全部署的文件和flex-config.xml。要记住，我们现在是在LCDS服务器上工作。这之后，其他的所有事情都和以前一样。

从现在起，我们要构建一个带有若干组件的简单的应用程序。我们不需要做很多工作就可以演示其中的要点。

(8) 运行应用程序，注意URL。它应该是http://localhost:8700/flex/Chapter12_lcds/Chapter12_lcds.mxml。

现在，我们是在LCDS服务器上看这个简单的应用程序。

大家应该花些时间看看幕后的情况。

(9) 在File Explorer中导航至C:\lcds\jrun4\servers\default\flex。

我们应该会看到项目名为Chapter12_lcds的文件夹。如果看看这个文件夹的里面，就会看到Chapter12_lcds.mxml文件和相应的SWF文件。可以看出，所有的东西都在LCDS服务器上。

虽然本章只触及了Flex数据服务的各个方面，但我希望我充分激发了大家进一步探索它们的兴趣。

480

(10) 通过关闭命令行窗口来关闭LCDS服务器。如果愿意，可以从Flex Builder中删除项目。

12.4 Flex 与 PHP

我想感谢我的技术编辑David Powers提供了下一节的内容。他对PHP的了解肯定超过我，他著的*The Essential Guide to Dreamweaver CS3 with CSS, Ajax, and PHP*（Apress, 2007）一书详细讲解了这个主题。

下面的内容很好地介绍了在Flex中使用PHP和ASP.NET的方法。

12.5 使用 PHP 或 ASP.NET 作为应用程序服务器

Adobe公司意识到并不是每个人都想使用ColdFusion作为他们的应用程序服务器，所以Flex Builder 3还提供了一些选项，便于把所创建的Flex项目钩挂到其他被广泛使用的服务器技术上。用于其他服务器技术的选项不像ColdFusion/Flex Application Wizard提供的选项那么丰富，其结果就是应用程序要简单得多。不过，Flex Builder会自动为我们生成主要的连接脚本，所以大家可能会发现在最初定义Flex项目时选择恰当的应用程序服务器可以加快开发的速度。

我会假设大家在本地的计算机或网络上有PHP或ASP.NET测试服务器。

12.5.1 准备数据库

这个练习的数据库含有一个名为stock的表。对于PHP，我们需要在MySQL中创建一个名为bookdata的数据库，然后用本章下载文件中的stock.sql的数据来填写它。我们可以用MySQL前端工具（如phpMyAdmin或Navicat）来做这件事，或者直接从命令行做这件事。SQL文件会在用数据进行填写之前自动定义stock表。我们还需要设置一个带有SELECT、INSERT、UPDATE和DELETE权限的MySQL用户账号来访问bookdata数据库。

如果是使用ASP.NET，就需要把下载文件中的Access数据库文件bookdata.mdb移植到SQL Server。

12.5.2 构建应用程序

下面的操作使用的是PHP和MySQL数据库，但是ASP.NET的操作步骤几乎是一样的（Flex Builder 3没有提供对传统ASP的支持）。在开始操作之前，可以关闭现有的项目。

481

(1) 选择File→New→Flex Project命令。将项目命名为Ch12_dataApp，从Application server type

下拉菜单中选择想要使用的服务器技术，如图12-56所示。然后单击Next按钮。

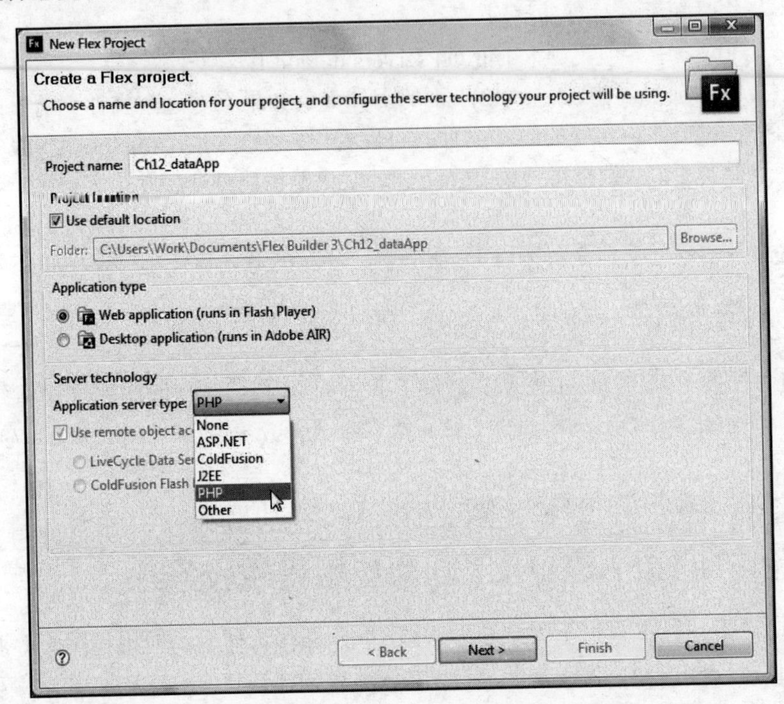

图12-56　选择恰当的应用程序服务器类型

(2) 下一个对话框会要求我们配置服务器。可以直接在Web root和Root URL字段中键入详细信息。不过，不要直接在服务器的根目录下操作，最好创建一个专用的文件夹。

如果是使用Apache作为Web服务器，就要单击Web root字段旁边的Browse按钮。导航至服务器根目录（通常为htdocs），并单击Create new folder按钮。我要将它命名为flex_ch12，不过大家可以选择任何喜欢的名称。单击OK按钮。

如果使用的是IIS，就要创建一个虚拟目录，并使用Web root字段旁边的Browse按钮导航至这个虚拟目录。

(3) 单击OK按钮，这会把我们带回到配置服务器的对话框并填写好Web root字段。现在我们需要填写Root URL字段。如果和我使用的文件夹名相同，这个字段就是http://localhost/flex_ch12。

(4) 单击Validate Configuration按钮以确保正确配置了服务器，如图12-57所示。如果一切正常，Flex Builder就会显示一条消息来确认Web根文件夹和URL根路径是有效的。还要注意输出文件夹位于flex_ch12文件夹内。

482

(5) 单击Finish按钮创建项目并把Ch12_dataApp.mxml加载到Flex Builder中。

(6) 现在我们做好了建立数据库连接的准备。选择Data→Create Application from Database命令，这会打开一个对话框要求我们选择数据源。如果是第1次连接到项目中的数据库，系统就会警告我们必须添加连接。单击Connection字段旁边的New按钮。

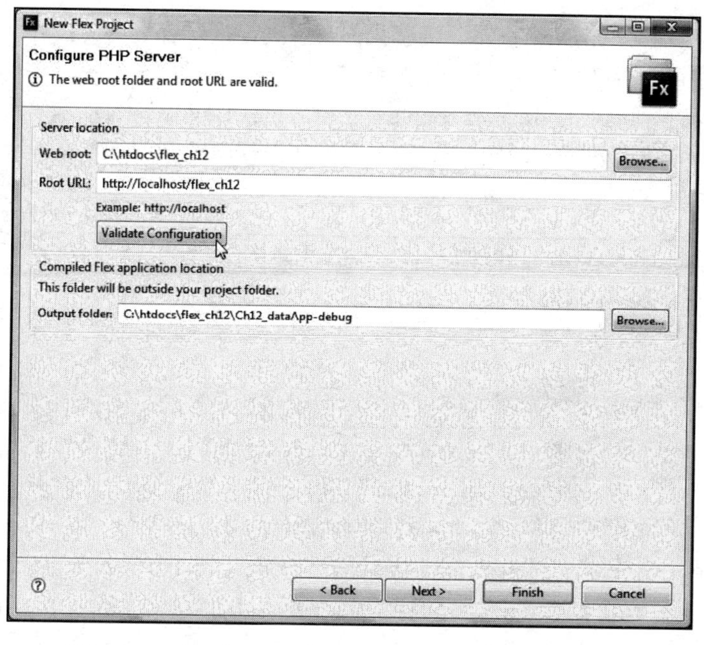

图12-57 必须检查Web根文件夹和URL根路径是有效的

(7) 这会打开另一个对话框来创建连接配置文件。在Name字段中键入books。Description字段是可选的，所以我们可以保留其为空。单击Next按钮。

(8) 填写数据库的连接细节，如图12-58所示，单击Test Connection按钮以确保Flex Builder可以和数据库成功地沟通。我创建的MySQL用户账号名为flexbuilder，但是大家应该使用自己的账号。

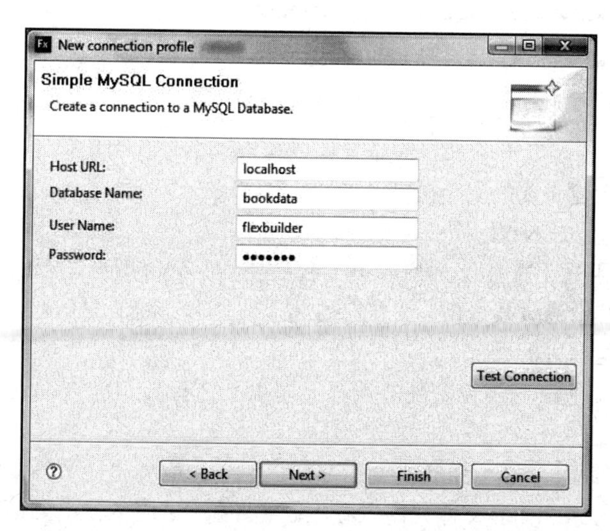

图12-58 若要连接MySQL，Flex Builder就需要知道服务器的位置、数据库的名称、用户名和密码

(9) 假设连接成功，单击Next按钮。接着我们会看到连接配置文件的概要。如果想做任何改变，就单击Back按钮。否则，就单击Finish按钮。

483

(10) 这会把我们带回到Choose data source对话框。Flex Builder会自动填写所有字段。在这个例子中，它做出了正确的选择，如图12-59所示。但如果使用的是比较复杂的数据库，就需要为Table和Primary key选择正确的值。单击Next按钮。

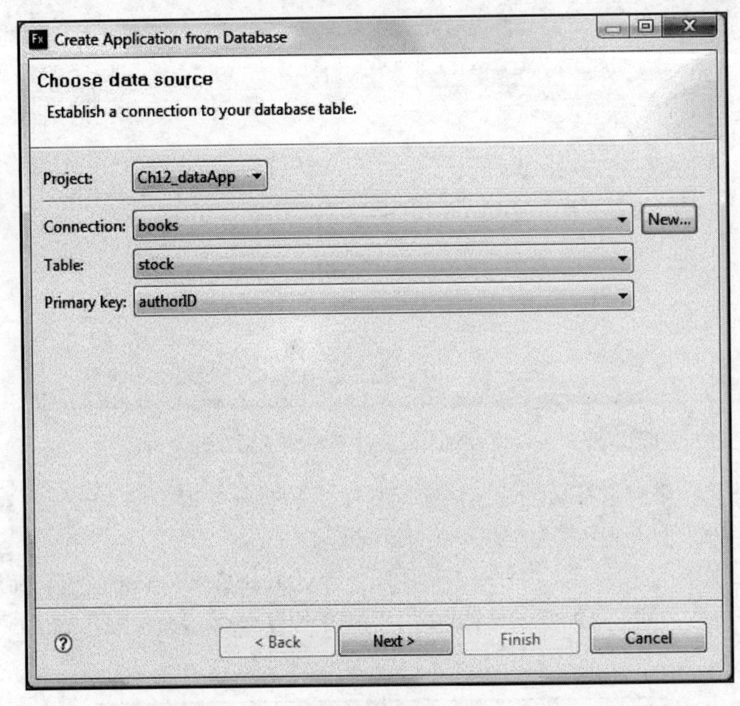

图12-59　需要告诉Flex Builder想要使用哪个表以及主键的名称

484

(11) 下一个对话框会告诉我们将要生成的服务器端文件的名称以及它的存储位置。大家可以根据需要更改这些设置。还有一条警告消息说生成的代码不包含用户验证。在把应用程序部署到公开的服务器之前要构建必要的安全措施，Adobe把这项工作留给了我们。假设我们对文件名及其位置没有意见，那就单击Next按钮。

(12) 最后一个对话框（如图12-60所示）为我们提供了选择所要显示的列的机会。默认情况下会选择所有的列。若想隐藏某个列，就要取消选择其列名旁边的复选框。我们不能对主键这么做，也不能重新排列这些列的顺序。

我们唯一能做的其他改变是设置列的数据类型以及选择要用作查询过滤器的列。我选择了category列。

(13) 单击Finish按钮时，Flex Builder会生成构建和运行应用程序所需要的全部文件。如果到Flex Navigator视图中的bin-debug文件夹内看看，就会发现测试服务器上的该文件夹内创建了很多PHP（或ASP.NET）文件（如图12-61所示）。

485

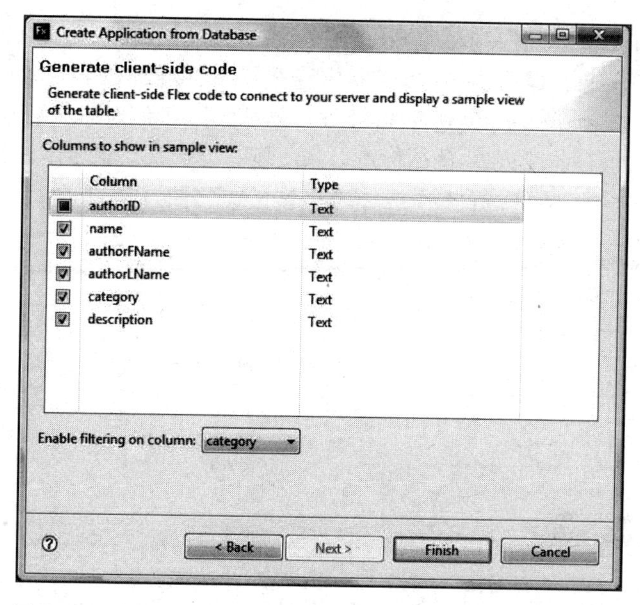

图12-60　我们可以选择要显示的列以及用作查询过滤器的列

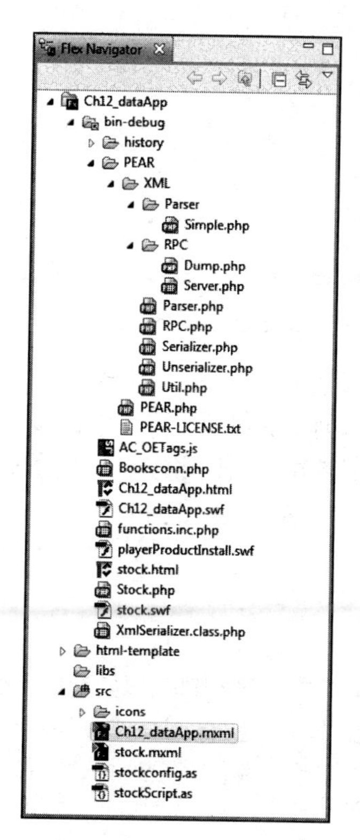

图12-61　Flex Builder会创建必要的服务器端文件来与应用程序服务器沟通

(14) Flex Builder会忽略Ch12_dataApp.mxml文件并在根据数据库表命名的stock.mxml中创建新的应用程序。运行应用程序并在浏览器中查看它。我们从图12-62中可以看出，它比ColdFusion/Flex Application Wizard创建的主/细节页面组合要简单得多。通过在数据网格内单击，我们可以直接编辑表的字段。还有一些图标可以添加新的记录以及删除现有的记录。右下方是一个查询表单，它会根据我们在步骤(12)中选择的列来过滤记录。

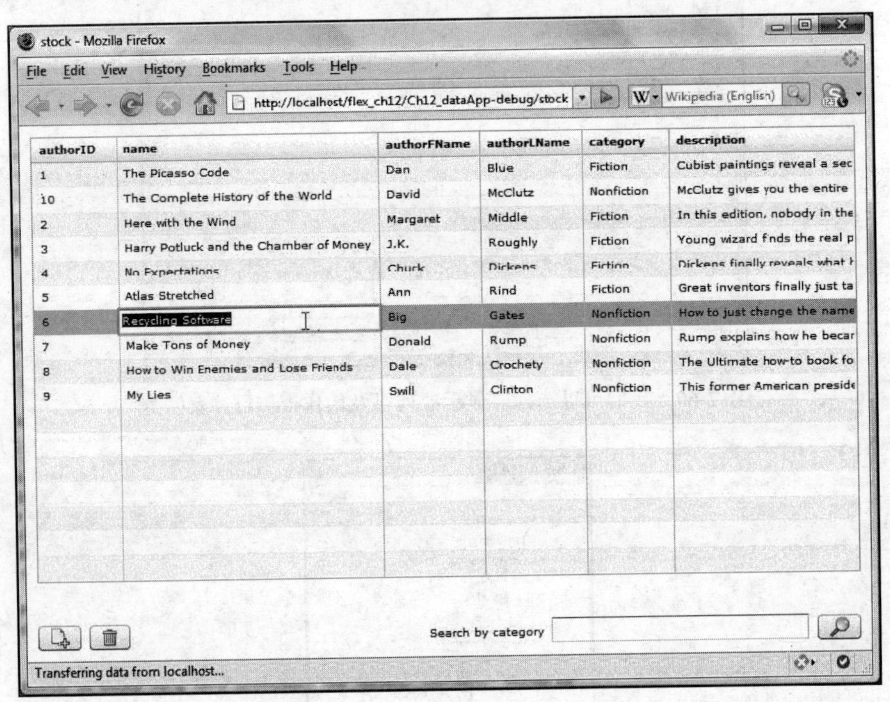

图12-62　这个应用程序要比用ColdFusion/Flex Application Wizard制作的应用程序简单得多

如果研究一下Flex Builder生成的PHP或ASP.NET文件，就会发现它已经为我们完成了大量的代码编写工作。不过，这种方法创建的应用程序非常粗糙，我们肯定不会把这样的程序部署到真正的网站上。不过，它为我们构建应用程序来与应用程序服务器进行沟通开了一个头。因为所有的源代码都是在bin-debug和src文件夹中创建的，所以我们可以随意地改写它们来满足自己的需要。

486

12.6　小结

本章向大家介绍了如何通过动态技术使用Flex。虽然本章的重点是ColdFusion，但同样的概念同样也适用于本书提到的其他服务器。当然，每种技术都可以写上一本书。

我们看到了可以使用一些向导来帮助我们轻松地与这些技术相连，还看到了如何让Flex与强大的新服务器LCDS合作。

487

现在我们要把注意力转向Flex中的打印功能。

第 13 章

打　　印

在Flex应用程序中进行打印，可能是我们迟早要做的事情。过去，Web应用程序的打印工作给人们带来了困难的挑战：用户需要通过浏览器应用程序打印，但因为网站和应用程序常常不是按照打印页面的构想来设计的，所以打印输出的外观常常不够理想。

Flex现在利用两个新的类解决了这些问题：FlexPrintJob和PrintDataGrid。

大家将会看到，FlexPrintJob类会管理打印工作，并起到打印程序接口的作用。事实上，我们将使用start()函数调用Print对话框。而且，通过使用这个类的addObject()函数，可以添加打印项。

在这个过程中，我们需要就如何打印数据做一些决定，后面将对此进行讨论。如果只是想打印一个页面，FlexPrintJob类即可很好地处理这项工作。但如果想把数据格式化到可打印的表格中，就需要调用PrintDataGrid类。

要讨论的另外一个决定是：是想由主MXML文件还是由某个组件来处理打印工作。大家将会在本章看到这方面的建议。

只要理解几个一般性的概念，用Flex 3打印就是一个非常轻松的过程。我们这就开始吧！

13.1　打印过程

我在引言中讲过，我们很可能会在某个时候想用Flex 3打印些什么。举个例子，如果创建的是电子商务网站，我们可能就要为购物的顾客提供可打印的收据。有时候，我们可能需要打印某些类型的数据列表。我们将要看到，与传统的XHTML环境相比，Flex使这个过程变容易了很多。

我还在本章引言中讲过，打印过程涉及两个类文件。

- FlexPrintJob。这个类需要在实例化之后用作要打印的对象的容器。这样做的好处在于：我们可以使用这个类将较大的打印任务划分成多个页面，或者缩放内容以适合特定的页面大小。
- PrintDataGrid。我们要使用这个类（DataGrid类的一个子类）来打印必须以网格或表格形式显示的数据。它还允许我们在多个页面上进行打印。

(1) 关闭或删除第12章的项目，并创建一个新的名为Chapter13_project的项目。

490

我们将从一个简单的练习开始：打印标示语。

(2) 建立下面这个简单的代码示例：

```
<?xml version="1.0" encoding="utf-8"?>
<mx:Application xmlns:mx="http://www.adobe.com/2006/mxml" ➥
layout="absolute">
    <mx:VBox id="printContent" backgroundColor="#FFFFFF">
        <mx:Label text="This is your first print text"/>
    </mx:VBox>
<mx:Button x="30" y="30" label="Print This"/>
</mx:Application>
```

(3) 接下来，创建一个Script代码块来导入FlexPrintJob类。FlexPrintJob类位于mx.printing包中。

```
<mx:Script>
    <![CDATA[
        import mx.printing.FlexPrintJob;
    ]]>
</mx:Script>
```

我们在前面的章节中看到过，如果不导入FlexPrintJob类，Flex Builder 3就会在我们创建FlexPrintJob变量之后自动为我们导入这个类。

从现在起，大家会发现后面的代码非常有逻辑性且很容易理解。

(4) 创建一个名为testPrint()的函数，其返回类型为void。

```
<mx:Script>
    <![CDATA[
        import mx.printing.FlexPrintJob;

        private function testPrint():void
        {

        }
    ]]>
</mx:Script>
```

第1行代码需要创建FlexPrintJob类的一个实例，我们已经在前面的章节中多次见过该语法。

(5) 实例化FlexPrintJob类，如下所示：

```
private function testPrint():void
{
    var myPrintJob:FlexPrintJob = new FlexPrintJob();
}
```

491

下一步是打开Print对话框。通过使用FlexPrintJob类的start()函数即可完成这项工作。

(6) 使用start()函数，如下所示：

```
private function testPrint():void
{
    var myPrintJob:FlexPrintJob = new FlexPrintJob();
    myPrintJob.start();
}
```

一旦选好了打印机，就需要把想打印的对象添加到FlexPrintJob容器中。在这个例子中，我们要添加printContent VBox容器的内容，它由我们想要打印的标示语构成。

为了把对象添加到FlexPrintJob容器，我们需要使用FlexPrintJob类的addObject()函数。

(7) 添加addObject()函数，如下所示：

```
private function testPrint():void
{
    var myPrintJob:FlexPrintJob = new FlexPrintJob();
    myPrintJob.start();
    myPrintJob.addObject(printContent);
}
```

最后一步是让FlexPrintJob对象发送对象，以供打印机打印。这项工作是用FlexPrintJob类的send()函数完成的。

(8) 向testPrint()函数添加最后一行代码，如下所示：

```
private function testPrint():void
{
    var myPrintJob:FlexPrintJob = new FlexPrintJob();
    myPrintJob.start();
    myPrintJob.addObject(printContent);
    myPrintJob.send();
}
```

就最简单的形式来说，这就是打印工作的全过程。我们需要做的唯一一件事情就是给调用testPrint()函数的按钮添加一个click事件。

(9) 给Button控件添加一个click事件。

```
<mx:VBox id="printContent" backgroundColor="#FFFFFF">
    <mx:Label text="This is your first print text"/>
</mx:VBox>
<mx:Button x="30" y="30"  label="Print This" click="testPrint()"/>
```

(10) 运行应用程序。单击Print按钮就会打开Print对话框，提示我们打印标示语。做一次测试打印。

492

可以看到，所有操作都非常简单……只是有一个小小的问题（是的，只是个小问题）。

(11) 再次单击Print按钮。当出现Print对话框时，单击Cancel按钮。

我们会看到VBox容器的内容突然从应用程序中消失了。其原因有点儿复杂。Flex会在内部把要打印的内容发送给另一个容器。如果取消打印任务，就永远不会到达send()函数，而send()函数会在完成打印任务之后让容器回到应用程序。控件根本没有回到应用程序。

如果查看FlexPrintJob类的文档，就会看到start()函数会返回一个Boolean结果。因此，我们可以轻松地将它作为Boolean测试放在一个if结构中。在这个例子中，我们要说明：如果start()不为真（如取消打印任务时所发生的情况），控件就必须返回到应用程序。

(12) 按如下所示修改testPrint()函数：

```
private function testPrint():void
{
    var myPrintJob:FlexPrintJob = new FlexPrintJob();
    if(myPrintJob.start() != true)
    {
        return;
    }
    myPrintJob.addObject(printContent);
    myPrintJob.send();
}
```

(13) 再次运行应用程序，单击Print按钮，然后取消打印任务。现在应用程序应该会像我们期待的那样运行。

13.2　创建单独的Print容器

很多时候，数据的形式可能并不适合打印。如果是这种情况，就可以创建一个不可见的容器来格式化数据，然后使用与刚才所学相同的技术打印该容器的内容。

我们来试一试。

(1) 下载本书第13章下载包中的books.xml文件，该文件与我们在前面章节中使用的books.xml文件相同。完成下载之后，马上将它导入到所创建的assets文件夹中。

(2) 删除上一个练习中使用的应用程序文件里的起始和结束Application标签之间的所有代码。

493

(3) 创建下列代码，这些代码是我们在以前章节中见过多次的。

```
<?xml version="1.0" encoding="utf-8"?>
<mx:Application xmlns:mx="http://www.adobe.com/2006/mxml" ➥
layout="vertical" creationComplete="bookDataCall.send()">
    <mx:Script>
        <![CDATA[
            import mx.rpc.events.ResultEvent;
            import mx.collections.ArrayCollection;
            [Bindable]
            public var bookData:ArrayCollection;

            private function bookFunction(event:ResultEvent):void
```

```
            {
                bookData = event.result.books.stock;
            }
        ]]>
    </mx:Script>

    <mx:HTTPService id="bookDataCall" url="assets/books.xml" ➥
result="bookFunction(event)"/>

    <mx:Form id="myForm">
        <mx:DataGrid id="bookInfo" dataProvider="{bookData}">
            <mx:columns>
                <mx:DataGridColumn dataField="name" ➥
headerText="Book Name"/>
                <mx:DataGridColumn dataField="author" ➥
headerText="Author Name"/>
                <mx:DataGridColumn dataField="category" ➥
headerText="Book Category"/>
            </mx:columns>
        </mx:DataGrid>
        <mx:Button id="myButton" label="Print"/>
    </mx:Form>
</mx:Application>
```

(4) 运行应用程序，此时的界面应该如图13-1所示。现在Print按钮尚不具备功能。

图13-1 DataGrid布局

494

可以看出，这并不是理想的打印格式。所以，我们要创建一个灵活的版本用于打印。

现在，我们要在这里略施技巧。我们将创建一个VBox容器，并连同设置ID、背景色（白色）和PrintDataGrid组件。其创建方法和我们创建其他组件的方法相同。但是，我们要把它的visibility属性设置为false。它在页面上，但是看不见。

我们将会看到，PrintDataGrid类具有和DataGrid类几乎相同的功能（PrintDataGrid是DataGrid的一个子类）。不同之处在于它的输出会作为打印表格来格式化，而不是我们在DataGrid控件中看到的Web页面的输出。大家马上就会明白我的意思。

(5) 在结束Form标签的下面创建下列代码：

```
<mx:VBox id="printArea" height="300" width="500" ➥
backgroundColor="#FFFFFF" visible="false">

</mx:VBox>
```

大家可能会问如果容器是不可见的，那为什么要把背景色设置为白色。答案是白色的背景通常适合大多数的打印情况。

(6) 按如下所示在VBox容器内创建PrintDataGrid容器。我们马上会用ActionScript设置dataProvider属性。

```
<mx:VBox id="printArea" height="300" width="500" ➥
backgroundColor="#FFFFFF" visible="false">
        <mx:PrintDataGrid id="myPrintDataGrid" ➥
height="100%" width="100%"/>
</mx:VBox>
```

注意我们把PrintDataGrid设置成与容器同样大小。VBox本身会定义打印区域的大小。

(7) 回到Script代码块并创建一个新的名为printJob()的函数。使用变量名myPrintJob实例化FlexPrintJob类。接着，像上一个练习中所讲的那样，在一个决策结构内使用start()函数让控件回到应用程序。FlexPrintJob类的导入应该会自动创建。

495

```
<mx:Script>
    <![CDATA[
        import mx.printing.FlexPrintJob;
        import mx.rpc.events.ResultEvent;
        import mx.collections.ArrayCollection;
        [Bindable]
        public var bookData:ArrayCollection;

        private function bookFunction(event:ResultEvent):void
        {
            bookData = event.result.books.stock;
        }
        private function printJob():void
        {
            var myPrintJob:FlexPrintJob = new FlexPrintJob();
            if(myPrintJob.start() != true)
            {
                return;
            }
        }
    ]]>
</mx:Script>
```

下一步是在if代码块之后将PrintDataGrid类myPrintDataGrid的dataProvider属性设置为现在的DataGrid组件bookInfo的dataProvider属性。这样一来，如果由于任何原因更改DataGrid的dataProvider，PrintDataGrid就总是会反映出所做的更改。

(8) 在if代码块的后面设置PrintDataGrid类的dataProvider属性，如下所示：

```
private function printJob():void
{
    var myPrintJob:FlexPrintJob = new FlexPrintJob();
    if(myPrintJob.start() != true)
    {
        return;
    }
```

```
        myPrintDataGrid.dataProvider = bookInfo.dataProvider;
    }
```

从现在起，这个练习的操作就和上一个练习差不多了。我们将使用myPrintJob对象的addObject()和send()函数。

(9) 在dataProvider赋值语句后面添加下列代码：

```
private function printJob():void
{
    var myPrintJob:FlexPrintJob = new FlexPrintJob();
    if(myPrintJob.start() != true)
    {
        return;
    }
    myPrintDataGrid.dataProvider = bookInfo.dataProvider;
    myPrintJob.addObject(printArea);
    myPrintJob.send();
}
```

还要做最后一件事情。

(10) 给按钮添加一个click事件，并让它调用printJob()函数。

```
<mx:Button id="myButton" label="Print" click="printJob()"/>
```

(11) 运行应用程序，打印的页面应该类似于图13-2中的表格。

496

author	category	description	name
Dan Blue	Fiction	Cubist paintings reveal	The Picasso Code
Margaret Middle	Fiction	In this edition, nobody	Here With the Wind
J.K. Roughly	Fiction	Young wizard finds the	Harry Potluck and the (
Chuck Dickens	Fiction	Dickens finally reveals \	No Expectations
Ann Rind	Fiction	Great inventors finally j	Atlas Stretched
Big Gates	Nonfiction	How to just change the	Recycling Software
Donald Rump	Nonfiction	Rump explains how he	Make Tons of Money
Dale Crochety	Nonfiction	The Ultimate how-to bo	How to Win Enemies ar
Swill Clinton	Nonfiction	This former American p	My Lies
David McClutz	Nonfiction	McClutz gives you the e	The Complete History o

图13-2　PrintDataGrid的显示结果

注意，有几件事情似乎有误——应用程序打印了所有的列，表头可以变得更好看一些，文本看上去溢出了页面。我们可以修正所有的问题。

PrintDataGrid类有3个属性fontSize、fontFamily和wordWrap，它们全都可以用来创建更好看的打印结果。我要展示的设置在我的设备上工作得很好。大家可能需要调整一下自己的设置才能得到最优的结果。

(12) 向PrintDataGrid组件添加下列代码：

```
<mx:PrintDataGrid id="myPrintDataGrid" height="100%" width="100%" ➥
fontSize="6" fontFamily="Arial" wordWrap="true"/>
```

13

(13) 再次运行应用程序，打印的页面应该类似于图13-3所示。

author	category	description	name
Dan Blue	Fiction	Cubist paintings reveal a secret society of people who really look like that	The Picasso Code
Margaret Middle	Fiction	In this edition, nobody in the south really gives a damn	Here With the Wind
J.K. Roughly	Fiction	Young wizard finds the real pot-of-gold and retires	Harry Potluck and the Chamber of Money
Chuck Dickens	Fiction	Dickens finally reveals what he really thinks of people	No Expectations
Ann Rind	Fiction	Great inventors finally just take the money and run	Atlas Stretched
Big Gates	Nonfiction	How to just change the name and interface of the same old software and sell it as new	Recycling Software
Donald Rump	Nonfiction	Rump explains how he became a billionaire while constantly declaring bankruptcy	Make Tons of Money
Dale Crochety	Nonfiction	The Ultimate how-to book for people who want to stay loners	How to Win Enemies and Lose Friends

497

图13-3　调整后的PrintDataGrid显示结果

PrintDataGrid的语法与DataGrid控件的语法几乎相同，所以我们可以用完全相同的方法对列做一些限制。

(14) 将PrintDataGrid更改如下：

```
<mx:VBox id="printArea" height="300" width="500" ➥
backgroundColor="#FFFFFF" visible="false">
    <mx:PrintDataGrid id="myPrintDataGrid" height="100%" ➥
width="100%" fontSize="6" fontFamily="Arial" wordWrap="true">
        <mx:columns>
            <mx:DataGridColumn dataField="name" ➥
headerText="Book Name" />
            <mx:DataGridColumn dataField="author" ➥
headerText="Author Name"/>
            <mx:DataGridColumn dataField="category" ➥
headerText="Book Category"/>
        </mx:columns>
    </mx:PrintDataGrid>
</mx:VBox>
```

(15) 重新运行应用程序并打印页面，就会看到非常不同的结果，如图13-4所示。

> 我们还可以在DataGrid列中设置fontSize、fontFamily和wordWrap属性。对于这个示例，我们可以随意设置。

可以看出，PrintDataGrid与DataGrid的使用并没有什么区别。此外，需要将VBox容器的visibility属性设置为false的原因现在也应该很明显了。只有打印任务才需要使用它，Web输出

498

并不需要它。

Book Name	Author Name	Book Category
The Picasso Code	Dan Blue	Fiction
Here With the Wind	Margaret Middle	Fiction
Harry Potluck and the Chamber of Money	J.K. Roughly	Fiction
No Expectations	Chuck Dickens	Fiction
Atlas Stretched	Ann Rind	Fiction
Recycling Software	Big Gates	Nonfiction
Make Tons of Money	Donald Rump	Nonfiction
How to Win Enemies and Lose Friends	Dale Crochety	Nonfiction
My Lies	Swill Clinton	Nonfiction
The Complete History of the World	David McClutz	Nonfiction

图13-4 重新格式化之后的PrintDataGrid输出结果

可是，如果要把打印功能放进独立的组件中该怎么办呢？

我们来看一看。

13.3 打印与组件

大家肯定很容易就能明白，为什么有时候把打印功能委派给组件会更好一些。例如，把PrintDataGrid及随之而来的不可见容器放在一个组件中可以得到更加清晰的代码。而且，这样做可以把很多打印功能集中起来。最后，在打印之前我们不需要调用该组件。

我们将使用现有的代码来创建组件。

(1) 在Flex Navigator视图中，在src文件夹下创建一个名为components的新文件夹。

(2) 在components文件夹中创建一个新的名为PrintComp的MXML组件。将它建立在VBox容器的基础之上，将其背景颜色设置为白色，高度设为300，宽度设为500。最后，将visibility属性设置为false。

```
<?xml version="1.0" encoding="utf-8"?>
<mx:VBox xmlns:mx="http://www.adobe.com/2006/mxml" ➥
backgroundColor="#FFFFFF" width="500" height="300" visible="false">

</mx:VBox>
```

(3) 从应用程序文件中剪切PrintDataGrid组件。

(4) 把代码粘贴到PrintComp组件的VBox中，此时的代码应该如下所示：

```
<?xml version="1.0" encoding="utf-8"?>
<mx:VBox xmlns:mx="http://www.adobe.com/2006/mxml" ➥
backgroundColor="#FFFFFF" width="500" height="300" visible="false">

    <mx:PrintDataGrid id="myPrintDataGrid" height="100%" ➥
```

```
width="100%" fontSize="6" fontFamily="Arial" wordWrap="true">
        <mx:columns>
            <mx:DataGridColumn dataField="name" ➥
headerText="Book Name" />
            <mx:DataGridColumn dataField="author" ➥
headerText="Author Name"/>
            <mx:DataGridColumn dataField="category" ➥
headerText="Book Category"/>
        </mx:columns>
    </mx:PrintDataGrid>
</mx:VBox>
```

(5) 保存组件。

499

现在，我们完成了组件的设置。

(6) 回到应用程序文件，并在Script代码块中导入新的组件。

```
<mx:Script>
    <![CDATA[
        import mx.printing.FlexPrintJob;
        import mx.rpc.events.ResultEvent;
        import mx.collections.ArrayCollection;
        import components.PrintComp;
```

(7) 在printJob()函数中if代码块的下面，实例化组件。对于该练习，将其命名为myPrintComp。

```
private function printJob():void
{
    var myPrintJob:FlexPrintJob = new FlexPrintJob();
    if(myPrintJob.start() != true)
    {
        return;
    }

var myPrintComp:PrintComp = new PrintComp();
```

在实例化代码的下面，我们要使用addChild()函数把组件临时带入到应用程序文件中。因为组件中VBox容器的visibility属性被设置为false，所以我们看不到它。因为要把它添加到应用程序文件中，所以我们将在点的左边使用关键词this。

(8) 把组件添加到应用程序容器中，如下所示：

```
var myPrintComp:PrintComp = new PrintComp();
this.addChild(myPrintComp);
```

我们需要修改链接dataProvider属性的那行代码。要记住，myPrintDataGrid现在位于myPrintComp组件中。因此，我们必须引用这个位置。

(9) 将dataProvider链接修改如下：

```
var myPrintComp:PrintComp = new PrintComp();
this.addChild(myPrintComp);
myPrintComp.myPrintDataGrid.dataProvider = bookInfo.dataProvider;
```

(10) 把添加到FlexPrintJob的对象改成myPrintComp。

```
var myPrintComp:PrintComp = new PrintComp();
this.addChild(myPrintComp);
myPrintComp.myPrintDataGrid.dataProvider = bookInfo.dataProvider;
myPrintJob.addObject(myPrintComp);
```

打印任务一旦完成，我们就不再需要使用该组件了。通过简单地使用removeChild()函数，我们就可以将它从应用程序文件中删除。

500

(11) 在send()函数的后面添加如下所示的代码：

```
var myPrintComp:PrintComp = new PrintComp();
this.addChild(myPrintComp);
myPrintComp.myPrintDataGrid.dataProvider = bookInfo.dataProvider;
myPrintJob.addObject(myPrintComp);
myPrintJob.send();
this.removeChild(myPrintComp);
```

完成之后的代码应该如下所示：

```
<?xml version="1.0" encoding="utf-8"?>
<mx:Application xmlns:mx="http://www.adobe.com/2006/mxml" ➥
layout="vertical" creationComplete="bookDataCall.send()">
    <mx:Script>
        <![CDATA[
            import mx.printing.FlexPrintJob;
            import mx.rpc.events.ResultEvent;
            import mx.collections.ArrayCollection;
            import components.PrintComp;
            [Bindable]
            public var bookData:ArrayCollection;

            private function bookFunction(event:ResultEvent):void
            {
                bookData = event.result.books.stock;
            }

            private function printJob():void
            {
                var myPrintJob:FlexPrintJob = new FlexPrintJob();
                if(myPrintJob.start() != true)
                {
                    return;
                }

                var myPrintComp:PrintComp = new PrintComp();
                this.addChild(myPrintComp);
                myPrintComp.myPrintDataGrid.dataProvider = ➥
bookInfo.dataProvider;
                myPrintJob.addObject(myPrintComp);
                myPrintJob.send();
                this.removeChild(myPrintComp);
            }
        ]]>
    </mx:Script>
```

13

501

```
    <mx:HTTPService id="bookDataCall" url="assets/books.xml" ➥
result="bookFunction(event)"/>
    <mx:Form id="myForm">
        <mx:DataGrid id="bookInfo" dataProvider="{bookData}">
            <mx:columns>
                <mx:DataGridColumn dataField="name" ➥
headerText="Book Name"/>
                <mx:DataGridColumn dataField="author" ➥
headerText="Author Name"/>
                <mx:DataGridColumn dataField="category" ➥
headerText="Book Category"/>
            </mx:columns>
        </mx:DataGrid>
        <mx:Button id="myButton" label="Print" click="printJob()"/>
    </mx:Form>

</mx:Application>
```

如果现在运行应用程序，它会和以前的效果完全一样。但是这一次，由于把打印功能集中到了一个组件中，所以应用程序的灵活性得到了提高。

13.4　小结

我们打印了一个简单的标示语，把数据打印在了一个PrintDataGrid中，然后又把这个PrintDataGrid放在了一个单独的组件中。可以看出，打印是个相对比较简单的过程。最妙之处在于：它在各种情况下所用的语法是一致的。

502

现在我们要把注意力转向Flex 3的图表功能。

第 14 章

图表功能

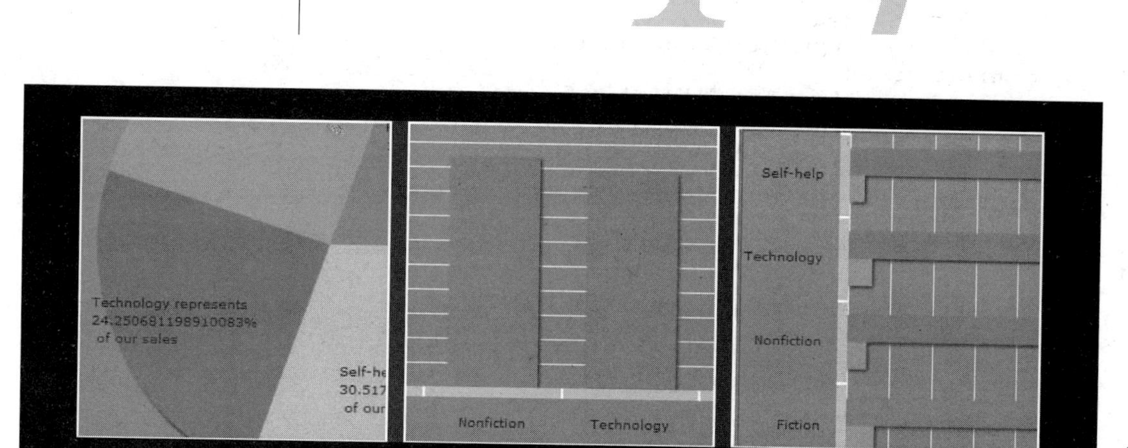

有句老话叫“一图抵千言”。我们可以向别人展示无穷无尽的数据表，但是一幅图就可以大大简化对数据的说明。

Flex提供的易于使用的组件允许我们创建很多不同类型的图表以及这些类型的诸多变体。

本章内容如下：

- 创建图表；
- 把数据链接到图表；
- 检查图表的各个部分；
- 创建图表事件；
- 制作图表动画；
- 给图表应用样式。

本章假设大家安装了Professional版的Flex Builder 3。如果安装的是Standard版本，在浏览器中绘制图表时将带有水印。另外，Professional版本的试用版也会给图表加上水印。带有效序列号的Professional版本则不会有这样的水印。除此之外，所有的东西都是一样的。

14.1 使用 PieChart 组件

我们首先来构建一个简单的饼图示例，大家会在这里学到很多重要的概念。

(1) 删除或关闭第13章的项目，并创建一个新的名为Chapter14_project的项目。

(2) 在应用程序文件中建立一个Script代码块，创建一个名为bookSales的ArrayCollection，并手动输入数据，如下所示：

```
<?xml version="1.0" encoding="utf-8"?>
<mx:Application xmlns:mx="http://www.adobe.com/2006/mxml" ➥
layout="absolute">
    <mx:Script>
        <![CDATA[
            import mx.collections.ArrayCollection;
            [Bindable]
            private var bookSales:ArrayCollection = ➥
new ArrayCollection(
                    [{bookType: "Fiction", Sales: 143},
                     {bookType: "Nonfiction", Sales: 189},
                     {bookType: "Technology", Sales: 178},
                     {bookType: "Self-help", Sales: 224}]);
        ]]>
    </mx:Script>
</mx:Application>
```

506

在第6章讨论ArrayCollection类时讲过，每个数据元素都是一个单独的对象。

我们可以从任意数据源（比如在前面章节中使用过的那些数据源）轻松地获得数据。这种做法虽然简单，但却可以很好地达到我们的目的。

下一步是在Script代码块下调用PieChart组件。我们将把height和width属性设置为50%，并将dataProvider属性设置为刚才创建的ArrayCollection：bookSales。

(3) 在Script代码块的下面添加PieChart组件。

```
<mx:PieChart width="50%" height="50%" dataProvider="{bookSales}">

</mx:PieChart>
```

如果现在运行应用程序，应该不会得到任何错误提示。但是也看不到任何图表。

虽然我们给PieChart类设置了dataProvider属性，但Flex没办法知道我们想放在饼图切块内的数据。如果不只有Sales这一组数据，那该怎么办？还可以有一个名为Returns的数据组，等等。为了给PieChart提供正确绘制饼图所需要的信息，我们必须先用series容器来提供细节。

(4) 添加series容器，如下所示：

```
<mx:PieChart width="50%" height="50%" dataProvider="{bookSales}">
    <mx:series>

    </mx:series>
</mx:PieChart>
```

因为是创建PieChart，所以我们需要在series容器内使用PieSeries类来表明我们想把正确的数据组赋给饼图的各个块。

> 大家马上就会发现，我们必须让图表级联与图表的类型相匹配。例如，如果有一个ColumnChart，我们就要使用ColumnSeries类。

我们通过使用field属性来告诉PieSeries应该使用哪组数据。

(5) 在series容器中添加下列代码：

```
<mx:PieChart width="50%" height="50%" dataProvider="{bookSales}">
    <mx:series>
        <mx:PieSeries field="Sales"/>
    </mx:series>
</mx:PieChart>
```

507

(6) 现在运行应用程序，结果应该如图14-1所示。

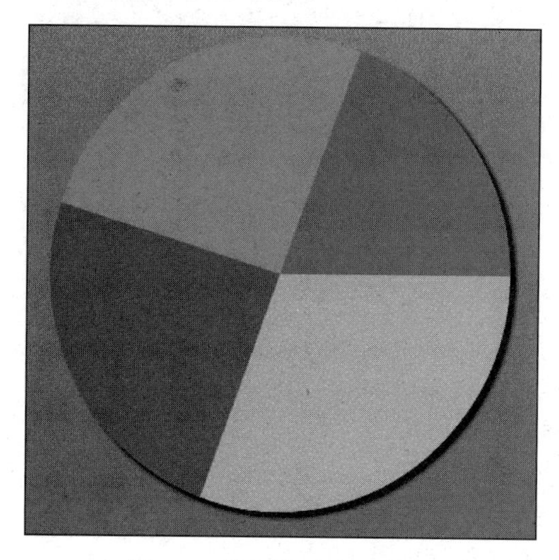

图14-1　基本的PieChart组件

看起来非常不错。但是，没有标示语，图表就没有意义。我们要用某种方法标示饼图的各个部分。

(7) 首先按如下所示使用PieSeries类的labelPosition属性。这不仅会启用标示语，而且会决定标示语的摆放位置。

```
<mx:PieChart width="50%" height="50%" dataProvider="{bookSales}">
    <mx:series>
        <mx:PieSeries field="Sales" labelPosition="inside" />
    </mx:series>
</mx:PieChart>
```

这会添加如图14-2所示的标示语。

这是通往成功的一步。可是，不带标示语的数字并没有太多意义。

大家可能正在寻找一个label属性来从bookType字段添加标示语，但这并不是Flex中的处理方式。相反，在使用PieChart组件时，需要创建一个函数来允许我们将标示语格式化成应该显示的样子。

508

使用选好的名称建立函数，该函数需要接受4个参数。

第1个参数的类型是Object，它代表要图表化的整条记录。第2个参数的类型是String，它代表进行图表化处理的字段的名称。第3个参数的类型是int，它是进行图表化处理的条目编号。最后，第4个参数的类型是Number，它表示这一项在饼图中所占的百分比。

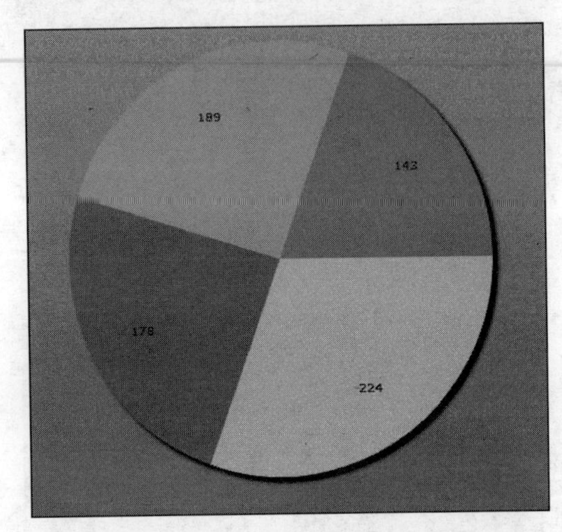

图14-2　添加了数据的PieChart

该函数必须有一个String返回类型。

大家可能在想：为了获得标示语，还有大量的编程工作要做。别担心，后面有几个惊喜。

(8) 返回到Script代码块，输入下列函数。对于这个练习，我将函数命名为chartLabel。

```
private function chartLabel(dataItem:Object, field:String, ➥
index:int, dataPercent:Number):String
{
    return dataItem.bookType;
}
```

在这个特殊的示例中，我们可以看到函数只返回了bookType数据：Fiction、Nonfiction、Technology和Self-help。参数的名称任由大家选择，但数据类型必须如上所示。

509

现在是第1个惊喜。

(9) 回到PieSeries标签并添加如下所示的labelFunction属性：

```
<mx:PieChart width="50%" height="50%" dataProvider="{bookSales}">
    <mx:series>
        <mx:PieSeries field="Sales" labelPosition="inside" ➥
labelFunction="chartLabel" />
    </mx:series>
</mx:PieChart>
```

如果运行应用程序，图表应该类似于图14-3所示。

首先，labelFunction属性处理了函数调用的所有复杂工作。我们不需要像对待大多数函数调用那样指派参数。其次，labelFunction属性会覆写我们在图14-2中看到的数字。

这个强大的功能允许我们格式化标示语，使其显示成我们想要看到的样子，而不是去套用某些预定义的格式。这里有一个示例。

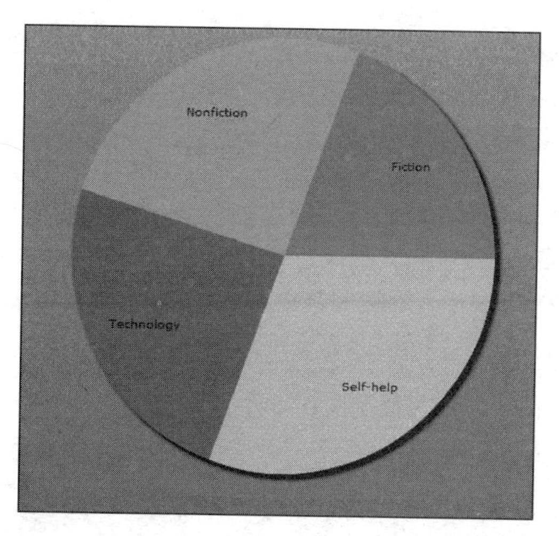

图14-3　利用labelFunction属性添加的标示语

(10) 将chartLabel函数更改如下：

```
private function chartLabel(dataItem:Object, field:String, ➥
index:int, dataPercent:Number):String
{
    return dataItem.bookType + " represents \n" + dataPercent + ➥
"% \n of our sales";
}
```

510

字符串内的\n是用来创建新行的。在编程用语中，这叫做转义序列。很多编程语言，如Java和C#，使用的都是这个符号。

如果运行应用程序，图表应该类似于图14-4所示。

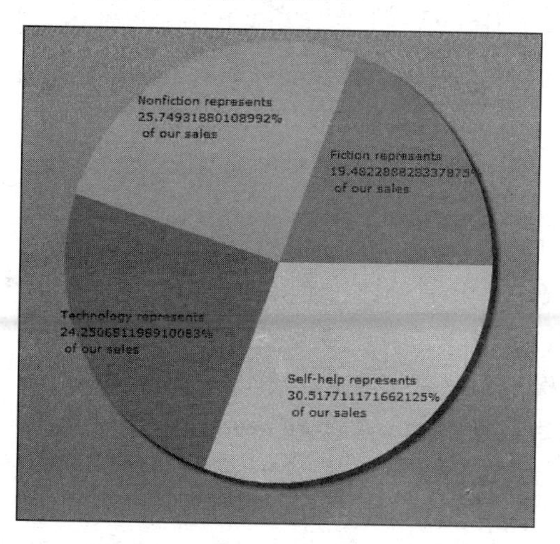

图14-4　返回的完整的拼接标示语

14

除非处理的是航天飞机程序，否则小数位会显得有点儿多。解决这个问题的方法有好几种。在这里，我们将使用Math类的round函数来返回舍入之后的整数。

(11) 对chartLabel函数做如下调整：

```
private function chartLabel(dataItem:Object, field:String, ➥
index:int, dataPercent:Number):String
 {
     var rounded:Number = Math.round(dataPercent);
     return dataItem.bookType + " represents \n" + rounded + ➥
"% \n of our sales";
 }
```

511　如果运行应用程序，图表应该类似于图14-5所示。

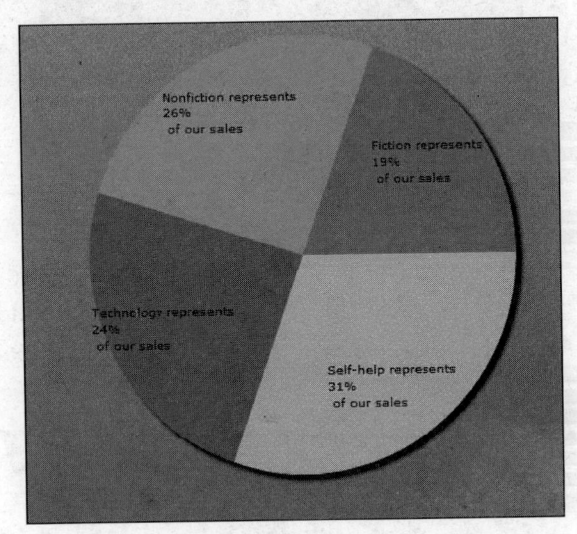

图14-5　调整之后图表中的标示语格式

看到这项功能有多厉害了吧。事实上，我们可以任意设置想要的标示语格式。

但是，对图表中各种可用选项的讲解超出了本书的范畴。不过，我们要再看2个选项。

(12) 将PieSeries标签内的labelPosition属性改为callout。

```
<mx:PieSeries field="Sales" labelPosition="callout" ➥
labelFunction="chartLabel" />
```

512　(13) 运行应用程序，此时的图表应该如图14-6所示。

通过添加一些渐变填充，可以让图表在视觉上变得更加有趣。通过在PieSeries容器内使用<mx:fills>容器就可以轻松地实现这一效果。在该容器内，再为饼图的每一块放入一个名为<mx:RadialGradient>的容器（也可以插入LinearGradient）。每个RadialGradient容器内需要有一个<mx:entries>容器。最后，在entries容器内放2个<mx:GradientEntry>标签：一个用于起始颜色，一个用于结束颜色。

如果弄不清这些容器的顺序，那也别担心。下面的代码示例会利用一个分为4块的饼图将这个概念阐述清楚。

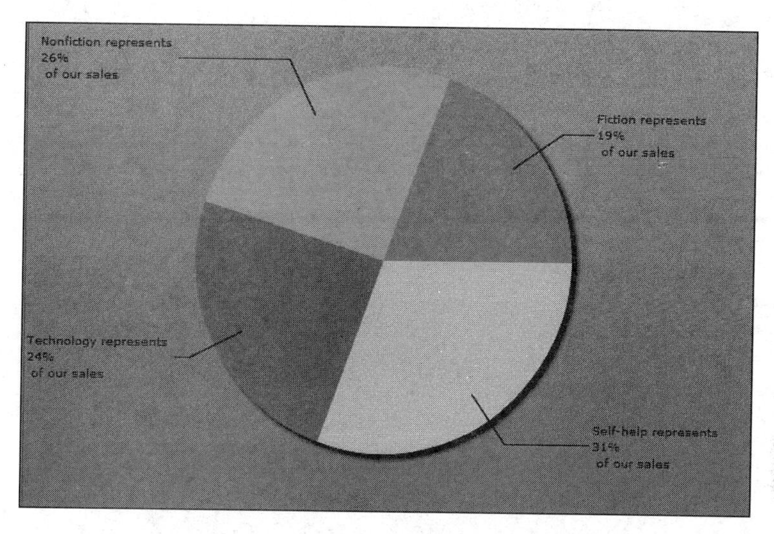

图14-6　放置在图表外侧的标示语

(14) 将PieSeries标签的结尾从/>改成>，这样就会有一个起始和结束标签。接着，在这个容器内放入下面的代码。这是一个有趣的练习，构建完每个RadialGradient容器之后运行应用程序，我们将看到这些容器是如何构建饼图的各个切块的。构建完第1个RadialGradient容器之后，我们会看到一个大的切块。构建完第2个RadialGradient容器后，会得到4个成对的切块。构建完第3个RadialGradient容器后，会得到3个切块。构建完第4个RadialGradient容器后，会得到4个不同的切块。

```
<mx:PieChart width="50%" height="50%" dataProvider="{bookSales}">
     <mx:series>
          <mx:PieSeries field="Sales" labelPosition="callout" ➥
labelFunction="chartLabel">
               <mx:fills>
                    <mx:RadialGradient>
                         <mx:entries>
                              <mx:GradientEntry color="#E9C836"/>
                              <mx:GradientEntry color="#AA9127"/>
                         </mx:entries>
                    </mx:RadialGradient>
                    <mx:RadialGradient>
                         <mx:entries>
                              <mx:GradientEntry color="#A1AECF"/>
                              <mx:GradientEntry color="#47447A"/>
                         </mx:entries>
                    </mx:RadialGradient>
                    <mx:RadialGradient>
                         <mx:entries>
                              <mx:GradientEntry color="#339933"/>
                              <mx:GradientEntry color="#339998"/>
```

```
                </mx:entries>
            </mx:RadialGradient>
            <mx:RadialGradient>
                <mx:GradientEntry color="#6FB35F"/>
                <mx:GradientEntry color="#497B54"/>
            </mx:RadialGradient>
        </mx:fills>
    </mx:PieSeries>
</mx:series>
</mx:PieChart>
```

513

完成之后的结果应该类似于图14-7所示。

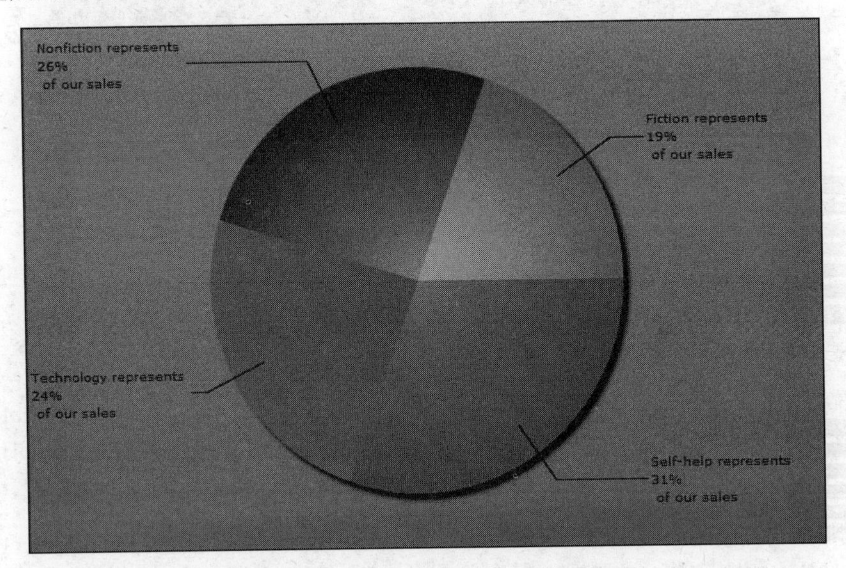

图14-7　添加了填充效果之后的图表

现在，在使用相同数据的情况下，让我们把注意力转向ColumnChart组件。

14.2　使用 ColumnChart 组件

ColumnChart组件所使用的是一组不同于PieChart组件的类文件，我们会在下一个示例中看到这一点。不过，很多概念和PieChart组件是完全相同的。

(1) 因为我们将要使用的小型数据模型和在PieChart示例中使用的数据模型相同，所以只要删除起始和结束PieChart标签之间的所有代码即可。

(2) 就像对PieChart组件的操作那样，按如下所示调用ColumnChart组件。把代码放在Script代码块的下面。

```
<mx:ColumnChart dataProvider="{bookSales}" width="50%" height="50%">

</mx:ColumnChart>
```

514

(3) 运行应用程序，我们会看到一个没有太多信息的骨架结构，如图14-8所示。

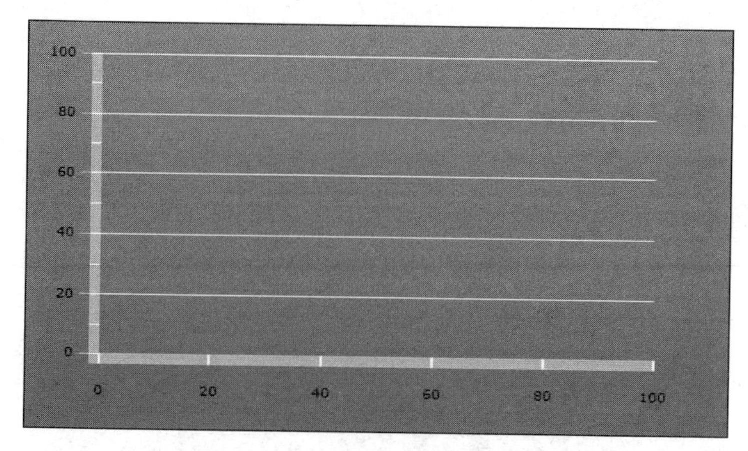

图14-8　ColumnChart组件的基本结构

和饼图不同，柱状图有2个轴。水平轴或x轴叫做类别轴，垂直轴或y轴叫做数据轴。类别轴将包含bookType数据：Fiction、Nonfiction、Technology和Self-help。

(4) 对代码做如下更改：

```
<mx:ColumnChart dataProvider="{bookSales}" width="50%" height="50%">
    <mx:horizontalAxis>
        <mx:CategoryAxis categoryField="bookType"/>
    </mx:horizontalAxis>
</mx:ColumnChart>
```

(5) 运行代码，结果应该如图14-9所示。

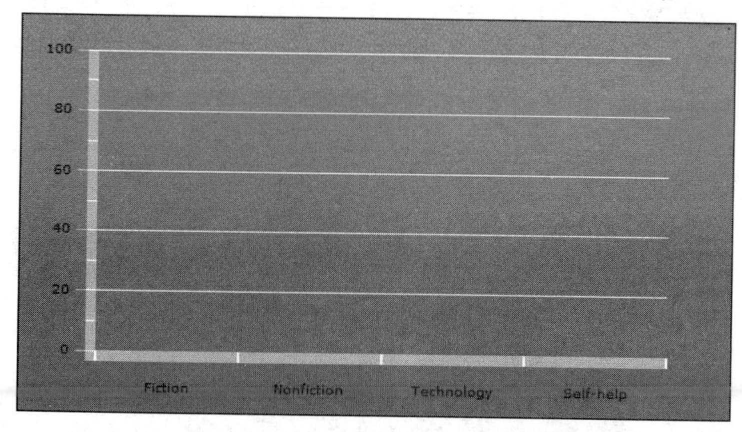

图14-9　添加了图书类别

就像对饼图所做的那样，我们现在要创建一个将包含ColumnSeries类（饼图所对应的是PieSeries类）的series容器。不过，ColumnSeries类有2个不同的属性：xField和yField。我们会在这里让数据和轴匹配起来。我们已经确定了x轴为bookType。Sales类别包含实际的数据。

(6) 在结束horizontalAxis标签的下面添加如下所示的series容器和ColumnSeries类：

```
<mx:ColumnChart dataProvider="{bookSales}" width="50%" height="50%">
    <mx:horizontalAxis>
        <mx:CategoryAxis categoryField="bookType"/>
    </mx:horizontalAxis>
    <mx:series>
        <mx:ColumnSeries xField="bookType" yField="Sales"/>
    </mx:series>
</mx:ColumnChart>
```

(7) 运行应用程序，结果应该类似于图14-10所示。

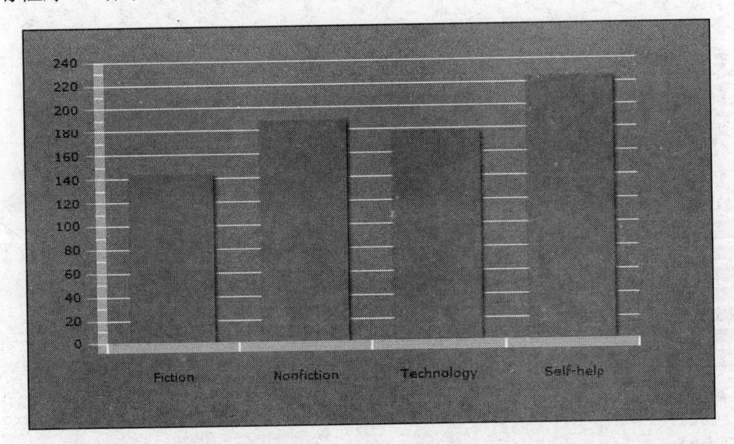

图14-10　完成之后的ColumnChart组件

ColumnChart类的一个很好用的功能是showDataTips属性，该属性允许用户把鼠标悬停在图表的上方并看到特定的数据。

(8) 回到ColumnChart起始标签并添加如下所示的showDataTips属性：

```
<mx:ColumnChart dataProvider="{bookSales}" width="50%" ➥
height="50%" showDataTips="true">
```

(9) 运行应用程序。观察把鼠标指针悬停在其中一个柱状图的上方时所发生的变化（如图14-11所示）。

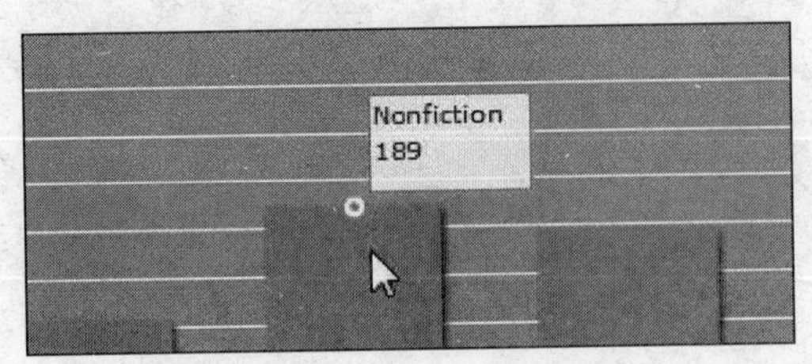

516

图14-11　添加DataTip功能

一切都很好，但在处理多组数据时该怎么办呢？我们来向ArrayCollection添加更多的数据并看个究竟。

(10) 首先，对ArrayCollection做如下修改：

```
private var bookSales:ArrayCollection = new ArrayCollection(
    [{bookType: "Fiction", Sales: 143, returns: 13},
     {bookType: "Nonfiction", Sales: 189, returns: 9},
     {bookType: "Technology", Sales: 178, returns: 11},
       {bookType: "Self-help", Sales: 224, returns: 7}]);
```

通过向series容器添加第2个ColumnSeries类来添加这个新的级联，如下所示。现在就添加这行代码。

(11) 在现有ColumnSeries的下面再添加一个ColumnSeries，这一次要将yField属性设置为returns。

```
<mx:series>
     <mx:ColumnSeries xField="bookType" yField="Sales"/>
     <mx:ColumnSeries xField="bookType" yField="returns"/>
</mx:series>
```

(12) 运行应用程序，就会看到图14-12中所示的结果。

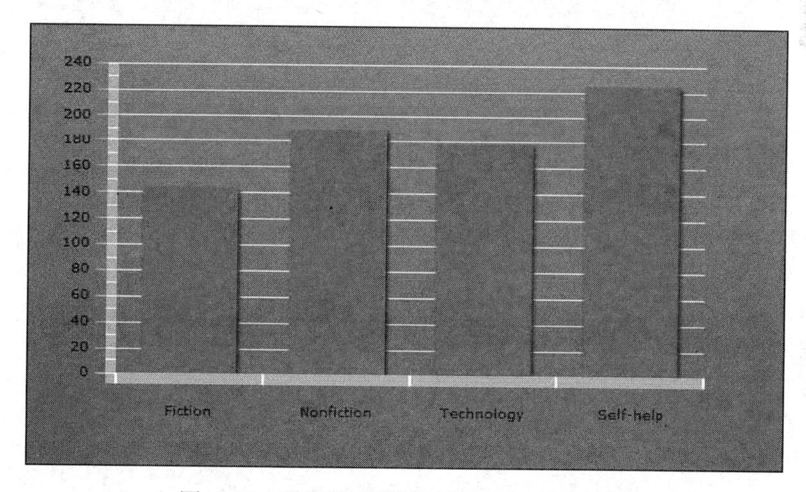

图14-12　带有第2组数据的ColumnChart组件

我们很容易就能看到第2组图表化的数据，但此时我们不知道哪一个柱状图表示Sales、哪一个柱状图表示returns。为了区分，我们需要向图表添加图例。为了完成这项工作，我们需要对代码做一些小的调整。

(13) 给ColumnChart设置id属性，对于这个示例，将它命名为myChart。

```
<mx:ColumnChart dataProvider="{bookSales}" width="50%" ➥
height="50%" showDataTips="true" id="myChart">
```


(14) 在结束ColumnChart标签的下面添加Legend类，并把它绑定到myChart。我们需要根据想要的图例位置来设置x和y值。对于该练习，我将x和y值分别设置为630和10。不过，大家可以使用自己的设置。


```
</mx:ColumnChart>
<mx:Legend dataProvider="{myChart}" x="630" y="10"/>
```

(15) 运行应用程序，我们将看到图例的开头。但这里有一个问题，如图14-13所示。

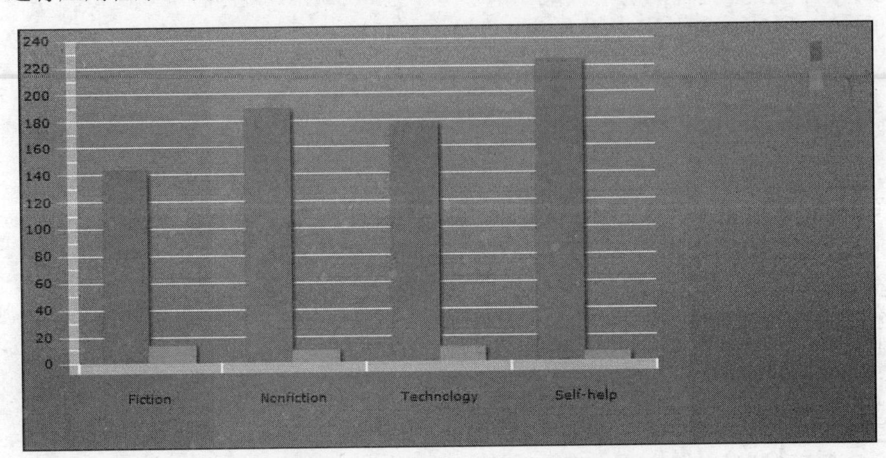

图14-13　右上角的Legend组件

我们看到了与柱状图相关的颜色，但是并没有表明其含义的文本。为此，我们需要对两个ColumnSeries标签添加displayName属性。

(16) 将两个ColumnSeries标签修改如下：

```
<mx:series>
    <mx:ColumnSeries xField="bookType" yField="Sales" ➥
displayName="Book Sales"/>
    <mx:ColumnSeries xField="bookType" yField="returns" ➥
displayName="Book Returns"/>
</mx:series>
```

(17) 运行应用程序，图例现在成功地设置完了，如图14-14所示。

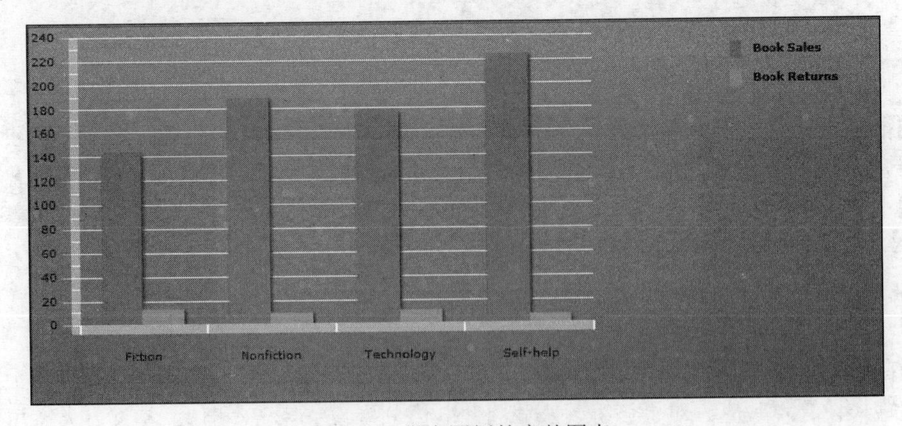

图14-14　带有图例的完整图表

可以看到，我们刚才创建了一个漂亮的图表。我们本来还可以添加在前面的饼图中使用的渐变效果，但是，这里要尝试一些更让人兴奋的事情：制作图表动画。

14.3 制作图表动画

假设我们需要比较公司A与公司B的数据。有了Flex，我们就可以在不同公司的数据组之间创建漂亮的过渡。大家将会看到，对应的编程工作并不是那么难。

我们可以使用在上一个练习中创建的ColumnChart组件。不过，为了理解动画概念，我们需要对它做一些调整。

(1) 将已有的ArrayCollection重新命名为bookSalesA。然后，再创建一个名为bookSalesB的ArrayCollection。其代码应该如下所示：

```
[Bindable]
private var bookSalesA:ArrayCollection = new ArrayCollection(
     [{bookType: "Fiction", Sales: 143, returns: 13},
     {bookType: "Nonfiction", Sales: 189, returns: 9},
     {bookType: "Technology", Sales: 178, returns: 11},
     {bookType: "Self-help", Sales: 224, returns: 7}]);

[Bindable]
private var bookSalesB:ArrayCollection = new ArrayCollection(
     [{bookType: "Fiction", Sales: 91, returns: 20},
     {bookType: "Nonfiction", Sales: 142, returns: 28},
     {bookType: "Technology", Sales: 182, returns: 30},
     {bookType: "Self-help", Sales: 120, returns: 10}]);
```

(2) 调整ColumnChart的dataProvider属性以便先看到bookSalesA。

```
<mx:ColumnChart dataProvider="{bookSalesA}" width="50%" ➥
height="50%" showDataTips="true" id="myChart">
```

519

可以使用的过渡类型有3种：

- SeriesInterpolate；
- SeriesSlide；
- SeriesZoom。

我们将从最容易使用的SeriesInterpolate开始，依次看看这3种类型。

(3) 在Script代码块的下面建立<SeriesInterpolate>标签。为了使用这个过渡，必须给它设置id和duration属性（前面的章节讲过，duration的单位是毫秒）。

```
<mx:SeriesInterpolate id="chartChange" duration="2000"/>
```

现在需要把ColumnSeries元素与过渡效果（在这个例子中为SeriesInterpolate）绑定起来。我们将使用showDataEffect事件的2个实例。

(4) 向ColumnSeries标签添加如下所示的showDataEffect事件：

```
<mx:ColumnChart dataProvider="{bookSalesA}" width="50%" ➥
height="50%" showDataTips="true" id="myChart">
     <mx:horizontalAxis>
          <mx:CategoryAxis categoryField="bookType"/>
     </mx:horizontalAxis>
     <mx:series>
```

14

```
        <mx:ColumnSeries xField="bookType" yField="Sales" ➥
displayName="Book Sales" showDataEffect="{chartChange}"/>
        <mx:ColumnSeries xField="bookType" yField="returns" ➥
displayName="Book Returns" showDataEffect="{chartChange}"/>
    </mx:series>
</mx:ColumnChart>
```

注意，默认的dataProvider仍然是bookSalesA。大家立刻就会看到，这是图表的初始数据。如果不是这个默认的设置，就不会绘制图表。

两个ColumnSeries现在会用到属性showDataEffect并引用SeriesInterpolate类的id。

现在需要创建数据集bookSalesA和bookSalesB之间的切换方式，RadioButton组件可能是做这件事的最佳工具。因为我们已经学过这个组件的用法，所以此处不再赘述。

对于这个示例，应把RadioButton组件放在HBox容器内。

(5) 在Legend标签的下面创建下列代码：

```
<mx:HBox x="20" y="400">
    <mx:RadioButton groupName="books" label="Book Sales A" ➥
selected="true"  click="myChart.dataProvider = bookSalesA"/>
    <mx:RadioButton groupName="books" label="Book Sales B" ➥
click="myChart.dataProvider = bookSalesB"/>
</mx:HBox>
```

520

注意，我们使Book Sales A按钮成为了默认按钮。选择RadioButton时会创建一个click事件，该事件将调用图表的dataProvider属性，并调用所需要的数据集。

这就是全部的操作了。

(6) 运行应用程序。当单击RadioButtons时，柱状图会产生动画，整个图表会重新调整大小。

现在我们要做一些小的修改来演示SeriesSlide效果。

为达到这个目的，我们需要创建两个效果：一个是柱状图的“滑”入，一个是柱状图的“滑”出。

(7) 用两个SeriesSlide标签替换SeriesInterpolate标签，如下所示：

```
<mx:SeriesSlide id="chartSlideIn" duration="2000" direction="up"/>
<mx:SeriesSlide id="chartSlideOut" duration="2000" direction="down"/>
```

注意，我们需要指定一个direction属性。在这个例子中，我们会指定数值让柱状图上升和下降，从而使新的数据滑入显示、使旧的数据退出显示。如果想象不出对应的效果，我们马上就可以亲眼看到。

在ColumnSeries标签中，我们需要更改现有的showDataEffect属性，使它们与chartSlideIn联系起来。不过，为了让图表退出显示，需要先隐藏它。通过把hideDataEffect属性与chartSlideOut SeriesSlide连接起来就可以实现这个目的。

(8) 对ColumnSeries标签做如下更改：

```
<mx:series>
    <mx:ColumnSeries xField="bookType" yField="Sales" ➥
displayName="Book Sales" showDataEffect="{chartSlideIn}" ➥
hideDataEffect="{chartSlideOut}"/>
```

```
    <mx:ColumnSeries xField="bookType" yField="returns" ➥
displayName="Book Returns" showDataEffect="{chartSlideIn}" ➥
hideDataEffect="{chartSlideOut}"/>
</mx:series>
```

RadioButton组件不需要有什么变化。

(9) 运行应用程序。单击RadioButton组件时，我们应该会看到非常漂亮的效果。当前的柱状图隐藏了，新的柱状图则升了起来。

让我们在本节的最后一个练习中测试一下SeriesZoom效果。

521

(10) 若想测试SeriesZoom效果，可用SeriesZoom替换SeriesSlide，并删除direction属性，如下所示：

```
<mx:SeriesZoom id="chartSlideIn" duration="2000" />
<mx:SeriesZoom id="chartSlideOut" duration="2000" />
```

(11) 运行应用程序，我们会看到柱状图的缩小与放大。

可以看出，我们可以在Flex中很轻松地创建一些非常酷的图表效果。

14.4 使用 BarChart 组件

作为最后一个练习，我们可以很容易地把柱状图转变成条形图。大家可能已经知道，条形图就是转向的柱状图。

使用在上一个练习中创建的ColumnChart组件，并对它做一些修改。

(1) 首先，将起始和结束<mx:ColumnChart>标签改成<mx:BarChart>，不需要更改其他任何属性。

在ColumnChart组件中，CategoryAxis是水平轴。但是在BarChart组件中，CategoryAxis变成了垂直轴。

(2) 将horizontalAxis容器改为verticalAxis。

```
<mx:verticalAxis>
    <mx:CategoryAxis categoryField="bookType"/>
</mx:verticalAxis>
```

最后，我们需要将series标签由ColumnSeries改成BarSeries。但是，要记住series标签中的xField和yField也要颠倒。

(3) 对代码做如下更改：

```
<mx:series>
    <mx:BarSeries yField="bookType" xField="Sales" ➥
displayName="Book Sales" showDataEffect="{chartSlideIn}" ➥
hideDataEffect="{chartSlideOut}"/>
    <mx:BarSeries yField="bookType" xField="returns" ➥
displayName="Book Returns" showDataEffect="{chartSlideIn}" ➥
hideDataEffect="{chartSlideOut}"/>
</mx:series>
```


这就是全部的操作了，完整的图表代码应该如下所示：

```
<mx:BarChart dataProvider="{bookSalesA}" width="50%" height="50%" ➥
showDataTips="true" id="myChart">
```

```
    <mx:verticalAxis>
        <mx:CategoryAxis categoryField="bookType"/>
    </mx:verticalAxis>
    <mx:series>
        <mx:BarSeries yField="bookType" xField="Sales" ➥
displayName="Book Sales" showDataEffect="{chartSlideIn}" ➥
hideDataEffect="{chartSlideOut}"/>
        <mx:BarSeries yField="bookType" xField="returns" ➥
displayName="Book Returns" showDataEffect="{chartSlideIn}" ➥
hideDataEffect="{chartSlideOut}"/>
    </mx:series>
</mx:BarChart>
```

(4) 现在，运行应用程序，我们应该会看到类似图14-15所示的界面。

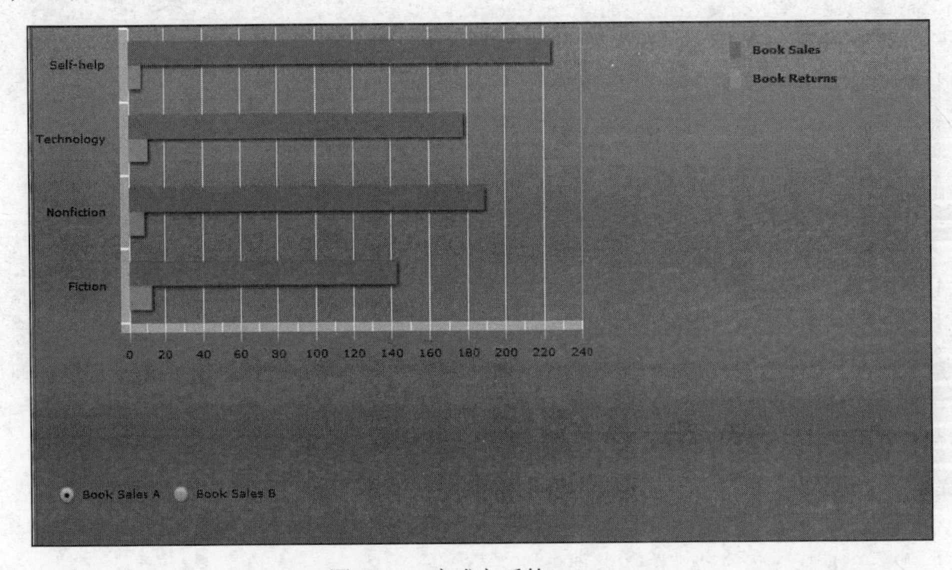

图14-15 完成之后的BarChart

14.5 小结

可以看出，图表是一种方便又有效的呈现数据的方式。当然，我们可以使用本书前面所学的技术从诸如XML或ColdFusion之类的外部数据源导入数据。

工作临近尾声了。现在让我们把注意力转向Adobe公司刚刚发布的一项新技术：Adobe Integrated Runtime或AIR。

第 15 章

AIR

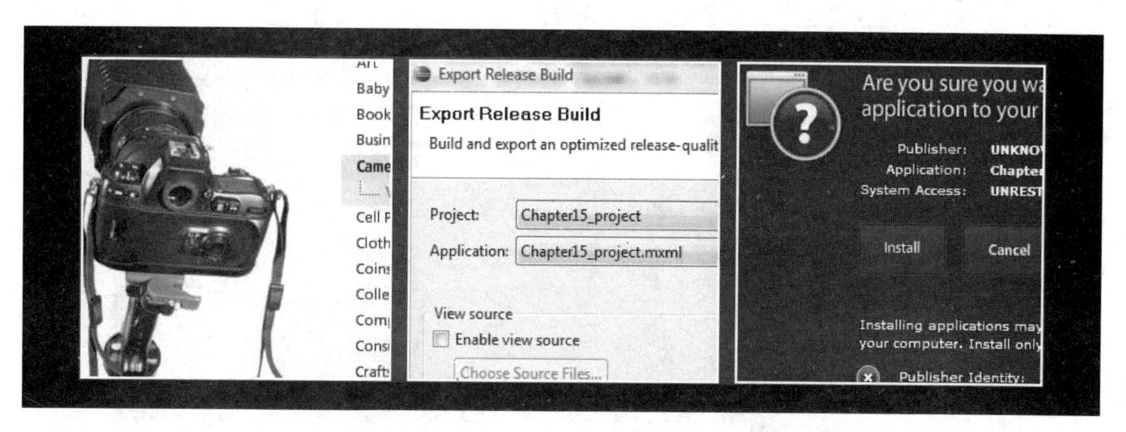

首先，我要在这里澄清一个非常普遍的误解：AIR（Adobe Integrated Runtime）的目的不是用Flex取代现有的Web技术，而是允许大家利用对现有Web技术的了解来构建桌面应用程序，这种桌面应用程序可以像Web应用程序那样访问Web。

新的AIR技术将把Web设计的概念带到一个全新的方向。

本章主要讲解Flex对AIR的使用。有关AIR的完整论述可以写上一整本书。因此，写到这里，我建议大家看看下面两本书：

- 由John Crosby、David Hassoun和Chris Korhonen著的*Creating Mashups with Adobe Flex and Air*（friends of ED, 2008）。
- 由Marco Casario、Koen De Weggheleire、Peter Elst和Zach Stepek著的*AdvancED AIR Applications*（Apress, 2008）。

知道这些之后，我们将泛泛地概括一下AIR是什么以及如何才能驾驭它。

15.1 理解 AIR

在本书第1章，我提到了桌面应用程序和Web应用程序之间的区别正变得越来越模糊。现在，我们看看早期阶段的访问Web上的数据的桌面应用程序。大家可以从下列网站下载一个很好的示例：http://desktop.ebay.com。

如果这是第1次下载AIR应用程序，系统会提示你下载另外一个软件：Adobe AIR Runtime。虽然这个比方不太准确，但它就相当于桌面AIR应用程序的Flash Player插件。一旦安装过之后，就不需要再次安装。

如果下载它并使用已有的eBay账户信息登录，就会看到一个工作状态下的AIR应用程序，如图15-1所示。

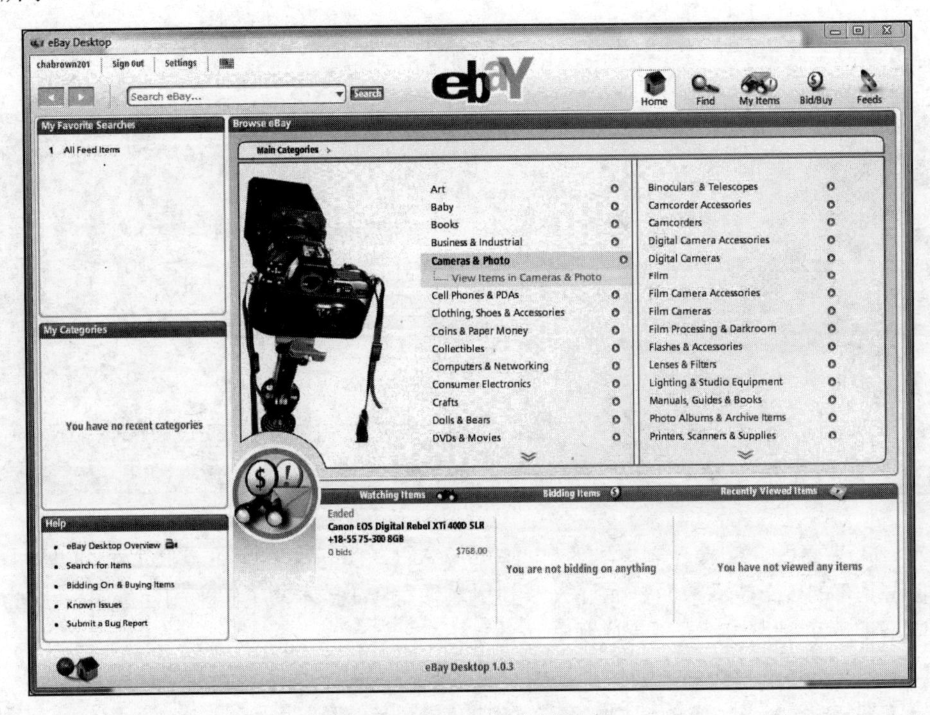

图15-1　Ebay AIR应用程序

注意它是作为桌面上的一个图标来安装的。

在这个应用程序中，我们可以使用与常规网站相同的功能。我们可以搜索在售商品、售价以及上传想要出售的商品。不过，它具有桌面应用程序的外观和感觉，而且它不需要使用Web浏览器。因此不会用到Web浏览器，所以它所使用的全部资源要比传统的网站少得多。而且，如果使用诸如手机之类的便携式设备进行访问的话，它有助于实现更快、更平稳的连接。

526

虽然并不是所有手机都预装了Flash，但此类手机的数目正在迅速增长。

在写作本书时，Adobe公司正在发布最流行Web设计工具（包括Flash CS3和Dreamweaver CS3）的更新以帮助构建AIR应用程序。不过，我们不需要使用这些工具就可以开发AIR应用程序。我们可以用简单的文本编辑器和HTML来编写AIR应用程序。能这样做的原因在于AIR应用程序的根本并不是工具本身，而是Adobe Integrated Runtime：一个类文件库，它支持在Flex、Flash或HTML中构建桌面应用程序。这个运行时可以安装在很多操作系统中，包括Windows 2000（SP4）之后的任意版本的Windows，以及大多数Mac系统，包括PowerPC、Tiger（10.4）和Leopard（10.5）。

> 在写作本书时，用于Linux的AIR版本正在开发当中。但是这个版本仍然没有确定的发布日期。

我要重复说一些事情：有了Adobe AIR，我们就不需要学习新的Web设计技术，而是需要重新思考如何部署和包装它们。知道这些之后，我们来尝试构建第1个AIR应用程序。

527

15.2 Hello World

因为这本关于Flex 3的书已经到了最后一章，所以我想我可以放心地认为大家安装了Flex 3。也就是说，我们不需要为了创建AIR应用程序而下载任何额外的东西。对于使用Flash CS3的人来说也是如此。不过，没有使用这些技术的人就需要先到Adobe网站下载免费的Adobe Integrated Runtime才能开发AIR应用程序。因为我们使用的是Flex 3，所以就不需要这样做了。

(1) 新建一个名为Chapter15_project的Flex项目（如图15-2所示）。

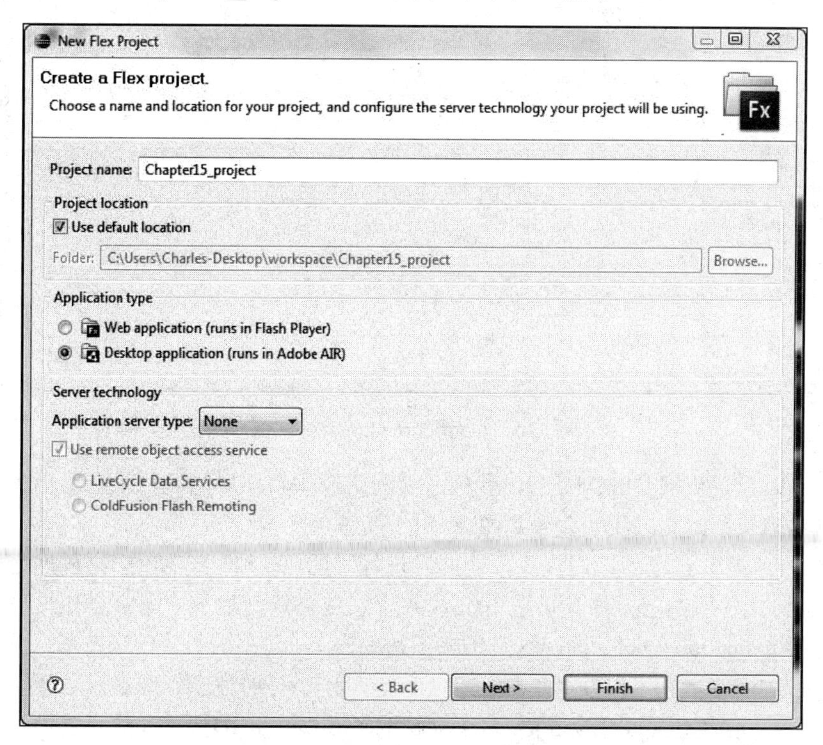

图15-2 Creat a Flex project对话框

注意图15-2中Application type类别的下面选中了Desktop application (runs in Adobe AIR) 选项，
528
这将自动调用构建和部署AIR应用程序所需要的恰当的类库。

(2) 单击Next按钮，打开如图15-3所示的对话框。

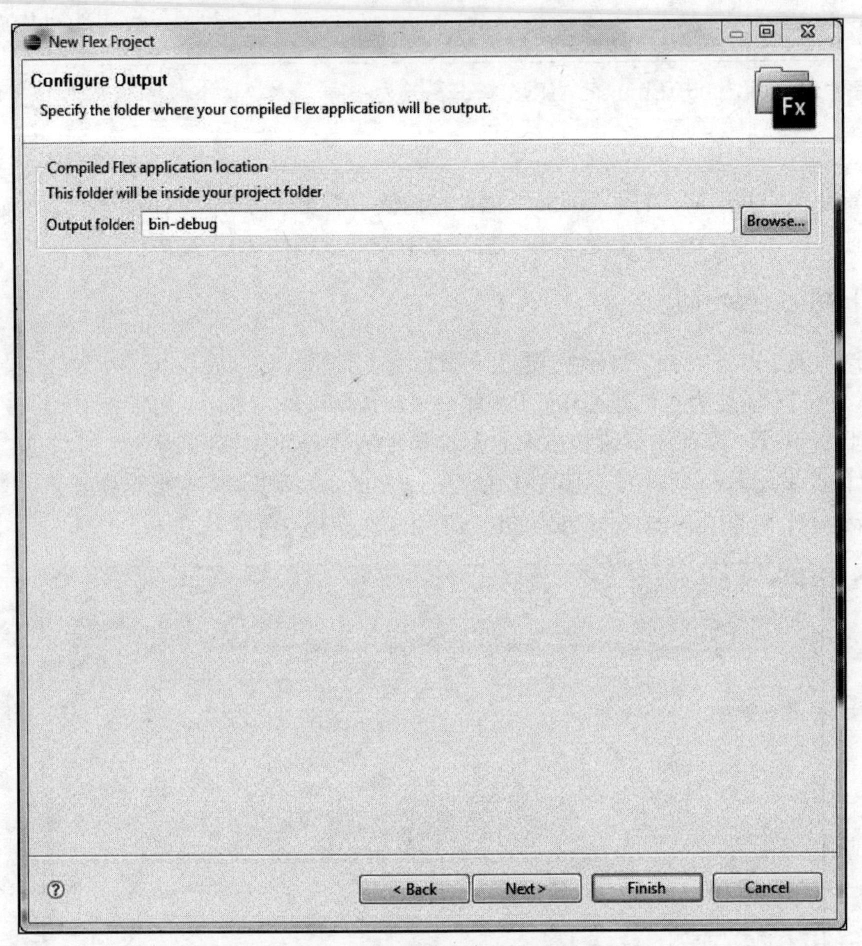

图15-3　Configure Output对话框

Output folder设置依旧是bin-debug，就像之前的所有项目那样。我们没必要更改它。

(3) 单击Next按钮，此时我们会看到图15-4中所示的对话框。

看看图15-4或是你自己的应用程序，就会发现标准的Flex项目与AIR应用程序之间的首个不同之处。注意源文件所在的文件夹仍然是src，并且系统仍然创建了一个MXML文件。不过，我们看到了名为Application ID的字段，这是用来识别AIR应用程序的独特的字符串。这个标识符的长度最多为212个字符，且可以使用字母、数字、点和连字符的任意组合。

529
对于该练习，使用Chapter15-project这个默认的Application ID即可（注意它用连字符代替了下划线，这在标识符中是不允许的）。

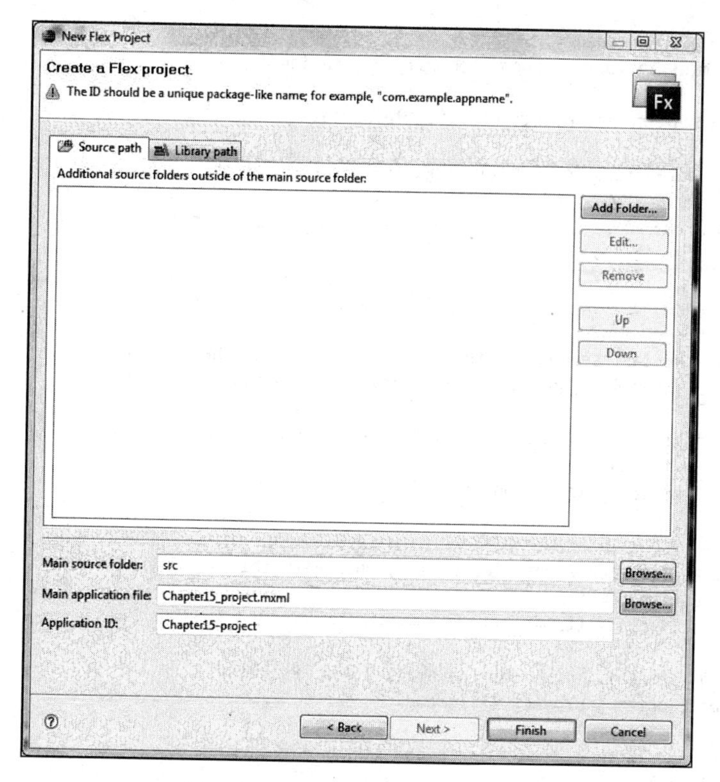

图15-4　Creat a Flex project对话框

(4) 单击Finish按钮，现在我们将看到Flex应用程序与AIR应用程序之间的真正区别。我们首先来看一下代码：

```
<?xml version="1.0" encoding="utf-8"?>
<mx:WindowedApplication xmlns:mx="http://www.adobe.com/2006/mxml" ➥
layout="absolute">

</mx:WindowedApplication>
```

注意在起始和结束Application标签的位置上，有一个新的标签叫做WindowedApplication。把代码编译成AIR应用程序需要用到一些类文件，而Windowed Application就是Flex访问这些类文件所需要的类。与这个类相关的属性和在Application标签中使用的那些属性是相同的。

不过，还有一个重要的差别。

看一下Flex Navigator视图，我们将看到系统创建的另一个名为Chapter15_project-app.xml的文件（如图15-5所示）。

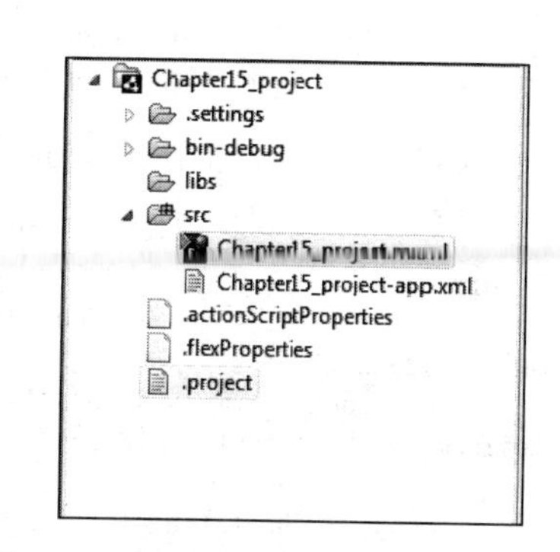

图15-5　Flex Navigator视图中有一个新的XML文件

(5) 打开这个文件，我们将看到下面的代码：

530

15

531

```
<?xml version="1.0" encoding="UTF-8"?>
<application xmlns="http://ns.adobe.com/air/application/1.0">

<!-- Adobe AIR Application Descriptor File Template.

    Specifies parameters for identifying, installing, and ➥
launching AIR applications.
    See http://www.adobe.com/go/air_1.0_application_descriptor ➥
for complete documentation.

    xmlns - The Adobe AIR namespace: http://ns.adobe.com/air/➥
application/1.0
                The last segment of the namespace specifies the version
                of the AIR runtime required for this application to run.

    minimumPatchLevel - The minimum patch level of the AIR ➥
runtime required to run
                the application. Optional.
-->

    <!-- The application identifier string, unique to this ➥
application. Required. -->
    <id>Chapter15-project</id>

    <!-- Used as the filename for the application. Required. -->
    <filename>Chapter15_project</filename>

    <!-- The name that is displayed in the AIR application ➥
installer. Optional. -->
    <name>Chapter15_project</name>

    <!-- An application version designator (such as "v1", ➥
"2.5", or "Alpha 1"). Required. -->
    <version>v1</version>

    <!-- Description, displayed in the AIR application ➥
installer. Optional. -->
    <!-- <description></description> -->

    <!-- Copyright information. Optional  ->
    <!-- <copyright></copyright> -->

    <!-- Settings for the application's initial window. Required. -->
    <initialWindow>
        <!-- The main SWF or HTML file of the application. ➥
Required. -->
        <!-- Note: In Flex Builder, the SWF reference is set ➥
automatically. -->
        <content>[This value will be overwritten by Flex ➥
Builder in the output app.xml]</content>

        <!-- The title of the main window. Optional. -->
        <!-- <title></title> -->
```

```
            <!-- The type of system chrome to use (either ➥
  "standard" or "none"). Optional. Default standard. -->
            <!-- <systemChrome></systemChrome> -->

            <!-- Whether the window is transparent. Only applicable ➥
  when systemChrome is false. Optional. Default false. -->
            <!-- <transparent></transparent> -->

            <!-- Whether the window is initially visible. Optional. ➥
  Default false. -->
            <!-- <visible></visible> -->

            <!-- Whether the user can minimize the window. ➥
  Optional. Default true. -->
            <!-- <minimizable></minimizable> -->

            <!-- Whether the user can maximize the window. ➥
  Optional. Default true. -->
            <!-- <maximizable></maximizable> -->

            <!-- Whether the user can resize the window. ➥
  Optional. Default true. -->
            <!-- <resizable></resizable> -->

            <!-- The window's initial width. Optional. -->
            <!-- <width></width> -->

            <!-- The window's initial height. Optional. -->
            <!-- <height></height> -->

            <!-- The window's initial x position. Optional. -->
            <!-- <x></x> -->

            <!-- The window's initial y position. Optional. -->
            <!-- <y></y> -->

            <!-- The window's minimum size, specified as a ➥
  width/height pair, such as "400 200". Optional. -->
            <!-- <minSize></minSize> -->

            <!-- The window's initial maximum size, specified as a ➥
  width/height pair, such as "1600 1200". Optional. -->
            <!-- <maxSize></maxSize> -->
        </initialWindow>

        <!-- The subpath of the standard default installation ➥
  location to use. Optional. -->
        <!-- <installFolder></installFolder> -->

        <!-- The subpath of the Windows Start/Programs menu to use. ➥
  Optional. -->
        <!-- <programMenuFolder></programMenuFolder> -->

        <!-- The icon the system uses for the application. For at ➥
  least one resolution,
```

532

```
        specify the path to a PNG file included in the AIR ➥
package. Optional. -->
    <!-- <icon>
        <image16x16></image16x16>
        <image32x32></image32x32>
        <image48x48></image48x48>
        <image128x128></image128x128>
    </icon> -->

    <!-- Whether the application handles the update when a ➥
user double-clicks an update version
    of the AIR file (true), or the default AIR application ➥
installer handles the update (false).
    Optional. Default false. -->
    <!-- <customUpdateUI></customUpdateUI> -->

    <!-- Whether the application can be launched when the ➥
user clicks a link in a web browser.
    Optional. Default false. -->
    <!-- <allowBrowserInvocation></allowBrowserInvocation> -->

    <!-- Listing of file types for which the application ➥
can register. Optional. -->
    <!-- <fileTypes> -->

        <!-- Defines one file type. Optional. -->
        <!-- <fileType> -->

            <!-- The name that the system displays for ➥
the registered file type. Required. -->
            <!-- <name></name> -->

            <!-- The extension to register. Required. -->
            <!-- <extension></extension> -->

            <!-- The description of the file type. Optional. -->
            <!-- <description></description> -->

            <!-- The MIME type. Optional. -->
            <!-- <contentType></contentType> -->

            <!-- The icon to display for the file type. ➥
Optional. -->
            <!-- <icon>
                <image16x16></image16x16>
                <image32x32></image32x32>
                <image48x48></image48x48>
                <image128x128></image128x128>
            </icon> -->

        <!-- </fileType> -->
    <!-- </fileTypes> -->

</application>
```

533

这个文件叫做Application Descriptor，该XML文件的作用是告诉AIR编译器应该如何构建应用程序。我们将在稍后详细地分析这个文件。但是现在，请回到MXML应用程序文件。

(6) 将起始WindowedApplication标签中的layout属性改为vertical。

```
<?xml version="1.0" encoding="utf-8"?>
<mx:WindowedApplication xmlns:mx="http://www.adobe.com/2006/mxml" ➥
layout="vertical">

</mx:WindowedApplication>
```

(7) 在起始和结尾WindowedApplication标签内放入一个text属性为Hello from Adobe AIR. It Is Easy to Use的Label标签，将其fontWeight设置为bold，将fontSize设置为24。

534

```
<?xml version="1.0" encoding="utf-8"?>
<mx:WindowedApplication xmlns:mx="http://www.adobe.com/2006/mxml" ➥
layout="vertical">
    <mx:Label text="Hello from Adobe AIR. It Is Easy to Use" ➥
fontWeight="bold" fontSize="24"/>
</mx:WindowedApplication>
```

(8) 运行应用程序，结果应该如图15-6所示。

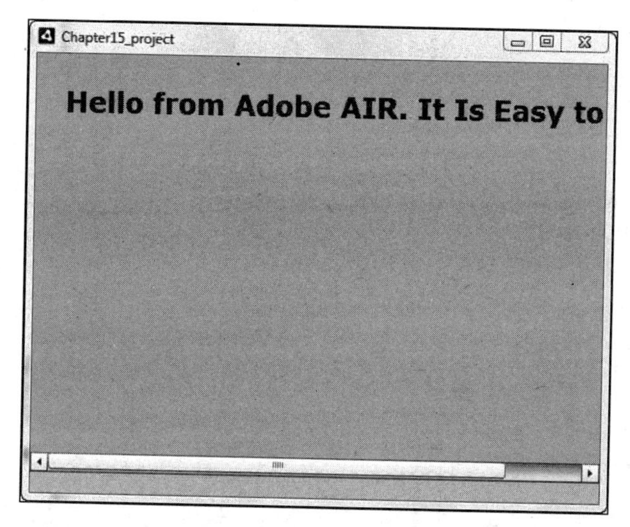

图15-6 Adobe AIR应用程序

注意传统的浏览器窗口并没有打开。取而代之的是，在这个特殊的例子中，应用程序窗口一开始就带有自己的滚动条和窗口控件。窗口甚至可以重新调整大小，如果使窗口变得足够大，滚动条就会消失。

看一下Flex Navigator视图中的bin-debug文件夹，就会发现部署的文件只有2个：Application Descriptor XML文件和SWF文件（如图15-7所示）。

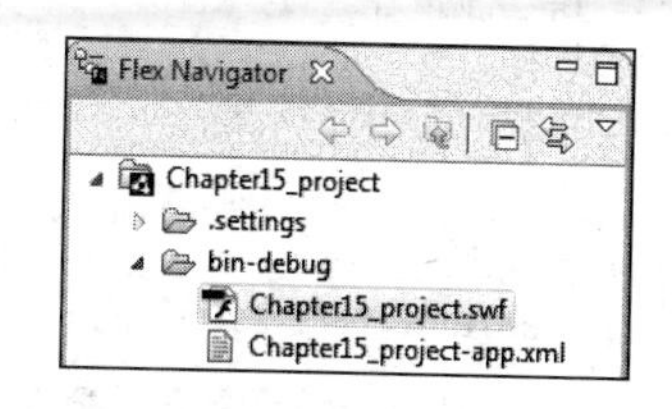

图15-7 Flex Navigator视图中的部署文件

对Adobe AIR的工作原理有了一些了解之后，就该把注意力转回到Application Descriptor

535 上了。

15.3 Application Descriptor

根据需要，重新打开XML文件Chapter15_project-app.xml。这里有大量的代码，我们只讲讲大家应该了解的重要部分。这是因为我们在使用Flex Builder，在这里输入的大多数值都会被Flex Builder中的MXML文件中的设置覆写。因此，这个文件的大多数结构是不需要理会的，只有在手动创建AIR应用程序时才需要用到它们。

Application Descriptor中的大多数字段都是不需要解释的，而且它们伴有相应的注释来描述字段的作用以及默认的值。

同样，我们很少需要理会这个文件中的字段。实际上，如果你输入某些值，编译的应用程序可能并不会反映这些变化。不过，大家对该文件的内容最好还是有一个起码的了解。懂得这些之后，我们来仔细地看一看那些重要的部分。

```
<?xml version="1.0" encoding="UTF-8"?>
<application xmlns="http://ns.adobe.com/air/application/1.0">
```

Application Descriptor总是以XML声明和一个起始application标签开头。在application标签内，XML命名空间中会声明编译器的版本。在写作本书时，编译器的版本是1.0，这是最初公开发布的AIR编译器。

在XML代码中注释的后面，约第18行的位置，大家应该会看到一个名为id的标签。

```
<!-- The application identifier string, unique to this ➥
application. Required. -->
    <id>Chapter15-project</id>
```

这是之前在创建Flex项目时所命名的Application ID。如果没有使用Flex Builder，就需要在这里给Application ID命名。一个新兴的标准是使用反向域名来命名ID。例如，假设我们使用的域名是www.friendsofed.com，那么id可能就类似于下面所示：

```
com.friendsofed.chapter15-project
```

每个应用程序都应该有其独特的标识符。对于这个练习，我们不需要更改它，Flex Builder会自动处理它。

向下移动至第23~28行左右，大家应该会看到带有相应注释的name和version标签。

```
<!-- The name that is displayed in the AIR application ➥
installer. Optional. -->
    <name>Chapter15_project</name>

    <!-- An application version designator (such as "v1", ➥
"2.5", or "Alpha 1"). Required. -->
    <version>v1</version>
```

536

在这里，Flex会自动指派MXML文件的名称。另外，在更新应用程序时，我们可以更改版本号来反映这些变化。这是必不可少的。

如果向下移动到第29~33行，应该会看到description和copyright信息。

```
<!-- Description, displayed in the AIR application installer. ➥
Optional. -->
    <!-- <description></description> -->

    <!-- Copyright information. Optional -->
    <!-- <copyright></copyright> -->
```

和该文件的大多数标签一样，这些标签的含义一目了然。例如，假设我们想给应用程序设置一个将和它一起编译的描述信息，就可以按如下所示来编写代码：

```
<!-- Description, displayed in the AIR application installer. ➥
Optional. -->
    <!-- <description>My first Adobe AIR application.➥
</description> -->
```

至此，我们看到的标签并没有对应用程序本身产生实际的影响，它们在本质上只是描述性的。不过下一组标签将会影响应用程序。

我们来看看大约从第35行到第80行用<initialWindow>标签<$I~<initialWindow> tag>组合起来的文件组。

```
<!-- Settings for the application's initial window. Required. -->
    <initialWindow>
        <!-- The main SWF or HTML file of the ➥
application. Required. -->
        <!-- Note: In Flex Builder, the SWF reference is set ➥
automatically. -->
        <content>[This value will be overwritten by Flex ➥
Builder in the output app.xml]</content>
```

通常情况下，如果是手动构建AIR应用程序，而不是使用某种Adobe技术来构建的话，就要填写这个信息。不过，我多次提到过，Flex Builder会覆写我们在这里输入的信息。例如，注意有一个title字段。如果在这个字段中输入一个标题，我们就会希望AIR应用程序窗口的标题为我们输入的标题。如果没有使用Flex Builder，那肯定是这样的。但因为Flex Builder会覆写该文件的很多设置，所以编译之后的应用程序就不会反映这一变化。取而代之的是，我们需要在MXML文件中更改WindowedApplication标签的title属性。

同样，其余标签的含义是一目了然的，它们处理的是窗口大小、x和y位置、透明度以及可见性这样的细节。

537

在<initialWindow>这组标签之后，Application Descriptor XML文件中的大部分信息都与对应的包装和图标有关。大多数情况下，使用默认的信息即可，我们很少需要更改这些信息。

现在关闭这个文件。我们不需要进一步探讨它了。

现在我们要谈谈AIR应用程序的部署。

15.4 部署 AIR 应用程序

创建了应用程序之后，准备进入黄金时段，我们需要部署应用程序。部署意味着编译应用程序，为其提供安全认证，并把应用程序打包成一个安装文件。当然，在保存Flex应用程序时，一切事物都会得到编译。下面我们就来开始部署应用程序吧。

(1) 选择Project→Export Release Build命令，打开图15-8中所示的对话框。

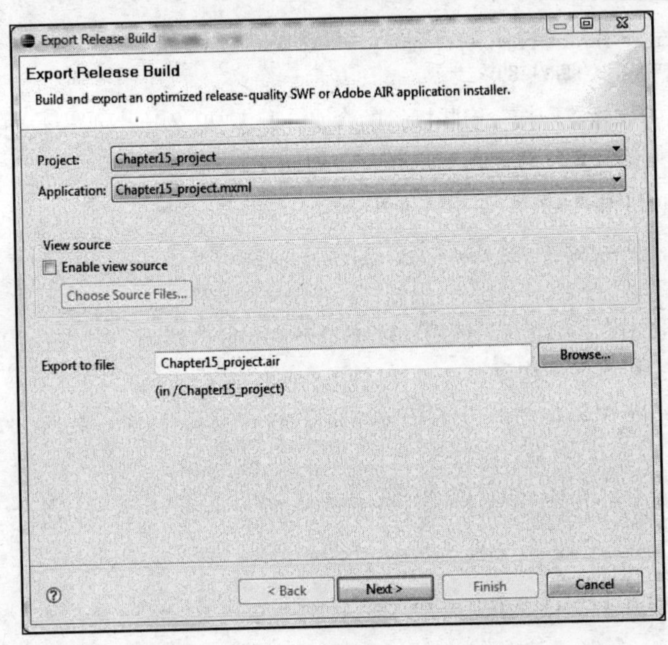

图15-8　Export Release Build对话框

我们可以在这里选择需要编译的项目和应用程序文件。

注意有一个Enable view source复选框，这将激活Choose Source Files按钮。单击该按钮，会打开图15-9中所示的对话框。

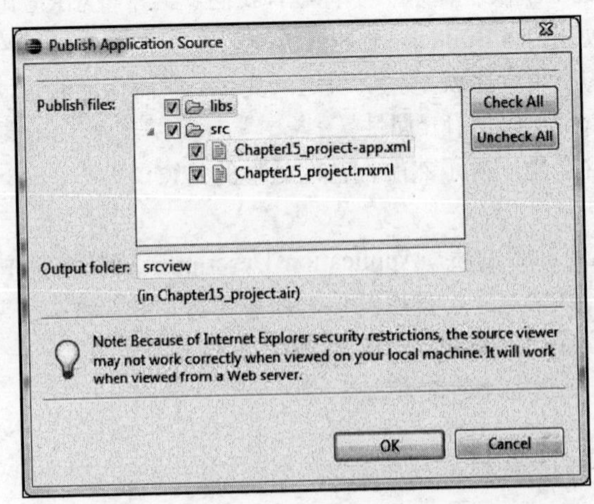

图15-9　Publish Application Source对话框

大多数情况下，我们不需要使用这个功能。只有当需要为项目选择必要的文件（或取消选择不必要的文件）时，我们才会用到它。之后，src和libs文件夹中的所有文件都会被自动选中。对于这个练习来说，这样很好。

下一步是选择安装文件的导出位置，我们在Export to file字段中选择这个位置。注意Adobe AIR应用程序包的文件扩展名是.air。

虽然不是必需的，但我强烈建议把应用程序部署到专门的文件夹中。通过单击字段右边的Browse按钮就可以做这件事。

(2) 单击Browse按钮，此时会出现Save As对话框（如图15-10所示）。

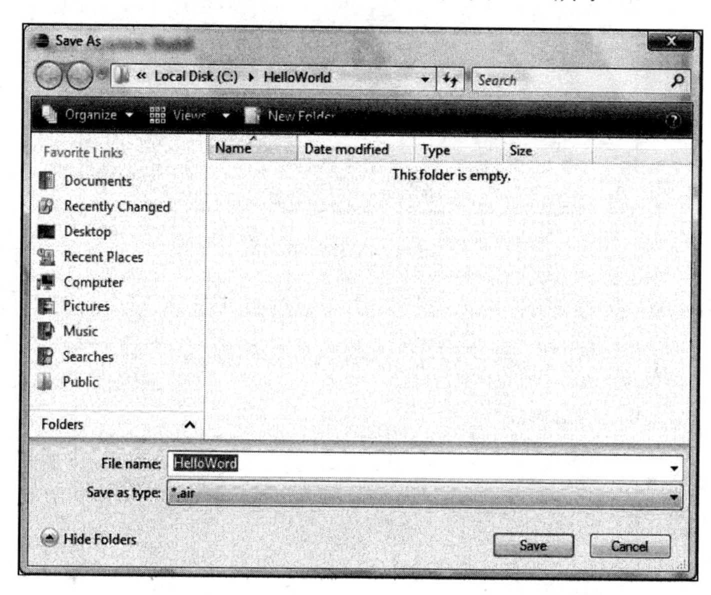

图15-10 Save As对话框

根据操作系统的不同，该界面会略有不同。对于这个练习，我创建了一个名为HelloWorld的文件夹并将输出文件名改为HelloWorld.air。

(3) 在操作系统中创建一个新的文件夹并将输出文件的名称改为HelloWorld。

(4) 单击Save按钮。

(5) 单击Next按钮打开如图15-11中所示的对话框。

539

在继续操作这个练习之前，我们来讲讲数字签名。

数字签名

所有Adobe AIR应用程序都必须有数字安全认证，即使它是自签名的。

自签名的安全认证适用于内部或有限发行的应用程序。但如果要发行商业用途的应用程序，就要考虑诸如VeriSign之类的安全认证提供商。

我们需要做的第1件事情是创建认证，并告诉Flex Builder你想把认证存储在什么地方。大多数情况下，把它存放在你创建的应用程序文件夹（在本例中为HelloWorld）中即可。

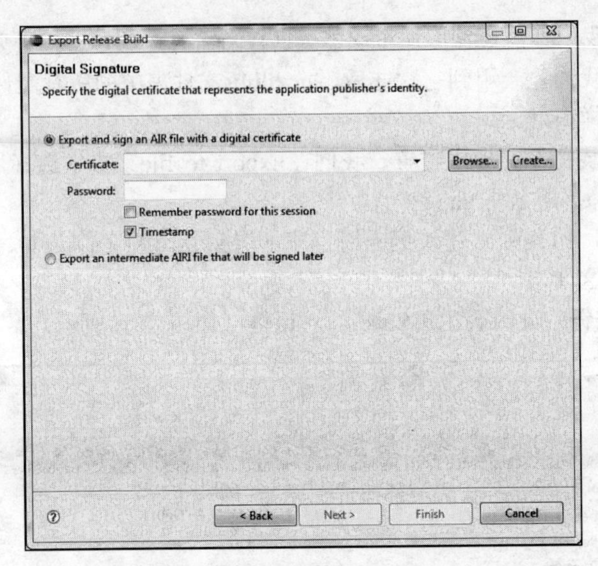

图15-11　Digital Signature对话框

(1) 单击Certificate字段右边的Create按钮，我们会看到如图15-12所示的界面。

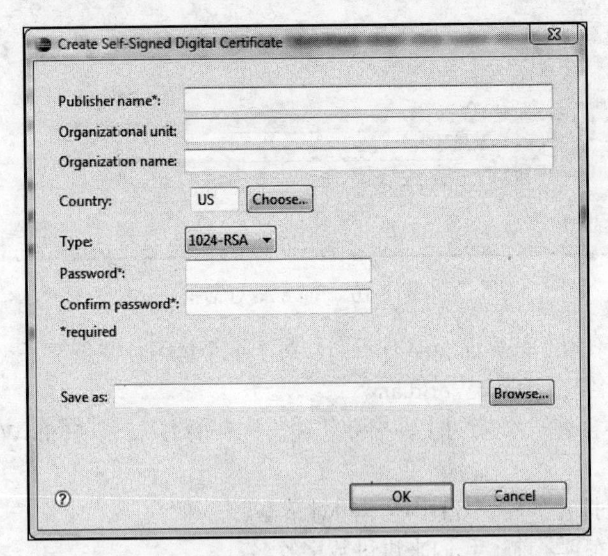

图15-12　Create Self-Signed Certificate对话框

(2) 将认证的Publisher name设置为friendsofed.com，我们可以保留Organizational unit和Organization name字段为空。

(3) 根据所需要的加密级别，认证有1024-RSA和2048-RSA两种类型。对于这个练习，选择1024-RSA即可。

(4) 输入你选择的密码，然后确认该密码。

(5) 最后一步是选择保存认证的位置。大多数情况下，我们可以把它保存在导出应用程序的那个文件夹中：在这个例子中为上一节创建的HelloWorld文件夹。通过单击Browse按钮来完成这项工作。

540 ≀ 541

(6) 将文件命名为HelloWorldCertificate。Flex Builder会自动给它加上文件扩展名.p12。

(7) 单击Save按钮，完成之后的认证应该类似于图15-13所示。

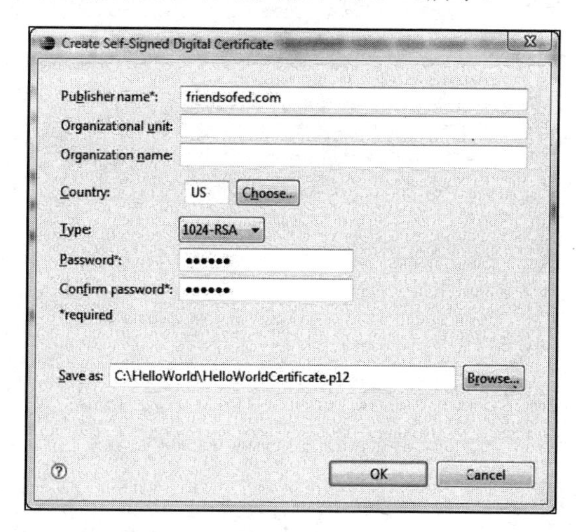

图15-13 完成之后的数字签名认证

(8) 单击OK按钮。

这些信息应该已经写回到Digital Signature对话框中（如图15-14所示）。另外，注意Next和Finish按钮现在可以使用了。

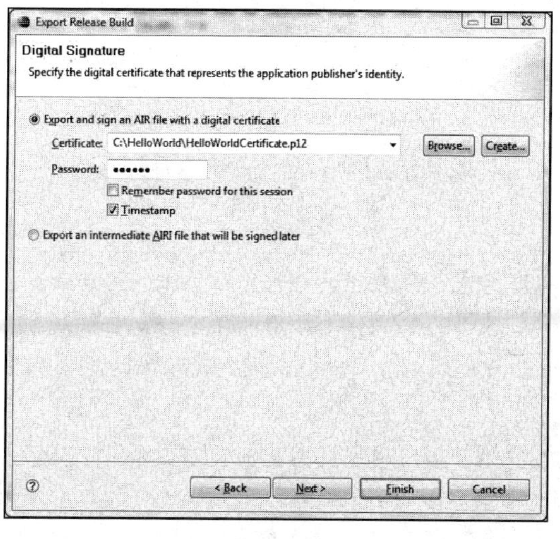

图15-14 完成之后的Digital Signature对话框

如果要在这个会话期间进行多次编译，就要勾选Remember password for this session复选框。而且，如果要在以后添加签名认证，就可以使用Export an intermediate AIRI file that will be signed later选项。

(9) 单击Next按钮，打开如图15-15所示的对话框。

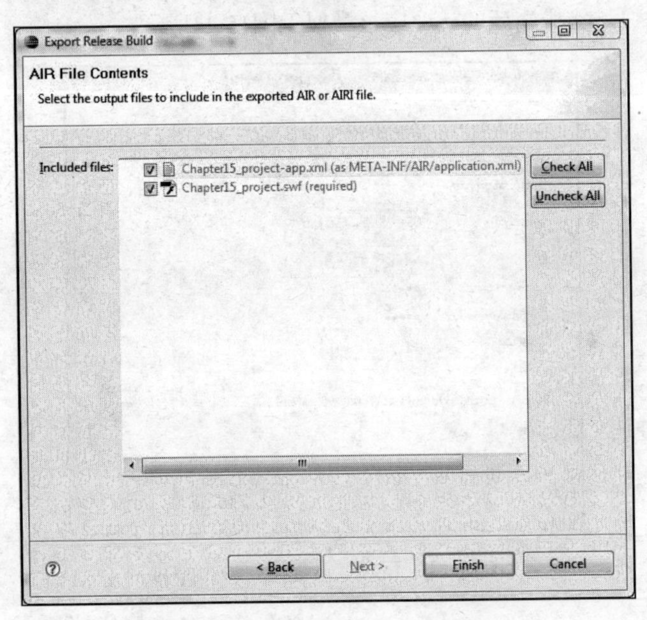

图15-15 AIR File Contents对话框

Included files对话框将向我们显示导出的应用程序中包含了哪些文件。注意在这个例子中只有2个文件：Application Descriptor XML文件和SWF文件。大多数情况下，我们不需要在这里更改什么。

(10) 单击Finish按钮。

542

现在就创建了应用程序。

(11) 转到刚才创建的HelloWorld文件夹，我们应该会看到其内有2个文件，.air安装文件和.p12认证文件。双击安装文件，打开图15-16中所示的对话框。

> 如果由于某些原因还没有在计算机上安装Adobe AIR Runtime，系统就会提示你下载并安装它。在写本书时，有些人遇到了系统警告应用程序未经认证的情况。如果发生这种情况，只要前往下列网址http://get.adobe.com/air/?promoid=BUIGQ（这是写作本书时的链接）并下载和安装运行库即可。
>
> 注意实际安装的应用程序的名称就是项目名称：Chapter15_project。这包含了所需要的AIR文件。如果需要卸载应用程序，可以用右键单击应用程序的图标或者针对所使用的操作系统使用相应的卸载方法。

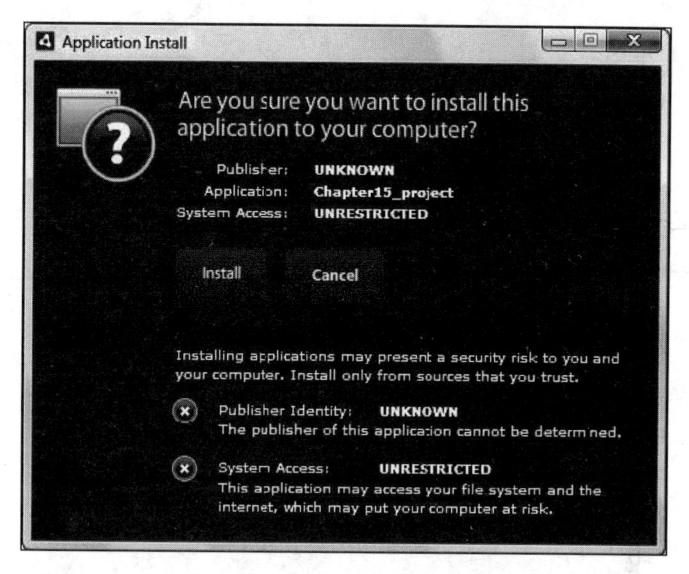

图15-16 Application Install对话框

注意，因为我们使用了自签名的认证，所以Publisher Identity设置被列为UNKNOWN。而且，因为我们没有在这个练习中创建安全约束（这方面的内容超出了本书的讲解范畴），所以System Access为UNRESTRICTED。

(12) 单击Install按钮。应用程序将完成安装并作为桌面应用程序来运行。

恭喜恭喜，大家刚才创建了自己的第1个Adobe AIR应用程序并部署了它。

但如果有一个现成的应用程序，该怎么办？现在就让我们看一看。

543 ~ 544

15.5 转换已有的 Flex 应用程序

只需要几个步骤，我们就可以相对轻松地把现有的Flex应用程序转换成AIR应用程序。

在本书前面，我们（在第10章和第11章）创建了一个案例研究。当时我告诉过大家不要删除该案例研究的文件，因为我们还会用到它们。好了，现在就是重新使用它们的时候。不过，如果没有保存文件或完成案例研究，那也不要担心，我把它们放在了本章的下载文件中。

让我们开始吧。

(1) 删除或关闭刚才操作的Chapter15_project。是否删除文件由大家自主决定，不过我们不会再用到它们了。

(2) 新建一个名为OnlineComputerBooksAIR的Flex项目，使用刚才所学的技术将它设置成AIR项目。

如果需要导入案例研究，请完成下面的操作步骤：

(a) 从www.friendsofed.com上下载本章的文件。

(b) 将它们解压缩到选好的目录中。

(c) 选择File→Import命令，打开图15-17中所示的对话框。

15

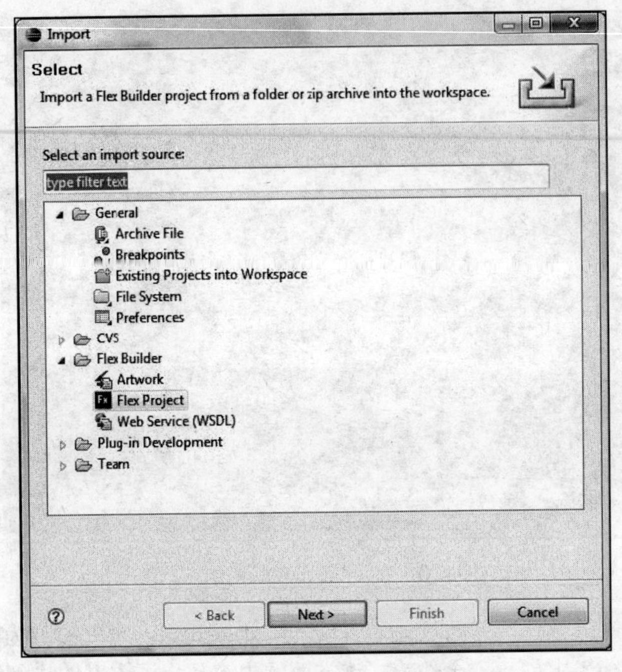

545

图15-17　Flex Builder的Import界面

(d) 选择Flex Project项并单击Next按钮，此时我们会看到图15-18中所示的对话框。

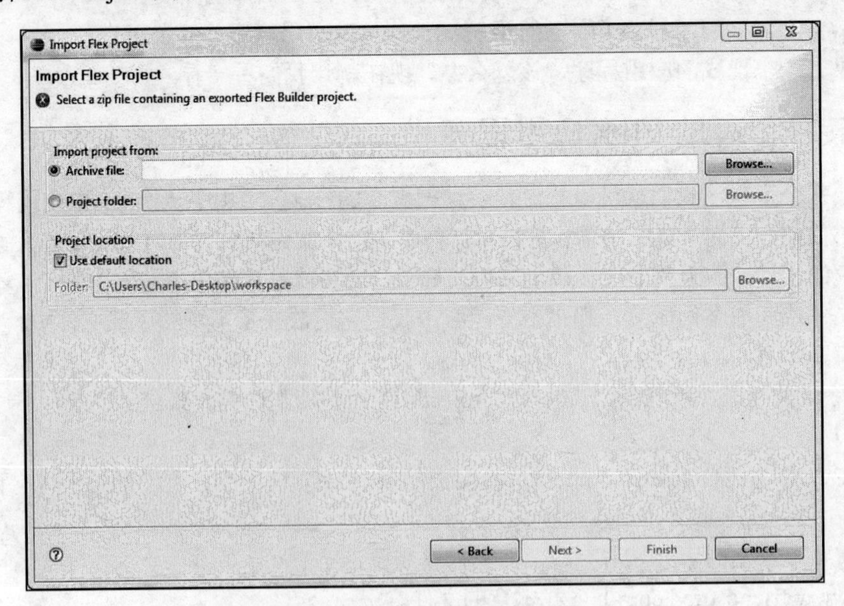

图15-18　Import Flex Project对话框

(e) 单击Project folder单选按钮，浏览至解压缩下载文件的文件夹并选中它。

(f) 单击OK按钮，然后单击Finish按钮。现在我们应该会在Flex Navigator视图中看到OnlineComputerBooks和OnlineComputerBooksAIR这两个项目（如图15-19所示）。

既然两个项目都可用了，我们就做好了转换现有Flex应用程序的准备。

对于接下来的几个步骤，我提醒大家不要把2个项目弄混了。我们将把文件从原来的项目转移到新的AIR项目中。

546

(3) 如果需要，请关闭OnlineComputerBooks.mxml文件。我们不会再使用它了。

(4) 在Flex Navigator视图中切换到原来的项目OnlineComputerBooks，按住Ctrl键单击来选择assets文件夹、classes文件夹、components文件夹和BooksMain.mxml文件。

(5) 用右键单击突出显示的区域并选择Copy命令。

(6) 单击新项目OnlineComputerBooksAir的src文件夹，并把复制的文件夹和文件粘贴到里面。

(7) 为了避免混淆，我们现在可以关闭原来的项目。我们不再需要它了。

(8) 打开新项目中的BooksMain.mxml文件。

前面讲过，AIR应用程序不会用到起始和结束Application标签。取而代之的是，它会使用标签WindowedApplication。这需要在BooksMain.mxml文件中进行更改。

(9) 将起始和结束Application标签改为WindowedApplication。

(10) 在Flex Navigator视图中，用右键单击BooksMain.mxml文件并使它成为默认的应用程序文件（如图15-20所示）。

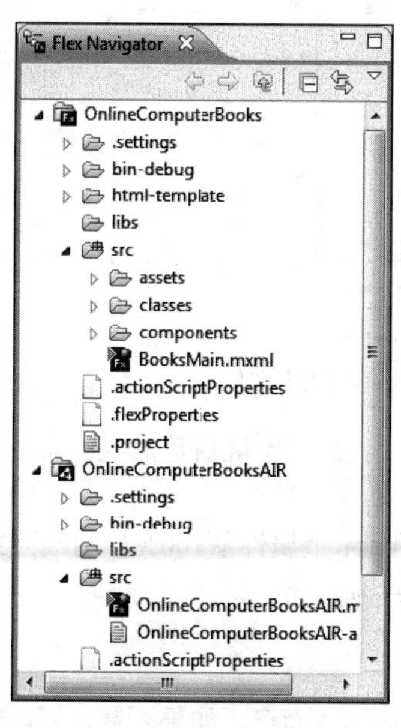

图15-19 显示有2个项目的Flex Navigator视图

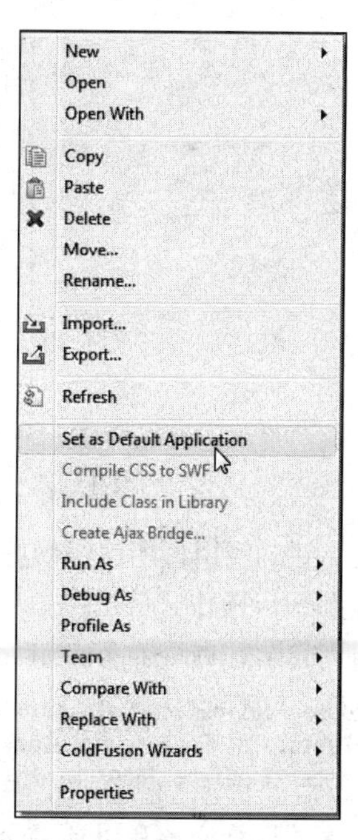

图15-20 设置默认的应用程序

547

此时应该会打开AIR应用程序对话框，用于为应用程序设置一个ID（如图15-21所示）。

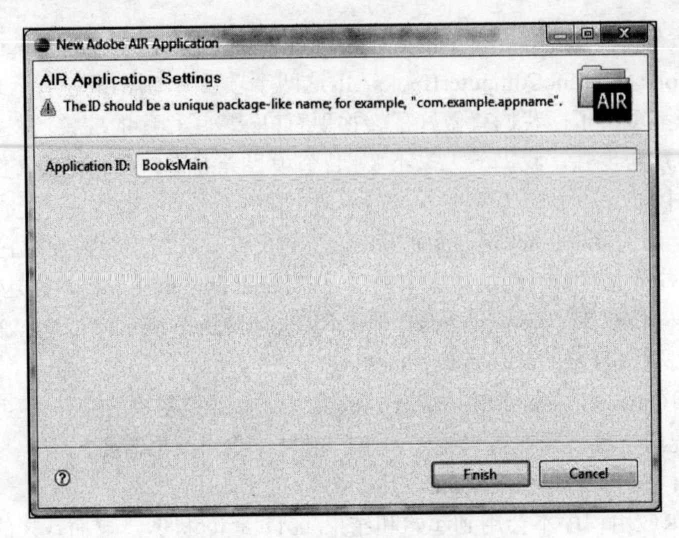

图15-21　AIR Application Settings

如果愿意可以保留这个ID，也可以更改它。对于这个练习，我们要更改它。

(11) 将应用程序的ID改为OnlineComputerBooksAIR并单击Finish按钮。

我们应该会在Flex Navigator视图中看到Application Descriptor，如图15-22所示。

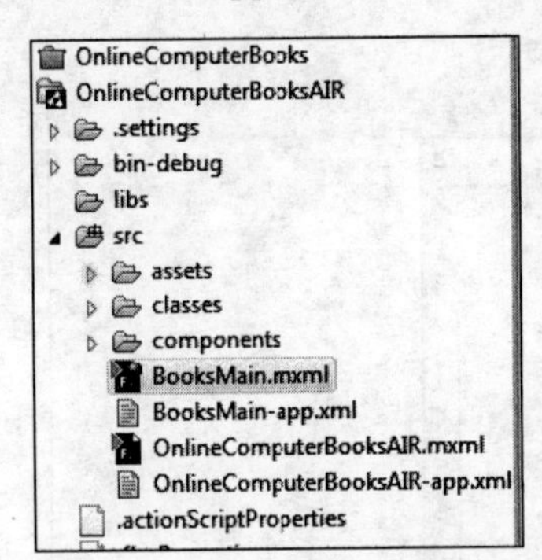

图15-22　新的Application Descriptor XML文件

从理论上讲，应用程序已经做好运行的准备了。不过我们会发现窗口的大小有点儿小。我们需要完成最后一步操作。

(12) 回到起始WindowedApplication标签，将其width和height属性从100%分别改为1200和680。

```
<mx:WindowedApplication xmlns:mx="http://www.adobe.com/2006/mxml" ➥
layout="absolute" backgroundColor="#FFFFFF" xmlns:comp=➥
"components.*" height="680" width="1200" creationComplete="init()">
```

应用程序的运行应该和以前完全一样，只是不在浏览器中而已。如果愿意，可以使用我在本章向大家展示的方法来导出它进行安装。

可以看出，把现有的Flex应用程序转换成AIR应用程序是非常简单的。

15.6 结语

在之前的所有章节中，这一节都叫做“小结”。在这里，我称它为“结语”，是因为我们的这次项目之旅到此结束。不过，虽然我们的旅程到此结束，但你自己的旅程应该刚刚开始。Flex这样的程序需要不断地学习和巩固。学习任何程序都是如此。没有哪本书能够为你提供完整的产品知识。

以对Adobe公司的新技术AIR的憧憬来结束我们的旅途是很恰当的。正如我们所看到的，AIR将允许我们创建桌面应用程序或把Web应用程序转换成桌面应用程序，并最终使它们成为手机应用程序。

真心地希望大家认为这是一次令人愉快而又硕果累累的旅行。我还希望通过电子邮件或作为Facebook中的朋友收到大家的来信。请大家放心提问。

548

附录 A

安装ColdFusion 8

A

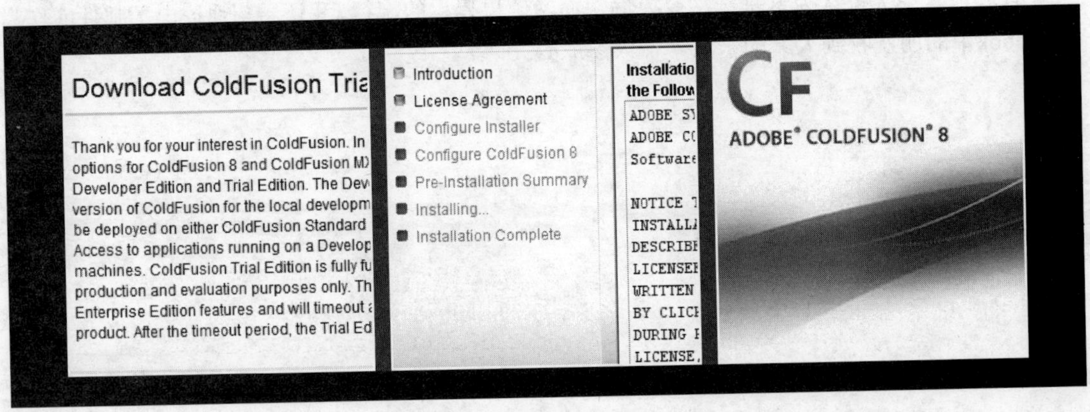

本书中的若干个服务器示例都用到了ColdFusion 8。我从所有的技术中选择它，是因为它最容易安装（依我看来）并且最容易和Flex连接。之所以这么讲，是因为Developer Edition实际上是将两个服务器合二为一：通过localhost:8500处理Web请求的Web服务器和ColdFusion应用程序服务器。

本附录的目的是带着大家按部就班地安装程序。我会向大家展示一些安装选项来使它成为平稳运行的测试服务器。

在写作本书时，下载ColdFusion的链接为www.adobe.com/products/coldfusion/。

我们会看到2个下载选项：Download the Free Trial或Download the Free Developer Edition。下载哪一个都可以。Free Trial使我们能够将ColdFusion 8作为功能完整的产品服务器来运行30天。之后，它会自动恢复为Developer Edition。Developer Edition具有和完整版一样的功能，但只能由localhost和单个远程IP地址访问。

单击任意一个版本的链接之后，系统会提示我们登录到免费的Adobe账户或者根据需要创建一个账户。在一个简短的调查之后，我们会看到图A-1中所示的界面。

我们可以在这里下载针对各种操作系统的ColdFusion。虽然本附录的截图显示的是Windows上的安装，但我会指出在Mac OS X上安装时它们之间的重要差别。

让我们一步一步地进行操作。

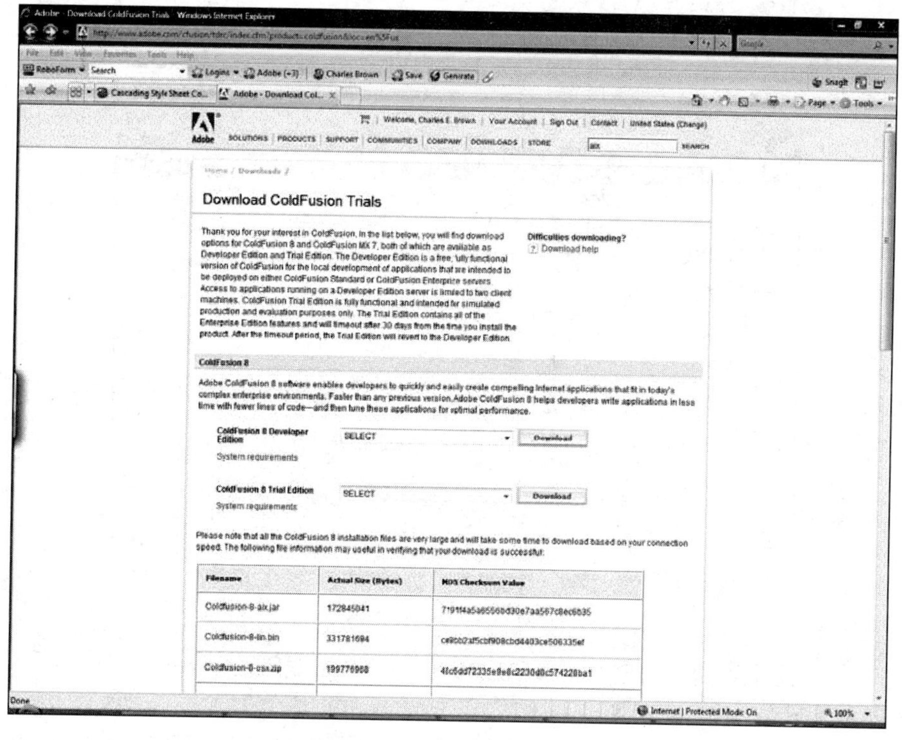

图A-1　ColdFusion下载界面

552

(1) 从ColdFusion 8 Developer Edition清单中选择在其上进行安装的操作系统。根据操作系统的不同，下载文件的大小从约165MB到约350MB不等。

(2) 在Windows系统上操作时，系统会提示我们Save（保存）或Run（运行）此安装，如图A-2所示。因为文件很大，所以我会单击Save按钮。这样一来，如果出错，或者需要在其他机器上重新安装ColdFusion，我们就不需要费心再下载它了。用于Mac OS X的版本是一个ZIP文件，所以除了下载它我们别无选择。

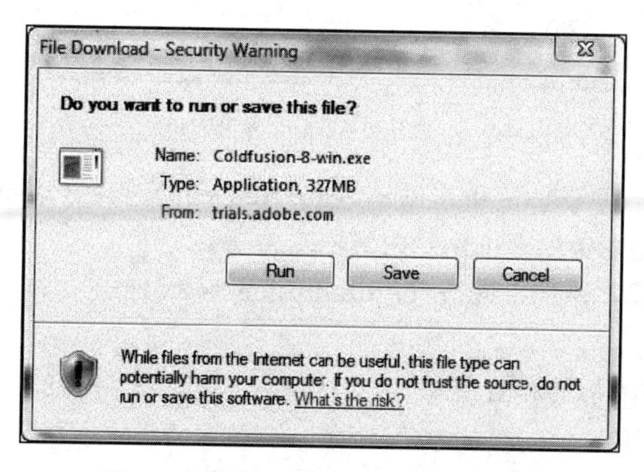

图A-2　系统提示我们保存下载文件

(3) 如果单击Save按钮，系统就会提示我们选择文件夹来保存文件（如图A-3所示）。

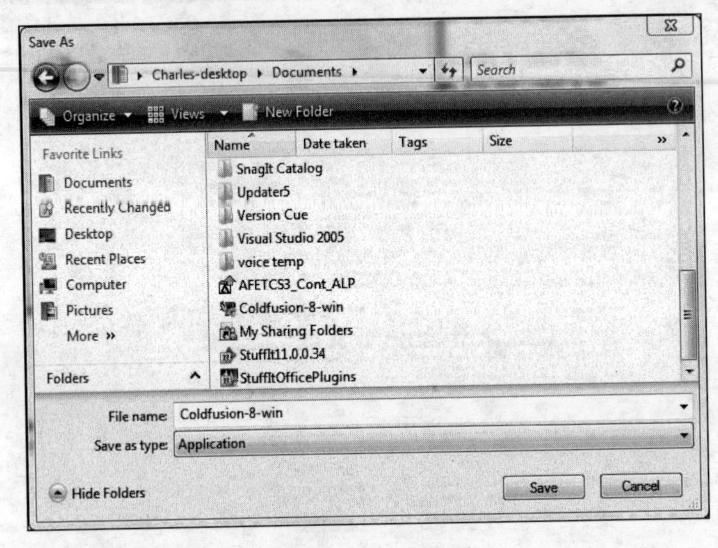

553

图A-3　Save As界面

(4) 选择文件夹并单击Save按钮，下载便会开始。完成下载时，Windows用户会看到图A-4中所示的安全提示界面。

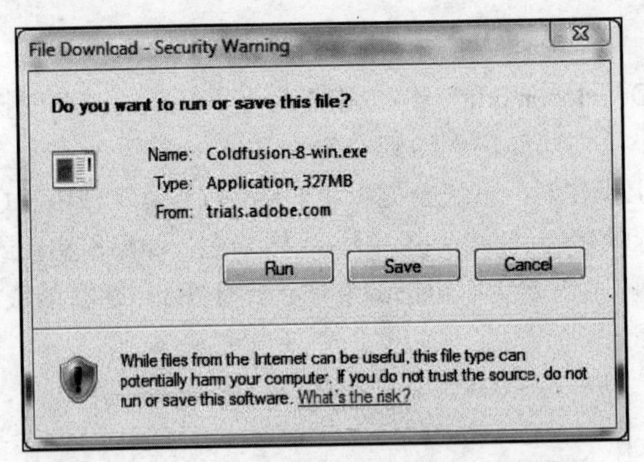

图A-4　Open File – Security Warning界面

(5) 对于Windows操作系统，应单击Run按钮。Adobe的安装客户端InstallAnywhere会用几分钟的时间完成一些初始的内务处理工作并做好安装的准备。

(6) 对于Mac OS X操作系统，应该双击Coldfusion-8-osx.zip进行解压缩，然后双击桌面上的ColdFusion 8 Installer图标。

我们会看到如图A-5所示的界面。

554

(7) 单击OK按钮。

下一个界面是ColdFusion安装过程的开场介绍，如图A-6所示。

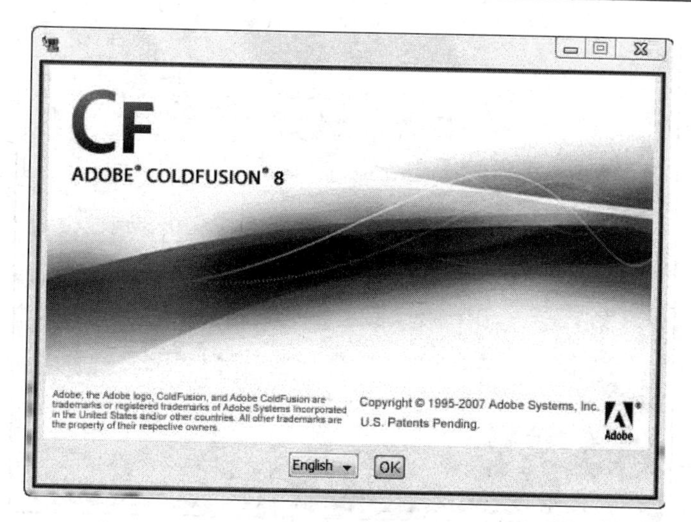

图A-5　开场界面

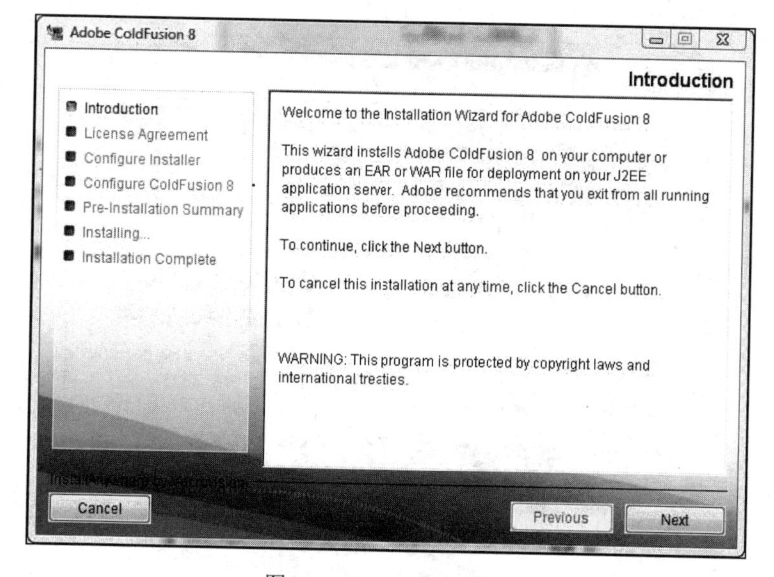

图A-6　Introduction界面

(8) 单击Next按钮。

和大多数软件程序一样，我们必须接受许可协议的条款（如图A-7所示）。

555

(9) 除非强烈反对，否则就应该单击I accept the terms of the License Agreement单选按钮并单击Next按钮。

我在一开始就讲过，大家可以任意安装Free Trial版本或Developer版的ColdFusion。当然，如果购买了该程序，就会有一个完整的序列号。对于本书，我将使用Developer Edition，如图A-8所示。该版本具有Full Edition的所有功能，但仅限于localhost和单个远程IP地址的访问。

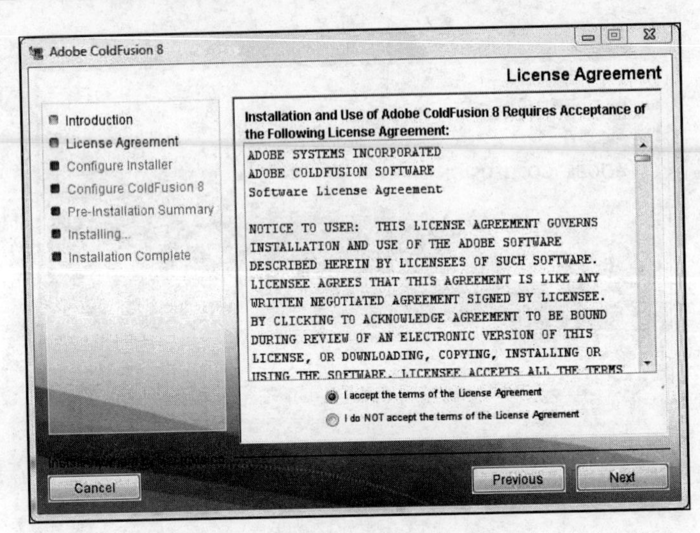

图A-7　License Agreement界面

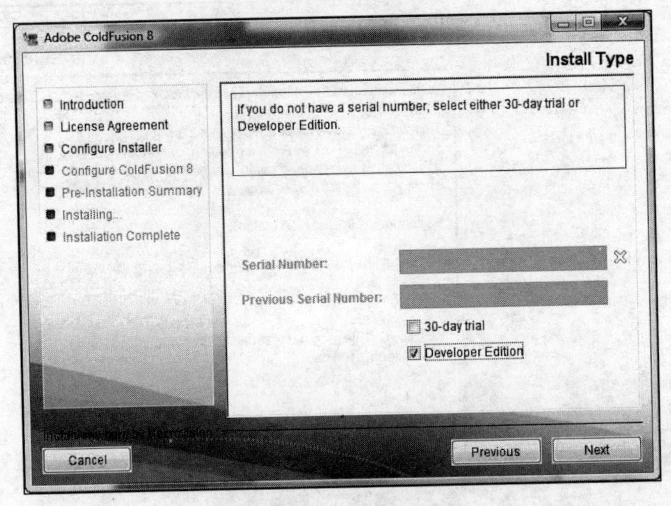

图A-8　选择版本

(10) 选择Developer Edition复选框，然后单击Next按钮。

下一个界面将询问我们是想将ColdFusion作为独立的服务器安装还是和其他J2EE服务器一起安装，如图A-9所示。大家应该了解一些背景知识，ColdFusion是在Java编程环境上构建的。如果选择第1个选项Server configuration，就会用它安装Adobe Java服务器（J2EE）JRun的运行时版本。大多数情况下，我们都会选择这个选项，这也是我们在本书将要使用的选项。

556

(11) 选择Server configuration并单击Next按钮。

Subcomponent Installation界面允许我们选择ColdFusion的可选组件，如图A-10所示。Windows和Mac OS X上的选项略有不同。我们首先来看看Windows上的选项。ColdFusion 8 ODBC Services

选项允许ColdFusion在内部连接数据库，这一点非常重要。ColdFusion 8 Search Services选项会建立一个小的Verity数据库以允许我们为网站设置搜索框。顾名思义，.NET Integration Services选项的作用是安装ColdFusion与.NET的整合所需要的组件。ColdFusion 8 Documentation选项会安装一些用于学习目的的数据库。

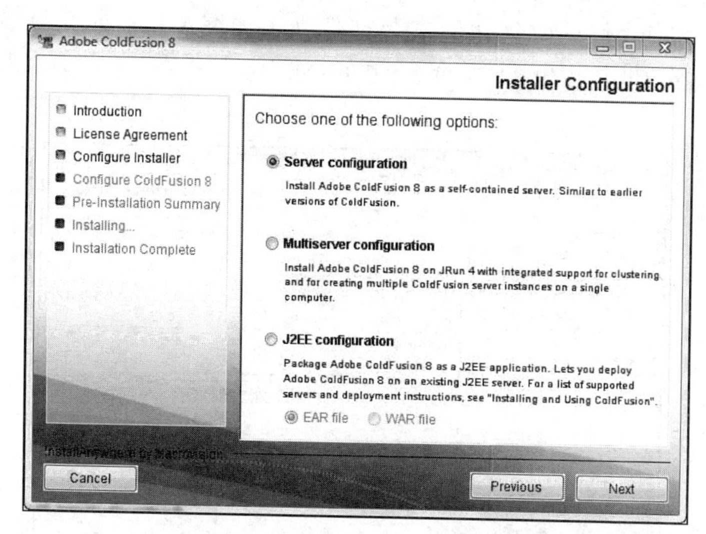

图A-9 选择安装配置

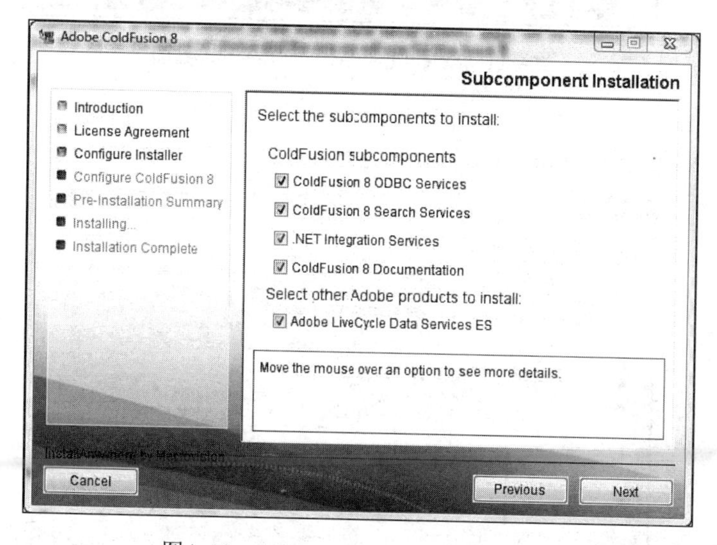

图A-10 Subcomponent Installation界面

557

最后一个选项Adobe LiveCycle Data Services ES对Flex与动态数据的恰当整合非常重要。我们不会在本书中详细讨论这方面的内容。我建议大家阅读由Sas Jacobs和Koen De Weggheleire著的*Foundation Flex for Developers: Data-Driven Applications with PHP, ASP.NET, ColdFusion, and*

LCDS（Apress, 2007）一书。

在Mac机上，我们只有3个选项：安装ColdFusion 8文档，在计算机启动时运行以及安装LiveCycle Data Services ES。我建议大家把这3个选项全部选中。

(12) 接受所有选项并单击Next按钮。

下一个界面允许我们更改默认的安装文件夹，如图A-11所示。默认的安装位置是c:\ColdFusion8（在Mac机上为/Applications/ColdFusion8），对于本书，我假设大家使用的就是这个文件夹。

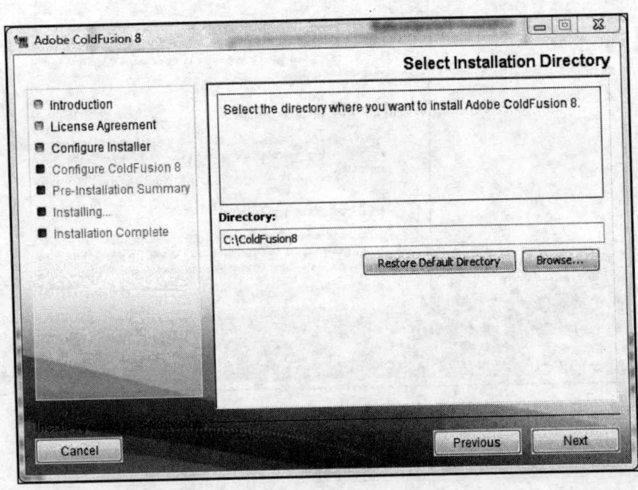

图A-11　Select Installation Directory界面

(13) 单击Next按钮。

558

我们需要接受针对Adobe Live Cycle Data Services ES的另一个许可协议（如图A-12所示）。

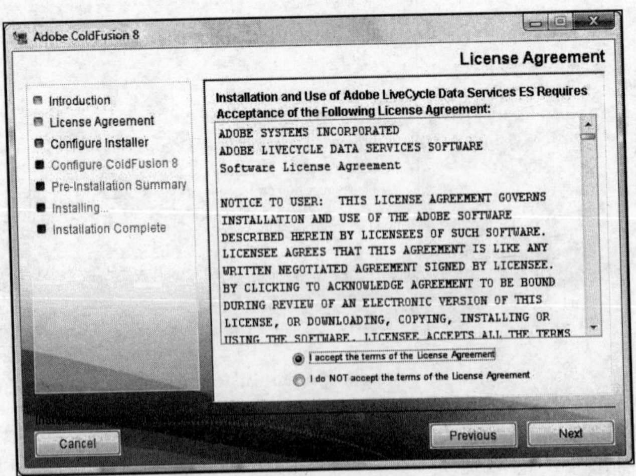

图A-12　LCDS的许可协议

(14) 接受许可协议并单击Next按钮。

和以前一样，如果拥有LCDS的序列号，就可以在下一个界面中输入它（如图A-13所示）。如果没有序列号，它就会恢复为有限IP访问的Developer Edition。

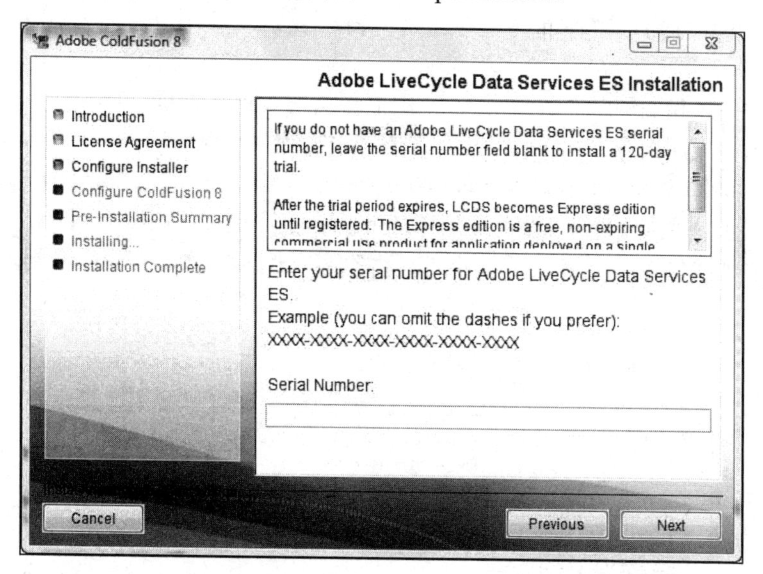

图A-13　Adobe LiveCycle Data Services ES Installation界面

(15) 单击Next按钮。

下一个界面是安装过程中很重要的一个界面，如图A-14所示。

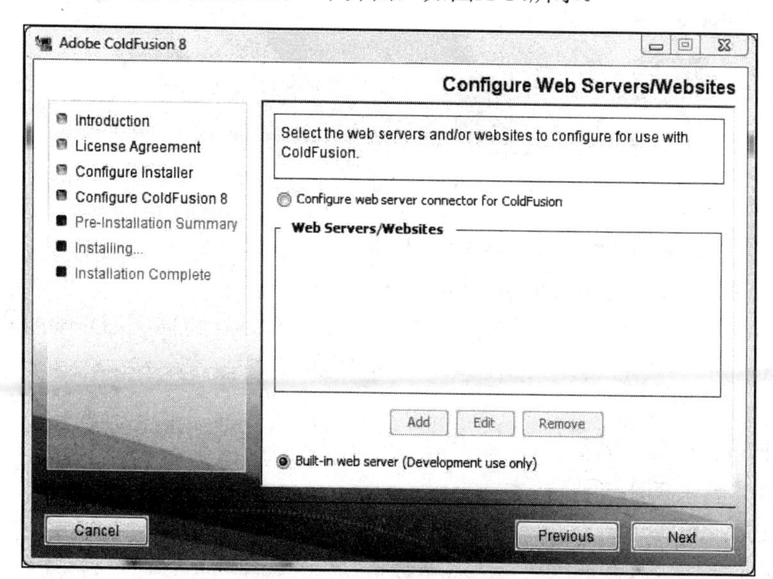

图A-14　Configure Web Servers/Websites界面

ColdFusion是一个应用程序服务器（本书对此有更详细的讲解）。换句话说，它的工作很特殊。不过，Web服务器会接受来自Internet的信息请求，然后把该请求转交给恰当的应用程序服务器。ColdFusion的Developer Edition有一个仅用于测试目的的独特能力，即它能够使用在localhost:8500上运行的内置Web服务器。我发现这项功能在练习和测试的时候非常有用。

在这个界面中，我们可以把ColdFusion连接到现有的Web服务器（如Apache或IIS）上，也可以单击单选按钮来使用内置的Web服务器。对于本书的练习，我将选择后者。

(16) 单击界面底部的Built-in web server (Development use only)单选按钮，然后单击Next按钮。

下一个界面要求我们输入ColdFusion Administrator的密码（如图A-15所示）。因为这是必不可少的，所以我们必须输入一个密码。不过，大家会在后面的几个步骤中看到，我们将删除该密码。

560

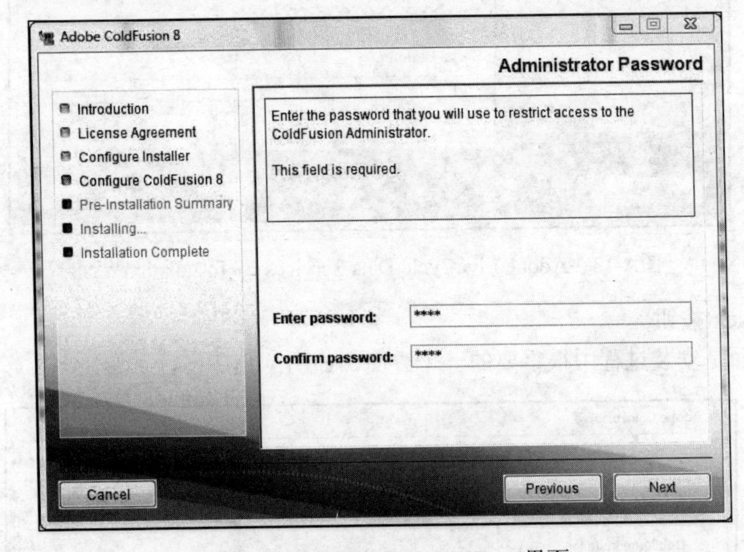

图A-15　Administrator Password界面

(17) 输入并确认密码，然后单击Next按钮。

下一个界面允许我们启用ColdFusion RDS（Remote Development Service），如图A-16所示。ColdFusion RDS允许开发人员对ColdFusion进行远程访问，对Web应用程序的功能进行测试以及运行报告。它也是大多数调试功能的所在之地。我无法想象没有它该怎么使用ColdFusion。

561

(18) 单击Enable RDS复选框。

(19) 输入并确认临时密码。

(20) 单击Next按钮。

在Mac机上，如果选择了在计算机启动时运行ColdFusion服务器，那么系统就会提示我们输入Mac密码。最后一个界面将允许我们检查安装选项（如图A-17所示）。

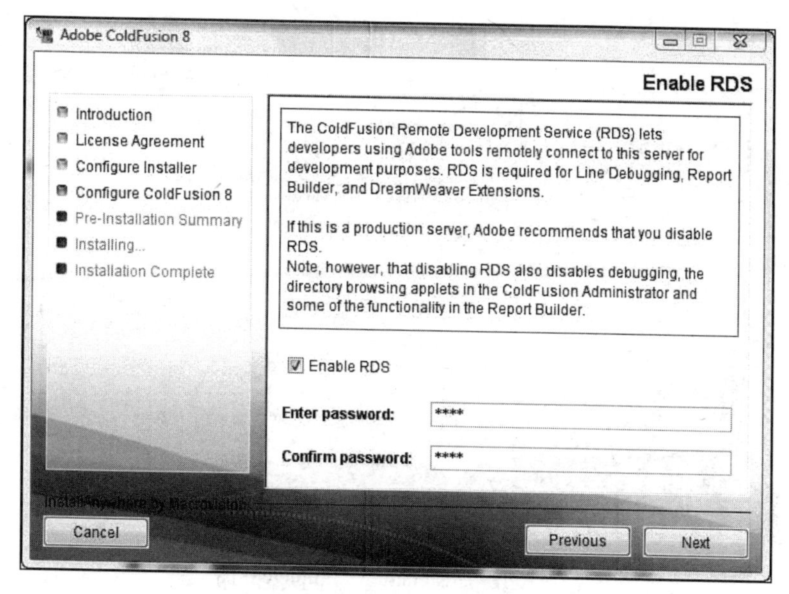

图A-16　Enable RDS界面

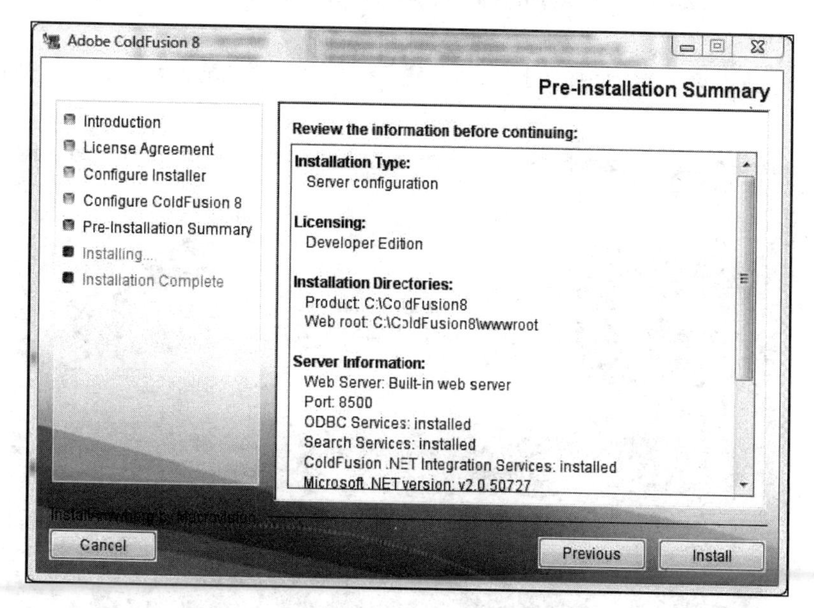

图A-17　Pre-installation Summary界面

(21) 如果一切正确，那就单击Install按钮。

根据系统配置的不同，此安装过程会持续5~10分钟的时间。

倘若一切正常，我们就会看到Installation Complete界面（如图A-18所示）。不过，我们还要完成几步操作。

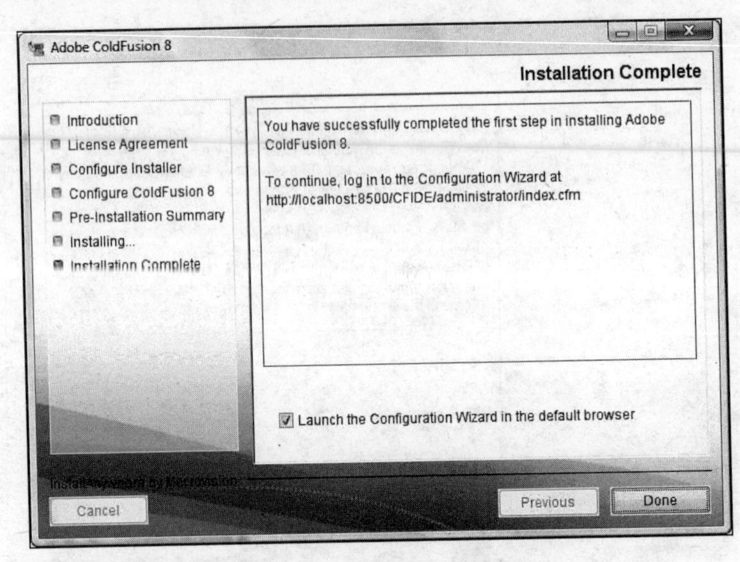

图A-18　Installation Complete界面

(22) 确保选中了Launch the Configuration Wizard in the default browser复选框，并单击Done按钮。

此时会打开Web浏览器，系统将提示我们输入在几个步骤之前创建的管理员临时密码（如图A-19所示）。

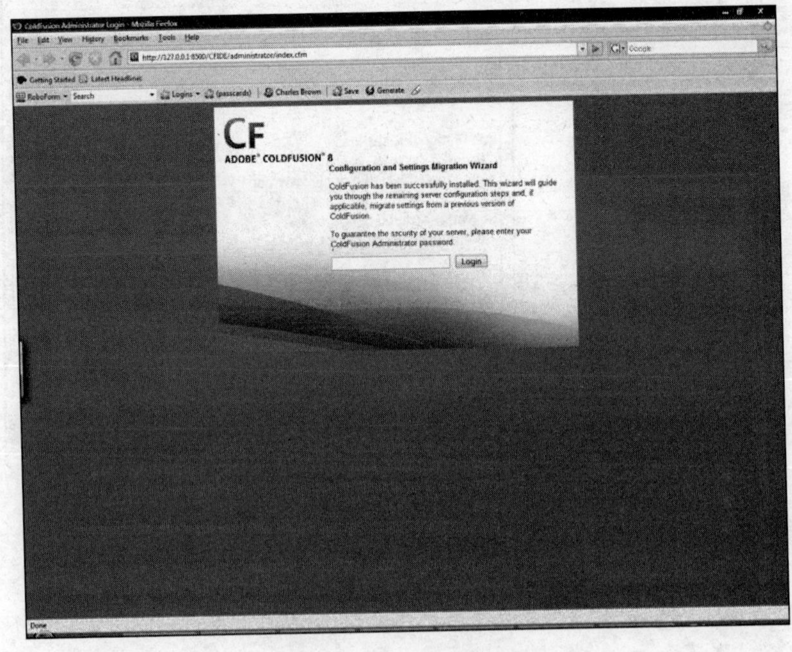

图A-19　最后的配置界面

(23) 输入之前创建的密码并单击Login按钮。

562

ColdFusion会再花几分钟时间完成一些额外的设置和配置。这项工作可能会持续5分钟左右。大家会忍不住想要单击Continue链接。不要这么做！！！它会弄乱此次安装。只要让ColdFusion做它的工作就可以了。

完成配置之后，我们马上就会看到图A-20中所示的界面。

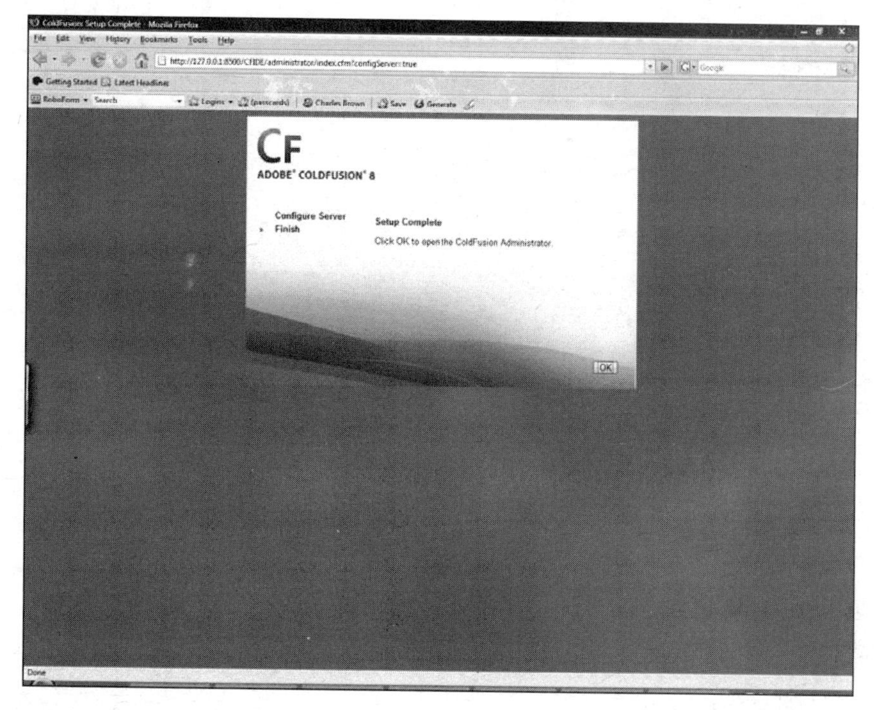

图A-20　Setup Complete界面

(24) 单击OK按钮。

单击OK按钮之后，我们会在浏览器中看到ColdFusion 8 Administrator（如图A-21所示）。如果你看到的界面和图A-21不同，那也不用担心。我们马上会进行修正。

因为本书的重点是关于Flex而不是ColdFusion的，所以我们不会在这里深入讲解该工具的方方面面。不过，值得注意的是图A-21中含有127.0.0.1:8500的URL。包含127.0.0.1和localhost的URL表示的是完全相同的事情（尽管在本书第5章的一个示例中，Flash Player会对此进行区分）。8500就是它所运行的端口。不妨把localhost想成是公寓大楼，把8500想成是公寓。

563
~
564

我在前面提到过，我们设置的密码是临时的。因为我们是在本地用一些练习文件运行程序，所以这里几乎不会有外部的安全风险。因此，如果每次想要使用administrator时都必须输入密码，就会非常不方便。为此，对于本书，我们将取消密码的使用。

(25) 在ColdFusion 8 Administrator的左侧，单击SECURITY下拉列表（如图A-22所示）。

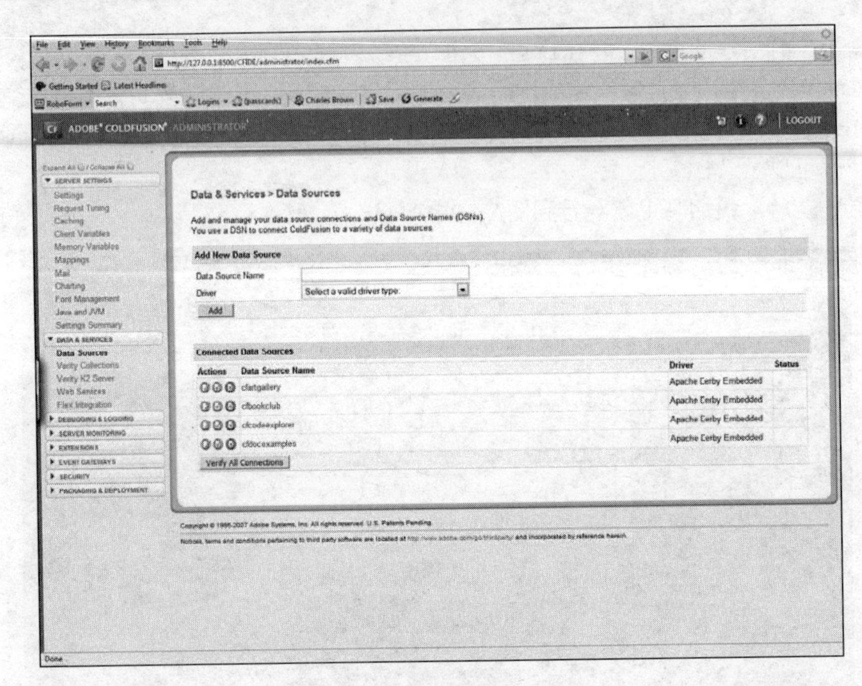

图A-21　ColdFusion Administrator

565

(26) 选择Administrator链接。

我们会看到如图A-23所示的界面。

(27) 在该界面的中间，选择No authentication needed (not recommended)单选按钮。

(28) 单击Submit Changes按钮。

我们应该会在该界面的顶部收到一条消息，告诉我们服务器已经成功更新了。

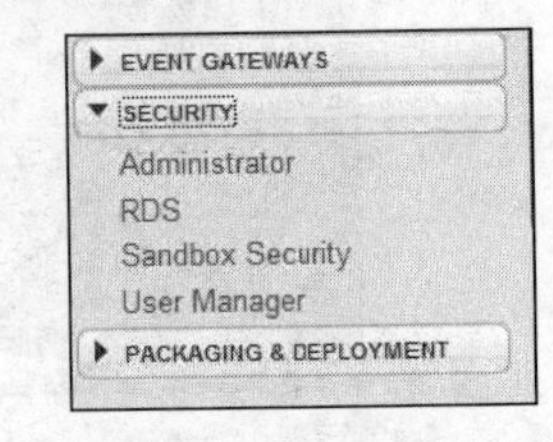

图A-22　SECURITY下拉列表

(29) 还是在左侧单击SECURITY类别下面的RDS链接，并使用相同的方法取消使用密码。

现在2个密码都被取消了，这会使administrator的操作轻松不少。当然，如果是在必须确保安全的情况下操作，我不建议这么做。

如果是在administrator内，很可能一切都运行正常。但如果愿意的话，可以最后测试一下ColdFusion。

在浏览器的URL字段中键入http://localhost:8500/。

566

我们应该会看到类似于图A-24所示的界面。

如果没有看到这个界面，就检查一下安装过程和操作系统的Services Administrator。

> 你可能看不到图A-24中所示的crossdomain.xml文件，我们在本书中已讲解过这个问题。

如果一切正常，我们现在就完成了工作并运行了ColdFusion 8。

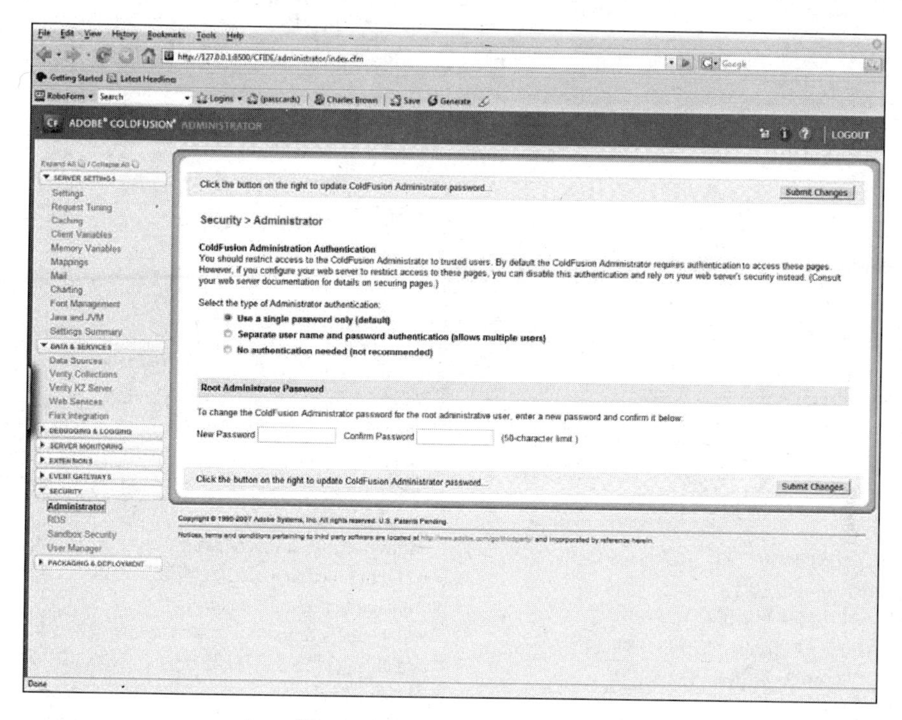

图A-23 Security Administrator

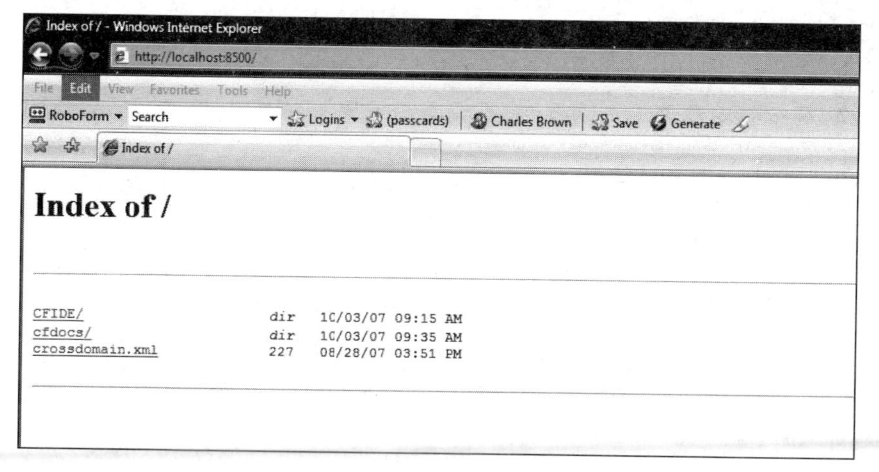

图A-24 ColdFusion目录界面

索　引

索引中页码为英文原书页码，与书中边栏页码一致。

特殊字符

A

B

C

D

E

F

G

H

I

N

O

P

R

S

T

U

V

W

X

Y